✦ 생물 1타강사 **노용관**

편입생물
비밀병기

단권화 바이블 ✚
필수기출과 해설편

노용관 편저

도서
출판 **오스틴북스**

차례 contents

생물 1타강사 **노용관**

단권화 바이블 ✚ 필수기출과 **해설**편

한권으로 끝내는 메디컬(의치한약수) 편입 나만의 祕密兵器

생물 1타강사 **노용관**

편입생물 비밀병기

단권화 바이블 ➕ 필수기출과 해설편

한권으로 끝내는 메디컬(의치한약수) 편입 나만의 祕密兵器

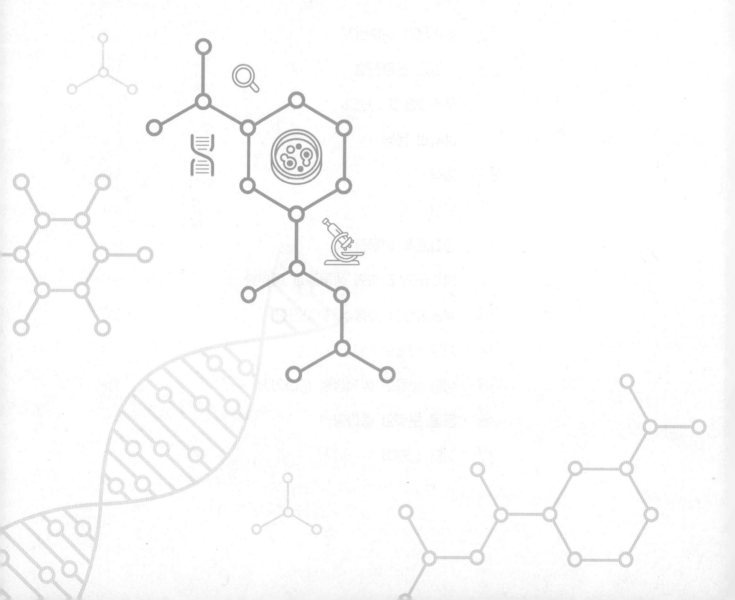

생체 구성 물질

01 생체 구성 물질

1 유기물(organic compound ; 탄소를 포함하는 모든 화합물)

(1) 탄소가 생명체의 골격으로 가장 적합한 이유

ㄱ. 전기음성도가 중간 정도이기 때문에 대부분의 다른 원소와 공유결합 형성이 가능함

ㄴ. 원자가전자 4개로서 최대 4개의 공유결합 가지 형성이 가능함

(2) 이성질체(isomer) : 분자식이 동일하지만 configuration이 다른 화합물

ㄱ. 구조이성질체(structural isomer) : 공유결합 배열 자체가 다른 화합물의 관계

　　예 pentane과 2 - methyl butane의 관계

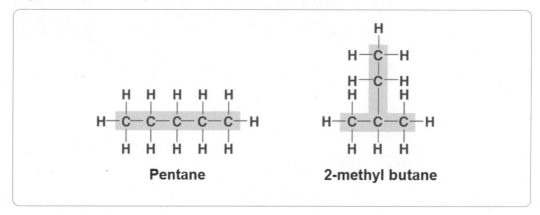

Pentane　　　　2-methyl butane

ㄴ. 기하이성질체(geometric isomer) : 공유결합 배열은 같지만 이중결합을 중심으로 한 공간적 배열이 다른 화합물의 관계. cis 이성질체와 trans 이성질체로 구분함

cis isomer: The two Xs are on the same side.

trans isomer: The two Xs are on opposite sides.

ㄷ. 광학이성질체(optical isomer)
   ⓐ 서로 거울상을 지닌 화합물의 관계
   ⓑ 좌선성(S ; Sinister)과 우선성(R ; Rectus)이 존재함. 대부분의 경우에 있어 S form은 L form, R form은 D form으로 이해해도 무방한데, 일반적으로 생체 내에서는 둘 중 하나만이 생물학적 활성을 보임
   ⓒ 일반적으로 당은 R form, 아미노산은 L form 형태임

광학이성질체의 이해

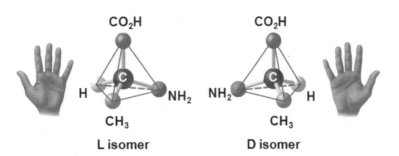

L isomer   D isomer

Ⓐ 거울상 이성질체는 입체형태적으로 포개질 수 없는 물질임
Ⓑ RS system에 의한 명명
   1. 작용기의 priority : $-OCH_2 > -OH > -NH_2 > -COOH > -CHO > -CH_2OH > -CH_3 > -H$
   2. priority가 가장 낮은 것(예를 들어 −H)을 멀리 떨어뜨린 상황에서 나머지의 priority를 따짐
   3. 체분자간의 반응은 입체특이적인데 생체의 효소나 기타 단백질은 입체이성질체에 대한 구분능력을 지니고 있음

2 작용기(functional group)

 생물학적으로 중요한 작용기 정리 1

Ⓐ 아미노기(아민) : 생체내에서 염기로 작용　㉠ 아미노산의 아미노기

STRUCTURE　　　　　　　　　　Amines　　　　　　NAME OF COMPOUND

Ⓑ 카르복실기(카르복실산) : 생체내에서 산으로 작용함　㉠ 아세트산(식초)

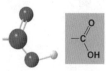

STRUCTURE　　　　　　　　Carboxylic acids, or organic acids　　NAME OF COMPOUND

Ⓒ 메틸기(메틸 화합물) : DNA나 DNA 결합 단백질에 결합하여 유전자 발현에 영향을 줌, 인식 표지로 작용(제한효소의 분해 작용에 대한 세균 자신의 DNA 보호 메커니즘)

　㉠ DNA의 methylation : 유전자의 전사율을 감소시킴

Methyl

STRUCTURE　　　　　　　Methylated compounds　　NAME OF COMPOUND

Ⓓ 카르보닐기(알데히드 or 케톤 ; 서로 구조 이성질체 관계) : 알데히드를 포함하는 당을 알도오스(aldose), 케톤을 포함하는 당을 케토오스(ketose)라 함

　㉠ glucose(aldose), fructose(ketose)

Carbonyl

STRUCTURE　　　　　Ketones if the carbonyl group is within a carbon skeleton　　NAME OF COMPOUND

Aldehydes if the carbonyl group is at the end of the carbon skeleton

생물학적으로 중요한 작용기 정리 2

ⓔ 설프히드릴기(티올) : 산화반응에 의해 설프히드릴기 간에 이황화결합형성하여 단백질의 3차구조 안정화에 기여
　　예 시스테인(Cys)

ⓕ 수산기(알코올) : 수산기를 포함하는 분자 극성을 부여하여 친수성을 띰 　예 에탄올

ⓖ 인산기(유기 인산) : 분자에 음성전기를 부여하며 에너지원로 작용함, 생체내 주요물질에 결합하여 활성을 조절
　　예 ATP(adenosine triphosphate), 글리세롤 인산(세포막 주요 성분인 인지질을 구성)

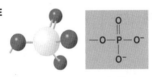

3 고분자 화합물에 대한 서설

(1) 고분자 화합물의 종류

고분자(macromolecule)는 단위체(monomer)라고 불리는 작은 분자들이 공유결합에 의해 연결된 거대한 중합체(polymer)임. 분자량이 1000Da을 보통 넘으며 단백질, 다당류 및 핵산 등이 이에 포함됨

단량체	중합체	중합체 내의 단량체 결합
아미노산	단백질	펩티드 결합
단당류	탄수화물	글리코시드 결합
뉴클레오티드	핵산	인산이에스테르 결합
글리세롤, 지방산	중성지방	에스테르 결합

(2) 고분자 유기물의 기능

에너지 저장, 구조적지지, 보호, 촉매, 수송, 방어, 조절, 운동, 유전정보의 보존 등이 고분자 유기물의 기능에 속하며, 이러한 기능은 단위체 분자의 형태와 서열, 그리고 화학적 성질과 직접적으로 관계됨

(3) 고분자 유기물의 합성과 분해

ㄱ. 탈수축합(condensation) : 2개의 단위체 분자가 물분자를 잃으면서 공유결합되어 연결되는 반응

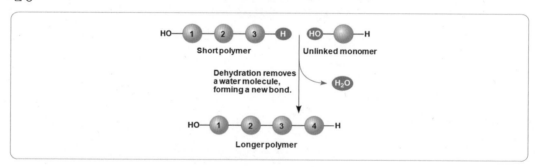

ㄴ. 가수분해(hydrolysis) : 물이 첨가되면서 단위체로 분해되는 반응

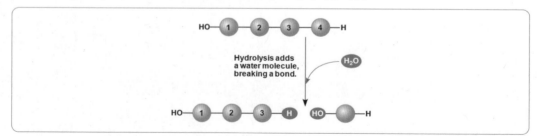

4 탄수화물(carbohydrate)

(1) 단당류(monosaccharide) : 일반적으로 CH_2O 단위의 배수인 분자식을 지님

ⓐ 육탄당(hexose) : 포도당(aldose), 과당(ketose), 갈락토오스(aldose) 등으로 이성질체의 관계임

ⓑ 오탄당(pentose) : 리보오스(RNA의 구성성분), 디옥시리보오스(DNA의 구성성분)

ⓒ 사탄당(tetrose) : erythorese 등

ⓓ 삼탄당(triose) : glyceraldehyde 등

(2) 이당류(disaccharide) : 2개의 단당류가 O - 글리코시드 결합에 의해 형성됨

ㄱ. 엿당(maltose) : 맥아당이라고도 하며 포도당과 포도당이 중합된 것으로 맥주를 양조하는데 이용되는 성분이며 사람의 경우 maltase에 의해 분해됨

ㄴ. 젖당(lactose) : 포유동물의 젖에서 발견되어 유당이라고도 하며 갈락토오스와 포도당이 중합된 것으로 사람의 경우 lactase에 의해 분해되고, 대장균의 경우 β-galactosidase에 의해 분해됨

ㄷ. 설탕(sucrose) : 포도당과 과당이 중합된 것으로 식물에서의 탄수화물 이동형태이며, 설탕을 구성하는 어느 단당류 성분도 쉽게 알데히드나 케톤으로 바뀌지 않는 비환원당임. 사람의 경우 sucrase에 의해 분해됨

 환원제로서의 당

변형되지 않은 포도당은 제2구리 이온(Cu^{2+})과 같은 산화제와 반응하는데, 그 이유는 열린 사슬 형태는 쉽게 산화되는 자유 알데히드기를 가지기 때문임. 제2구리 이온 용액(펠링 용액)은 포도당과 같이 자유 알데히드나 자유 케톤으로 존재할 수 있는 당들에 대한 간단한 시험법을 제공하는데 반응하는 당을 환원당(reducing sugar)이라고 부르고 반응하지 않는 당을 비환원당(nonreducing sugar)이라고 부름

(3) 다당류(polysaccharide)

수백 내지 수천 개의 단당류가 글리코시드 결합으로 연결되어 중합된 고분자로서, 동종 다당류(homopolysaccharide ; 한 종류의 당으로 구성된 다당류)와 이종 다당류(heteropolysaccharide ; 두 종류 이상의 당으로 구성된 다당류)로 구분함

ㄱ. 녹말(starch ; 나선형) : 사람이 섭취하는 탄수화물의 절반 이상을 차지하며 식물의 엽록체, 백색체 등에 저장되고 가지가 없는 아밀로오스와 가지가 있는 아밀로펙틴으로 구분함. 아밀로오스와 아밀로펙틴 모두 침샘과 이자에서 분비되는 α-아밀라아제에 의해 빠르게 가수분해됨

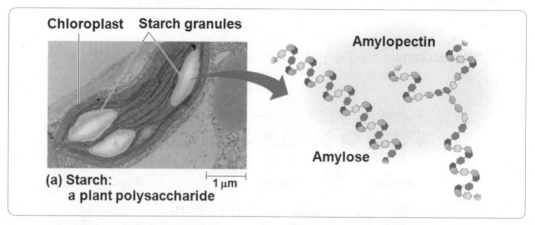

@ 아밀로오스(amylose) : α-1,4 결합으로 연결된 포도당 잔기들로 이루어져 있음

ⓑ 아밀로펙틴(amylopectin) : 30개의 α-1,4 결합마다 약 한 개 정도의 α-1,6 결합을 가지고 있으므로 가지를 친 정도가 더 낮다는 것을 제외하고는 글리코겐과 유사함

ㄴ. 글리코겐(glycogen ; 나선형) : 동물의 간이나 근육 등에 저장되며 amylopectin과 유사한 포도 당 중합체이지만 가지가 더욱 많아서 녹말보다 조밀한 구조를 가지게 됨.

글리코겐의 각 가지는 비환원성 단위로 끝나기 때문에 한 분자의 글리코겐은 그것이 가진 가지 수만큼의 비환원 말단을 가지고 있으며, 환원말단을 하나만 지님. 글리코겐이 에너지원으로 이용 될 때 비환원 말단으로부터 한번에 하나씩 포도당 단위가 떨어져 나오게 되며, 따라서 비환원 말 단에만 작용하는 분해효소들이 동시에 많은 가지 말단에서 한꺼번에 작용하여 분해를 가속화함

ㄷ. 셀룰로오스(cellulose ; 직선형) : 식물 세포벽의 주성분으로서 특히 줄기, 대, 몸통 그리고 모든 식물체의 목질부에 풍부함. 결합($\beta-1{\rightarrow}4$ 결합 ; 녹말이나 글리코겐은 $\alpha-1{\rightarrow}4$ 결합)의 성격이 달라 아밀라아제에 의해 분해가 되지 않음. 흰개미의 경우 셀룰로오스를 잘 분해하는데, 그것은 흰개미 창자에 서식하고 있는 공생 미생물인 Trichonympha가 셀룰라아제(cellulase)를 갖고 있어 셀룰로오스를 분해하기 때문임

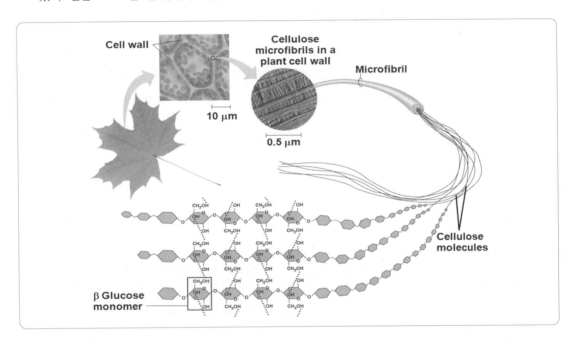

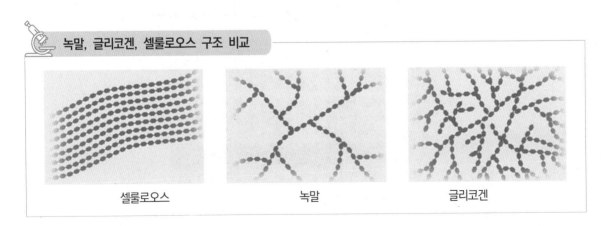

녹말, 글리코겐, 셀룰로오스 구조 비교

| 셀룰로오스 | 녹말 | 글리코겐 |

ㄹ. 키틴(chitin) : N - 아세틸글루코사민으로 구성되며 절지동물이나 여러 균류의 세포벽을 구성하는 물질임. 셀룰로오스처럼 긴 섬유질을 만들고 척추동물에 의하여 소화되지도 않음

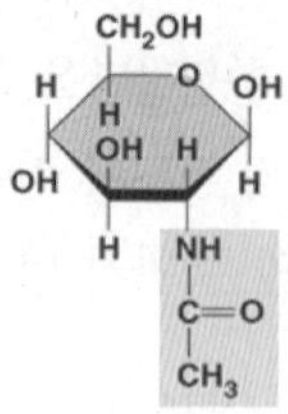

The structure of the chitin monomer

5 지질(lipid)

(1) 지질의 특성

ㄱ. 화학적으로 다양한 화합물의 집합으로 물에 대해서 불용성이라는 공통적 특징이 있음

ㄴ. 생물학적 기능의 다양성 : 에너지의 주요 저장형태(중성지방), 생체막의 주요성분(인지질, 스테롤) 등의 중요역할을 수행함

(2) 기능에 따른 지질 구분

ㄱ. 중성지방(triacylglycerol)

ⓐ 중성지방의 구조 : 3개의 지방산과 1개의 글리세롤이 에스테르 결합을 통해 연결된 상태

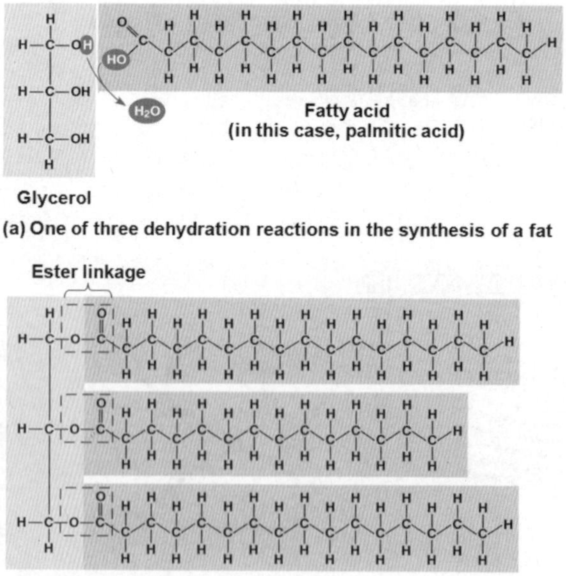

Glycerol

Fatty acid
(in this case, palmitic acid)

(a) One of three dehydration reactions in the synthesis of a fat

Ester linkage

(b) Fat molecule (triacylglycerol)

ⓑ 중성지방의 기능

1. 생체 내 에너지 source(9kcal/g) : 지방산의 탄소원자들은 당보다 더 환원된 상태이므로 산화시 당보다 2배 이상의 에너지를 생성할 수 있으며, 소수성이며 수화되어 있지 않으므로 무게가 덜 나가게 됨

2. 지방조직(adipose tissue ; 에너지 저장 뿐만 아니라 기관 보호 기능도 수행)의 지방 방울(fat droplet)에 저장됨

3. 피부 밑(피하지방)에서 절연체 역할 수행을 수행하기도 함

지방산 비율에 따른 중성지방의 상태

• 지방산이나 지방산을 함유한 화합물(중성지방과 인지질)의 물리적 성질은 탄화수소의 길이와 불포화도에 의하여 크게 좌우. 지방산은 포화지방산(이중결합이 없는 지방산), 불포화지방산(이중결합이 있는 지방산 : 시스 지방산, 트랜스 지방산으로 구분)

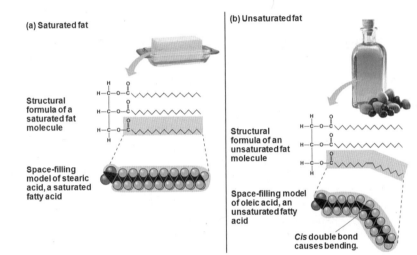

Ⓐ 지방(fat) : 포화지방산의 비율이 높아 반고체 상태로 존재함
Ⓑ 기름(oil) : 불포화지방산의 비율이 높아 액체 상태로 존재함

ㄴ. 막구조를 형성하는 지질

ⓐ 글리세로인산지질(glycerophopholipid) : 막지질로서 글리세롤의 1번과 2번 탄소에 에스테르 결합된 2개의 지방산과 3번 탄소에 phosphodiester bond로 결합된 극성이 매우 크거나 전하를 띠는 작용기로 구성됨.

1. phosphatidylcholine(=lecithin) : 세포막을 구성하는 주요 인지질로 머리에 콜린기를 지니고 있으며 막의 외층이나 계란 노른자에서 주로 발견됨

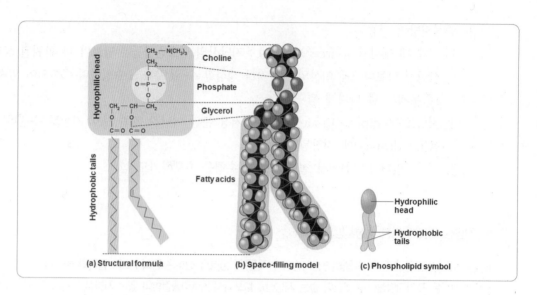

(a) Structural formula   (b) Space-filling model   (c) Phospholipid symbol

2. phohsphatidylinositol(PTⅠ) : 주로 내층에 존재하는 신호전달물질 전구체

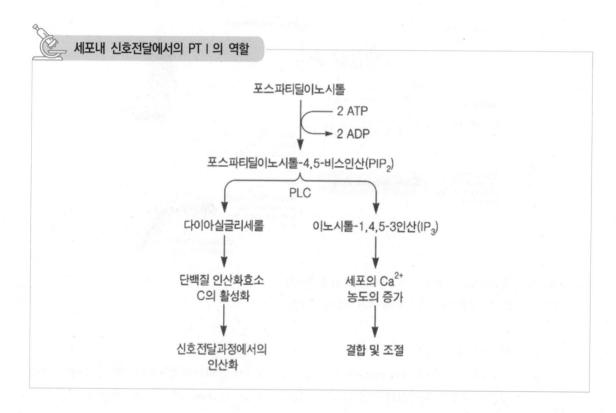

세포내 신호전달에서의 PTⅠ의 역할

ㄷ. 스테로이드(steroid) : 4개의 합쳐진 고리로 구성된 탄소골격이 특징이며 콜레스테롤을 전구체
로 하는데 소수성 호르몬이나 담즙산염으로 작용함
  ⓐ 콜레스테롤 : 동물세포막의 구성성분으로서 척추동물에서는 간에서 합성되며 동맥경화의 주
    요 원인이 됨

ⓑ 비타민 D₂(에르고칼시페롤) : 비타민 D₃(콜레칼시페롤)와 구조적으로 유사. 동일한 생물학적 효능(창자에서의 칼슘 흡수 촉진, 뼈나 신장의 칼슘 농도 조절)을 지님. 비타민 D가 부족하면 구루병이 유발됨

ⓒ 코티솔 : 부신피질에서 분비되며, 혈당량 증가에 관여함

ⓓ 테스토스테론 : 생식기관의 남성화와 제 2차 성징에 관여함

ⓔ 담즙산염 : 창자 내에서 지질을 유화함으로써 소화효소인 리파아제가 쉽게 작용할 수 있도록 함

ㄹ. 소수성 비타민

ⓐ vitD₃(cholecalciferol) : 자외선에 의해 7 - dehydrocholesterol로부터 합성됨. vitD₃는 간과 신장의 효소에 의해 1,25 - dihydroxycholecalciferol로 전환되어 소장의 칼슘 흡수와 뼈와 신장의 칼슘 농도 조절에 관어함

ⓑ vitA : 식물의 색소인 카로틴에서 유래하며 다양한 형태를 가지고 호르몬이나 척추동물의 눈에서 시각 색소로 작용함

ⓒ vitE(tocopherol) : 생물학적 항산화제로서 계란과 식물성 기름에 존재하며 특히 밀의 배아에 다량 존재함

ⓓ vitK : 정상적 혈액응고과정에 필수적 단백질인 활성 프로트롬빈 생성과정에 관여함

6 핵산(nucleic acid)

(1) 핵산의 구분

ㄱ. DNA(DeoxyriboNucleic Acid) : 일부 RNA 바이러스를 제외한 모든 생명체의 유전물질로, dNTP의 중합체임. 일반적으로 이중나선 구조로 존재하여 매우 안정하고 상보적으로 자기 복제가 가능함

ㄴ. RNA(RiboNucleic Acid) : 일부 바이러스의 유전물질이기도 하며 DNA의 전사과정을 통해 형성됨

ⓐ rRNA(ribosomal RNA) : 단백질을 생합성하는 복합체인 리보솜의 구성성분

ⓑ mRNA(messenger RNA) : 전령자로서, 한 개 또는 몇 개의 유전자로부터 유전정보를 리보솜으로 운반하는 기능을 가지고 있으며 리보솜에서 유전정보에 따라 해당 단백질을 합성할 수 있음

ⓒ tRNA(transfer RNA) : 연결자 분자로서, mRNA의 유전정보에 따라 그 특이적 아미노산을 리보솜으로 운반하는 기능을 담당

(2) 뉴클레오티드(nucleotide) : 핵산을 구성하는 단량체

ㄱ. 뉴클레오티드의 구조

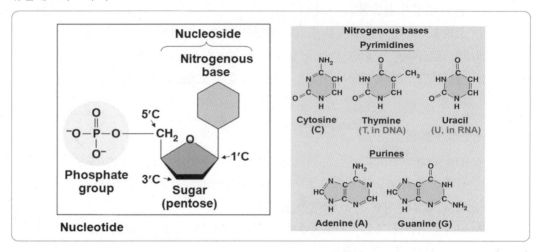

ⓐ 오탄당(pentose) : ribose(2′-OH)와 deoxyribose(2′-H)로 구분

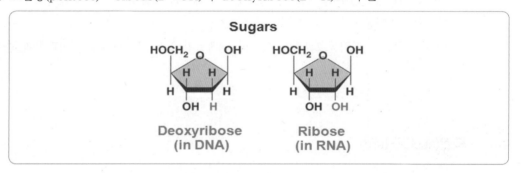

ⓑ 질소염기(nitrogenous base) : 탄소와 질소가 포함된 염기성 고리구조로 핵산의 유전정보를 지니며 질소염기에 포함된 공유 전자쌍은 260nm의 자외선에 대한 강한 흡광도 (absorbance)를 나타냄

1. 피리미딘(pyrimidine ; 단일 고리 구조) : 시토신(C), 티민(T ; DNA에만 존재), 우라실 (U ; RNA에만 존재)

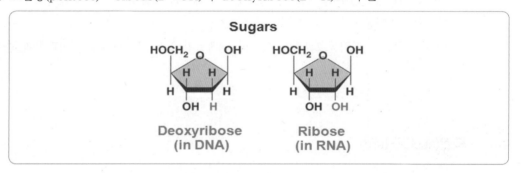

2. 퓨린(purine ; 이중 고리 구조) : 아데닌(A), 구아닌(G)

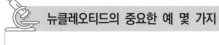

Purines

Adenine (A)   Guanine (G)

ㄴ. 여러 가지 뉴클레오티드의 구분

ⓐ dNTP(deoxyNucleoside TriPhosphate) : DNA를 구성하는 뉴클레오티드

ⓑ NTP(Nucleoside TriPhosphate) : RNA를 구성하는 뉴글레오티드

뉴클레오티드의 중요한 예 몇 가지

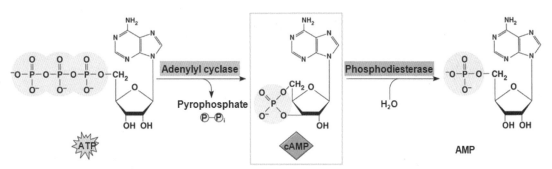

Adenylyl cyclase   Pyrophosphate Ⓟ–Ⓟᵢ   ATP   Phosphodiesterase H_2O cAMP   AMP

Ⓐ ATP(Adenosine TriPhosphate) : 생명체에게 있어서 "에너지 화폐"

Ⓑ cAMP : 세포 내의 중요한 신호전달물질. ATP → cAMP 반응은 adenylyl cyclase에 의해 촉매됨

(3) 핵산의 일반적인 구조와 특성

ㄱ. 핵산의 골격 : 인산이에스테르 결합(phosphodiester bond) 형성을 통해 골격이 형성되는데 DNA와 RNA의 골격은 모두 인산이에스테르 결합의 음전하로 양전하를 갖는 히스톤 단백질이나 염색약(아세트산카민, 메틸렌블루, 헤마톡실린)과 이온결합이 가능함

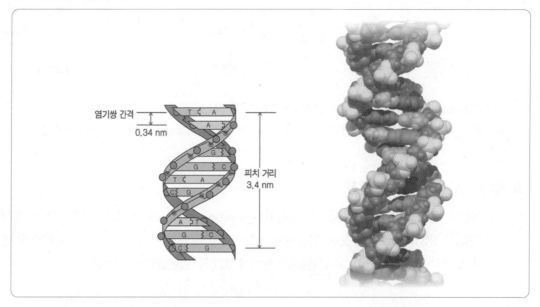

ㄴ. DNA의 이중나선 구조

ⓐ DNA의 개괄적 구조

1. 이중나선의 폭 : 2nm
2. 이웃하는 염기간의 거리 : 0.34nm
3. 나선의 1회전 거리 : 3.4nm

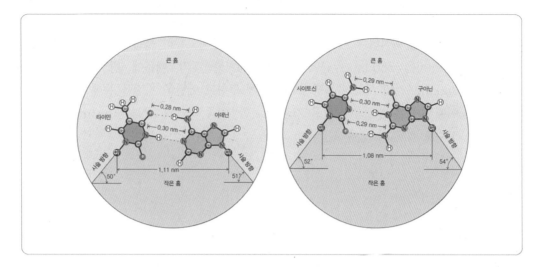

ⓑ DNA 구조에서의 염기의 특성과 샤가프 법칙 : 피리미딘과 퓨린의 염기 사이에 형성되는 수소결합을 통해서 핵산 2가닥 사이의 상보적 수소결합이 가능함. 따라서 A과 T의 양이 같고 G과 C의 양이 같다는 샤가프의 법칙이 도출됨

1. 퓨린과 피리미딘염기는 생리적 pH(7.4)의 수용액에 불용성임
2. 생리적 pH에서 수소결합으로 연결된 염기쌍의 평면들이 나란히 쌓이게 되면 염기간의 반데르발스 상호작용으로 염기쌍과 물의 접촉이 극소화되면서 이중나선을 형성하여 핵산의 3차원 구조가 안정화됨
3. A와 T(U), G과 C 간의 상보적 결합은 이중가닥의 DNA 및 DNA - RNA 혼성체에서 형성되어 유전정보의 복제 및 전사가 가능함

(4) 핵산의 분리정제 및 정량

ㄱ. 핵산 전기영동 : 아가로스 젤이나 폴리아크릴아마이드 젤을 통해 핵산을 loading시키며 보통 아가로스 젤을 이용하지만 핵산의 크기가 아주 작을 것이라고 예상되는 경우는 폴리아크릴아마이드 젤을 이용함. 분리된 핵산을 염색하는 경우 EtBr 용액에 젤을 잠시 담근 후에 UV를 쬐어주며 polaroid 필름을 통해 결과를 확인함

ㄴ. 핵산의 정량 : 핵산은 분광광도계를 통해 A_{260}값을 확인하여 정량해야 함

🔬 분광광도계를 통한 농도 측정

- 어떤 특정 파장에서 용액에 의하여 흡수되는 입사광의 양은 흡수층의 두께와 흡광물질의 농도와 관계 있음. 이것을 람베르트 – 베르 법칙이라고 하며 다음과 같은 식으로 표시됨
- A(absorbance ; 흡광도) $= \log \dfrac{I_0}{I} = \varepsilon cl$

  (I_0 = 입사광의 세기, I = 투과광의 세기, c = 흡광시료의 농도, l = 흡광시료의 투과길이, ε = 몰흡광계수)
- 투과의 길이를 고정한 흡수층에서 흡광도 A는 흡광용액의 농도에 직접적으로 비례함

ⓐ DNA의 정량 : DNA 염기는 260nm 부근에서 흡수극대치를 가지기 때문에 DNA를 PBS buffer에 희석하여 이 파장의 흡광계수를 구함. 특히 불순물의 단백질이나 정제시 사용된 phenol은 280nm 부근에서 흡수극대치를 갖기 때문에 반드시 측정파장을 이용하여 280nm에서의 시료의 흡광계수를 함께 구하고 에탄올 침전을 통해 phenol을 제거해야 함. 이때 순도는 A_{260}/A_{280}값을 기준으로 함. 이중 가닥의 DNA 50μg/ml의 A_{260}이 약 1.0이며 고순도 DNA의 경우 A_{260}/A_{280}값이 약 1.8~2.0 정도 됨

7 단백질(protein)

(1) 단백질의 구조

ㄱ. 아미노산(amino acid) : 단백질을 구성하는 단량체로 생체 내에는 20종류가 존재함
  ⓐ 대부분의 아미노산은 L - 광학이성질체임
  ⓑ R기에 따라 아미노산은 몇몇 부류로 구분됨

아미노산의 종류

© 2011 Pearson Education, Inc.

Ⓐ 비극성, 지방족 R기 : 소수성 상호작용(Ala, Val, Leu, Ile)을 통해 단백질 구조 안정화시키는데 Gly은 너무 작아 소수성 상호작용에 직접적 영향을 주지 않아 제외함

  1. 프롤린 : 해당 폴리펩티드 부위의 구조적 유연성을 감소시킴

  2. 메티오닌 : 황(S)을 함유함

Ⓑ 방향족 R기 : 소수성 상호작용에 관여할 가능성이 있음. 파장 280nm에서 강한 흡광성을 보이는데 이는 단백질 정량 분석에 280nm 파장의 자외선이 이용되는 이유가 됨

Ⓒ 극성, 비전하 R기 : 친수성 R기임

  1. 아스파라진, 글루타민 : 산 또는 염기에 의해 쉽게 가수분해 되어, 각각 아스파르트산과 글루탐산으로 전환됨

  2. 시스테인 : 이황화결합(소수성 결합) 형성에 관여함

Ⓓ 양전하(염기성) R기 : 생체 내에서 양전하(+)를 띰

  1. 히스티딘 : 생체 내에서 전자 주개나 받개로 작용하며 헤모글로빈의 산소결합에 관여함

  2. 리신, 아르기닌 : DNA 결합 단백질인 히스톤의 주요 아미노산이 됨

Ⓔ 음전하(산성) R기 : 생체내에서 음전하(-)를 띰

ㄴ. 단백질의 구조 단계

  ⓐ 1차 구조(primary structure) : 아미노산 서열로서 단백질의 구조를 결정하게 됨. 단백질의 1차 구조 합성은 리보솜에서 이루어짐

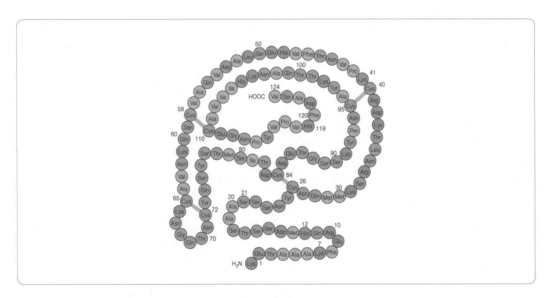

  ⓑ 2차 구조(secondary structure) : 단백질에서의 반복적으로 꼬이거나 접히는 폴리펩티드 사슬 단편으로 단백질의 전체적 구조에 기여함. 이러한 꼬임과 접힘은 아미노산 곁사슬 간의 결합이 아니라 폴리펩티드 골격에서 반복되는 구성요소 간의 수소결합 때문임

1. α helix : 우선성이며, 단백질 2차구조에서 흔하게 보이고 N - H⋯O=C간의 수소결합을 통해 형성됨. Gly, Pro은 α helix 구조에서 잘 보이지 않음

　　예 α keratin : 머리카락의 성분

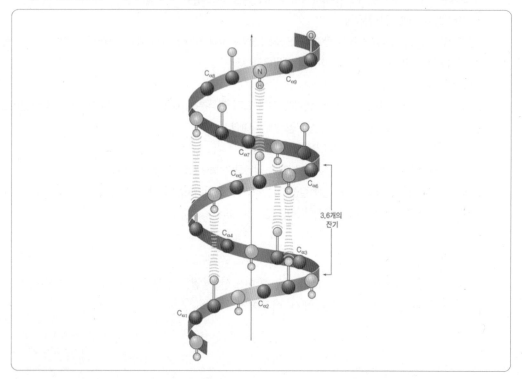

2. β sheet : 폴리펩티드 사슬이 병풍 구조로 조직화된 것이며 수소결합을 형성하기 위해 평행한 사슬이 근접해야 하므로 일부의 단백질은 R기가 작은 Gly, Ala을 풍부하게 함유함

　　예 β keratin : 명주실, 거미줄의 성분

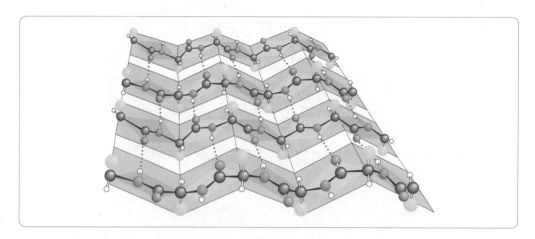

ⓒ 3차 구조(tertiary structure) : 단백질을 구성하는 모든 원자의 3차원적 배열로서 2차구조가 중첩된 것이고 이황화결합, 이온결합, 소수성 상호작용, 수소결합에 의해 안정화되며 구형 단백질(globular protein)과 섬유형 단백질(fibrous protein)로 구분됨

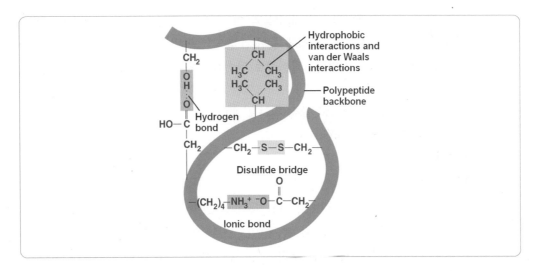

1. 구형 단백질(globular protein) : 여러 유형의 2차 구조로 이루어지며, 대부분의 효소와 조절 단백질이 이에 속함

2. 섬유형 단백질(fibrous protein) : 대개 한 종류의 2차 구조로 이루어지며, 몸을 지탱하고 모양을 이루며 외부로부터 보호해주는 구조물이 이에 속함.

   예 keratin, collagen

ⓓ 4차구조(quatenary structure) : 둘 또는 그 이상의 폴리펩티드 사슬이 모여서 1개의 기능적인 고분자를 이룬 것으로 폴리펩티드 소단위의 집합에 의해 나타나는 구조를 가리킴

예 hemoglobin, keratin, collagen

4차구조를 형성하는 단백질의 예

Ⓐ 헤모글로빈과 콜라겐

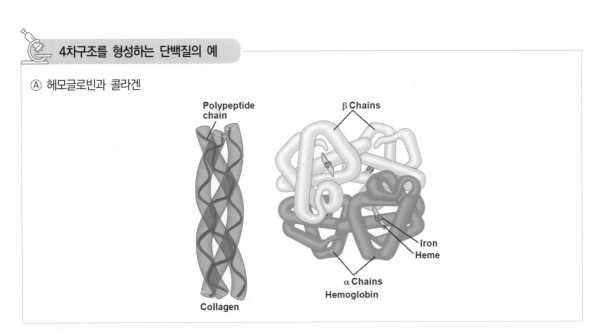

ㄷ. 단백질의 변성 : 기능의 상실을 초래하기에 충분한 단백질 3차원 구조의 상실

ⓐ 대부분의 단백질은 단백질 내 약한 상호작용에 영향을 미치는 열을 가함으로써 변성됨

ⓑ 열 뿐만 아니라 극단의 pH, 알코올과 아세톤처럼 혼합 가능한 유기용매, 요소나 염산 구아
니딘과 같은 물질, 계면 활성제 등에 노출되어도 변성됨
1. 유기용매, 요소, 계면활성제 : 주로 단백질의 안정된 핵심을 유지하고 있는 소수성 상호작
용을 파괴
2. 극단의 pH : 단백질의 알짜 전하를 변화시켜서 정전기적 반발을 불러일으키고 부분적으
로 수소결합을 파괴함

(3) 단백질의 분리정제

ㄱ. 단백질 전기영동 : 전기장 내에서 하전된 단백질의 이동에 기초한 단백질 분리 방법으로서 단백
질을 분리할 뿐만 아니라 눈으로 볼 수 있으므로, 혼합물에 들어있는 다른 단백질의 수 또는 특
정 단백질 시료의 순도에 대한 추정이 가능함. 전기영동된 단백질 밴드를 젤 상에서 확인하기
위해서는 Coomassie blue를 가해야 함

ⓐ SDS-PAGE(Sodium Dodecyl Sulfate-PolyAcylamide Gel Electrophoresis) : 전기영동
할 단백질 샘플에 SDS와 β-mercaptoethanol을 처리하여 단백질의 완전한 unfolding을
유발하여 단백질이 이동한 정도가 오직 단백질의 크기에 의해서만 결정되도록 한 방법임.
SDS는 일종의 계면활성제로서 약 2개의 아미노산 잔기 당 하나씩 단백질에 결합하여 단백
질을 변성시키고 β-mercaptoethanol은 단백질 내 이황화결합을 환원시켜 제거함

ⓑ Native PAGE : 단백질 샘플에 SDS를 가하지 않은 상태에서 PAGE를 실시하는 경우를 말
하며 단백질이 변성되지 않은 상태로 전기영동됨. 단백질은 하부단위로 분리되지 않고 전체
가 하나의 밴드로 나타나게 됨

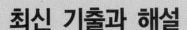

최신 기출과 해설

01 겔 전기영동에 의한 DNA 절편의 분리에 관한 설명으로 옳은 것만을 〈보기〉에서 있는 대로 고른 것은?

> ㄱ. DNA 절편은 겔에서 음극으로 이동한다.
> ㄴ. 긴 DNA 절편은 짧은 DNA 절편보다 겔에서 빨리 이동한다.
> ㄷ. DNA 양에 대한 정보를 준다.

① ㄱ   ② ㄴ   ③ ㄷ   ④ ㄱ, ㄴ   ⑤ ㄱ, ㄷ

02 유성 생식을 하는 생물체는 무성 생식을 하는 생물체에 비해 생식의 빈도가 매우 낮은 편이지만, 적응도(fitness)는 더 높다. 그 이유가 되는 유성 생식 생물체의 특징으로 가장 적합한 것은?

① 성장에 더 많은 시간을 필요로 하기 때문이다.
② 세포 크기가 크기 때문이다.
③ 게놈(genome) 크기가 크기 때문이다.
④ 자손의 유전적 변이가 다양하기 때문이다.
⑤ 많은 개체수를 생산할 수 있기 때문이다.

정답 및 해설

01 정답 | ③
ㄱ. DNA는 인산기를 보유해 음전하를 나타내므로, 전기영동 시 양극으로 이동한다.
ㄴ. 다공성 겔 내에서는 짧은 DNA 절편이 저항이 적어 긴 DNA보다 더 빨리 이동한다.
ㄷ. 전기영동 후 겔 염색시에 나타나는 DNA 밴드의 굵기는 DNA양에 비례하여 굵기가 굵게 나타난다.

02 정답 | ④
유성생식을 통해 다양한 자손을 형성할 수 있는 것이 유성생식이 환경적응에 가장 적합한 이유이다.

생물 1타강사 **노용관**

**편입생물
비밀병기**

**단권화 바이블 ✚
필수기출과 해설편**

한권으로 끝내는 메디컬(의치한약수) 편입 나만의 秘密兵器

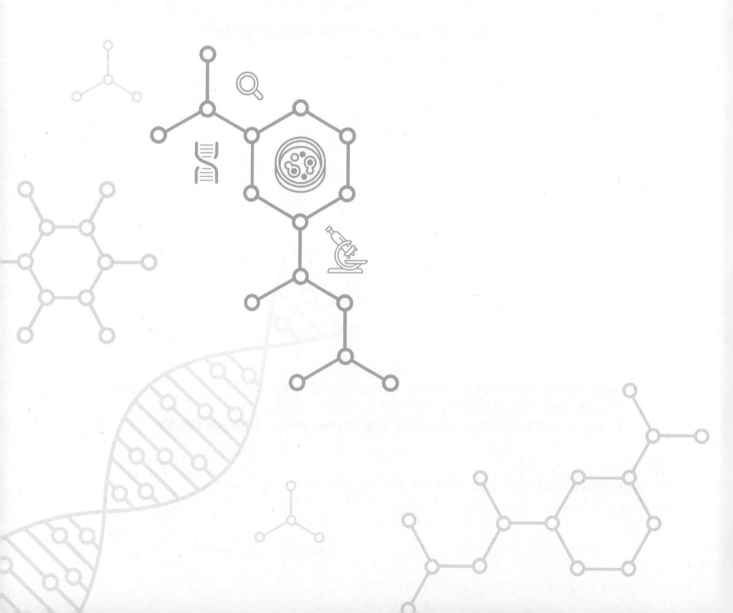

세포 연구

02 세포 연구

1 세포 연구 기제

(1) 현미경(microscope)

빛의 굴절이나 전자의 굴절을 통해 상을 확대할 수 있는 기기로서 두 가지 중요한 제한요소에는 배율과 해상력이 있음. 배율(magnification)이란 물체의 이미지와 그것의 실체 크기의 비율을 말하며, 해상력(resolution)은 이미지가 또렷하게 보이는 정도로, 두 개의 아주 가까운 거리에 떨어져 있는 점이 확실히 두 개의 점으로 분리되어 보이는 최소한의 거리가 척도가 됨

ㄱ. 광학 현미경(light microscope) : 빛의 굴절을 이용하여 상을 확대(해상력 : 0.2㎛)하며 살아있는 시료의 관찰이 가능한 것이 장점임

ⓐ 배율(magnification) : 물체의 이미지와 그것의 실체 크기의 비율로서 접안렌즈 배율과 대물렌즈 배율을 곱한 값임. 배율의 조정에 따라 아래 값들의 변화가 생김

구분	작동거리	상의 밝기	시야	상의 크기
고배율	작음	어두움	좁음	큼
저배율	큼	밝음	넓음	작음

ⓑ 해상력(resolution) : 이미지가 또렷하게 보이는 정도로 두 개의 아주 가까운 거리에 떨어져 있는 점이 확실히 두 개의 점으로 분리되어 보이는 최소한의 거리(d)가 척도가 됨. 일반적으로 사람의 눈은 해상력이 0.2mm 정도이고 광학 현미경은 0.2㎛, 전자 현미경은 2nm 정도의 해상력을 가짐

 광학 현미경의 해상력 관련 해설

Ⓐ 해상력 개괄 : 해상력은 광원의 파장(λ)과 대물렌즈의 개구수에 의하여 결정되는데 파장이 짧은 광원일수록 그리고 개구수가 클수록 d값이 작아지므로 해상력이 좋은 것임. 현미경에 조리개 밑에 달린 링은 필터를 끼우는 곳으로 주로 청색이나 녹색 필터를 많이 사용함. 파장이 짧은 청색 계통의 빛을 이용하면 해상력이 훨씬 향상되므로 섬세한 무늬나 더 미세한 구조물 등을 관찰하는데 유리함

$d = 0.61 \dfrac{\lambda}{NA}$ (λ : 사용하는 빛의 파장/NA : 개구수)

ⓒ 시료 고정 : 일반적으로 고정액은 인산완충 포르말린 용액, 인산완충 4% 파라포름알데히드 용액, 메탄올 : 아세톤 = 1 : 1 혹은 95% 에탄올 : 에테르 = 1 : 1, 또는 초산이나 알코올 등을 이용함

ⓓ 시료 염색 : 미세구조물 간의 대비효과를 증가시켜 광학현미경을 통한 상의 관찰을 용이케 함
  1. 핵 염색약 : 아세트산카민, 메틸렌블루, 헤마톡실린, 김자액, 염기성 푸크신 용액, 사프라닌, 메틸 그린
  2. 세포질 염색약 : 에오신, 산성 푸크신 용액
  3. 미토콘드리아 염색약 : 야누스 그린 B
  4. 골지체 염색약 : 오스뮴산

ㄴ. 전자 현미경(electron microscope) : 전자의 굴절을 이용하여 상을 확대(해상력 : 2nm)하며 광학현미경으로 관찰할 수 없는 미세구조의 관찰이 가능한 것이 장점임

  ⓐ SEM(Scanning Electron Microscope) : 중금속으로 얇게 막을 씌운 표본을 전자현미경에서 렌즈로 작용하는 것과 같은 전자기 코일로 표본 위의 한 점에 빔을 투사해 표본을 주사함.

  ⓑ TEM(Transmission Electron Microscope) : 기본적으로 광학현미경과 유사하지만 광선대신 전자빔을 사용하여 유리렌즈 대신 빔을 집중시키기 위해 자기코일을 사용함. 표본은 진공상태에 놓이며 매우 얇아야 함.

(2) 원심분리법(centrifugation)

원심분리기를 이용하여 세포 내 소기관을 무게에 따라 분리해내는 방법

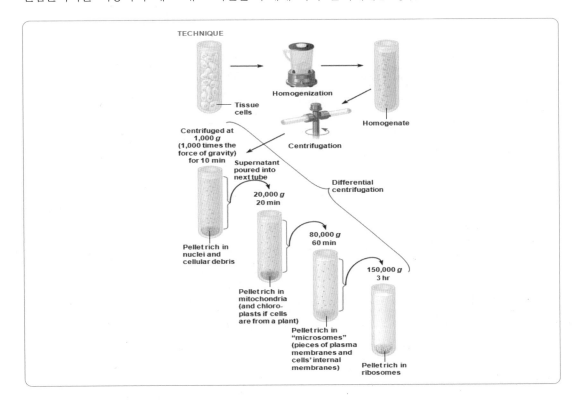

ㄱ. 분별원심분리(differential centrifugation) : 원심분리시에 질량과 밀도가 큰 입자부터 가라앉게 하는 방식으로 원심분리 속도를 점진적으로 증가시켜 반복적으로 원심분리하면 균질액으로부터 세포의 구성성분을 분획화할 수 있음

 동물세포와 식물세포의 세포소기관 분리 순서 비교

Ⓐ 동물세포의 세포소기관 분리 순서 : 핵 → 미토콘드리아 → 리보솜, 소포체 → 세포질
Ⓑ 식물세포의 세포소기관 분리 순서 : 세포벽 → 핵 → 엽록체 → 미토콘드리아 → 리보솜, 소포체 → 세포질

---

2 세포의 구조와 기능

(1) 세포의 구분

ㄱ. 원핵세포(prokaryotic cell) : 핵, 만성 세포소기관, 세포골격 등이 존재하지 않는 세포
  예 세균

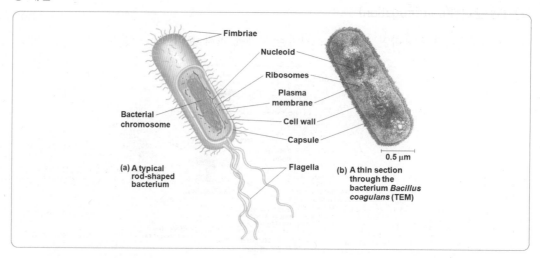

ⓐ 원핵세포의 일반적 특성
  1. 크기 : 단세포성으로서 비교적 작고 길이가 몇 ㎛ 정도임
  2. 세포소기관(organelle) : 핵 및 기타 막성 세포내 소기관은 없으나, 비막성 세포소기관인 리보솜은 존재함. 다만 원핵생물의 리보솜 크기는 진핵생물 리보솜 크기보다 조금 작다는 점이 특징임
  3. 세포골격(cytoskeleton) : 진핵생물에 나타나는 세포골격이 존재하지 않음

4. 원형질막(plasma membrane)과 세포벽(cell wall) : 원핵생물의 원형질막은 물질 수송 의 기능 외에 산화적 인산화를 통한 ATP 합성 기능을 수행하게 되며 광합성 수행 원핵생 물의 경우 원형질막 또는 원형질막에서 유래된 주머니형태의 막에서 광인산화를 통한 ATP 합성이 진행됨. 원형질막은 세포벽이라는 견고한 외부층으로 둘러싸여 있음. 세포벽 의 펩티도글리칸 유무에 따라 진정세균과 시원세균으로 구분함

5. 협막(capsule) : 많은 원핵세포의 세포벽은 협막이라고 불리는 끈적끈적한 점액성 다당류 로 덮여 있어서 세포벽과 함께 물리적인 손상으로부터 세포를 보호함

6. 염색체(chromosome) : 보통 환형 염색체가 하나 존재함

7. 플라스미드(plasmid) : 환형 염색체 이외의 작은 환형 DNA인 플라스미드가 존재하는데 보통 플라스미드에는 핵심 재사 유전자(housekeeping gene)가 결여되어 있음

8. 편모(flagella) : 많은 원핵생물은 편모라고 불리는 길고 실처럼 생긴 단백질 섬유늘을 이 용하여 움직임

9. 생식과 접합 : 이분법을 통해 분열, 생식하고 선모라는 구조를 통해 접합을 수행하여 세균 간 유전자 도입을 수행함

10. 선모(pili) : 선모는 생식기능을 지닌 선모(sex pili ; 성선모)와 부착 기능을 가진 부착선 모(fimbriae)로 구분됨

11. 영양방식 : 원핵생물은 진핵생물보다 더욱 다양한 영양방식을 보유하고 있음
    예 광독립영양, 화학독립영양, 광종속영양, 화학종속영양

ⓑ 원핵세포의 구분

1. 진정세균(Eubacteria) : 세포벽의 주성분이 peptidoglycan이며 통상 그람 염색법을 통 해 구분하게 되는데 염색 상태에 따라 그람양성균과 그람음성균으로 구분됨

2. 시원세균(Archaebacteria) : 고세균은 변형된 펩티도글리칸인 유사펩티도글리칸(pseud opeptidoglican)이나 S층(S - layer)이라고 하는 단백질 막으로 세포벽이 구성되어 있으 며 지질은 아이소프레노이드(isoprenoid)가 다중결합을 이루고 있는 알코올로 구성되어 있으며 이 알코올이 글레세롤과 에테르 결합을 이룸

ㄴ. 진핵세포(eukaryotic cell) : 핵, 막성 세포소기관, 세포골격 등이 존재하는 세포로서 원핵생물 보다 세포의 크기가 커지면서 표면적 대 부피 비율이 감소함
    예 동물, 식물, 균류, 원생생물

표면적 대 부피비율(S/V ratio)

• 반지름이 r인 구를 가정하면, 표면적은 $4\pi r^2$, 부피는 $4/3\pi r^3$

• 표면적대부피비율 $= \dfrac{4\pi r^2}{\dfrac{4}{3}\pi r^3} = \dfrac{3}{r}$

• 따라서 r값이 커질수록 일정한 부피에 비해서 지니고 있는 표면적의 비율이 감소하기 때문에 진핵생물에서는 내막계의 필요성이 대두함

ⓐ 세포소기관 : 핵막을 포함하는 명실상부한 핵이 존재하며 막성 세포소기관(핵, 소포체, 골지체, 퍼옥시좀, 미토콘드리아, 엽록체 등)이 여러 종류 존재함. 특히 미토콘드리아, 엽록체는 각각 호기성 세균, 광합성 세균의 세포 내 공생을 통해 진핵세포 내에 진화적으로 나타나게 된 것임

ⓑ 내막계(endomembrane system) : 진핵세포를 기능적이고 구조적으로 나눈 구조로서 밀접한 관계에 있는 세포 내의 막으로 된 주머니의 집합체임. 단백질 합성과 변형, 단백질을 원형질막이나 세포소기관 또는 세포 밖으로의 수송, 지질의 합성 및 일부 독소들의 비독성화 등 많은 기능을 수행함. 내막계는 물리적으로 연결되어 있거나 소낭에 의해 간접적으로 연결되어 있는데 소낭은 작은 막으로 된 것으로 내막계 부분들 사이에서 물질을 전달하는 기능을 수행함   예 소포체, 골지체, 핵막, 리소좀, 소낭, 원형질막

ⓒ 염색체 : 선형 DNA를 포함하는 염색체가 여럿 존재함

ⓓ 섬모(cilia)와 편모 : 편모와 섬모는 세포 표면으로부터 뻗어 나온 길고 얇은 운동성의 구조로서 편모와 섬모는 구조상 섬모가 일반적으로 편모보다 짧고 세포에 훨씬 많이 존재한다는 점 외에는 동일함. 진핵세포의 편모는 원핵생물의 편모와는 달리 미세소관이라는 세포골격을 기본구조로 하고 있으며 프로펠러 운동방식이 아닌 노젓기 운동을 통해 세포의 이동을 유발함

ⓔ 세포벽 : 균류, 식물, 다수의 원생생물 원형질막은 세포벽으로 둘러싸여 있음
   예 식물과 녹조류의 셀룰로오스, 균류의 키틴질

ⓕ 생식 : 무성생식, 유성생식 등의 다양한 생식방식이 존재함

한권으로 끝내는 메디컬(의치한약수) 편입 나만의 祕密兵器

MEMO

생물 1타강사 **노용관**

편입생물 비밀병기

단권화 바이블 ✚ 필수기출과 해설편

한권으로 끝내는 메디컬(의치한약수) 편입 나만의 祕密兵器

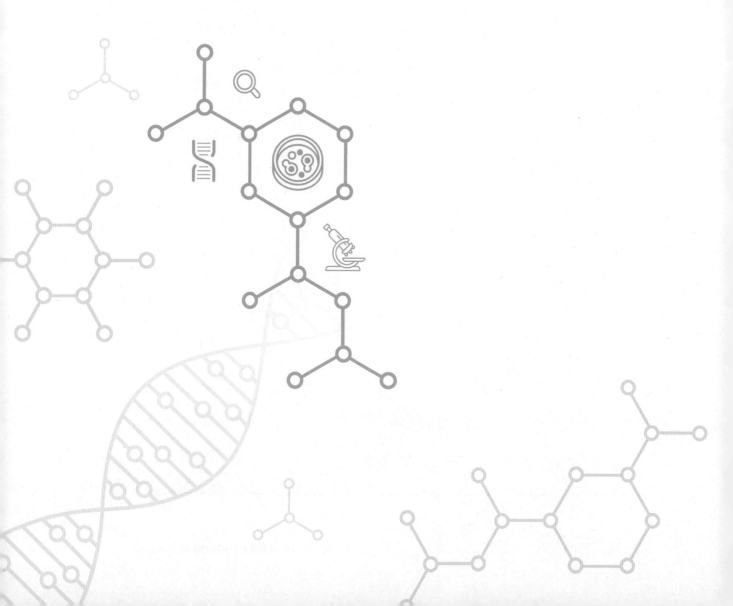

진핵세포의 구조와 특징

03 진핵세포의 구조와 특징

1 세포소기관(organelle)

동물세포와 식물세포의 구조 비교

Ⓐ 동물세포

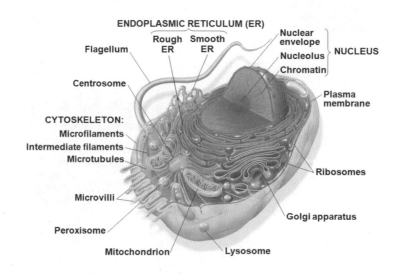

Ⓑ 식물세포

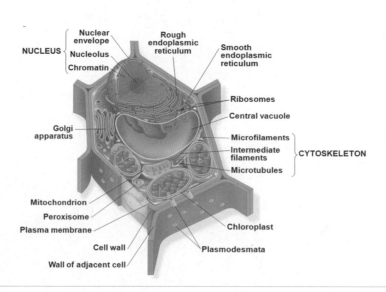

(1) 핵(nucleus)

세포활동을 조절하는 중심이며 유전정보를 지닌 DNA가 존재함.

대부분의 세포에는 핵이 1개 존재하지만 다핵세포(포유류의 골격근 세포)와 무핵세포(포유류의 적혈구)도 존재함

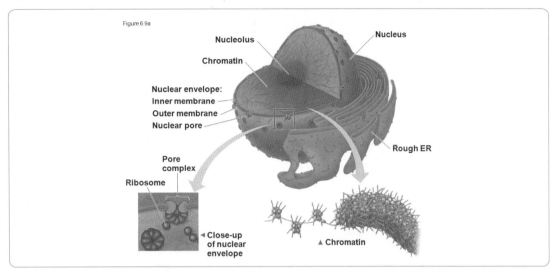

Figure 6.9a

ㄱ. 핵막(nuclear membrane) : 핵막하층이 지지하고 있는 이중막에 핵공 복합체가 존재하여 핵 안밖으로 물질수송이 이루어지며 핵의 외막은 소포체막과 연결되어 있음. 동물세포의 경우 핵막하층은 lamin 단백질로 구성되어 있으나 많은 원생생물, 균류, 식물의 핵막 안쪽 표면은 라민과 관련되지 않은 다른 강화 단백질이 존재함

ㄴ. 핵공 복합체(nuclear pore complex) : 8량체의 단백질 복합체이며 작은 극성분자, 이온, 단백질 및 RNA와 같은 거대 분자들이 핵과 세포질 사이를 왕복할 수 있는 유일한 통로임

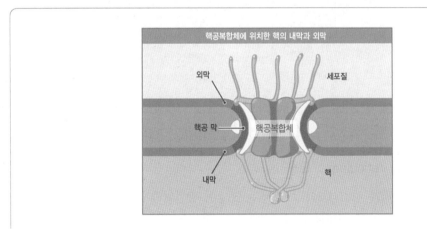

39

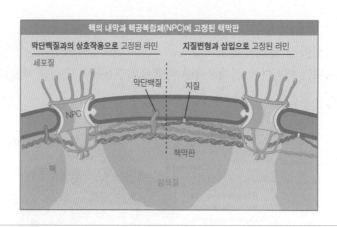

ㄴ. 핵인(nucleolus) : 진핵세포의 핵은 보통 하나 이상의 핵인이 존재하며 rRNA 전사, 가공 및 리
보솜 소단위체 조립, telomerase 합성이 일어나며 전자밀도가 높아 어둡게 보이며 단백질 합성
이 왕성한 세포에서는 크게 보임

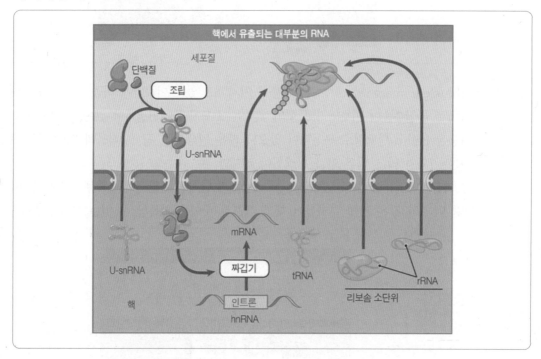

(2) 소포체(endoplasmic reticulum ; ER)

소포체는 막으로 된 관과 시스터나라고 불리는 소낭이 광범위하게 연결된 네트워크이며 단백질 가
공과정 및 기타 물질대사를 진행하게 되고 조면소포체와 활면소포체로 구분됨. 조면소포체와 활면
소포체의 비율은 세포의 종류에 따라 다른데 이자 세포나 형질세포와 같이 단백질을 주로 분비하는
세포는 조면소포제, 부신피질세포, 간세포와 같이 지질을 주로 분비하거나 독성물질을 제거하는 세
포는 활면소포체가 발달되어 있음

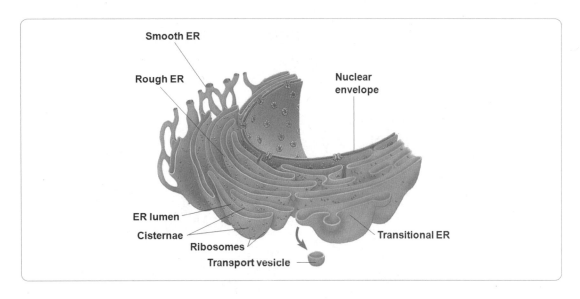

ㄱ. 조면소포체(rough endoplasmic reticulum ; RER) : 리보솜이 표면에 부착된 소포체로서 단백질 변형과정에 참여하게 됨

  ⓐ 구조 : 층상 형태로 되어 있는 납작한 주머니의 집합체로서 핵의 외막과 연결되어 있으며 내강은 하나의 연속된 공간임. 표면에는 SRP 수용체가 존재하여 단백질을 합성하고 있는 리보솜이 결합할 수 있음

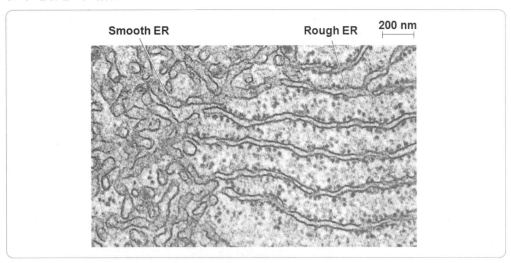

  ⓑ 기능 : 소포체에 붙어 있는 리보솜으로부터 만들어지는 단백질은 소포체 내강으로 들어가는데 소포체 내강에서는 단백질의 최종 형태로 구조가 갖추어짐

    1. 단백질의 당화작용 : 소포체로 전자된 많은 단백질은 매우 복잡한 당과 공유결합을 통해서 변형됨.

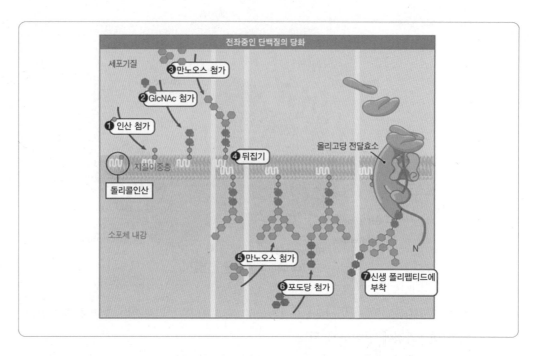

2. 올바른 단백질의 접힘 과정 : 전좌된 단백질의 접힘을 돕는 샤페론이 존재하여 올바르게 접힌 단백질만 분비경로로 이동하는 것을 보장하게 됨.

3. 단백질 복합체의 조립 : 접힘에 이어 일부 단백질은 복합체로 조립되는데 대부분의 다량체로 된 분비단백질과 막단백질은 소포체에서 조립됨. 조립이 되지 못한 대부분의 단백질은 특이 샤페론과 결합한 상태로 소포체에 머무르게 됨

4. 이황화 결합(disulfide bond)의 형성 : 이황화 결합의 형성은 단백질이 접힐 때 시스테인(Cys)기 사이에서 일어나고 단백질 이황화 이성질화효소(protein disulfide isomerase ; PDI)가 이 과정을 촉매함

ㄴ. 활면소포체(smooth endoplamic reticulum ; SER)
　ⓐ 구조 : 조면소포체와는 달리 관상구조이며 SRP 수용체가 존재하지 않아 리보솜이 표면에 존재하지 않음

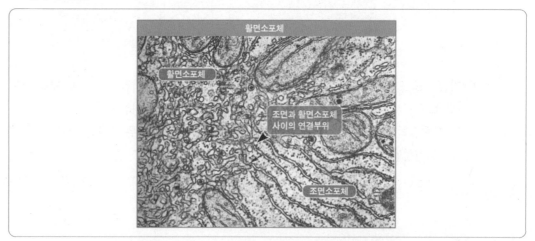

ⓑ 기능 : 세포질에서 원형질막의 구성이 되는 지질을 합성하는 등의 여러 가지 기능이 수행됨
  1. 탄수화물 대사에 관여 : 동물세포의 경우 포도당 6인산을 포도당을 전환시키고 글리코겐 대사도 진행되어 생체 내 혈당량의 항상성에 관여함
  2. 중성지방, 인지질, 스테로이드 및 담즙산의 생합성에 관여함
  3. Ca^{2+} 저장 : 활면소포체 내에 저장되어 있는 Ca^{2+}이 세포질로 방출되면 특정 반응을 유발하는 2차 신호전달자로 기능을 수행하게 되며 특히 근육세포의 경우 활면소포체 내에 저장된 Ca^{2+}이 Ca^{2+} 채널을 통해 세포질로 방출되면 근육 수축이 유발됨
  4. 해독작용을 수행함 : Cyt P450에 의한 소수성 독성물질의 수산화를 진행하여 친수성 물질로 전환시켜 체내에서 보다 쉽게 용해되고 체외로 배출될 수 있도록 함

ㄷ. 소포체로의 단백질 이동 : 소포체, 골지체, 리소좀, 세포막, 세포밖으로 이동할 단백질은 소포체 신호서열을 지니고 있어서 세포질에서 소포체로 이동함
  ⓐ 리보솜에서 합성중인 단백질의 소포체로의 이동

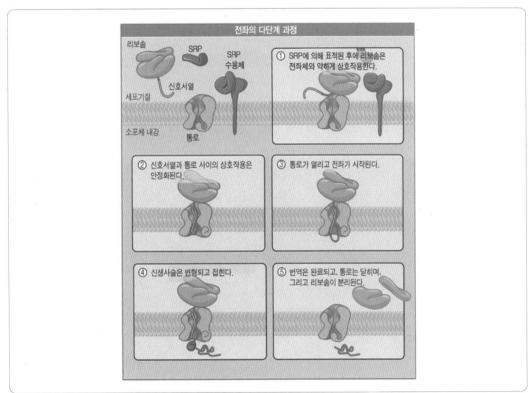

  1. 세포질에 존재하는 신호인지입자(signal recognition partigle ; SRP)가 리보솜에서 신장되어 나오는 폴리펩티드의 소포체 신호서열에 결합함
  2. SRP가 소포체신호서열과 결합하여 리보솜의 단백질 합성을 지연시킴
  3. 소포체신호서열과 결합한 SRP가 SRP 수용체와 결합하는데 이후 SRP는 소포체 신호서열에서 분리되고 리보솜에 의한 단백질 합성은 다시 개시되어 합성되는 단백질이 소포체 내부로 이동하게 됨

4. 합성된 단백질은 신호서열 가수분해효소(signal peptidase)에 의해 신호서열이 제거되고 다양한 샤페론에 의해 적절한 모양으로 접히게 됨

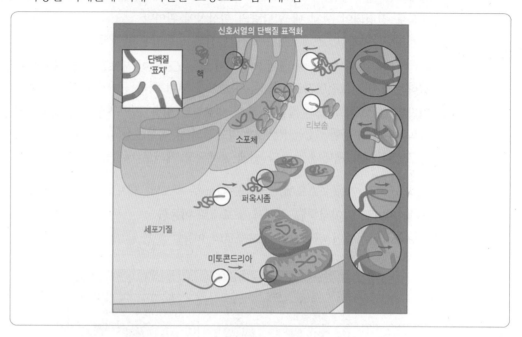

ⓑ 소포체 내로 진입한 단백질의 골지체로의 이동 : 신호서열이 잘려서 소포체 내로 진입한 단백 질은 출아를 통해 형성된 소낭에 담겨 골지체의 cis면을 형성하여 trans면으로 이동하게 됨

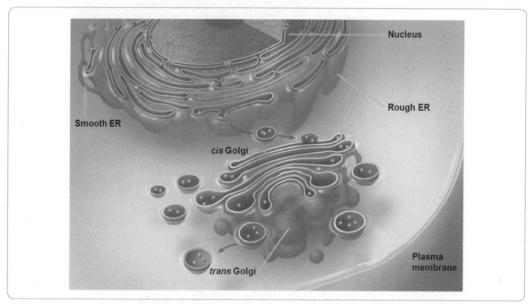

1. 시스터나 성숙 모델(cisternal maturation model)에 따르면 조면소포체에서 출아된 소 낭들이 융합되어 골지체의 cis면을 형성한 후 성숙면으로 이동하면서 시스터나에 존재하 는 단백질이 수정됨

(3) 골지체(Golgi apparatus)

납작한 모양의 주머니인 시스터나가 포개진 형태이며 분비능력이 활발한 세포에 발달되어 있고 단일막으로 둘러싸여 있음. 식물세포에서는 딕티오솜이라고 함

ㄱ. 구조 : 조면소포체에서 세포바깥을 향해 배치된 작은 소낭의 연합체이며 cis면과 trans면으로 구분됨

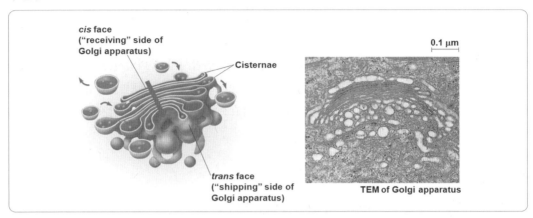

ㄴ. 기능 : 소포체에서 만들어진 단백질을 받아들여 화학적 변형을 추가하고 일부 단백질들의 이동을 조절하는 역할을 수행함

ⓐ 소포체에서 결합된 올리고당의 일부를 변형시키고 새로운 올리고당을 단백질에 결합시킴.

ⓑ 분류(sorting) : 세포막, 리소좀, 세포외부로 이동하게 되는 단백질은 골지체에서 분류되는데 일부는 골지체에 잔류하거나 또 다른 일부는 세포막, 세포외부, 리소좀으로 각각 이동함

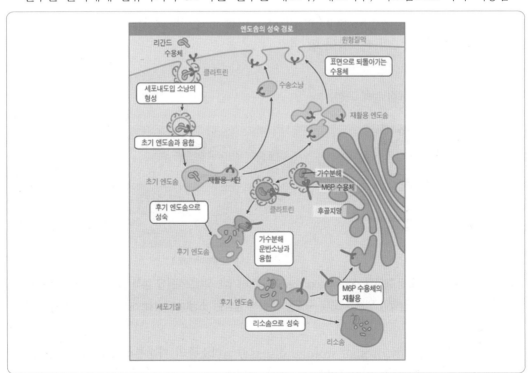

1. 모든 세포는 항상적 분비 경로(constitutive secretory pathway)를 갖고 있어서 많은 수용성 단백질이 항상적으로 이런 방식을 통해 분비되는데 이러한 분비 기작은 원형질막에 새로 합성된 지질과 단백질을 공급하는 수단이 되기도 함
2. 특수화된 세포는 조절 분비 경로(regulated secretory pathway)도 있어서 세포외부로부터의 신호가 있어야만 단백질을 분비하게 됨
3. 리소좀으로 갈 단백질은 mannose 6 - phosphate가 결합되어 있는데 이것은 렉틴과 결합하여 리소좀으로 이동하는 신호로 작용하는 것임

ⓒ 중성지방을 콜레스테롤 및 인지질, 단백질과 연합시켜 유미입자(chylomicron)를 형성함
ⓓ 식물세포의 경우 세포벽의 구성성분인 헤미셀룰로오스 및 펙틴을 합성함. 셀룰로오스 미세섬유의 합성은 원형질막 상에 존재하는 복합효소인 섬유소 합성 복합체(cellulose synthesizing complex)에서 이루어짐

(4) 리소좀(lysosome)

동물세포에서 발견되는 구조로서, 골지체에서 떨어져 형성되며 세포내 소화에 관여함. 세포 밖으로부터 유입된 물질이나 오래된 세포소기관을 분해하는데 관여함. 식물이나 균류의 경우 액포가 리소좀의 기능을 대신함

ㄱ. 구조 : 구형의 세포소기관으로 50여종 이상의 가수분해효소가 포함되어 있으며 막 상에는 H^+ - ATPase가 존재하여 리소좀 내부의 환경을 산성 상태로 유지함. 리소좀·내의 가수분해효소들은 산성 상태에서 활성을 유지할 수 있음
ㄴ. 기능 : 세포내 소화(intracellular digestion)를 수행하며 골지체에서 형성된 1차 리소좀이 엔도솜과 융합하여 2차 리소좀이 됨

🔬 리소좀에 의한 물질 분해 과정

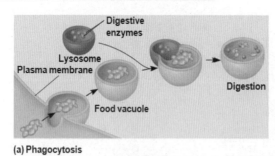 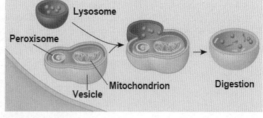

리소좀은 내포작용을 통해 형성된 소낭(endosome)과 융합하거나 식세포작용을 통해 형성된 소낭(phagosome)과 융합하며 또는 오래가거나 결함이 있는 세포내 구조물 주위에 형성된 소낭(autophagosome)과 융합하여 물질을 분해함

ㄷ. 리소좀 저장병(lysosomal storage disease) : 리소좀의 가수분해효소 일부가 결핍되어 세포내 소화가 정상적으로 일어나지 않아 생기는 질병

편입생물 비밀병기 - 단권화바이블 + 필수기출과 해설편

   ⓐ 테이 - 삭스(Tay - Sachs)병 : ganglioside 분해효소(hexosaminidase)가 결핍되어 ganglioside 가 뇌세포에 축적되어 정신박약, 시력상실이 유발되고, 끝내 사망하는 질환

   ⓑ 폼페병(Pompe's disease) : 간이나 근육 내의 리소좀 내에 글리코겐 분해효소(α - glucosidase)가 결핍되어 글리코겐이 분해되지 않아 리소좀 내에 글리코겐이 축적되는 질환으로서 이로 인해 세포가 손상되어 근육이 약해지고 특히 호흡부전 및 심근 병증이 생기게 됨

(5) 미토콘드리아(mitochondria)

진핵세포에 호기성 세균이 내부공생하여 진화한 세포소기관으로 세포호흡이 일어나는 장소이며 당이나 지방, 다른 열량을 내는 영양소들은 산소를 이용하여 분해함으로써 ATP를 얻는 대사가 일어나고 자신의 DNA를 지니고 있어서 분열을 통해 증식함

ㄱ. 구조 : 외막과 내막의 2중막으로 구성되며 외막(outer membrane ; 포린이라 불리는 물질수송 단백질이 존재하며 물질 투과성이 높음)과 내막(inner membrane ; 대부분의 물질에 비해 비투과성이며 구불구불하여 크리스테라 함) 사이의 공간은 막간 공간(intermembrane space)이라 하며 내막으로 둘러싸인 공간은 기질(matrix)라고 함

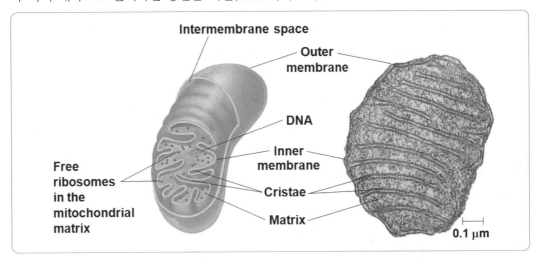

   ⓐ 카르디오리핀(cardiolipin) 인지질이 내막에 풍부한데 이것은 내막이 전하를 띤 물질에 대해 특히 비투과적이게 함

   ⓑ 내막에는 선택적 투과성을 보이는 운반체 단백질(ATP - ADP translocator, H^+ - Pi symporter 등)이 존재하여 ATP 합성에 필요한 ADP나 Pi를 미토콘드리아 기질로 들여오고 합성된 ATP는 미토콘드리아 밖으로 수송하며 전자전달에 관여하는 효소들이 존재하여 화학삼투 인산화(chemiosmotic phophorylation)가 수행되어 ATP를 합성함

   ⓒ 미토콘드리아 기질에는 환형 염색체 DNA와 리보솜, 각종 효소가 존재하는데 미토콘드리아 리보솜은 진핵세포의 세포질에 존재하는 리보솜보다는 세균의 리보솜과 유사함

ㄴ. 기능 : 산화적 인산화를 통해 ATP를 합성함

(6) 엽록체(chloroplast)

진핵세포에 광합성 세균이 내부공생하여 진화한 광합성 수행 세포소기관이며 식물과 조류에서만 발견할 수 있고 자신의 DNA를 지니고 있어서 분열을 통해 증식함

ㄱ. 구조 : 2중막으로 구성되는데 외막은 투과성이 높으며 내막은 투과성이 낮고 선택적 투과성이 있는 운반단백질이 존재함. 엽록체의 내부는 틸라코이드 막으로 구성된 그라나와 틸라코이드 구조물 밖의 공간인 스트로마로 구분됨

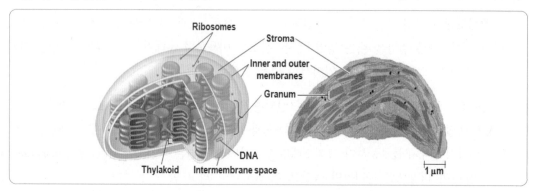

ⓐ 그라나(grana) : 틸라코이드가 겹겹이 쌓인 구조로서 그라나의 틸라코이드막(thylakoid membrane ; 카르디오리핀이 풍부하여 전자전달에 따른 양성자 구동력 형성이 수월하고 빛을 흡수하는 색소 등이 존재하여 광합성의 명반응이 진행됨)으로 구성됨

ⓑ 스트로마(stroma) : 환형 염색체 DNA와 각종 효소, 리보솜이 존재하는데 미토콘드리아와 마찬가지로 엽록체 리보솜도 진핵세포의 세포질에 존재하는 리보솜보다는 세균의 리보솜과 유사함

ㄴ. 기능 : 광합성(명반응, 암반응)이 수행됨

(7) 퍼옥시좀(peroxisome)

주로 산화과정을 수행하는 세포소기관으로 단일막으로 둘러싸여 있음

ㄱ. 구조 : 거의 둥근 모양을 하고 있으며 결정체 중심(crystalloid core)을 가지고 있는데 이 결정체 중심은 퍼옥시좀 내에 존재하는 고농도의 catalase와 urate oxidase가 포함되어 있음

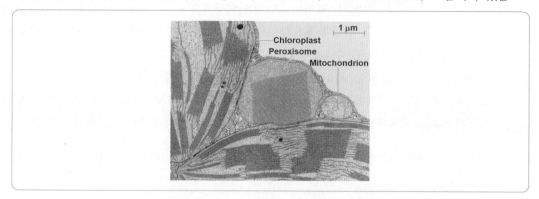

ㄴ. 기능 : 미토콘드리아와 마찬가지로 산소를 이용하는 주된 세포기관이며 다양한 물질을 산화시키는 효소를 포함하고 있음

ⓐ 다양한 산화효소 등에 의해 과산화수소 등의 활성 산소가 형성되기도 함($RH_2 + O_2 \rightarrow R + H_2O_2$). 이렇게 형성된 H_2O_2는 보통 해롭지만 간혹 중요한 신호물질로도 이용되는 경우가 있음

ⓑ 지방산의 β 산화가 진행되는데 지방산은 여러개의 아세틸 - CoA로 전환되어 세포질로 방출됨. 동물세포의 경우 지방산 산화의 약 25%~50%만이 퍼옥시좀에서 진행되며 식물세포의 경우 지방산 산화는 전적으로 퍼옥시좀 내에서 진행됨

ⓒ 지방산 산화나 광호흡 과정 등에서 형성된 H_2O_2를 catalase를 통하여 제거함($H_2O_2 + RH_2 \rightarrow R + 2H_2O$). 간이나 신장의 퍼옥시좀은 혈액으로 유입된 독성 물질을 산화시켜 비독성화시키는 역할을 수행하는데 우리가 마신 에탄올의 약 25% 정도는 이러한 방식을 통해 아세트알데히드로 전환되고 있음. 게다가 과도한 양의 H_2O_2가 세포 내에 축적되면 catalase는 그것을 물로 전환시킴($2H_2O_2 \rightarrow 2H_2O + O_2$)

(8) 중심 액포(central vacuole)

ㄱ. 구조 : 성숙한 살아 있는 식물세포는 세포 전체 부피의 80~90%에 달하는 커다란 물로 채워진 주머니 구조임

ⓐ 액포막으로 둘러싸여 있는데 액포막에는 중심 액포의 안팎으로 물질을 이동하게 하는 단백질들이 존재하는데 용질이 능동적으로 축적되면 액포가 수분을 흡수할 수 있는 삼투에 의한 기동력이 생기는데 이는 식물세포의 신장을 위해 필요함

ⓑ 트랜스 골지망에서 형성된 작은 전액포가 세포가 성숙함에 따라 서로 융합하여 대부분의 성숙한 식물세포의 특징인 중앙액포가 형성됨

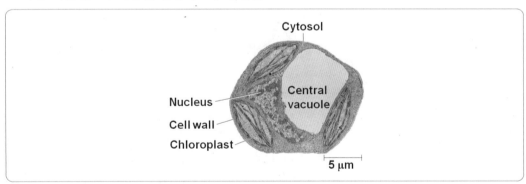

ㄴ. 기능 : 물, 용존성 무기이온, 유기산, 당류, 효소 및 식물을 방어하는 역할을 하는 다양한 2차 대사산물을 포함하고 있음

ⓐ 식물세포의 수분함량을 조절하여 식물 형태변화에 관여하여 팽압을 통하여 식물세포를 지지하며 식물세포 성숙시에 일차적으로는 중심 액포의 부피 증가와 이에 따른 압력의 증가가 식물세포를 성장시키게 하는 원동력이 됨

ⓑ 포식자로부터 자신을 보호하기 위한 2차 산물 등을 저장하고 있음

ⓒ 액포에 농축되어 있는 색소는 많은 꽃들의 색깔을 나타냄 예 안토시아닌

한권으로 끝내는 메디컬(의치한약수) 편입 나만의 祕密兵器

2 세포골격(cytoskeleton) 구성 섬유의 종류, 구조와 기능

(1) 미세섬유(microfilament ; actin filament)

지름이 약 7nm인 액틴 중합체로 세포 모양 유지 및 변화 등의 기능을 수행함

ㄱ. 미세섬유의 구조 : 액틴 필라멘트는 미세소관보다 가늘고 더욱 유연하며 길이는 더욱 짧음. 그
러나 전체 길이는 미세소관의 약 30배에 달하는데 일반적으로 액틴 필라멘트는 교차연결된 망
상구조나 다발의 형태로 세포 내에 존재하며 그 인장강도는 개개의 필라멘트와 비교하여 매우
높음

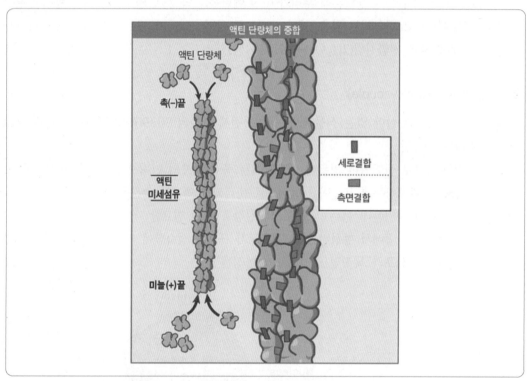

ⓐ 구형 액틴 단백질(G - actin)이 중합된 두 사슬이 우선성으로 꼬여 형성됨

ⓑ 미세소관처럼 (+) end와 (-) end 부위가 존재하는데 (+) end에서의 액틴 단량체 중합이
(-) end에서의 액틴 단량체 중합보다 더욱 잘 일어나는 경향이 있음

ⓒ 유리 액틴 단량체는 ATP와 강하게 결합하고 있으며, 이 ATP는 액틴 단량체가 필라멘트에
끼어든 후 가수분해됨. ATP가 ADP로 가수분해되면 단량체 간의 결합 강도가 약화되어 안
정성이 떨어짐

ⓓ 시험관 상에서 시간의 흐름에 따른 액틴의 자발적 중합은 3단계로 진행되는데, 핵형성기
(nucleation), 신장기(elongation), 안정기(steady state)가 그것임

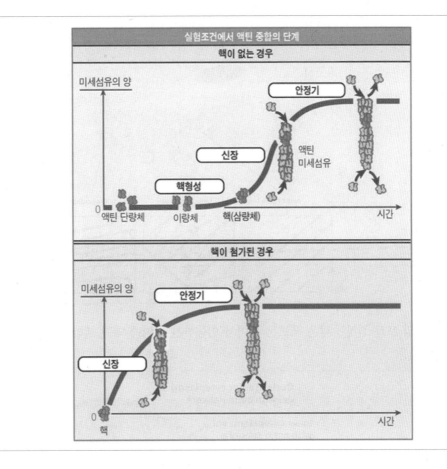

1. 핵형성기 : 액틴 소중합체가 형성되는 시기로서 핵형성은 시간에 따른 액틴의 자발적 중합과정에서의 일종의 지연기임. 단량체가 성장할 수 있는 핵의 이용이 가능하다면 지연단계는 없어지게 됨

2. 신장기 : 미세섬유의 빠른 길이 방향의 성장이 일어나는 시기임

3. 안정기 : 미세섬유의 알짜 성장이 일어나지 않는 시기로 미세섬유 말단의 액틴 소단위는 느리지만 끊임없이 교체됨

ㄴ. 미세섬유의 기능 : 액틴 미세섬유는 두 가지 방식으로 힘을 생성하고 세포운동을 유발하게 되는데 첫 번째는 액틴 단량체가 미세섬유로 중합되는 것이고 두 번째는 액틴이 다양한 액틴 결합 단백질 및 미오신과 상호작용하는 방식을 통해서 가능함

ⓐ 대부분의 세포에서 액틴 필라멘트는 원형질막 아래층에 집중되어 있는데 이 부위를 세포피질(cell cortex)이라고 하며 액틴 필라멘트는 여러 가지 액틴 결합 단백질에 의해 연결되어 망상구조를 형성함으로써 세포의 외부형태를 유지하고 세포에 기계적 강도를 부여함. 많은 세포들은 세포 표면의 여러 부위에서 발견되는 사상족(filopodia)이라는 돌출부를 갖고 있는데 (+) end가 외부를 향하는 10~20개의 액틴 필라멘트로 구성됨.

또한 소장의 상피세포의 미세융모 구조도 미세섬유 및 결합 단백질의 작용과 관련 있음

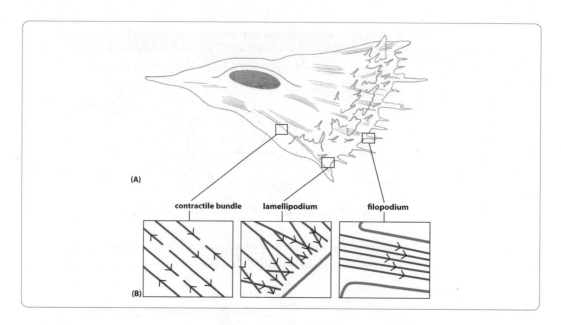

(A)

contractile bundle   lamellipodium   filopodium

(B)

ⓑ 세포의 포복 현상 : 많은 세포는 기어서 이동하는데 이에 액틴 필라멘트 작용이 깊게 관여되어 있음

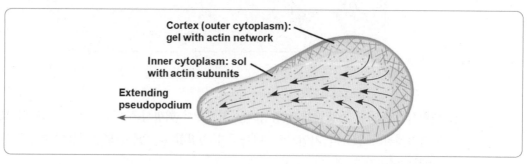

Cortex (outer cytoplasm): gel with actin network

Inner cytoplasm: sol with actin subunits

Extending pseudopodium

1. 액틴의 중합에 의해 세포는 전진하고 있는 방향으로 돌출부위를 형성하게 됨.
2. 세포는 이 고착점을 이용하여 전진하며 이를 위해 세포 전체의 액틴 필라멘트를 수축시키는데 이 경우 액틴 필라멘트의 수축은 미오신이라고 하는 운동 단백질과 액틴 필라멘트 간의 상호작용에 의해 이루어짐

ⓒ 근육 수축 : 근 수축 과정에서 액틴 필라멘트는 미오신 필라멘트를 활주하게 됨

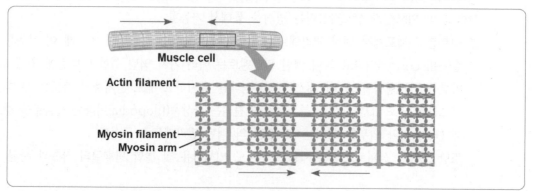

Muscle cell

Actin filament

Myosin filament
Myosin arm

(2) 중간섬유(intermediate filament)

미세섬유나 미세소관보다는 세포의 영구적인 지지물로 세포사멸 후에도 중간섬유 네트워크는 남아 있음. 대부분 동물세포의 세포질에서 발견되며 세포질 전체에 걸쳐 그물망을 형성하고 있고 데스모 좀과 같은 세포와 세포의 접촉 부위에서는 원형질막에 고정되어 있는 경우도 발견됨

ㄱ. 중간섬유의 구조 : 중간섬유는 여러 개의 긴 끈을 꼬아서 만든 밧줄과 같은 구조를 지니고 있어 서 그 인장강도가 매우 높음

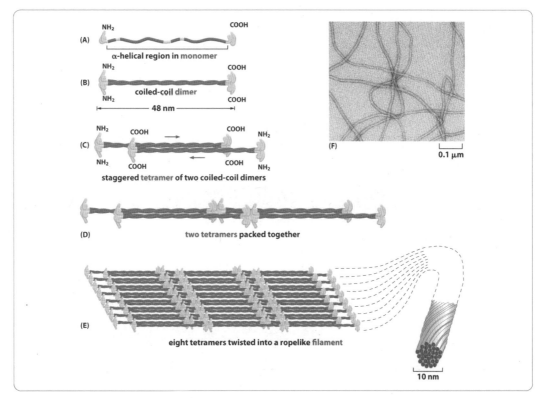

ⓐ 단위체 : N - terminal globular head + α - helix + C - terminal globular   head
ⓑ 단위체 두 가닥이 꼬여 dimer를 구성하여 2개의 dimer는 비공유결합을 형성하여 tetramer 를 형성하며, tetramer는 끝과 끝이 묶어져 나선형으로 결합하며, 최종적으로 밧줄과 같은 중간 필라멘트를 형성함

ㄴ. 중간섬유의 종류와 기능 : 막대 형태의 중간 부위의 크기와 아미노산 서열이 매우 유사하여 서 로의 결합이 가능하고 항상 비슷한 직경과 구조를 갖는 섬유를 형성하지만 중간섬유의 표면에 노출되어 있는 구형 아미노 말단과 카르복시 말단 부위는 그 크기와 아미노산 서열이 중간섬유 의 구성 단백질의 종류에 따라 매우 다르며 주로 세포질의 다른 구성물과의 상호작용에 관여함
ⓐ 케라틴 섬유(keratin filament) : 상피세포의 중간섬유. 상피세포 내부에 광범위하게 퍼져있 으며 주변의 상피세포와 데스모좀(desmosome)이라는 세포 연접 부위를 통해 간접적으로 연결됨

ⓑ 비멘틴 섬유(vimentin filament) 및 비멘틴 - 관련 섬유(vimentin - related filament) : 결합조직의 세포, 근육세포, 신경계의 지지세포의 중간섬유

ⓒ 핵라민(nuclear lamin) : 핵막을 강화시키는 중간섬유로 세포질에 존재하는 중간섬유와는 달리, 핵막의 소실과정에서 라민이 인산화되면서 핵막과 함께 해체되었다가, 분열이 끝나면 라민이 탈인산화되면서 핵막과 같이 재구성되는 과정을 반복함

(3) 미세소관(microtubule)

튜불린 이합체의 중합과 분해로 길어지거나 짧아지면서 기능을 수행하게 되는데 운동단백질을 통해 세포소기관이나 소낭의 이동에도 관여함

ㄱ. 미세소관의 구조 : 지름이 약 25nm인 원통형의 구조물로서 세포의 중심부위에서 발견되는 중심체에서 조립됨

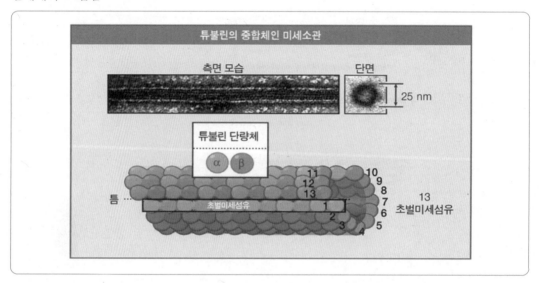

ⓐ 단위체 : α - tubulin과 β - tubulin으로 이루어진 $\alpha\beta$ - tubulin dimer

ⓑ $\alpha\beta$ tubulin이 교대로 배열되어 있는 protofilament 13개가 원통모양을 형성한 구조

ⓒ α - tubulin이 노출되어 있는 부분을 (-) end 라고 하고, β - tubulin이 노출되어 있는 부분을 (+) end 라고 함

ⓓ 미세소관의 성장 : 시험관에 순수 튜불린 단백질을 넣어두면 튜불린 이량체가 형성되면서 미세소관이 형성되는 것을 관찰할 수 있는데 이 때 (-) end와 (+) end 모두에 튜불린이 첨가되나 (+) end 부위가 더욱 선호됨. 순수 분리한 고농도의 $\alpha\beta$ - 튜불린은 시험관 상에서 스스로 중합되어 미세소관을 형성하기도 하지만 실제 세포 내에서의 $\alpha\beta$ - 튜불린 농도는 매우 낮고 (-) end는 중심체에 묻히게 되므로 미세소관의 성장은 (+) end에서만 이루어지게 되는데 중심체의 핵 형성부위는 낮은 $\alpha\beta$ - 튜불린 농도에서도 미세소관 형성을 효율적으로 유도하는 역할을 수행하게 됨. 액틴 필라멘트와 마찬가지로 시험관 상에서 미세소관 성장은 지연기, 성장기, 안정기로 진행됨

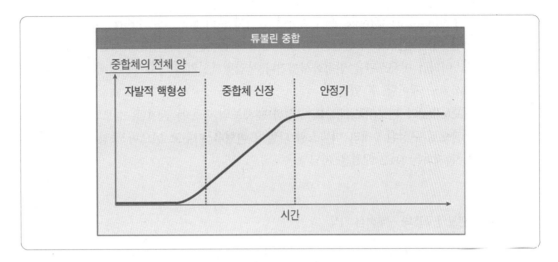

ⓔ 운동단백질(motor protein) : 미세소관에 결합하여 물질을 이동시키는 역할을 담당하며 이
   때 ATP 가수분해로 생성된 에너지를 이용함.
   kinesin은 세포내 물질 및 세포소기관을 미세소관의 (+) end 방향으로 이동시키며,
   dynein은 (-) end 방향으로 이동시킴

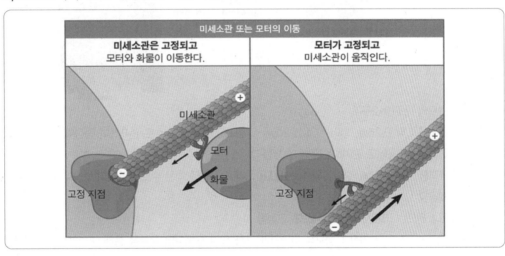

ⓕ 콜히친이나 택솔을 처리하면 세포주기가 유사분열 중기에 멈추게 되는데 이러한 사실은 균
   형있는 튜불린 소단위체들의 지속적인 첨가와 소실에 의해 유사분열기와 방추사가 유지되고
   있음을 알 수 있음

미세소관 관련 시약	작용
taxol	미세소관에 결합하여 튜불린의 소식을 저해함
colchicine	미세소관 소단위체에 결합하여 중합을 저해함

ㄴ. 미세소관의 기능
   ⓐ 중심체(centrosome)에서 형성되며, 운동단백질을 통해 세포내 물질 이동에 관여함

ⓑ 방추사(mitotic spindle)를 구성하며 염색체 분리에 관여함. 따라서 콜히친이나 택솔을 처리하면 미세소관으로 구성된 방추사의 염색체 분리를 저해하여 유사분열을 중단시킬 수 있게됨. 이처럼 미세소관을 안정화시키거나 불안정화시키는 항유사분열제를 이용하면 암세포 증식까지도 제어할 수 있음

ⓒ 섬모(cilia)와 편모(flagella)를 구성하며 세포의 이동에 관여함. 섬모와 편모는 한 쌍의 미세소관으로 구성된 9개의 미세소관 다발이 환형을 이루고 있으며 중앙에는 두 개의 미세소관이 존재하는 9+2 배열을 지님

섬모, 편모의 구조와 구부러짐 기작

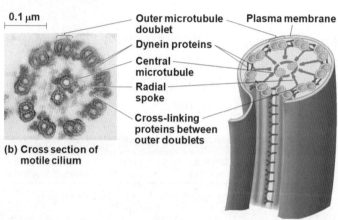

0.1 µm

Outer microtubule doublet
Plasma membrane
Dynein proteins
Central microtubule
Radial spoke
Cross-linking proteins between outer doublets

(b) Cross section of motile cilium

Ⓐ 섬모, 편모의 구조(9+2구조)

1. 섬모(지름 : 약 0.25µm, 길이 : 약 2~20µm) : 세포 표면에 많은 수로 존재하며 중심축과 수직 방향으로 추진력 제공함. 신호수용에도 관여하는 경우가 있음

2. 편모(지름 : 약 0.25µm, 길이 : 약 10~200µm) : 세포 표면에 적은 수로 존재하며 중심축과 동일한 방향으로 추진력 제공함

3. 섬모나 편모는 기저체에 의해 세포에 고정됨

Ⓑ 섬모, 편모의 구부러짐 기작 : 섬모성 디네인과 교차 연결 단백질의 운동을 통해 구부러짐이 일어남

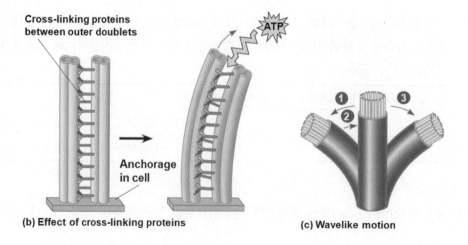

Cross-linking proteins between outer doublets

ATP

Anchorage in cell

(b) Effect of cross-linking proteins

❶ ❷ ❸

(c) Wavelike motion

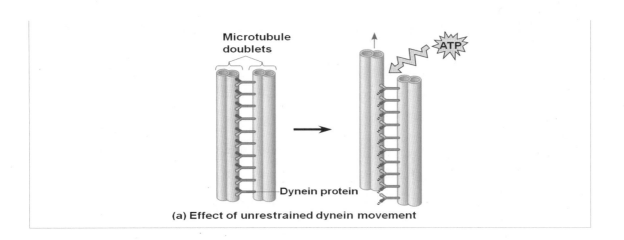

Microtubule
doublets

ATP

Dynein protein

(a) Effect of unrestrained dynein movement

---

3 식물의 세포벽과 동물의 세포외기질

(1) 식물의 세포벽

식물세포를 보호하고, 형태를 유지하며, 지나친 수분의 흡수를 막는 세포외 구조물로서 식물 세포벽
은 원형질연락사(plasmodesmata)에 의해 구멍이 뚫려 있어 세포간 통합적 환경 조성이 가능함

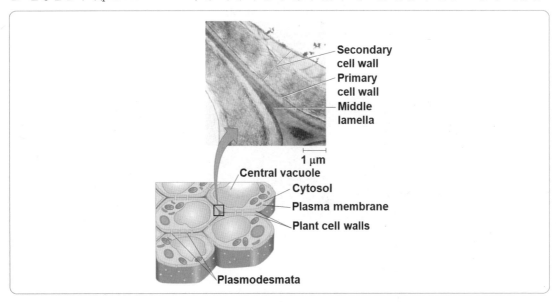

Secondary
cell wall
Primary
cell wall
Middle
lamella

1 μm

Central vacuole
Cytosol
Plasma membrane
Plant cell walls

Plasmodesmata

ㄱ. 1차 세포벽(primary cell wall) : 세포막과 중엽층 사이에서 형성되는데 처음에는 매우 부드럽
고 얇지만 형성 과정이 끝나면 조금 두꺼워지고 또 단단해짐

ⓐ 활발하게 성장하는 세포에서 형성되며 셀룰로오스 미세섬유가 세포가 팽창하는 방향에 직각
으로 놓여 성장 패턴에 영향을 줌

ⓑ 상대적으로 분화가 덜되고 모든 세포 유형에서 분자 구성이 유사함

ⓒ 유조직 세포의 1차 세포벽은 매우 얇으면 구조적으로 단순하지만 후벽세포나 표피세포의 1 차 세포벽은 훨씬 두텁고 여러 층으로 구성됨

ⓓ 성분으로는 셀룰로오스, 헤미셀룰로오스, 펙틴 등이 포함되는데 기질 중합체인 헤미셀룰로오스, 펙틴은 골지체에서 합성되어 소낭으로 배출된 것이지만 셀룰로오스 미세섬유는 원형질막 상에서 합성됨

ㄴ. 2차 세포벽(secondary cell wall) : 여러 층으로 싸여 세포를 보호하고 지지하는 역할을 수행함

ⓐ 세포벽 신장이 중지된 후에 일부의 식물세포는 때로 2차 세포벽을 합성함. 2차 세포벽은 헛물관, 섬유 등의 후벽세포에만 존재하는 것으로 아주 두터운 것이 특징임

ⓑ 흔히 다층을 이루며 1차 세포벽과는 구조와 조성면에서 다름. 셀룰로오스의 비율이 높으며 셀룰로오스 미세섬유의 방향이 1차 세포벽에서보다는 더욱 규칙적으로 평행하게 배열됨

ⓒ 리그닌 성분이 포함됨. 리그닌은 세포벽에 상당한 기계적 힘을 부가하며 병원체에 공격을 받는 세포벽의 감수성을 감소시키고 셀룰로오스와 단단히 결합하는 소수성 네트워크를 형성하여 세포신장을 방해함

ㄷ. 중엽(middle lamella) : 인접하는 식물세포들이 서로 접촉하는 연접에서 볼 수 있음

ⓐ 중엽의 조성은 펙틴 함량이 높고 이웃하는 세포를 붙여주는 역할을 수행함

ⓑ 세포분열 동안에 형성된 세포판에서 기원함

(2) 동물세포의 세포외 기질(extracellular matrix ; ECM)

세포외 기질의 주요 성분은 당단백질로, 세포에 의해서 분비됨. 당단백질은 보통 짧은 당 사슬로 된 탄수화물과 단백질이 공유결합된 것임

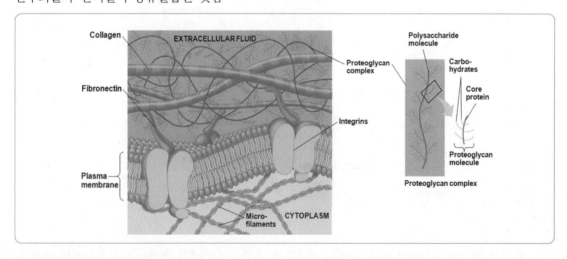

ㄱ. 콜라겐(collagen) : 가장 많은 양을 차지하는 섬유단백질임. 원콜라겐(protocollagen) 형태로 세포밖으로 분비된 후 원콜라겐 펩티다아제(protocollagen peptidase)에 의해 아미노말단과 카르복시말단의 일부 아미노산이 잘려진 후 교차 결합하여 불용성의 중합체인 콜라겐 원섬유 (collagen fibril)라는 중합체를 형성하고 이들이 모여 조금 더 두꺼운 콜라겐 섬유(collagen

fiber)를 형성함. 유전적으로 원콜라겐 펩티다아제가 결핍된 사람은 콜라겐 원섬유가 제대로 조립되지 않아 피부와 다른 결합조직의 장력 강도가 감소되어 필요 이상으로 쉽게 늘어나는 경향이 생김

ㄴ. 피브로넥틴(fibronectin) : 인테그린과의 결합을 통해 세포내부와 세포외 바탕질 간의 신호전달을 매개함

ㄷ. 인테그린(integrin) : 인테그린의 세포 외 부위에는 피브로넥틴이 결합하고 세포질쪽 부위에는 액틴 필라멘트가 결합하는 결합부위를 가지고 있어서 세포질쪽 부위에는 액틴 필라멘트가 결합하는 결합부위를 지님. 세포와 세포외기질 사이에 장력이 작용할 때 세포막이 찢어지지 않도록 인테그린 분자는 그 힘을 세포외기질에서 세포골격으로 전달하는 역할을 하며 세포외기질 분자와의 결합을 통해 인테그린 분자는 세포 내부 말단과 접촉하고 있는 단백질 인산화효소를 통해 세포 내 신호 증폭 체계를 활성화시킴

4 세포연접(cell junction)

(1) 동물세포의 세포연점

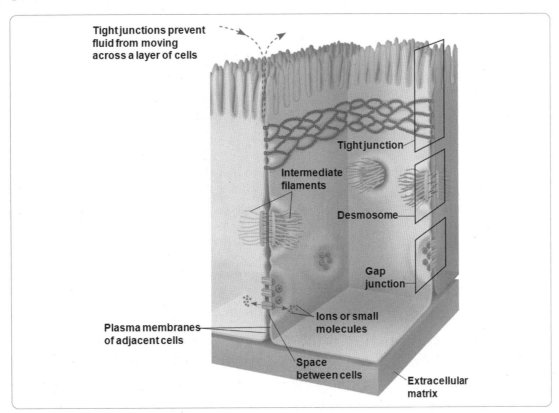

ㄱ. 밀착연접(tight junction) : 클라우딘(claudin)과 오클루딘(occludin) 단백질이 사슬 형태로 배열되어 세포 간의 틈을 밀봉하며 세포 간극으로의 물질이동을 제한하고 세포막 막단백질의 이동을 일부 제한하여 세포극성 형성에 기여함

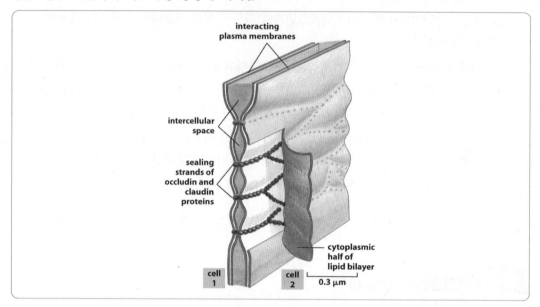

ㄴ. 데스모좀(desmosome) : 한 세포의 중간섬유를 이웃한 세포의 중간섬유에 연결하는 국부적 결합

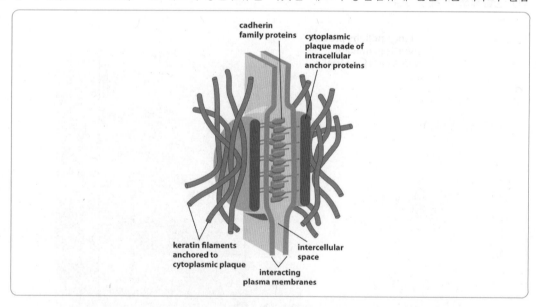

ⓐ 중간섬유에 결합된 카드헤린(cadherin)이 인접 세포의 카드헤린에 직접 결합하여 상피세포를 서로 연결하는데 카드헤린 간의 결합은 Ca^{2+}을 필요로 하고 카드헤린이 세포 내 중간섬유에 부착되어 있음. 특히 상피세포에서 발견되는 중간섬유를 케라틴이라고 함

ⓑ 상피세포간의 강합 결합력이 요구되는 조건에서 주로 발견되며 배의 초기 발생과정에서 세포의 위치를 결정하는 중요한 역할을 수행함. 세포가 암세포화될 때 데스모좀이 사라지는 것은 전이를 쉽게 하기 위한 기작인 것으로 추정됨

편입생물 **비밀병기** – 단권화바이블 + 필수기출과 해설편

ㄷ. 헤미데스모좀(hemidesmosome) : 상피세포 기저표면의 인테그린 단백질이 기저판의 라미닌에 결합하고 세포 안쪽으로는 중간섬유인 케라틴에 결합하여 상피세포를 기저판에 부착시키는 역할을 수행함

ㄹ. 간극연접(gap junction) : 모든 진피와 그 외 여러 조직에서 발견되며 다른 연접 형태와는 전혀 다른 목적을 수행함

　　ⓐ 접촉하고 있는 두 세포의 세포막 사이는 비어 있는 것이 아니라 수많은 동일한 단백질 복합체인 코넥손(connexon)을 통해 연결되어 있음. 코넥손은 1000Da 이하의 작은 수용성 분자(아미노산, 당, 비타민, 뉴클레오티드, 물 등)가 직접 이동할 수 있는 통로가 되며 이는 두 세포를 전기적으로나 대사 활동에 있어 통합시켜 주는 역할을 하게 됨. 특히 심장근에서 전기적 시냅스를 형성하여 빠른 신호전달을 야기하기 때문에 심방의 동시 수축이 가능하게 됨

　　ⓑ 많은 조직에서 간극연접은 외부 신호에 반응하여 필요할 때 개폐됨. 예를 들면 신경전달물질인 도파민은 빛의 강도 증가에 반응하여 망막에 있는 신경세포들 간의 간극연접을 통한 신호전달을 감소시킴. 이러한 간극연접의 투과성 감소는 전기적인 신호 패턴의 변화를 가져오고 간상세포 대신에 원추세포가 반응하도록 유도함

(2) 원형질 연락사(plasmodesmata ; 식물세포의 세포연접)

식물세포간의 통합 환경 형성에 관여하는데 간극연접과는 달리 원형질막으로 형성된 관으로서 이웃하는 세포막은 이 관을 통해 연결되어 있음. 물과 작은 용질들에 대한 투과도는 간극연접과 유사하지만 이동 단백질(movement protein)이 관여하면 단백질이나 RNA의 이동까지도 가능하다는 특징이 있음

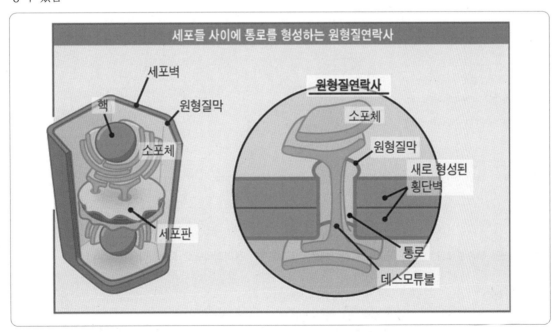

세포들 사이에 통로를 형성하는 원형질연락사

03 리보솜에 관한 설명으로 옳은 것만을 〈보기〉에서 있는 대로 고른 것은?

> 보기
> ㄱ. RNA와 단백질로 이루어져 있다.
> ㄴ. 단백질 합성이 일어나는 장소이다.
> ㄷ. 거대 분자를 단량체로 가수분해 시킨다.

① ㄱ   ② ㄴ   ③ ㄱ, ㄴ   ④ ㄱ, ㄷ   ⑤ ㄴ, ㄷ

04 진핵세포의 세포골격에 관한 설명으로 옳은 것만을 〈보기〉에서 있는 대로 고른 것은?

> 보기
> ㄱ. 동물세포가 분열할 때 세포질 분열과정에서 형성되는 수축환(contractile ring)의 주요 구성 성분은 미세섬유이다.
> ㄴ. 유사분열 M기에서 염색체를 이동시키는 방추사는 미세소관으로 구성된다.
> ㄷ. 핵막을 지지하는 핵막층(nuclear lamina)의 구성 성분은 중간섬유이다.

① ㄴ   ② ㄷ   ③ ㄱ, ㄴ   ④ ㄱ, ㄷ   ⑤ ㄱ, ㄴ, ㄷ

정답 및 해설

03 정답 | ③
리보솜은 가수분해가 아니며 아미노산 단량체를 거대 분자인 폴리펩티드로 중합한다.

04 정답 | ⑤
액틴 미세섬유와 미오신 섬유가 수축환을 형성하여 세포질 분열시킨다.
튜불린으로 구성된 미세소관이 방추사를 형성시킨다. 라민 단백질로 구성된 중간섬유가 핵막층의 내막(핵 라미나)을 구성한다.

05 세포 내에서 합성되어 분비되는 항체의 이동경로를 순서대로 옳게 나열한 것은?

① 핵 → 활면소포체 → 골지체 → 수송낭

② 핵 → 조면소포체 → 리소좀 → 수송낭

③ 조면소포체 → 골지체 → 수송낭

④ 조면소포체 → 리소좀 → 수송낭

⑤ 활면소포체 → 리보솜 → 리소좀 → 수송낭

06 다음 중 진핵세포의 세포골격을 구성하는 단백질은?

① 콜라겐   ② 미오신

③ 디네인   ④ 키네신

⑤ 액틴

정답 및 해설

05 정답 | ③

분비 단백질은 조면소포체 상의 리보솜에 의해 합성된 후 소포체 내강에서 당화 등의 변형이 일어난 후 골지체로 보내진다. 골지체에선 단백질이 추가 변형된 후 목적지별로 분류되어 분비 소낭으로 포장된다. 이 분비 소낭은 세포막과 융합되어 세포외배출작용에 의해 단백질이 세포 밖으로 분비된다.

06 정답 | ⑤

① 콜라겐은 피부와 결합 조직에서 세포외기질(EC)의 주 구성 성분이다.
② 미오신은 근육 세포 내에서 근원섬유의 구성 성분으로도 쓰이고, 동물 세포의 세포질 분열 시 수축환의 성분 등으로 사용된다.
③ 디네인은 미세소관에 부착되어 작용하는 운동 단백질이다.
④ 키네신은 미세소관에 부착되어 작용하는 운동 단백질이다.
⑤ 액틴은 세포골격 중 미세섬유의 구성 성분이다.

한권으로 끝내는 메디컬(의치한약수) 편입 나만의 祕密兵器

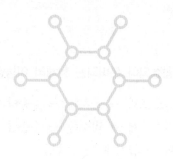

생물 1타강사 **노용관**

편입생물 비밀병기

단권화 바이블 ✚ 필수기출과 해설편

한권으로 끝내는 메디컬(의치한약수) 편입 나만의 祕密兵器

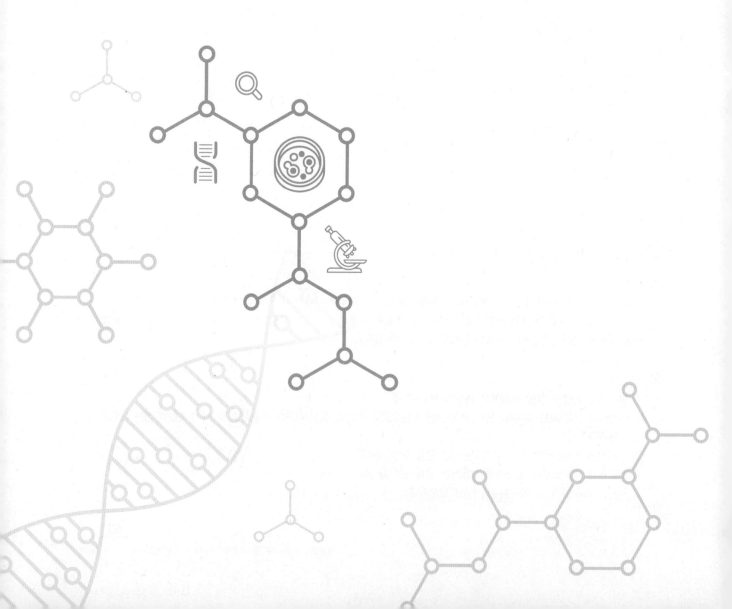

04

세포막의 구조와 물질 수송

04 세포막의 구조와 물질 수송

1 세포막의 구조 : 유동 모자이크막 구조

(1) 유동 모자이크 모델(fluid mosaic model)

유동성이 있는 막지질 이중층 구조에 단백질이 박혀 있는 상태를 가리키는데 막지질의 비극성 부위가 막의 안쪽을 향하여 서로 마주보고 있고 극성을 띤 부분은 막의 바깥쪽을 향하여 세포 안팎으로 수용액과 상호작용하고 있음. 단백질은 소수성 상호작용을 통해 막지질 이중층에 박혀 있는데 지질 이중층에서 단백질의 위치배열은 비대칭적이기 때문에 이면성이 생김

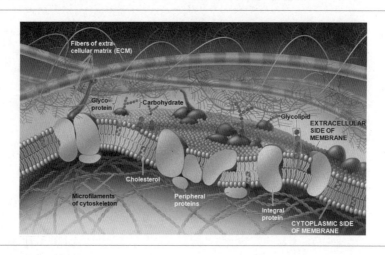

(2) 막지질(membrane lipid)

세포막 내의 지질은 친수성 머리와 소수성 꼬리를 모두 가지고 있어서 친수성과 소수성 특징을 둘다 지니는 양친매성(amphopathic)을 지님. 이러한 양극성은 지질 분자로 하여금 이중층을 형성할수 있도록 도와주는 역할을 함

ㄱ. 막지질의 종류

ⓐ 인지질(phospholipid) : 음전하를 띠는 인산기를 포함하는 친수성인 머리부분과 소수성인 꼬리부분으로 구성되므로 따라서 소수성 꼬리부분이 서로 마주보고 있는 이중층 구조를 형성함

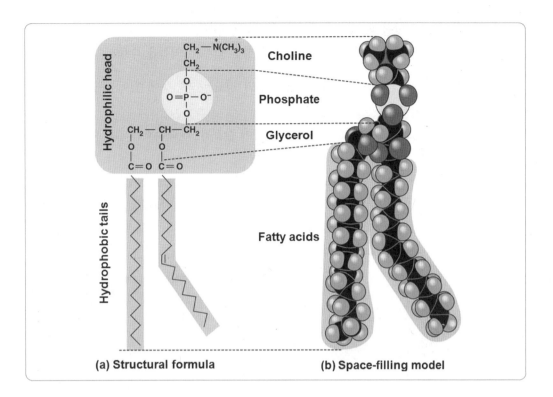

(a) Structural formula   (b) Space-filling model

주요 인지질의 종류

Ⓐ phosphatidylcholine(=lecithin) : 막을 구성하는 주요 인지질로 주로 외층에 존재하며 양전하 물질과 반발하며 특히 H^+ 등의 양이온 투과성이 낮음

Ⓑ phosphatidylinositol(PTI) : 주로 내층에 존재하며 IP_a라는 2차 전달자(second messenger)의 전구체로서 세포내 신호전달에 중요한 역할을 수행함

Ⓒ cardiolipin : 2분자의 인지질이 단일 글리세롤에 결합해 있는 상태로 H^+의 투과성이 낮게 유지되어야 하는 세균 세포막, 미토콘드리아 내막, 엽록체 틸라코이드막에 풍부함

ⓑ 콜레스테롤(cholesterol) : 친수성 부위인 극성 알코올기는 인지질의 머리 부분과 수소 결합을 하고 소수성 꼬리는 막지질의 소수성 부위와 결합하게 됨

한권으로 끝내는 메디컬(의치한약수) 편입 나만의 祕密兵器

1. 온도가 낮을 때에는 막지질의 유동성을 높이는 역할을 수행함
2. 온도가 높을 때에는 막지질의 유동성을 낮추는 역할을 수행함

ㄷ. 막지질 이중층의 유동성 : 세포막 유동성의 정도는 막기능에 있어 중요하며 일정 범위 내에서 유지되어야만 함

ⓐ 지질의 탄화수소 길이가 길수록 유동성이 감소됨. 탄화수소의 길이가 길면 다른 지질 분자와 결합하는 힘이 상대적으로 강해지게 됨

ⓑ 지질 탄화수소의 포화정도가 높아서 조밀하고 규칙적으로 배열될수록 이중층은 점성이 더 강하고 유동성이 낮아짐. 반대로 불포화 꼬리에 있는 이중결합으로 생긴 작은 비틀림 현상은 이웃한 탄화수소 꼬리들을 잘 포개진 상태로 유지하기 어렵게 만들기 때문에 많은 양의 불포화 탄화수소 꼬리를 가지는 지질 이중층이 더욱 유동적이 됨

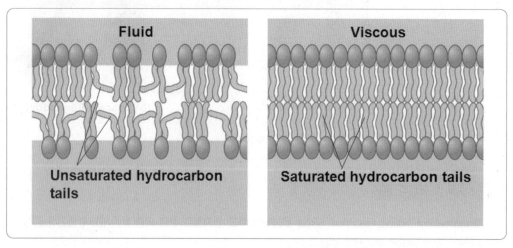

ⓒ 동물세포의 경우, 콜레스테롤 함량이 높을수록 지질 유동성의 변화폭도 작아짐. 콜레스테롤은 짧고 견고한 분자로 탄화수소 꼬리의 불포화에 의한 비틀림 현상으로 생긴 인지질 분자 간의 공간을 채우는 역할을 수행하기 때문에 콜레스테롤은 지질 이중층을 견고하고 덜 유동적이며 투과성이 적은 막으로 만듦

![Cholesterol within the animal cell membrane 그림, Cholesterol 표시]

ⓓ 측면으로의 유동성은 크나 수직방향으로의 유동성은 극히 적음. 수직방향으로의 유동성은 플립파제(flippase)라는 효소에 의해 촉매됨

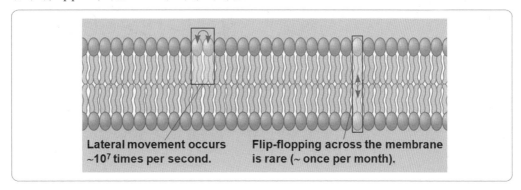

Lateral movement occurs
~10^7 times per second.

Flip-flopping across the membrane
is rare (~ once per month).

(3) 막단백질(membrane protein)

지질이중층은 모든 세포막의 기본 구조를 제공하고 투과성 장벽으로 작용하지만 대부분의 막 기능은 막단백질에 의해 수행됨

ㄱ. 막단백질의 기능 : 막단백질은 영양분, 대사물질, 이온 등을 수송하는 일 외에 다른 여러 가지 기능을 수행함. 단백질 중 일부는 막의 어느 한 쪽 면에 거대분자를 고정시키거나 세포 외부의 화학적 신호를 인식하여 이를 세포 내로 전달하는 수용체로서 작용하며 일부는 특정 화학반응을 촉매하는 효소로 작용함

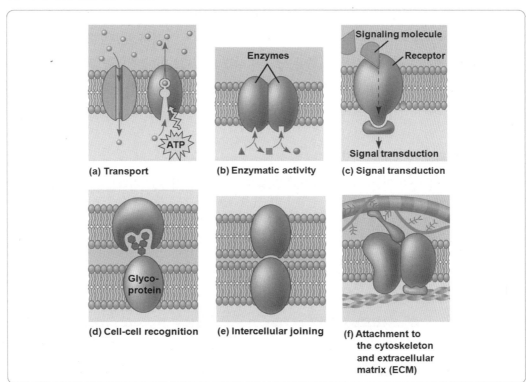

(a) Transport
(b) Enzymatic activity
(c) Signal transduction
(d) Cell-cell recognition
(e) Intercellular joining
(f) Attachment to the cytoskeleton and extracellular matrix (ECM)

ㄴ. 막단백질의 종류 : 내재성 단백질과 외재성 단백질로 구분함

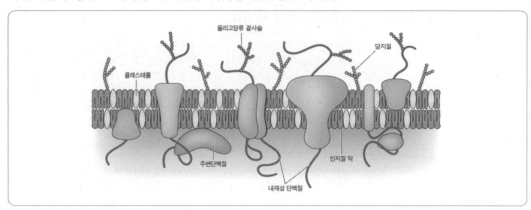

2 세포막을 통한 물질 수송

(1) 지질 이중층의 투과성 정리

ㄱ. 작은 비극성 분자 : 산소 분자나 이산화탄소는 쉽게 지질이중층에 용해되어 막을 빠르게 투과함. 세포는 세포호흡을 위해 기체에 대한 투과성을 지녀야 함

ㄴ. 비전하성 극성 분자 : 크기만 작다면 지질이중층을 빠르게 투과할 수 있는데 물과 에탄올은 비교적 빠르게 투과하며 글리세롤은 그보다 조금 더디게 투과하고 포도당은 거의 투과하지 못함

ㄷ. 이온, 전하성 분자 : 지질이중층은 크기에 상관없이 이온이나 전하를 띠는 분자에 대해 투과성을 지니지 않음. 이러한 분자들은 전하를 띠고 있어서 물에 대한 친화력이 강하기 때문에 이중층의 소수성 중심을 뚫고 들어가지 못함

(2) 수동수송(passive transport)

에너지를 사용하지 않는 물질 수송으로 고농도 지역에서 저농도 지역으로 물질이 이동함

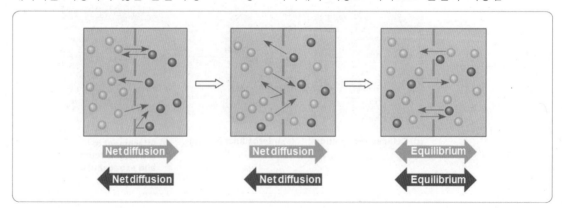

ㄱ. 확산(diffusion) : 용질의 수동수송으로 용질의 고농도 부위에서 용질의 저농도 부위로 용질이 이동함. 단 이온이나 전하를 띠는 용질이 막을 통과하여 자발적으로 움직이는 방향은 막 사이의 화학 기울기(chemical gradient ; 용질의 농도차이)와 전기 기울기(electrical gradient)의 합인 전기화학적 기울기(electrochemical gradient)에 의해 결정됨

ⓐ 단순확산(simple diffusion) : 농도가 다른 수용성 화합물이나 이온을 함유한 두 개의 수용액 구획이 투과성이 있는 막으로 나뉘어져 있을 때 용질은 두 구획의 농도가 같아질 때까지 막을 통하여 농도가 높은 쪽에서 낮은 쪽으로 이동함

    1. 크기가 작고 소수성이 큰 물질은 지질 이중층에 대한 투과성이 큼

    2. 전하를 띠지 않는 극성물질은 크기가 작을수록 높은 막투과성을 보임

ⓑ 촉진확산(facilitated diffusion) : 세포막 수송체를 통한 확산으로서 세포막을 통과하기 어려운 친수성 물질의 경우 수송 단백질을 통해 확산하게 됨

    1. 이온 통로(ion channel)을 통한 이온의 촉진 확산 : 전형적인 운반체의 수송속도보다 상당히 빠르고 최대 속도에 근접하는 속도로 막횡단 수송을 일으킴.

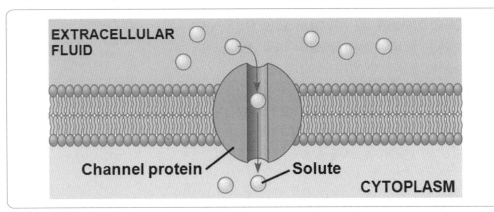

 통로 단백질(channel protein)

Ⓐ 특징

  1. 수송되는 물질과의 직접적인 결합이 없어 운반체 단백질의 수송속도보다 1000배 이상 빠름

  2. 이온선택성을 지님

  3. 생체 내에서의 이온통로는 거의 포화되지 않음

Ⓑ 이온 통로의 구분

  1. 누출 채널 : 신호가 없어도 열려 있는 채널

    예 K^+ 누출 채널, 아쿠아포린

  2. 개폐성 채널 : 신호가 있어야 열리는 채널

    예 리간드 의존성 채널(ligand-gated channel), 전압 의존성 채널(voltage-gated channel), 기계적인 힘 의존성 채널(mechanically-gated channel)

2. 운반체(carrier)를 통한 친수성 유기물질의 촉진 확산 : 기질과 높은 입체특이성을 갖고
   결합하여 훨씬 느린 속도로 수송을 촉매하여 어느 기질 농도 이상에서는 수송 속도의 증
   가가 일어나지 않는 포화 현상을 보임

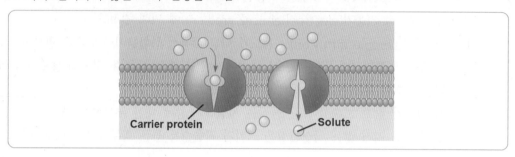

 촉진확산 관련 운반체 단백질(carrier protein)

Ⓐ 특징
 1. 포도당, 아미노산과 같은 세포 대사에 필요한 물질의 이동에 이용되는 수송 단백질임
 2. 수송되는 물질과 직접적인 결합을 하며 포화 현상을 보임
 3. 수송되는 물질에 대한 엄격한 특이성을 보임
Ⓑ 운반체 단백질의 예 – 포도당 운반체
 1. GLUT1 : 다양한 세포에 존재하며 세포 밖의 포도당을 내부로 수송함
 2. GLUT2 : 간 등에 존재하며 글리코겐이 분해된 산물인 포도당을 간세포 밖으로 수송함
 3. GLUT4 : 근육과 지방조직에 존재하는 포도당 운반체

ㄴ. 삼투(osmosis) : 용매의 수동수송으로 용매의 고농도 부위에서 용매의 저농도 부위로 용매가 이
   동함

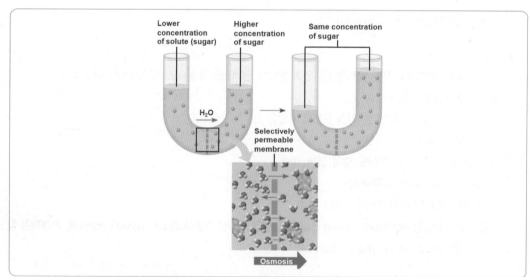

ⓐ 삼투압(osmotic pressure) : 용매가 이동하려는 압력으로 세포막을 통과할 수 없는 용질의 농도에 비례하여 그 크기가 결정됨

$\Pi = CRT\,(R=0.082\,atm\times L/K\times mole)$ (C : 용액의 삼투 농도, R : 기체상수(0.082), T : 절대온도)

ⓑ 삼투 적용 : 용매분자는 통과하지만 용질분자는 통과하지 못하는 반투과성막의 존재 하에 삼투가 실행되는데 실제의 세포는 엄격한 의미의 반투과성막을 갖고 있지 않고 용질에 대한 선택적 투과성을 지니고 있어서 삼투 적용이 개념적으로 복잡함

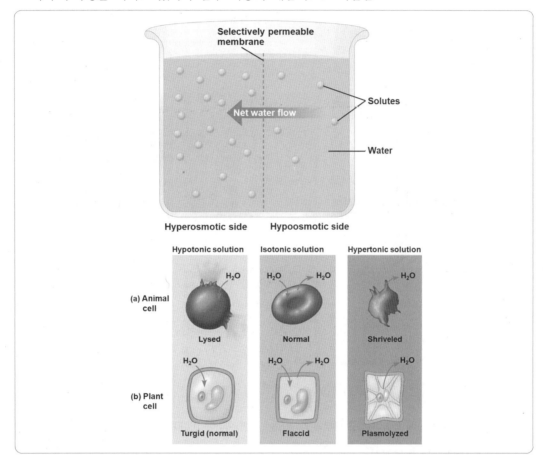

1. 고장액에 담겼을 때는 동물세포와 식물세포 모두 세포 내부의 수분이 용액으로 빠져나가게 되어 세포의 부피가 감소하게 되고 저장액에 담겼을 때는 동물세포와 식물세포 모두 용액의 수분이 세포 내부로 들어오게 되어 세포의 부피가 증가하게 됨
2. 동물세포의 특이사항 : 저장액 상태에서 너무 많은 양의 수분이 들어 오게 되는 경우 세포가 터지는 현상인 용혈현상이 발생함
3. 식물세포의 특이사항 : 식물세포의 경우 세포벽이 존재하기 때문에 동물세포에서는 볼 수 없었던 팽압이 존재하는데 팽압은 식물세포 수분 흡수의 제한요소가 됨. 또한 너무 수분이 빠져나가게 되는 경우 세포막과 세포벽이 분리되는 현상인 원형질 분리가 발생함

(3) 능동수송(active transport)

운반체를 통해 세포 안팎의 전기화학적 농도 구배를 역행하는 물질의 수송으로 능동수송에 필요한 에너지는 ATP 에너지 또는 ATP 에너지에서 유래한 물질의 농도구배를 이용함

ㄱ. 1차 능동수송(primary active transport) : ATP 가수분해 에너지를 직접적으로 이용하는 능동 수송

 1차 능동수송의 예

Ⓐ Na$^+$/K$^+$ pump

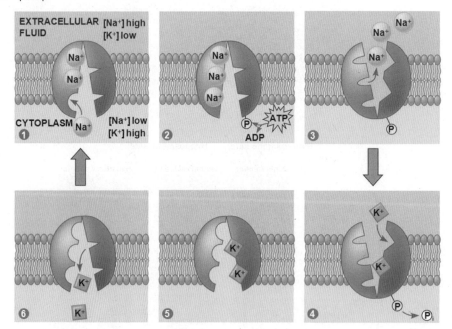

1. Na$^+$/K$^+$ pump에 의하여 세포 내부의 K$^+$ 농도는 주변 환경에 비하여 10~20배 정도 높고 Na$^+$은 반대로 세포 주변 환경에 10배 정도 높게 분포되어 있음
2. Na$^+$과 K$^+$의 불균등 분포는 세포막 전위 형성에 기여하며 특히 Na$^+$ 이온의 분포는 삼투압에 의한 세포 부피의 조절과 포도당이나 아미노산의 세포내 수송에 필요함

Ⓑ H$^+$-ATPase : 막을 중심으로 하여 H$^+$의 농도구배를 형성함　예 리소좀막, 액포막, 세균막

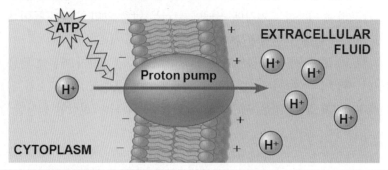

ㄴ. 2차 능동수송(secondary active transport) : 1차 능동수송을 통해 생성된 특정 물질의 농도 구배를 이용한 물질수송으로 모두 공동수송의 형태를 띠고 있음

 2차 능동수송의 예

Ⓐ 소장 상피세포의 포도당 / Na^+ 공동수송

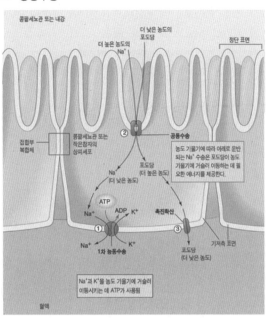

Ⓑ 식물세포에서의 H^+/설탕 공동수송

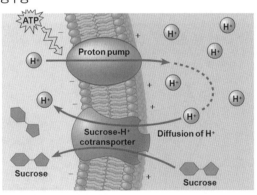

(4) 동물세포와 식물세포의 막수송체 종류와 분포 비교

ㄱ. 동물세포에서는 원형질막을 가로지르는 능동수송을 수행하기 위해 $Na^+ - K^+$ 펌프에 의해 생성된 Na^+의 전기화학적 구배가 이용되나 식물세포, 세균, 진균류에서는 H^+ 전기화학적 구배가 이용됨

ㄴ. 동물세포의 리소좀과 식물 및 진균류의 액포막에는 H^+을 세포소기관 내부로 펌프질하는 H^+ ATP 가수분해효소가 존재하여 이들 세포소기관의 내부 환경이 산성을 유지하도록 도움

(5) 소낭을 통한 물질의 이동

ㄱ. 막의 함입과 융합을 통한 물질 이동 기작

ⓐ 피복 소낭 형성을 통한 물질 수송 : 클래스린 - 피복소낭이나 COP - 피복소낭이 형성되면서 분비성 경로나 세포내 도입 경로를 진행함. 분비성 경로는 소포체막에서 단백질의 생합성, 소포체 내강으로의 이동, 그리고 골지체를 경유하여 세포 표면으로 이동하는 경로로 구성되며 세포내 도입경로는 원형질막에서부터 엔도솜을 통하여 리소좀까지 이동하는 과정으로 이루어짐

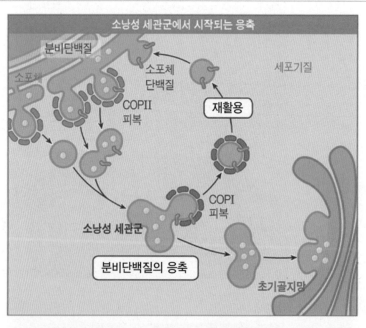

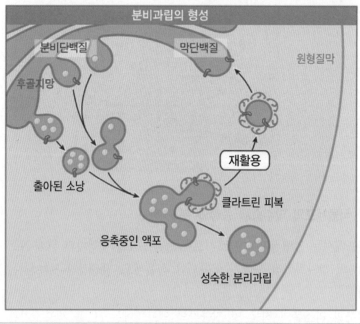

클래스린 – 피복소낭의 형성

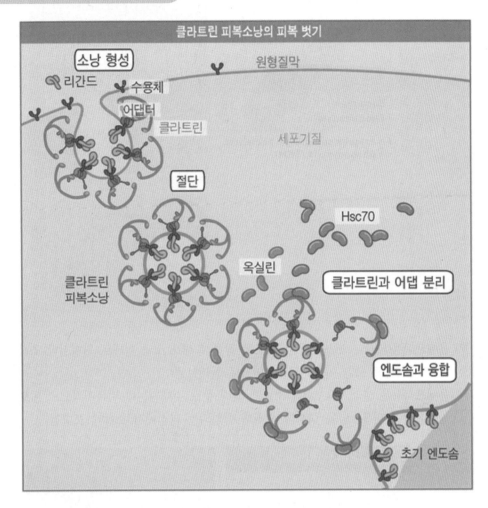

클라트린 피복소낭의 피복 벗기

수용체가 수송 물질과 결합한 후 세포질 쪽에서 어댑틴과 결합하고 여기에 다시 클래스린 분자가 결합함. 다이나민 단백질이 소낭의 목부분을 둘러싸고 GTP를 가수분해하여 소낭이 출아되도록 함. 출아된 후 외피 단백질을 제거되고 피복되지 않은 소낭은 표적막과 융합함. 다른 종류의 외피 소낭에도 기능적으로 유사한 외피 단백질이 존재함

ㄴ. 세포의 표면에서 이루어지는 막의 함입과 융합을 통한 물질의 수송 방식 – 내포작용과 외포작용

   ⓐ 내포작용(endocytosis) : 세포막의 함입으로 생체분자들을 받아들이는 작용

     1. 식세포작용(phagocytosis) : 포식세포가 위족 형성을 통해 내포작용을 수행하여 포식소체(phagosome)를 형성하게 되고 이것은 다시 세포 내의 리소좀과 융합하여 소낭 내의 분자들이 분해됨. 식세포작용을 통해 포식세포는 침입한 미생물을 섭취하여 감염에 대한 일차적인 방어작용을 수행하게 되며 또한 죽거나 손상된 세포와 세포 단편들을 처리하는 역할을 수행하게 됨

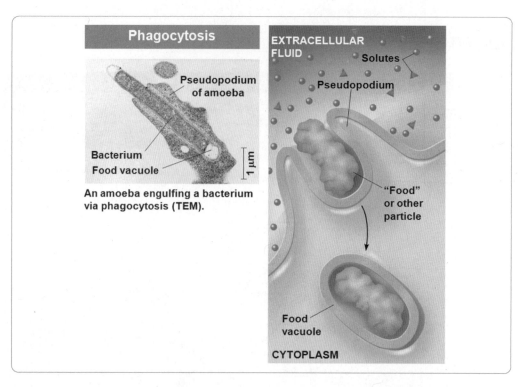

2. 음세포작용(pinocytosis) : 진핵세포는 작은 음세포 소낭 형태로 원형질막 조각들을 끊임 없이 섭취하고 또한 이를 세포 표면으로 돌려보냄.

음세포작용은 클래스린 - 피복 소낭에 의해 주로 수행되는데 비특이적으로 세포외 물질도 원형질막이 피복소낭을 형성하기 위해 함입되는 과정에서 소낭에 포함됨

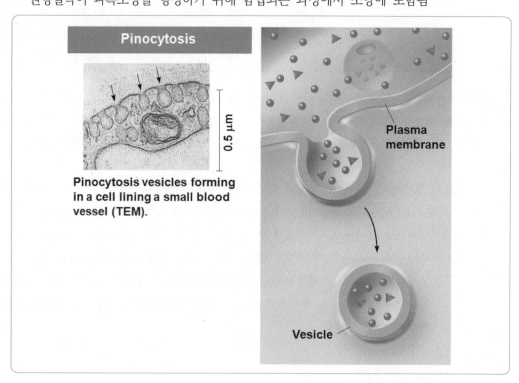

3. 수용체 - 매개성 내포작용(recepter - mediated endocytosis) : 대부분의 동물세포는 클래스린 - 피복 소낭에 의한 수용체 - 매개성 내포작용을 통해 특정 물질을 선택적으로 세포외액으로부터 섭취하는 기작을 가지고 있는데, 수용체 - 매개성 내포작용이란 세포외 물질의 리간드와 세포의 수용체가 결합해야 내포작용이 일어나는 상당히 특이적인 물질수송 방식으로 비특이적으로 진행되는 음세포작용보다 특정 거대분자를 1000배 이상의 효율로 세포 내로 유입할 수 있음

ⓑ 외포 작용(exocytosis) : 세포 안의 소낭과 세포막의 융합을 통해 물질을 내보내는 작용으로 이동 소낭 내의 내용물이 밖으로 배출됨. 상시 분비경로와 호르몬 조절 분비경로가 존재함

 수용체 매개성 내포작용의 예 - 세포의 LDL 내포작용

Ⓐ 과정

1. 세포표면의 LDL 수용체가 LDL과 결합함으로써 수용체가 막의 특정 부위로 집중되며 수용체의 세포질 쪽에 clathrin이 결합하여 clathrin - coated pit가 형성됨
2. clathrin 피복 소낭이 형성됨
3. 피복 단백질이 분리됨
4. 초기 엔도솜과 결합함
5. LDL은 엔도솜 내 다른 수용성 물질과 함께 미세소관에 의해 이동하여 핵 부근에 있는 후기 엔도솜으로 이동함
6. 후기 엔도솜은 골지체에서 유래한 리소좀과 융합하여 2차 리소좀으로 전환됨
7. 리소좀으로 유입된 물질들은 분해되어 세포내에서 다양한 용도로 이용됨

Ⓑ 정상 LDL 수용체와 비정상 LDL 수용체 비교 : adaptor 분자와의 결합에 결함이 있는 LDL 수용체를 가지고 있는 경우 정상적인 LDL 내포작용이 일어나지 않게 됨

---

07 동물세포의 생체막에 관한 설명으로 옳지 <u>않은</u> 것은?

① 유동모자이크 모형으로 설명된다.
② 선택적 투과성을 갖는다.
③ 인지질은 친수성 머리와 소수성 꼬리로 구성된다.
④ 인지질 이중층은 비대칭적 구조이다.
⑤ 포화지방산의 '꺾임(kink)'은 느슨하고 유동적인 막을 만든다.

08 세포에서의 물질 수송에 관한 설명으로 옳은 것만을 〈보기〉에서 있는 대로 고른 것은?

> ┤ 보기 ├
>
> ㄱ. 삼투는 세포막을 통한 용질의 확산이다.
> ㄴ. 폐포로부터 대기로의 CO_2 이동은 세포막을 통한 능동수송에 의해 일어난다.
> ㄷ. 세포 안의 물질을 막으로 싸서 세포 밖으로 내보내는 작용을 세포외배출작용(exocytosis)이라고 한다.

① ㄱ   ② ㄷ   ③ ㄱ, ㄴ   ④ ㄴ, ㄷ   ⑤ ㄱ, ㄴ, ㄷ

정답 및 해설

07 정답 | ⑤

불포화 지방산인 경우에 꺾임구조를 나타내고, 생체막의 유동성을 높이는 지방산은 불포화 지방산이다.
인지질 이중층은 막의 내층(세포질 쪽)과 외층(세포외액 쪽)에 막단백질 비대칭적으로 분포되어 있으며, 내층과 외층을 구성하는 인지질의 종류도 차이가 난다.

08 정답 | ②

삼투는 반투막을 통한 물의 확산이다.
폐포와 대기 사이의 O_2와 CO_2의 기체 교환은 기체의 분압 차에 의한 확산에 의해 일어난다.

09 세포에서 일어나는 삼투현상에 관한 설명으로 옳은 것만을 〈보기〉에서 있는 대로 고른 것은?

> **보기**
> ㄱ. 세포막을 통한 물의 확산 현상이다.
> ㄴ. 용질이 세포막을 통과하면서 일어난다.
> ㄷ. 삼투에 의해 용질의 농도기울기가 커진다.
> ㄹ. 막의 선택적 투과성과 용질의 농도기울기 때문에 생긴다.

① ㄱ, ㄷ   ② ㄱ, ㄹ   ③ ㄴ, ㄹ   ④ ㄱ, ㄴ, ㄷ   ⑤ ㄴ, ㄷ, ㄹ

10 다음 중 세포막에 대한 설명으로 옳지 <u>않은</u> 것은?

① 세포막의 유동성은 불포화 지방산이 많아질수록 커진다.
② 세포막을 구성하는 인지질은 수평 이동을 하지 않는다.
③ 세포막 외부로 돌출된 일부 당단백질은 세포간 인식에 관여한다.
④ 세포막의 인지질은 양친매성 분자(amphipathic molecule)이다.
⑤ 지질 이중층 내부와의 친화력은 내재성 막단백질(integral membrane protein)이 표재성 막단백질(peripheral membrane protein)보다 크다.

정답 및 해설

09 정답 | ②
용질이 투과할 수 없는 선택적 투과, 반투과성 막을 통해 물이 확산되는 현상이다.
삼투 시 고농도 용질 부위로 물이 확산되므로 막을 가로지르는 용질 농도기울기는 감소한다.

10 정답 | ②
세포막의 인지질은 수평 이동이 가능하며, 드물게 막의 내층과 외층 사이에서 막의 비대칭성 유지를 위해서 뒤집기도 일어난다.

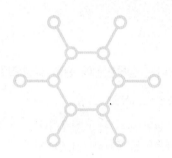

생물 1타강사 **노용관**

편입생물 비밀병기

단권화 바이블 ✚ 필수기출과 해설편

한권으로 끝내는 메디컬(의치한약수) 편입 나만의 祕密兵器

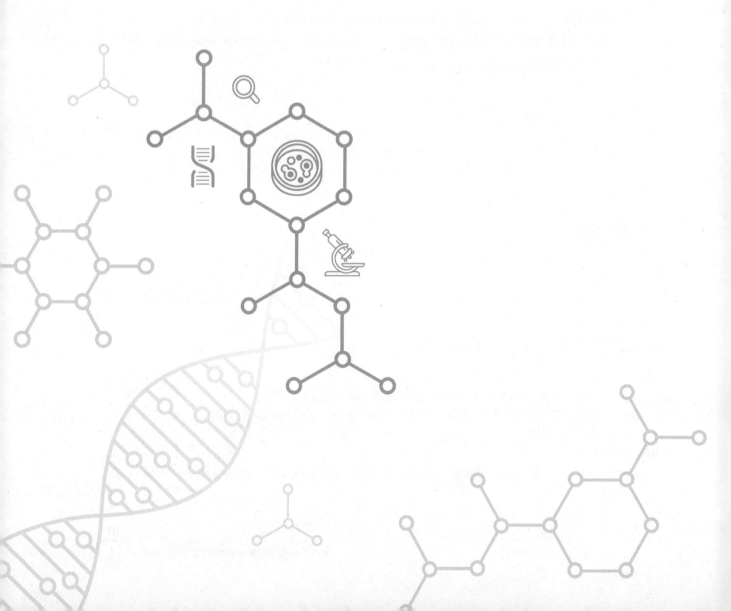

05

세포 신호전달

05 세포 신호전달(cell signal ransduction)

1 세포 신호전달의 개요

(1) 세포 신호전달의 단계 : 신호의 수용 → 세포내 신호전달 → 반응

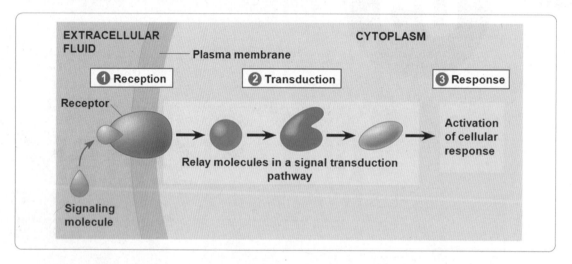

ㄱ. 신호의 수용(recognition) : 표적세포가 세포외부에서 오는 신호물질을 탐지하는 경우로 화학신호물질이 세포의 표면이나 세포 내부에 존재하는 수용체에 결합되어 탐지됨

ㄴ. 세포내 신호전달 : 신호물질의 결합이 수용체 단백질을 변화시켜 세포내 반응을 유도하는 신호전달을 진행함

ㄷ. 반응(response) : 전달된 신호가 세포의 반응을 유도
ⓐ 일부 세포는 세포의 대사 활성을 조절함
ⓑ 일부 세포는 핵 내에서 특정 유전자의 발현을 조절함
ⓒ 일부 세포는 세포의 형태 변화나 운동을 유발함

(2) 세포 신호전달의 유형

ㄱ. 동물의 간극연접(gap junction)이나 식물의 원형질연락사(plasmodesmata)를 통해서도 세포 간 신호물질이 자유롭게 이동함

ㄴ. 접촉의존성 신호전달(contact-dependent signaling) : 세포들이 세포막에 위치하는 신호물질을 통해 직접 접촉하여 신호를 전달함

편입생물 비밀병기 – 단권화바이블 + 필수기출과 해설편

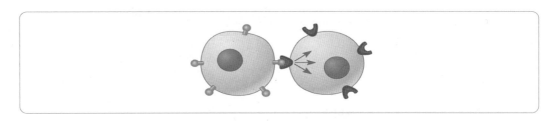

ㄷ. 자가분비(autocrine) : 분비된 신호물질이 자신의 수용체에 결합하여 반응을 이끌어냄

ㄹ. 측분비(paracrine) : 분비된 신호물질이 주변세포의 수용체에 결합하여 반응을 이끌어냄

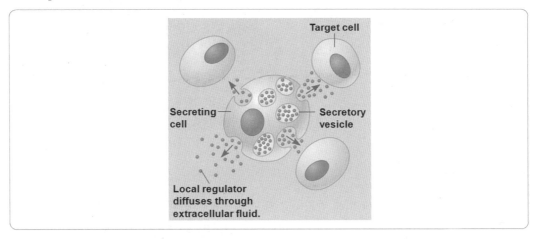

ㅁ. 내분비(endocrine) : 분비된 신호물질이 순환계를 통해 원거리를 이동하여 표적세포의 수용체에 결합하여 반응을 이끌어냄

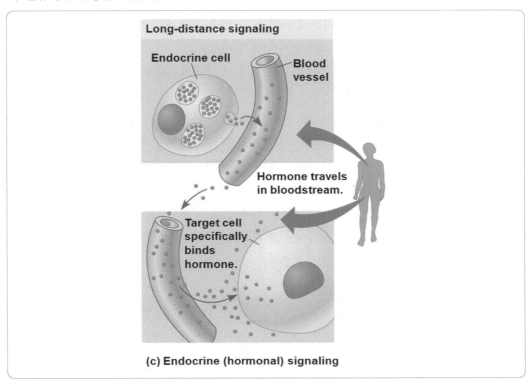

ㅂ. 신경전달(neuronal signaling) : 뉴런 간의 신경전달물질을 통한 신호전달

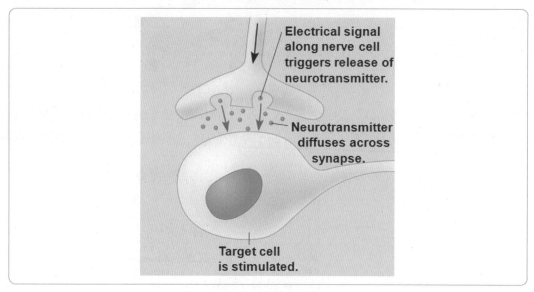

(3) 세포 신호전달의 특징

신호는 특이적인 수용체에 의해 감지되고 세포 반응으로 전환되는데 이 세포 반응은 항상 화학적인 과정을 포함함. 이러한 정보의 화학적 변화로의 전환은 살아있는 세포의 보편적인 특징임

ㄱ. 특이성(specificity) : 신호와 수용체 분자 간의 정교한 분자적 상보성에 의해 이루어지는 특징으로서 이것은 효소-기질, 항원-항체 간의 상호작용과 같이 약한 힘에 의해 성립됨. 다세포 생물체에서 신호를 받아들이는 수용체 또는 세포 속에 존재하는 신호전달 경로의 표적이 특정 세포에만 존재하기 때문에 특이성은 더욱 높아짐

ㄴ. 순응(adaptation) : 신호가 일정한 강도를 갖고 계속적으로 존재할 때 수용체계가 그 신호에 대해 민감성을 소실하게 됨

ㄷ. 통합(integration) : 여러 종류의 신호를 받아들이게 될 때 개체 또는 세포의 요구에 알맞게 일정한 반응을 나타내는 것을 의미하는데 서로 다른 신호전달 경로가 여러 단계에서 각각의 상황에 알맞게 서로 연결되어 세포와 개체의 항상성을 유지시키는 다양한 상호작용을 나타냄

ㄹ. 신호증폭(amplification) : 효소 연쇄반응에 의한 신포증폭은 신호 수용체에 연결된 하나의 효소가 활성화되면 그 효소는 수많은 두 번째 효소의 활성화를 초래하고 이어서 각각의 두 번째 효소는 또 다른 수많은 세 번째 효소의 활성화를 일으키는 방식으로 작용함으로써 기능하게 됨. 몇 십만 배, 몇 백만 배 크기의 신호증폭은 이러한 연쇄적 작용에 의하여 천 분의 일초 단위의 짧은 시간 내에 반응할 수 있음

2 신호의 수용

(1) 신호 수용의 특징

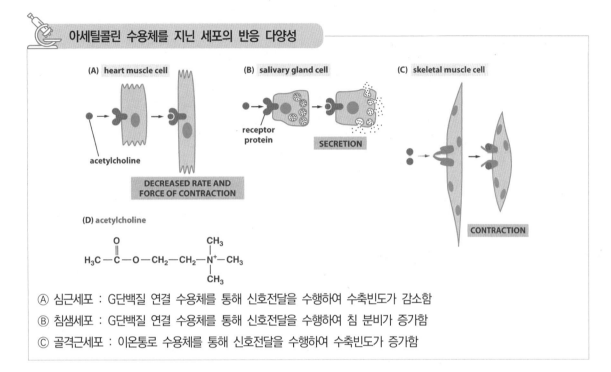

아세틸콜린 수용체를 지닌 세포의 반응 다양성

(A) heart muscle cell

acetylcholine

DECREASED RATE AND
FORCE OF CONTRACTION

(B) salivary gland cell

receptor
protein

SECRETION

(C) skeletal muscle cell

CONTRACTION

(D) acetylcholine

$$H_3C-\overset{\overset{\displaystyle O}{\|}}{C}-O-CH_2-CH_2-\overset{\overset{\displaystyle CH_3}{|}}{\underset{\underset{\displaystyle CH_3}{|}}{N^+}}-CH_3$$

ⓐ 심근세포 : G단백질 연결 수용체를 통해 신호전달을 수행하여 수축빈도가 감소함
ⓑ 침샘세포 : G단백질 연결 수용체를 통해 신호전달을 수행하여 침 분비가 증가함
ⓒ 골격근세포 : 이온통로 수용체를 통해 신호전달을 수행하여 수축빈도가 증가함

　ㄱ. 한 세포가 신호물질에 반응할 수 있는지는 해당신호에 대한 적절한 수용체 유무에 의존하는데 세포마다 서로 다른 수용체를 발현함

　ㄴ. 제한된 신호만으로도 세포반응은 복잡하고 다양하게 조절됨

(2) 수용체의 종류 : 수용체는 크게 세포막 수용체와 세포내 수용체로 구분함

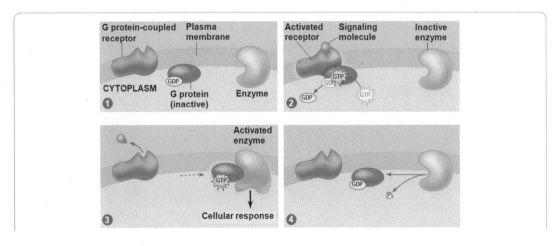

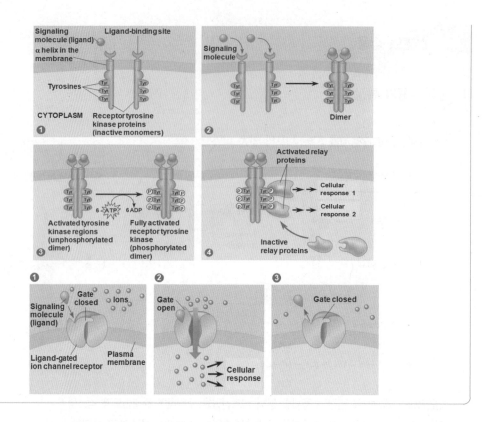

ㄱ. 세포막(세포표면) 수용체 : 개폐성 이온통로, 수용체 효소, G단백질 연결 수용체, 내재 효소 활성이 없는 수용체, 부착 수용체

ㄴ. 세포내 수용체 : 표적세포의 세포질이나 핵 내에서 발견되며 수용체에 도달하기 위해서 신호물질이 소수성이면서 크기가 작아 세포막을 통과해야 함

세포내 수용체를 통한 신호전달

Ⓐ NO(일산화질소) : 세포 외부에서 물, 산소와 반응하여 질산염과 아질산염으로 전환되는데 반감기가 짧아서 작용범위가 국소적임

Ⓑ 소수성 호르몬 : 세포내 수용체 단백질은 많은 경우에 있어서 그 자체가 전사인자(transcription factor)로서 특정한 세포에서의 유전자 발현을 조절하는 경우가 많음

　예 스테로이드 호르몬, 티록신

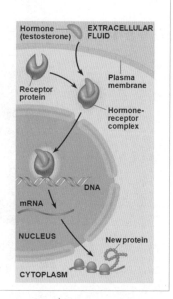

3 대표적인 세포막 수용체

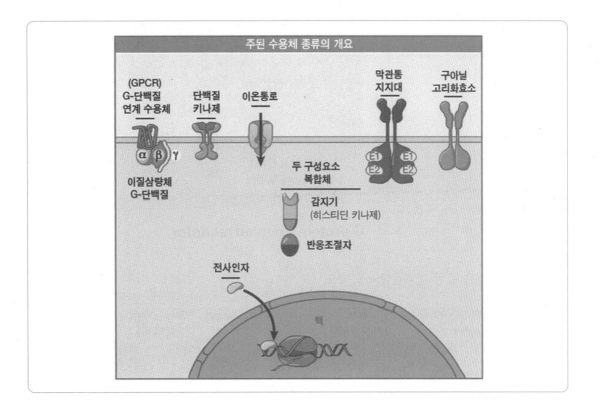

(1) 이온통로 수용체(ionic receptor ; gated ion channel)

신경계에서 시냅스를 통한 빠른 신호 전달을 담당하는데 표적 세포의 외부에 신경전달물질 형태로 도달한 화학신호를 전기신호로 전환시켜 주며 이러한 전기신호는 원형질막 내부와 외부의 전위차 변화라는 형태로 이루어짐. 신경전달물질이 수용체에 결합하며 특정 이온에 대한 통로가 열리게 됨

 이온통로 수용체의 예 - 니코틴성 아세틸콜린 수용체

흥분성 신경세포에 의하여 방출된 아세틸콜린(Ach)은 시냅스틈이나 신경근육 접합부를 확산하여 각각 시냅스후 신경세포막이나 근육세포막의 수용체에 결합하여 Na^+에 대한 수용체의 통로를 열게 됨

(2) G단백질연결수용체(G protein - coupled receptor)

ㄱ. G단백질연결수용체의 구조와 특징 : 세포막을 막관통 α나선이 7번 왕복하여 통과하는 하나의 폴리펩티드 사슬로 구성됨. G단백질을 활성화시켜 반응을 이끌어내며 세포막 수용체 중 가장 다양함

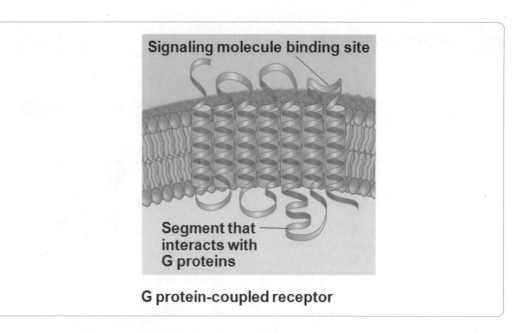

ㄴ. G단백질을 통한 신호전달과정 개요

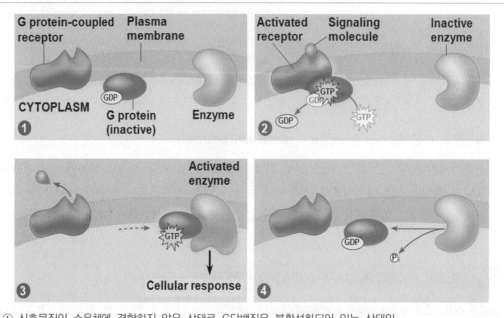

① 신호물질이 수용체에 결합하지 않은 상태로 G단백질은 불활성화되어 있는 상태임

② 신호물질이 G단백질연결수용체에 결합하면 G단백질연결수용체에 의해 G단백질 활성화됨

③ 활성화된 G단백질은 수용체와 분리되어 신호전달과정에 관여하는 표적의 활성을 조절함. G_s는 신호전달과정의 다음 단계에 관여하는 표적을 활성화시키는 G단백질이며, G_i는 신호전달과정의 다음 단계에 관여하는 표적을 불활성화시키는 G단백질임

④ G단백질의 GTP 가수분해효소 활성으로 인해 G단백질에 결합된 GTP가 GDP로 가수분해되어 G단백질이 불활성화되어 신호전달이 종료됨

ㄷ. 아데닐산고리화효소(adenylyl cyclase) 활성화 관련 신호전달 : cAMP를 통한 신호전달

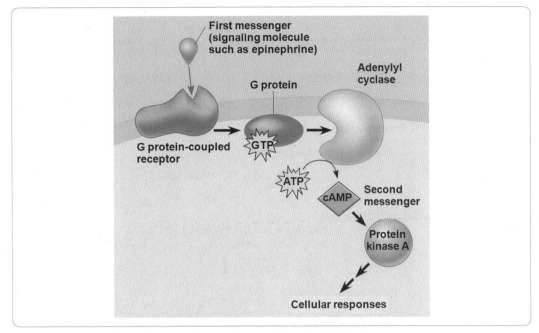

ⓐ 신호전달과정

   1. 신호전달과정에서 아데닐산고리화효소(adenylyl cyclase)는 ATP를 cAMP로 전환시킴

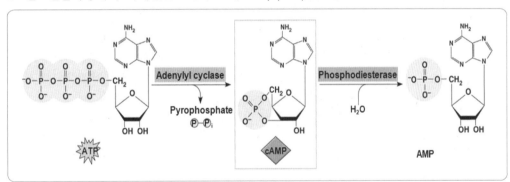

   2. 신호가 사라지면 인산이에스테르가수분해효소(phosphodiesterase)에 의해 cAMP가 AMP로 전환됨

   3. cAMP는 직접적으로 단백질 인산화효소 A(protein kinase A ; PAK)라 불리는 세린/트레오닌 인산화효소를 활성화시킴. 골격근 세포의 경우

ⓑ G단백질 연결 수용체/cAMP 매개 신호전달의 예 : cAMP의 단계적 반응으로 나타나는 세포의 반응은 경우에 따라 속도가 다르게 나타나는데 예를 들어 PKA가 글리코겐 대사에 관여하는 효소들을 인산화시킴으로써 글리코겐을 분해하여 포도당을 생성하게 하는 반응은 상당히 빨리 이루어지는 반면에 유전자 발현을 변화시키는 경우에 있어서 cAMP 효과가 나타나기까지는 몇분에서 몇시간이 걸리게 됨

   1. 에피네프린 수용체를 통한 신호전달 : 에피네프린은 간세포에서 촉매가 촉매를 활성화시

키는 일련의 반응을 촉발시켜 신호를 매우 크게 증폭시킴. 세포 표면에서 에피네프린의 특정 β-아드레날린성 수용체와 결합하여 adenylyl cyclase가 활성화됨

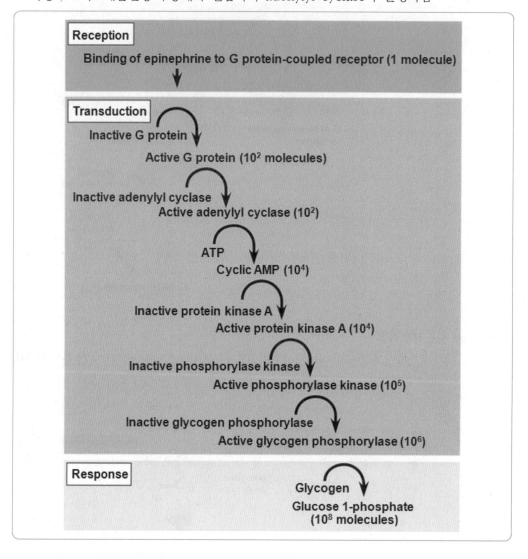

ㄹ. 인지질가수분해효소 C(phospholipase C ; PLC) 활성화 관련 신호전달

   ⓐ 신호전달과정

     1. 신호물질이 G단백질연결수용체에 결합하여 인지질가수분해효소 C를 활성화시킴

     2. PLC는 PIP₂(phosphatidyl inositol 4,5-bisphosphate)를 DAG와 IP₃로 분해함

     3. IP₃는 세포질로 빠르게 확산되어 Ca^{2+}을 저장하고 있는 SER막의 IP₃-gated channel 에 결합하여 Ca^{2+}을 세포질로 유출시킴

     4. Ca^{2+}과 DAG는 단백질 인산화효소 C(protein kinase C ; PKC) 활성에 관여함

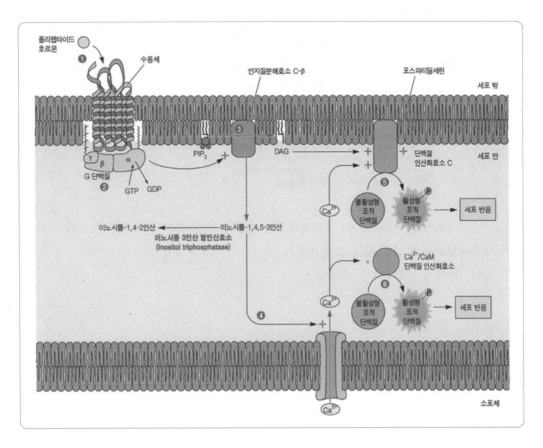

(3) 효소연결수용체(enzyme-coupled receptor)

ㄱ. 효소연결수용체의 구조와 특징

  ⓐ 막관통단백질로서 세포 외부에 리간드 결합부위가 존재하며 세포질 영역은 효소 활성을 갖고 있는 부위와 효소와 복합체를 이룰 수 있는 아미노산 서열을 갖고 있음

  ⓑ 동물세포의 성장, 분화, 생존을 조절하는 세포의 신호전달 단백질에 반응함

  ⓒ 세포의 움직임이나 모양을 조절하는 세포골격에 직접적이고 신속한 재배열 유도하는 것으로도 알려져 있음

  ⓓ 효소연결 수용체에 의해 매개되는 신호전달 경로 이상은 암 유발 가능성을 증가시킴

ㄴ. 수용체 티로신 인산화효소를 통한 신호전달과정 개요

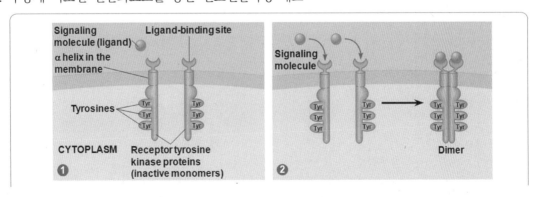

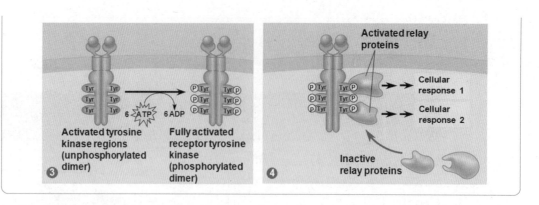

ⓐ 수용체를 구성하는 각 폴리펩티드는 세포외 신호결합부위, 막 관통 α나선, 여러개의 티로신
　인산화 활성을 지닌 꼬리 부위로 구성되며 신호물질이 결합하기 전에는 수용체의 각 폴리펩
　티드가 독립적으로 존재함

MEMO

편입생물
비밀병기

생물 1타강사 **노용관**

단권화 바이블 ✚
필수기출과 해설편

한권으로 끝내는 메디컬(의치한약수) 편입 나만의 祕密兵器

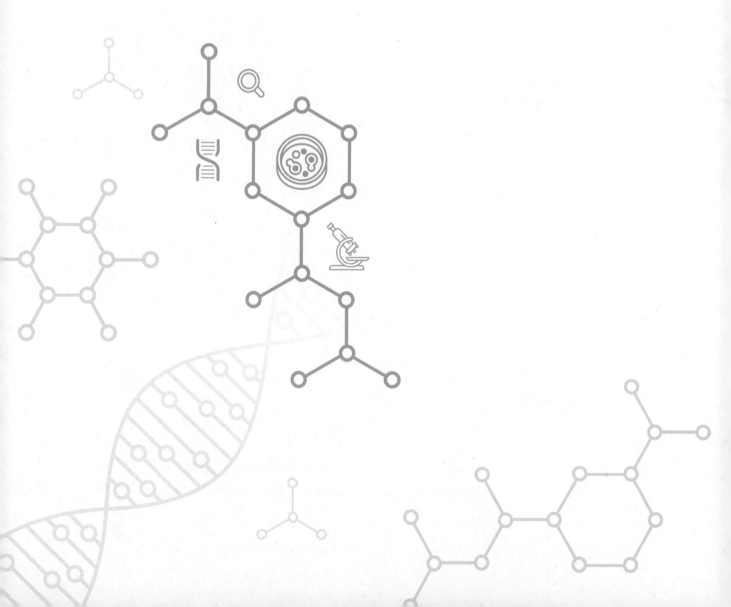

06

효소

06 효소(enzyme)

효소의 기능

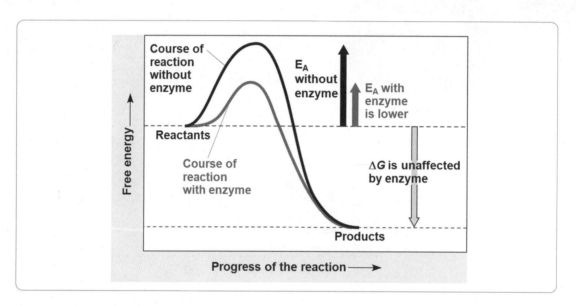

(1) 활성화 에너지(activation energy ; Ea)

반응을 진행시키는 데 필요한 최소한의 에너지

(2) 효소는 생체촉매로 반응의 활성화 에너지를 낮추어 반응속도를 증가시키나 자유에너지 변화량에는

영향을 주지 않아 화학평형시의 반응물과 생성물의 농도 관계는 변화시키지 못함

△G와 화학평형의 관계

Ⓐ A를 반응물이라고 하고, B를 생성물이라 가정했을 경우

1. $\triangle G < 0$ → 화학적 평형을 향한 정반응이 우세([A]↓, [B]↑)
2. $\triangle G > 0$ → 화학적 평형을 향한 역반응이 우세([A]↑, [B]↓)

Ⓑ 살아 있는 세포는 평형상태에 놓이지 않음

---

2 효소의 특성

(1) 기질 특이성(substrate specificity)

효소는 특정 기질과만 결합하여 반응을 진행시킴. 효소는 특정 반응에만 관여하는 것임. 기질 특이성은 효소의 활성부위와 기질의 모양이 유사해야 한다는 사실에서부터 비롯됨

금속봉 절단효소를 통한 효소의 기질 특이성 이해

효소는 기질 그 자체와 상보적인 결합을 하는 것이 아니라 기질의 전환 상태(transition state)와 상보적인 결합을 하게 됨으로써 기질을 생성물로 전환시킬 수 있게 됨

(2) 반응 후 재이용됨. 즉, 촉매작용이 끝난 효소 자신은 변하지 않으므로 소량의 효소로도 다량의 기질을 전환시킬 수 있음

(3) 효소는 주로 단백질로 구성되어 있으므로 온도의 변화나 pH의 변화에 민감함

(4) 효소는 활성화 에너지를 감소시킬 뿐 자유에너지 변화에는 영향을 주지 않으므로 평형상수(K_{eq})는 변하지 않고 반응속도만 증가하게 됨

3 효소의 종류

종류	기능
산화 · 환원 효소(oxidoreductase)	전자의 전이에 관여함 예 oxidase, dehydrogenase
전이 효소(transferase)	특정 작용기를 다른 물질로 옮겨 줌 예 kinase, transferase
가수 분해 효소(hydrolase)	물을 첨가하여 물질을 분해 예 각종 소화효소
리아제(lyase)	기질에서 원자단을 제거하거나 첨가하는 반응을 돕는 효소이며 동시에 새로운 이중결합 또는 고리구조를 만들기도 함 예 decarboxylase
이성질화 효소(isomerase)	기질의 분자식을 변화시키지 않고, 분자의 구조만 변화시킴
연결 효소(ligase)	ATP 분해와 짝지어진 축반응에 의해서 공유결합을 형성함

4 효소 반응에 영향을 주는 요인

(1) 온도

온도의 증가는 반응속도를 증가를 초래할 수 있지만 효소가 변성되는 온도 이상에서는 급격히 효소의 활성이 감소함

ㄱ. 최대반응속도를 나타내는 온도를 최적 온도(optimum temperature)라고 함.
   서로 다른 생명체의 효소 최적온도는 서로 다를 가능성이 있음

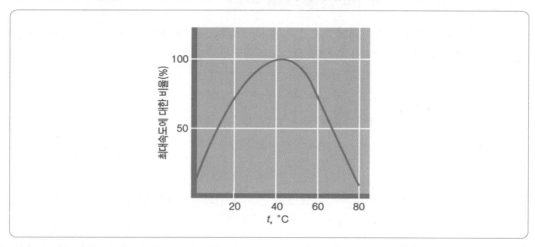

(2) pH : 효소는 최적 pH에서 가장 활성이 높음

ㄱ. 최적 pH에서는 효소 활성부위의 proton 공여기 및 수용기, 효소-기질 복합체 그리고 기질이 적당한 이온화 상태가 되어 기질과의 친화성이 증가하므로 반응속도가 최대로 됨
ㄴ. 세포 내에서는 각 부위의 pH가 정확하게 유지되어 효소반응이 효율적임

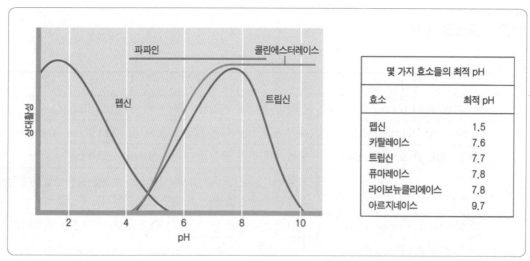

몇 가지 효소들의 최적 pH	
효소	최적 pH
펩신	1.5
카탈레이스	7.6
트립신	7.7
퓨마레이스	7.8
라이보뉴클리에이스	7.8
아르지네이스	9.7

5 효소 반응 속도론

(1) 기질의 농도와 반응속도와의 관계

일정량의 효소가 기질을 생성물로 변환시키는 속도는 부분적으로 기질의 최초농도의 함수임

ㄱ. Michaelis - Menten equation : 단일 기질에 대한 효소 반응의 속도식이며
K_m값이 작고 [S]가 클수록 V값은 크므로 반응속도가 빠른 것으로 간주함

$$v = \frac{[S]}{K_m + [S]} V_{max}$$

V_{max} : 기질농도가 증가함에 따라 초기반응속도(V_0)는 삐르게 증가하지만 기질의 농도가 높아지면서 더 이상 초기반응속도는 증가하지 않는데 이 때의 반응속도를 가리킴

K_m : 초기반응속도가 최대반응속도(V_{max})의 1/2에 도달할 때의 기질의 농도를 가리킴

ㄴ. Lineweaver - Burk equation : Michaelis - Menten equation에 역수를 취한 직선의 방정식

$$\frac{1}{v} = \left(\frac{K_m + [S]}{[S]} \right) \frac{1}{v_{max}}$$

$$\frac{1}{v} = \frac{K_m}{v_{max}} \frac{1}{[S]} + \frac{1}{v_{max}}$$

V_{max} : y절편값의 역수가 됨

K_m : x절편값의 역수가 됨

ㄷ. 속도론에서의 매개변수 의미 고찰

ⓐ K_m : K_m값은 효소에 따라서 아주 다르며 또한 같은 효소일지라도 기질에 따라서 다름. 때로 K_m값은 효소의 기질에 대한 친화도의 지표로 사용되는데 K_m값이 작을수록 효소의 기질 친화력이 높다고 간주함

ⓑ k_{cat} : 효소 - 촉매 반응의 포화 상태에 있어서 속도제한 단계의 속도를 나타내는 데에는 보다 일반적인 속도상수 k_{cat}을 정의하면 편리한데 Michaelis - Menten equation에서 $k_{cat} = V_{max}/[E_t]$가 되며 식은 다음과 같이 정리됨

$$V_0 = \frac{k_{cat}[E_t][S]}{K_m + [S]}$$

이것은 또한 대사전환수(turnover number)라고도 부르는데 효소가 기질로 포화되었을 때 한 개의 효소 분자에 의해서 단위 시간당 생성물로 바뀌는 기질 분자의 수를 말하는 것임

ⓒ k_{cat}/K_m : 특이성 상수(specificity constant)라고 하며 효소의 속도론 효율성을 평가하는 데 이용됨. [S] $\ll K_m$ 일 때 식은 다음과 같이 정리됨

$$V_0 = \frac{k_{cat}}{K_m}[E_t][S]$$

(2) 효소 활성의 조절 – 효소의 억제를 통한 반응속도 조절

ㄱ. 가역적 저해(reversible inhibition)

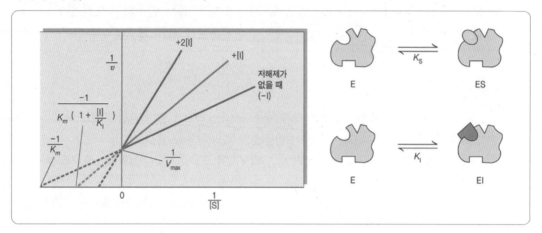

ⓐ 경쟁적 저해(competitive inhibition) : 경쟁적 저해제는 효소가 기질과 결합하거나 저해제와 결합할 수 있지만 둘 모두와 결합하지는 못하는 것을 이용하여 기질에 결합하는 효소의 비율을 감소시킴으로써 반응을 저해함. 경쟁적 저해제를 처리하면 K_m값은 증가하나, V_{max}값은 일정함

ⓑ 비경쟁적 저해(noncompetitive inhibition) : 혼합성 저해(mixed inhibition)의 일종인데 혼합성 저해란 기질이 결합하는 활성부위와 다른 곳에 결합하지만 효소나 혹은 효소 - 기질 복합체에 결합할 수 있어서 전환속도를 감소시키게 됨. 일반적인 혼합형 저해시에는 K_m값이 증가하고 V_{max}는 감소하지만 비경쟁적 저해의 경우 K_m값은 변화 없고 V_{max}값만 감소하게 됨.

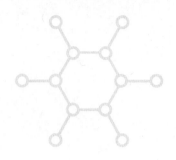

생물 1타강사 **노용관**

편입생물 비밀병기

단권화 바이블 ✚ 필수기출과 해설편

한권으로 끝내는 메디컬(의치한약수) 편입 나만의 祕密兵器

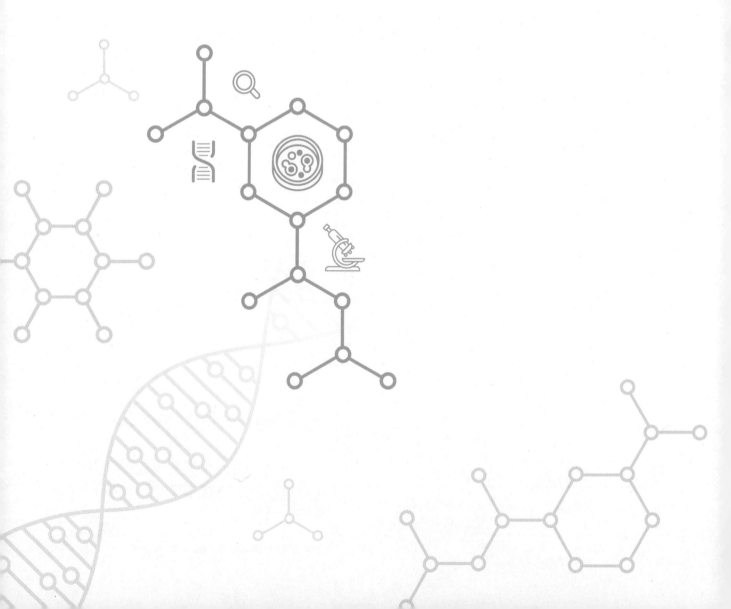

07

세포내
물질대사 I

07 세포내 물질대사 I

1 산화 - 환원 반응

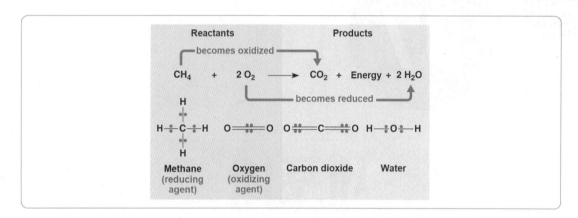

(1) $A + B \rightarrow A^+ + B^-$ 반응에서 A는 산화된 것이며, B는 환원된 것이고, A는 환원제라 하고 B는 산화제라고 함

(2) 세포 내에는 NAD^+나 FAD 같은 전자 운반체들이 있어서 전자의 전달을 매개함

(3) 전자 운반체에 의한 전자전달은 전자친화도가 작은 물질로부터 전자친화도가 큰 물질로 진행되는 과정으로, 여기서 생성된 에너지의 일부는 ATP 생성에 투입함

🔬 몇몇 전자 운반체의 구조

ⓐ NAD^+ (nicotinamide adenine dinucleotide ; 탈수효소의 조효소) : $NAD^+ + 2e^- + 2H^+ \rightarrow NADH + H^+$

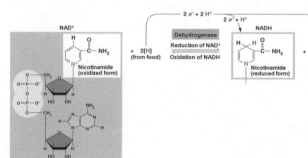

Ⓑ FAD(flavin adenine dinucleotide ; <u>탈수소효소의 조효소</u>) : FAD+2e$^-$+2H$^+$ → FADH$_2$

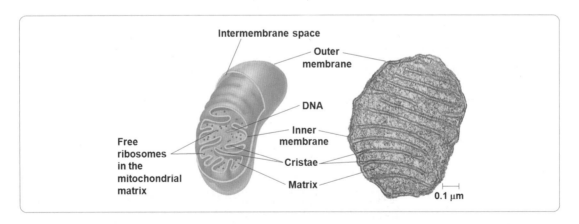

2 ▎ 미토콘드리아의 구조

ㄱ. 외막(outer membrane) : 포린이 있어 비교적 물질의 투과성이 좋음

ㄴ. 내막(inner membrane) : 구불구불한 크리스테 구조이며 대부분의 물질에 대해 투과성이 낮고 막지질의 성분에 cardiolipin이 다량 함유되어 H$^+$와 같은 양이온에 대해 특히 투과성이 낮음. 막에는 ADP - ATP translocase, ATP 합성효소, P$_i$ translocase, 전자전달 관련 효소 복합체 등이 존재함

ㄷ. 기질(matrix) : 피루브산 탈수소효소 복합체, TCA 회로 관련 효소, 지방산 산화효소, 아미노산 산화효소 등을 포함하고 있으며 자체의 환형 DNA와 70S 리보솜을 지님

3 ATP 생성기작

(1) 기질 수준의 인산화(substrate – level phosphorylation)

기질에 존재하는 고에너지 결합의 유기인산의 자리옮김으로 ADP가 ATP로 인산화되는 과정

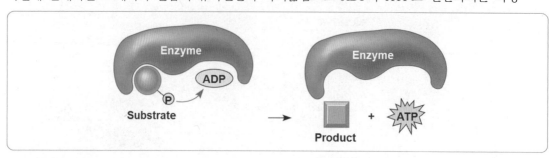

(2) 화학삼투인산화(chemiosmotic phosphorylatoion)

원형질막을 경계로 형성된 양성자 구동력(proton - motive force)을 이용하여 ATP 합성효소의 구조변화를 야기하여 ATP를 형성하는 기작임

ㄱ. 화학삼투 인산화의 종류 : 막을 경계로 형성되는 양성자 구동력 형성에 기여하는 에너지의 근원에 따라 구분함

   ⓐ 산화적 인산화(oxidative phosphorylation) : 유기물의 산화과정에서 생성된 양성자 농도기울기를 이용하여 ATP 합성효소 복합체에 의해 ATP가 생성되는 과정

   ⓑ 광인산화(photophosphorylation) : 빛의 광자를 이용하여 전자를 흥분시킨 후 전자전달계를 따라 이동하는 과정에서 생성된 양성자 농도기울기를 이용하여 ATP 합성효소 복합체에 의해 ATP가 생성되는 과정

ㄴ. 화학삼투 인산화의 실험적 증명

   ⓐ 미토콘드리아를 이용한 실험 : 미토콘드리아를 분리한 후 pH가 높은 용액에 넣으면 미토콘드리아 내부의 H^+ 농도가 낮아짐. 이후 미토콘드리아를 pH가 낮은 용액에 옮겨서 ATP 생성을 조사해보니 ATP 생성이 확인됨

   ⓑ 엽록체를 이용한 실험 : 엽록체를 분리하여 빛이 없는 상태에서 pH가 낮은 용액에 장기간 담궈두면 엽록체 전체에 다량의 H^+가 유입되는데 이 엽록체를 높은 pH 용액으로 이동시키게 되면 틸라코이드 외부로 H^+가 유출되면서 ATP 생성이 확인됨

4 당을 이용한 에너지 생성 과정

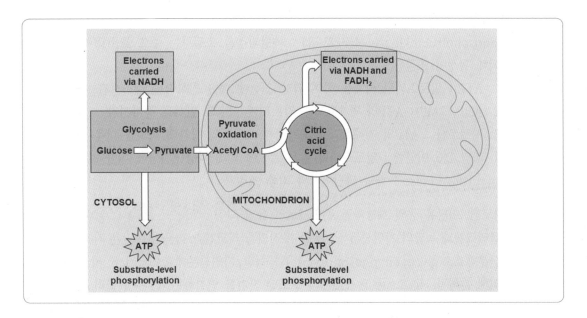

(1) 해당과정(glycolysis)

포도당을 2분자의 피루브산으로 분해시켜 에너지를 생성하는 과정

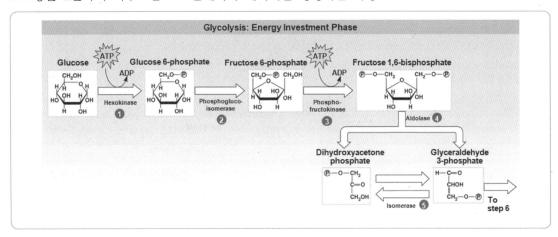

ㄱ. 해당과정의 특징

ⓐ 세포질에서 진행됨

ⓑ 포도당 1분자가 2개의 피루브산으로 분해되면서 2분자의 ATP와 2분자의 NADH가 형성

ⓒ 산소가 있을 경우 피루브산은 활성 아세트산으로 전환되어 TCA회로를 진행시키지만, 산소가 없을 경우 발효를 진행함

ⓓ 준비단계(preparatory phase)와 생성단계(payoff phase)로 구분함

1. 준비단계 : 안정한 포도당에 2ATP를 사용하여 산화하기 쉬운 2개의 G3P로 분해하여 산화를 준비하는 단계로 전체적으로는 자유에너지가 증가하는 에너지 투입 단계임

2. 생성단계 : 산화하기 쉬운 G3P를 피루브산으로 산화시켜 NADH와 ATP를 생성하는 과정으로 에너지 방출 단계임

ㄴ. 해당과정의 조절

ⓐ phosphofructokinase - 1(PFK - 1) : 해당과정을 조절하는 주요 효소로 여러가지 물질에 의해 활성이 조절됨

1. ATP : 알로스테릭 억제를 하여 과당6인산에 대한 친화력을 감소시킴
2. ADP, AMP : ATP의 억제효과를 감소시켜 PFK의 활성을 증가시킴
3. 시트르산 : ATP의 저해효과를 증가시켜 포도당의 당분해 과정을 더욱 어렵게 함
4. 과당 2,6 이인산 : 알로스테릭 활성 촉진에 의해 과당 6인산에 대한 친화력을 증가시킴

ⓑ pyruvate kinase : 해당 과정에서의 최종 조절자

ㄷ. 글리코겐, 이당류 등의 해당과정 준비기로의 유입 과정

ⓐ 글리코겐과 녹말의 가인산분해 : 동물 조직의 글리코겐과 식물의 녹말은 각각 글리코겐 가인산분해효소(glycogen phosphorylase)와 녹말 가인산분해효소(strach phosphorylase)에 의해 분해됨. 이 효소는 P_i가 2개의 포도당 잔기를 연결하는 $\alpha 1 \rightarrow 4$ 글리코시드 결합을 공격하는 것을 촉매하여 포도당 1인산과 포도당 잔기 수가 하나 짧은 중합체를 생성하게 됨. 글리코겐 가인산분해효소는 그 작용이 멈추게 되는 $\alpha 1 \rightarrow 6$ 분지점에 도달할 때까지 작용하고 가지제거 효소(debranching enzyme)가 분지를 제거함

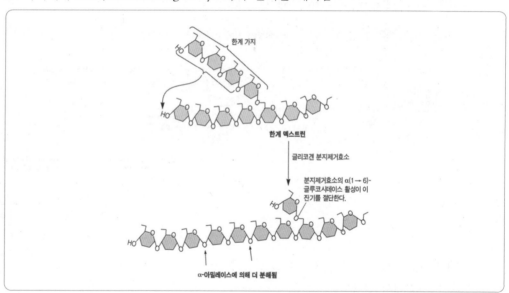

(2) 피루브산의 탈탄산 과정

시트르산 회로로 진입하기 전에 당질은 탄소 골격이 분해되어 아세틸 - CoA의 아세틸기로 분해되어야 함

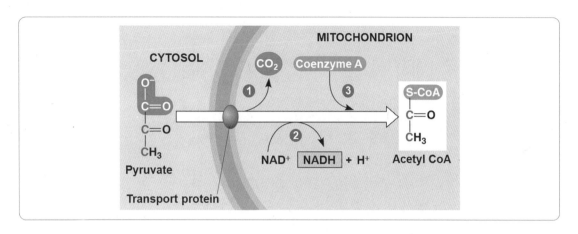

ㄱ. 피루브산의 미토콘드리아로의 진입 : 해당과정의 산물인 피루브산은 미토콘드리아 내막의 막단

백질을 통해 H^+와 함께 미토콘드리아 기질로 공동수송됨

ㄴ. 피루브산의 탈탄산 과정의 특징 : 전체적으로 이 반응은 산화적 탈탄산과정(oxidative

decarboxylation)임

ⓐ 피루브산 탈수소효소 복합체(pyruvate dehydrogenase complex)에 의해 피루브산의 카르

복실기가 CO_2 분자로 제거되고 남은 2개의 탄소는 아세틸 - CoA의 아세틸기가 되며 NAD^+

는 환원되어 NADH가 됨

ⓑ 피루브산이 아세틸 - CoA가 되는 본 반응은 비가역적임. 즉, 방사능으로 표지한 CO_2는 아세

틸 - CoA와 재결합하여 카르복실기가 표지된 피루브산을 생성할 수 없음

(3) TCA 회로(tricarboxylic acid cycle)

시트로산 회로 또는 크렙스 회로라고도 하며 유기물질의 고에너지 전자를 확보하여 산소를 통한 산

화를 통해 더 많은 에너지를 얻도록 하는데 목적이 있음

ㄱ. TCA회로의 과정

ⓐ 미토콘드리아 기질에서 진행됨

ⓑ 아세틸 - CoA는 TCA회로의 중간생성물인 옥살로아세트산과 결합하여 시트르산을 형성함

ⓒ 아세틸 - CoA는 결국 CO_2로 모두 분해가 되며, 1분자의 피루브산이 미토콘드리아로 진입한

후 TCA회로를 거치면서 3NADH, 1FADH$_2$, 1ATP가 형성됨

ⓓ 산화적 탈탄산과정(oxidative decarboxylation)에 관여하는 효소

1. 피루브산 탈수소효소 복합체(pyruvate dehydrogenase complex) :

   피루브산 → 아세틸 - CoA

2. 이소시트르산 탈수소효소(iscitrate dehydrogenase) :

   이소시트르산 → α - 케토글루타르산

3. α - 케토글루타르산 탈수소효소 복합체(α - ketoglutarate dehydrogenase complex) :

   α - 케토글루타르산 → succinyl - CoA

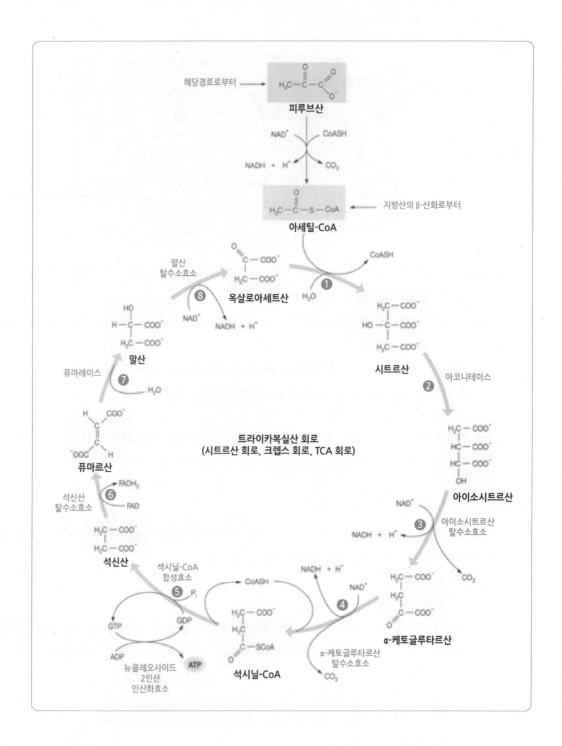

해당경로로부터 → 피루브산

NAD⁺ CoASH

NADH + H⁺ CO₂

아세틸-CoA ← 지방산의 β-산화로부터

CoASH

① H₂O

말산
탈수소효소

⑧ 옥살로아세트산

NAD⁺

NADH + H⁺

시트르산

말산

아코니테이스

②

퓨마레이스

⑦ H₂O

트라이카복실산 회로
(시트르산 회로, 크렙스 회로, TCA 회로)

아이소시트르산

퓨마르산

NAD⁺

NADH + H⁺

③ 아이소시트르산
탈수소효소

석신산
탈수소효소

⑥ FADH₂

FAD

CO₂

석신산

섹시닐-CoA
합성효소

⑤ Pᵢ

CoASH

NADH + H⁺

NAD⁺

④

GTP

GDP

ADP

ATP

뉴클레오사이드
2인산
인산화효소

석시닐-CoA

α-케토글루타르산
탈수소효소

CO₂

α-케토글루타르산

ㄴ. TCA회로의 조절

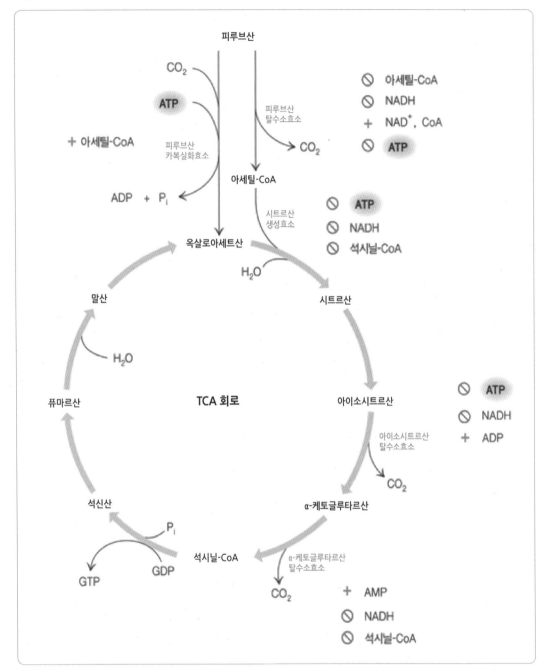

ⓐ pyruvate dehydrogenase의 활성 조절

   1. ATP, 아세틸 - CoA, NADH, 지방산에 의해 억제됨

   2. AMP, CoA, NAD^+, Ca^{2+}에 의해 촉진됨

ⓑ citrate synthase의 활성 조절

   1. NADH, succinyl - CoA, 시트르산, ATP에 의해 억제됨

   2. ADP에 의해 촉진됨

ⓒ isocitrate dehydrogenase의 활성 조절

1. ATP에 의해 억제됨

2. Ca^{2+}, ADP에 이해 촉진됨

ⓓ α - ketoglutarate dehydrogenase complex의 활성 조절

1. succinyl - CoA, NADH에 의해 억제됨

2. Ca^{2+}에 의해 촉진됨

(4) 전자전달계(electron transport chain)

전자전달이라는 산화환원 반응을 통해 ATP를 형성

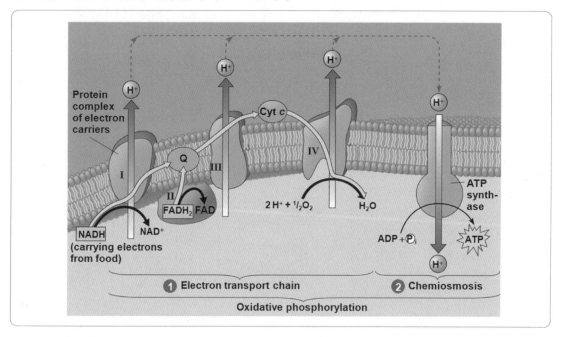

ㄱ. 전자전달계의 특성

ⓐ 미토콘드리아 내막에서 진행됨

ⓑ 전자는 전기음성도가 낮은 전자운반체로부터 전기음성도가 높은 전자운반체로 전달됨

ⓒ 화학삼투를 인산화 과정 : NADH나 $FADH_2$로부터 전자가 미토콘드리아 내막의 전자운반체를 통해 전달되면서 미토콘드리아 기질의 H^+이 미토콘드리아 외막과 내막 사이 공간으로 수송되어 막 사이 공간의 H^+이 ATP 합성효소를 통해 미토콘드리아 기질로 들어오면서 ATP 합성

ⓓ NADH로부터 건네진 전자가 O_2에 전달되면서 생성된 ATP는 2.5분자이며, $FADH_2$로부터 건네진 전자가 O_2에 전달되면서 생성된 ATP는 1.5분자임

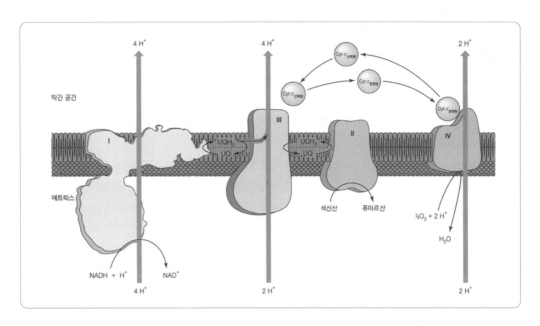

1. NADH → 복합체 I → Quinone → 복합체 III → Cyt c → 복합체 IV → O_2
2. Succinate → 복합체 II → Quinone → 복합체 III → Cyt c → 복합체 IV → O_2

ㄴ. 미토콘드리아에서의 전자 전달과 ATP 합성의 짝지음 관련 실험 : 짝지음을 설명하는 실험에서 미토콘드리아는 완충 배지에 부유시키고 O_2는 전극으로 O_2소비를 측정함

ⓐ ADP와 P_i의 첨가만으로는 O_2의 소비나 ATP 합성이 증가하지 않음. 숙신산이 첨가될 때 O_2 소비가 즉각 시작되고 ATP가 합성됨. 시토크롬 산화효소와 O_2 사이의 전자전달을 막는 시안 화물(CN^-)의 첨가는 O_2 소비와 ATP 합성을 저해함

ⓑ 숙신산이 첨가된 미토콘드리아는 ADP와 P_i가 존재할 때만 ATP를 합성함. ATP 합성 효소 억제자인 벤투리시딘이나 올리고마이신을 첨가하면 ATP 합성과 O_2 소비를 모두 막음. DNP는 짝풀림제로서 ATP 합성 없이 O_2가 소비되도록 함

ㄷ. ATP 합성 억제제

ⓐ 전자전달 저해제

1. 로테논, 아미탈 : NADH 탈수소효소로부터 quinone으로의 전자전달을 저해함
3. 시안화물, CO : 시토크롬 산화효소로부터 O_2로의 전자전달을 저해함
2. 안티마이신 A : 시토크롬 b로부터 시토크롬 c_1으로의 전자전달을 저해함

ⓑ ATP 합성효소를 통한 H^+ 수송 저해제 : 올리고마이신, 벤투리시딘
ⓒ 화학적 짝풀림제(uncoupler) : DNP, FCCP

생체내 짝풀림 단백질 thermogenin의 짝풀림 기전

Ⓐ thermogenin : UCP1(uncoupling protein 1)라고도 하며 ATP 합성 효소를 통하지 않고 미토콘드리아 기질로 다시 되돌아오는 양성자 통로를 제공함.
   양성자의 비정상 순환의 결과로서 산화 에너지는 ATP 생성으로 보존되지 않고 열로서 발산되어 새로 태어난 새끼의 체온을 유지하는 데 기여함
Ⓑ thermogenin의 활성 조절 : thermogenin은 뉴클레오티드에 의해 활성이 억제되고 지방산에 의해 활성이 촉진됨.
   thermogenin의 활성시 교감신경에서 방출된 노르에피네프린이 β – 아드레날린 수용체에 결합하면 결국 세포내에 저장된 중성지방이 지방산으로 분해되고 그 지방산은 미토콘드리아로 유입되어 thermogenin을 활성화시킴

(5) ATP 합성량과 에너지 효율

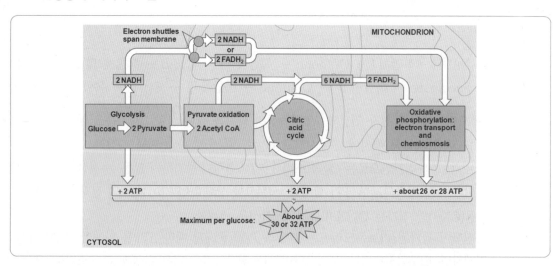

ㄱ. ATP 합성량 : 해당과정, TCA회로, 전자전달계를 거쳐 총 32ATP가 합성됨

구분	NADH	FADH$_2$	ATP
해당과정	2		2
TCA회로	8	2	2
총 합성량	10	2	4
총 ATP 합성량	25	3	4

ㄴ. 에너지 효율 : 1몰의 포도당을 완전 연소시키면 686kcal의 열량이 방출되는데, 세포호흡을 통해 32ATP가 형성된다면 에너지 효율은 아래와 같음

$$에너지효율 = \frac{32 \times 7.3kcal}{686kcal} \times 100\%$$

5 발효와 무기호흡

 에너지 생성방식에 따른 생물의 구분

✔ 호흡과 발효의 구분

Ⓐ 호흡(respiration) : 전자의 최종수용체가 무기물임

  1. 유기호흡(aerobic respiration ; 유산소호흡) : 전자의 최종수용체가 O_2

  2. 무기호흡(anaeorobic respiration ; 무산소 호흡) : 전자의 최종수용체가 황산염(SO_4^{2-}), 질산염(NO_3^{-}), CO_2 등으로 세균에서만 무기호흡 방식이 발견됨

Ⓑ 발효(fermentation) : 전자의 최종수용체가 유기물임

  1. 섯산발효(lactate fermentation) : 피루브산이 NADH에 의해 환원되어 젖산이 생성되는 과정 **예** 근육, 젖산균

  2. 알코올 발효(alcohol fermentation) : 피루브산으로부터 CO_2가 탈락되고 NADH에 의해 환원되어 알코올이 되는 과정 **예** 효모, 다양한 세균

✔ 에너지 생성방식에 따른 생물의 구분

Ⓐ 절대 호기성 생물(obligate aerobe) : 산소호흡을 수행(산소가 없으면 死)

  예 인간의 대부분의 세포들이 이에 속하나, 근육세포의 경우 조건 혐기성적 특징을 보임

Ⓑ 조건 혐기성 생물(facultative anaerobe) : 호기성 환경에서는 산소호흡을 수행하나, 혐기성 환경일 때는 발효를 수행

Ⓒ 절대 혐기성 생물(obligate anaerobe) : 무산소호흡 수행

(1) 발효(fermentation)

산소가 없는 경우, 유기물을 분해하여 유익한 생성물을 형성하는 과정으로 알코올 발효, 젖산 발효로 구분됨

ㄱ. 알코올 발효(alcohol fermentation) : 산소가 없는 상태에서 포도당이 이산화탄소와 에탄올로 분해되는 과정. 효모를 통해 진행됨

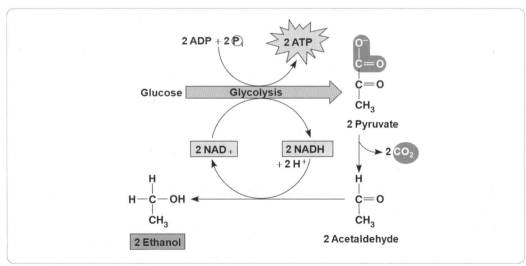

ㄴ. 젖산 발효(lactate fermentation) : 산소가 없는 상태에서 포도당이 젖산으로 환원되는 과정. 젖산균과 근육에서 진행됨

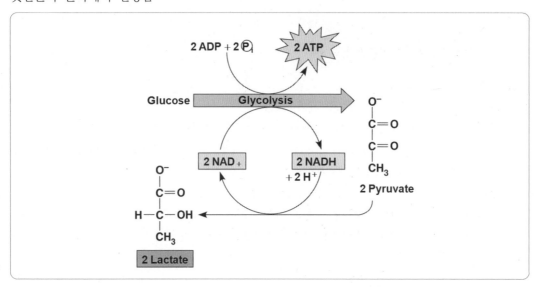

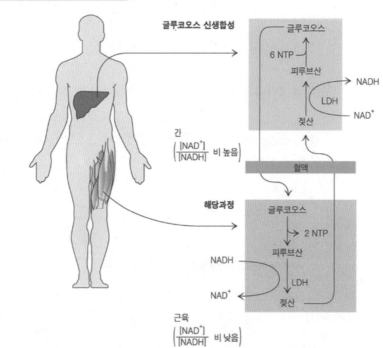

근육이 대단히 활발하게 일할 때 골격근은 글리코겐을 에너지원으로 사용하여 당분해를 통해 젖산을 생성함. 회복 중에는 젖산의 일부가 간으로 운반되어 포도당 신생합성을 통해 포도당으로 전환됨. 포도당은 혈액으로 방출되고 근육으로 되돌아와 글리코겐으로 저장됨

편입생물 비밀병기 – 단권화바이블 + 필수기출과 해설편

(2) 무기호흡(anaerobic respiration)

일부 세균은 혐기적 조건하에서 호흡을 행하는 것이 있는데 무기 호흡은 산소이외의 물질 즉 이산화탄소, Fe^{2+}, 푸마르산, 질산염, 아질산염, 산화질소, 황, 황산염 등을 최종전자 수용체로 사용하는 호흡 대사임. 녹농균 또는 대부분의 장내세균과의 균도 혐기적 조건하에서 질산염이 존재하는 상황에서 질산호흡을 일으킬 수 있음

6 다른 에너지원의 이용

(1) 지방, 단백질의 이용 개요

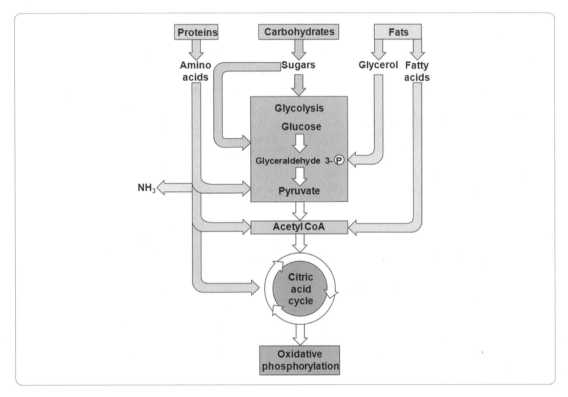

ㄱ. 지질의 산화 : 중성지방은 글리세롤과 지방산으로 분해되며, 글리세롤은 피루브산, 지방산은 여러 분자의 활성아세트산으로 전환되어 에너지 발생에 이용됨

ㄴ. 단백질의 산화 : 단백질은 아미노산으로 분해가 되고, 각 아미노산은 아미노기($-NH_2$)가 떨어져 유기산으로 전환된 후 각 유기산은 TCA 회로의 경로로 진입하여 에너지 발생에 이용됨

세포호흡 동안에 소모되는 산소의 양과 생성되는 이산화탄소의 비율로서 단백질의 경우 0.8, 지방의 경우 0.7, 탄수화물의 경우 1.0임

$$호흡률 = \frac{생성되는\ CO_2의\ 양}{소모되는\ O_2의\ 양}$$

(2) 지질의 산화 : 글리세롤 대사와 지방산의 산화로 구분하여 진행됨

ㄱ. 지방산의 산화(β oxidation) : 세포 내의 지방산이 미토콘드리아로 들어가서 산화되어 아세틸 - CoA가 생성되는데 지방산으로부터 다량의 아세틸 - CoA가 형성되어 다량의 ATP를 생성하기 때문에 지방산은 생체내의 에너지 주요 공급원이 됨

ㄴ. 지방산 산화 과정 - 포화지방산의 산화

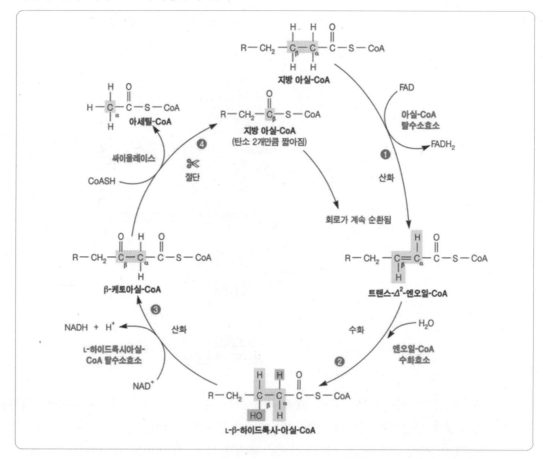

1. 첫 번째 탈수소반응 : acyl - CoA 탈수소효소에 의해 촉매되어 이 때 FAD는 FADH₂로 환원됨

2. 두 번째 탈수소반응 : β - hydroxyacyl - CoA 탈수소효소에 의해 촉매되어 β - ketoacyl - CoA가 생성되고 NAD⁺는 NADH로 환원됨

3. thiol 분해반응 : thiolase에 의해 촉매되는데 β - ketoacyl - CoA는 분해되어 지방산의 카르복시 말단으로부터 탄소 2개 단위로 절단되어 acetyl - CoA로 방출된다

4. 케톤체의 형성 : 간에서의 지방산 산화 과정을 통해 형성된 아세틸 - CoA는 시트르산 회로로 유입되거나 아세톤, 아세토아세트산, β - 히드록시뷰티르산으로 전환되어 다른 조직으로 운반됨. 케톤체를 형성하게 되는데, 케톤체는 골격근이나 심장근, 신장피질, 기아에 적응한 뇌의 에너지원으로 이용됨

ㄷ. TCA 회로로의 아미노산 유입

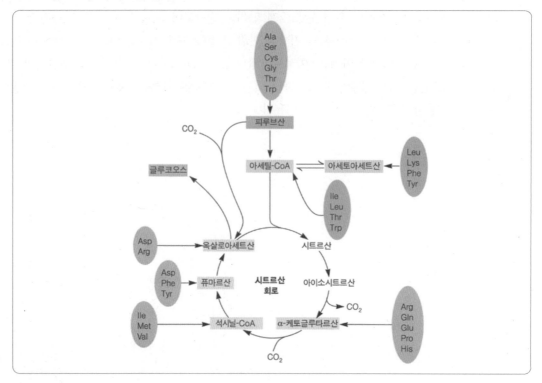

ⓐ 페닐알라닌, 티로신, 이소류신, 류신, 트립토판, 트레오닌, 리신 등의 7가지 아미노산은 아세 토아세틸 - CoA와 아세틸 - CoA로 전환되는데, 아세토아세틸 - CoA와 아세틸 - CoA는 간에 서 케톤체를 형성하게 됨. 이러한 아미노산들은 케톤생성(kotogenic) 아미노산이라 함. 그 중에서 리신과 류신은 오직 케톤체만을 형성하는 케톤생성 아미노산임

ⓑ 아미노산 중에서 피루브산, α - 케토글루타르산, 숙시닐 - CoA, 퓨마르산, 옥살로아세트산 등 으로 전환되는 것들은 포도당이나 글리코겐으로 전환됨. 이들을 포도당생성(glucogenic) 아 미노산이라 함

ⓒ 트립토판, 페닐알라닌, 티로신, 트레오닌, 이소류신 등의 5가지 아미노산은 케톤생성 아미노 산이기도 하고 포도당생성 아미노산이기도 함

생물 1타강사 **노용관**

편입생물 비밀병기

단권화 바이블 ➕ 필수기출과 해설편

한권으로 끝내는 메디컬(의치한약수) 편입 나만의 祕密兵器

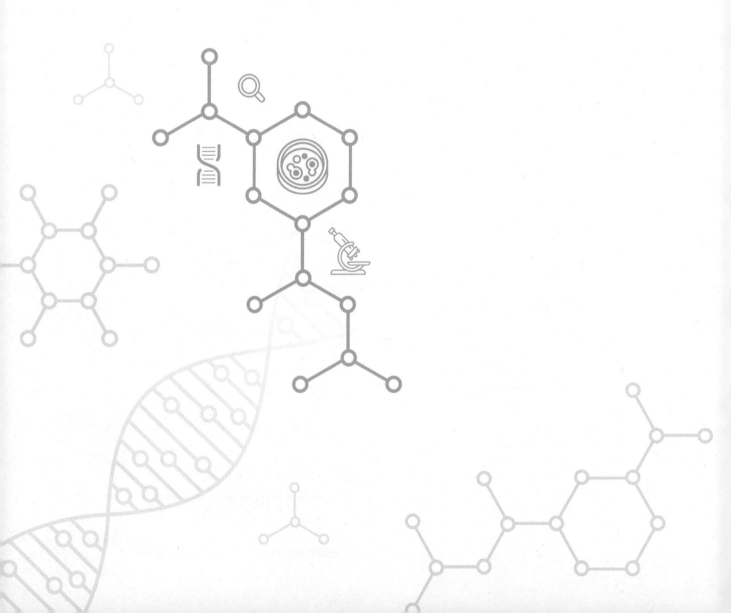

08

세포내
물질대사 Ⅱ

1. 당의 생합성

2. 지질의 생합성

08 세포내 물질대사 Ⅱ − 생합성과 대사조절

1 당의 생합성

(1) 포도당신생합성(gluconeogenesis)

: 포도당 신생합성 경로는 해당과정의 단순한 역과정과는 다름

ㄱ. 포도당신생합성 과정에서의 우회 경로 : 해당과정 중 hexokinase, PFK-1, pyruvate dehydrogenase complex에 의해 진행되는 반응은 본질적으로 비가역적이므로 포도당신생합성 과정에서는 위의 반응을 우회하는 역과정을 이용함

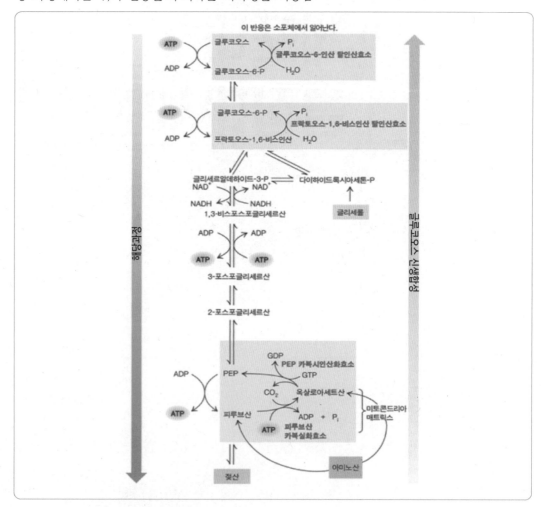

    ⓐ 피루브산의 옥살로아세트산으로의 전환 : 피루브산 카르복실라아제(pyruvate carboxylase)에 의해 촉매됨

    ⓑ 옥살로아세트산의 PEP로의 전환 : PEP 카르복시키나아제(PEP carboxykinase)에 의해 촉매됨

    ⓒ 과당1,6이인산의 과당6인산으로의 전환 : 과당1,6 이인산 탈인산화효소(fructose 1,6 - bisphosphatase)에 의해 촉매됨

    ⓓ 포도당 6인산의 포도당으로의 전환 : 포도당 6인산 탈인산화효소(glucose 6 - phosphatase)에 의해 촉매되며 해당과정의 완결과정임

(2) 해당과정과 포도당신생합성 과정의 통합적 조절

ㄱ. 피루브산 대사 경로 상에서의 조절 : 피루브산은 피루브산 탈수소효소 복합체에 의해 아세틸 - CoA로 전환되거나 피루브산 카르복실라아제에 의해 옥살로 아세트산이 되는데 아세틸 - CoA의 농도가 증가하면 피루브산 탈수소효소 복합체를 저해하여 피루브산으로부터 아세틸 - CoA가 생성되는 반응을 저해하게 되고 반면 피루브산 카르복실라아제를 활성화하여 포도당신생합성을 촉진하게 됨

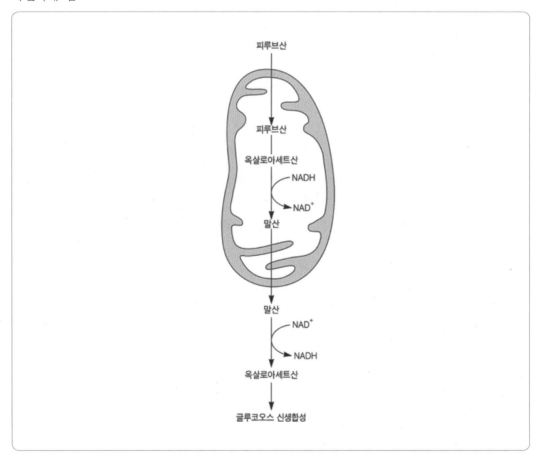

한권으로 끝내는 메디컬(의치한약수) 편입 나만의 祕密兵器

ㄴ. PFK - 1과 FBPase - 1의 활성 조절 : 서로 상반된 이 과정은 상호 통합적인 방식으로 조절됨

ⓐ 세포 내 물질농도 변화에 따른 알로스테릭 기작에 의한 다양한 조절 방식 : 아래 조절 작용
들은 세포 내 변화에 의해 개시되고 매우 빠르고 가역적이며 알로스테릭 조절 방식에 의해
조절

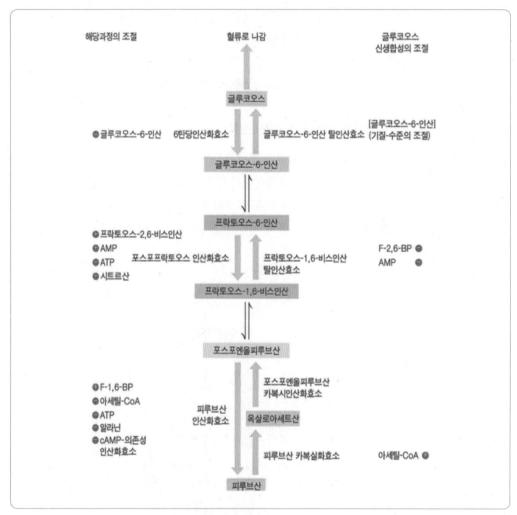

2 지질의 생합성

(1) 지방산의 생합성

동물세포의 경우 팔미트산까지의 생합성은 세포질에서 이루어지나 식물체의 경우 지방산의 생합성
은 엽록체에서 일어남

ㄱ. 미토콘드리아로부터 세포질로의 아세틸기 수송 : 미토콘드리아 외막은 상당히 투과성이 높은
막임. 미토콘드리아 기질에서 일어나는 아미노산의 이화과정 또는 세포질에서 일어나는 해당과

정에서 만들어진 피루브산은 미토콘드리아 기질에서 아세틸 – CoA로 전환됨. 아세틸기는 시트르산 형태로 미토콘드리아 밖으로 나가고 세포액에서 다시 아세틸 – CoA로 전환되어 지방산 합성에 이용됨. 옥살로아세트산은 말산으로 환원되어 미토콘드리아 기질로 되돌아오고 다시 옥살로아세트산으로 전환됨. 별도의 경로로 말산은 세포질에서 malic enzyme에 의해 산화되어 NADPH를 만들며 이 때 생성된 피루브산은 미토콘드리아 기질로 되돌아옴. 지방산 생합성에 이용되는 NADPH는 이 과정과 아울러 오탄당 인산 경로를 통해 공급됨

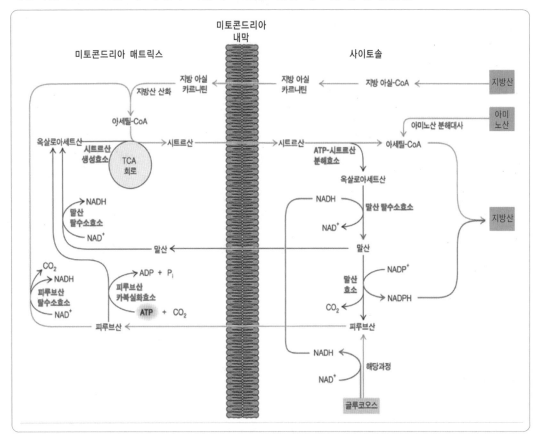

ⓐ 지방산의 연장 : 동물세포의 경우 팔미트산으로부터 다른 긴 지방산을 만드는 것은 활면소포체나 미토콘드리아에서 이루어짐

ⓑ 지방산의 불포화 : 포유류의 간세포는 지방산의 Δ^9 위치에 이중 결합을 형성할 수 있어서 올레산이나 팔미톨레산의 형성은 가능하지만 Δ^{10} 위치에는 이중결합을 만들 수 없으므로 포유류는 리놀레산과 리놀렌산을 합성할 수 없음. 그러나 식물은 이 2가지 지방산을 모두 합성할 수 있는데 이중결합을 형성하는 불포화효소는 활면소포체와 엽록체에 존재함

11 세포호흡이 일어나고 있는 진핵세포에서 포도당이 분해되어 ATP가 합성되는과정에 관한 설명으로 옳은 것은?

① 해당과정의 최종 산물은 피루브산이다.
② 전자전달계에서 최종 전자수용체는 H_2O이다.
③ 전자전달계에서 기질수준 인산화과정을 통해 ATP가 합성된다.
④ 시트르산화로에서 숙신산이 숙시닐-CoA로 전환될 때 GTP가 합성된다.
⑤ 미토콘드리아에서 ATP 합성효소는 막간 공간에 비해 기질의 pH가 낮을 때 ATP를 합성한다.

12 진핵세포의 세포호흡에 관한 설명으로 옳지 않은 것은?

① 최종 전자수용체는 O_2이다.
② O_2 공급이 중단되면 ATP 생산이 감소한다.
③ 시트르산의 농도가 높아지면 해당작용이 억제된다.
④ 해당과정에서 나온 ATP는 산화적 인산화에 의해서 생성된 것이다.
⑤ 포도당에 들어있는 에너지의 일부는 ATP에 저장되고, 나머지는 열로 발산된다.

정답 및 해설

11 정답 | ①
① 포도당의 해당과정 수행시 피루브산 2분자로 분해가 발생한다.
② 전자전달계의 최종 전자수용체는 O_2이다.
③ 전자전달계를 이용한 ATP 합성 과정은 화학삼투적 산화적인산화를 통해서 ATP를 생성한다.
④ 시트르산 회로에서 GTP는 숙시닐-CoA가 숙신산으로 전환될 때 일어난다.
⑤ 미토콘드리아에서 ATP 합성효소는 전자전달계를 막간 공간으로 퍼내어 막간 공간의 pH가 기질보다 낮을 때 ATP를 합성한다.

12 정답 | ④
③ 세포 호흡의 중간 산물인 시트르산 농도가 증가하면 미토콘드리아 내부에서 세포질로 이동하여 세포질의 해당작용의 주효소인 PFK(인산과당 인산화효소) 등의 주요 효소들이 음성 되먹임에 의해 억제되어 해당작용이 감소한다.
④ 해당과정의 ATP는 기질수준 인산화로 생성된다.

13 세포호흡과정을 알아보기 위하여, 박테리아를 모든 탄소가 ^{14}C으로 표지된 포도당 배지에서 진탕배양하였다. 다음의 (가), (나), (다)에 들어갈 용어를 순서대로 옳게 나열한 것은?

> 포도당이 해당과정을 거치면 (가)에서 ^{14}C가 최초로 발견되고 이후, TCA 회로가 시작되면서 생성되는 (나)에서 ^{14}C가 처음 발견된다. TCA 회로가 끝나면 포도당이 가지고 있던 에너지는 대부분 (다)에 저장된다.

① 피루브산, acetyl-CoA, ATP
② 피루브산, 옥살아세트산, ATP
③ 피루브산, 시트르산, NADH
④ 포도당-6-인산, 시트르산, NADH
⑤ 포도당-6-인산, 옥살아세트산, ATP

14 다음 문장에서 (A), (B), (C)에 들어갈 적합한 단어를 순서대로 나열한 것은?

> 해당과정과 시트르산 회로에서 운반체와 결합한 형태로 생성된 (A)은(는) 미토콘드리아 내막에 위치한 시토크롬 단백질의 작용을 받아 산화-환원 과정을 반복하다가, 전자전달계의 마지막 전자 수용체인 (B)와(과) 반응하여 (C)로 된다.

① 물, 수소, 산소   ② 산소, 물, 수소
③ 산소, 수소, 물   ④ 수소, 물, 산소
⑤ 수소, 산소, 물

정답 및 해설

13 정답 | ④
^{14}C 는 각 단계의 첫 번째 산물에서 최초로 발견된다.
(가) 해당과정의 첫 번째 산물인 포도당-6 인산에서 ^{14}C가 최초로 발견된다.
(나) TCA 회로의 첫 번째 산물인 시트르산에서 ^{14}C가 최초로 발견된다.
(다) 아세틸기에 함유되어 있던 고에너지 전자는 TCA 회로에서 주로 NADH 상태로 저장되어 미토콘드리아 내막의 전자전달계로 전달된다.

14 정답 | ⑤
전자전달계를 통해서 O_2로 이동한 전자는 $2H^+$와 결합하여 H_2O를 형성한다.

15 한 분자의 포도당이 해당과정을 거쳐 시트르산 회로를 마쳤을 때, 최종적으로 생성되는 ATP, NADH, FADH$_2$의 분자수는?

① ATP : 1, NADH : 4, FADH$_2$: 4
② ATP : 2, NADH : 8, FADH$_2$: 2
③ ATP : 3, NADH : 6, FADH$_2$: 4
④ ATP : 4, NADH : 8, FADH$_2$: 2
⑤ ATP : 4, NADH : 10, FADH$_2$: 2

정답 및 해설

15 정답 | ⑤

ATP : 해당과정에서 분자, 시트르산 회로(2번의 회로)에서 분자
- 2ATP 2NADH: 해당과정에서 분자, 시트르산 회로(2번의 회로)에서 분자
- 8NADH 2FADH$_2$ 2ATP 시트르산 회로(2번의 회로)에서 분자

편입생물 비밀병기 – 단권화바이블 + 필수기출과 해설편

⊶ MEMO

편입생물 비밀병기

생물 1타강사 **노용관**

단권화 바이블 ＋
필수기출과 **해설**편

한권으로 끝내는 메디컬(의치한약수) 편입 나만의 祕密兵器

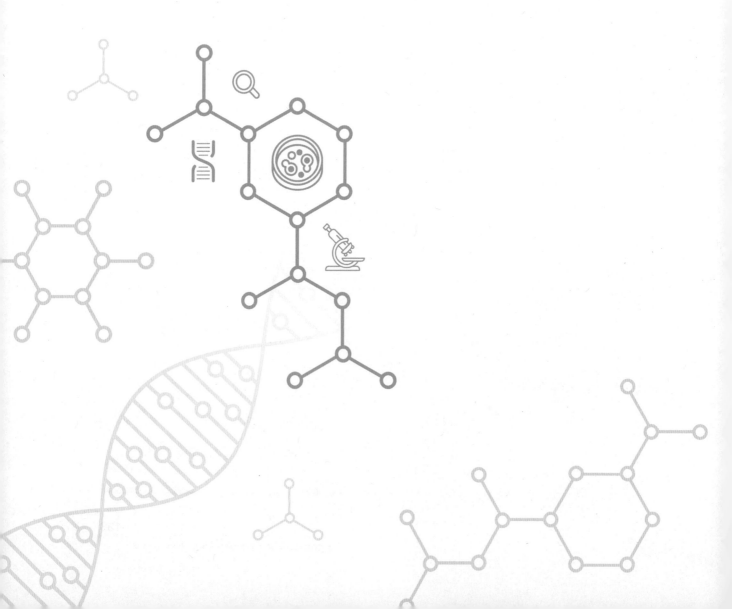

09

광합성

09 광합성(photosynthesis)

1 광합성 서론

(1) 광합성의 생태학적 의미

ㄱ. 세포호흡과 광합성의 관계 : 산소를 이용하는 호기성 종속영양생물은 ATP 형성시 광합성에 의해 생성된 에너지 풍부 유기물을 CO_2와 H_2O로 분해하며 대기로 돌아간 CO_2는 광합성 생물에 의해 다시 이용됨. 그러므로 태양 에너지는 생물권을 통하여 CO_2와 O_2의 지속적인 순환을 위한 추진력을 공급하는 한편 광합성을 할 수 없는 생물이 살아가기 위하여 의존하는 환원형 기질인 포도당과 같은 연료를 공급함

ㄴ. 광합성의 명반응과 암반응 : 명반응은 태양 에너지를 이용해 고에너지성의 NADPH와 ATP를 형성함. 이 산물들은 탄소 동화 반응에 이용되는데 탄소 동화 반응은 밝을 때도 혹은 어두울 때도 일어나며 CO_2를 환원시켜 유기물을 합성함

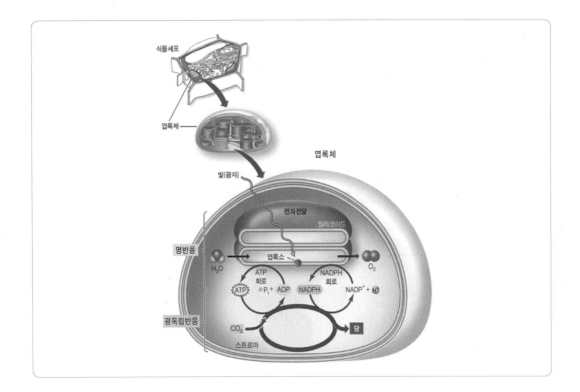

(2) 엽록체의 구조

조류와 식물 세포 내에서 광합성이 일어나는 세포소기관으로 외막과 내막의 2중막으로 싸여 있음

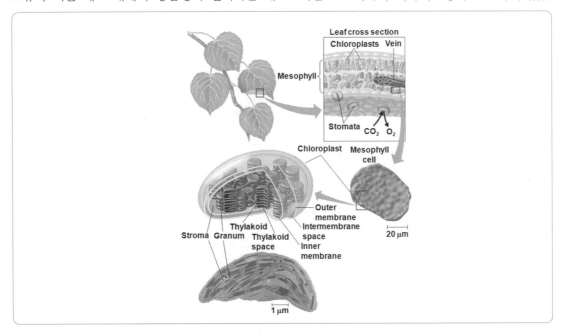

ㄱ. 그라나(grana) : 광계가 존재하는 틸라코이드막이 층상구조를 형성하며 틸라코이드막 상에는 빛을 흡수하는 색소 및 전자전달 관련 단백질 및 ATP 합성효소가 존재하여 명반응이 일어나게 됨. 그라나를 구성하는 막을 지칭하며 틸라코이드막으로 싸여진 안쪽부위는 루멘(lumen)이라고 함

ⓐ 틸라코이드막의 구분 : 대부분의 틸라코이드는 서로 매우 밀접하게 중첩되어 있는데 이러한 틸라코이드막을 그라나 라멜라(grana lamella)라고 하며 그러한 중첩이 없이 노출된 틸라코이드막을 스트로마 라멜라(stroma lamella)라고 함

ⓑ 틸라코이드막의 내재성 단백질 : 광합성 명반응 관련 단백질은 대부분 내재성 단백질로 소수성 아미노산 비율이 높으며 막 내에서 독특한 방향성을 지님. 예를 들어 ATP 합성효소의 경우 ATP를 합성하는 부위가 스트로마를 향하는 방향성을 지님

ㄴ. 스트로마(stroma) : 엽록체의 기질 부분으로 자가 복제에 필요한 DNA, RNA 및 리보솜을 지니고 있으며 암반응 관련 효소들이 존재함. 엽록체 내에서 작용을 하는 대부분의 단백질은 엽록체 자체 내에서 일어나는 전사 및 번역의 산물이며 이외의 단백질은 핵의 DNA에 의해서 암호화되고 세포질 리보솜 상에서 합성된 후 엽록체 내로 진입하게 됨

(3) 광합성 색소 : 빛을 흡수하여 광합성에 필요한 에너지를 제공함

ㄱ. 광합성 색소의 구조와 종류 그리고 기능

ⓐ 엽록소(chlorophyll)

1. 구조 : Fe^{2+} 대신에 Mg^{2+}을 중앙부에 가지고 있는 것 외에는 헤모글로빈의 원포르피린과 유사한 평판구조를 가지고 있음. 모든 엽록소는 고리 Ⅳ에서 카르복실기의 치환기가 에스테르화된 피톨(phytol)기를 지니고 있으며 햄에는 없는 다섯 번째의 고리 구조에 다섯 번째 고리 구조를 가지고 있어서 총 다섯 부분으로 이루어진 고리 구조를 형성하고 있음

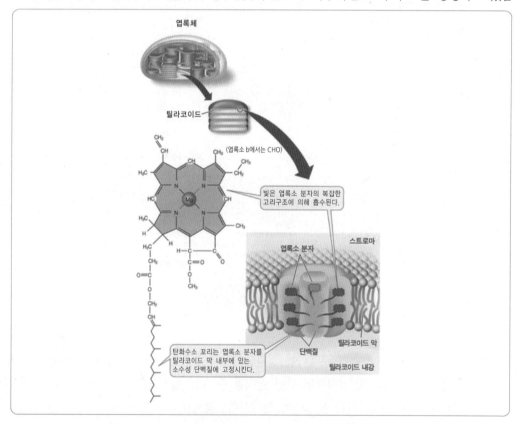

2. 종류 : 엽록소 a, b, c, d 등으로 구분되는데 그 중 엽록소 a와 b는 녹색식물에 풍부하며 c와 d는 원생생물과 남세균에 존재함. 광합성 세균은 식물 색소와 약간 다른 형태의 세균 엽록소(bacteriochlorophyll)를 지님

3. 기능 : 엽록소는 크산토필과 같은 보조 색소와 함께 특이적인 결합 단백질과 회합하여 광 수확복합체(light - harvesting complex)를 형성함

ⓑ 카로티노이드(carotenoid) : 보조 색소로 작용함

1. 구조 : 모두 다수의 공액이중결합을 갖는 선형의 분자들이며 틸라코이드막의 필수적 성분 이고 반응 중심 단백질과 밀접하게 결합함

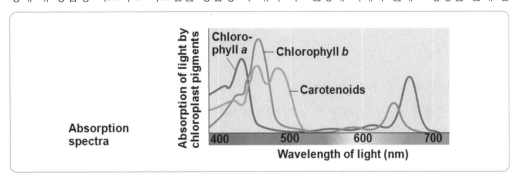

2. 종류 : 황색 계통의 색소로 카로틴과 크산토필로 구분

3. 기능 : 엽록소가 흡수할 수 없는 파장의 빛을 흡수하여 광합성에 이용될 수 있게 하는 보 조 색소로 기능을 수행하며 과다한 빛을 흡수하여 엽록소에 의한 활성산소의 형성을 막아 광보호를 수행함

ㄴ. 색소의 빛 흡수와 광합성 : 가시광선 영역의 서로 다른 파장의 빛은 서로 다른 광합성 효율을 지니는데 이것은 흡수 스펙트럼과 작용 스펙트럼을 비교함을 통해 알 수 있음

ⓐ 흡수 스펙트럼(absorption spectrum) : 각 파장의 빛이 흡수되는 정도를 나타낸 그래프를 의미하며 순수 비극성 용매에 용해된 순수한 색소의 스펙트럼임을 인식해야 함. 많은 경우에 생체 내 광합성 색소의 스펙트럼은 광합성 막 내의 색소환경에 의해서 실제로 영향을 받게 됨

ⓑ 작용 스펙트럼(action spectrum) : 서로 다른 파장의 광자의 조사에 의해서 광합성의 상대 적 속도를 기록한 것으로 산소 생성을 측정하기 위해서 산소 전극을 이용한 현대적 기술을 통해 얻게 된 결과임

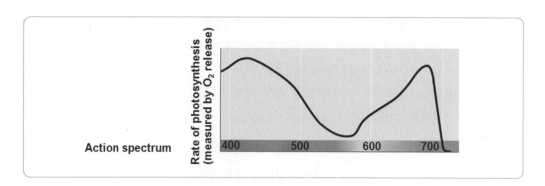

ⓒ 흡수 스펙트럼과 작용 스펙트럼의 비교 : 만약 흡수 스펙트럼과 작용 스펙트럼이 동일한 그래프를 그린다면 모든 파장의 빛이 동일한 광합성 효율을 가질 것이라 생각할 수 있음. 하지만 카로티노이드가 흡수하는 450~500nm 영역에서 불일치가 존재하며 이것은 카로티노이드로부터 엽록소로 에너지가 전달되는 효율이 엽록소 간에 에너지가 전달되는 효율보다 낮다는 것을 의미함

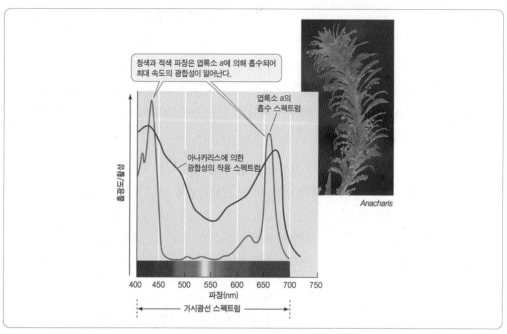

ㄷ. 광합성 색소의 추출 및 분리정제

ⓐ 광합성 색소는 물에는 잘 녹지 않지만 메탄올과 아세트산이 3 : 1 정도로 섞인 유기용매에는 잘 녹아 식물의 잎으로부터 광합성 색소를 추출할 수 있음

ⓑ 종이 크로마토그래피를 실시할 경우 색소의 종류에 따라 유기용매에 대한 용해도와 분자량에서 미세한 차이를 보이므로 각각의 전개율이 모두 다름

ⓒ 전개율(Rf) : 원점에서 색소까지의 거리/원점에서 용매 전선까지의 거리

1. Rf 값의 크기 순서 : 카로틴 > 크산토필 > 엽록소 a > 엽록소 b 순임
2. 엽록소의 Rf 값이 카로티노이드의 Rf 값보다 작은 이유는 엽록소가 카로티노이드보다 분자량이 크고 톨루엔 등의 소수성 전개액에 대한 흡착력이 약하기 때문임

(4) 광합성 반응에 대한 전체적 이해

ㄱ. 생물에 따른 광합성 반응식의 차이

ⓐ 식물, 남세균 : $6CO_2 + 12H_2O \rightarrow C_6H_{12}O_6 + 6O_2 + 6H_2O$

ⓑ 녹색황세균, 홍색황세균 : $6CO_2 + 12H_2S \rightarrow C_6H_{12}O_6 + 12S + 6H_2O$

ㄴ. 광합성에 대한 전체적 개요

ⓐ 광합성 과정은 빛을 직접적으로 필요로 하는 명반응과 유기물을 합성히는 암반응으로 구분되는데 광합성의 명반응은 광의존적 반응이며 암반응은 명반응 산물에 의존하는 반응임

ⓑ 현재 우리가 알고 있는 광합성 기전은 세균, 조류, 식물 엽록체 등에 대한 연구의 종합임

(5) 광합성 관련 주요 실험

ㄱ. 엥겔만의 실험 : 빛의 파장에 따른 광합성률을 측정한 실험

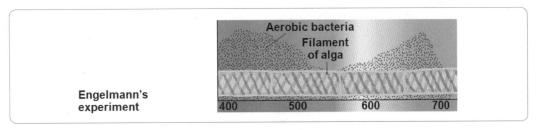

ⓐ 실험 내용 : 빛을 분광시켜 사상형 조류에게 쪼여주니 호기성 세균이 청색광과 적색광을 쬐어준 해캄 주위로 몰림

ⓑ 결론 : 가시광선의 모든 빛이 동일한 효율로 이용되는 것이 아니라는 증거가 되며 광합성에서의 효율적인 가시광선 영역은 청색광과 적색광이라는 사실을 알 수 있음

ㄴ. Duysens의 길항 효과 : 시토크롬 f 산화에 미치는 빛의 길항 효과를 설명함

ⓐ 실험내용 : 홍조류에 보다 장파장의 빛인 근적외광을 쪼이면 시토크롬 f의 산화정도가 증가하고 보다 단파장인 녹색광을 같이 쪼이면 시토크롬 f의 산화정도가 일부 감소함

ⓑ 결론 : 서로 다른 파장의 빛을 효과적으로 흡수하는 두 광계가 존재하는데 광계 하나(광계II)는 보다 단파장의 빛을 흡수하여 시토크롬에게 전자를 제공하며 또 다른 광계(광계I)는 보다 장파장의 빛을 흡수하여 시토크롬을 산화시키는 역할을 함

ㄷ. 에머슨의 상승효과(enhancement effect) : 광합성에서의 2개의 광계의 협동 효과

ⓐ 실험내용 : 적색광과 근적외광을 동시에 비춰주었을 때의 광합성율이 각각의 파장을 비춰주었을 때의 광합성율을 합한 것보다도 높음

ⓑ 결론 : 협동하여 작용하지만 약간 다른 최적 파장을 갖는 2개의 광계에 의해 광합성이 수행됨

2 명반응(light reaction)

(1) 세균과 식물의 명반응 비교

ㄱ. 세균의 명반응 개요 – 홍색 세균(purple bacteria)과 녹색 황세균(green sulfur bacteria)의 광합성 명반응

ⓐ 홍색 세균의 명반응 : 홍색 세균에서 빛 에너지는 반응 중심(II형 반응중심) P870으로부터 전자를 유도하여 페오피틴(Pheo), 퀴논(Q), 시토크롬 bc_1 복합체(Cyt bc_1 complex), 시토크롬 c_2(Cyt c_2)를 통해 다시 전자 반응 중심으로 유도함.

ⓑ 녹색 황세균의 명반응(I형 반응중심) : 녹색 황세균은 P840의 들뜬 상태에 의해 전자가 유도되는 두 가지 과정을 갖고 있는데 순환적 과정은 퀴논을 통하여 시토크롬 bc_1 복합체로 이동하여 시토크롬 c를 통해 반응 중심으로 돌아오는 것이고 비순환적 과정은 반응 중심으로부터 페레독신 (Fd)을 통하여 페레독신 – NAD 환원효소에 의해 촉매되는 반응에서 NAD^+로 이동하는 것임.

ㄴ. 식물의 명반응 개요 – 광계 I과 II의 통합

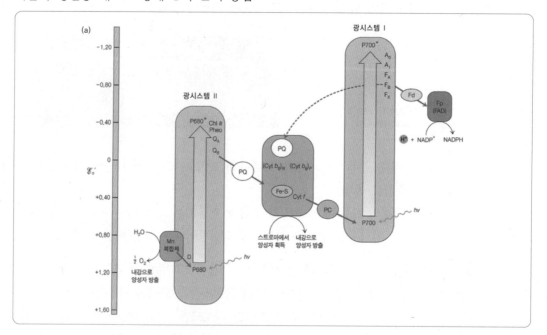

ⓐ 전자의 들뜸 : 물로부터 유래한 전자들의 에너지를 $NADP^+$의 환원에 필요한 에너지 수준으로까지 올리기 위해서는 광계 I과 II에서 두 번 들떠야 함

ⓑ 양성자 구동력의 형성 : 광계 II에서 들뜬 전자는 위에 표시된 전자잔달 체계를 통해서 광계 I로 이동하면서 ATP형성의 근간이 되는 양성자 구동력을 형성함

ⓒ 전자의 순환적 경로 : 점선으로 된 화살표는 순환적 전자전달 경로를 나타내는데 광계 I만이 관여하고 있고 전자는 $NADP^+$를 환원시키는 대신 광계 I로 되돌아가게 됨

(2) 식물의 명반응 체계

엽록체의 그라나에서 일어나며 암반응에 필요한 물질인 ATP와 NADPH를 생성함

ㄱ. 광계(photosystem) : 광계II(P680)와 광계 I (P700)으로 구분함

    ⓐ 반응중심복합체(reaction center complex) : 엽록소 a와 일차 전자 수용체를 포함하며 빛으로부터 받은 에너지를 이용해 전자를 흥분시켜 엽록소a의 전자를 일차 전자 수용체에게 건네게 함

    ⓑ 광수확복합체(light harvesting complex ; LHC) : 엽록소 a, b, 카로티노이드 등으로 구성되며 카로티노이드를 포함하며 보다 다양한 파장의 빛을 흡수하여 그 에너지를 반응중심복합체에서 건네서 광합성 효율을 극대화시킴. 카로티노이드는 보조색소로서 역할도 수행하지만 엽록소의 광보호에도 관여한다는 사실을 명심해야 함

ㄴ. 전자전달 체계 : 두 개의 광계 간에 전자가 전달되면서 암반응을 위한 에너지 물질이 형성됨

    ⓐ 전자 전달 과정 : H_2O → 광계 II의 반응중심(P680) 엽록소 a → 광계 II의 반응중심 일차 전자 수용체인 페오피틴(pheophytin ; Pheo) → 플라스토퀴논(plastoquinone ; PQ_A) → 두 번째 퀴논(second quinone ; Q_B) → 시토크롬 b_6f 복합체(cytochrome b_6f complex) → 플라스토시아닌(plastocyanin ; PC) → 광계 I 의 반응중심(P700) 엽록소 a → 광계 I 의 반응중심 일차 전자 수용체인 수용체 엽록소(acceptor chlorophyll ; An) → 필로퀴논(phylloquinone ; A_1) → 철 - 황 복합체(Fe - S complex ; Fe - S) → 페레독신(ferredoxin ; Fd) → $NADP^+$

    ⓑ 전자 전달 과정에서 일어나는 주요 화학 반응 : 광합성의 명반응을 이루는 거의 모든 화학적인 과정은 광계II, 시토크롬 b_6f 복합체, 광계 I, ATP 합성효소에 의해 수행됨

        1. 광계II : 틸라코이드 루멘에서 물을 산소로 산화시키고 그 과정에서 루멘으로 양성자를 배출함

        2. 시토크롬 b_6f 복합체 : 광계II로부터 전자를 받아 광계 I 으로 전달하면서 양성자를 스트로마로부터 루멘으로 방출함

        3. 광계 I : 스트로마 내에서 페레독신 및 페레독신 - NADP 환원효소(ferredoxin - NADP reductase ; FNR)의 작용에 의해서 $NADP^+$를 NADPH로 환원시킴

        4. ATP 합성효소 : 양성자가 루멘에서 스트로마로 이동할 때 ATP를 합성함

    ⓒ 명반응 억제제 : DCMU 및 파라쿼트 같은 제초제들은 광합성적 전자전달을 저해함

        1. DCMU(dichlorophenyldimethylurea) : 디우론(diuron)이라고도 알려져 있으며 광계 II의 퀴논 수용체에서 전자전달을 차단하고 Q_B가 담당하는 플라스토퀴논의 결합 부위와 경쟁함으로써 PQH_2의 형성을 억제함

        2. 파라쿼트 : 페레독신과 $NADP^+$ 사이에 흐르는 전자를 받아들여 초산화물이나 히드록실 라디칼(superoxide) 같은 산소종을 발생시켜 막지질을 손상시킴

(3) 식물의 광인산화(photophosphrylation)

전자전달계를 통한 전자전달에 의해 시토크롬 b_6f 복합체를 통해 스트로마의 H^+가 루멘으로 이동하면서 양성자 구동력이 형성되고 ATP 합성효소를 통해 H^+가 스트로마로 진입하면서 ATP가 생성됨. 미토콘드리아의 산화적 인산화와 동일한 기작으로 화학삼투 인산화(chemiosmotic phosphorylation)의 일환임

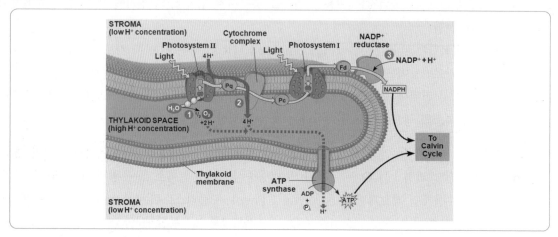

ㄱ. 광인산화의 구분

  ⓐ 순환적 광인산화(cyclic photophosphorylation) : 전자의 흐름이 순환되어 새로운 전자의 공급이 필요 없는 과정으로 ATP만이 형성됨. 특히 C_4 탄소고정을 수행하는 일부 식물의 유관속초 세포 엽록체에서의 ATP 공급원으로 중요함

  ⓑ 비순환적 광인산화(noncyclic photophosphrylation) : 전자의 흐름이 순환하지 않아 새로운 전자의 공급을 필요로하는 과정으로 ATP, NADPH, O_2가 형성됨

ㄴ. 미토콘드리아, 엽록체, 세균에서의 화학삼투 비교 : 미토콘드리아, 엽록체, 세균 모두 전자전달계를 통해 전자가 흐르면서 H^+가 H^+ 농도가 낮은 지역으로부터 높은 지역으로 막을 가로질러 펌프질되고 다시 ATP 합성효소를 통해 확산되면서 ATP가 형성됨. 각각의 H^+ 펌프질 방향과 확산 방향을 잘 비교해 보기 바람

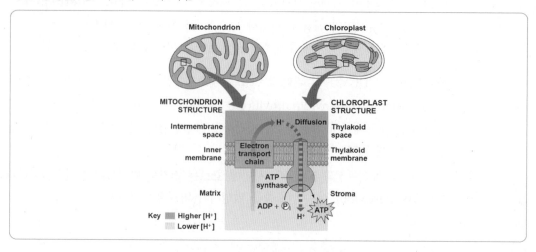

3 **암반응**(dark reaction)

(1) 캘빈 회로(calvin cycle)

C_3 식물에서 처음으로 밝혀진 광합성의 탄소환원 회로임

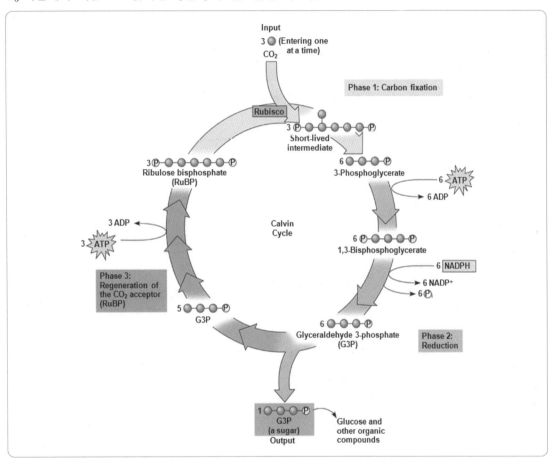

ㄱ. 캘빈회로 과정 : 캘빈 회로는 CO_2 고정, 환원, 재생의 세 단계로 진행됨

    ⓐ 1단계 : CO_2 고정 단계. 이 반응은 rubisco라고 하는 효소에 의해 진행됨

        $6CO_2 + 6RuBP + 6H_2O \rightarrow 12PGA$

    ⓑ 2단계 : 환원 단계

        $12PGA + 12ATP \rightarrow 12DPGA + 12ADP$

        $12DPGA + 12NADPH_2 \rightarrow 12PGAL + 12NADP^+ + 12H_2O$

    ⓒ 3단계 : 재생 단계

        $10PGAL + 6ATP \rightarrow 6RuBP + 6ADP$

        $2PAGL \rightarrow$ 포도당

ㄴ. 캘빈회로에서 소모된 에너지 화합물 : 포도당 1분자 형성시 18ATP와 12NADPH가 소모됨

(1) C₄ 경로(C₄ pathway)

온도가 높을수록 광호흡률이 높아지고 광합성 효율이 감소하게 되는데 호흡을 줄이기 위한 전략의 일환으로 존재하며, C_4 경로가 발달한 식물을 C_4 식물이라고 함

ㄱ. C_3식물(왼쪽)과 C_4식물(오른쪽)의 잎의 해부학적, 생리학적 비교 : C_4 식물은 C_3 식물과는 달리 유관속초 세포가 발달되어 있으며 엽육세포와 유관속초세포가 매우 인접해 있음. 또한 C_4 식물은 C_3식물에 비해 순환적 광인산화 비율이 높으며 특히 유관속초 세포의 경우 순환적 광인산화만 일어나는 것이 특징임

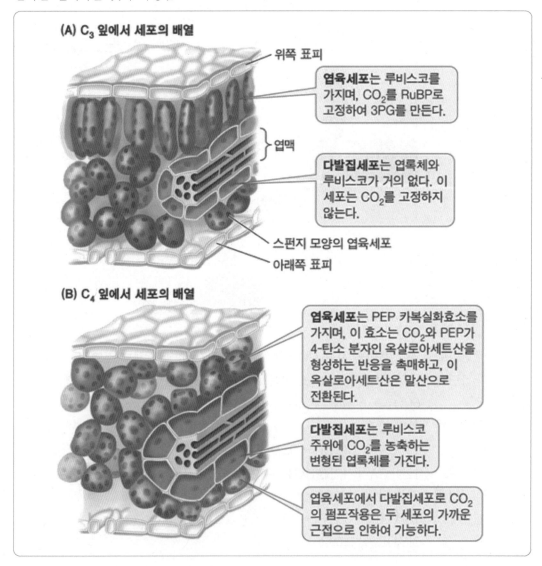

ㄴ. C_4 경로 과정 : 기본적인 C_4 경로는 네 단계로 구성됨

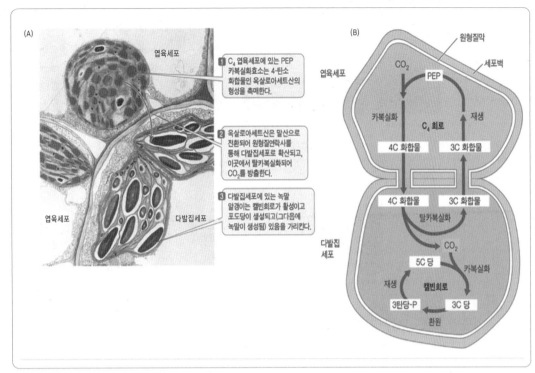

ⓐ 엽육세포에서 PEP의 카르복시화에 의해 CO_2가 고정되어 C_4산이 형성됨

ⓑ C_4산이 유관속초세포로 수송됨

ⓒ 유관속초세포내에서 C_4산이 탈카르복시화되면서 형성된 CO_2가 캘빈 회로를 통하여 탄수화물로 환원됨

ⓓ 탈카르복시화에 의해 형성된 C_3산이 엽육세포로 수송되어 CO_2 수용체인 PEP로 재생성됨

ㄷ. C_4 경로의 특징 : 엽육세포에서는 CO_2를 고정하는 반응을 수행하는데 엽육세포 내의 O_2농도가 높다 하더라도 CO_2 고정반응을 수행하는 PEP carboxylase가 O_2 고정능이 존재하지 않고 HCO_3^-에 대한 친화도가 충분히 높음. 또한 유관속초세포 내에는 rubisco가 있어서 캘빈회로 진행능력과 함께 O_2 고정능이 있지만 O_2 농도가 높지 않아 광호흡률은 떨어지게 되는 것임

(2) CAM 경로(Crassulacean acid metabolism pathway)

수분 부족 스트레스를 견디기 위한 전략으로 사막 식물 등에서 잘 발달되어 있으며 CAM 경로를 지니는 식물을 CAM 식물이라 함

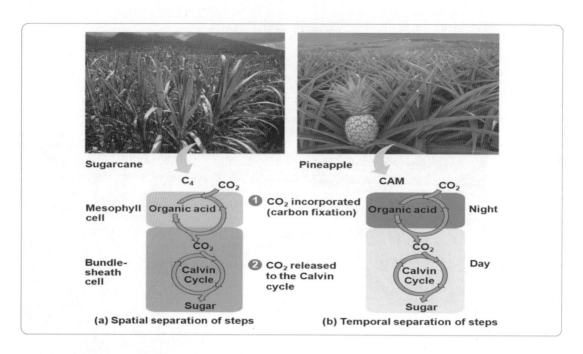

Sugarcane   Pineapple

(a) Spatial separation of steps   (b) Temporal separation of steps

ㄱ. 기공의 개폐 : 선인장과 같은 CAM 식물은 암조건에서 기공을 열고 명조건에서는 기공을 닫아 수분 이용 효율을 높임

ㄴ. C_4 경로와 CAM 경로의 구분 : C_4 경로가 CO_2 고정반응과 캘빈회로를 공간적으로 분리한 것이라면 CAM 경로는 CO_2 고정반응과 캘빈회로를 시간적으로 분리한 것임

ㄷ. 시간의 추이에 따른 세포질과 액포 내 pH 변화 : 암조건 하에서는 액포로의 말산 유입에 따라 액포의 pH가 떨어지고 명조건 하에서는 말산의 방출에 따라 액포의 pH가 올라감

(3) C_3, C_4, CAM 식물 간 비교

아래와 같이 각 식물의 대사 형태를 거시적으로 분명하게 정리하길 바람. 또한 일부 CAM 식물은 스트레스를 받지 않는 조건에서는 C_3 대사를 수행하며 열이나 수분이나 염 스트레스를 받으면 CAM 대사를 진행한다는 점도 숙지해야 함

구분	C_3 식물	C_4 식물	CAM 식물
광호흡률	높음	낮음	낮음
명반응이 일어나는 장소와 발생 시간대	엽육세포(낮)	엽육세포(낮) 유관속초세포 (낮 – 순환적 광인산화)	엽육세포(낮)
Calvin 회로 장소와 발생 시간대	엽육세포(낮)	유관속체세포(낮)	엽육세포(낮)
C_4 고정 장소와 발생 시간대	×	엽육세포(낮)	엽육세포(밤)
CO_2 수용체 물질	RuBP	PEP	PEP
CO_2 고정효소	Rubisco	PEP carboxylase	PEP carboxylase
CO_2 고정 산물	3 – PGA	옥살로아세트산	옥살로아세트산

5 광합성의 생태학적 고찰

(1) 빛과 광합성

ㄱ. 빛에 세기에 대한 식물의 적응 – 양지 잎과 음지 잎의 해부학적 비교

ⓐ 음지 잎(shade leaf)의 특징 : 반응중심당 총 엽록소가 더욱 많고 엽록소 a에 대한 엽록소 b의 비율이 높고 두께는 양지 잎보다 얇음

ⓑ 양지 잎(sun leaf)의 특징 : 루비스코를 더욱 많이 가지며 크산토필 회로 구성성분의 농도도 높음

ㄴ. 빛의 세기와 광합성률의 관계 : 온전한 잎에서 빛의 세기에 따른 CO_2 고정을 측정하면 광 – 반응 곡신을 그려볼 수 있음

ⓐ 광 – 반응 곡선 이해를 위한 개념 정리

1. 광합성량과 호흡량 : 온도가 일정할 경우 호흡량은 일정하며 빛의 세기가 증가하면 광합성량은 증가하다가 더 이상 증가하지 않는 일정 구간이 형성됨

2. 광보상점 : 호흡량과 총광합성량이 동일할 때의, 다시 말하면 외관상의 CO_2 흐름이 없을 경우의 빛의 세기를 말함

3. 광포화점 : 광합성량이 더 이상 증가하지 않을 때의 빛의 세기

4. 순광합성량 : 총광합성량에서 호흡량을 뺀 값으로 광보상점에서의 순광합성량은 총광합성량과 호흡량이 동일하므로 제로임

ⓑ 양지식물과 음지식물의 광 – 반응 곡선 비교 : 일반적으로 음지식물은 광보상점이 낮으며 최대광합성률도 낮음

ㄷ. 과도한 광에너지의 소산 : 과도한 빛을 받을 경우 광합성 장치가 해를 입지 않기 위해서 과도하게 흡수한 빛에너지를 소산시켜야 함

ⓐ 과도한 광에너지 : 접선은 광합성률의 제한이 없을 때의 이론적인 산소 발생량을 나타내는데 빛의 세기가 어느 정도 수준까지는 흡수된 빛이 광합성적 산소 발생에 이용되지만 그 세기가 넘어가면 광합성은 포화되며 흡수광 에너지의 보다 많은 양이 소산되어야 함. 음지식물의 경우가 양지식물보다 과도한 광에너지 영역의 크기가 더욱 큰 경향이 있음

(2) CO_2와 광합성 – CO_2 농도와 광합성량률의 관계

ㄱ. 개념 정리

ⓐ CO_2 포화점 : CO_2 농도가 증가하면서 광합성 속도가 증가하지만 어느 수준 이상의 CO_2 농도에서는 광합성 속도가 증가하지 않는 일정구간이 나타남

ⓑ CO_2 보상점 : 총광합성량과 호흡량이 동일할 때의 CO_2 농도로 CO_2 보상점이 낮은 식물이 CO_2를 효율적으로 이용한다고 간주함

ㄴ. C_3 식물과 C_4 식물 간의 비교 : C_3 식물은 C_4 식물에 비해 CO_2 보상점과 CO_2 포화점이 모두 높은 경향이 있음. C_4 식물은 CO_2 농축 기작이 존재하기 때문에 기공을 더욱 짧은 시간만 열고 있어도 되기 때문에 수분 이용률도 높음

(3) 온도와 광합성 - 온도와 광합성률간의 관계

ㄱ. 최적 온도 : 온도반응에서 볼 수 있는 최대 광합성률은 소위 최적온도반응을 나타내며 이 온도를 초과하면 광합성률은 다시 감소함. 다른 온도를 갖는 서식처에서 자란 다른 식물종들은 광합성에 대하여 다른 최적온도를 나타내며 동일한 종의 식물들을 서로 다른 온도에서 키우고 이들의 광합성반응을 측정하면 생육 온도와 관계가 있는 최적온도를 보임

ㄴ. 포화 CO_2 농도와 정상적 대기의 CO_2 농도에서 온도에 따른 광합성률의 변화 : 광합성은 포화 CO_2 농도에서는 온도에 크게 의존적임

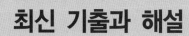

최신 기출과 해설

16 식물에서 일어나는 광합성에 관한 설명으로 옳은 것만을 〈보기〉에서 있는 대로 고른 것은?

| 보기 |

ㄱ. NAD+가 전자운반체 역할을 한다.

ㄴ. 암반응에서 탄소고정이 일어난다.

ㄷ. 배출되는 O_2는 CO_2에서 유래된 것이다.

ㄹ. 광계 Ⅱ에서 얻은 에너지는 ATP 생성에 이용된다.

① ㄱ, ㄴ   ② ㄱ, ㄷ   ③ ㄴ, ㄷ   ④ ㄴ, ㄹ   ⑤ ㄷ, ㄹ

17 광합성에 관한 설명으로 옳은 것은?

① 광계 Ⅰ의 반응중심 색소는 스트로마에 있다.

② 광계 Ⅱ의 반응중심에 있는 엽록소는 700nm 파장의 빛을 최대로 흡수한다.

③ 틸라코이드에서 NADP 의 환원이 일어난다.

④ 캘빈 회로는 엽록체의 틸라코이드에서 일어난다.

⑤ 스트로마에서 명반응 산물을 이용하여 포도당이 합성된다.

정답 및 해설

16 정답 | ④

ㄱ. 광합성 과정의 전자운반체는 NADP 이다.

ㄴ. 암반응의 1단계는 공기중의 CO_2를 PGA로 고정하는 과정이다

ㄷ. 배출되는 O_2는 물 분자의 분해로부터 유래한다.

ㄹ. 광계Ⅱ에서 흡수한 빛에너지는 ATP 합성에 사용되고, 광계 Ⅰ에서 흡수한 빛에너지는 NADPH 생성에 쓰인다.

17 정답 | ⑤

① 광계는 엽록체의 틸라코이드 막에 위치하는 색소와 단백질의 복합체 구조이다.

② 광계 Ⅰ의 반응중심 엽록소a 는 700nm의 장파장을 흡수잘하며, 광계 Ⅱ의 반응중심 엽록소a는 단파장에 해당하는 680nm를 최대로 흡수한다.

③ 수소(전재 운반체인 NADP+ 는 틸라코이드 막으로부터 고에너지 전자를 전달받아 스트로마 부위에서 환원된 후에 암반응의 재료로 스트로마에서 즉시 사용된다).

④ 캘빈 회로는 스트로마에서 일어나며, 명반응의 산물 ATP와 NADPH를 이용해 포도당을 생성시킨다.

18 세포호흡과 광합성에 관한 설명으로 옳은 것만을 〈보기〉에서 있는 대로 고른 것은?

> ─┤ 보기 ├─
> ㄱ. 광합성은 ATP를 생성하지 않는다.
> ㄴ. 광합성의 명반응은 포도당을 합성하지 않는다.
> ㄷ. 세포호흡에서 산소는 전자전달계의 최종 전자수용체(electron acceptor)로 작용한다.
> ㄹ. 광합성의 부산물인 산소(O_2)는 탄소고정 과정에서 이산화탄소(CO_2)로부터 방출된 것이다.

① ㄱ, ㄴ　　　② ㄱ, ㄷ　　　③ ㄴ, ㄷ　　　④ ㄴ, ㄹ　　　⑤ ㄷ, ㄹ

19 식물의 광합성 특징에 관한 설명으로 옳은 것만을 〈보기〉에서 있는 대로 고른 것은?

> ─┤ 보기 ├─
> ㄱ. 명반응이 진행될 때 캘빈회로 반응은 일어난다.
> ㄴ. RuBP의 재생반응은 스트로마에서 일어난다.
> ㄷ. 틸라코이드막을 따라 전자전달이 일어날 때, 틸라코이드 공간(lumen)의 pH는 증가한다.

① ㄱ　　　② ㄴ　　　③ ㄷ　　　④ ㄱ, ㄴ　　　⑤ ㄴ, ㄷ

정답 및 해설

18 정답 | ③
ㄱ. 틸라코이드의 집합체인 그라나에서 광합성도 명반응을 통해 ATP가 생성된다.
ㄴ. 광합성에서 명반응은 빛 에너지를 화학 에너지인 ATP와 NADPH로 전환하는 과정이고, 캘빈 회로에서 ATP와 NADPH를 이용해 CO_2를 환원시켜 또 다른 화학 에너지 형태인 유기물(포도당)을 합성한다.
ㄷ. NADP+가 전자의 최종 수용체로 사용된다.
ㄹ. 명반응에서 생성되는 산소는 전자공여체인 물이 분해가 될 때 전자와 함께 빠져나올 때 수소 이온과 함께 생성된다.

19 정답 | ④
ㄱ. 캘빈 회로는 명반응의 산물인 ATP와 NADPH를 소모하며 일어나므로, 명반응이 진행되는 낮에 연계되어있는 암반응이 일어난다.
ㄴ. RuBP는 스트로마에서 캘빈회로를 돌면서 계속하여 스트로마에서 재생과정이 일어난다.
ㄷ. 틸라코이드 막의 전자전달 과정 중 H^+는 스트로마에서 틸라코이드 공간 쪽으로 펌프가 발생 되므로, 틸라코이드 공간의 pH는 감소한다.

20 광합성에 관한 설명으로 옳은 것만을 〈보기〉에서 있는 대로 고른 것은?

> 보기
>
> ㄱ. 진핵생물에서 광합성은 엽록체에서 일어난다.
> ㄴ. 광합성의 최종 전자 수용체는 H_2O이다.
> ㄷ. 남세균은 세균이지만 광합성에 의해 산소를 발생시킨다.
> ㄹ. 식물은 명반응을 통해서 이산화탄소를 고정한다.
> ㅁ. 식물세포도 광합성 세균과 같이 근적외선을 주로 이용한다.

① ㄱ, ㄴ   ② ㄱ, ㄷ   ③ ㄴ, ㄷ   ④ ㄱ, ㄷ, ㅁ   ⑤ ㄱ, ㄹ, ㅁ

21 광합성에 대한 설명으로 옳은 것은?

① 자색세균(홍세균)은 이산화탄소와 물을 이용하여 포도당과 산소를 생성한다.
② 남조류(남세균)는 광합성을 할 때 물을 분해하여 산소를 발생시킨다.
③ 암반응에서 NADPH와 ATP가 합성된다.
④ 캘빈 회로에서 사용되는 Rubisco는 이산화탄소보다 산소에 대해 기질친화력이 더 크다.
⑤ 산화적 인산화 과정에 의해 ATP가 생성된다.

정답 및 해설

20 정답 | ②
ㄴ. 광합성의 최종 전자 수용체는 NADP+이다.
ㄹ. CO_2를 통해 탄소가 고정되는 과정은 캘빈 회로 암반응이다.
ㅁ. 광합성 식물들은 모두 청색과 적색계열의 가시광선(400~700nm)을 주로 이용한다.

21 정답 | ②
남조류(남세균 ; 시아노박테리아)는 광합성 산물로 산소를 발생시키는 세균이다.
자색세균(홍세균) 광합성의 명반응에서는 물을 전자공여체로 이용하지 않고 H2S를 전자공여체로 이용하므로 산소는 발생하지 않는다. NADPH와 ATP는 명반응의 산물이다.
Rubisco는 같은 농도에선 산소보다 이산화탄소에 대한 친화도가 더 높다.
광합성에서는 광인산화 과정에 의해 ATP를 생성한다.

22 아래 그림은 인공막에서 일어나는 ATP 합성을 위한 모식도이다. 인공막에 세균에서 분리한 양성자펌프, C-P-Q(carotene-porphyrin-naphthoquinone)와 시금치의 엽록체에서 분리한 ATP 합성효소를 삽입하였다. 이 인공막에서 일어나는 ATP 합성에 관한 설명으로 옳은 것만을 〈보기〉에서 모두 고른 것은?

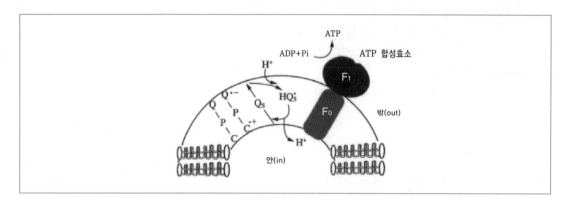

> **보기**
>
> ㄱ. ATP 합성효소의 부위로 양성자가 통과하면서 Fo가 회전되어야만 ATP가 생성된다.
> ㄴ. C-P-Q는 엽록소 관련 안테나시스템을 모방한 것이다.
> ㄷ. ATP 합성효소의 F1 부위가 인공막 안으로 향하게 반대방향으로 뒤집어 삽입하면 ATP가 생성되지 않는다.

① ㄱ, ㄴ   ② ㄱ, ㄴ, ㄷ   ③ ㄱ, ㄷ   ④ ㄴ   ⑤ ㄴ, ㄷ

정답 및 해설

22 정답 | ②

ㄱ. 'ATP 합성효소의 Fo 소단위체는 양성자 통로로 작용한다. 올리고 마이신에 의해 억제된다고 하여 Fo라고 이름이 붙어있는 것이다.
  Fo를 통해 H가 농도 기울기를 따라 수송될 때 회전하며, 이때 중심축도 회전하면서 촉매부위를 활성화시켜 ATP합성이 일어난다.

ㄴ. C-P-Q는 빛에너지를 흡수하여 흥분 상태가 되면 양성자 운반체인 Qs가 H^+를 리포솜 내부로 펌프하도록 도우므로, 안테나시스템을 모방한 것이라고 볼 수 있다. 이렇게 빛에너지를 이용해 형성된 H^+ 농도기울기가 ATP 합성에 쓰인다.

ㄷ. ATP 합성효소의 방향을 반대로 바꾸면 수소이온의 농도차를 통한 확산이 일어나지 않게 되면서 ATP 합성이 나타나지 않게 된다.

23 다음 중 엽록체와 미토콘드리아에서 공통적으로 일어나는 것은?

① 빛에너지의 화학에너지로의 전환

② H_2O를 분해하여 O_2를 방출하는 과정

③ 막을 통한 H^+의 이동

④ CO_2로부터 당이 합성되는 과정

⑤ NADP+의 환원반응

24 식물이 ATP를 합성하는 방법으로 옳은 것만을 〈보기〉에서 있는 대로 고른 것은?

> **보기**
> ㄱ. 기질수준의 인산화
> ㄴ. 산화적 인산화
> ㄷ. 광인산화
> ㄹ. 캘빈회로에서의 인산화

① ㄱ, ㄴ, ㄷ ② ㄱ, ㄴ, ㄹ ③ ㄱ, ㄷ ④ ㄴ, ㄷ ⑤ ㄷ, ㄹ

정답 및 해설

23 정답 | ③

① 광합성 과정은 오직 엽록체에서만 일어난다.

② 물의 분해는 엽록체에서 일어나고 호흡과정에서는 물의 합성이 나타난다.

③ 화학삼투이며 엽록체의 광인산화와(고에너지 전자를 빛에너지로 합성) 미토콘드리아의 산화적 인산화(고에너지 전자를 유기물의 분해를 통해 합성)에서 모두 일어난다.

④,⑤ 엽록체(캘빈 회로)에서만 일어난다.

24 정답 | ①

ㄱ. 식물세포도 생명체이기 때문에 세포질의 해당과정, 그리고 미토콘드리아의 TCA 회로(시트르산 회로)에서 기질수준 인산화로 ATP 합성이 일어난다.

ㄴ. 식물세포의 세포 호흡 과정 중 미토콘드리아 내막 전자전달계에서 산화적 인산화로 ATP 합성이 일어난다.

ㄷ. 식물세포의 광합성 과정중에는 광인산화 미토콘드리아의 호흡 중에는 산화적 인산화 과정이 일어난다.

생물 1타강사 **노용관**

편입생물 비밀병기

단권화 바이블 +
필수기출과 해설편

한권으로 끝내는 메디컬(의치한약수) 편입 나만의 祕密兵器

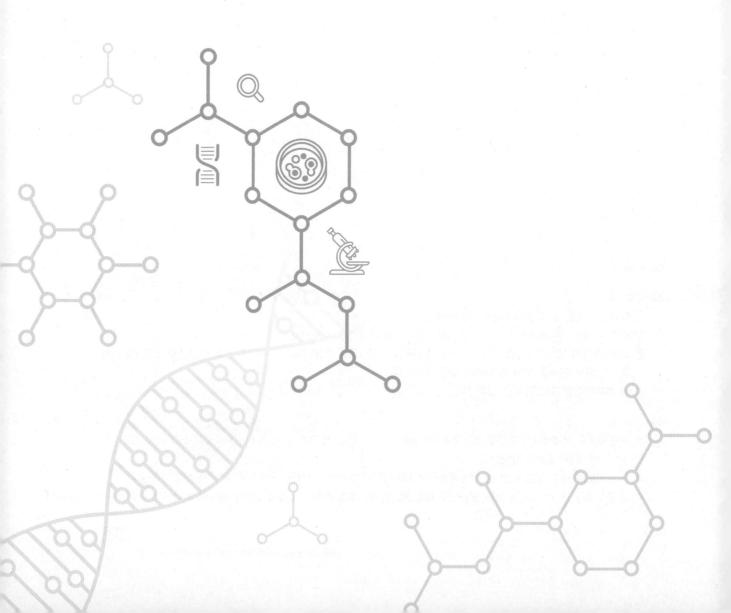

세포주기

10 세포주기(cell cycle)

1 염색체와 세포분열

(1) 염색체(chromosome)

세포분열 시 핵 속에 나타나는 굵은 실타래나 막대 모양의 구조물임

ㄱ. 원핵생물 염색체의 구성 : 원핵생물의 염색체는 환형 DNA로 결합 단백질이 거의 없는 것이며 염색체 분리에 방추사가 이용되지 않는 것이 특징임

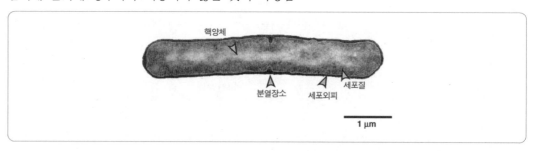

ㄴ. 진핵생물의 염색체 : 핵을 염료로 염색했을 때 광학현미경에서 관찰되는 진하게 염색되어있는 덩어리로 나타남

ⓐ 일반적 구성 : DNA와 히스톤 등의 단백질이 결합한 상태로 평소에는 염색사 상태로 풀어져 있으며 분열시 응축하여 염색체가 됨. 세포분열 중기에 염색체를 관찰하는 것이 가장 선명함

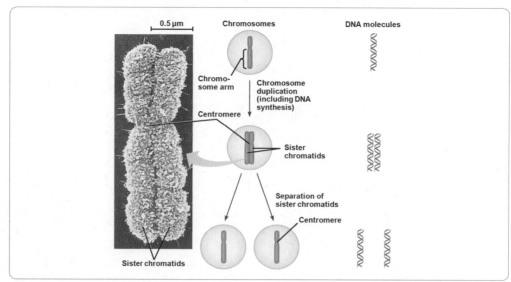

1. 염색분체(chromatid) : 염색체는 복제 후 자매염색분체 둘로 구성되며 자매염색분체는 서로를 주형으로 하여 S기에 합성된 것이므로 유전물질 내용이 동일함
2. 동원체(centromere) : 세포분열기의 염색체에서 1차협착을 형성하는 영역으로 분열장치의 미세소관은 이 영역에서 염색체에 결합함. 전자현미경으로 관찰이 자세히 이루어짐에 따라 동원체판(kinetochore)이란 동원체 영역 내의 외측부에서 직접 미세소관이 결합하는 특수한 3층 구조체에 한하여 사용하는 용어임.
3. 말단소립(telomere) : 염색체의 말단부위로서 염색체 말단이 복제되는 데 반드시 필요한 DNA 반복서열을 지니고 있음
4. 염색질(chromatin) : 분열기가 아닌 세포주기 시기의 염색체 물질을 가리키며 이것은 무정형 상태로 핵 내 전체에 무작위적으로 퍼져 있음. 염색질 내의 DNA는 히스톤 단백질과 매우 단단히 결합되어 있으며 히스톤은 DNA를 뉴클레오솜(nucleosome)이라는 구조단위로 뭉쳐서 배열함. 염색질에는 또한 많은 비히스톤 단백질들이 존재하며 이들 중 일부는 특정 유전자의 발현을 조절함

ⓑ 진핵생물 염색체에 관련된 다양한 개념적 정의
1. 상동 염색체(homologous chromosome) : 크기와 모양이 같아 짝을 이루는 염색체로 인간의 경우 전체 염색체 수가 46개이므로 상동염색체가 23쌍이 있는 셈임

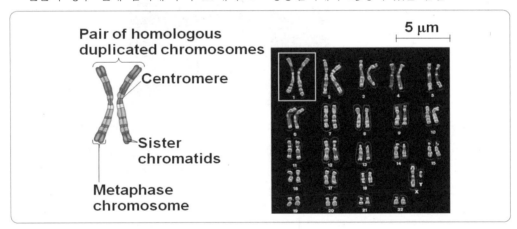

2. 상염색체(autosomal chromosome) : 성의 구별 없이 공통적으로 존재하여 일반적인 물질대사에 관여하는 유전자를 지닌 염색체임
3. 성염색체(sex chromosome) : 성을 결정하는 유전자를 지닌 염색체로 인간의 경우 XX 염색체 쌍을 지니면 여성, XY 염색체 쌍을 지니면 남성이 됨
4. 핵상(nuclear phase) : 염색체의 상대적인 수를 말함. 사람의 경우 모든 유전자는 부모로부터 이어받아 각각 1쌍씩으로 존재하는데 이를 복상이라 하고 일반적으로 2n으로 표시하며 1쌍으로 존재하는 염색체를 상동염색체라 함. 예를 들어 눈을 만드는 유전자라면 하나의 유전자가 홀로 존재하지 않고 염색체 내의 동일한 위치에 엄마와 아빠로부터 물려받은 유전자가 쌍으로 존재하게 됨. 생식세포의 경우에는 감수분열을 통하여 핵상이 반으로 줄어드는데 이를 단상이라 하고 n으로 표시함. 따라서 생식세포인 정자와 난자에는 각각

의 유전자가 쌍으로 존재하지 않고 홀로 존재하게 되고 수정을 통해 생식세포인 정자와 난자가 만나게 되면 n과 n이 합쳐져 다시 복상인 2n이 됨

5. 핵형(karyotype) : 세포의 핵분열 중의 중기 또는 후기에 나타나는 염색체의 형태·크기·수의 특징을 말하는데 핵형 분석에 의하여 생물간의 계통·분류나 유연관계를 어느 정도 알 수 있음. 사람의 핵형 표기법은 국제적으로 통일되어 있는데, 처음에 염색체의 총수를 쓰고, 성염색체의 구성을 표시하는데 예를 들어 남자는 44+XY, 여자는 44+XX로 나타냄. 아래 핵형 분석 결과 대상은 다운 증후군 환자인데 21번 염색체가 3개인 것을 통해서 알 수 있음

 핵형 분석의 예

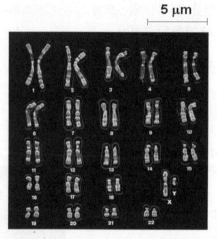

5 μm

Ⓐ 염색체 번호는 왼쪽에서 오른쪽으로 위에서 아래로 숫자가 매겨짐(1번부터 23번)

Ⓑ 오른쪽 아래 끝에 위치하는 염색체(23번 염색체) 2개 염색체가 한눈에 보기에도 크기가 다름을 알 수 있음. 이는 전형적인 남성의 핵형(XY)임. 여성이라면 Y대신 X가 2개 있어 크기가 큰 염색체가 두 개 있음

Ⓒ 이런 수적 이상은 쉽게 알아 낼 수 있지만 염색체 상의 구조적 이상은 쉽게 알기가 어려움

(2) 세포분열의 의미

ㄱ. 원핵생물의 세포분열 : 세포분열시 방추사가 형성되지 않아 메소좀이라는 구조를 통해 염색체 분리를 진행하는 무사분열을 수행하며 이러한 이분법을 통해 형성된 생물은 유전적으로 동일함. 따라서 원핵생물의 다양성은 세포분열 그 자체에 있지 않고 주로 돌연변이와 유전자 도입을 통해 이루어지는 것임

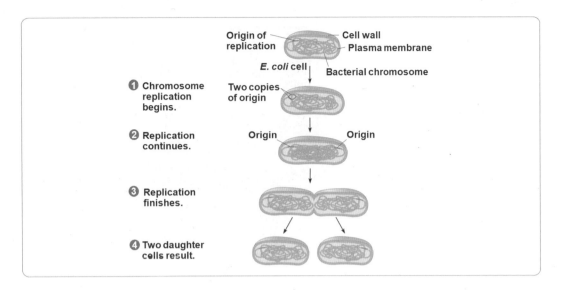

ㄴ. 진핵생물의 세포분열

　　ⓐ 체세포분열(mitosis) : 생장이나 회복 등의 목적을 지닌 세포분열로 분열 후에도 염색체 수의 변화가 없음

　　ⓑ 감수분열(meiosis) : 생식세포 형성의 목적을 지닌 세포분열로 분열 후에 염색체 수가 원래 상태의 1/2이 됨

2 세포주기(cell cycle)의 개요

ㄱ. 세포주기의 구분 : 세포가 분열하지 않는 기간인 간기와 세포분열이 실제로 일어나는 시기인 분열기로 구분됨

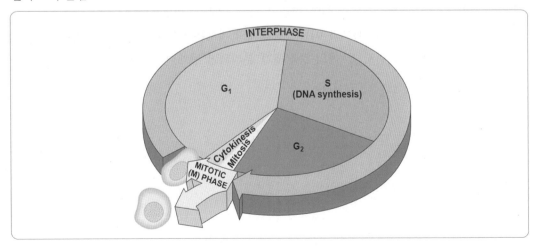

　　ⓐ 간기(interphase) : 분열기와 분열기 사이로 세포 본연의 기능이 수행되는 기간임

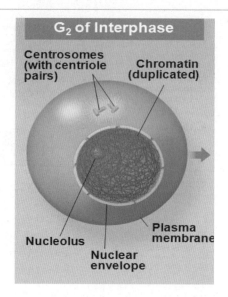

1. G₁ 기 : 세포성장, 효소 및 세포소기관 생성, 세포주기 진행여부가 결정되는 시기임. 더 이상 진행되지 않고 멈춰 있으면 G₀기라고 함. 완전히 분화된 신경세포와 근육세포는 보통 G₀기에 놓여 있음
2. S기 : DNA 합성시기로 진핵생물의 경우 히스톤 단백질이 합성되며 중심체 복제가 시작되는데 중심체 복제는 G₂ 기에 완료됨
3. G₂ 기 : 세포 성장, 세포소기관 생성, 방추사 형성물질인 튜불린 단백질 합성이 이루어짐

  ⓑ 분열기 : 핵 분열기와 세포질 분열기로 구분함

ㄴ. 세포 주기 동안의 진핵생물 염색체 구조의 변화 : 간기 동안에 세포 내 DNA는 압축되어 있지 않음. 간기는 G₁ 기, S기, G₂ 기로 나뉘는데 DNA는 체세포분열 전기 때 압축됨. 코헤신 (cohesin)과 콘덴신(condensin)은 염색체 응집과 압축에 관련된 단백질임. 압축된 염색체는 중기 시에 방추극의 중간 지점에 위치하며 염색체는 각각 미세소관을 통해 방추극에 각각 연결되어 있음. 자매 염색분체는 후기에서 분리되어 각각 연결되어 있는 방추극으로 당겨짐. 세포분열이 완성되면 염색체는 압축이 풀리고 다시 세포 주기가 시작됨

ㄷ. 중심체(centrosome) 복제와 이동 : 중심체의 복제는 S기에 시작되어 G₂기에 완료되며 G₂기에서 M기로 전환되면서 두 개의 중심체가 분리되어 반대편 쪽으로 이동하여 분열면을 결정함

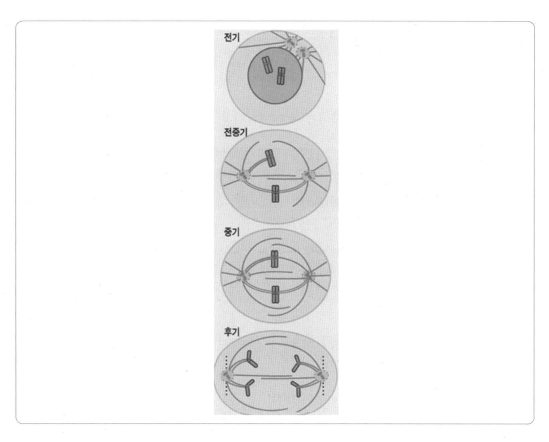

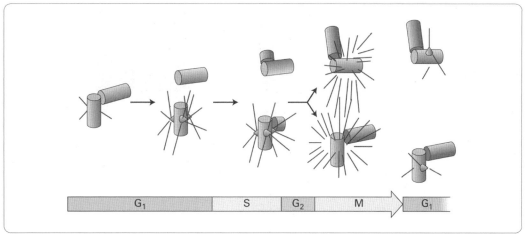

(1) 체세포 분열

ㄱ. 핵분열(karyokinesis) : 염색체가 둘로 나누어져 각각의 딸세포로 분배됨

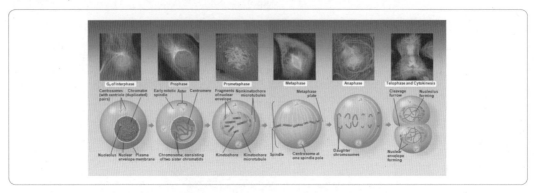

ⓐ 전기(prophase) : 염색체가 응축되기 시작하고 간기에 복제된 중심체가 양극으로 이동하고 방추사를 형성하기 시작함

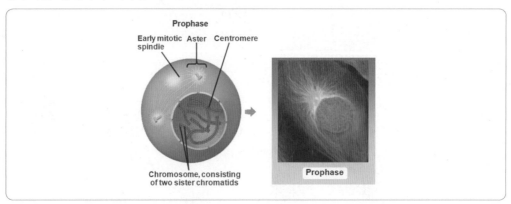

ⓑ 전중기(prometaphase) : 핵막이 완전히 사라지고 방추사가 동원체에 결합하여 염색체를 적도판으로 이동시키는 과정이 진행됨

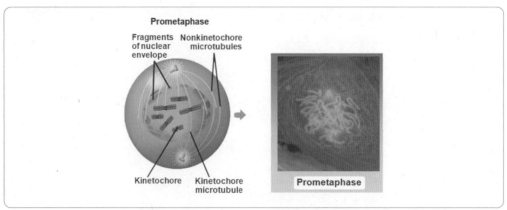

ⓒ 중기(metaphase) : 방추사에 결합한 염색체가 적도판에 배열되는 시기로 염색체가 가장 뚜렷하게 관찰됨. 하나의 염색체를 구성하는 각각의 자매염색분체에 모두 방추사가 결합하였으므로 자매염색분체는 후기에 분리될 것임

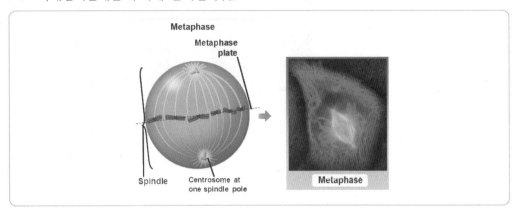

 세포 분열시 나타나는 미세소관

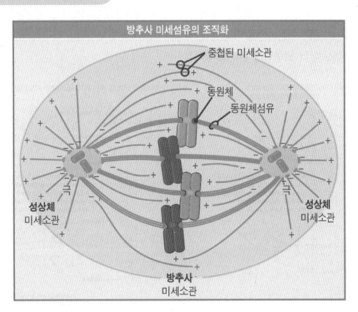

Ⓐ 세포분열시 나타나는 미세소관은 동원체판 미세소관, 극성 미세소관, 성상체 미세소관 3가지로 구분됨. 특히 동원체 미세소관은 염색체에 결합하여 후기에 염색체의 염색분체 분리에 이용되며 극성 미세소관은 운동 단백질의 도움을 통해 방추체극과 두 쌍의 염색체를 더욱 멀리 밀어내게 함

Ⓑ 동원체판 미세소관은 염색체상의 동원체에 양면에 존재하는 동원체에 결합하여 염색분체 분리에 이용됨

ⓓ 후기(anaphase) : 자매염색분체를 붙잡고 있는 코헤신(cohesin)이 분해되어 각 자매염색분체가 양극으로 이동함. 동원체판 미세소관(kinetochore microtubule)이 짧아지면서 염색체의 분리가 시작되고 극성 미세소관(polar microtubule)이 길어지면서 양 극이 서로 멀어지게 됨

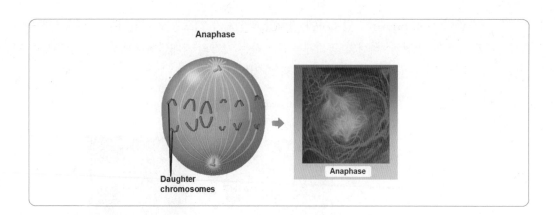

Anaphase

Daughter chromosomes

Anaphase

 세포분열 후기시의 미세소관의 작

Ⓐ 후기 A와 후기 B : 후기 A에서는 동원체판 미세소관들이 탈중합에 의해 짧아지며 따라서 부착된 염색체들은 극쪽으로 이동함. 후기 B에는 방추체극 자체가 서로 반대방향으로 이동함으로써 두 쌍의 딸염색체 분리에 기여하게됨. 후기 B에는 겹쳐 있는 극성 미세소관들이 신장하고 서로 밀려 멀어짐으로써 방추체극과 두 쌍의 염색체를 먼 쪽으로 밀어냄. 이 과정의 원동력은 극성 미세소관에 작용하는 두 종류의 운동성 단백질인 키네신과 디네인에 의해 제공되는 것으로 여겨짐. 또 다른 조의 운동 단백질은 방추체극으로부터 뻗어나와 염색체의 반대방향, 즉 세포 피층 방향으로 뻗어 있는 성상체 미세소관에 작용하는데 이 운동 단백질은 세포피층에 부착되어 각각의 극을 인접한 세포피층 쪽으로 끌어당겨 다른 극으로부터 멀어지게 한다고 여겨짐

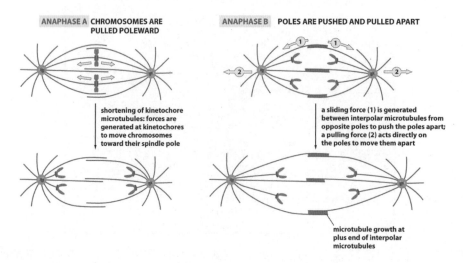

ANAPHASE A CHROMOSOMES ARE PULLED POLEWARD

shortening of kinetochore microtubules: forces are generated at kinetochores to move chromosomes toward their spindle pole

ANAPHASE B POLES ARE PUSHED AND PULLED APART

a sliding force (1) is generated between interpolar microtubules from opposite poles to push the poles apart; a pulling force (2) acts directly on the poles to move them apart

microtubule growth at plus end of interpolar microtubules

Ⓑ 동원체판 미세소관이 짧아지는 기작 : 후기 A의 이동 원동력은 동원체판에 작용하는 미세소관 운동성 단백질에 의해 주로 제공되는 것으로 생각되며 동원체 미세소관이 염색체에 붙어 있는 곳에서 튜불린 소단위체가 소실됨으로써 촉진됨. 동원체판에서 튜불린 소단위체의 소실은 미세소관과 동원체판 양쪽에 모두 결합한 카타스트로핀(catastrophin)에 의해 일어나며 미세소관으로부터 튜불린 소단위체를 제거하기 위해 ATP 가수분해 에너지를 이용함

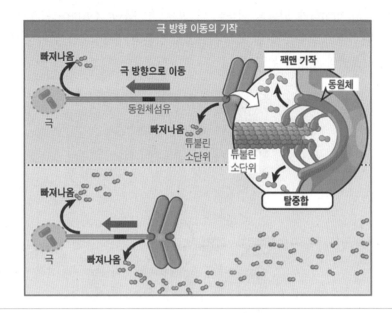

ⓔ 말기(telophase) : 핵막과 핵인이 재생되고 염색체가 염색사 상태로 풀리며 방추사가 해체됨

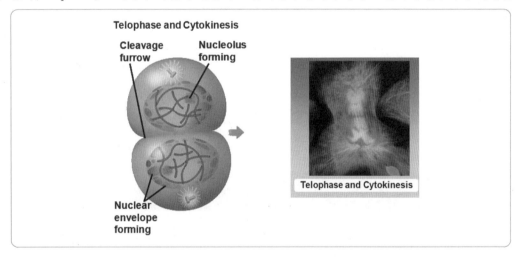

ㄴ. 세포질 분열(cytokinesis) : 핵분열은 보통 후기에 시작되며 두 딸핵 형성이 끝날 때까지는 완료되지 않음

  ⓐ 동물세포 : 적도판 부근에서 세포막과 연결된 액틴 필라멘트와 미오신 필라멘트의 중첩으로 구성된 수축환(contractile ring)이 후기에 형성되며 세포질의 만입이 발생하게 되어 세포질 분열이 일어나게 됨

  ⓑ 식물세포 : 새로운 세포벽은 말기가 시작할 무렵 세포질에서 분리된 염색체의 두 집단 사이에서 형성되기 시작함. 이러한 형성 과정은 격막형 성체(phragmoplast)라고 불리는 구조물에 의해 유도되는데 이 격막형성체는 극성 미세소관의 잔재들에 의해 적도판 위치에서 형성됨. 대개 골지체로부터 유래되어 세포벽 기질에 필요한 다당류와 당단백질로 채워져 있는 막성 소낭들이 미세소관을 따라 격막형성체의 적도면으로 이동함. 여기서 소낭들은 원반 모양

의 구조물을 형성하게 되는데 이들은 더 많은 소낭들이 융합하여 밖으로 확장하여 그 결과 세포를 두 부분으로 나누게 됨. 그 다음 섬유 성분의 미세섬유들이 기질 내부에 놓이게 되어 새로운 세포벽의 형성이 완료됨

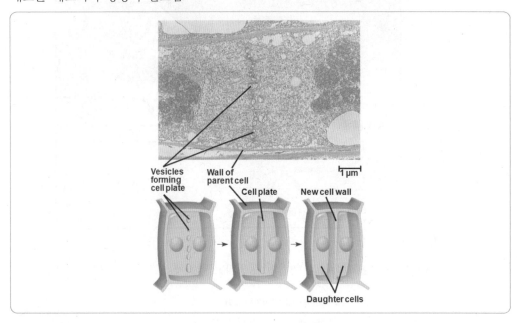

(2) 감수분열(meiosis)

염색체의 수가 줄어드는 분열로 생식세포를 형성하게 되는 됨. 염색체의 독립적 분리와 교차를 통해 유전적 다양성이 증가하는 과정으로서 제 1 감수분열과 제 2 감수분열 사이에는 간기가 없어서 DNA 복제가 일어나지 않는다는 점이 특징임

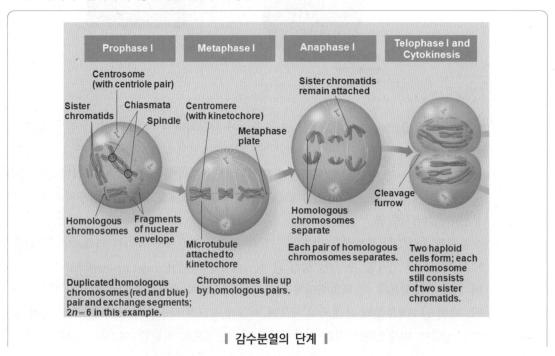

❚ 감수분열의 단계 ❚

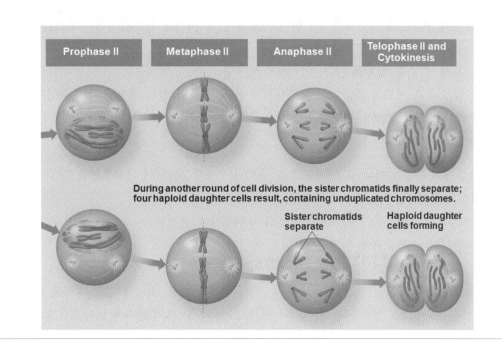

ㄱ. 제 1 감수분열 : 상동염색체가 각각 서로 다른 세포로 분배되는 분열로 이형분열이라고도 하며 염색체 수와 DNA량이 모두 반감됨

ⓐ 전기 : 2개의 염색분체가 동원체에 결합된 상태로 상동염색체 간의 접합을 통해 접합복합체 (synaptonemal complex)가 형성되는데 이것은 2가 염색체 또는 4분 염색체로 보이며 그 접합된 부근의 염색체 조각 간에 교차가 일어나 유전적 다양성이 확보됨

1. 세사기(leptotene) : 염색체 응집이 시작됨

2. 접합기(zygotene) : 상동염색체가 쌍(synapsis; 사분체 tetrad)을 이루는 단계로서 synaptomal complex가 형성됨

3. 태사기(pachytene) : 교차(crossing over)를 통해 염색체 일부가 교환 됨

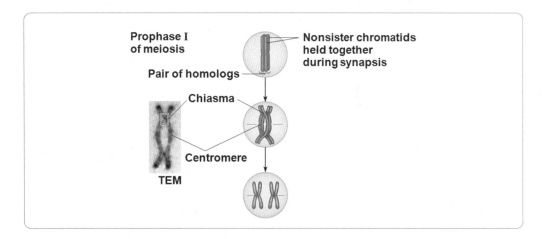

4. 복사기(diplotene) : 상동염색체 분리 시작 단계로 키아즈마가 관찰됨

5. 이동기(diakinesis) : 상동염색체가 거의 분리된 상태

ⓑ 중기 Ⅰ : 2가 염색체가 적도판에 배열되며 이 시기에 상동염색체는 무작위적으로 배열된 것임

ⓒ 후기 Ⅰ : 각 상동염색체가 양극으로 이동함

ⓓ 말기 Ⅰ과 세포질 분열 : 보통 염색체가 풀림, 핵막과 인의 재형성 등의 사건이 일어나지 않으나 일부 종에서는 전기와의 반대 현상이 일어나기도 함. 세포질 분열을 통해 두 개의 딸세포(n)가 형성됨

ㄴ. 제 2 감수분열 : 핵상이 n에서 n으로 유지되는 동형분열로서 체세포분열 양상과 거의 유사한 방식으로 분열함

ⓐ 전기 Ⅱ : 방추사가 각 자매염색체의 동원체판에 연결됨

ⓑ 중기 Ⅱ : 적도판에 염색체가 1열로 배열됨

ⓒ 후기 Ⅱ : 염색분체가 분리되고 양극으로 이동함

ⓓ 말기 Ⅱ과 세포질 분열 : 말기 Ⅰ과는 달리 염색체 풀림, 핵막과 인의 재형성 등의 사건이 일어나며 세포질 분열을 통해 각각의 모세포로부터 두 개의 반수체 딸세포가 형성됨으로써 총 네 개의 딸세포가 형성되게 됨

(3) 체세포 분열과 감수분열의 비교

특성	체세포 분열	감수분열
DNA 복제	1회	1회
분열 횟수	1회	2회
상동염색체 접합	×	전기 Ⅰ에서 일어나 4분체 형성
딸세포 수와 유전적 구성	2개, 유전적으로 동일함	4개, 유전적으로 서로 다름
역할	성장, 회복	배우자 형성

4 세포주기의 조절

(1) 세포주기 조절물질의 존재를 확인한 실험

ㄱ. 특정 세포주기 세포질 주입 실험

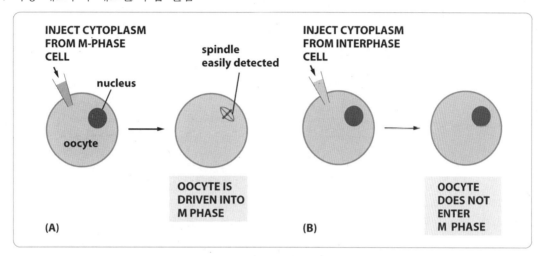

ⓐ 실험 내용 : M기의 수정란에서 얻은 추출액은 난자를 즉시 M기에 진입하도록 하는 반면 다른 시기에 있는 수정란의 세포질은 이와 같은 능력이 없음. 이러한 활성을 나타내는 인자를 성숙촉진인자(maturation promoting factor ; MPF)라고 불렀음

ⓑ 결론 : M기의 세포질에는 M기를 유도하는 인자(M phase promoting factor ; MPF)가 존재함

ⓒ 참고사항 : 프로게스테론이라는 성 호르몬에 의해 난자 세포질 내의 MPF 활성이 높아지게 되고 이후 분열기에 주기적으로 높아지는 것을 볼 수 있음

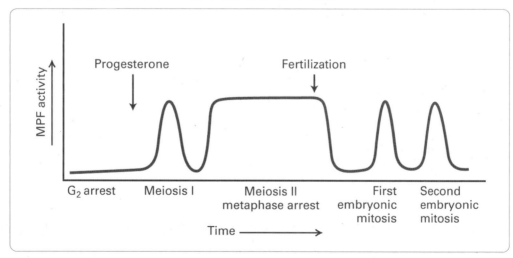

ㄴ. 세포 융합 실험

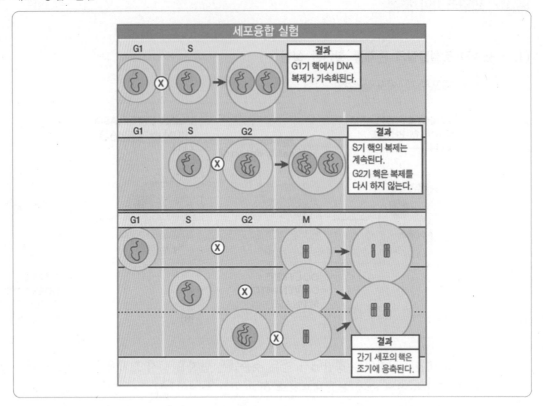

ⓐ 실험 내용

　1. 실험 1 : G$_1$기 세포와 S기 세포를 융합하였더니 G$_1$기 핵은 S기로 즉시 진입하게 되고 S
　　기 핵은 DNA 복제를 계속함

　2. 실험 2 : S기 세포와 G$_2$기 세포를 융합하였더니 G$_2$기 핵은 G$_2$기에 머물러 있고 S기 핵은
　　DNA 복제를 계속함

　3. 실험 3 : G$_1$기 세포와 G$_2$기 세포를 융합하였더니 G$_2$기 핵은 G$_2$기에 머물러 있고 G$_1$기 핵
　　은 자신의 일정대로 S기로 진입함

ⓑ 결론 : 세포질에는 세포주기 조절물질이 존재해 융합된 세포의 세포주기에 영향을 주며 하며
　　DNA 복제는 세포주기당 한 번씩만 일어남

(2) 세포주기 조절 시스템의 특징

ㄱ. 사이클린과 Cdk : 세포주기 조절 시스템의 가동은 Cdk(cyclin-dependent kinase)라 불리는
　　단백질인산화효소 활성의 주기성에서 비롯됨. 사이클린(cyclin) 단백질과의 상호 작용으로 인해
　　세포주기가 진행되며 Cdk가 사이클린과 결합하여 활성화되면 세포분열에 필요한 신호 단백질
　　을 인산화시켜 세포주기를 진행시킴

편입생물 비밀병기 – 단권화바이블 + 필수기출과 해설편

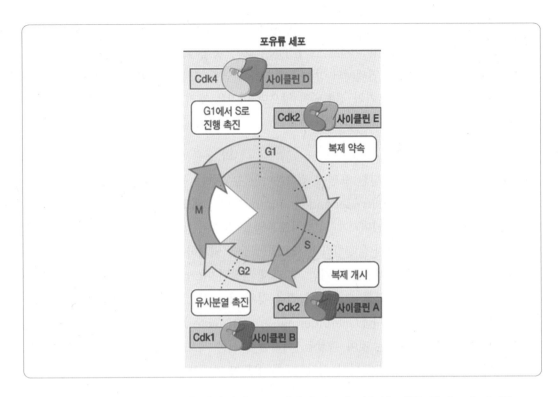

ㄴ. 정해진 순서에 따라 세포주기가 비가역적으로 진행될 수 있도록 함. 예를 들어 S기 후에는 G_1 기가 와야 하며 G_1 기로 돌아가는 일이 없음. 각각의 세포주기 단계의 끝에서는 특정 Cdk는 비활성화되는데 이렇게 특정 Cdk가 비활성화되는 것은 다음 단계로 진입하기 위해 필수불가결하며 특히 대부분의 G_1기 동안에는 거의 모든 Cdk의 활성이 존재하지 않음. 이것은 다음 S기로의 진행을 늦추고 세포가 자랄 수 있는 시간을 벌어주는 셈이 되기 때문임

ㄷ. 정상적인 상황 하에서만 세포주기는 진행되며 비정상적인 상황이 초래되는 경우 다양한 검문지점(checkpoint)에서 세포주기를 정지시킬 수 있는 분자적 제동장치를 통해 세포주기 진행을 지연시킴

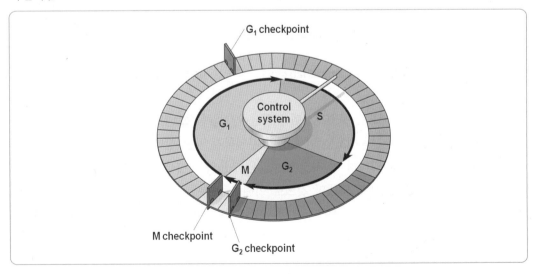

ⓐ G_1 기 checkpoint : 세포크기, 영양상태, DNA 손상 여부, 성장인자 존재 여부 등을 검사함

ⓑ G_2/M checkpoint : 세포 크기, DNA 복제 등을 확인함

ⓒ M checkpoint : 염색체의 방추사 결합을 확인함. 모든 염색체가 정상적으로 방추사에 결합하지 않는 경우 후기가 진행되지 않으며 이것은 후기로의 진행에 필수적인 후기촉진복합체가 활성화되지 않기 때문임

ㄹ. 부착의존성(anchorage dependence) : 대부분의 동물세포는 배양접시의 내부나 조직의 세포외 바탕질과 같은 단단한 표면에 접촉해야만 분열하는 특성을 지님

ㅁ. 밀도의존성 억제(density-dependent inhibition) : 세포가 일정 밀도까지는 분열을 계속하지만 밀도가 임계값을 넘어서게 되면 세포분열을 멈추는 성질로서 세포 표면에 있는 단백질이 이웃한 세포의 대응 분자에 결합하면 세포의 생장을 억제하는 신호를 두 세포 모두에 보내게 되며 세포주기의 진행이 억제됨. 하지만 몇 가지 성장인자(growth factor)는 세포가 성장하면서 밀도 의존성 억제를 극복할 수 있는 능력을 갖게 하는 것으로 알려졌는데 예를 들어 배양 중인 섬유아세포는 인슐린이나 EGF(epidermal growth factor)와 같은 물질을 처리하면 밀도 의존성 억제 현상이 완화되는 것이 관찰됨. 이러한 물질은 세포가 DNA의 합성을 하도록 유도함으로써, 멈춰진 세포 주기가 다시 시작되도록 유도함

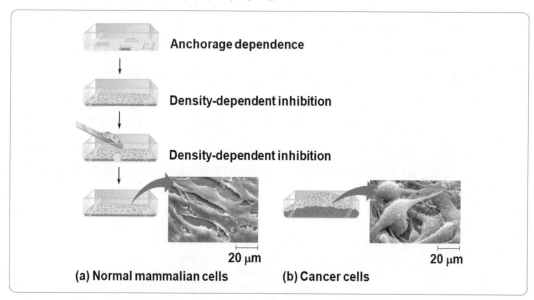

(a) Normal mammalian cells   (b) Cancer cells

Anchorage dependence

Density-dependent inhibition

Density-dependent inhibition

20 μm   20 μm

ㅂ. G_0기로의 진입 : 세포는 조절시스템을 작동하지 않음으로써 세포주기로부터 벗어날 수 있음. 신경세포와 골격 및 근육세포는 평생 동안 분열하지 않는 상태를 유지하는데 이들은 G_0라 불리는 변형된 G_1기에 진입하며 이 시기에는 많은 Cdk와 사이클린이 사라진다는 점에서 세포주기 조절시스템이 부분적으로 와해된 것으로 이해됨. 포유류 세포는 일반적으로 다른 세포가 보내는 신호에 의해 자극을 받을 때에만 분열하는 것처럼 보임. 만약 그러한 신호가 제거되면 세포주기는 G_1 검문지점에 정지하고 G_0기로 진입함

(3) Cdk의 활성 조절 : 다양한 방식을 통해 Cdk의 활성이 조절됨

ㄱ. 사이클린의 축적과 분해에 의한 조절 : 특정 Cdk는 사이클린과의 결합을 통해 활성화의 첫단계를 시작함

ⓐ 사이클린의 농도에 따라 Cdk의 활성도는 주기성을 갖게 되지만 Cdk의 농도는 거의 일정하다는 점을 주목해야 함

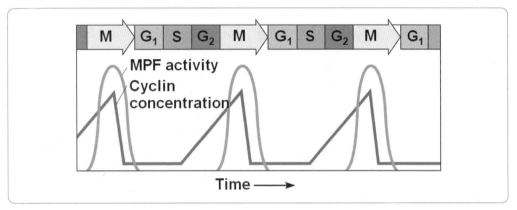

ⓑ 유비퀴틴화를 통한 사이클린의 분해 : M-사이클린의 경우 M-Cdk의 활성화에 의해 유사분열 후반에 비로소 활성화된 후기촉진복합체(anaphase promoting complex ; APC)라 불리는 단백질 복합체에 의해 유비퀴틴화가 유도되어 분해됨

 후기 촉진 복합체의 기능

Ⓐ M-사이클린의 유비퀴틴화 유도(왼쪽)/securin 유비퀴틴화 유도에 의한 코헤신 분해(오른쪽)

Ⓑ 유사분열을 종결하기 위한 단백질 분해의 필요성을 입증한 두 가지 결과 : APC를 저해하면 M-사이클린과 코헤신이 모두 분해되지 않고 APC는 활성화되었으나 분해저항성 M-사이클린이 존재하는 경우에는 코헤신만 분해가 되어 후기가 정상적으로 진행되지 않음

ㄴ. 인산화/탈인산화에 의한 cyclin-Cdk의 활성 조절 : cyclin-Cdk 복합체의 활성은 인산화효소와 탈인산화효소에 의해 조절됨. 예를 들어 M-Cdk가 최대로 활성화되기 위해서는 먼저 두 부위가 모두 인산화되고 이후에 한 부위가 탈인산화되는 과정을 거쳐야 함

 M-Cdk의 활성 조절

① Cdk1과 M-cyclin이 결합하여 불활성 M-Cdk를 형성함

② CAK와 Wee1에 의해 인산화됨

③ 인산화되어 활성화된 Cdc25는 M-Cdk의 억제 인산기를 제거하여 M-Cdk를 활성화시킴

④ 활성화된 M-Cdk는 불활성 Cdc25를 인산화하여 활성화시키고 Wee1의 활성을 억제함

ㄷ. Cdk 저해 단백질(Cdk inhibitor protein ; CKI)에 의한 cyclin-Cdk 활성 조절 : 검문지점에서 세포주기 진행을 정지시키는 기작은 아직 잘 알려져 있지 않지만 몇몇 경우 특정 CKI가 그 역할을 담당하는 것으로 알려져 있음. CKI는 하나 이상의 사이클린-Cdk 복합체의 결합과 활성을 저해하는 것인데 가장 잘 알려진 확인지점 중 하나는 DNA가 손상된 경우 G_1기에 세포 주기를 정지시켜 세포가 손상된 DNA를 복제하지 않도록 함

ⓐ p53에 의한 CKI p21의 발현 유도 : X선 등에 의해 돌연변이가 발생한 경우 p53 단백질이 인산화되어 활성화되는데 활성화된 p53 단백질은 G1/S Cdk와 S Cdk에 대한 CKI인 p21 단백질의 발현을 촉진하게 되어 G_1기에서 S기로의 전환을 유도함

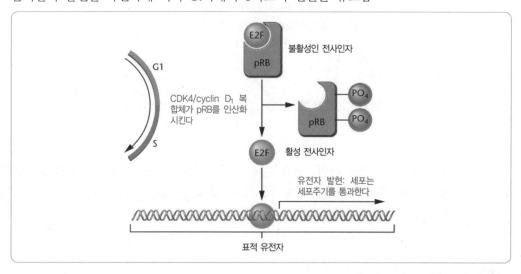

ⓑ p53의 다양한 기능 : 세포 예정사 유도, 혈관형성 및 암 전이 저해, 세포주기 억류 및 DNA 수선 유도

(4) 사이클린-Cdk 복합체의 종류와 기능

ㄱ. 척추동물의 주요 사이클린-Cdk의 종류와 기능 : 사이클린에는 다양한 종류가 있으며 세포주기 조절에 관여하는 Cdk도 여러 종류가 있음

사이클린-Cdk 복합체	기능	사이클린	Cdk
G_1-Cdk	G1/S Cdk의 활성을 조절함	사이클린 D	Cdk4, Cdk6
S-Cdk	DNA 복제 개시와 복제 억제에 관여함	사이클린 A	Cdk2
G_1/S-Cdk	S기로의 진입을 유도함	사이클린 E	Cdk2
M-Cdk	분열기로의 진입을 유도함	사이클린 B	Cdk1(cdc2)

ㄴ. 척추동물의 주요 사이클린-Cdk 복합체의 활성 변화 : G1/S-Cdk인 사이클린 E-Cdk2의 활성은 G1/S기 근처에서 최고점을 이루고 그 시기에 활성화된 효소들이 DNA 합성에 필요한 효소를 합성하도록 촉진함. S-Cdk인 사이클린 A-Cdk2는 S기와 G_2기에서 증가하다가 M기에서 급격히 떨어지며 M-Cdk인 사이클린 B-Cdk1은 M기에서만 활성이 높음

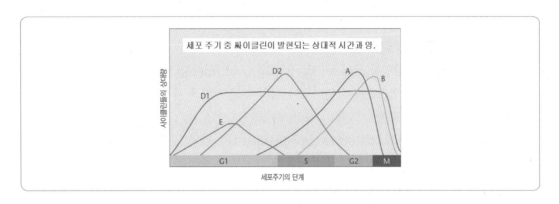

ㄷ. 주요 사이클린-Cdk 복합체의 기능

ⓐ M-Cdk : 유사분열기로의 전환에 관여하는데 핵막 하층의 라민 인산화에 따른 핵막 소멸에 관어하고 콘덴신 인산화에 따른 염색체 응축을 유도하며 튜불린 단백질 중합에 따른 방추사 형성에 관여함

ⓑ S-Cdk : 다른 단백질 인산화효소의 도움으로 DNA 중합효소와 복제 관련 단백질의 결합을 유도함으로써 복제 개시에 관여하며 또한 복제 시작 후에는 Cdc6이 인산화 되는 것을 도움으로써 Cdc6이 복제원점에서 떨어져나가 분해되도록 하여 DNA 복제를 억제하기도 함. 즉 S-Cdk는 DNA 복제가 일어나게 하면서 세포주기 한 번당 1회의 DNA 복제가 일어나게 하는 것으로 생각할 수 있음

5 세포의 증식과 암

(1) 세포의 증식 조건

세균이나 효모와 같은 단세포 생물은 가능한 한 빨리 자라고 분열하는 경향이 있으며 그들의 증식 속도는 그들이 처한 환경 내에서 사용 가능한 양분에 의존함. 이와는 대조적으로 다세포 생물체의 세포는 고도로 조직화된 사회의 구성원인 까닭에 이들의 증식은 개체가 자라거나 손실된 세포를 보충하기 위해서만 분열하도록 조절됨. 따라서 동물세포의 성장, 분열은 영양분에 의해서만 결정되지 않고 인접한 세포로부터 자극성 화학신호를 받아야 함

(2) 성장인자에 의한 세포분열의 촉진

ㄱ. 성장인자의 기능 : 성장인자는 대부분 세포 표면의 수용체(수용체 티로신 인산화효소)에 결합하는 분비된 신호 단백질로서 성장인자에 의해 수용체가 활성화되면 세포분열을 촉진하는 많은 세포 내 신호전달과정이 활성화 됨. 이러한 신호전달과정은 G_1기에서 S기로의 세포주기 진행을 억제하는 데 관여하는 분자제동 물질을 해체하는 역할을 수행함

ㄴ. 성장인자의 몇 가지 예 : 대부분의 성장인자들은 배양중인 세포에서 그 효과를 통해 존재가 알려지고 기능이 규명됨

ⓐ 혈소판유래성장인자(platelet-derived growth factor ; PDGF) : 혈액이 응고될 딱지에 포함된 혈액 내 혈소판에서 분비되어 상처 부근 세포의 수용체 티로신 인산화효소와 결합하여 증식, 치유를 도움

ⓑ 간세포성장인자(hepatocyte growth factor) : 간의 일부가 수술이나 심한 상처에 의해 손실된 경우 간엽에서 분비되어 생존한 간세포의 증식을 촉진시킴

ⓒ 인슐린유사성장인자(insulin-like growth factor ; IGF) : 생장호르몬에 의해 간세포에서 분비가 촉진되어 연골세포의 증식이나 단백질생합성에서 생장호르몬의 작용을 매개함

(3) 암세포 : 비정상적인 세포 활동을 보이는 악성 종양

ㄱ. 양성종양과 악성종양 : 과도한 증식을 하지만 한 덩어리로만 남아 있는 종양을 양성종양(benign tumor)이라고 하며 이러한 종양은 외과적인 수술에 의해 완전히 제거될 수 있음. 그러나 한 종양이 주변 조직으로 침입하는 능력이 있으면 악성 종양(malignant)이라 불리는 암이 되는데 침입 능력이 있는 악성종양 세포는 일차종양으로부터 떨어져 나와 혈류나 림프관 속으로 들어가 신체의 다른 부위로 전이(metastasis)되어 이차종양을 형성할 수 있음

ㄴ. 암세포의 일반적 특징

ⓐ 성장과 생존, 분열을 위해 다른 세포로부터의 신호에 의존하는 정도가 낮음. 이는 외부 신호에 대해 반응하는 세포 신호 경로의 구성요소에서 돌연변이가 발생했기 때문임 **예** ras 유전자의 돌연변이

ⓑ 정상 세포에 비해 세포예정사에 저항적임. 이러한 경향은 세포예정사 기작을 조절하는 유전자의 돌연변이에 기인함 **예** p53 유전자 돌연변이

ⓒ 대부분의 정상세포와는 달리 암세포는 자주 무한정 증식할 수 있음. 이것은 높은 텔로머라아제(telomerase) 활성을 갖고 있어서 분열을 계속해도 말단소립(telomere)이 짧아지는 것을 막을 수 있기 때문임

ⓓ 암세포의 유전적 불안정성은 게놈(genome)의 정교한 복제를 방해하여 돌연변이율을 증가시키고 DNA 회복의 효율을 감소시키며 염색체의 절단과 재배열이 증가되는 원인이 됨

ⓔ 비정상적으로 침투력이 강함. 이는 부분적으로 정상 세포를 적절한 위치에 고착시키는 기능을 수행하는 카드헤린과 같은 세포부착분자를 지니고 있지 않기 때문임

ⓕ 정상세포와는 달리 다른 조직에서 생존하고 증식하여 전이체를 형성할 수 있음

ⓖ 혈관신생성이라는 과정을 통해 새로운 혈관 생성을 촉진하여 정상세포와의 경쟁에 있어 유리한 입장을 차지함

ⓗ 부착의존성이나 밀도의존성 억제와 같은 특성을 보이지 않음

6 세포의 생존과 죽음

(1) 동물세포의 생존 조건

ㄱ. 생존인자에 의한 동물세포 생존 지지의 예 – 신경세포의 생존 : 신경계의 발생 과정에서 신경세포는 과량 형성된 후 연접된 표적세포들이 분비하는 한정된 양의 생존인자를 두고 경쟁하고 되는데 충분한 생존인자를 받은 신경세포는 생존하고 나머지는 사멸함.

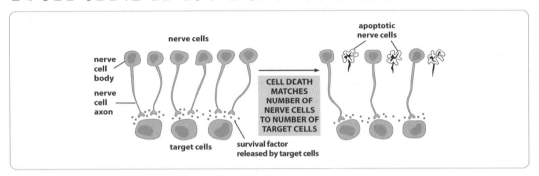

(2) 세포 예정사(apoptosis) : 예정된 세포 죽음(programmed cell death)

ㄱ. 세포 예정사 의의

ⓐ 세포가 감염되거나 손상을 받은 경우 세포예정사가 진행되어 개체 생존에 유리한 환경 조성

ⓑ 세포예정사가 정상적으로 일어나지 않는 경우 암발생률이 높아진다는 증거가 있음

ㄴ. 세포 예정사의 과정

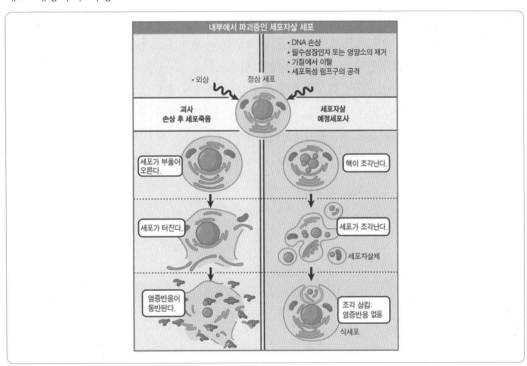

ㄷ. 세포예정사와 괴사와의 차이점 : 심한 상처로 죽는 세포는 보통 부풀어 오르고 터져서 내용물을 사방에 흘리는데 이런 과정을 괴사(necrosis)라고 함. 이러한 발진 현상은 염증반응을 일으키게 됨. 이와는 대조적으로 세포예정사가 진행되는 세포는 주변세포에 해를 끼치지 않으면서 죽게 되는데 이 경우 세포 표면이 변화하여 그 내용물이 새어나가기 전에 주변세포나 대식세포에 의해 즉시 잡아먹히게 되어 세포 괴사를 피하고 잡아먹힌 유기성분을 재사용할 수 있다는 특징을 갖고 있음

구분	세포괴사	세포예정사
원인	병리학적	물리학적
발생 범주	임의의 세포 집단	특정 세포
리소좀 효소 방출 유무	있음	없음
DNA 분해	무작위적 분해	뉴클레오솜 크기로 분해
염증의 유무	있음	없음
세포 모양의 변화	팽창 후 터짐	apoptotic body 형성
ATP 요구성 유무	없음	있음
다른 세포에 의한 식균 작용	없음	있음

ㄹ. 세포예정사의 기작과 조절
ⓐ 세포예정사의 유발신호와 경로 : 세포예정사는 세포 내부의 DNA 손상이나 비정상적으로 접힌 단백질의 축적 등과 같이 세포 내부로부터 세포예정사 신호가 형성되는 내인성 경로를 통해 유발될 수 있고 면역세포 등으로부터의 외부신호와 같이 세포외부로부터 세포예정사 신호가 존재하는 외인성 경로를 통해 유발될 수 있음. 특히 내인성 경로는 미토콘드리아의 시토크롬 c와 같은 세포예정사 촉진 단백질과 관련이 깊고 Bcl2 단백질이 세포예정사의 내인성 경로를 조절한다는 점을 주목해야 함
ⓑ 카스파아제(caspase) 연쇄반응에 의한 세포예정사 진행 : 카스파아제는 프로카스파아제라 불리는 활성이 없는 전구체로 만들어진 후 세포예정사를 유도하는 신호에 의해 효소가 잘려지면서 활성을 갖게 됨. 활성화된 카스파아제는 같은 계열의 카스파아제를 잘라 활성화시킴으로써 단백질 분해의 연쇄반응을 증폭시킴

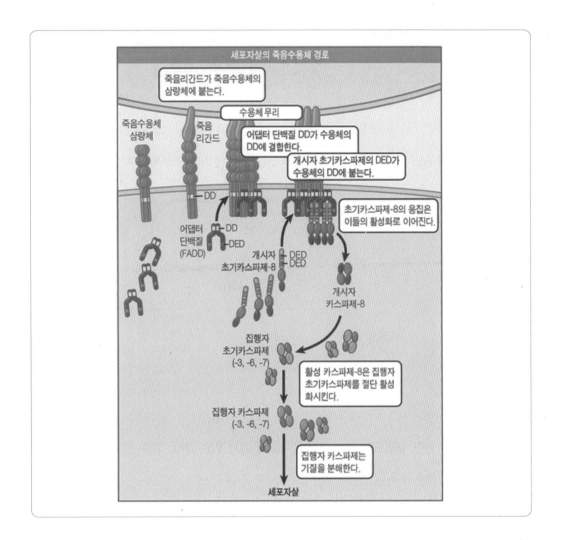

25 그림은 분열 중인 동물세포를 나타낸 것이다. (가)는 중심체로부터 뻗어 나온 섬유이다. (가)의 단량체는?

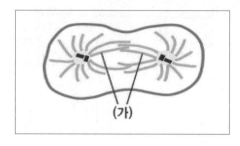

(가)

① 액틴   ② 튜불린   ③ 라미닌   ④ 미오신   ⑤ 케라틴

26 감수분열에 관한 설명으로 옳은 것만을 〈보기〉에서 있는 대로 고른 것은?

┌─ 보기 ─┐

ㄱ. 감수분열 Ⅰ에서 교차가 일어난다.
ㄴ. 감수분열 Ⅱ에서 자매염색분체가 서로 분리된다.
ㄷ. 감수분열 전체 과정을 통해 DNA 복제가 두 번 일어난다.

① ㄱ   ② ㄴ   ③ ㄷ   ④ ㄱ, ㄴ   ⑤ ㄱ, ㄷ

정답 및 해설

25 정답 | ②

세포분열에 사용되는 방추사는 세포골격을 구성하는 섬유중 하나인 미세소관으로 구성되며, 미세소관의 단량체는 튜불린 단백질 이합체이다.

26 정답 | ④

감수분열 전기 Ⅰ에서 이가염색체 형성을 통한 상동염색체의 접합과 교차가 일어나고, 감수분열 1분열이 완료될 때 상동염색체의 분리가 일어난다.
감수분열은 1분열 간기 S기에서 DNA 복제가 한 번만 일어난다.

27 사람에서 하나의 체세포가 분열하여 2개의 딸세포를 형성하는 세포분열기 (M기)에 관한 설명으로 옳은 것만을 〈보기〉에서 있는 대로 고른 것은?

> **보기**
> ㄱ. 세포질분열 과정 동안 세포판이 형성된다.
> ㄴ. 핵막의 붕괴는 중기에 일어난다.
> ㄷ. 중심체가 관찰된다.

① ㄱ 　　② ㄴ 　　③ ㄷ 　　④ ㄱ, ㄴ 　　⑤ ㄴ, ㄷ

28 다음 중 진핵생물의 생식세포와 체세포의 분열과정에 대한 설명으로 옳지 <u>않은</u> 것은?

① 체세포 분열은 핵분열과 세포질 분열로 나누어진다.
② 전기에는 염색사가 염색체로 되며 염색체의 동원체는 적도판에 배열된다.
③ G_1기의 세포에서는 RNA 리보솜, 효소 등 세포분열에 필요한 세포함유물이 거의 배로 증가된다.
④ S기는 DNA복제가 일어나는 시기이다.
⑤ 생식세포의 핵분열은 2회 연속 일어나며 2번째 분열을 할 때 염색체 복제가 일어나지 않는다.

정답 및 해설

27 정답 | ③
ㄱ. 식물세포는 세포질 분열시에는 세포판이 형성되지만 동물 세포에서 세포질 분열은 수축환을 형성하여 일어난다.
ㄴ. 핵막의 붕괴는 체세포 분열 전기에 일어난다.
ㄷ. 방추사는 중심립X2=중심체로부터 형성된다.

28 정답 | ②
① 체세포 분열은 염색체가 염색분체로 분리되는 핵분열과 세포막과 세포질이 갈라지는 세포질 분열로 나눌 수 있다.
② 염색체가 적도판에 배열되는 것은 중기이다.
③ G_1기는 S기를 준비하며 물질의 합성을 수행하는 시기이다.
④ 간기 S기에 DNA복제가 수행된다.
⑤ 감수분열은 1회의 DNA복제만 수행하며 시작되기 전 간기에만 염색체(DNA) 복제가 일어난다.

29 2n=6인 세포가 분열할 때 아래와 같은 염색체 배열이 나타나는 시기는?

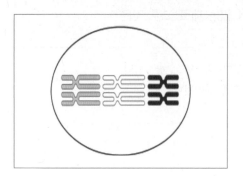

① 체세포분열 중기

② 제1감수분열 중기

③ 제2감수분열 중기

④ 감수분열이 끝난 직후

⑤ 체세포분열이 끝난 직후

30 세포주기 중 간기에 대한 설명으로 옳은 것만을 〈보기〉에서 있는 대로 고른 것은?

| 보기 |

ㄱ. 세포주기의 대부분을 차지한다.

ㄴ. G_1 시기에는 세포생장에 필요한 단백질이 합성된다.

ㄷ. 전기, 중기, 후기, 말기로 구분한다.

ㄹ. 유전물질인 DNA가 복제되는 시기이다.

① ㄱ, ㄴ   ② ㄱ, ㄹ   ③ ㄷ, ㄹ   ④ ㄱ, ㄴ, ㄹ   ⑤ ㄱ, ㄷ, ㄹ

정답 및 해설

29 정답 | ②

2 가 염색체가 형성되어 중기판에 배열되어 있는 1감수분열 중기의 그림이다.

30 정답 | ④

전기, 중기, 후기, 말기 등으로 구분하는 것은 염색체가 형성되는 분열기이다.

한권으로 끝내는 메디컬(의치한약수) 편입 나만의 秘密兵器

생물 1타강사 **노용관**

편입생물 비밀병기

단권화 바이블 **+** 필수기출과 해설편

한권으로 끝내는 메디컬(의치한약수) 편입 나만의 秘密兵器

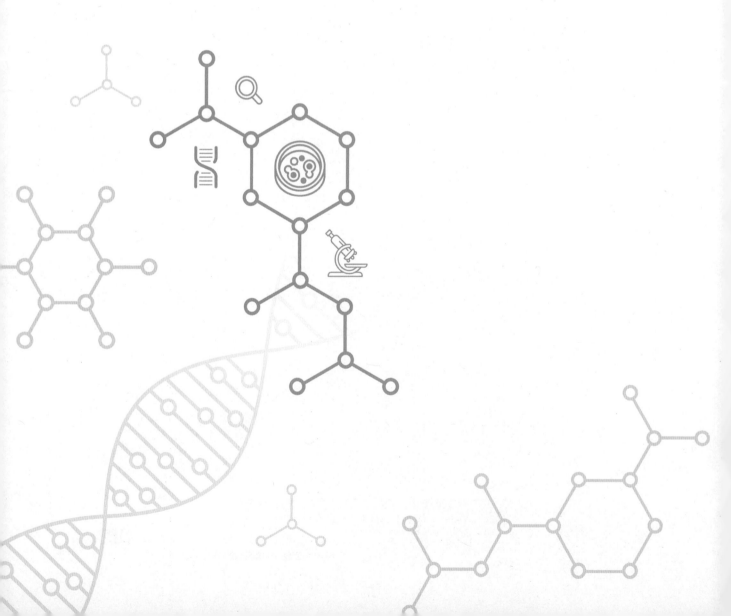

유전양식

11 유전양식

1 유전연구를 위한 몇 가지 지식

(1) 유전자형(genotype)

개체의 형질을 결정하는 유전정보 조합으로 상동염색체의 동일한 유전자 자리에 있는 대립유전자의 조합으로 구성됨

ㄱ. 동형접합자(homozygote) : 동일한 대립유전자를 지니는 것 예 AA 또는 aa

ㄴ. 이형접합자(heterozygote) : 서로 다른 대립유전자를 지니는 것 예 Aa

(2) 표현형(phenotype) : 관찰되는 여러 가지 특성으로 유전자형에 의해 결정됨

ㄱ. 야생형(wild type) : 특정 집단에서 보편적인 표현형

ㄴ. 돌연변이형(mutant type) : 돌연변이의 결과로 생긴 계통으로서 보통 야생형보다는 특정 집단에서 보편적이지 않음

(3) 대립형질(allelomorphic character)

생물 내에 한 쌍 존재하는 염색체 상에서 동일한 위치에 자리잡고 있는 대립유전자에 의해 나타나는 생물의 특성

예 쌍커풀의 유무, 혀말기 능력의 유무

(4) 교배(mating) 방식

ㄱ. 단성잡종교배 : 한 가지 대립형질만을 대상으로 하는 교배

ㄴ. 양성잡종교배 : 두 가지 대립형질만을 대상으로 하는 교배

ㄷ. 검정교배 : 유전자형이 알려져 있지 않은 개체와 열성순종과의 교배

ㄹ. 역교배 : F_1 개체와 그 양친의 어느 한쪽 과의 교배

(5) 유전연구 재료의 조건

ㄱ. 우열관계가 뚜렷해야 함

ㄴ. 짧은 세대를 가지며 자손의 수가 많아야 함

ㄷ. 재배가 용이해야 함

ㄹ. 교배 또는 수정의 인위적 조절이 용이해야 함

ㅁ. 유전적 변이의 빈도가 적어야 함

2 멘델 유전

(1) 잡종교배를 통한 멘델의 유전법칙 이해

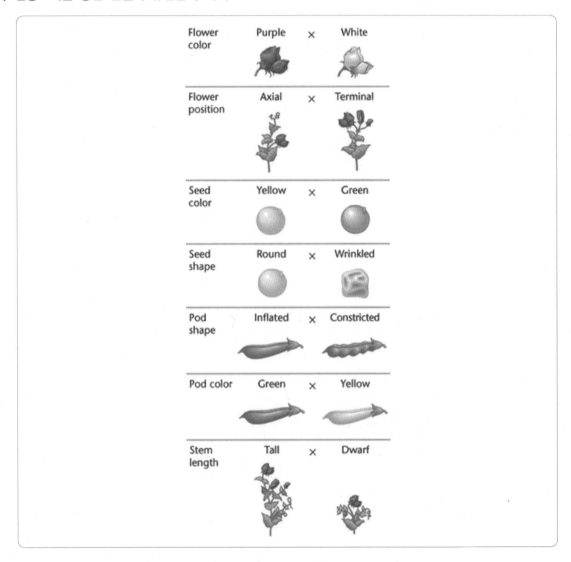

ㄱ. 우열의 법칙(law of dominance) : 특정한 형질을 결정하는 대립 인자가 다를 경우 한 인자만 발현되고 다른 인자의 발현은 억제되는 현상

ㄴ. 분리의 법칙(law of segregation) : 생식세포를 형성하게 되는 경우 한 쌍의 대립인자가 서로 다른 생식세포로 분리되는 현상

ㄷ. 독립의 법칙(law of independent assortment) : 서로 다른 형질의 유전자 분리는 독립적으로 일어나는 현상으로 한 쌍의 대립인자의 분리는 다른 쌍의 대립인자 분리에 영향을 미치지 않음

단성잡종교배를 통한 우열의 법칙과 분리의 법칙 이해

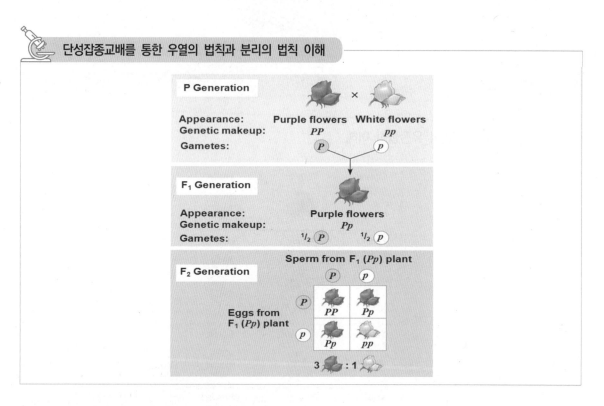

양성잡종교배를 통한 독립의 법칙 이해

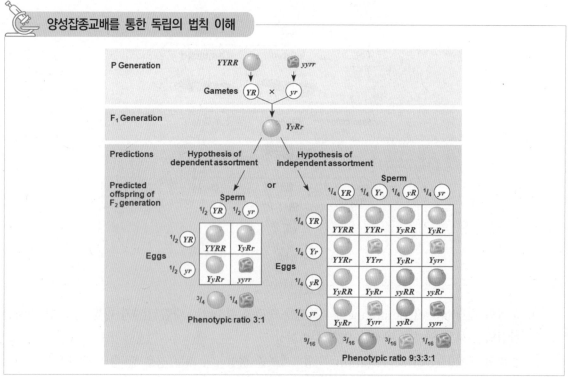

(2) 검정교배를 통한 유전자형 분석

우성표현형을 나타내지만 유전자형은 알려지지 않은 개체를 열성호모개체와 교배시키는 것으로 후세대에 나타나는 표현형을 조사하여 어버이 세대의 헤테로 개체의 유전자형을 조사함. 유전자의 연관 양상을 알아내는 데에도 이용됨

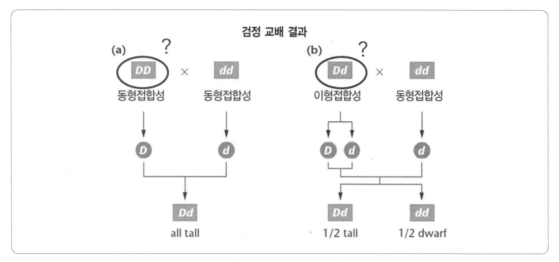

(3) 멘델 유전의 확률 법칙 적용

두 가지 이상의 형질이 관련된 확률 문제를 풀 경우에 각각의 형질이 서로 독립적으로 유전된다는 가정하에서 독립적으로 확률 계산을 한 뒤에 곱셈의 법칙과 덧셈의 법칙을 이용하여 문제를 풀게 됨

$ppyyRr$	$1/4$ (probability of pp) $\times 1/2$ (yy) $\times 1/2$ (Rr)	$= 1/16$
$ppYyrr$	$1/4 \times 1/2 \times 1/2$	$= 1/16$
$Ppyyrr$	$1/2 \times 1/2 \times 1/2$	$= 2/16$
$PPyyrr$	$1/4 \times 1/2 \times 1/2$	$= 1/16$
$ppyyrr$	$1/4 \times 1/2 \times 1/2$	$= 1/16$
Chance of *at least two* recessive traits		$= 6/16$ **or** $3/8$

ㄱ. 곱셈의 법칙 : 독립적인 사건이 각각 일어날 확률을 곱하는 것
ㄴ. 덧셈의 법칙 : 배타적인 사건이 각각 일어날 확률을 더하는 것

3 멘델유전의 확장

(1) 중간유전(intermediary inheridity)

불완전우성(incomplete dominance) 유전자에 의해 일어나는 우성 형질과 열성 형질의 중간 단계로 결과가 드러나는 유전 현상으로 유전자형의 비율이 표현형의 비율과 일치한다는 것이 특징임. 우성과 열성이 확실하게 드러나는 유전자는 한쪽 대립유전자에서 만들어지는 단백질로도 그 효과가 완전히 드러나게 되지만 불완전우성 유전자는 한쪽에만 유전자가 있어서는 단백질이 불충분하기 때문에 그 효과가 완전히 나타나지 못하게 됨. 현재 분자생물학이 발달함에 따라 멘델의 법칙을 충실하게 따르는 완전 우성인 유전자보다 이러한 불완전우성 유전자가 훨씬 일반적이라는 사실을 알게 됨

ㄱ. 분꽃의 예 : 분꽃의 경우에는 붉은색을 만드는 색소 단백질이 대립유전자에 기록되어 있는데 이 유전자가 한쪽 대립유전자만 발현되면 단백질의 양이 충분하지 못하기 때문에 분홍색 꽃이 피는 것임

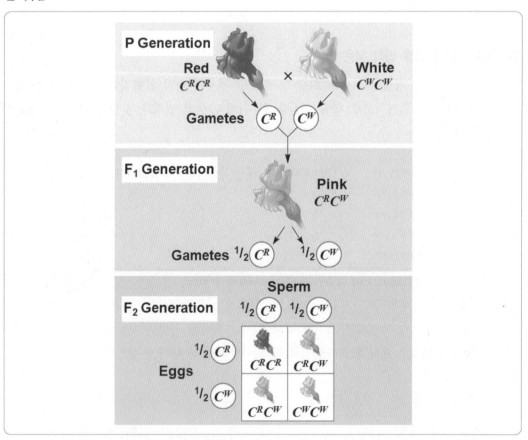

ㄴ. 가족성 고콜레스테롤혈증의 예 : LDL에 대한 수용체를 발현하는 유전자의 경우 이형접합성의 경우는 우성 동형접합성이거나 열성 동형접합성의 중간 표현형을 가지게 됨

(2) 복대립 유전

하나의 형질에 관련된 대립 유전자의 종류가 3종류 이상인 것의 유전 양상. 그러나 한 개인은 특정 형질에 대해서 최대 2개의 대립유전자만 있다는 것을 유념해야 함

ㄱ. ABO식 혈액형 : A항원을 암호화하는 I_A와 B항원을 암호화하는 I_B는 O항원을 암호화하는 i에 대하여 우성이며 I_A와 I_B 사이에는 우열관계가 없음

(a) The three alleles for the ABO blood groups and their carbohydrates			
Allele	I^A	I^B	i
Carbohydrate	A △	B ○	none

(b) Blood group genotypes and phenotypes				
Genotype	I^AI^A or I^Ai	I^BI^B or I^Bi	I^AI^B	ii
Red blood cell appearance				
Phenotype (blood group)	A	B	AB	O

ㄴ. 토끼의 털색 유전 : $C > C^{ch} > C^h > c$

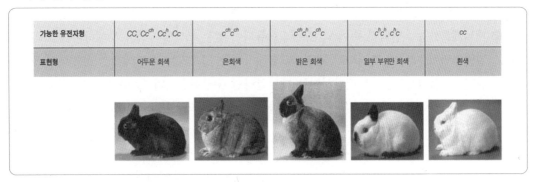

가능한 유전자형	cc, Cc^{ch}, Cc^h, Cc	$c^{ch}c^{ch}$	$c^{ch}c^h, c^{ch}c$	c^hc^h, c^hc	cc
표현형	어두운 회색	은회색	밝은 회색	일부 부위만 회색	흰색

(3) 다인자 유전(polygenic inheritance)

양적 유전(quantitative inheritance)이라고도 하며 2종류 이상의 유전자가 하나의 형질에 관여하는 것을 말함 **예** 키, 피부색 등

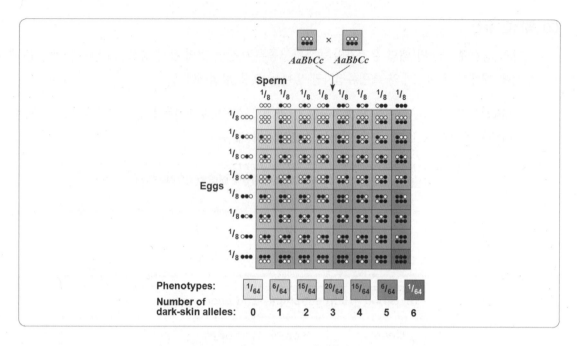

ㄱ. 표현형에 일정량 기여하는 대립유전자를 가지는 다수의 좌위에 의해 발현되는 표현형은 연속분
포를 이루게 되는데 이런 종류의 형질은 연속변이(continuous variation), 양적 변이
(quantitative variation)를 보여줌

ㄴ. 복대립 유전과는 완전히 개념이 다른 유전 양상이며 복대립 유전은 단일 인자 유전에 포함되는
것이나 다인자 유전은 여러 개의 인자가 하나의 형질에 관여하는 것임

(4) 다면발현(pleiotropy)

단일 유전자의 돌연변이 발생이 하나 이상의 표현형의 변화를 나타내는 것

⊙ 페닐케톤뇨증 : 단백질 속에 약 2~5% 함유되어 있는 페닐알라닌을 분해하는 효소의 결핍으로 페
닐알라닌이 체내에 축적되어 경련 및 발달장애를 일으키는 상염색체성 유전대사 질환으로서 페
닐알라닌을 티로신으로 전환시키는 페닐알라닌 수산화효소의 활성이 일반인에 비하여 선천적으
로 저하되어 있어 결국 지능 장애, 연한 담갈색 피부와 모발 등이 발생하게 됨

(5) 치사작용

ㄱ. 열성치사(recessive lethal) : 유전인자가 동형접합일 경우에 그 개체가 죽는 현상

⊙ 쥐의 털색 유전 : 쥐의 털색 유전자 Y는 황색을 나타내며 치사 유전자임. 따라서 YY인 개체
는 죽게 되므로 Yy(황색) 개체끼리 교배하게 되면 자손은 황색 : 회색이 2 : 1의 비율로 나타
나게 됨

ㄴ. 우성치사(dominant lethal) : 치사유전자를 하나만 가져도 죽는 현상

⊙ 헌팅턴 무도병(Huntington's disease) : 헌팅턴 질병유전자를 하나만 가져도 죽게 되나 발
병시기가 중년기이므로 다음 세대 높은 비율로 유전됨

ㄷ. 불완전 우성치사 : 동형우성의 경우에는 치사를 일으키고 이형우성의 경우에만 중간 유전의 표현형을 나타냄

🔴 연골발육 부전증

(6) 침투도와 발현도

유전자는 성별이나 나이와 같은 생물적인 환경요소나 온도, 빛, 양분과 같은 물리적 환경요소의 영향을 받게 되는데 이러한 상호작용이 반영된 특정 유전자의 발현은 항상 완전한 것이 아님

ㄱ. 침투도(penetrance) : 어떤 유전자를 갖는 개체의 집합 중에서 그 유전자의 효과를 어떤 형질로 표현하는 개체의 빈도를 백분율로 나타낸 지표로서 그 형질을 언제나 표현하는 우성 유전자 및 동형접합성의 열성유전자는 완전 침투도를 갖는다고 하며 때에 따라 그 효과를 표현할 수 없는 이형접합성의 우성 유전자 및 동형접합성의 열성유전자는 불완전 침투도를 갖는다고 함

ㄴ. 표현도(variable expressivity) : 유전자의 작용이 개체의 표현형으로 발현하는 정도로써 유전자의 표현효과가 절대적인 것이 아니므로 환경인자, 변경 유전자의 존재에 의해서 변화가 나타남. 보통은 표현형을 몇 개 등급으로 분류하여 각 등급의 빈도에 의해서 표현도를 나타내고 유전자, 환경인자, 변경 유전자 등의 상호관계를 연구하는데 사용하고 있음

(7) 상위(epistasis)

두 비대립유전자 간의 상호작용으로 인하여 양성잡종 제2세대 자손의 비율 9 : 3 : 3 : 1이 다른 비율로 변형되어 나타나게 되는 현상임. 한 유전자좌의 대립유전자 간에 우성인자가 열성인자의 표현형을 덮어버리는 일반적인 멘델유전적 상황과 서로 다른 비대립 유전자간의 상호작용인 상위적 상황을 구분해야 함

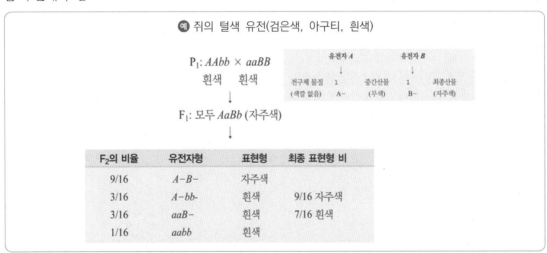

🔴 쥐의 털색 유전(검은색, 아구티, 흰색)

ㄱ. pattern 1(9 : 7) : 두 개의 서로 다른 유전자에서, 둘 중 하나 또는 둘 다에서 동형접합성 열성 돌연변이의 형질이 같은 돌연변이 표현형을 보이는 생물에서 이러한 비율이 나타나며 보족유전이라고 함

```
9/16 C_P_(자주색)
3/16 C_pp(흰색)
3/16 ccP_(흰색)
1/16 ccpp(흰색)
```

ㄴ. pattern 2(12 : 3 : 1) : 한 유전자의 우성 대립유전자가 존재함으로 인해 다른 유전자형이 감추어질 때 12 : 3 : 1의 변형된 비율이 나타남

```
9/16 A_B_(검정껍질)
3/16 A_bb(검정껍질)
3/16 aaB_(회색껍질)
1/16 aabb(흰색껍질)
```

ㄷ. pattern 4(9 : 4 : 3) : 이 양성잡종 비율은 어떤 한 유전자에 대한 열성 대립유전자의 동형접합성이 다른 유전자의 유전자형 발현을 숨길 때 관찰된다. 예를 들어 만일 aa 유전자형이 다른 유전자형이 BB 또는 bb인지에 상관없이 같은 표현형을 지니게 한다면 9 : 4 : 3의 결과가 나온다.

```
9/16 A_C_(아구티)
3/16 A_cc(알비노)
3/16 aaC_(검정색)
1/16 aacc(알비노)
```

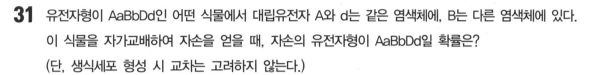

최신 기출과 해설

31 유전자형이 AaBbDd인 어떤 식물에서 대립유전자 A와 d는 같은 염색체에, B는 다른 염색체에 있다. 이 식물을 자가교배하여 자손을 얻을 때, 자손의 유전자형이 AaBbDd일 확률은?
(단, 생식세포 형성 시 교차는 고려하지 않는다.)

① 1/2 　　　② 1/4 　　　③ 1/8 　　　④ 1/9 　　　⑤ 1/16

32 친부모의 혈액형이 둘 다 A형, 첫째 아이는 O형, 둘째 아이는 A형인 가정이 있다. 이 부모가 셋째 아이를 낳을 경우 그 아이가 O형 여자일 확률은? (단, 유전적 상호작용은 없는 것으로 가정한다.)

① 1/8 　　　② 1/4 　　　③ 3/8 　　　④ 1/2 　　　⑤ 3/4

정답 및 해설

31 정답 | ②

A와 D유전자는 상반연관 B는 독립되어 있으므로, AaBbDd X AaBbDd 교배에서 각각의 부모로부터 형성되는 배우자는 ABd, Abd, aBD, ab의 종류이다. 이들 배우자의 무작위 수정(4 x 4 = 16가지 조합) 중 AaBbDd 자손이 나오는 경우는 4가지의 경우이므로 4/16 = 1/4이다.

32 정답 | ①

부모가 모두 A형인 경우인데 그중 첫째 아이가 O형이므로, 부모는 둘다 AO유전자형인 것을 알 수 있다. 이 부모한테서 O형 여자아이가 태어날 확률은 O형일 확률(1/2 x 1/2) x 여자일 확률 1/2) = 1/8 이다.

33 완두콩에서 종자의 모양은 대립유전자 R(둥근 모양)와 r(주름진 모양)에 의해, 종자의 색은 대립유전자 Y(노란색)와 y(녹색)에 의해 결정된다. R는 r에 대해, Y는 y에 대해 각각 완전 우성이다. 유전자형이 RrYy와 rryy인 종자를 교배하였을 때, F1에서 표현형이 둥글고 노란색인 종자와 주름지고 녹색인 종자가 나타나는 비율은?

① 1 : 1   ② 1 : 2   ③ 1 : 3   ④ 2 : 1   ⑤ 3 : 1

34 세포분열에 관한 설명으로 옳지 <u>않은</u> 것은?

① 감수분열은 생식세포에서 일어난다.
② 상처는 체세포 분열을 통해서 재생이 가능하다.
③ 유성생식의 유전적 다양성은 감수분열Ⅰ 전기에서 발생할 수 있다.
④ 배아줄기세포는 수정란이 세포분열을 거친 낭배상태에서 추출할 수 있다.
⑤ 2n=8인 생물의 체세포분열 중기 단계의 세포와 2n = 16인 생물의 감수분열Ⅱ 중기단계의 세포에서 관찰되는 염색체의 수는 동일하다.

정답 및 해설

33 정답 | ①

RrYy rryy검정교배 시 R유전자와 Y유전자가 독립(다른 염색체 상에 위치)인 경우이기 때문에 RY;Ry;rY;ry=1:1:1:1 둥글고 노란 종자와 주름지고 녹색인 종자는 1:1로 나타난다.

34 정답 | ④

감수분열은 생식세포만 수행하는 것이며 상처가 발생했을 때 체세포 분열을 통해서 상처입은 조직을 재생 수행하게된다 유성생식의 다양성은 감수1분열 전기의 2가 염색체 형성을 통해 다양성을 획득한다.
배아줄기 세포는 포배(배반포) 단계의 내부에 내세포괴(안세포 덩어리=배아줄기세포)에서 추출할 수 있으며, 체내 모든 종류의 세포로 분화가 가능하다.

35 다음은 어떤 유전질환을 가진 집안의 가계도이다.

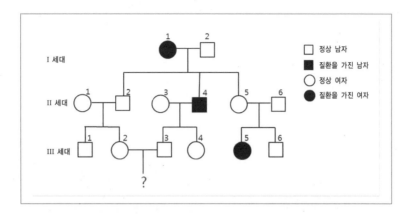

유전질환에 대한 설명으로 옳은 것만을 〈보기〉에서 있는 대로 고른 것은?

보기

ㄱ. 이 유전질환 유전자는 성염색체에 있다.

ㄴ. Ⅱ-6은 이 유전질환 유전자에 대해 이형접합체이다.

ㄷ. Ⅲ-2와 Ⅲ-3 사이에서 아이가 태어날 때 이 아이가 유전질환을 가질 확률은1/8이다.

① ㄱ   ② ㄱ, ㄴ   ③ ㄴ   ④ ㄴ, ㄷ   ⑤ ㄷ

정답 및 해설

35 정답 | ④

　　Ⅲ세대의 5번의 딸이 유전병이 없는 부모에게서 나왔으므로 이 질환은 열성으로 유전되며, 열성 질환을 앓는 딸이 정상 아버지에게서 나왔으므로 성염색체 상의 유전자가 아닌 상염색체 상의 유전자에 의해 유전됨을 알 수 있다.

편입생물 비밀병기

생물 1타강사 노용관

단권화 바이블 ＋ 필수기출과 해설편

한권으로 끝내는 메디컬(의치한약수) 편입 나만의 祕密兵器

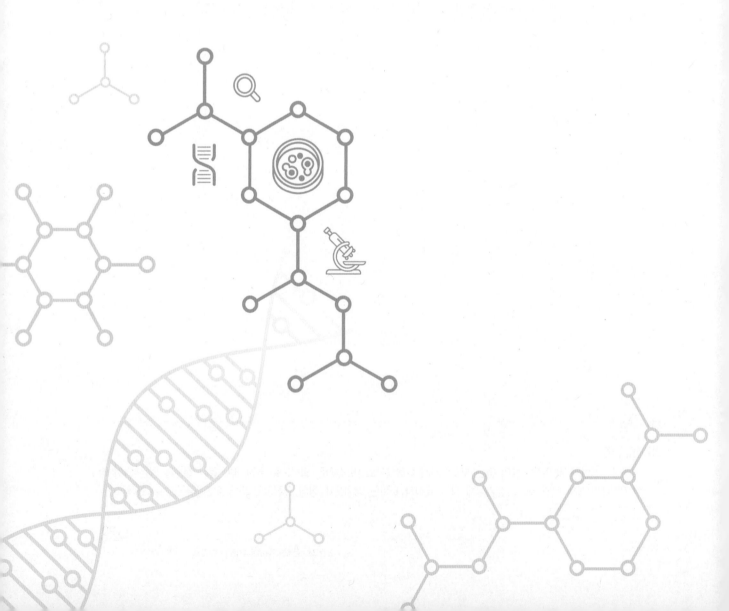

12

염색체와
유전현상

12 염색체와 유전현상

1 염색체와 유전자

(1) 서턴의 염색체설

서턴은 감수분열을 할 때 염색체의 행동이 멘델이 말한 유전자의 행동과 일치한다는 사실을 발견하여 유전자가 염색체 위에 존재하는 작은 입자라고 주장하였는데 유전자의 종류가 염색체 수보다 더 많다는 사실을 발견함으로써 1개의 염색체 위에 여러 가지 유전자가 연관되어 있으리라는 가설을 제안함

(2) 모건의 유전자설

개체의 형질은 염색체에 쌍을 이루어 존재하는 유전자에 의하여 결정되며 그들 유전자는 염색체 상에 선상으로 배열하여 있고 연관되어 있음. 서로 다른 연관군에 있는 유전자는 멘델법칙에 따라 독립적으로 분리되며 대립하는 연관군 사이에는 교차가 일어나는데 그 빈도는 각 연관군의 유전자의 상호 위치에 따라 다르다는 학설이며 현재도 유전학의 중요한 기초로 되고 있음

🔬 **염색체설에 근거한 멘델의 유전법칙 이해**

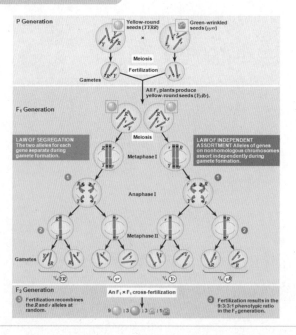

2 독립과 연관

(1) 독립

해당 유전자가 서로 다른 염색체에 있는 경우 두 유전자가 독립되어 있다고 함

ㄱ. 유전자들이 서로 독립되어 있는 경우, AaBb 유전자형의 세포에서 형성되는 생식세포의 유전자형의 비는 AB : Ab : aB : ab = 1 : 1 : 1 : 1이 됨

ㄴ. 이렇게 독립적으로 유전되는 양식을 멘델 유전이라고 함

(2) 연관

해당 유전자가 동일한 염색체에 모두 있을 때 두 유전자는 연관되어 있다고 하며 연관되어 있는 유전자들을 연관군이라고 함

ㄱ. 상인연관 : 우성 유전자는 우성 유전자와 열성 유전자는 열성 유전자와 연관되어 있는 형태

ㄴ. 상반연관 : 우성 유전자는 열성 유전자와 열성 유전자는 우성 유전자와 연관되어 있는 형태

(3) 교차

제 1 감수분열 전기에 2가 염색체가 형성되었을 때 상동 염색분체의 염색분체 간의 접합 부위에서 교차가 일어나게 됨.

ㄱ. 상인연관의 경우, AaBb 유전자형의 세포에서 형성되는 생식세포의 유전자형의 비는 AB : Ab : aB : ab = n : 1 : 1 : n이 됨(단, n > 1)

ㄴ. 상반연관의 경우, AaBb 유전자형의 세포에서 형성되는 생식세포의 유전자형의 비는 AB : Ab : aB : ab = 1 : n : n : 1이 됨(단, n > 1)

ㄷ. 교차가 일어난 생식세포의 유전자형보다 교차가 일어나지 않은 생식세포의 유전자형이 더욱 많음

(4) 교차율과 염색체 지도

ㄱ. 교차율 : 연관되어 있는 두 유전자 사이에 교차가 일어나는 비율로써 연관된 두 유전자 사이의 거리가 가까울수록 교차율은 낮아지게 되며 특히 교차율이 제로가 되는 두 유전자를 완전 연관되어 있다고 함

교차율 계산

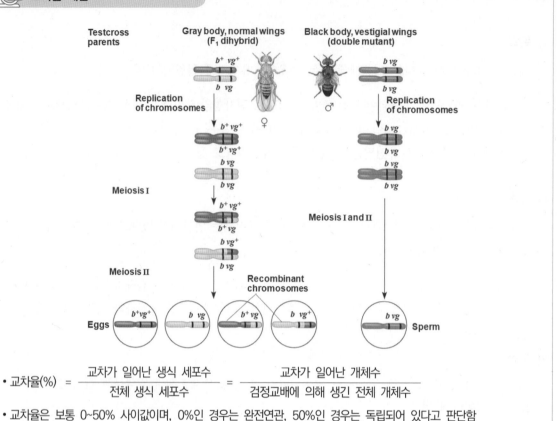

- 교차율(%) = $\dfrac{\text{교차가 일어난 생식 세포수}}{\text{전체 생식 세포수}}$ = $\dfrac{\text{교차가 일어난 개체수}}{\text{검정교배에 의해 생긴 전체 개체수}}$

- 교차율은 보통 0~50% 사이값이며, 0%인 경우는 완전연관, 50%인 경우는 독립되어 있다고 판단함

ㄴ. 염색체 지도(chromosome map) : 교차율을 통해 유전자 간의 상대적인 거리를 구할 수 있음을 이용해 염색체 내의 유전자의 상대적인 위치를 정하는 것

ⓐ 3점 검정법 : 인접한 세 유전자 간의 교차율 정보를 이용해 유전자의 순서와 상대적인 거리를 구하는 것을 가리킴

 3점 검정법의 예

g~l 간의 교차율이 17%, g~c 간의 교차율이 9%, c~l 간의 교차율이 9.5%라면, 염색체 상의 세 유전자 배열은 다음과 같음

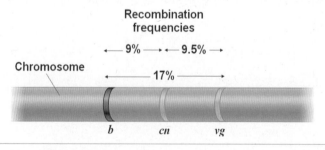

3 상염색체성 유전

(1) 상염색체성 열성 유전질환과 우성 유전질환의 가계도 분석

ㄱ. 상염색체성 열성 유전 가계도 분석

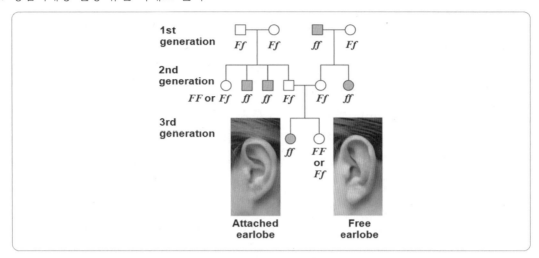

ⓐ 형질은 종종 세대를 건너뜀
ⓑ 이상 형질을 갖는 남성과 여성이 거의 같은 비율로 발생함
ⓒ 이상 형질은 근친혼이 있는 가계도에서 자주 발견됨
ⓓ 부모 모두가 이상이면 자식들도 모두 그 형질을 갖게 됨

ㄴ. 상염색체성 우성 유전 가계도 분석

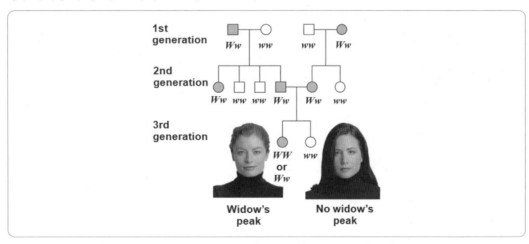

ⓐ 형질은 모든 세대에서 나타나게 됨. 단, 침투도가 완전하지 않은 경우는 제외함
ⓑ 이상 형질을 갖는 사람과 정상 사람 사이에서 태어난 자식들의 50% 이상이 이상임
ⓒ 남녀의 이상 형질 표현형 비율은 거의 같아야 함

(2) 상염색체성 열성 유전질환과 우성 유전질환 목록

ㄱ. 열성 유전질환 : 해당 질환을 유발하는 인자가 동형접합성이라야 발병하는 질환

ⓐ 낭포성 섬유증(cystic fibrosis) : 폐와 이자, 그리고 기타 기관에서 아주 진한 점액이 분비되어 호흡곤란, 소화장애, 간기능이 손상되고 주기적인 세균감염에 시달리게 되어 치료하지 않으면 5살 이전에 사망하는 질병임

ⓑ 겸상적혈구빈혈증(sickle cell anemia) : 적혈구의 아미노산 한 개가 바뀌면서 나타나게 되는 질환으로 산소량이 적을 때나 육체적 스트레스에 놓이게 될 경우, 헤모글로빈 분자가 뭉쳐, 적혈구의 기형인 낫 모양의 겸상적혈구를 형성하게 됨. 겸상 적혈구 세포는 응집하여 작은 혈관을 막는 등 여러 가지 증상을 일으킴

ⓒ 백화현상(albinism) : 피부, 모발, 눈 등에 색소가 생기지 않는 이상 현상으로 대부분 병리적 원인에 의하지 않고 유전적으로 결정되어 나타남. 흰쥐, 집토끼 등은 보통이며 이 동물들의 눈이 빨간 것은 혈액이 투과되어 보이기 때문임. 사람에게도 있으며 일반적으로 백화현상 알비노라고 함. 일반적으로는 티로시나아제의 결손을 일으키는 변이 유전자에 의한 것으로 티로신에서 멜라닌이 형성이 되지 않음

ⓓ 페닐케톤뇨증(phenylketonuria) : 단백질 속에 약 2~5% 함유되어 있는 페닐알라닌을 분해하는 효소의 결핍으로 페닐알라닌이 체내에 축적되어 경련 및 발달장애를 일으키는 상염색체성 유전 대사 질환으로서 페닐알라닌을 티로신으로 전환시키는 페닐알라닌 수산화효소의 활성이 일반인에 비하여 선천적으로 저하되어 있어 결국 지능 장애, 연한 담갈색 피부와 모발 등이 발생하게 됨

ㄴ. 우성 유전질환 : 해당 질환을 유발하는 인자가 하나만 있어도 발병하는 질환

ⓐ 헌팅턴병(Huntington's disease) : 환자 몸의 부위가 제멋대로 움직이게 되며, 뇌세포도 소실되어 기억력과 판단력도 없어지고 우울증에 빠지게 되고, 운동기능도 점점 없어져 결국에 말하는 것도, 음식을 삼키는 것도 힘들어지는 질병임

ⓑ 연골발육부전증(achondroplasis) : 왜소증의 한 형태로 이형접합자인 사람은 난쟁이 표현형을 가짐

4 성의 결정과 성염색체 연관 유전

(1) 성의 결정

생물의 성은 대개 유전과 호르몬의 영향에 의한 일련의 매우 복잡한 발생학적 변화에 의해 결정되는데 그러나 간혹 몇몇 유전자가 생물의 성 결정에 영향을 주는 경우도 있음 이러한 스위치 역할을 하는 유전자들은 성염색체에 존재하는 것이 일반적임. 그러나 성염색체가 생물체의 성을 결정짓는 유일한 요소는 아니며 벌, 개미, 말벌의 경우는 개체의 배수성이 성을 결정하게 되며 또한 어떤 경우는 온도 등의 환경요인에 의해 성 결정이 영향을 받는 경우도 있음

ㄱ. 주요 성 결정 유형

    ⓐ XY형 : ♂(XY), ♀(XX) 예 사람, 초파리

    ⓑ XO형 : ♂(XO), ♀(XX) 예 메뚜기, 귀뚜라미

    ⓒ ZW형 : ♂(ZZ), ♀(ZW) 예 조류, 파충류

(2) 반성 유전(sex-linked inheritance)

특정 형질에 대한 유전자가 X염색체에 존재하는 유전으로 특정 형질이 수컷과 암컷에서 다른 빈도로 나타남. 암컷은 두 개의 X염색체가 있기 때문에 동형접합이거나 이형접합일 수 있지만 수컷은 한 개의 염색체만 가지므로 동형접합도 이형접합도 될 수 없는 반접합자(hemizygote)임. 참고로 X 염색체와 Y 염색체에 모두 존재하는 유전자는 성 연관 유전양식을 따르지 않으며 상염색체 유전양식과 유사한데 이러한 유전자를 위상 유전자(pseudoautosomal gene)라 함

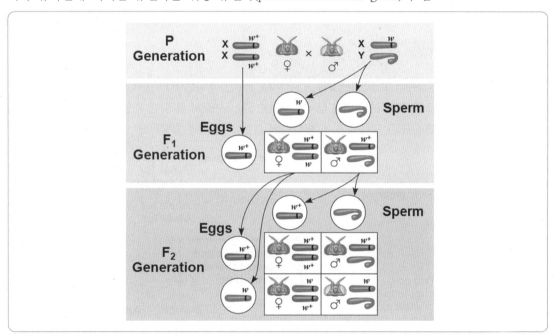

ㄱ. 양적 보정(dosage compensation) : XY 염색체에 의한 성 결정 체계에서 암컷은 X 염색체를 두 개 갖고 있지만 수컷은 하나밖에 없으므로 X 염색체 상에 존재하는 유전자 발현의 양적 보정이 이루어져야 하는데 이러한 기작은 사람 및 일부 포유류와 초파리 등에서 발견되고 있음

  ⓐ X염색체의 불활성화 : 사람을 포함한 일부 포유류의 경우 암컷의 X 염색체를 불활성화시킴으로써 수컷과 암컷이 모두 활성화된 X 염색체를 하나만 갖게 함. X 염색체의 불활성화된 형태는 응축된 반점 형태(condensed body)로 관찰되며 바소체(Barr body)라고 명명함

    1. 리온 가설(Lyon hypothesis)과 바소체의 수 : 세포 종류와 관계없이 한 개의 X 염색체만 활성화된다는 설로서 예를 들어 정상 암컷 고양이는 핵인이 아닌 응축된 반점 한 개가 관찰되나 정상 수컷 고양이에서는 응축된 반점이 관찰되지 않는다는 사실에 근거하여 제안된 것임.

응축된 반점 모양의 바소체 수는 X 염색체의 수보다 한 개 적은 개수를 지니게 되는데 예를 들어 비정상적인 유전자형을 가진 XXXX 여성은 세 개의 바소체를 갖게 됨

2. 모자이크 특징(mosaicism) : X 염색체에 연관된 유전자에 대해 이형접합자인 암컷들은 특이한 표현형의 발현 양상을 보이는데 암컷의 경우 배발생 시작 12일 후에 각 세포에 있는 두 개의 X 염색체 중 하나가 무작위적으로 불활성화되며 불활성화된 X 염색체인 바소체는 이후의 세포 분열 와중에도 계속 바소체로 남게 됨. 따라서 이형접합 암컷은 세포 수준에서 X 연관 형질에 대해 모자이크 특징을 보이게 됨

3. X 불활성화 중심(X inactivation center ; XIC)과 XIST(X inactive- specific transcript) 유전자 : X 염색체의 불활성화가 시작되는 부위로서 XIC에는 X염색체를 불활성화시키는 것으로 추정되는 XIST 유전자를 포함하고 있음. XIST 유전자는 정상 암컷의 불활성화된 염색체에서만 활동적인 것으로 알려져 있고 불활성화된 X 염색체는 XIST 뿐만 아니라 또 다른 일부 유전자들 몇몇도 활성화상태인 것으로 추정되고 있음

🔬 리온 가설을 증명하는 예

📍 갑골무늬 고양이 : 갑골무늬 고양이들은 보통 X 염색체에 연관된 색 유전자의 주황색 검은색 대립유전자에 대해 이형접합자인 암컷인데 두 색에 대한 얼룩을 타나냄. 이것은 발생 단계에서 둘 중 한 X 염색체는 불활성화되고 불활성화된 세포의 모든 딸세포들은 역시 같은 X 염색체에서 불활성화된 결과 얼룩무늬를 갖게 된 것임

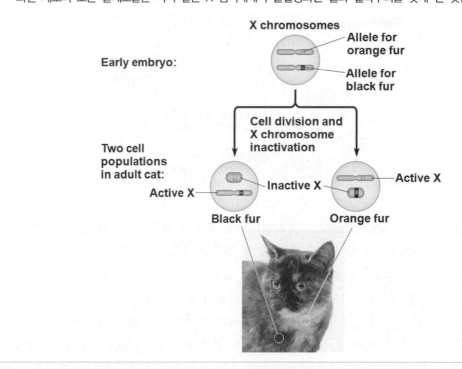

ⓑ X 염색체 활성화 기작 : 초파리에서도 유전자량 보정이 일어나며 X 염색체에 있는 유전자 활동은 수컷과 암컷에서 거의 같은 수준으로 나타나는 데 초파리에서는 바소체가 나타나지 않는 것을 볼 때에 양적 보정 기작에 있어서 포유류와는 다르다는 것을 알 수 있음.

ㄴ. 반성유전 질환의 종류

 ⓐ 뒤셴 근육 위축증(Duchenne muscular dystrophy) : 근육이 서서히 약해지고 근육운동의 협조가 약해짐. 디스트로핀(dystrophin)이라는 근육단백질 결핍이 이유이며, 병든 근육이 크레아틴인산을 분비하기 때문에 혈중 크레아틴인산농도가 50~100배 증가하며 이로 인해 지능지수도 떨어지게 됨

 ⓑ 혈우병(hemophilia) : 혈액응고에 필요한 1개 이상의 단백질 결핍되어 출혈이 지속되는 질병

 ⓒ 적록색맹(red-green blindness) : 색깔을 감각하는 적원추세포와 녹원추세포를 암호화하는 유전자 중 하나에 이상이 생겨 일어나는 색맹현상

 ⓓ 허약성 X 증후군(fragile X syndrome) : X 연관 열성유전질환으로 정신지체 등이 발생함

ㄷ. 반성유전의 가계도 분석

 ⓐ 열성 반성유전 가계도 분석

  1. 이상 형질은 여성보다 남성에서 더욱 많이 나타나는 경향이 있음

  2. 이상 형질을 갖는 남자들의 형질은 어머니에게서 유전된 것임

  3. 이상 형질을 갖는 여성은 이상 형질을 갖는 아버지와 이상 형질 인자를 지닌 어머니에게서 그 인자를 모두 물려받은 것임

  4. 이상형질을 갖는 여성의 아들들은 모두 이상 형질을 갖게 됨

 ⓑ 우성 반성유전 가계도 분석

  1. 이상 형질은 세대를 건너뛰지 않음

  2. 이상형질을 갖는 남자는 이상형질을 갖는 어머니에게서 그 인자를 물려받은 것임

  3. 이상형질을 갖는 여성은 이상형질이 있는 어머니 또는 아버지 둘 중 한 분 이상으로부터 인자를 물려받은 것임

  4. 이상형질을 갖는 아버지의 딸들은 모두 이상형질을 갖게 됨

5 그 외의 유전 양상

(1) 종성유전(sex-controlled inheritance)

성염색체에 있는 유전자에 의하지 않는 유전현상으로 성과 관련되어 있는 것으로 주로 호르몬의 영향으로 성과 관련되어 있는 경우가 많음. 유전자형은 동일하나, 표현형이 틀린 경우이며 성별에 따라 다른 표현형을 지니게 됨 ◉ 대머리 유전, 양의 뿔 유전

(2) 유전체 각인(genomic imprinting)

유전자 발현이 모친 유래 또는 부친 유래 인가에 따라 상이한 조절을 받는 현상으로 염색체가 어버

이로부터 자손에 계승될 때 어떤 영역 또는 유전자는 어버이의 유래가 다르면 발현패턴이 변함. 이것은 염색체 상의 동일 영역이 구별되는 것처럼 난소와 정자가 형성되는 과정에서 사전에 표시가 붙여지고 수정 후에 다른 기능을 하도록 프로그램되어 있는 것에 의함. 이 프로그램은 유전정보를 본질적으로 바꿔버리는 것이 아니라 세대마다 새롭게 프로그램되어 수정하는 것이어서 어느 쪽 부모 유래일까라는 정보를 염색체에 '새겨 넣는다'라는 의미로 이러한 명칭이 붙게 되었음. 이 현상은 식물로부터 포유류에까지 널리 나타나고 그 분자기구의 일부로서 DNA 메틸화의 관여가 시사되고 있음

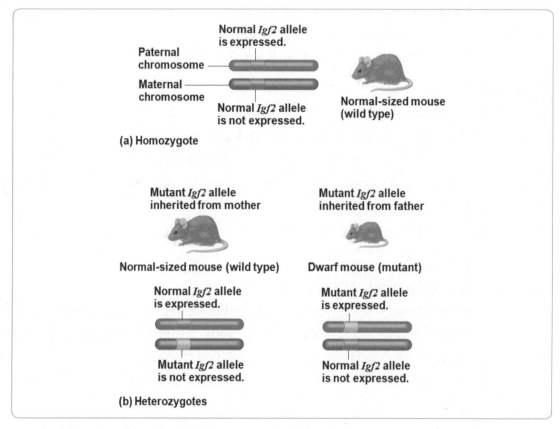

ㄱ. 배우자가 형성되는 동안 유전체 각인 프로그램이 진행됨
ㄴ. 정자와 난자에서 서로 다른 방식으로 각인됨
ㄷ. 보통은 메틸화가 되면 메틸화된 유전자는 불활성화됨

(3) 세포질 유전(cytoplamic inheritance)

보통 모계의 세포소기관 DNA만이 다음 세대에 전달되는 유전방식인 경우로서 모계의 형질과 모든 자손의 형질이 동일하다는 점이 특징임. 모계 유전과 세포질 유전을 완전히 동일한 의미로 사용해서는 안되는데 모계 유전임에도 불구하고 형질을 지배하는 유전자가 핵 유전체에 존재하는 경우가 있다는 것을 명심해야 함
ㄱ. 분꽃의 잎색 유전 : 부계의 형질에 관계없이 잎 색이 모두 모계의 형질을 따름

♀	♂	F₁
녹색	녹색	모두 녹색
	흰색	
	얼룩	
흰색	녹색	모두 흰색
	흰색	
	얼룩	
얼룩	녹색	모두 얼룩
	흰색	
	얼룩	

ㄴ. 미토콘드리아 근병증(mitochodrial myopathy) : 쇠약함, 운동장애, 근육퇴화와 같은 증상에 시달리는 질환

(4) 모계 영향 유전

세포질 유전과는 다르게 자손의 형질이 모계의 표현형이 아닌 유전자형에 의해 결정되는 경우로서 아래 연못 달팽이(Limnaea peregra)의 경우 자손의 패각 나선 형태는 모계의 유전자형에 의해 결정되는 것을 볼 수 있음

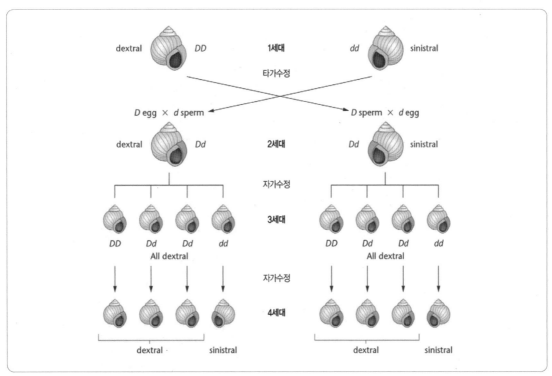

(1) 염색체 구조 이상 – 결실, 중복, 역위, 전좌를 통한 염색체의 구조 변화

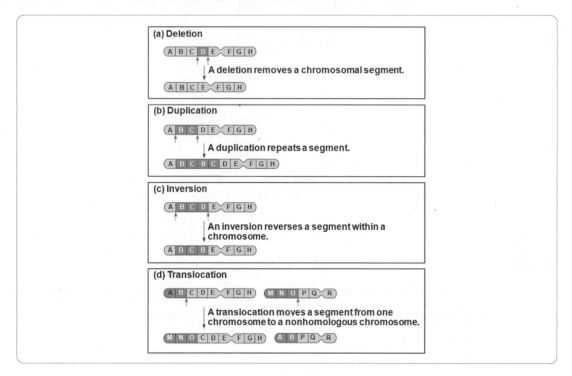

ㄱ. 결실(deletion) : 동일 염색체 상에서 두 개의 절단이 일어나게 되는 경우 무동원체 조각 하나를 제외한 두 조각이 재결합하게 되는 경우가 발생함

  예 묘성 증후군(cri-du-chat syndrome) : 5번 염색체의 결실로 인해 나타나는 증상으로서 고양이 울음소리를 내는 증후인데 소두증, 선천적 심장질환, 심한 정신 박약도 함께 나타남. 결실이 크게 생기면 감수 분열시 사분염색체에서 루프형의 팽창이 일어나게 됨

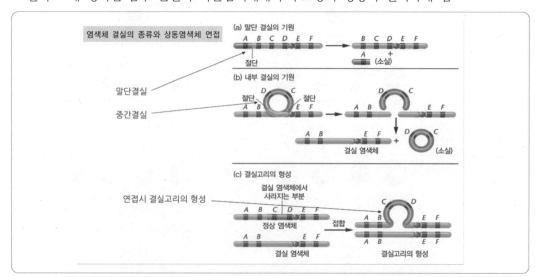

ㄴ. 역위(inversion) : 잘려져 나왔던 염색체 절편이 다시 연결될 때 본래의 방향과 반대로 연결되어 염색체상의 유전자들의 배열 순서가 거꾸로 된 경우로 감수분열시 역위염색체를 갖는 이형접합자에 시냅스가 형성되면 상동 염색체쌍을 형성하기 위해 루프가 형성되고 역위된 부위 내에서는 교차가 억제되는 현상이 발생함

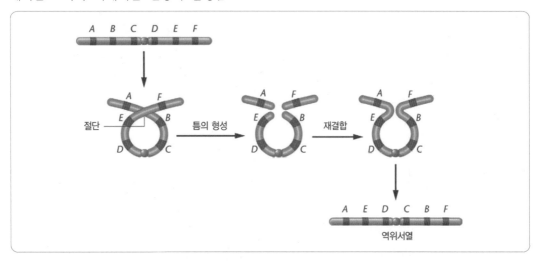

ㄷ. 중복(duplication) : 동일한 염색체 상에 특정 염색체 절편의 수가 늘어나게 되는 경우로서 상동염색체가 동일하지 않은 부위의 절편을 교환해서 발생할 수 있는데 중복은 염색체 물질의 불공평한 분배를 가져다주게 됨

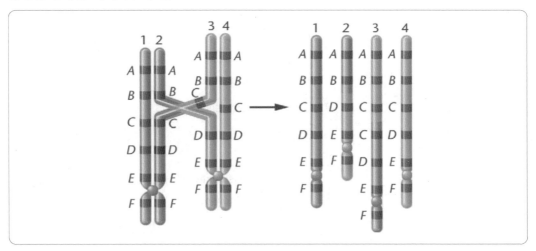

ㄹ. 전좌(translocation) : 염색체 절편의 위치가 동일 염색체상의 원래 위치가 아닌 다른 위치로 이동한다거나 다른 염색체상으로 이동하는 경우임. 그 중 비상동염색체간의 염색체 조각 교환을 상호전좌(reciprocal translocation)라고 함

　　● 예 만성 골수성 백혈병(chronic myeloid leukemia ; CML) : 백혈구로 분화되는 세포의 체세포분열 동안 상호전좌가 일어날 때 발생하는 유전병으로 이들 세포에서는 22번 염색체의 큰 부분과 9번 염색체의 작은 끝 부분 사이에 교환이 일어난 결과 22번 염색체가 눈이 띠게 아주 작은 데 이러한 염색체를 필라델피아 염색체라고 함

ⓐ 전좌의 결과 : 감수분열시 시냅스를 형성할 때 전좌된 염색체와 정상의 상동염색체는 십자
모양을 형성하여 결합할 수 있게 된다는 것이 특징임

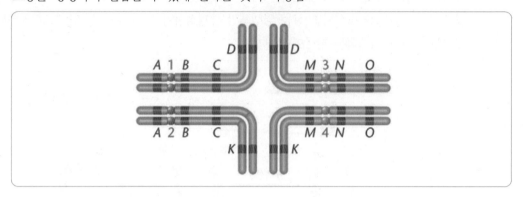

(2) 염색체의 수적 이상

염색체의 비분리 현상이나 감수분열에서의 문제로 인해 염색체의 수가 정상보다 많거나 적게 존재
하는 현상으로 정배수성과 이수성으로 구분됨

ㄱ. 이수성(aneuploidy) : 일부 염색체의 비분리 현상으로 인해 발생하여 염색체의 수가 정상보다
1~2개 많거나 적은 현상임. 일염색체성(monosomic)은 이배체 세포가 한 개의 염색체를 잃었
을 때를 말하며 삼염색체성(trisomic)은 이배체 세포가 한 개의 염색체를 더 가지고 있을 때를
말하는 것임

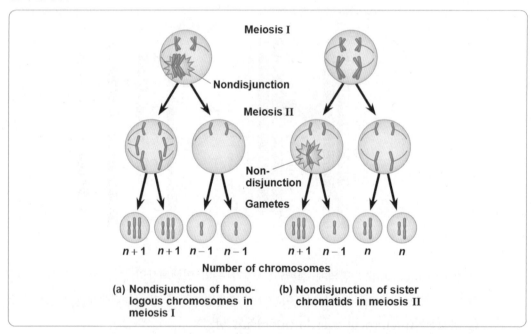

ⓐ 암수모자이크(gynandromorph) : 초기 배 발생과정 상에서 성염색체 비분리 현상이 일어나
게 되면 그 결과 사람에게서는 XX/X, XY/X, XX/XY, XXX/XX 등의 성염색체 모자이크들
이 생기는 것을 볼 수 있음

ⓑ 다운 증후군(Down syndrome) : 가장 흔한 염색체 질환으로서 21번 염색체가 정상인보다 1개 많은 3개가 존재하는데 이것은 21번 염색체의 비분리를 통해서나 또는 14, 15, 22번 염색체에 21번 염색체의 일부가 전좌되어서 일어나는 경우로 구분됨. 정신 지체, 신체 기형, 전신 기능 이상, 성장 장애 등을 일으키는 유전 질환으로 신체 전반에 걸쳐 이상이 나타나며 특징적인 얼굴 모습을 관찰할 수 있고 지능이 낮음. 출생 전에 기형이 발생하고 출생 후에도 여러 장기의 기능 이상이 나타나는 질환으로서 일반인에 비하여 수명이 짧음

ⓒ X-삼염색체성 증후군(X-trisomy syndrome ; XXX) : 신생아 1000명당 한명 꼴로 나타나는데 생식은 정상이지만 가벼운 정신 박약 상태에 놓이게 되고 느린 성장 뿐 아니라 선천적 기형도 때로 존재함. 클라인펠터 증후군을 가진 아들이나 X 삼염색체성 증후군을 지닌 딸을 둘 수 있음

ⓓ 클라인 펠터 증후군(Klinefelter's syndrome ; XXY) : 남성의 2차 성징 발현이 저해되고 여성의 특징이 나타나며 생식능력이 없음

ⓔ 터너 증후군(Turner's syndrome ; XO) : 여성의 성징이 약하며 신장 왜소, 심장기형, 피부 이상 등이 나타남

ㄴ. 배수체화(polyploidy) : 염색체의 수가 정상보다 배로 많은 현상으로 대부분 감수분열이 정상적으로 일어나지 않아 발생함

ⓐ 동질배수체성과 이질배수체성 : 동질배수체성(autopolyploidy)이란 같은 종의 유전체가 배가 된 것이고 이질배수체성(allopolyploidy)이란 다른 종의 유전체가 섞여 배가 된 것임. 짝수 배수체들은 생존 가능하고 생식할 수 있지만 홀수 배수체들은 그렇지 않다는 점이 특징임

 배수체 형성 과정과 배수체의 구분

Ⓐ 유성적 배수체화와 무성적 배수체화 : 유성적 배수체화는 염색체 수가 줄지 않은 생식세포가 융합되어 배수체 접합자가 형성되는 과정을 말하며 무성적 배수체화는 정상 접합자가 체세포 분열 과정에서 염색체 수가 배가되는 과정을 말함

Ⓑ 동질배수체와 이질배수체 형성 : 동질 배수체는 유성적 배수체화나 무성적 배수체화를 통해 형성될 수 있으나 이질 배수체는 배수체화에 이어 잡종화가 일어나야 한다는 점이 차이점임

36 그림 (가)는 사람의 체세포에 있는 14번과 21번 염색체를, (나)는 (가)에서 돌연변이가 일어난 염색체를 나타낸 것이다.

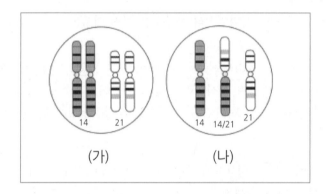

(가)   (나)

(나)의 돌연변이가 일어난 염색체에 관한 설명으로 옳은 것은?

① 14번 염색체에서 중복이 일어났다.
② 21번 염색체에서 중복이 일어났다.
③ 14번과 21번의 비상동염색체 사이에 전좌가 일어났다.
④ 14번 염색체 안에서 일부분이 서로 위치가 교환되었다.
⑤ 21번 각 상동염색체에 있는 대립유전자가 서로 분리되지 않았다.

36 정답 | ③

중복과 결실은 상동염색체 사이에서 잘못된 교차점으로 인해서 발생하는 것이고 전좌인 경우는 염색체 돌연변이 중 비상동염색체 사이의 DNA 절편 교환을 전좌라 한다.

37 그림은 형질이 서로 다른 부모의 교배를 통하여 얻은 자손들의 형질과 개체 수를 표시한 것이다. 재조합 비율은 얼마인가? (단, A와 B는 각각 a와 b에 대하여 우성이다.)

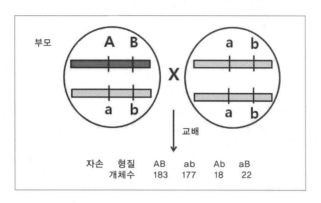

① 0.1 %　　　② 1 %　　　③ 5 %　　　④ 10 %　　　⑤ 20 %

38 초파리에서 다리가 될 운명의 세포군에 ey(eyeless) 유전자를 배아단계부터 인위적으로 발현시켰더니 성체의 다리에 눈 구조가 만들어졌다. 이에 관한 설명으로 옳은 것만을 〈보기〉에서 있는 대로 고른 것은?

> **보기**
> ㄱ. ey 유전자는 초파리 눈 형성의 핵심 조절 유전자이다.
> ㄴ. 초파리에서 눈 형성 세포군과 다리 형성 세포군의 유전체는 서로 다르다.
> ㄷ. 배 발생 과정에서 유전자의 비정상적인 발현에 의해 형질의 변이가 일어날 수 있다.

① ㄱ　　　② ㄷ　　　③ ㄱ, ㄷ　　　④ ㄴ, ㄷ　　　⑤ ㄱ, ㄴ, ㄷ

정답 및 해설

37 정답 | ④

교차율을 구할 때에는 기본적으로 무슨 연관을 기본으로 하는지 확인해야 한다.
연관되어있는 유전자는 개수가 많은 것이고 교차본은 자손의 개수가 적게 되어있다.
재조합 빈도 = (재조합형 자손 수) / (전체 자손 수) x 100(%) (검정교배 시)
재조합형 : (18 + 22) / (183 + 177 + 18 + 22) x 100 = 10%

38 정답 | ③

배아 내의 모든 세포는 수정란 하나에서 유래되었으므로 동일한 유전체를 지니나, 각기 다른 유전자들이 발현되어 구조와 기능에 알맞은 특수한 분화가 일어난다.

생물 1타강사 **노용관**

단권화 바이블 ＋
필수기출과 **해설**편

한권으로 끝내는 메디컬(의치한약수) 편입 나만의 祕密兵器

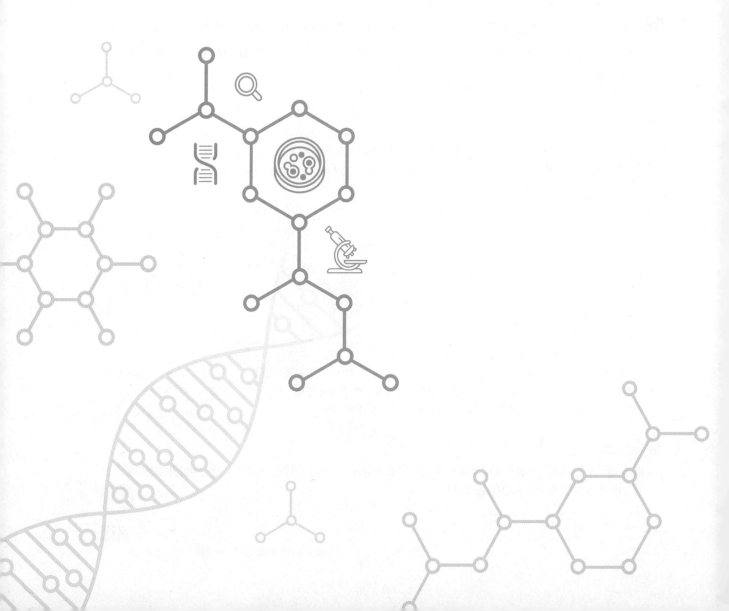

13

유전자의
화학적 특성

13 유전자의 화학적 특성

(1) 실험적 증거 – 핵산이 유전물질임을 알게 한 실험 몇 가지

ㄱ. 세균의 형질전환 실험

ⓐ 그리피스의 실험 : 세균을 형질전환시키는 물질의 존재를 확인한 실험

 그리피스 실험과정 및 결론

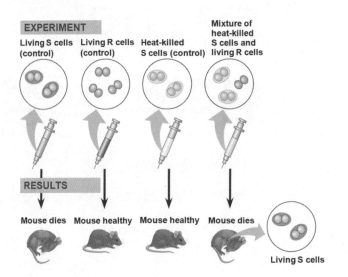

Ⓐ 실험과정

1. 살아 있는 R형균을 쥐에게 주입 → 쥐가 죽지 않음

2. 살아 있는 S형균을 쥐에게 주입 → 쥐가 죽음

3. 가열하여 살균한 S형균을 쥐에게 주입 → 쥐가 죽지 않음

4. 가열하여 살균한 S형균과 R형균과 함께 쥐에게 주입 → 쥐가 죽음(죽은 쥐의 혈액에서 살아 있는 S형균을 발견함)

Ⓑ 결론 : 죽은 S형균의 어떤 물질(형질전환인자)이 R형균을 S형균으로 전환시킨 것임

ⓑ 에이버리의 실험 : 그리피스가 알아내지 못했던 형질전환인자를 찾아낸 실험

 에이버리 실험과정 및 결론

Ⓐ 실험과정

1. S형균 추출물에 탄수화물 분해효소, 단백질 분해효소, 지방분해효소 처리 후 R형균과 섞어서 쥐에게 주입했더니 쥐가 죽음
2. S형균 추출물에 DNA 분해효소 처리 후 R형균과 섞어서 쥐에게 주입했더니 쥐가 죽지 않음

Ⓑ 결론 : 형질전환인자는 죽은 S형균의 DNA임

ㄴ. 박테리오파지의 증식 실험 : 박테리오파지(bacteriophage)란 세균에 감염하는 바이러스로 DNA와 단백질 껍질로 구성되는데 본 실험은 이러한 파지를 세균에 감염하여 파지의 증식을 가능하게 한 유전물질은 DNA라는 사실을 알게 한 것에 의의가 있음

 박테리오파지의 증식 실험과정 및 결론

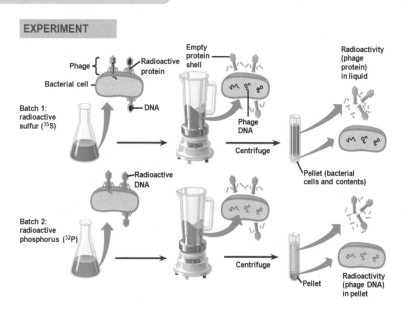

Ⓐ 실험과정

1. 방사성 동위원소 ^{35}S로 단백질 껍질이 표지된 박테리오파지와 방사성 동위원소 ^{32}P로 핵산이 표지된 박테리오파지를 구분하여 서로 다른 시험관의 대장균에 감염시킴
2. 감염시킨 후 원심분리를 통해 대장균 층과 박테리오파지 층을 구분함 → ^{35}S에 기인한 방사능은 대장균 층에서 검출되지 않고, ^{32}P에 기인한 방사능은 대장균 층에서 검출

Ⓑ 결론 : 대장균 내로 감염하여 자신의 증식을 가능하게 한 유전물질은 DNA 임

(2) 비실험적인 간접적 증거 몇 가지

ㄱ. 세포당 염색체의 수와 세포당 DNA량 간에는 정확한 상관관계가 존재함

ㄴ. 체세포의 DNA량은 모두 동일하고 생식세포의 DNA량은 체세포의 절반임

ㄷ. 세포의 DNA 대부분이 핵 내에 존재함

2 핵산의 화학 - 핵산의 구성 물질과 입체구조

(1) 핵산과 뉴클레오티드

핵산은 뉴클레오티드가 길게 반복되어 있는 입체적인 구조로서 뉴클레오티드는 인산, 당, 염기의 세 부분으로 이루어져 있음. 핵산 분자에 뉴클레오티드는 인산, 당, 염기를 하나씩 포함하게 되나 뉴클레오티드 형태로 존재할 때는 보통 세 개의 인산기를 지님. 여분의 인산기에 포함되어 있는 에너지는 중합체를 합성하는 과정에서 사용됨

ㄱ. 뉴클레오티드의 구조 : 뉴클레오티드는 당과 염기로 이루어진 뉴클레오시드와 인산기가 결합된 형태를 의미함

ⓐ 당(sugar) : DNA의 경우 5탄당인 디옥시리보오스를 포함하나 RNA의 경우 5탄당인 리보오스를 포함함

ⓑ 질소염기(nitrogenous base) : 퓨린 계열의 염기인 아데닌(A), 구아닌(G)과 피리미딘 계열의 염기인 시토신(C), 티민(T)으로 구성

ⓒ 인산(phosphate) : 음전하를 띠며 뉴클레오티드 간 결합에 관여함

ㄴ. 뉴클레오티드 중합을 통해 형성된 당 인산 골격

ⓐ 뉴클레오티드의 중합방향 : 뉴클레오티드의 연결은 첫 번째 뉴클레오티드에 존재하는 디옥시 리보오스의 3'-OH와 두 번째 뉴클레오티드의 5'-Ⓟ 사이에 일어나는 탈수축합반응인 인산 이에스테르 결합으로 이루어짐. 5' → 3' 방향으로 중합이 이루어짐

ⓑ 뉴클레오티드의 중합 자발성 : 인산이에스테르 결합은 흡열반응으로 두 번째 뉴클레오티드의 3인산 중에서 pyrophosphate가 이탈되어 분해되면서 에너지가 공급됨. 분해된 phyrophosphate가 다시 가수분해되면서 중합반응이 자발적으로 일어나게 되는 것임

ⓒ 핵산 골격의 음전하성 : DNA와 RNA 골격은 모두 인산이에스테르 결합의 음전하로 양전하를 갖는 히스톤 단백질이나 염색약(아세트산카민, 메틸렌블루, 헤마톡실린)과 이온결합이 가능함

ㄷ. DNA와 RNA의 구조적 차이점

구분	DNA	RNA
당	deoxyribose(2′-H)	ribose(2′-OH)
염기	A, G, C, T	A, G, C, U
가닥 형태	이중가닥	단일가닥
길이	RNA에 비하여 김	상대적으로 짧음
안정성	알칼리성 환경에서 상대적으로 안정함	알칼리성 환경에서 불안정함

(2) 왓슨과 크릭의 B형 DNA의 입체구조 : 이중나선 구조

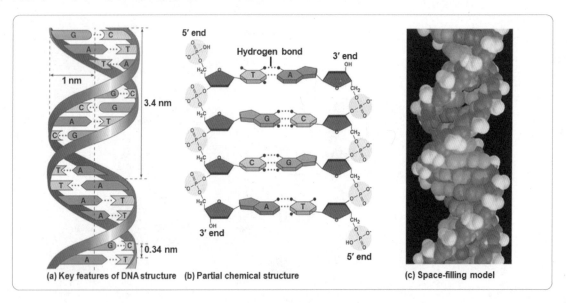

(a) Key features of DNA structure (b) Partial chemical structure (c) Space-filling model

ㄱ. 전체적 구조 : DNA 사슬의 폭은 2.0nm이고 DNA 사슬이 한 바퀴 도는데 3.4nm인데 한 바퀴 돌 동안에 10개의 염기쌍이 포함되어 있음

ㄴ. 질소염기의 화학적 특성

ⓐ 퓨린과 피리미딘염기는 생리적 pH(7.4)의 수용액에 불용성임

ⓑ 생리적 pH에서 수소결합으로 연결된 염기쌍의 평면들이 나란히 쌓이게 되면 염기 간의 반데르발스 상호작용으로 염기쌍과 물의 접촉이 극소화되면서 이중나선을 형성하여 핵산의 3차원 구조가 안정화됨

ⓒ A와 T(U), G와 C간의 상보적 결합은 이중가닥의 DNA 및 DNA-RNA 혼성체에서 형성되어 유전정보의 복제 및 전사가 가능함

ⓓ 산성이나 알칼리성 pH에서는 염기가 전하를 띠므로 물에 대한 용해도는 증가하면서 수소결합이 파괴되어 변성됨

ㄷ. 질소염기간 상보적 수소결합과 샤가프 법칙 : 아데닌은 티민과 수소결합을 2개 형성하고 구아닌과 시토신은 수소결합을 3개 형성하여 DNA의 이중나선 구조가 안정화되도록 함. 따라서 DNA 사슬에서 아데닌의 수는 티민의 수와 같고 구아닌의 수는 시토신의 수와 같다는 샤가프의 법칙의 도출됨

3 DNA 복제(DNA replication)

(1) DNA의 복제방식

ㄱ. DNA의 복제방식의 3가지 모형

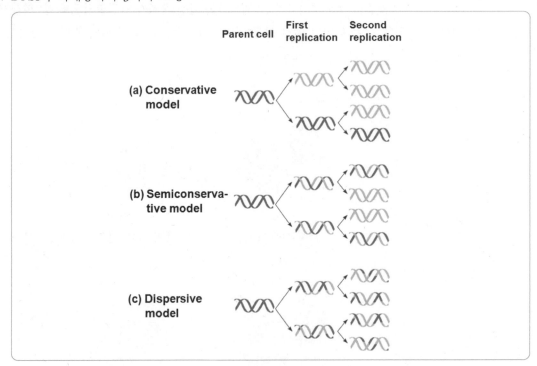

ⓐ 보존적 모델(conservative model) : 양친 DNA가 새로운 가닥에 대한 주형으로 작용한 후, 다시 재결합하여 이중나선구조를 형성함

ⓑ 반보존적 모델(semiconservative model) : 양친사슬이 분리되고 주형으로 작용하여 각각에 대해 상보적인 가닥을 합성함

ⓒ 분산적 모델(dispersive model) : 두 개의 자손 분자의 각 가닥이 옛것과 새것이 혼합되어 있는 상태

ㄴ. Meselson-Stahl의 실험 – DNA 복제 방식의 실험적 규명

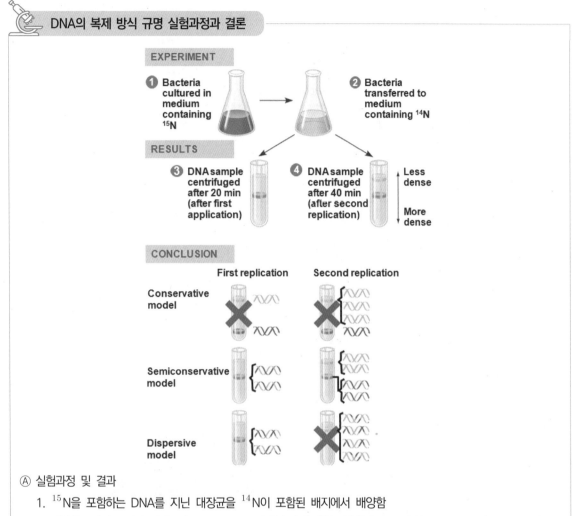

DNA의 복제 방식 규명 실험과정과 결론

Ⓐ 실험과정 및 결과

1. ^{15}N을 포함하는 DNA를 지닌 대장균을 ^{14}N이 포함된 배지에서 배양함

2. 배양한 1세대, 2세대 대장균의 DNA를 CsCl이 함유된 용액을 이용한 농도구배 원심분리하여 확인하였더니 1세대의 DNA는 모두 ^{15}N–^{14}N 이중나선을 형성했고, 2세대의 DNA는 절반이 ^{15}N–^{14}N 나머지 절반은 ^{14}N–^{14}N의 이중나선을 형성함. 시험관 상의 띠는 260mm의 파장을 이용하여 감지함

Ⓑ 결론 : DNA의 복제 방식은 주형가닥과 새로 합성된 가닥이 짝을 형성하는 반보존적 복제 방식임

(2) DNA 전형적인 복제 과정

ㄱ. DNA 중합효소 : 모든 대사과정과 마찬가지로 DNA 복제 역시 효소에 의해 조절됨

ⓐ DNA 중합효소의 일반적 기능

1. 5′→3′ polymerase 활성 : 기존에 존재하는 핵산 가닥의 뉴클레오티드 3′-OH가 존재해야만 그 뒤에 뉴클레오티드를 중합할 수 있음.

10^{-4}~10^{-5} 정도의 오류발생률을 가지고 있지만 잘못짝지음 수복기작에 의해 10^{-9}~10^{-10} 정도로 낮춰짐

2. 3′→5′ exonuclease 활성 : DNA 중합효소에 의한 교정기능을 수행하게 됨

3. 5′→3′ exonuclease 활성 : 지연가닥에서의 RNA primer 제거 등에 이용됨

ⓑ DNA 중합효소의 종류 1 – 원핵세포의 DNA 중합효소 종류 : 원핵생물의 경우 DNA 중합효소는 3종류가 존재하는데 특히 DNA 중합효소 I은 대소단위체와 소소단위체 둘로 구분되는데 그 중 5′→3′ 중합효소 활성, 3′→5′ 뉴클레오티드 제거 활성을 지니고 있는 대소단위체를 클레노우 절편(Klenow fragment)라고 함

구분	DNA 중합효소 I	DNA 중합효소 II	DNA 중합효소 III
유전자	polA	polB	polC
3′→5′ exonuclease 활성	○	○	○
5′→3′ polymerase 활성	○	○	○
5′→3′ exonuclease 활성	○	×	×

ㄴ. 복제원점과 DNA 복제개시 : 복제원점(origin of replication)에서 복제가 시작됨. 원핵생물의 DNA는 환형이면서 복제원점의 수가 하나인 반면 진핵생물의 DNA는 선형이면서 복제원점의 수가 여럿이며 복제원점을 기준으로 해서 복제는 양방향적으로 진행됨

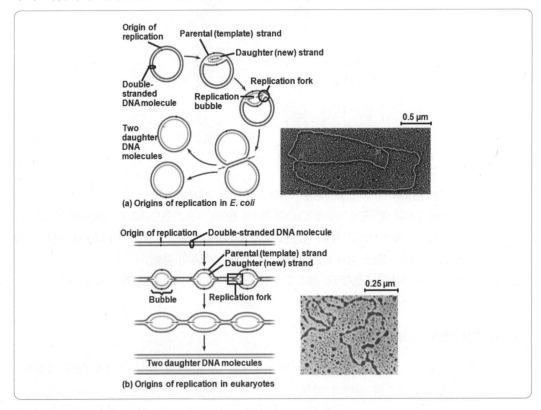

ⓐ 대장균의 복제원점(OriC) 구조와 복제개시 관련 단백질의 기능

1. 대장균 복제원점의 구조 : 245bp로 되어 있으며 13개 서열의 3회 반복부위(반복서열 : GATCTNTTNTTTT)와 9개 서열의 4회 반복부위(반복서열 : TTATCCACA)가 존재함

2. Dna A 단백질, ATP, HU의 기능 : DnaA 단백질 등이 9개 서열 4회 반복부위에 결합하여 ATP, HU 단백질과 함께 DNA의 13개 서열의 3회 반복부위를 변성시킴

3. Dna B 단백질의 기능 : DnaB 단백질이 DnaC 단백질의 도움을 받아 변성된 DNA 부위에 결합하여 이중나선을 단일가닥 형태로 풀어가는 데 DnaB 단백질을 helicase라고도 함

4. 단일가닥 결합(single strand binding ; SSB) 단백질과 gyrase의 기능 : SSB 단백질은 외가닥 DNA에 결합하여 분리된 DNA 가닥을 안정화시키고 II형 위상이성질화효소(위상이성질화효소 IV : gyrase)가 Dna B (helicase)에 의해 생긴 위상학적 긴장을 해제시키는 동안 풀어진 DNA 가닥의 복원을 막음

ㄷ. 원핵세포의 DNA 복제 신장 : DNA의 복제신장이 일어나기 위해서는 여러 단백질이 협력하여 DNA 복제를 수행해야 함

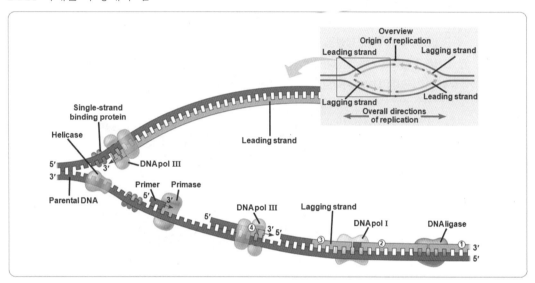

ⓐ 원핵세포의 복제분기점에서 복제신장에 관여하는 단백질의 종류와 기능

단백질	기능
SSB 단백질	단일가닥 DNA에 결합하여 단일가닥 상태를 안정화시킴
Dna G 단백질(primase)	RNA primer를 합성함
Dna B 단백질(heicase)	DNA 이중가닥을 풀어냄
DNA 중합효소 I	primer를 제거하고 dNTP로 교체함
DNA 중합효소 III	DNA가닥을 신장시킴
DNA 리가아제	끊어진 DNA가닥을 연결시킴
DNA 위상이성질화효소 II	DNA 풀림에 의한 비틀림의 긴장을 완화시킴

ⓑ 원핵세포의 역평행 복제 신장 과정 : 원핵세포 복제신장의 핵심요소는 프리모솜과 DNA 중합효소임. 합성되는 서로 다른 종류의 두 가닥은 중합 방향이 반대인데 합성되는 DNA가닥 중 복제분기점의 진행방향과 dNTP의 중합방향이 같은 것을 선도가닥(leading strand)이라

하고 반대 방향인 것을 지연가닥(lagging strand)이라고 함. 지연가닥 합성시 형성되는 절편을 오카자키 절편(Okazaki fragment)이라 함. 실제로 선도가닥과 지연가닥의 합성은 따로 진행되지 않는데 복제복합체 모형에 따르면 두 분자의 DNA 중합효소 III가 서로 결합한 채로 복제분기점에서 프리모솜과 함께 작용함

1. helicase와 gyrase의 기능 : helicase가 복제분기점에서 양친이중나선을 풀어주며 단일가닥-결합 단백질 (SSB)이 풀어진 가닥이 주형가닥으로 사용될 때까지 단일가닥 DNA에 결합하여 안정화를 유지함. helicase가 이중나선을 풀수록 DNA에는 뒤틀림이 발생하는데 gyrase는 이러한 뒤틀림을 완화시킴

2. SSB 단백질의 기능 : SSB는 복제가 진행되는 동안 DNA 가닥이 단일 가닥으로 풀어져 있는 상태로 유지되게 함

3. primase의 기능 : primase는 RNA primer를 합성하여 DNA 중합효소가 중합과정을 개시할 수 있도록 3'-OH를 제공해줌

4. DNA 중합효소 III의 기능 : primer가 합성되어 존재하는 상황에서 선도가닥, 지연가닥의 DNA는 DNA 중합효소 III에 의해 합성됨

5. DNA 중합효소 I과 지연가닥의 Nick translation : 지연가닥의 사슬 중간에 존재하는 RNA primer를 염기가 동일한 DNA 가닥으로 DNA 중합효소 I이 바꿔주게 됨

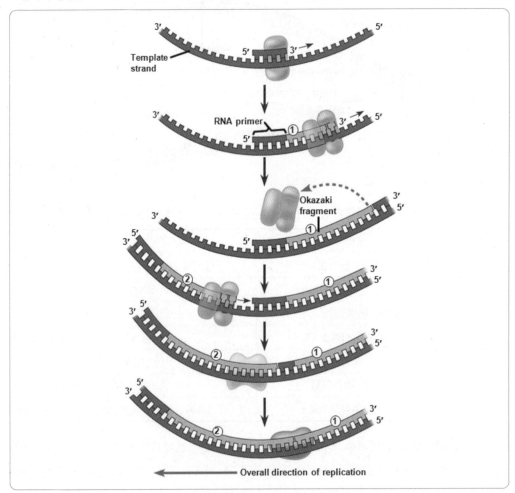

6. 지연가닥에서의 리가아제에 의한 인산이에스테르 결합 형성 : DNA 중합효소의 I 의 nick translation 후에도 남게 된 틈을 DNA 리가아제가 인산이에스테르 결합을 형성하여 지연가닥 간의 틈을 메꿔 줌

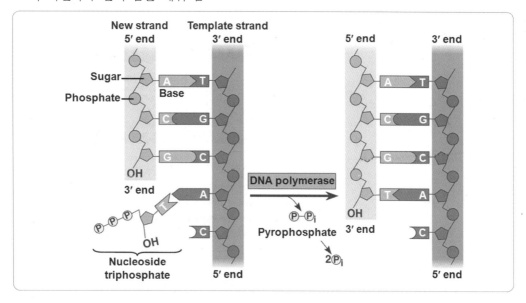

ㄹ. 진핵세포 염색체 DNA의 말단부위인 텔로미어(telomere) : 진핵생물 염색체는 선형이므로 각 염색체는 텔로미어라고 하는 양 끝을 갖게 됨

ⓐ 텔로미어의 서열 : 지금까지 분리된 대부분의 텔로미어는 5~8개의 염기쌍이 반복된 것으로 사람에게서는 텔로미어 서열이 TTAGGG이며 각 염색체의 끝에서 300 내지 5000번 정도 반복되어 있음

ⓑ 텔로미어의 기능 : 텔로미어는 선형 염색체의 양 끝을 표시할 뿐만 아니라 몇 가지 특수한 기능을 갖게 됨. 텔로미어는 DNA 말단이 핵산말단 가수분해효소(exonuclease)에 의해 분해되는 것을 막아야 하며 염색체의 끝 부분이 적절하게 복제될 수 있도록 해야 함

ⓒ DNA 복제 과정 상에서 텔로미어가 짧아지는 이유 : 선형 DNA가 복제될 때 모가닥을 주형으로 하여 중합된 선도가닥은 끝까지 합성되나 지연 가닥의 경우 5′ 말단의 RNA 프라이머가 분해되는데 분해된 부분이 DNA로 복구되지 않으면 딸가닥은 복제 시에 계속 말단 부위가 짧아지게 되어 있음

ⓓ 텔로머라아제(telomerase)의 기능 : 텔로미어 서열은 DNA 주형의 도움없이 텔로머라아제라는 효소에 의해 새롭게 더해짐. 텔로머라아제는 텔로머라아제 RNA를 주형으로 하여 염색체 텔로미어를 신장시키며 DNA 중합효소와 DNA 리가아제에 의한 틈메우기로 이중나선 구조가 완성됨

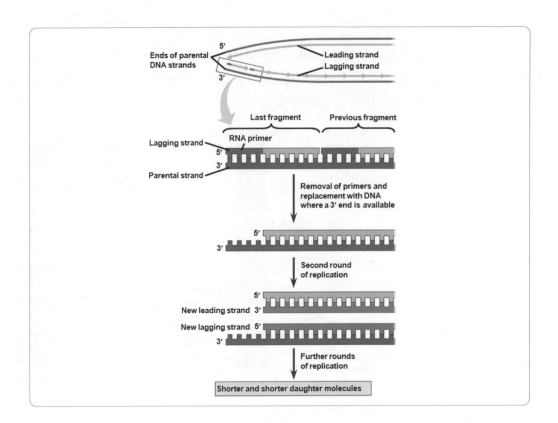

최신 기출과 해설

39 그림은 진핵세포 DNA의 복제원점(replication origin) ㉠으로부터 복제되고 있는 DNA의 일부를 나타낸 것이다. A와 B는 주형가닥이며 (가)는 복제원 점의 왼쪽 DNA, (나)는 오른쪽 DNA이다.

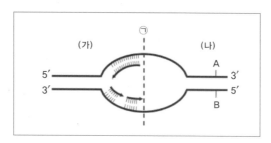

이에 관한 설명으로 옳은 것만을 〈보기〉에서 있는 대로 고른 것은?

┌─ 보기 ┐
ㄱ. DNA 헬리카제는 (가)와 (나)에서 모두 작용한다.
ㄴ. DNA 복제가 개시된 후 DNA 회전효소(DNA topoisomerase)는 ㉠에서 작용한다.
ㄷ. (나)에서 A가 복제될 때 오카자키 절편이 생성된다.

① ㄱ   ② ㄴ   ③ ㄱ, ㄷ   ④ ㄴ, ㄷ   ⑤ ㄱ, ㄴ, ㄷ

정답 및 해설

39 정답 | ③

ㄱ. 헬리카제를 비롯한 복제 관련 단백질들은 복제 원점으로부터 양방향으로 세트가 사용되어 양방향 복제가 이루어진다.

ㄴ. DNA회전효소(DNA위상이성질화효소)는 복제 원점(origin of replication)이 아닌, 헬리카제의 앞, 즉 복제 분기점(replication fork)의 앞쪽에서 작용하며 과도한 힘과 긴장을 완화해준다.

ㄷ. DNA 중합효소는 복제 시 딸가닥을 5' → 3' 방향으로 진행하므로 합성되는 딸가닥은 복제 분기점의 진행 방향(→ 헬리카제 진행 방향임)과 반대 방향으로 합성된다. 이런 지연가닥의 신장의 경우 헬리카제가 주형 가닥을 조금씩 풀 때마다 조각조각으로 딸가닥 합성이 이루어지는데, 이런 방식으로 합성되는 딸가닥을 후발 가닥(지연 가닥)이라 하며 각 조각들은 오카자키 절편이라 한다.

40 그림은 세포에서 유전정보의 흐름을 나타낸 것이다. (가), (나), (다)는 복제, 전사, 번역 중 하나이다. 이에 관한 설명으로 옳은 것만을 〈보기〉에서 있는 대로 고른 것은?

> **보기**
>
> ㄱ. (가) 과정에서 에너지가 사용된다.
> ㄴ. (나) 과정에서 효소가 작용한다.
> ㄷ. rRNA가 (다) 과정을 통해 리보솜 단백질로 발현된다.

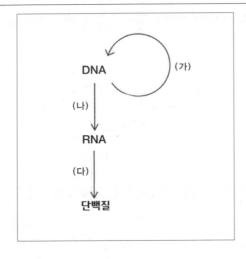

① ㄱ   ② ㄴ   ③ ㄷ   ④ ㄱ, ㄴ   ⑤ ㄴ, ㄷ

40 정답 | ④

ㄱ. 중심원리의 (가)는 DNA복제, (나)는 전사, (다)는 번역 과정이다.
   복제(ATP) 전사(GTP) 및 번역(GTP) 과정은 모두 에너지가 소모된다.
ㄴ. 복제 ,전사 및 번역 과정은 모두 효소가 작용한다.
ㄷ. rRNA는 단백질 발현에 이용되지 않으며 리보솜의 구성성분으로 사용된다.

41 무거운 질소(15N)로 표지된 이중나선 DNA 1분자(15N)를 보통질소(14N) 조건에서 5회 연속 복제를 시켰다. 복제된 32분자의 DNA 중 14N-15N인 DNA 분자 수는?

① 2　　　　② 4　　　　③ 8　　　　④ 16　　　　⑤ 32

42 유전자(gene)에 관한 설명으로 옳은 것만을 〈보기〉에서 있는 대로 고른 것은?

┌─ 보기 ───┐
ㄱ. 핵산과 단백질로 이루어져 있다.
ㄴ. 단백질의 아미노산 서열에 대한 정보는 유전자에 담겨 있다.
ㄷ. 단백질 합성을 하는 번역(translation) 과정에 직접 관여 한다.
└───┘

① ㄱ　　　　② ㄴ　　　　③ ㄱ, ㄴ　　　　④ ㄴ, ㄷ　　　　⑤ ㄱ, ㄴ, ㄷ

정답 및 해설

41 정답 | ①

DNA가 반보존적으로 복제되면서 딸 DNA는 모 DNA로부터 가져온 한 가닥과 새로 된 한 가닥이 이중가닥을 형성하므로, 처음에 모 DNA를 구성하던 15N를 함유한 두 가닥이 32분자의 딸 DNA 중 두 분자 내에 각각 한 가닥씩 포함되었다.

42 정답 | ②

ㄱ. 유전자는 단백질을 형성하는 수백개 이상의 NT를 말한다. DNA 내에서 특정 폴리펩티드 합성을 위한 유전정보가 몰려있는 부위로 수백개 이상의 뉴클레오티드로 구성된다.
ㄴ. 번역 과정에 직접 관여하는 mRNA은 유전자 부위로부터 전사로 형성된 mRNA이다
ㄷ. 단백질 합성을 하는 번역과정에 작용하는 것은 mRNA이다.

43 왓슨과 크릭이 DNA 이중나선 구조 모델에서 제안한 DNA의 특징을 〈보기〉에서 있는 대로 고른 것은?

> ┌─ 보기 ┐
> ㄱ. 유전 물질이다.
> ㄴ. 반보존적 복제가 가능하다.
> ㄷ. 복제는 스스로 일어날 수 있다.
> ㄹ. 퓨린과 피리미딘 염기는 상보적으로 결합한다.

① ㄱ, ㄷ   ② ㄱ, ㄹ   ③ ㄴ, ㄹ   ④ ㄱ, ㄴ, ㄷ   ⑤ ㄴ, ㄷ, ㄹ

44 인간 염색체가 복제될 때 필요한 단백질이 <u>아닌</u> 것은?

① RNA primase
② single strand binding protein
③ restriction endonuclease
④ DNA helicase
⑤ DNA polymerase

정답 및 해설

43 정답 | ③

왓슨과 크릭의 DNA의 분자적 구조를 밝힌 논문에선 DNA가 뉴클레오티드로 구성된 핵산 두 가닥이 꼬여있는 이중 나선 구조이며 피 두 가닥은 서로 역평행하고, 퓨린 염기와 피리미딘 염기가 상보적으로 수소 결합을 형성(A-T, G-C)하고 있음을 밝혔다. 또한 염기간 상보성을 이용한 반보존적 복제방식도 제안했다. 이중나선으로 구성되어 있기때문에 염기보호와 반보존적 복제에 모델에 해당한다.

44 정답 | ③

세균은 바이러스 침범에 대한 방어효소를 가지고 있는데 이 방어효소인 제한효소는 특정 염기 서열을 인식해 당-인산 공유결합 절단하여 바이러스 등의 감염에 대항한다. 복제 시 사용하지는 않고 유전공학중 클로닝 과정에서 이용되는 것이 특징이다.

45 폐렴균에는 S형과 R형이 있다. 살아있는 S형의 폐렴균을 주입한 쥐는 폐렴에 걸려 죽으나, 살아있는 R형의 폐렴균을 주입한 쥐는 살게 된다. 다음 중 쥐가 폐렴에 걸리지 않아 살게 되는 경우를 〈보기〉에서 있는 대로 고른 것은? (단, 실험에 사용된 쥐는 다른 요인에 의해 죽지 않는다고 가정한다.)

보기

ㄱ. 죽은 S형과 살아있는 R형 폐렴균이 존재하는 용액에 DNase를 처리한 후 쥐에 주사한다.

ㄴ. 죽은 S형과 살아있는 R형 폐렴균이 존재하는 용액에 proteinase를 처리한 후 쥐에 주사한다.

ㄷ. 죽은 S형 폐렴균을 100℃로 30분간 가열한 후 식혀서 살아있는 R형 폐렴균 용액과 섞은 후 쥐에 주사한다.

ㄹ. 죽은 S형 폐렴균을 NaOH를 처리하여 완전히 용해시킨 후 살아있는 R형 폐렴균이 존재하는 용액과 섞은 후 쥐에 주사한다.

ㅁ. 죽은 S형과 살아있는 R형 폐렴균이 섞여 있는 용액을 120℃로 30분간 가열한 후 식혀서 쥐에 주사한다.

① ㄱ, ㄴ   ② ㄱ, ㄹ   ③ ㄱ, ㅁ   ④ ㄴ, ㅁ   ⑤ ㄷ, ㄹ

정답 및 해설

45 정답 | ③

DNase 처리 시 죽은 S형 폐렴균의 DNA가 분해되어 R형 폐렴균형이 S형폐렴균으로 형질전환되지 않는다.
이것은 죽은 S형균에서 방출된 DNA에 의해 R형균을 S형균으로 형질 전환시켰다는 것을 확인할 수 있는 것이다.

생물 1타강사 **노용관**

편입생물 비밀병기

단권화 바이블 **+** 필수기출과 해설편

한권으로 끝내는 메디컬(의치한약수) 편입 나만의 秘密兵器

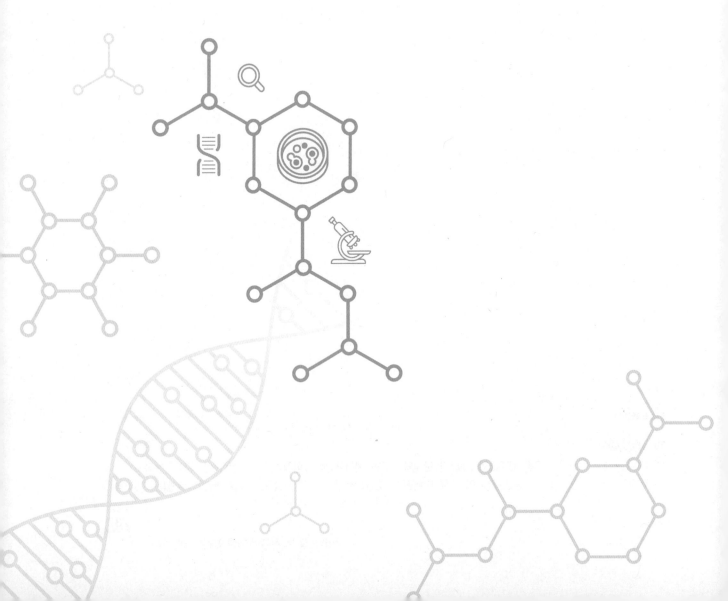

14

유전자 발현

14 유전자 발현 - 전사와 번역

(1) Beadle-Tatum 실험

붉은빵 곰팡이 돌연변이체 실험으로서 하나의 유전자는 하나의 효소를 발현한다는 이론인 1 유전자 1 효소설이 추론되었고 이 이론은 나중에 하나의 유전자는 하나의 폴리펩티드를 발현한다는 1 유전자 1 폴리펩티드설로 수정되었음

 붉은빵 곰팡이 돌연변이체 실험과정 및 결론

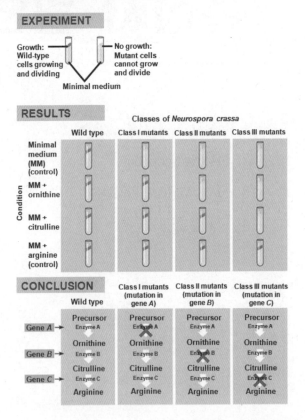

Ⓐ 실험과정 : 최소배지에 오르니틴, 시트룰린, 아르기닌 중 한 가지만 넣고 아르기닌 영양요구주의 생장정도를 조사

Ⓑ 결과 : 서로 다른 돌연변이를 가진 아르기닌 영양요구주는 아르기닌 합성의 서로 다른 단계가 진행되지 않음

구분	야생형	아르기닌 영양요구주 1	아르기닌 영양요구주 2	아르기닌 영양요구주 3
최소배지	○	×	×	×
최소배지 + 시트룰린	○	○	○	×
최소배지 + 오르니틴	○	○	×	×
최소배지 + 아르기닌	○	○	○	○

ⓒ 결론 : 서로 다른 아르기닌 영양요구주가 최소 배지에서 생장하지 못하는 것은 아르기닌 합성의 서로 다른 단계에 관여하는 효소가 결여되었기 때문이고 이것은 각각의 서로 다른 돌연변이에 기이한 것임

(2) 유전물질과 중심 원리

ㄱ. 유전물질과 단백질 : 모든 생명체는 단백질을 합성하는데 시·실싱 세포에서 합성되는 단백질의 종류가 세포의 종류를 결정하게 됨. 그러므로 유전물질은 세포에서 합성되는 단백질의 종류와 양을 결정하는 정보를 갖고 있어야 함

ㄴ. 중심원리(central dogma) : DNA는 정보를 RNA로 전달하고 RNA로 전달된 정보는 단백질 합성과정을 제어하게 되며 DNA는 또한 자신의 복제 과정을 제어한다는 설로 유전 정보의 발현 단계를 설명하려 함. 전사(transcription)는 DNA 주형으로부터 상보성의 원리를 이용해 RNA를 합성하는 과정이며 RNA는 번역(translation) 과정을 통해 단백질 합성을 제어하게 됨

2 전사(transcription)

(1) RNA 중합효소(RNA polymerase)의 특징과 구조

RNA 중합효소는 DNA 가닥을 주형으로 하여 RNA를 중합하는 효소임

ㄱ. RNA의 중합효소의 특징

ⓐ RNA 중합효소의 일반적인 기능 : RNA 중합효소가 DNA의 RNA 중합효소 결합자리인 프로모터(promoter)에 결합하여 RNA 합성 전구체인 NTP를 $5' \rightarrow 3'$ 방향으로 전사함

ⓑ 전사가닥과 반전사 가닥의 구분 : DNA 두 가닥 모두 RNA 합성의 주형으로 이용될 수 있지만 특정한 좁은 범위에 국한해 보았을 때 DNA 두 가닥 중 한 가닥만이 RNA 합성의 주형으로 이용되는데 전사된 RNA와 동일한 서열을 포함하고 있는 DNA 가닥을 전사 가닥(sense strand) 또는 암호 가닥(coding strand)라고 하고 전사된 RNA와 상보적인 서열을 포함하고 있는 DNA 가닥을 반전사 가닥(antisense strand) 또는 주형 가닥(template strand)이라고 함

```
(5')CGCTATAGCGTTT(3')  DNA nontemplate(coding) strand
(3')GCGATATCGCAAA(5')  DNA template strand
(5')CGCUAUAGCGUUU(3')  RNA transcript
```

DNA의 좁은 범위에서 한 가닥의 DNA만 RNA로 전사된다는 사실을 뒷받침하는 증거

Ⓐ *Bacillus subtilis*의 예 : *Bacilus subtilis*에서 자라는 SP8 파지의 DNA는 각 DNA 사슬의 퓨린:피리미딘 비율이 상당히 다름. 두 가닥 DNA 염기조성의 편차가 아주 심하기 때문에 각각의 가닥은 농도구배 원심분리를 이용해 따로 분리할 수 있을 정도임. 따로 분리된 단일가닥 DNA를 각각 SP8 파지 DNA에서 전사된 RNA와 혼성화시켰더니 그 결과 두 개의 DNA 가닥 중 밀도가 높은 가닥만이 RNA와 혼성화된다는 사실을 발견함

Ⓑ 아데노바이러스의 예 : 아데노바이러스 유전체의 유전정보는 36000염기쌍을 지닌 이중 가닥의 DNA에 의해 부호화되며 두 가닥 모두 단백질을 암호화하고 있음. 대부분의 단백질에 대한 정보는 위쪽 가닥에 암호화되어 있으나 일부는 아래쪽 가닥에 암호화되어 있고 위쪽과는 반대로 전사되는 것을 볼 수 있음

ⓒ 프라이머의 부재 : DNA 복제와는 달리 프라이머 없이 뉴클레오티드 중합이 개시됨

ⓓ 교정 활성의 부재 : $3' \rightarrow 5'$ exonuclease 활성을 지니고 있지 않아서 교정(proofreading)이 진행되지 않으므로 전사는 복제에 비해 오류발생률이 높음

ⓔ 원핵생물의 RNA 중합효소는 helicase 활성을 지니고 있어서 DNA 이중 가닥을 풀어내며 RNA 합성하는 것으로 추측함. 진핵생물은 RNA 중합효소 외의 단백질이 helicase의 역할을 수행함

ⓕ RNA 중합효소의 종류 : 원핵세포의 경우 RNA 중합효소는 한 종류이지만 진핵세포의 경우 RNA 중합효소는 세 종류임

진핵세포의 RNA 중합효소

Ⓐ RNA 중합효소 Ⅰ : 핵인(nucleolus)에서 활성을 가지며 45S rRNA 전사체를 합성함. 45S rRNA는 편집과정을 통해 5.8S rRNA, 18S rRNA, 28S rRNA를 형성하게 됨

Ⓑ RNA 중합효소 Ⅱ : mRNA 전구체와 특수 기능의 일부 snRNA를 합성함

Ⓒ RNA 중합효소 Ⅲ : tRNA와 5S rRNA, 일부 snRNA를 합성함

ㄴ. RNA 중합효소의 구조 : 원핵생물과 진핵생물의 RNA 중합효소는 구조는 조금 다르나 상동성을 지니고 있음

ⓐ 원핵생물의 RNA 중합효소 : 전효소(holoenzyme)는 $\alpha_2\beta\beta'\sigma$로 구성되어 있는데 $\alpha_2\beta\beta'$는 핵심효소(core enzyme)로서 RNA 중합을 담당하고 σ는 RNA 중합효소의 프로모터 결합을 촉진시키는 역할을 수행하는데 핵심효소가 프로모터에 결합하는 것을 도운 뒤 RNA 중합을 시작하면 먼저 떨어지게 됨. σ소단위는 분자량에 따라 다양한 변형체들이 존재하는데 상이한 σ소단위를 사용함으로써 원핵세포는 생리적인 주요 변화가 가능하도록 유전자군의 발현을 조절함

(2) RNA의 종류와 기능

RNA는 아래와 같이 여러 종류로 구분되며 특히 mRNA, tRNA, rRNA는 단백질 합성과정에 이용됨

진핵세포 RNA 종류	기능
tRNA(transfer RNA)	아미노산을 리보솜으로 수송하여 단백질 합성과정에서 연결 분자로서의 역할을 수행함
mRNA(messenger RNA)	DNA에서 리보솜으로 단백질 아미노산 서열을 지정하는 정보를 운반함
rRNA(ribosomal RNA)	리보솜에서 촉매역할과 구조적 역할을 수행함
snRNA(small nuclear RNA)	mRNA 전구체를 스플라이싱하는 단백질과 RNA의 복합체인 스플라이싱 복합체에서 구조적이고 촉매적인 역할을 수행함
SRP RNA	단백질-RNA 복합체인 SRP의 구성요소임
snoRNA(small nucleoalr RNA)	인에서 리보솜의 소단위 형성을 위한 rRNA 전구체 가공에 관여함
siRNA, miRNA	유전자 발현 조절에 관여함

(3) 전사 과정

원핵세포의 전사과정과 진핵세포의 전사과정을 비교하여 공부하기 바람

ㄱ. 프로모터와 전사 방향

ⓐ 표기 가닥과 전사 방향을 기준으로 한 용어 정리 : 암호 가닥과 mRNA의 서열이 같기 때문에 암호가닥의 서열을 나타내는 것이 일반적인 관례인데 암호가닥을 기준으로 할 때 전사가 시작되는 첫 번째 뉴클레오티드를 +1이라고 표기하며 +1의 3′쪽은 하단부(downstream)라고 하고 양수로 표기하고, +1의 5′쪽은 상단부(upstream)이라고 음수로 표기함

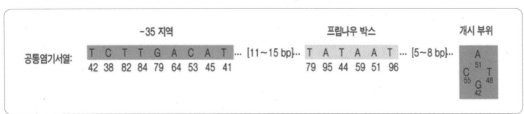

ⓑ 프로모터(promoter)의 구조 : RNA 중합효소가 결합하는 부위로 전사시작 부위로부터 상류에 존재하며 생물체마다 조금씩 그 서열이 다르지만 보존이 상당히 잘 되어 상동성이 존재하는 서열(consesus sequence)임. RNA 중합효소가 프로모터에 결합하여 전사를 개시하는 정도(promoter strength)는 프로모터 서열의 존재유무, 프로모터의 전사 시작부위로부터의 거리 등에 의존함. 원핵세포의 프로모터 종류는 한가지이지만 진핵세포의 프로모터 종류는 세가지임

원핵세포의 프로모터와 진핵세포의 프로모터 비교

Ⓐ σ^{70}을 포함한 RNA 중합효소에 의하여 인식되는 E.coli의 promoter : 전사 시작 부위 상류지역 -35 부위와 -10 부위가 상당히 보존이 잘 된 공통서열(consensus sequence)이며 특히 -10 부위를 Pribnow box라고 함

Ⓑ 진핵세포 RNA 중합효소가 인식하는 프로모터의 일반적 서열 : 진핵세포의 경우 서로 다른 RNA 중합효소가 인식하는 프로모터가 서로 다름. 특히 RNA 중합효소 II가 인식하는 공통서열은 -25부위에 있으며 TATA box라고 함

ㄴ. 원핵세포의 전사 과정

　ⓐ 전사 개시와 신장 : 전사의 개시는 보통 결합과 개시의 두 단계로 나뉨

　　1. 결합기 : RNA 중합효소와 프로모터의 초기 상호작용이 닫힌 복합체를 형성하게 되고 여기에 프로모터는 안정되게 결합하여 풀리지 않음. 이후 12~15bp(-10에서 +2 또는 +3 사이)의 DNA 부위가 풀려 열린 복합체를 형성하게 됨

　　2. 개시기와 촉진자 비움(promoter clearance) : 복합체 내에서 전사가 개시되고 이것은 복합체의 구조적 변화를 일으켜 전사 복합체가 프로모터로부터 그 자리를 비우게 되도록 함. 이것을 촉진자 비움이라고 함

　　3. 신장 : RNA 중합효소가 전사 연장을 시작하면서 처음 8~9개의 뉴클레오티드가 중합되면 σ소단위는 분리됨

　ⓑ 전사 종결 : 원핵생물의 경우 두 종류의 전사종결신호가 있는데 공통적으로 역반복서열의 형태를 띠며 역반복서열이 전사되면 mRNA 분자에서 서로 상보적인 염기가 짝을 이루어 머리핀 구조(hairpin structure ; stem-loop structure)를 이루어 RNA 중합의 일시 정지를 유도함

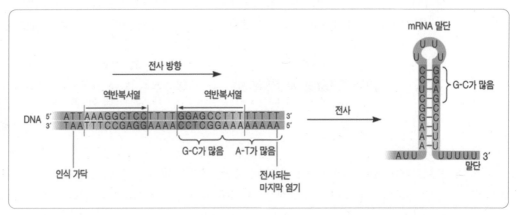

　　1. ρ-의존성 전사 종결 : 전사가 종결되기 위해서 ρ인자가 필요한 전사 종결로서 ρ인자가 없으면 전사종결이 되지 않고 ρ-의존성 종결자에는 역반복서열 다음에 우라실 염기가 나타나지 않는 것이 특징임. ρ인자는 새로 합성되는 RNA에 결합하여 ATP 에너지를 이용하여 RNA를 따라 전사되는 속도와 같은 속도로 이동하다가 RNA 중합효소가 머리핀 구조 다음에서 일시 정지하면 ρ인자가 중합효소를 따라잡아 DNA-RNA 혼성체를 풀어줌으로써 DNA, RNA, RNA 중합효소를 모두 해리하는 것으로 생각하고 있음

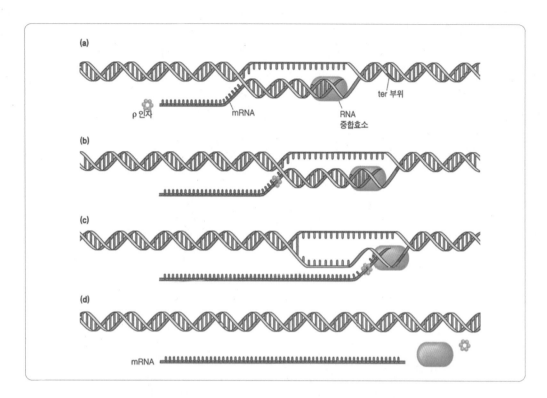

2. ρ-비의존성 전사 종결 : 전사의 종결에 ρ인자가 필요 없는 전사 종결로서 ρ-비의존성 종결자에는 역반복서열 다음에 우라실 염기가 나타나는 것이 특징임. ρ-비의존성 전사종결 시 RNA 종합효소가 일시 정지한 다음 일련의 우라실 뉴클레오티드를 종합하는데 우라실과 아데닌 염기쌍은 매우 불안정하여 쉽게 떨어져나가므로 그 결과 전사된 RNA 분자가 DNA 주형에서 해리되고 전사는 종결됨

ㄷ. 진핵생물의 전사와 전사 인자

ⓐ 전사 과정 : 진핵생물의 전사과정의 가장 중요한 특징은 RNA 중합효소가 활성화된 전사 복합체를 형성하기 위해서 전사인자(transcription factor)라고 불리는 일련의 단백질을 필요로 한다는 것임

1. 개시 : TBP → TFIIB → TFIIF – RNA 중합효소 II → TFIIE → TFIIH 순으로 프로모터에 결합하여 닫힌 복합체를 형성하게 됨. 이후 RNA 중합효소 II의 CTD가 인산화되면서 전체 복합체의 구조적 변화가 일어나면서 전사가 개시됨

2. 전사의 신장과 종결 : TFIIF는 신장의 전체 과정 동안 RNA 중합효소 II와 결합되어 있음. 일단 RNA 전사물의 합성이 완결되면 전사는 종료되는데 RNA 중합효소 II는 탈인산화되고 재활용되어 또 다른 전사를 개시할 준비를 하게 됨

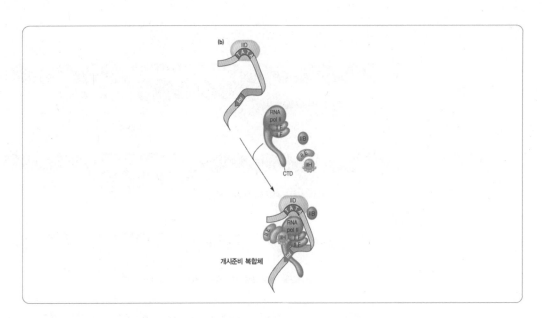

ⓑ 각 전사 인자의 역할 정리

RNA 중합효소 II 전사인자	기능
TFIIB	TBP 양쪽의 DNA와 결합하고 RNA 중합효소-TFIIF 복합체를 형성함
TBP (TATA-binding protein)	TATA box를 특이적으로 인식하여 결합한 후 전사가 시작될 수 있도록 하여 TFIIB와 결합함
TFIID	TBP와 특정 TBP-결합인자(TBP-associated factor : TAF)들을 포함한 약 12개의 단백질로 이루어진 복합체이며 상류와 하류 조절 단백질과 상호작용함
TFIIE	TFIIH를 유도하여 ATPase와 helicase의 활성이 작용하도록 함
TFIIF	신장의 전 과정동안 RNA 중합효소 II와 결합되어 있으며 TFIIB와 상호작용하여 RNA 중합효소가 DNA의 비특이적 부위에 결합하는 것을 저해함
TFIIH	RNA 시작 부위 가까이 위치한 DNA 가닥의 풀어짐을 촉진시키는 DNA helicase 활성을 갖고 있어 열린 복합체를 형성할 수 있음. RNA 중합효소 II에 의한 전사가 DNA 손상부위에서 멈추면 TFIIH가 이 손상부위와 상호작용하여 뉴클레오티드 절제수복 복합체를 유도함. 또한 RNA 중합효소 II를 인산화하여 인산화된 단백질 꼬리에 RNA 가공과정에 관여하는 인자들이 결합할 수 있도록 함

3 전사 후 RNA 가공과정

(1) 진핵생물의 mRNA 가공과정

진핵생물의 1차 전사체는 5′ capping, splicing, 3′ polyadenylation 과정을 거쳐 최종적인 mRNA를 완성함

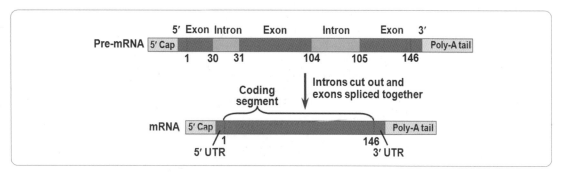

ㄱ. 5′-capping : RNA 5′ 말단에 구아닌(G) 뉴클레오티드를 결합시킴

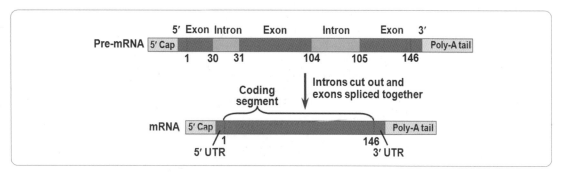

ⓐ 5′-cap의 합성 : 1차 전사체의 5′말단에 연결되는데 cap의 합성은 RNA 중합효소 Ⅱ의 CTD에 결합되어 있는 효소들에 의해 수행되며 cap은 CBC(cap-binding complex)와의 연합을 통하여 형성됨

ⓑ 5′-cap의 기능 : 5′-cap은 mRNA를 핵산분해효소의 작용으로부터 보호하고 CBC와도 결합하며 mRNA가 번역을 개시하기 위해 리보솜에 결합하는 데에도 관여함. 또한 mRNA가 핵으로부터 세포질로 이동하기 위해서 핵공복합체에 인식될 수 있도록 하는데에 CBC가 중요한 인식부위로 작용하며 mRNA 스플라이싱 효율성을 증가시키는데도 관여함

ㄴ. poly(A) 꼬리의 형성 : 1차 전사체의 3′쪽을 절단하고 긴 아데닌 사슬을 첨가하는 과정임

ⓐ pol(A) 꼬리의 형성 과정 : 전사물은 poly(A) 꼬리가 첨가되는 위치를 넘어서 길게 전사되고 RNA 중합효소 Ⅱ의 CTD와 연관된 효소 복합체의 endonuclease 성분에 의해 poly(A) 첨가 부위에서 절단됨. 절단 후 mRNA 3′말단에 수산기가 노출되고 여기에 A 잔기들이 폴리아데닐산 중합효소(polyadenylate polymerase ; PAP)에 의해 즉시 첨가되고 폴리-A 결합 단백질(poly-A binding protein ; PBP)이 결합하게 됨

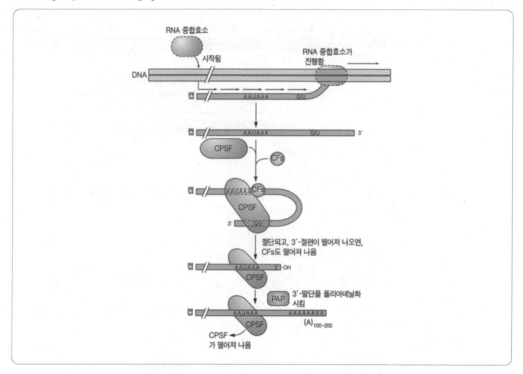

ⓑ 절단 부위 서열의 특징 : 절단이 일어나는 mRNA는 두 개의 서열에 의해 표시되는데 하나는 절단 부위에서 상류쪽으로 10~30 뉴클레오티드 떨어진 5′-AAUAAA-3′ 서열이며 다른 하나는 절단 부의에서 하류쪽으로 약 30 뉴클레오티드 떨어진 G와 U가 풍부한 서열임

ⓒ poly(A) 꼬리의 기능 : poly(A) 꼬리는 mRNA가 핵에서 세포질로 이동하는 데 관여하고 mRNA가 효소에 의해 분해되는 것을 막아 안정성을 증가시키며 해독과정에도 관여하는 것으로 알려짐

ㄷ. 스플라이싱(splicing) : 인트론을 제거하여 엑손을 이어붙임

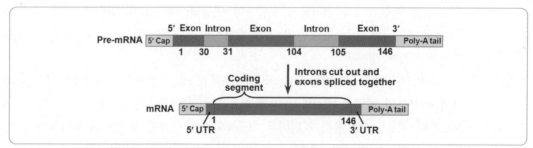

ⓐ 전형적인 mRNA 스플라이싱 과정 – spliceosome이 촉매하는 스플라이싱 과정

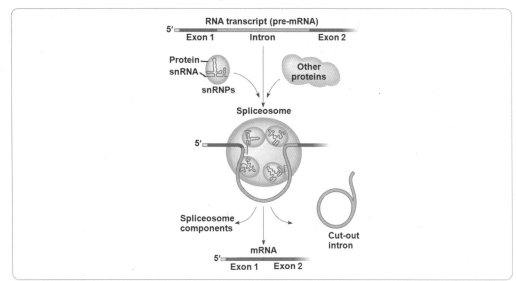

1. 전사된 직후 mRNA 전구체에 여러 가지 snRNP가 결합하면서 스플라이싱이 일어나게 됨
2. U1 snRNP는 5′ 엑손-인트론 경계에 있는 공통서열에 상보적인 염기쌍을 형성함으로써 mRNA 전구체에 결합하며 U2 snRNP는 3′ 인트론-엑손 경계 근처 인트론 내의 A과 결합함. 이후 ATP가 이용되면서 단백질들이 조립되면 spliceosome이라는 커다란 RNA-단백질 복합체가 형성됨
3. spliceosome의 촉매작용에 의해 인트론이 갈고리모양(lariat)으로 잘려져 나가게 되고 엑손 말단이 서로 연결되면서 성숙한 mRNA가 형성됨

ⓑ 그 외의 스플라이싱 과정 – 자가 스플라이싱(self-splicing) : 전형적인 mRNA 스플라이싱 과정은 아니며 snRNP를 요구하지 않고 고에너지 보조인자를 필요로 하지 않으며 두 개의 에스테르 교환반응(transesterification)이 관여한다는 것이 특징임

ㄹ. 진핵세포의 가공과정 후 mRNA의 구조

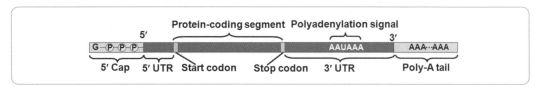

ⓐ 5′-UTR : mRNA ORF 상류에 존재하는 부위로서 단백질로 해독이 되지 않고 해독을 조절하는 부위가 존재함
ⓑ 열린 해독틀(open reading frame ; ORF) : 단백질의 아미노산 서열에 대한 정보를 갖고 있는 암호화 부위
ⓒ 3′-UTR : 종결코돈 하류에 존재하는 부위로서 단백질로 해독되지 않으며 아데닐산중합반응 신호(polyadenylation signal ; AAUAAA)를 포함하고 있으며 mRNA의 수명을 결정하는 부위와 난모세포에서의 mRNA의 위치를 결정하는 부위가 존재함

ㅁ. 원핵생물과 진핵생물 mRNA의 구조적 차이점

ⓐ mRNA의 수명 : 진핵생물의 mRNA는 상대적으로 수명이 긴데 반하여 원핵세포의 mRNA는 수명이 2~3분으로 짧음

ⓑ 폴리시스트론성(polycistronic)과 모노시스트론성(monocistronic) : 원핵세포의 mRNA는 하나의 mRNA 가닥에 여러 개의 암호화 부위가 있는 폴리시스트론성이나 진핵생물의 mRNA는 대부분 하나의 mRNA 가닥에 하나의 암호화 부위가 있는 모노시스트론성임

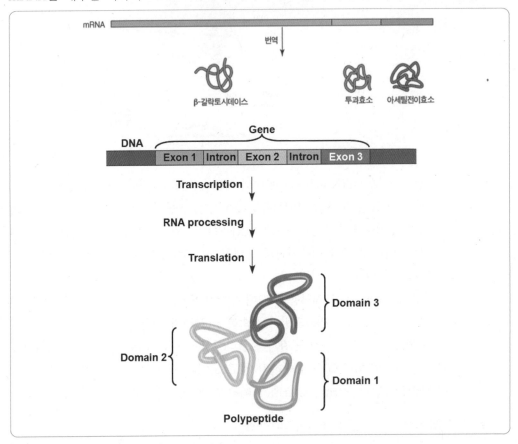

ⓒ 인트론의 유무 : 원핵세포의 전사체에는 인트론이 거의 없으나 진핵생물의 전사체에는 존재함

ⓓ 전사와 해독의 동시진행 유무 : 원핵생물에서는 1차 전사체의 가공 과정 없이 곧바로 단백질 합성이 일어나게 되나 진핵세포에서는 1차 전사체가 핵 내에서 가공과정을 거쳐 세포질로 수송된 후 단백질 합성이 일어나게 됨

(2) 성숙 mRNA의 핵공을 통한 세포질로의 수송

CBC(cap-binding complex), PBP 등이 성숙 mRNA를 핵공을 통하여 세포질로 수송하는데 관여함. 이 단백질들은 mRNA 가공과정에 관련되어 있으며 오직 성숙한 mRNA만 세포질로 이동시킬 수 있다는 점을 주목해야 함

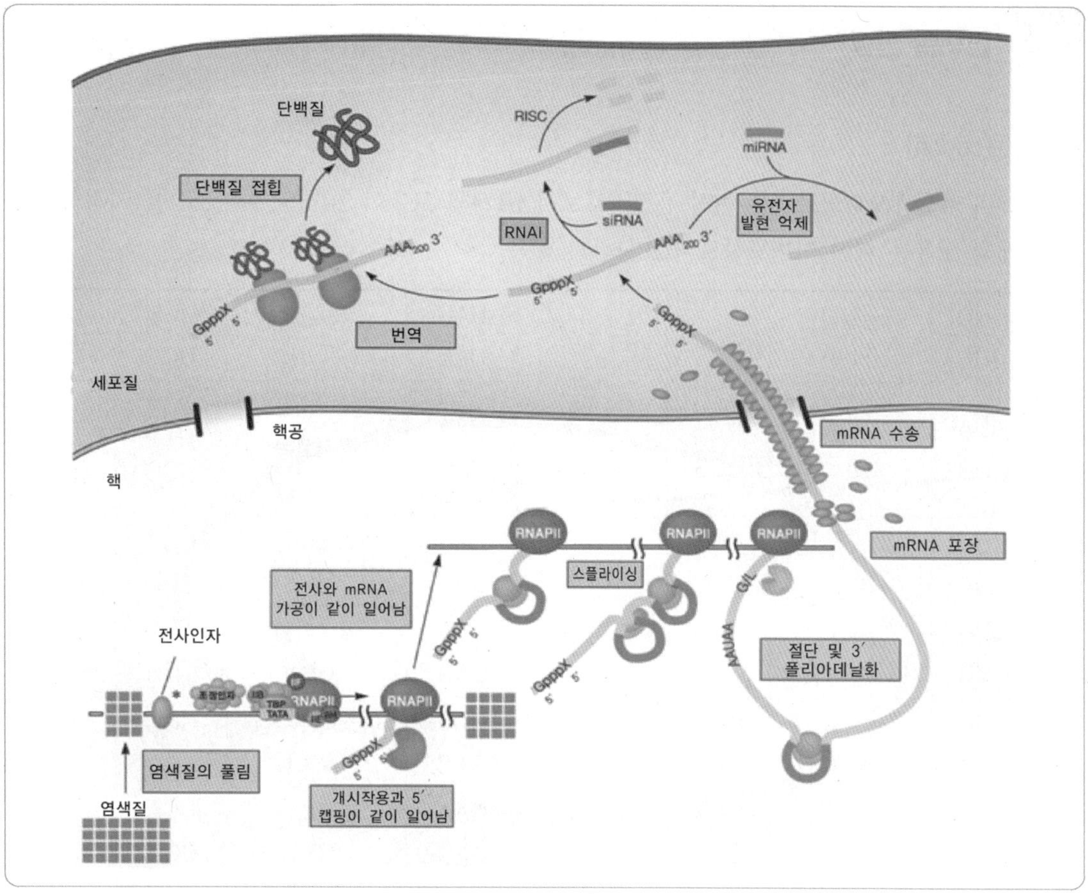

단백질
단백질 접힙
RISC
miRNA
유전자
발현 억제
RNAI
siRNA
AAA200 3′
GpppX 5′
번역
세포질
핵공
mRNA 수송
핵
RNAPII
스플라이싱
mRNA 포장
전사와 mRNA
가공이 같이 일어남
전사인자
절단 및 3′
폴리아데닐화
AAUAA
G/U
염색질의 풀림
염색질
개시작용과 5′
캡핑이 같이 일어남

(1) 코돈(codon)

3개의 뉴클레오티드로 이루어진 유전암호로서 61개의 코돈이 20개의 아미노산을 지정하고 나머지 3개의 코돈은 어떤 아미노산도 암호화하지 않음

UUU UUC	페닐알라닌 (Phe)	UCU UCC	세린 (Ser)	UAU UAC	티로신 (Tyr)	UGU UGC	시스테인 (Cys)
UUA UUG	류신 (Leu)	UCA UCG		UAA UAG	정지코돈	UGA	정지코돈
						UGG	트립토판 (Trp)
CUU CUC CUA CUG	류신 (Leu)	CCU CCC CCA CCG	프롤린 (Pro)	CAU CAC	히스티딘 (His)	CGU CGC CGA CGG	아르기닌 (Arg)
				CAA CAG	글루타민 (Gln)		
GUU GUC GUA GUG	발린 (Val)	GCU GCC GCA GCG	알라닌 (Ala)	GAU GAC	아스파르트산 (Asp)	GGU GGC GGA GGG	글리신 (Gly)
				GAA GAG	글루탐산 (Glu)		
AUU AUC AUA	이소류신 (Ile)	ACU ACC ACA ACG	트레오닌 (Thr)	AAU AAC	아스파라긴 (Asn)	AGU AGC	세린 (Ser)
AUG	메티오닌 (Met)			AAA AAG	리신 (Lys)	AGA AGG	아르기닌 (Arg)

ㄱ. 개시코돈과 종결코돈 - 특별한 기능을 지니는 코돈

  ⓐ 개시코돈 : 단백질 합성이 시작되는 신호서열이며 개시코돈인 AUG는 원핵세포에서는 N-포르밀메티오닌(N-formylmethionine)을 암호화하고 있으며 진핵세포에서는 메티오닌을 암호화함

  ⓑ 종결코돈 : 단백질 합성이 종결되는 신호서열이며 종결코돈인 UAA, UAG, UGA는 어떤 아미노산도 암호화하지 않음

ㄴ. 코돈의 특성

  ⓐ 코돈은 중복되긴 하지만 모호하지는 않음. 즉, 두 종류 이상의 코돈이 하나의 아미노산을 지정할 수는 있지만 하나의 코돈이 두 개 이상의 아미노산을 암호화하지는 않음

  ⓑ 열린 해독틀(open reading frame) : 일반적으로 50개 이상의 코돈에서 종결 코돈이 없는 서열로서 일종의 암호화 부위임

(2) tRNA

mRNA의 코돈에 상보적으로 수소결합하는 안티코돈이 있어 아미노산과 결합하여 아미노산을 리보솜으로 운반해주는 역할을 수행

ㄱ. tRNA의 구조 : 성숙한 tRNA는 3개의 고리와 1개의 줄기를 갖는 꼬인 L자 형태를 갖는데, 이것은 뉴클레오티드 염기 사이와 리보오스의 –OH기 사이에서 수소결합이 일어나기 때문에 생기는 형태임. tRNA의 2차원적 모양은 평면적 클로버 잎(planar cloverleaf) 모양이며 mRNA의 codon과 상보적인 수소결합이 가능한 안티코돈(anticodon)이 존재함

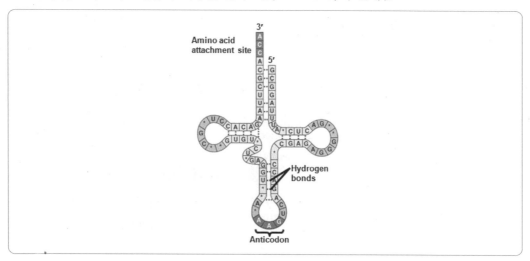

ㄴ. aminoacyl-tRNA(=charged tRNA)의 합성 – 아미노산의 활성화 : 올바른 tRNA에 올바른 아미노산이 붙는 것이 중요함. tRNA 3′ 말단에 존재하는 A의 3′-OH와 아미노산의 –COOH기 간에 공유결합 형성이 형성되어 합성되는데 이 과정에서 ATP가 AMP와 PPi로 분해됨

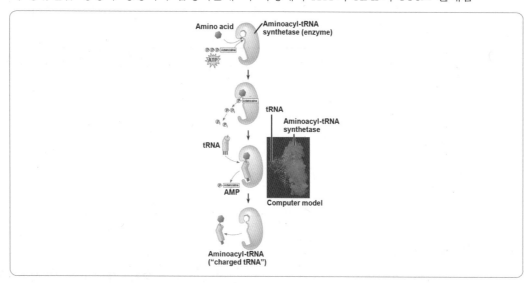

ⓐ aminoacyl-tRNA의 합성 과정 : 아미노산 + tRNA + ATP
→ aminoacyl-tRNA + AMP + PPi

ⓑ aminoacyl-tRNA 합성효소(aminoacyl-tRNA synthetase) : aminoavyl- tRNA 합성과정
에 참여하는 효소로서 생명체에는 여러 종류가 존재하며 각 aminoacyl-tRNA 합성효소의
활성부위는 오직 특정 조합의 아미노산과 tRNA에만 들어맞음

ㄷ. 코돈이 아미노산을 암호화하게 되는 기작과 특성
ⓐ 코돈과 안티코돈 간의 대응 : 2가지의 RNA는 서로 반대 방향으로 배치되며 adaptor인
tRNA를 통해 특정 코돈이 아미노산과 대응할 수 있는 것임. 다시 말하면 단백질 합성과정
에서 리보솜은 tRNA에 부착된 아미노산을 인식하는 것이 아니라 tRNA를 인식하는 것으로
생각해야 함

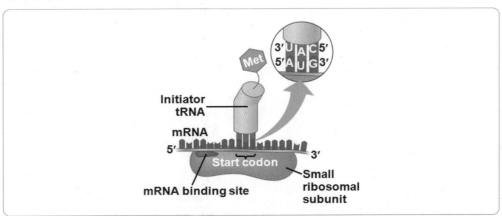

ⓑ 유전암호의 축퇴성과 동요가설(wobble hypothesis) : 만약 한 종류의 tRNA가 아미노산을 규정
하는 mRNA의 각 코돈을 위해 존재한다면 61종류의 tRNA가 있어야 하는데, 실제로는 45종류
의 tRNA가 있음. 이는 어떤 tRNA는 하나 이상의 코돈과 결합해야 함을 함축하는 것임. 이러한
융통성이 가능한 것은 코돈의 세 번째 염기와 안티코돈의 첫 번째 염기 간의 결합이 엄격하지
않기 때문인데 이것을 동요가설이라고 함

안티코돈의 첫 번째(5′)염기	코돈의 세 번째(3′)염기
G	U, C
C	G
G	U, C
A	U
U	A, G
I	A, U, C

(3) 리보솜(ribosome)

대소단위체(large subunit)와 소소단위체(small subunit)로 구성됨. 각각의 소단위체를 구성하는
단백질이 세포질에서 합성된 이후 핵인(nucleolus)으로 이동하여 대소단위체와 소소단위체를 구성
한 이후 다시 세포질로 나와 단백질 합성을 수행함

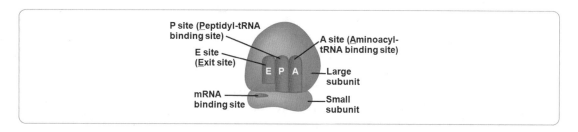

ㄱ. 개시코돈의 인식 부위 : 30S 소소단위체를 구성하는 16S rRNA가 mRNA 개시코돈의 상류에 존재하는 특정 서열과 상보적인 수소결합을 수행하여 개시코돈을 찾는데 관여함

ㄴ. tRNA 결합부위 : A 자리, P 자리, E 자리로 구분하는데 이중 A 자리와 P 자리가 소소단위체와 대소단위체에 걸쳐 존재한다면 E 자리는 대개 대소단위체에 한정되어 있음

　ⓐ A 자리(A site ; aminoacyl site) : 최초의 aminoacyl-tRNA를 제외한 모든 aminoacyl-tRNA 가 도입되는 곳

　ⓑ P 자리(P site ; peptidyl site) : peptidyl-tRNA가 도입되는 자리

　ⓒ E 자리(E site ; exit site) : tRNA가 방출되는 자리

ㄷ. 원핵세포와 진핵세포의 리보솜 구조 : 원핵세포의 리보솜은 70S이고, 진핵 세포의 리보솜은 80S임

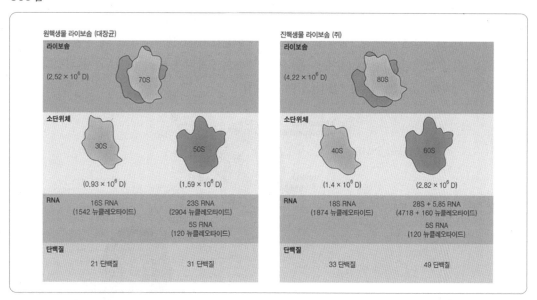

(4) 해독 과정 – 원핵세포의 해독과정을 중심으로 하여 기술함

ㄱ. 개시(initiation) : mRNA와 첫 번째 아미노산이 붙어 있는 개시 tRNA, 그리고 두 개의 리보솜 단위체를 불러 모으는 과정임

　ⓐ 원핵세포의 해독 개시

　　1. 개시는 mRNA 선도자에 존재하는 특정 서열인 샤인-달가노 서열(Shine- Dalgarno sequence ; SD sequence)에 리보솜 30S 소소단위체가 결합하여 SD 서열 하류쪽으로

첫 번째 mRNA의 개시코돈 AUG로 미끄러져 이동한 이후에 3′-UAC-5′의 안티코돈을 가지는 개시 tRNA(fMet-tRNA)가 mRNA의 개시코돈 5′-AUG-3′을 인식하여 결합하고 GTP도 결합함으로써 이루어지며 개시 tRNA는 개시인자(initiation factor ; IF) 1, 2, 3의 도움으로 리보솜 소소단위체와 결합함

2. 3개의 IF와 리보솜 30S 소소단위체, fMet-tRNA, GTP, mRNA로 구성된 개시 복합체 (initiation complex)가 형성됨

3. 개시복합체가 형성된 이후 50S 대소단위체가 결합함으로써 완전한 리보솜이 형성되는데 이 때 개시 tRNA는 50S 대소단위체의 P자리에 결합하게 됨

ㄴ. 신장(elongation) : 아미노산이 유전암호의 순서에 따라 연결되는 과정으로서 코돈 인식, 펩티드결합 형성, 전위의 3단계 과정으로 세분화됨

ⓐ 코돈인식(codon recognition)

1. mRNA의 AUG 다음의 코돈에 상보적인 안티코돈을 갖는 aminoacyl- tRNA가 신장인자(elongation factor ; EF)의 도움으로 리보솜의 A 자리에서 복합체와 결합함으로써 이루어짐

2. 신장인자인 EF-Tu와 Ts에 의해 2개의 GTP가 가수분해됨

ⓑ 펩티드 결합의 형성(peptide bond formation) : 리보솜의 대소단위체에 있는 rRNA 분자가 A자리에 있는 아미노산과 P자리에 있는 성장하는 폴리펩티드의 카르복실기 말단 간에 펩티드 결합을 촉매함. 펩티드 결합을 촉매하는 rRNA 분자는 효소의 역할을 수행하는 RNA로서 리보자임(ribozyme)에 속함. 이 단계에서 P자리에 있는 tRNA의 폴리펩티드가 떨어져 A자리에 있는 tRNA의 아미노산에 부착됨

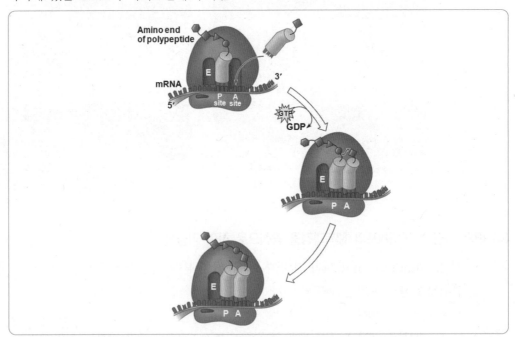

리보자임(ribozyme)

Ⓐ 리보자임의 특성

1. RNA는 단일가닥이기 때문에 RNA 분자의 한 부분이 같은 분자의 상보적인 다른 부분과 염기쌍을 이루어, 결국 전체 적으로 RNA 분자의 특이한 3차 구조 형성이 가능해짐

2. 효소 단백질의 특정 아미노산처럼 RNA에서 어떤 염기들은 촉매작용을 수행하는 기능기를 가짐

3. RNA가 다른 핵산 분자와 수소결합을 할 능력을 가지는 것은 촉매활동에 특이성을 갖게 함

Ⓑ 리보자임의 예

1. peptidyl transferase : 원핵세포의 경우 30S 소소단위체의 구성 RNA(23S rRNA)로서 펩티드 결합 형성에 관 여함

2. snRNA : snRNP를 구싱하는 RNA로서 mRNA 스플라이싱에 관여함

3. RNase P : 세균의 전구 rRNA 전사물을 가공하는데 관여함

Ⓒ 전위(translocation) : 리보솜이 mRNA의 3′ 말단을 향해 한 코돈씩 이동하는 과정

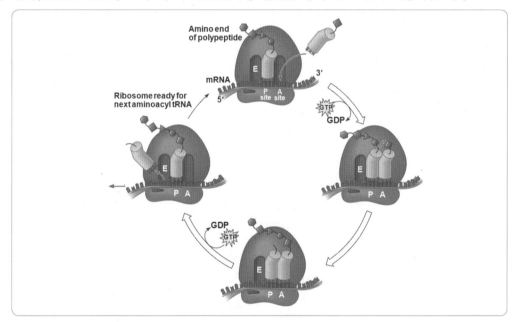

1. 리보솜이 mRNA를 따라 3 뉴클레오티드만큼 전위하면서 P 자리에 있던 formyl-메티오 닌과 떨어지게 된 개시 tRNA가 E자리에서 리보솜으로부터 방출되고 A 자리에 있던 dipeptidyl-tRNA가 P 자리로 이동함

2. A 자리에서 P 자리로의 전위에는 translocase인 EF-G에 결합된 GTP의 가수분해가 필 요함

ㄷ. 종결(termination) : 리보솜이 신장을 진행하다가 정지코돈(UAA, UAG, UGA)을 만나게 되면 정지코돈과 결합할 수 있는 안티코돈을 가진 tRNA가 없으므로 A 자리가 비어 있게 되어 신장 이 더 이상 진행되지 않음

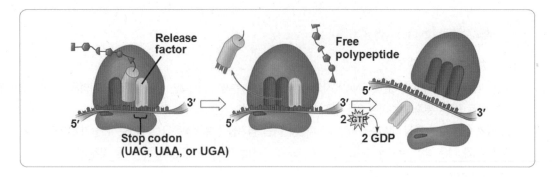

ⓐ 리보솜이 mRNA상의 종결코돈에 도달하면 리보솜의 A자리는 아미노아실 tRNA 대신에 tRNA와 구조가 유사한 방출인자(releasing factor ; RF)라고 불리는 단백질을 받아들이는데 방출인자는 말단의 펩티딜-tRNA의 결합을 가수분해하고 유리된 폴리펩티드와 아미노산과 결합하지 않은 tRNA를 P자리로부터 해리하며 70S 리보솜을 30S와 50S로 분리시킴

ⓑ RF가 종결코돈에 결합하게 되면 peptidyl transferase는 방출인자로 인해 신장하는 폴리펩티드의 C 말단에 아미노산 대신 물 분자를 첨가하여 세포질로 폴리펩티드를 방출시킴

ㄹ. 단백질 합성 종결 후 변형 과정 : 당, 지질, 인산기 또는 다른 첨가물이 부착되어 합성된 단백질이 화학적으로 변형되거나 폴리펩티드 사슬의 앞쪽 아미노기 말단에서 아미노산 일부를 제거하는 경우도 있음. 어떤 경우는 단일 폴리펩티드 사슬이 효소에 의해 끊어져 두 개나 그 이상의 조각으로 나뉨. 또 다른 사례는 두 개 이상의 폴리펩티드가 별도로 합성된 이후 함께 모여 4차 구조를 형성하기도함

(5) 폴리솜의 형성

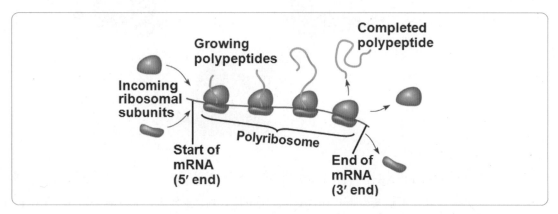

ㄱ. 여러 개의 리보솜이 하나의 mRNA에서 동시에 번역을 수행하는 경우임

ㄴ. 일단 리보솜이 개시코돈을 떠나면 두 번째 리보솜이 mRNA에 부착하고 결국 여러 개의 리보솜이 한 mRNA 상에서 앞선 리보솜을 따라 움직임

ㄷ. 폴리솜은 원핵세포와 진핵세포 모두에서 발견되며 이들은 세포가 여러 개의 폴리펩티드 복사물을 빠르게 만들 수 있도록 함

(6) 원핵생물에서의 전사-해독 동시진행

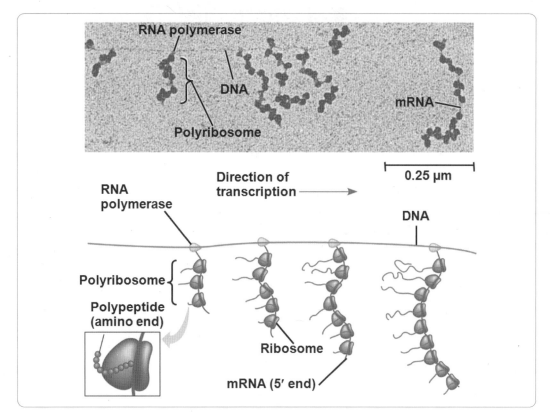

ㄱ. 원핵생물에서는 mRNA의 번역이 mRNA의 앞쪽 5′ 끝이 DNA 주형에서 떨어져 나가자마자 시작됨

ㄴ. RNA 중합효소에 붙어 있는 것이 길어지는 mRNA 가닥인데, 이는 이미 리보솜에 의해 해독이 진행되고 있는 것임

ㄷ. 진핵생물에서는 핵 내부에서 전사가 종결된 후 형성된 mRNA가 가공과정이 끝나야 핵공을 통해 세포질로 빠져 나갈 수 있기 때문에 전사와 해독이 동시에 진행될 수 없음

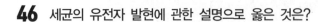
46 세균의 유전자 발현에 관한 설명으로 옳은 것은?

① DNA 복제는 보존적 방식으로 진행된다.

② RNA의 반감기는 진핵세포의 반감기보다 길다.

③ 세포질에 RNA 중합효소 Ⅰ, Ⅱ, Ⅲ이 존재한다.

④ 전사와 번역과정이 세포질에서 일어난다.

⑤ mRNA의 3′-말단에 poly A 꼬리가 첨가된다.

정답 및 해설

46 정답 | ④

① DNA는 반보존적 방식으로 복제된다. 기존의 모 DNA로부터 가져온 한 가닥과 새로 합성된 가닥이 이중 가닥을 구성하여 항상 일정한 DS DNA가 합성된다.

② 원핵 세균의 mRNA 반감기는 CAP이 되어있는 진핵세포 mRNA 보다 비교적 짧다.

③ 세균은 한 종류의 RNA 중합효소를 지닌다.

④ 세의 mRNA는 5′-capping과 3′-poly A 꼬리, 또한 인트론이 없기 때문에 스플라이싱 같은 mRNA 가공과정 (mRNA processing) 이 일어나지 않는다.

47 생장을 위해 물질 X를 필요로 하는 곰팡이에 방사선을 조사하여 물질 X를 합성하는 효소를 만드는 유전자들 중 한 유전자에만 돌연변이가 일어난 돌연변이체 Ⅰ, Ⅱ, Ⅲ을 얻었다. 물질 X 합성 과정의 중간산물인 A, B, C를 최소배지에 각각 첨가하였을 때, 곰팡이의 생장 결과를 표로 나타내었다.

구분	최소배지	중간산물			물질
		A	B	C	X
야생형	+	+	+	+	+
Ⅰ	-	-	-	-	+
Ⅱ	-	+	+	-	+
Ⅲ	-	+	-	-	+

이에 관한 설명으로 옳은 것만을 〈보기〉에서 있는 대로 고른 것은?

┌─ 보기 ───┐
ㄱ. 돌연변이체 Ⅰ은 A, B, C를 이용하여 X를 합성할 수 있다.
ㄴ. 돌연변이체 Ⅱ는 B를 기질로 이용한다.
ㄷ. 물질 X의 합성은 C → B → A → X의 순으로 진행된다.
└──┘

① ㄱ   ② ㄴ   ③ ㄷ   ④ ㄱ, ㄴ   ⑤ ㄴ, ㄷ

정답 및 해설

47 정답 | ⑤

1유전자 1효소설에서 물질합성에 관한 문제는 많이 살린 물질부터 뒤편부터 위치 시킨후 풀면 바로 풀린다. 기본적으로 물질대사는 다단계 효소 반응으로 일어난다. 최소 배지에 C(중간산물 전구물질)를 첨가한 경우는 야생형(정상형)만 생존하므로 C가 A, B, C 중 가장 앞 단계의 중간산물이며, 세 종류의 돌연변이체들은 이 물질의 뒷단계에서 사용되는 효소 유전자에 돌연변이가 일어났음을 알 수 있다.

따라서 돌연변이체 Ⅱ는 C를 전구물질로 사용하여 B를 합성하는 효소에 돌연변이가 발생한 것이므로 B를 기질로 이용하는 데에는 문제가 없다.

물질합성은 A를 넣었을 때 가장 많은 돌연변이체들이 살아남았으므로 C → B → A 순으로 진행된다.

48 진핵세포 RNA에 대한 설명으로 옳은 것은?

① 진핵세포 RNA는 한 가지 RNA 중합효소에 의해 합성된다.
② 전사된 mRNA에 poly(A)가 첨가될 때 주형 DNA(template DNA)가 필요하다.
③ 5′-capping이 일어나는 장소는 세포질이다.
④ 스플라이싱에 의해 3′-UTR(untranslated region) 부위가 제거된다.
⑤ 스플라이싱 복합체(spliceosome)에는 snRNP가 포함되어 있다.

49 진핵세포와 원핵세포에서 공통적으로 존재하는 유전자발현 조절 단계는?

① mRNA에서 인트론이 제거되는 단계
② 오페론에 의한 조절이 일어나는 단계
③ DNA에서 mRNA가 만들어지는 전사(transcription) 단계
④ mRNA의 모자형성(capping)과 꼬리첨가(tailing) 단계
⑤ 해독(translation)된 폴리펩티드가 당화(glycosylation)되는 단계

정답 및 해설

48 정답 | ⑤
스플라이싱 복합체(스플라이소좀)은 SnRNA+nRNP(소형 핵 리보단백질)에 추가 단백질들이 결합해 복합체를 형성한 후에 인트론을 선택적으로 제거하는 것이다.

49 정답 | ③
① 인트론은 진핵세포에만 있기때문에 인트론이 제거되는 스플라이싱은 진핵세포에서만 일어난다.
② 오페론 구조는 원핵쇄포 DNA에만 존재한다.
③ 5′-capping과 3′-tailing은 진핵세포의 rnRNA에만 일어난다.
④ 단백질의 당화와 같은 번역 후 변형(post-translational modification)은 진핵세포의 소포체와 골지체에서만 일어난다.

생물 1타강사 **노용관**

편입생물 비밀병기

단권화 바이블 ✚
필수기출과 해설편

한권으로 끝내는 메디컬(의치한약수) 편입 나만의 祕密兵器

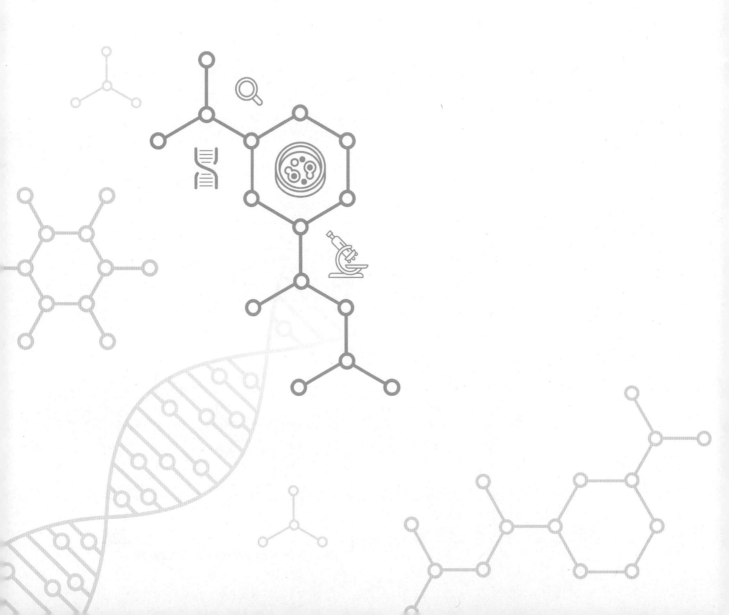

DNA 돌연변이

15 DNA 돌연변이

1 DNA 돌연변이(DNA mutation) : DNA 염기서열의 변화

(1) DNA 돌연변이 종류

ㄱ. 돌연변이 유발 원인 유무에 따른 구분

ⓐ 자연발생 돌연변이 : 알려진 돌연변이원 없이 일어나는 돌연변이로 DNA 복제시 염기쌍의 결합에서 오류가 일어나면 자연적으로 돌연변이가 일어나게 됨

호변이성 변이(tautomeric shift)

Ⓐ 호변이성 변이의 결과 : 만약 복제과정 동안 DNA의 염기가 토토머형으로 변이가 일어나게 되면 비정상적인 염기쌍의 결합이 일어남. 예를 들어 정상적인 아데닌과 시토신은 아미노(NH_2)형으로 존재하나 호변이성 변이로 인해 이미노(NH)로 되고 구아닌과 티민은 케토(C=O)에서 에놀(COH)으로 되어서 새로운 염기쌍이 형성되는 결과를 초래함

Ⓑ DNA 염기의 정상형과 토토머형

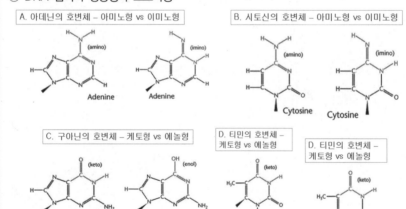

Ⓒ 정상형과 토토머형에 있어서의 DNA 염기의 결합 관계

염기	정상일 경우의 염기쌍	토토머 상태의 염기쌍
T	A	G
A	T	C
G	C	T
C	G	A

ⓑ 유도 돌연변이 : 알려진 돌연변이원을 통해 발생하는 돌연변이

ㄴ. 세포의 종류에 따른 구분

　ⓐ 체세포 돌연변이 : 체세포에서 일어나는 돌연변이로 유전되지 않음

　ⓑ 생식세포 돌연변이 : 생식세포에서 일어나는 돌연변이로 유전됨

ㄷ. 분자변화에 따른 구분

　ⓐ 염기치환(base substitution) : 이중나선 DNA에 있는 한 염기쌍이 다른 염기쌍으로 대체되는 돌연변이를 가리키며 퓨린이 퓨린으로 전환되고 피리미딘이 피리미딘으로 전화되는 염기 전이(transition)와 퓨린이 피리미딘으로 전환되고 피리미딘이 퓨린으로 전환되는 염기전환(transversion)으로 구분함

　ⓑ 틀변휀 돌연변이(frame-shift mutation) : 염기가 삽입되거나 결실되년서 삼염기성에 의거한 해독틀이 변환되는 돌연변이

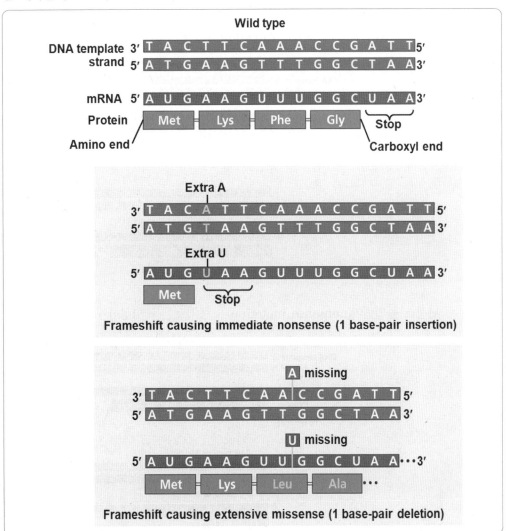

ㄹ. 해독의 영향에 따른 구분

ⓐ 침묵 돌연변이(silent mutation) : 아미노산의 변화가 수반되지 않는 돌연변이

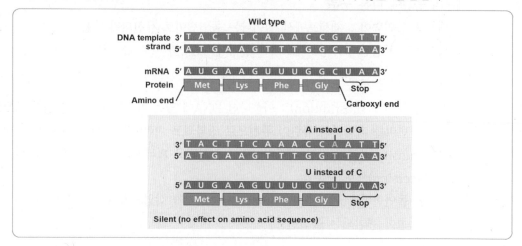

ⓑ 미스센스 돌연변이(missense mutation) : 아미노산 변화가 수반되는 돌연변이

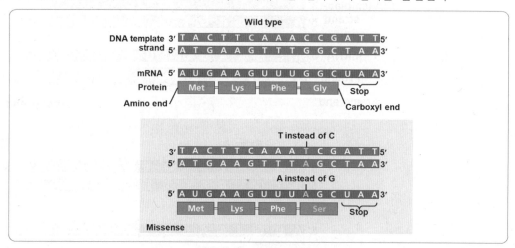

ⓒ 넌센스 돌연변이(nonsense mutation) : 종결코돈을 형성하게 되는 돌연변이

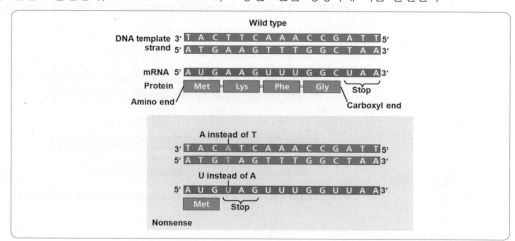

넌센스 돌연변이의 억제 현상

Ⓐ 억제 tRNA의 형성 : 정상적인 tRNA를 암호화하는 유전자에 돌연변이가 일어나게 되는 경우 종결코돈과 상보적인 염기서열을 지니는 tRNA가 형성됨

Ⓑ 종결코돈과 상보적인 안티코돈을 지니는 tRNA가 있는 존재하는 경우 종결 코돈에서 단백질 합성이 종료되지 않고 계속되는 것을 볼 수 있음

(2) 돌연변이 집중 탐구 - 연약 X 염색체 증후군(fragile-X syndrome)

ㄱ. 증상과 원인 개관 : DNA 전구물질이 부족한 배양세포에서 X염색체가 부러지는 경향으로 인한 질환으로 3염기 반복에 기인함. 일반적으로 남성이 여성보다 심각히 영향으로 받으며 앉았다 일어나기나 걷기 같은 운동 기능에서의 지연은 물론 언어와 의사소통 기능의 발달지연이 흔히 나타남

ㄴ. 연약 X염색체 증후군 분석 : FMR1 유전자의 CGG 반복서열의 반복단위 수가 증가하게 되면서 FMR1 유전자의 전사를 차단하게 됨

ⓐ CGG 3염기 반복서열이 증가하면서 해당 부위가 메틸화되는 과정

ⓑ 3염기 반복의 원인이 되는 복제 미끄러짐 기작

(3) 돌연변이원과 유도 돌연변이

돌연변이 유발 물질	예	돌연변이 유발 기작
산화제	HNO₂	탈아미노화를 유발함
물	가수분해	탈퓨린화 : 아데닌(A) 또는 구아닌(G)이 디옥시리보오스 당으로부터 탈락함
염기유사체	5-브로모우라실	염기치환을 유발함
알킬화제	EMS	염기 위의 곁사슬에 부피가 큰 부착물을 형성하여 염기치환을 유발함
삽입성 물질	아크리딘 오렌지	Ⅱ형 DNA 위상이성질화효소 Ⅱ를 방해함으로써 DNA 끊김을 유발 : 착오수선이 하나 또는 몇 개의 뉴클레오티드가 삽입되거나 결손되게 함
자외선	자외선	DNA 가닥에 피리미딘 이량체를 형성시킴
이온화 방사선	X선, 라돈가스, 방사능 물질	DNA 단일가닥과 이중가닥 절단시킴

ㄱ. 탈퓨린화(dequrination) : 퓨린 뉴클레오티드에서 당과 퓨린간의 결합은 비교적 약해서 가수분해되기 쉬움. 탈퓨린화는 돌연변이를 반드시 일으키지는 않는데 염기가 없는 위치는 우라실이 제거된 위치를 수선하는 동일한 시스템에 의해 회복될 수 있기 때문임

한권으로 끝내는 메디컬(의치한약수) 편입 나만의 秘密兵器

ㄴ. 산화제인 아질산의 돌연변이 유발 : 탈아미노화를 유발하여 염기전이를 발생케 함

    ⓐ 탈아미노화에 의한 염기의 변환 : 시토신은 우라실로 아데닌은 하이포크산틴으로 변환됨

    ⓑ 염기 변환의 결과 시토신은 구아닌과 염기쌍을 형성하고 아데닌은 티민과 염기쌍을 형성하지만 아질산에 의해 탈아미노화된 시토신인 우라실은 아데닌과 염기쌍을 형성하고 탈아미노화된 아데닌인 하이포크산틴은 시토신과 염기쌍을 형성하므로 염기전이가 일어난 것임

ㄷ. 염기유사체 5-브로모우라실의 돌연변이 유발 : 5-브로모우라실은 티민 대신 DNA 속으로 침투하는데 이것은 DNA 복제시 티민처럼 행동하고 수소결합을 변화시키지 않으므로 이때는 돌연변이가 유발되지 않음. 하지만 브롬 원자는 5-브로모우라실을 쉽게 토토머화시키는데 따라서 5-브로모우라실은 티민보다 더 쉽게 케토형에서 에놀형으로 바뀌어서 염기전이가 유발됨

ㄹ. 아크리딘에 의한 돌연변이 유발 : Ⅱ형 위상이성질화효소를 방해함으로써 DNA의 끊김을 유발하여 몇 개의 뉴클레오티드가 삽입되거나 결손되게 함

ㅁ. 자외선에 의한 돌연변이 유발 : 자외선은 DNA 상에서 인접한 피라미딘 염기를 연결시켜 이량체화시킴. 비록 시토신-시토신과 시토신-티민 이량체가 가끔씩 만들어지기도 하지만 자외선에 의한 주요 돌연변이 결과는 티민-티민 이량체임

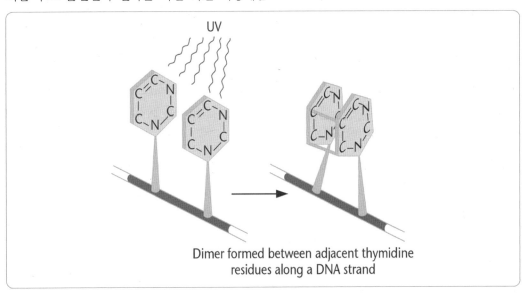

Dimer formed between adjacent thymidine residues along a DNA strand

(4) 돌연변이원 검사 – Ames test

발암물질 또는 돌연변이 유발물질의 검정에 세균을 사용할 수 있는데 Ames test는 돌연변이 유발물질을 선별하기 위해 세균을 사용하는 간단하고 저렴한 방법임. 실험에는 Salmonella typhimurium his⁻ 영양요구성 균주를 사용함. 이것이 his⁺로 복귀 돌연변이가 일어나지 않는다면 히스티딘을 함유하지 않은 배지에서는 성장할 수 없음. 또한 돌연변이 유발 효과는 생물체의 효소대사 과정에 의해 영향을 받기도 하는데 비 돌연변이 유발물질이 대사 과정 중 돌연변이 유발물질로 전환되기도 함. 이러한 과정은 포유류에 있어서 주로 간에서 일어나게 되므로 Ames test에서는 세균 체계가 포유류의 검정 체계와 유사하도록 분쇄된 간조직 효소를 활성 효소원으로 첨가해 줌

(1) 교정(proofreading)

$3' \rightarrow 5'$ exonuclease activity : DNA 중합효소 I, III에 의해 잘못된 뉴클레오티드를 수정하는 교정과정이 수행됨

(2) 제거 복구(excision repair)

제거 복구는 DNA 분자에서 손상된 부분을 제거해 서 이루어지는 일반적인 DNA 수선 수단을 일컫는데 제거복구 동안 염기와 뉴클레오티드는 손상된 가닥에서 제거되고 이 때 생긴 틈은 남아 있는 다른 가닥에 상보적으로 메워지게 됨

ㄱ. 염기 제거 복구(base excision repair)

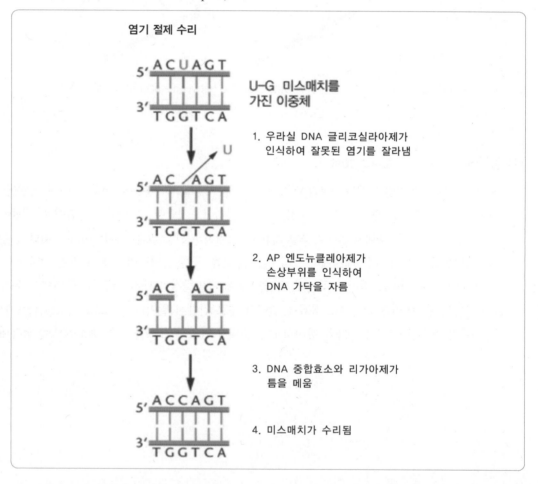

염기 절제 수리

U-G 미스매치를 가진 이중체

1. 우라실 DNA 글리코실라아제가 인식하여 잘못된 염기를 잘라냄
2. AP 엔도뉴클레아제가 손상부위를 인식하여 DNA 가닥을 자름
3. DNA 중합효소와 리가아제가 틈을 메움
4. 미스매치가 수리됨

ⓐ DNA glycosylase는 손상된 염기를 인식하고 염기와 DNA 골격의 디옥시리보오스 사이를 절단함

ⓑ AP endonuclease는 AP자리 근처의 인산이에스테르 결합을 절단함

ⓒ DNA polymerase Ⅰ은 틈의 유리 3′-OH로부터 상보적인 합성을 개시하여 손상된 가닥의 일부를 제거하고 손상되지 않은 DNA로 치환함. 포유류에서는 DNA 중합효소 β가 이 일을 진행하게 됨

ⓓ DNA polymerase Ⅰ이 해리된 후에 남아 있는 틈은 DNA ligase에 의해 연결됨

ㄴ. 뉴클레오티드 제거 복구(nucleotide excision repair) : 염기 제거 복구가 glycosylase에 의해 시작되고 보통 하나의 뉴클레오티드를 치환하는 반면에 뉴클레오티드 제거 복구는 DNA의 뼈대에서의 변화를 감지하는 효소에 의해 시작되며 짧은 범위의 뉴클레오티드를 치환함

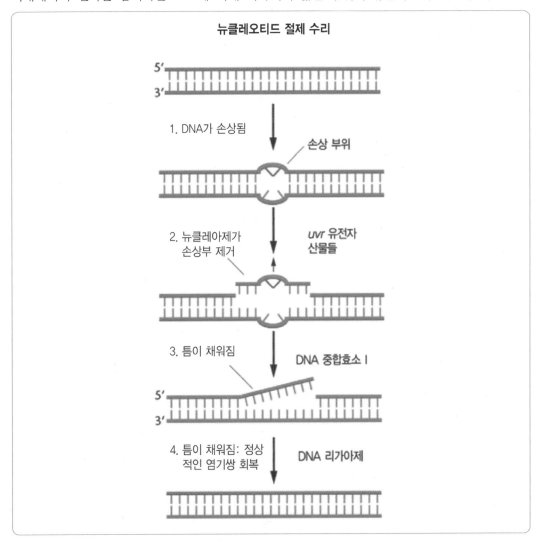

@ endonuclease가 DNA 손상 부위와 결합하여 손상된 DNA가닥 양쪽을 절단함

ⓑ DNA 분절 13 뉴클레오티드 또는 29 뉴클레오티드가 DNA helicase에 의해 제거됨

ⓒ 간격은 DNA polymerase에 의해 채워짐. 원핵생물의 경우 DNA 중합효소 Ⅰ에 의해 진행되고 진핵생물의 경우 DNA 중합효소 ϵ에 의해 진행됨

ⓓ 남겨진 틈은 DNA ligase에 의해 연결됨

50 어떤 유전자의 엑손(exon)부위에서 한 개의 염기쌍이 다른 염기쌍으로 바뀌는 돌연변이가 일어났다. 이런 종류의 돌연변이가 유전자가 번역될 경우 예상할 수 있는 결과가 <u>아닌</u> 것은?

① 정상보다 길이가 짧은 폴리펩티드 생성
② 단일 아미노산이 치환된 비정상 폴리펩티드 생성
③ 아미노산 서열이 정상과 동일한 폴리펩티드 생성
④ 정상에 비해 아미노산 서열은 다르지만 기능 차이는 없는 폴리펩티드 생성
⑤ 해독틀이동(frameshift)이 일어나서 여러 아미노산 서열이 바뀐 폴리펩티드 생성

정답 및 해설

50 정답 | ⑤

① 염기 한 개가 다른 염기로 대체되는 돌연변이는 점돌연변중 치환(substitution) 돌연변이이다. 난센스 돌연변이로, 염기 치환으로 인해 mRNA의 길이는 변화가 없는데 번역수준에서의 변화로 인해 새로운 종결 서열이 생성되었을 때 발생할 수 있다.

② 미스센스(missense 과오) 돌연변이로, 염기 치환에 의해 코돈이 변화되어 아미노산 치환으로 연결될 수 있으며 단백질의 구조에 영향을 미쳐 비정상 폴리펩티드가 생성될 수 있다.

③ 여러 코돈이 한 개의 아미노산을 지정할 수 있는데(코돈의 중복성), 이때 그런 코돈들은 세 번째(3'쪽) 염기 서열만 차이가 나는 경우가 대부분이다. 그러므로 코돈의 세 번째 염기 서열을 변화시키는 치환 돌연변이는 대부분 아미노산 변화를 유발하지 않는다. 이러한 돌연변이를 침묵 돌연변이라 한다.

④ 염기 치환에 의해 한 아미노산이 화학적 특성이 유사한 아미노산으로 변화되거나, 단백질의 구조와 기능에 크게 영향을 미치지 않는 부위에 아미노산 변화가 일어난 경우 단백질의 기능에 해로운 영향도, 이로운 영향도 미치지 않게 된다. 이러한 돌연변이는 기능이 동일한 아미노산으로 변할 때 나타나는 중립 돌연변이라 한다.

⑤ 해독틀 이동은 염기가 삽입되거나 결실된 경우에 일어나며, 염기 한 개의 치환에 의해서는 발생하지 않는다. 틀변환의 미스센스 돌연변이가 가장 큰 돌연변이의 결과를 나타낸다.

생물 1타강사 **노용관**

편입생물 비밀병기

단권화 바이블 ✚ 필수기출과 해설편

한권으로 끝내는 메디컬(의치한약수) 편입 나만의 祕密兵器

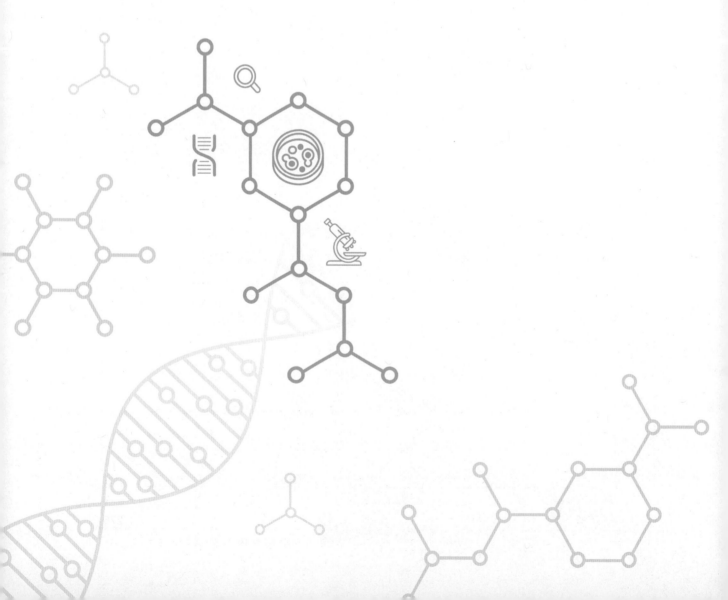

16

바이러스

바이러스

1 바이러스의 발견

(1) 바이러스(virus)

생물체의 기본단위인 세포보다 작은 존재로서 숙주세포 내에서만 증식하고 흔히 숙주에 질병을 유발함

(2) 바이러스의 존재 발견

19세기 말에 네덜란의 과학자 베이에르닉은 담배모자이크병을 연구하고 있었는데 이 질병은 감염성이 있으므로 세균성이라고 믿어지고 있었음. 그러나 추출물이 세균을 살균할 수 있는 여과지를 통과한 후에도 감염성이 없어지지 않는 것을 관찰했음

2 바이러스의 일반적 특징

(1) 생물과 무생물의 중간형

핵산과 이를 둘러싸고 있는 단백질 및 경우에 따라 몇 가지 효소로 이루어진 생물학적 활성을 가진 작은 입자임

ㄱ. 생물적 특성

ⓐ 핵산과 단백질로 구성됨. 일부의 바이러스는 외피를 갖는데 외피는 숙주의 지질막에서 얻어지고 지질막은 바이러스의 당단백질(envelope glycoprotein)을 지님

ⓑ 숙주세포 내에서 자기증식과 유전을 수행됨

ⓒ 돌연변이를 통해 유전적 변이를 나타냄

ㄴ. 무생물적 특성

ⓐ 숙주 밖에서는 단백질 결정체로 존재함

ⓑ 숙주 밖에서는 물질대사를 수행하지 못함

(2) 바이러스의 항생제 내성

숙주세포 내에서만 번식하는 절대적 세포내 기생자로서 자신의 효소체계에 의해 물질대사를 수행하지 못하므로 항생제에 의해서도 영향을 받지 않음

(3) 바이러스 일반적 생활사

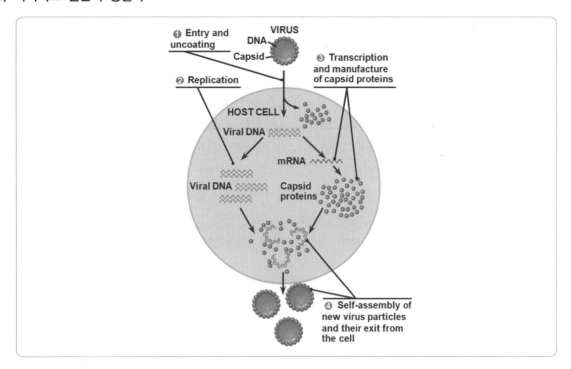

ㄱ. 바이러스가 숙주세포로 들어간 다음 껍질을 벗고 바이러스 DNA와 캡시드 단백질을 방출함

ㄴ. 숙주 효소가 바이러스 유전체를 복제함

ㄷ. 그동안 숙주 효소는 바이러스 유전체에서 바이러스 mRNA를 전사하고 여기에 또 다른 숙주의 효소가 작용하여 바이러스 단백질을 합성함

ㄹ. 바이러스 유전체와 캡시드 단백질이 새로운 바이러스 입자로 조립되어 세포 바깥으로 방출됨

(1) 유전체의 종류에 따른 바이러스 분류

바이러스는 게놈의 특성에 따라 크게 6가지 종류로 나눌 수 있음

ㄱ. 이중가닥 DNA 바이러스 : 이중가닥 DNA 게놈을 지님. 게놈 DNA가 mRNA 전사와 DNA 복제에 주형으로 이용됨

ㄴ. 단일가닥 DNA 바이러스 : 단일가닥 DNA를 게놈으로 가짐. DNA 게놈을 일단 이중가닥으로 DNA로 전환한 후 mRNA 전사 및 DNA 게놈 복제를 시작함

ㄷ. 이중가닥 RNA 바이러스 : 게놈 RNA가 이중가닥 RNA임. 양성가닥 RNA를 중간체로 하여 유전자 복제가 수행됨. 즉, 2개의 가닥을 갖고 있지만 사실상 복제 메커니즘은 음성가닥 RNA 바이러스와 유사함

ㄹ. 양성, 단일가닥 RNA 바이러스 : 게놈 RNA가 mRNA와 동일한 극성을 지님. 또한 게놈 RNA가 직접 mRNA로 이용됨. 즉, 양성가닥 RNA 바이러스라고 불림. 게놈 RNA의 보완적 가닥인 음성가닥 RNA를 중간체로 하여 유전자 복제가 수행됨. 복제의 중간체인 음성가닥 RNA가 mRNA 전사의 주형으로 이용되기도 함

ㅁ. 음성, 단일가닥 RNA 바이러스 : 게놈 RNA가 mRNA의 반대 극성을 지님. 그래서 음성가닥 RNA 바이러스라고 불림. 게놈 RNA인 음성가닥 RNA를 주형으로 mRNA가 전사됨. 양성가닥 RNA를 중간체로 하여 게놈 복제가 수행됨

ㅂ. 역전사바이러스 : RNA 게놈을 갖지만 다른 RNA 바이러스와는 달리 역전사 반응으로 복제함. 역전사로 DNA를 얻은 후 이 DNA가 mRNA 전사에 주형으로 작용함. 이 RNA는 입자에 packaging된 후 세포 밖으로 방출되므로 바이러스 입자는 RNA 게놈을 갖게 됨. 게놈 RNA는 mRNA와 동일한 극성이지만 mRNA로 이용되지는 않음

(2) 캡시드의 모양 : 나선형에서 정이십면체 등 다양한 모양을 형성함

(3) 막성 외피의 존재 유무

ㄱ. 노출 바이러스(naked virus) : 핵산과 단백질 껍질인 캡시드로 구성되며 외피가 없음

ㄴ. 외피 바이러스(enveloped virus) : 핵산과 단백질 껍질 주위를 숙주세포막에서 유래한 바이러스 외피가 둘러싸고 있음

(4) 숙주의 종류

세균, 식물, 동물 등에 감염하며 특히 세균에 감염하는 바이러스를 박테리오파지 또는 파지라고 함

(1) 용균성 생활사(lytic cycle)

박테리오파지가 증식하면서 최종적으로 숙주세포를 사멸시키는 증식 경로로 감염의 마지막 단계를 의미하며 세균이 파괴되면서 세포 안에서 생성된 파지 입자들을 방출하게 됨. 용균성 생활사만을 영위할 수 있는 파지를 독성 파지(virulent phage)라고 하며 T2, T4 파지 등이 이에 속함

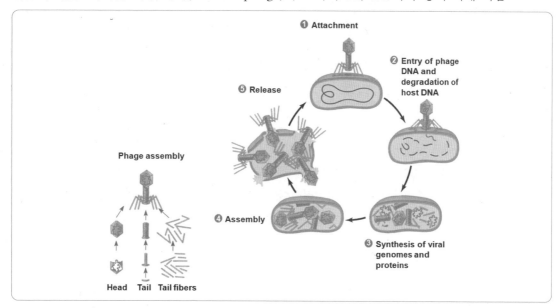

ㄱ. 부착 : 숙주세포 표면 세포벽에 존재하는 특정한 수용체에 꼬리를 부착함

ㄴ. 침투 : 바이러스 DNA를 숙주세포 내로 도입하는 과정으로 파지의 캡시드는 세포 밖에 남게 됨

ㄷ. 복제 및 유전자 발현 : 숙주의 리보솜과 RNA 중합효소 등을 이용하여 바이러스의 mRNA 및 바이러스 단백질을 생산하고 생산된 바이러스 중합효소에 의하여 바이러스 DNA 복제가 일어나는 과정으로 이 때 생산된 바이러스 단백질 중 일부는 숙주의 염색체 DNA를 절단하여 바이러스 유전물질 합성에 이용될 수 있게 함

ㄹ. 조립 : 새로 합성된 바이러스 캡시드와 바이러스 DNA 등이 함께 조립되어 파지 입자가 완성됨

ㅁ. 방출 : 파지가 생산한 세포막분해효소에 의하여 숙주의 세포막의 분해되고 세포가 파열되면서 조립된 100~300개의 파지 입자가 방출됨

(2) 용원성 생활사(lysogenic cycle)

숙주세포를 파괴하지 않은 채 파지의 유전체 가 복제될 수 있는 생활사임. 용균성 생활사와 용원성 생활사를 모두 지니는 파지를 온건성 파지(temperate phage)라고 하며 **λ**파지가 이에 속함

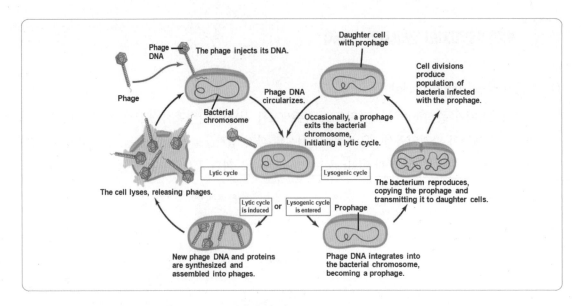

ㄱ. λ파지가 세포 표면에 결합하여 선형 DNA 유전체를 도입함

ㄴ. 숙주 안에서 λ DNA 분자는 환형으로 전환됨

ㄷ. 용균성 생활사를 따르게 되면 바이러스 유전자는 즉시 숙주세포를 λ-생성 공장으로 변환시켜 세포가 곧 용해되면서 바이러스 산물을 방출함

(3) λ파지의 유전적 전환

ㄱ. cＩ와 cro의 작용 : 초기 유전자(cＩ, cro)의 산물인 조절단백질 cＩ, Cro는 파지 DNA 상의 작동유전자(operator) 부위에 결합하여 서로의 유전자 발현을 억제함. λ 억제자라고 불리는 cＩ는 cro 유전자의 발현을 억제하여 용원성 생활사 관련 유전자의 발현을 활성화시키는 반면 Cro 단백질은 cＩ 유전자의 발현을 억제하여 용균성 생활사 관련 유전자 발현을 활성화시킴

ㄴ. 용원성 생활사와 용균성 생활사 : 건강한 대장균 숙주에서는 cＩ의 합성이 높고 그로 인해 Cro의 합성이 낮아져 파지는 용원성 생활사에 돌입하나 숙주 세포가 돌연변이원에 의해 손상받았다거나 다른 스트레스를 받게 되면 cＩ는 분해되어 기능을 잃게 되고 따라서 Cro의 합성은 높아져 파지는 용균성 생활사에 돌입함

5 동물 바이러스(animal virus)

(1) 동물 바이러스의 분류

분류군	외피 유무	바이러스 예시 및 유발 질환
Ⅰ. 이중가닥 DNA(dsDNA)		
파포바바이러스(papovavirus)	없음	파필로마바이러스(자궁경부암), 폴리오마바이러스(동물종양)
아데노바이러스(adenovirus)	없음	호흡기 질환
허피스바이러스(herpesvirus)	있음	단순허피바이러스 1형과 2형(단순포진, 생식기포진), 엡스타인-바 바이러스(전염성단핵구증가증, 버킷림프종)
폭스바이러스(poxvirus)	있음	두창바이러스, 우두 바이러스
Ⅱ. 단일가닥 DNA(ssDNA)		
파보바이러스(parvovirus)	없음	B19 파보바이러스(심하지 않은 발진)
Ⅲ. 이중가닥 RNA(dsRNA)		
레오바이러스(reovirus)	없음	로타바이러스(설사), 콜라라도 진드기 바이러스
Ⅳ. 단일가닥 RNA(ssRNA) : mRNA와 극성이 동일한 양성(+) 가닥임		
코로나바이러스(coronavirus)	있음	SARS(severe acute respiratory syndrome)
피코나바이러스(picornavirus)	없음	리노바이러스(일반감기), 소아마비바이러스, A형간염바이러스
플라비바이러스(flavivirus)	있음	황열병바이러스, 웨스트나일바이러스, C형간염바이러스
토가바이러스(togavirus)	있음	루벨라바이러스, 말뇌염바이러스
Ⅴ. 단일가닥 RNA(ssRNA) : mRNA 합성의 주형(-)으로 작용		
필로바이러스(filovirus)	있음	에볼라바이러스(출혈열)
오소믹소바이러스(orthomyxovirus)	있음	독감바이러스
필로바이러스(filovirus)	있음	에볼라바이러스(출혈열)
파라믹소바이러스(paramyxovirus)	있음	홍역바이러스, 유행성이하선염바이러스
랍도바이러스(rhabdovirus)	있음	광견병바이러스
Ⅵ. 단일가닥 RNA(ssRNA) : DNA 합성의 주형으로 작용		
레트로바이러스(retrovirus)	있음	인간면역결핍바이러스(HIV : AIDS유발), RNA종양바이러스(백혈병)

(2) 동물 바이러스의 일반적인 생활사 : 바이러스의 생활사는 크게 7단계로 나뉨

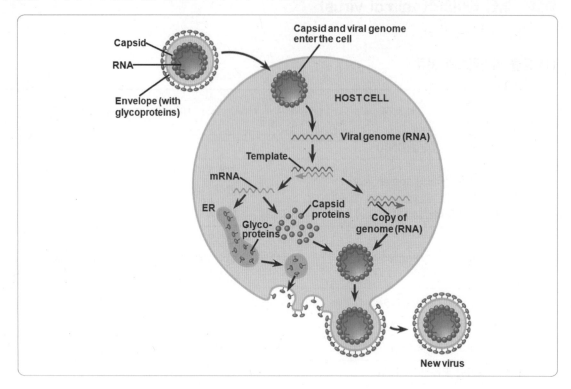

ㄱ. 부착 : 세포막에 위치한 두 종류의 분자 수용체 및 부착인자가 작용함. 부착인자는 단순히 바이
러스 입자에 붙어서 세포 표면에 바이러스 입자를 모아주는 역할을 하지만 수용체는 입자에 붙
은 후 입자의 세포 내 진입을 촉진하는 작용을 함

ㄴ. 진입 : 바이러스가 부착한 후의 단계로서 바이러스 입자의 진입 과정과 캡시드가 벗겨지는 탈피
과정은 흔히 연결되어 수행됨. 바이러스에 따라 진입과정은 크게 세 가지로 구분됨

ㄷ. 탈피 : 바이러스 입자가 세포 내로 진입한 후 바이러스 게놈이 노출되는 과정으로서 흔히 진입
단계와 연결되어 일어남. 세포 내 진입 후 캡시드가 바이러스 유전자가 발현 또는 복제되는 장
소로 이동해야 하는데 일부 바이러스는 캡시드의 이동에 숙주세포의 세포골격이 작용한다고 알
려짐.

ㄹ. 유전자 발현 및 복제 : 유전자 발현 및 복제의 경우 바이러스의 종류마다 그 양상이 다양함. 다
만 번역 및 스플라이싱은 전적으로 숙주에 의존하는 것이 특징임

ㅁ. 조립 : 조립은 캡시드 조립 단계와 지질막으로 둘러싸이는 착외피 과정으로 구분됨. 캡시드 조
립과 착외피가 순차적으로 진행되는 경우도 있지만 이 두 과정이 공조되면서 수행되기도 함

ㅂ. 방출 : 노출 바이러스는 캡시드가 형성된 후 대개의 경우 세포 용해에 의해 세포 밖으로 방출되
나 대부분의 외피형은 세포막이나 소포체, 골지체와 같은 세포소기관의 막을 통해 세포 밖으로
나가게 되며 이를 출아라고 함

ㅅ. 성숙 : 레트로바이러스에서 잘 알려진 과정으로 캡시드에 packaging된 바이러스의 프로테아제
에 의해 캡시드 단백질이 절단되며 캡시드의 형태적 변화가 수반됨

(3) 대표적인 동물 바이러스의 구조와 특성 - HIV와 독감 바이러스

ㄱ. HIV의 구조와 특성

ⓐ 입자구조 : HIV는 외피를 가지며 외피에는 당단백질인 SU 단백질 gp120, gp41와 TM(transmembrane)단백질이 존재함. 외피 속에는 캡시드가 있고 외피와 캡시드 사이의 공간에는 MA(matrix) 단백질이 존재함. 캡시드는 p24로 불리는 단백질 소단위(CA)로 구성되며 캡시드 내에는 두 분자의 RNA 게놈과 RNA 결합 단백질이 RNA를 둘러싸고 있음. 그 외에 RT(reverse transcriptase), IN(integrase), PR(protease) 등이 캡시드 내에 존재함

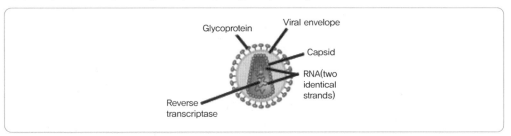

ⓑ 게놈 RNA와 mRNA : HIV는 특이하게도 동일한 게놈 RNA를 두 분자 가지고 있음. mRNA는 게놈 RNA와 동일한 극성을 지니며 Gag, Pol, Env의 ORF를 암호화함. Gag는 MA, CA, NC 단백질로 각각 잘리며 Pol은 PR, RT, IN 단백질로, Env는 SU와 TM 단백질로 잘림

ⓒ 숙주 세포 : HIV의 수용체인 CD4와 공수용체인 CCR5, CXCR4를 발현하는 보조 T세포에 감염하게 됨

ⓓ 감염 주요 증상 : CD4 T세포 수가 서서히 감소하여 면역결핍이 유발되는데 이로 인해 기회 감염이 발생하여 다수의 폐렴 등의 감염성 질환을 갖게 됨

ⓔ HIV의 생활사

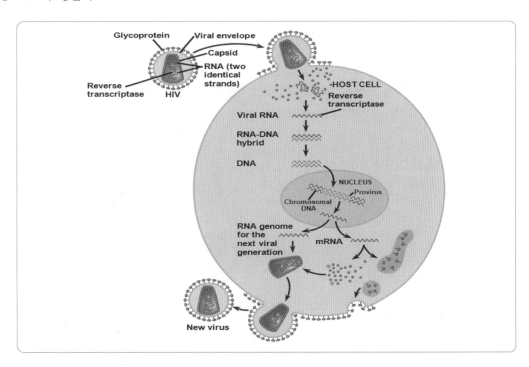

1. 진입 : HIV의 외피 단백질인 gp120이 HIV의 수용체인 CD4에 결합함.
   gp120이 구조 변화를 일으키면서 gp120의 공동수용체인 CCR5(또는 CXCR4) 결합부위
   가 노출됨. 이후 gp41의 fusion domain이 노출되면서 세포질막에 삽입됨.
2. DNA 합성 : HIV의 게놈 RNA는 캡시드의 제거 후 세포질로 진입하게 된 이후에 RT 단백
   질에 의해 역전사되어 되면서 이중가닥 DNA가 합성되고 합성된 DNA는 핵으로 이동함.
3. 염색체 삽입과 RNA 합성 : 합성된 이중가닥 DNA가 IN 단백질의 화성에 의해 염색체에
   삽입되는데 염색체에 삽입된 HIV의 게놈을 바이러스 증식의 전구체라는 의미에서 프로바
   이러스라고 함. 프로바이러스가 RNA 분자로 전사되고 이것이 다음 세대 바이러스의 유
   전체가 되는 동시에 바이러스 단백질을 번역하는 데 mRNA로 이용됨
4. 단백질 합성 및 가공 : mRNA는 세포질에서 번역되는데 캡시드 단백질 및 캡시드 내 효
   소들은 세포질에서 합성된 이후 원형질막을 향해 수송되며 외피 단백질은 세포질에서 번
   역되고 나서 소포체, 골지체에서 가공된 이후 소포에 싸여서 원형질막을 향해 수송됨
5. 조립 및 성숙 : 캡시드 조립 및 방출은 세포막에서 이루어지게 되는데 조립되면서 출아가
   동시에 수행되는 점이 특징이며 세포 밖으로 방출된 이후 캡시드 단백질은 PR에 의해 개
   별 단백질로 잘려지는 성숙 과정을 거침

   ⓕ HIV의 항바이러스제 표적 : RT의 억제제인 AZT

ㄴ. 독감 바이러스의 구조와 특성
   ⓐ 입자구조 : 외피를 가지며 약 80~120nm 지름의 다소 길쭉한 원통 모양으로서 외피에는
   HA(hemagglutinin)와 NA(neuraminidase) 단백질이 위치함.
   ⓑ 게놈 구조 : 독감 바이러스는 입자 내에 8개의 분절 게놈을 지니는데 각 게놈은 단일가닥
   RNA로 구성되어 있음

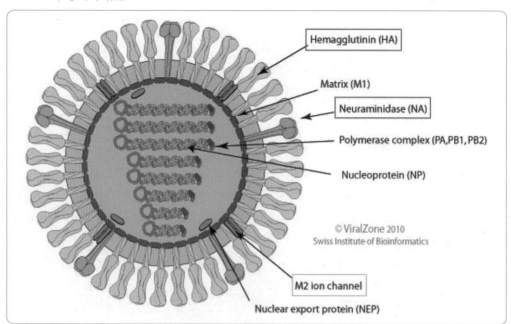

ⓒ 독감 바이러스의 생활사

1. 진입 : 독감 바이러스 입자는 세포막 표면의 당단백질에 수식화된 탄수화물 잔기인 시알산 잔기를 인지하여 세포에 부착함.

2. mRNA 전사와 게놈 복제 : 독감 바이러스의 전사와 복제는 핵에서 일어나며 합성된 mRNA는 다시 세포질로 나가 단백질 합성의 주형으로 작용하며 RNA 게놈도 세포질로 나가 바이러스 조립에 쓰임

3. 단백질 합성 : 바이러스의 mRNA는 세포질로 이동한 후 번역에 이용되는데 HA 단백질과 NA 단백질은 당단백질로서 소포체, 골지체를 거쳐 당화작용을 겪게 됨. HA와 NA는 주요외피 단백질로서 입자의 진입과 방출에 관여함

4. 조립 : 핵에서 복제된 RNA을 싸고 있는 캡시드는 핵공을 통해 세포질로 방출되어 조립에 이용됨

5. 방출 : 핵에서 방출되어 세포질로 이동한 vRNP는 세포질막에 위치한 HA, NA 단백질의 작용으로 출아하게 됨. NA 단백질인 뉴라민 분해효소 활성은 시알산을 절단하여 입자의 세포 표면부착을 방지하여 방출을 촉진함.

ⓓ 독감 바이러스에 대한 항바이러스제 : 뉴라민 분해효소 활성을 표적으로 두 가지 항인플루엔자 저해제인 Relenza™과 Tamiflu™가 개발되었는데 이것들은 각각 뉴라민 분해효소의 기질인 시알산 잔기와 구조적으로 유사하여 경쟁적 저해제로 작용하게 됨

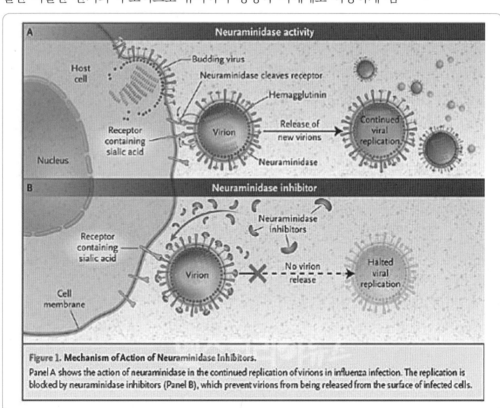

Figure 1. Mechanism of Action of Neuraminidase Inhibitors.
Panel A shows the action of neuraminidase in the continued replication of virions in influenza infection. The replication is blocked by neuraminidase inhibitors (Panel B), which prevent virions from being released from the surface of infected cells.

한권으로 끝내는 메디컬(의치한약수) 편입 나만의 祕密兵器

(4) 비로이드와 프리온

ㄱ. 비로이드(viroid) : 식물에서만 발견되는 가장 작은 감염성 물질

   ⓐ 비로이드의 구조 : 200~300 뉴클레오티드 정도의 단일가닥 환상 RNA로 단백질 캡시드를 포함하지 않고 RNA는 단백질을 암호화하지도 않음

   ⓑ 비로이드 감염 식물의 증상 : 식물의 성장을 조절하는 조절체계에서 이상을 일으키는 것으로 간주되는데 비로이드성 질병의 전형적인 증상은 비정상적인 발달과 성장저해임

ㄴ. 프리온(prion) : 감염성 단백질로 전이성 해면상 뇌증(transmissible spongiform encephalopathy ; TSE)을 유발함

   ⓐ 프리온의 특징

   1. 뇌조직의 신경세포가 소실되는 해면 뇌병증으로 나타남

   2. 다른 모든 감염성 질환과는 달리 염증 등의 면역반응이 존재하지 않음. 프리온을 암호화하는 유전자가 숙주유전자이기 때문임

   3. 초기 감염에서 질환 발생까지의 잠복기가 수개월에서 수십년이 소요되는 지발성 감염질환임

   4. 일단 증세가 시작되면 모두 사망하게 되는 치명적인 질환임

   ⓑ 프리온이 증폭되는 과정에 대한 가설 : 프리온이 뇌세포 안으로 침입하면 정상 단백질인 PrPc가 비정상단백질인 PrPsc로 2차구조가 전환되는데 여러 분자의 PrPsc가 서로 사슬형태로 합쳐지면서 다른 정상 단백질을 비정상으로 전환시키며 복합체를 형성하게 됨

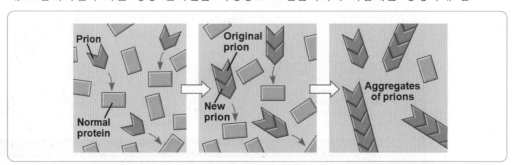

   ⓒ 전이성 해면상 뇌염의 예 : 스크래피(양, 염소), 소해면상뇌증, 쿠루병, 크로이츠펠트-야콥병

51 최근 유행하고 있는 조류독감 바이러스에 대한 설명으로 옳은 것만을 〈보기〉에서 모두 고른 것은?

보기

ㄱ. 바이러스는 DNA를 유전물질로 가지고 있어 돌연변이가 많이 일어난다.
ㄴ. 바이러스가 증식할 때 표면 단백질의 형태가 변하므로 AI 바이러스가 감염된 숙주세포에서 항체가 만들어지지 않는다.
ㄷ. AI 바이러스는 역전사과정에 의해 핵산이 복제되므로 이 때 돌연변이가 일어날 가능성이 높아진다.

① ㄱ　　　② ㄱ, ㄴ　　　③ ㄴ　　　④ ㄴ, ㄷ　　　⑤ ㄷ

정답 및 해설

51 정답 | **오류(답 없음)-모두 답처리**
처음에 발표된 번호는 ⑤

ㄱ. AI(조류 인플루엔자)바이러스는 단일 가닥 - Strand RNA 바이러스로 유전적 변이가 많이 발생한다.
ㄴ. 항체 생성은 원래 감염된 숙주세포에서 일어나는 것이 아니라 B세포가 수행한다.
ㄷ. AI 바이러스는 역전사효소가 아니다. RNA의존성 RNA 중합효소; (RNA -dependent RNA Polymerase)를 보유하여 숙주 감염 후 이 효소를 이용해 증식중에 잘못된 염기서열을 삽입하여도 교정을 하지 않으므로 돌연변이 축적률이 높다.

생물 1타강사 **노용관**

편입생물 비밀병기

단권화 바이블 +
필수기출과 **해설**편

한권으로 끝내는 메디컬(의치한약수) 편입 나만의 祕密兵器

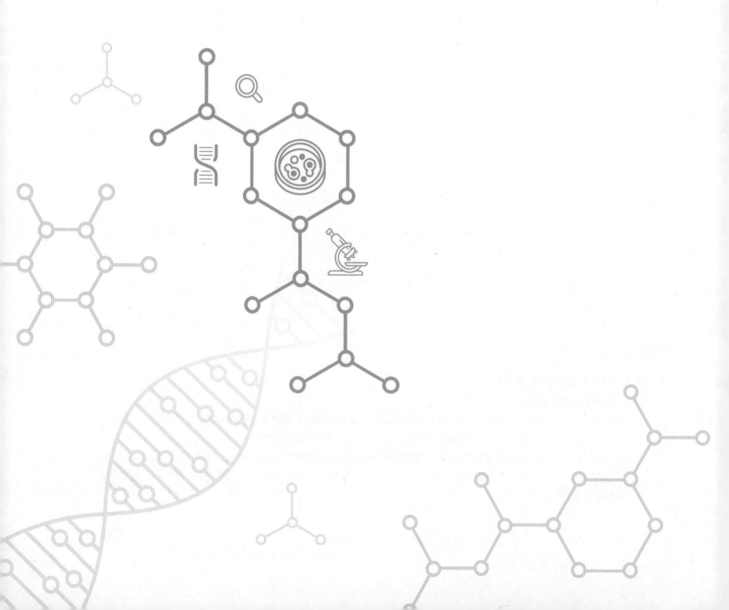

원핵, 진핵 생물의 분자유전학

17 원핵, 진핵 생물의 분자유전학

1 세균의 유전자 재조합

(1) 형질전환(transformation)

외부 환경으로부터 다른 개체의 DNA를 받아들여 세균의 유전형과 표현형이 변하는 과정

ㄱ. 형질전환 기작 : 외부 DNA 두 가닥 중 하나만이 세포 안으로 들어가는데 세포 내로 진입한 단
일가닥의 DNA는 두 군데에서 교차가 일어나 세균 유전체 안으로 합병됨

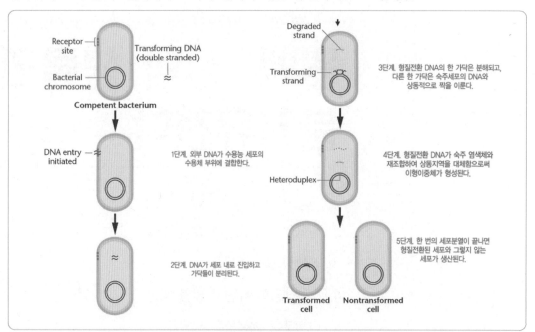

(2) 형질도입(transduction)

박테리오파지가 한 숙주 세균으로부터 다른 숙주 세균으로 유전자를 옮기는 과정

ㄱ. 형질도입의 구분 : 형질도입은 일반 형질도입과 특수 형질도입으로 구분됨
   ⓐ 일반 형질도입(generalized transduction) : 분해된 세균의 DNA가 임의적으로 파지에 포장
      되어 특정 세균의 임의의 유전자가 다른 세균으로 도입되는 경우로 파지 자신의 DNA 대신에
      세균 DNA를 갖고 있는 비정상적인 파지를 형질도입 입자(transducing particle)라고 함

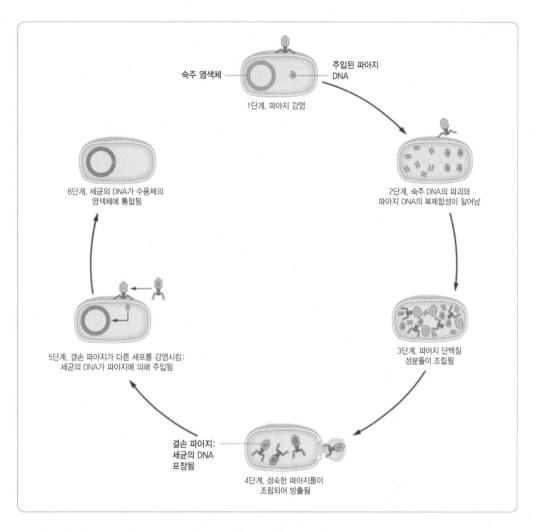

1단계, 파아지 감염

숙주 염색체 — 주입된 파아지 DNA

2단계, 숙주 DNA의 파괴와 파아지 DNA의 복제합성이 일어남

3단계, 파아지 단백질 성분들이 조립됨

6단계, 세균의 DNA가 수용체의 염색체에 통합됨

5단계, 결손 파아지가 다른 세포를 감염시킴: 세균의 DNA가 파아지에 의해 주입됨

결손 파아지: 세균의 DNA 포장됨

4단계, 성숙한 파아지들이 조립되어 방출됨

1. 파지가 대립유전자 leu$^+$를 지니는 세균의 세포를 감염시킴
2. 숙주 DNA가 분절되고 파지 DNA와 단백질이 합성됨. 이 세균이 공여체 세포가 됨
3. 세균 DNA 조각(이 경우에는 leu$^+$ 대립유전자를 지니는 조각)이 파지의 캡시드 안에 포장되기도 함
4. leu$^+$ 대립유전자를 지니는 파지가 leu$^-$ 수여체 세포를 감염시키면, 공여체 DNA와 수여체 DNA 사이에 두 군데에서 재조합이 일어남

ⓑ 특수형질도입(specialized transduction) : 루프를 만들어 빠져나오는 과정 도중 실수로 생기는데 부정확한 루프 돌출로 바로 옆에 위치하는 유전자 좌위를 포함하는 비정상적인 파지가 만들어짐. 파지 유전자가 삽입된 곳의 바로 옆에 있는 유전자만이 형질도입될 수 있기 때문에 특수 형질도입은 숙주염색체 지도 작성에 이용되지 않음

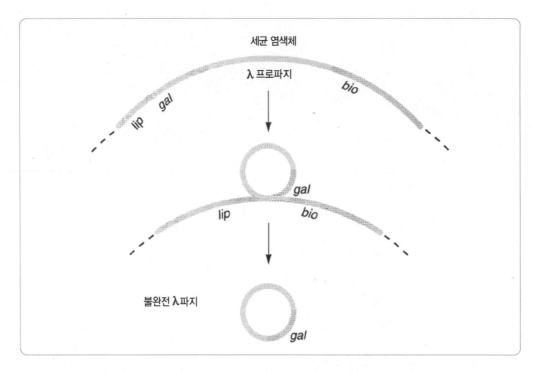

ㄴ. 형질도입을 이용한 유전자 지도 작성 : 삼인자 형질도입을 통해 유전자 순서와 상대적 거리를
   알 수 있음

   ⓐ 다중교차의 희귀성 : 예를 들어 $A^+B^+C^+$ DNA가 $A^-B^-C^-$ DNA에 교차되어 통합되는 경
      우에 교차를 통해 형성된 $A^+B^-C^+$는 네 번의 교차가 일어나 형성된 형질도입체로 가장 드
      물게 형성됨

   ⓑ 동시형질도입 상대지수 : 두 유전자 좌위의 대립유전자들 사이에서 동시 발생빈도가 높을수
      록 두 유전자 좌위는 가깝게 위치하는 것임. 즉, 두 유전자 좌위가 가까울수록 교차율이 낮고
      유전자 지도 단위값이 적음.

      형질전환에서와 같이 동시 발생을 직접 측정하는 것이므로 형질도입으로부터 얻은 값은 유
      전자 지도 거리와 반비례함. 동시형질도입 비율이 클수록 두 유전자 좌위는 가깝다는 것임

   ⓒ 유전자 ABC의 배열순서를 결정하기 위한 실험에서 나타난 형질도입체 수와 동시형질도입
      상대빈도 계산

종류	수
$A^+B^+C^-$	75
$A^+B^+C^+$	50
$A^+B^-C^+$	1
$A^+B^-C^-$	300

1. 유전자의 순서 : A – B – C
2. 동시형질도입 상대지수(A-B) : (50+75)/426 = 0.29

(3) 접합(conjugation)

일시적으로 연결된 두 개의 세균세포 사이에서 유전물질이 직접 전달되는 현상

ㄱ. 세균에서의 접합과 유전자 재조합 과정

ⓐ 접합과 F 플라스미드의 전달 : F인자는 성선모를 형성하고 DNA를 공여할 수 있는 능력을 암호화하는 플라스미드로서 F인자를 가진 F⁺에서 F 인자가 없는 F⁻로 전달됨

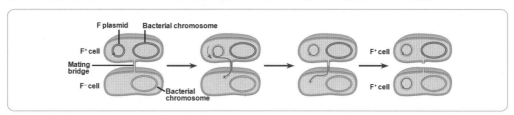

1. F 플라스미드를 지니는 F⁺ 세포는 접합통로를 형성하여 F⁻ 세포로 F 플라스미드를 전달할 수 있음

2. F 플라스미드의 특정한 위치에서 한 가닥의 DNA가 잘라져서 수여 세포로 이동하기 시작함. DNA가 전달되면서 공여 세포의 플라스미드는 계속 회전함

3. 공여 세포와 수여 세포에서 각각 F 플라스미드의 단일 가닥 DNA를 주형으로 DNA가 복제됨

4. 수여 세포의 플라스미드가 원형으로 연결됨. 접합이 일어나는 동안 F 플라스미드의 전달과 복제가 끝나면 각각의 세포에 모두 완전한 F 플라스미드가 생김. 이제 두 세포가 모두 F⁺ 세포가 된 것임

ⓑ 접합과 Hfr 세균 염색체 일부의 전달되면서 일어나는 재조합 : Hfr(high frequency of recombination)이란 공여 세포의 F인자가 염색체 안에 삽입되어 있는 경우로서 접합과정에 염색체 유전자까지 전달될 수 있는데 염색체 안에 F 인자가 삽입되어 있는 형태의 세균을 Hfr 균주라고 함

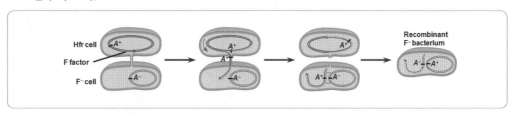

1. Hfr 세포에는 F인자가 세균 염색체에 삽입되어 있음. Hfr 세포에도 F 인자의 유전자가 있으므로 접합통로를 형성하여 F⁻ 세포로 DNA를 전달할 수 있음

2. F 인자의 특정 지점에서 단일 가닥이 끊어지고 접합통로를 통하여 이동하기 시작함. 공여 세포와 수여 세포 모두에서 복제가 진행되어 이중가닥이 형성됨

3. 접합 통로는 보통 전체 염색체와 나머지 F 인자의 DNA가 완전하게 전달되기 전에 떨어져 나감. DNA 재조합이 일어나 전달된 조각과 수여 세포의 염색체 사이에서 상동 유전자가 서로 교환됨

2 원핵생물의 유전자 발현 조절

(1) 세균의 유전자 발현 조절의 특징

ㄱ. 세균 유전체의 특징 : 하나의 전사단위에 여러 개의 유전자가 존재하는 폴리시스트론성이며 오페론을 구성하여 유전자 발현을 조절함. 오페론은 서로 연관된 기능을 가진 유전자들이 함께 모여 있는 유전자 집단으로 프로모터, 작동유전자, 구조 유전자로 이루어져 있음

ⓐ 프로모터(promoter) : RNA 중합효소가 결합하는 부위

ⓑ 작동자(operator) : 프로모터에 RNA 중합효소가 결합하는 것을 조절하여 전사를 통제하는 부위

ⓒ 구조 유전자(structural gene) : 효소를 암호화하는 유전자

ㄴ. 양성적 조절이나 음성적 조절이 수행됨

ⓐ 음성적 조절(negative regulation) : 음성적 조절에 의해 유전자 발현이 조절되는 경우 일반적으로 해당 유전자는 프롬모터와 RNA 중합효소와의 친화력이 높아서 RNA 중합효소가 프로모터에 결합하는 것을 저해하는 억제인자(repressor)가 필요함. 억제자가 작동자(operator)에 결합하면 RNA 중합효소가 프로모터에 결합하지 못하게 되어 전사가 억제됨

ⓑ 양성적 조절(positive regulation) : 양성적 조절에 의해 유전자 발현이 조절되는 경우 일반적으로 해당 유전자는 프로모터와 RNA 중합효소와의 친화력이 낮으므로 프로모터에 RNA 중합효소가 결합하기 위해 활성인자(activator)가 필요함. 활성인자는 RNA 중합효소의 프로모터에 대한 친화력을 높여 유전자 발현량을 증가시키게 됨

(2) lac 오페론의 구조와 유전자 발현 조절

ㄱ. lac 오페론의 구조

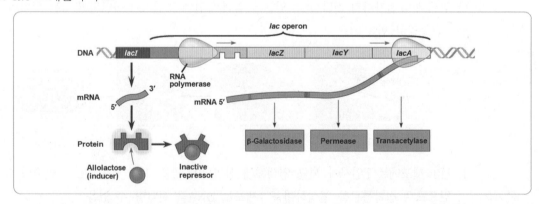

ⓐ 조절유전자 : 구조 유전자의 합성이 조절되기 위해서는 조절유전자 lac I의 산물이 필요함. 조절유전자는 구조유전자와는 독립적으로 전사되고 조절유전자로부터 항상적으로 발현된 억제자는 작동자에 결합하여 젖당대사 관련 구조유전자의 전사를 억제함. 억제자는 알로스테릭 단백질로서 알로락토오스가 억제자에 결합하면 억제자의 구조가 변화하여 작동자 DNA 염기서열에 대한 친화력을 잃어버리게 됨

ⓑ 작동자 : 억제자가 인식하는 DNA 염기서열로 억제자가 작동자에 결합하면 RNA 중합효소가 프로모터에 결합하는 것이 저해되거나 RNA 중합 효소가 열린 프로모터 복합체를 형성하는 과정이 저해됨

ⓒ 젖당 대사 관련 구조 유전자

1. lacZ : 젖당 분해효소인 β-galactosidase를 암호화하는 유전자이며 발현된 β-galactosidase는 젖당을 갈락토오스와 포도당으로 분해하는 역할을 수행하기도 하지만 동시에 젖당을 알로락토오스 이성질체로 전환시키기도 함

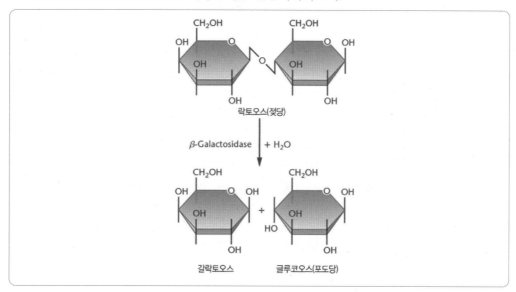

2. lacY : β-galactoside permease를 암호화하는 유전자이며 발현된 β-galactoside permease는 주변 환경에 있는 젖당을 세포 안으로 수송하는 역할을 수행함

3. lacA : β-galactoside acetyltransferase를 암호화하는 유전자이며 발현된 β-galactoside acetyltransferase는 세포가 알로락토오스를 분해하면서 생기는 독성산물을 제거하는 것으로 보임

ⓓ CAP 결합부위 : cAMP와 결합한 CAP가 결합하는 DNA 서열로서 CAP가 결합하는 RNA의 중합효소의 프로모터 결합률이 높아짐

ㄴ. lac 오페론의 유전자 발현 조절 방식 : lac 오페론은 음성적 조절과 양성적 조절이 모두 수행됨

ⓐ 음성적 조절(negative regulation) : 발현된 억제자의 활성화/불활성화 여부를 통하여 유전자 발현이 조절되는 방식임

1. 젖당이 저농도로 존재할 경우 : 조절 유전자에서 만들어진 억제자가 작동 부위에 결합하여 RNA 중합효소가 프로모터에 결합하는 것을 방해하거나 RNA 중합효소가 열린 프로모터 복합체를 형성하는 것을 방해하기 때문에 젖당 오페론의 구조 유전자가 거의 발현되지 않음

한권으로 끝내는 메디컬(의치한약수) 편입 나만의 祕密兵器

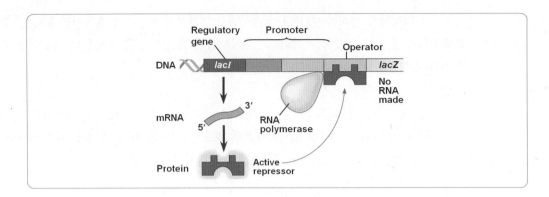

2. 젖당이 고농도로 존재할 경우 : 젖당이 존재하면 세포 내로 일부 진입하여 β
-galactosidase에 의해 일부 젖당이 알로락토오스로 전환되는데 알로락토오스는 억제자
에 결합하게 되고, 그 결과 억제자의 형태가 변형되어 작동자에 결합하지 못하게 됨. 따
라서, 작동자 서열이 비게 되고, 프로모터에 RNA 중합효소가 결합하여 전사가 시작됨.
전사를 통해서 만들어진 mRNA는 번역 과정을 거쳐 젖당을 분해하는 데 필요한 효소가
만들어짐. 이 때 억제자에 결합하여 억제자를 불활성화시킨 알로락토오스를 유도자
(inducer)라 하고 lac 오페론을 유도성 오페론이라고 함

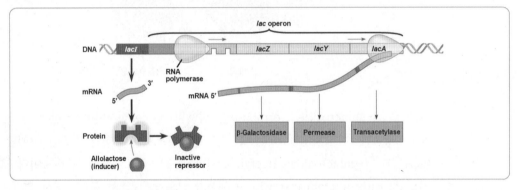

ⓑ 양성적 조절(positive regulation) : 발현된 활성자의 활성화/불활성화 여부를 통하여 유전
자 발현을 조절하는 방식. lac 오페론의 경우 활성자는 이화물질 활성화 단백질(catabolic
activator protein ; CAP)임. CAP는 cAMP와 결합해야 활성화되는데 CAP-cAMP 이량체
는 활성부위에 결합함과 동시에 RNA 중합효소 **α** 소단위체의 CTD에 결합하여 자극함으로
써 RNA 중합효소로 하여금 프로모터 활성에 용이하게 결합하게 함. cAMP의 농도는 세포
내 포도당의 농도에 따라서 결정되는데 포도당의 농도가 높으면 cAMP의 농도가 낮아지고
포도당의 농도가 높으면 cAMP의 농도가 높아짐

1. 이화산물 억제(catabolite repression) : 포도당과 젖당이 같이 존재하는 경우 포도당을
먼저 사용하고 젖당을 나중에 이용하는 이화산물 억제가 일어나게 됨
2. 양성적 조절 기작 : 젖당이 존재하고 포도당이 저농도로 존재할 경우 다량의 cAMP가 형
성되어 활성화된 CAP의 양이 증가하여 젖당분해효소 발현량이 증가하게 됨. 젖당이 존재
하고 포도당이 고농도로 존재할 경우 cAMP의 농도가 낮아져 활성화된 CAP의 양이 줄어
들어 젖당분해 효소 발현량이 줄어들게 됨

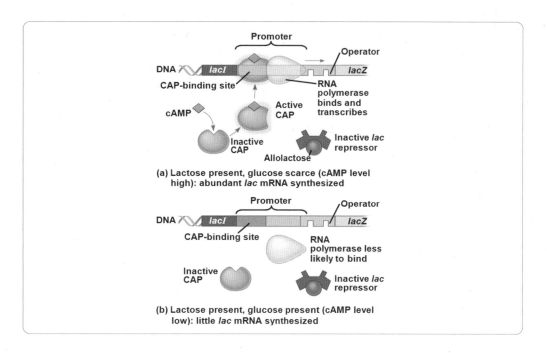

(a) Lactose present, glucose scarce (cAMP level high): abundant *lac* mRNA synthesized

(b) Lactose present, glucose present (cAMP level low): little *lac* mRNA synthesized

(3) trp 오페론의 구조와 유전자 발현 조절

억제성 오페론으로서 음성적 조절 및 전사감쇄를 통해 유전자 발현조절이 진행됨

ㄱ. trp 오페론의 구조 : lac 오페론의 구조와 거의 유사함. 구조 유전자는 trpE, trpD, trpC, trpB, trpA가 있는데 여기서 발현되는 단백질 효소는 코리슴산을 다섯 단계에 걸쳐 트립토판으로 전환시킴. trpR은 억제자 암호 유전자이며 P는 프로모터, O는 작동자를 가리킴

ㄴ. trp 오페론의 유전자 발현 조절 방식 : trp 오페론은 작동자와 관련된 음성적 조절과 전사 감쇄 조절체계에 의한 조절방식이 있음

ⓐ 음성적 조절(negative regulation) : 발현된 억제자의 활성화/불활성화 여부를 통하여 유전자 발현을 조절하는 방식

1. 트립토판이 저농도로 존재할 경우 : 트립토판과 결합하지 않은 억제자는 불활성화되며 오페론은 활성화되어 트립토판 합성 효소들이 생성됨

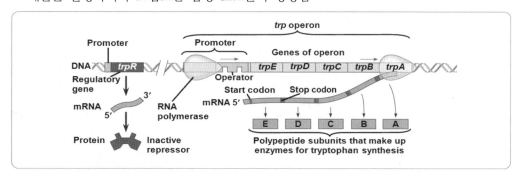

2. 트립토판이 고농도로 존재할 경우 : 트립토판이 축적됨에 따라 트립토판이 결합한 억제자는 활성화되고 작동부위에 결합하게 되어 트립토판 합성 효소들의 생성이 억제됨. 이 때 트립토판은 공동억제자(corepressor)로 작용한 것임

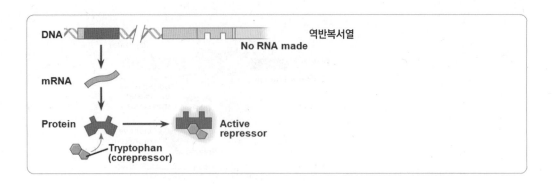

3 진핵생물의 염색체

(1) 진핵생물 염색질과 염색체 조직화 단계

진핵생물의 염색질은 DNA와 단백질 복합체로 구성되는데 염색체의 분리와 유전자 발현 조절을 위해 여러 수준의 조직화 단계가 존재함

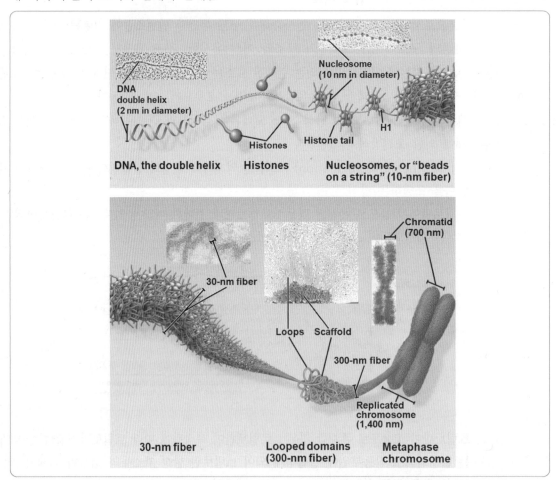

ㄱ. 뉴클레오솜(nucleosome) : 진핵생물 염색체의 가장 기본적인 구조로서 각 뉴클레오솜 핵심 입자와 연결자는 약 200bp의 DNA를 포함하고 있으며 전자현미경 하에서 이 구조는 실에 구슬이 꿰어 있는 것처럼 보이며 구슬처럼 보이는 뉴클레오솜의 지름 때문에 10nm 염색질 섬유라고 함

ⓐ 뉴클레오솜 핵심입자(nucleosome core particle)의 구조 : 히스톤 단백질 H2A, H2B, H3, H4가 각각 2분자씩 조합되어서 146bp의 DNA가 거의 두 바퀴를 감는 구슬모양을 형성하고 있음. 히스톤은 Lys과 Arg으로 대표되는 양전하 아미노산을 많이 포함하고 있는 단백질로서 염색체 DNA 정전기적 인력을 통해 결합하여 복합체를 형성함

ⓑ 연결자(linker) : 하나의 뉴클레오솜과 다음 뉴클레오솜 사이에 뻗어 있으며 H1이 결합함으로써 다음 염색질 포장 단계가 진행됨

ㄴ. 30nm 염색질 섬유(30nm chromatin fiber) : 솔레노이드(solenoid)라고 불리는 지름이 30nm인 꽈리를 튼 구조

ⓐ H1 분자의 역할 : H1 분자가 뉴클레오솜에서 DNA가 나가고 들어오는 지점과 연결자 DNA에 둘 다 결합하여 염색질 응축에 관여함

ⓑ 솔레노이드 구조의 기능 : 염색질을 응축시켜 DNA를 화학적이고 기계적인 손상으로부터 보호해줌. 반대로 염색질의 유전자가 활성을 띠게 될 때에는 솔레노이드나 뉴클레오솜으로부터 거의 완전하게 풀려야만 함

ㄷ. 더 상위 응축 단계 : H1과 비히스톤성 단백질 골격이 염색체 응축에 관여한다고 알려져 있지만 정확한 메커니즘은 알려져 있지 않음

(2) 응축 상태에 따른 염색질 구분

응축된 상태에 따라 이질염색질과 진정염색질로 구분함

ㄱ. 이질염색질(heterochrmatin) : 응축된 염색질로서 광학현미경에서 매우 선명하게 염색되는 염색질 부위를 가리키며 전체 간기 염색질 중 약 10%를 차지함. 이질 염색질 상의 DNA는 유전자를 거의 포함하고 있지 않거나 포함하고 있다 하더라도 유전자 발현이 저해됨

ㄴ. 진정염색질(euchromatin) : 탈응축된 염색질로서 유전자 발현 정도가 상대적으로 높음

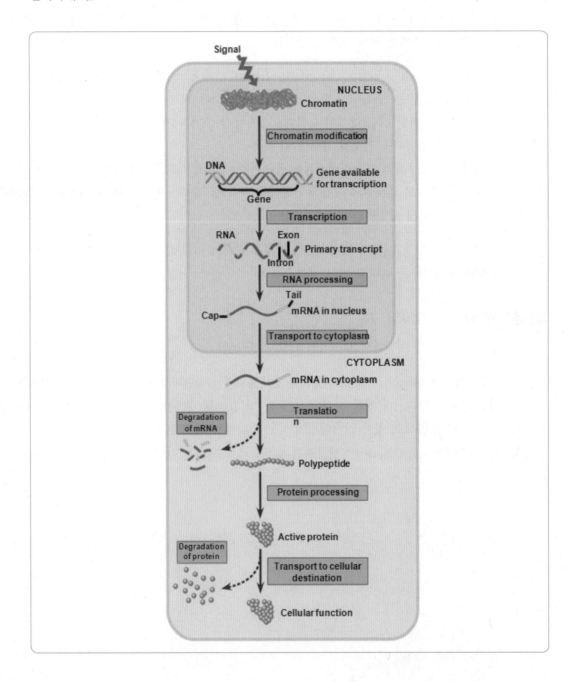

(1) 진핵생물의 유전자 발현 조절의 범주

ㄱ. 단기적 조절 : 환경이나 생체 조건의 변화에 따라 유전자들이 빠르게 켜지거나 꺼지는 조절 현상과 관련되어 있음

ㄴ. 장기적 조절 : 개체가 발달하거나 분화하는 데 관련된 조절기작으로서 다세포 진핵생물에서만 일어나게 됨

(2) 염색체 구조의 변화를 통한 유전자 발현 조절

ㄱ. 히스톤의 변형을 통한 유전자 발현 조절

ⓐ 히스톤의 아세틸화/탈아세틸화를 통한 유전자 발현 조절 : 히스톤 꼬리의 리신이 아세틸화되면 양성전하가 중화되어 히스톤 꼬리는 더 이상 주변의 뉴클레오솜과 결합하지 못하여 염색질이 조금 덜 응축된 구조로 존재하게 되고 유전자 발현율이 높아지게 되나, 히스톤 꼬리의 리신이 탈아세틸화되면 뉴클레오솜 간의 결합이 더욱 강해져 염색질이 조금 더 응축되고 유전자 발현율이 낮아짐

ⓑ 히스톤의 메틸화/탈메틸화를 통한 발현 조절 : 히스톤 꼬리의 아미노산이 메틸화가 되면 염색질의 응축이 촉진되어 유전자 발현이 감소하게 됨

ㄴ. DNA의 메틸화를 통한 유전자 발현 조절

ⓐ 메틸화된 DNA 영역은 전사율이 떨어지며 염색질의 구조를 변화시키는 단백질이나 히스톤 탈아세틸화효소가 결합하여 이웃한 유전자의 전사를 방해하는 복합체를 형성하는 것으로 생각됨

ⓑ 불활성 X 염색체는 염색체의 거의 전 영역에 메틸화가 되어 있으며 유전체 각인 현상도 DNA 메틸화를 통해서 수행되는 점을 상기하기 바람

(3) 전사 조절

유전자 발현 조절의 핵심 조절 부분으로 유전자의 프로모터와 조절 부위에 결합하는 단백질이 관여함

ㄱ. 진핵생물의 유전체의 유전자 발현 조절 부위

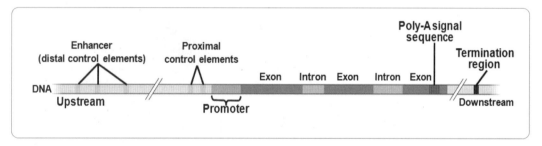

ⓐ 프로모터 : RNA 중합효소 결합부위임. RNA 중합효소는 그 자체만으로는 프로모터 서열을 인식하지 못하며 대신 일반 전사인자라고 불리는 단백질들이 프로모터를 인식하고 결합하여 중합효소를 끌어들이게 됨

ⓑ 조절 요소 : 유전자의 발현을 조절하는 특수 전사인자들의 결합 부위로서 근거리 조절 요소와 인핸서 등의 원거리 조절요소 등을 포함함

ㄴ. 전사의 활성화 : 하나 이상의 유전자들의 발현을 조절하는 활성자들은 전사 속도를 증가시키기 위해 근거리 조절 요소에 결합하거나 또는 전사의 속도를 최대로 내기 위해 인핸서에 결합함

ⓐ 활성자의 구조와 기능 : 활성자는 DNA에 결합하는 결합 도메인(binding domain ; BD)과 활성을 가지는 활성 도메인(activator domain ; AD)으로 구성되어 있음. 결합 도메인은 특

이적인 DNA 인헨서 염기서열을 인식하는 결합하는 부위임. 실험적으로 결합 도메인을 다른 활성자의 결합 도메인으로 치환하여 잡종 단백질을 형성하거나 혹은 DNA의 결합부위 염기서열에 변이를 일으키게 되면 결합 도메인은 DNA에 정상적으로 결합하지 못하게 됨. 활성자는 유전자의 프로모터 부위에 RNA 중합효소와 일반전사인자의 도입을 촉진시킬 뿐 아니라 히스톤 아세틸화 효소나 염색질 구조조정 복합체들의 도입을 촉진하여 전사개시를 촉진시키게 됨

ⓑ 인헨서에 의한 유전자 발현 증폭 기작 : 인헨서는 구조유전자의 앞뒤에 존재하며 수백 혹은 수천 bp가 떨어진 곳에 존재함. 따라서 인헨서에 결합된 활성자가 전사를 촉진시키기 위해 프로모터에 결합된 일반전사인자와 반응하기 위해서는 DNA 고리구조가 형성되어야 함. DNA 고리구조가 형성되면 인헨서에 결합한 활성자가 매개자를 통하거나 직접 프로모터에 결합한 일반전사인자와 결합하여 프로모터를 활성화시킴

ㄷ. 전사의 억제 : 억제자는 활성자와 조절부위에 경쟁적으로 결합하거나 활성자의 활성 도메인과 결합하여 활성자의 활성을 억제하기도 하고 일반전사인자와 직접 결합하여 불활성화시키기도 함. 또는 염색질 구조조정 복합체의 활성을 억제하거나 혹은 히스톤 아세틸화 효소의 활성을 억제하여 전사를 억제함

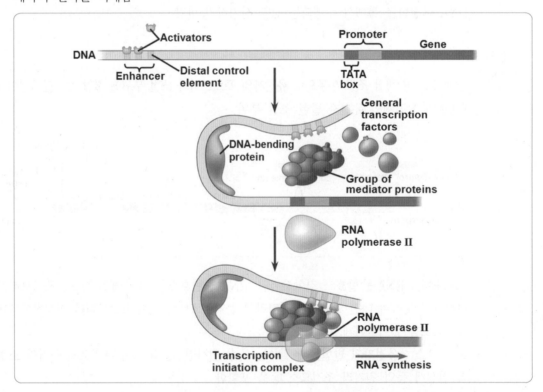

ㄹ. 조합적 유전자 발현 조절 : 상대적으로 적은 수의 조절 단백질들이 다양한 유전자의 전사를 조절

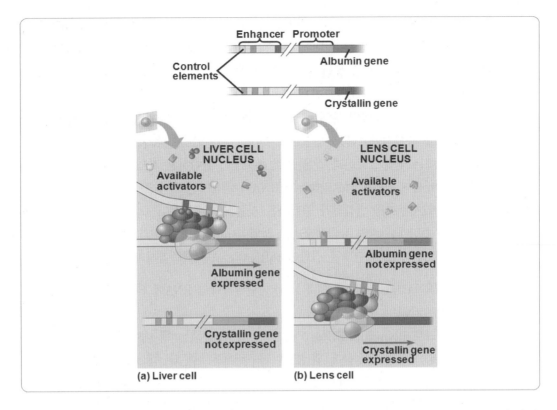

ⓐ 하나의 유전자의 조절 부위에는 근거리 조절 요소나 원거리 조절 요소의 조절 서열들이 하나 이상 존재함

ⓑ 각각의 조절 서열들에게는 특이적인 조절 단백질들이 결합하게 되는데 특정 유전자의 발현 조절에는 서로 다른 조합의 조절 단백질이 관여하게 됨

　ㅁ. 관련 유전자의 통합적 조절 : 함께 조절되는 유전자들은 동일한 조절서열을 가지고 있기 때문에 하나의 신호로 여러 유전자들의 전사가 동시에 통제될 수 있음

(4) 전사 후 조절

　ㄱ. RNA 가공 : RNA 전사 이후 일차 전사체를 다양한 방식으로 가공하여 한 종류의 유전자로부터 다양한 단백질이 형성될 수 있게 함

 선택적 가공

ⓐ 선택적 가공의 결과 : 대부분의 진핵생물 mRNA 전구체들은 오직 하나의 성숙한 mRNA와 이에 해당하는 폴리펩티드를 생산하지만 일부는 다양한 mRNA를 생성하고 이에 따라 다양한 폴리펩티드를 만들 수 있도록 한 가지 이상의 처리과정을 거치게 됨. 즉, 가공과정시 양자택일 절단과 폴리아데닐화가 다양하게 일어나거나 스플라이싱이 다양하게 일어나게 되면 동일한 RNA 1차 전사체로부터 서로 다른 mRNA가 형성될 수 있음

ⓑ 진핵생물에서 선택적 가공 과정의 두가지 기전 : 양자택일 절단과 폴리아데닐화 또는 대체 스플라이싱

ㄴ. mRNA의 분해율 조절 : mRNA 분해율을 통해 mRNA의 수명을 조절하는 방식으로 원핵생물의 mRNA는 일반적으로 몇 분 이내에 분해되는데 반해 다세포 진핵생물의 mRNA는 일반적으로 몇 시간, 며칠 혹은 몇 주 동안 유지되는 경향이 있음

ⓐ mRNA의 분해는 폴리-A-꼬리가 짧아지거나 3′쪽의 특정 서열이 끊어지면서 빠르게 분해되기 시작함. 3′쪽 서열의 분해는 5′-캡을 제거하는 효소의 활성을 촉진시켜 5′으로부터의 분해 속도를 증가시키고 동시에 3′으로부터의 분해속도도 증가함

ⓑ 본 기작에는 몇몇 호르몬과 같은 조절 분자들이 관여하는 것으로 알려져 있음. 예를 들어 쥐의 유선에서 카세인을 암호화하는 mRNA의 반감기는 대략 5시간이나 프로락틴 분비되어 존재하면 92시간까지 반감기가 증가하는 것을 볼 수 있음

ⓒ mRNA 수명에 관련된 뉴클레오티드 서열이 mRNA의 5′-UTR이나 3′-UTR에서 발견되는데 3′-UTR의 조절 단백질 결합이 mRNA의 수명을 증가시키는 경우가 있음

ㄷ. RNA 간섭(RNA interference ; RNAi) : 단일가닥의 RNA에 의한 유전자 발현 억제
ⓐ 마이크로 RNA와 소형간섭 RNA
1. 마이크로 RNA(microRNA ; miRNA) : miRNA는 핵 내에서 발현된 비암호화 RNA가 머리핀 구조를 형성하게 된 RNA 전구체에서 비롯되는데 다이서에 의해 21~22 염기쌍 단위로 잘려져 miRNA가 형성되는 것임. 형성된 miRNA는 하나 이상의 단백질과 복합체를 형성하여 mRNA의 분해나 해독 억제가 일어나게 됨. 사람에게는 약 250여가지의 miRNA가 존재하는 것으로 여겨지고 있음
2. 소형간섭 RNA(small interfering RNA ; siRNA) : miRNA와 동일한 방식으로 형성되지만 그 전구체는 핵에서 발현되는 RNA가 아니며 오히려 외부에서 침투한 바이러스의 dsRNA인 경우가 많음

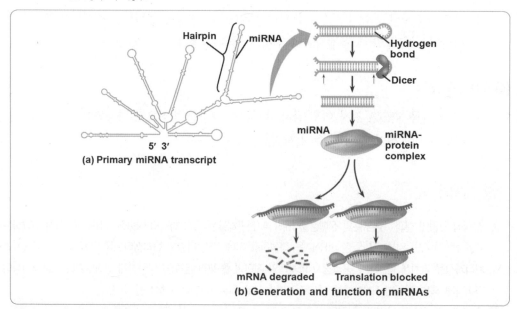

ㄹ. 번역 시의 조절 : 번역 시의 조절 단계는 모든 생명체의 모든 세포에서 필수적으로 일어나는 과정임

    ⓐ 일부 mRNA의 해독 개시는 5′-UTR에 존재하는 특정 서열이나 구조를 인지하여 결합하는 조절 단백질에 의해 억제될 수 있음

    ⓑ mRNA의 poly(A)꼬리의 길이에 따라 단백질 발현량이 조절될 수 있음. 꼬리가 길어지면 번역되는 단백질의 양이 증가하게 되고 길이가 줄어들면 번역되는 양도 줄어들게 됨. 이것은 번역의 개시와 꼬리의 분해가 경쟁적으로 일어나는 것과 관련 있는 것으로 보임

    ⓒ 내부 리보솜 진입 자리(internal ribosomal entry site; IRES) : 캡구조가 없는 mRNA에서는 5′측에 가까운 코돈(AUG)이 반드시 개시코돈이 될 수는 없는데 IRES라는 복잡한 2차구조를 갖는 RNA가 되고 그 후의 AUG가 개시코돈이 되어 번역되는 경우가 있음

(5) 번역 후 조절

단백질의 유효성을 통제하는 방식으로 진행되는데 화학적 변형, 가공과정, 분해과정이 그것임

ㄱ. 단백질의 화학적 변형 : 인산화나 당화를 통해 단백질의 활성을 조절함

ㄴ. 단백질의 가공 : 펩티드 절단을 통해 단백질의 활성을 조절함

ㄷ. 단백질의 분해 : 세포 내의 각 단백질 수명은 선택적 분해에 의해 엄격하게 조절됨. 세포는 분해될 특정 단백질을 표지하기 위하여 분해될 단백질에 유비퀴틴(ubiquitin)이라는 작은 단백질 분자를 부착시킴. 프로테아좀(proteasome)이라 불리는 거대한 단백질 복합체가 유비퀴틴이 부착된 단백질을 인지하고 분해시킴

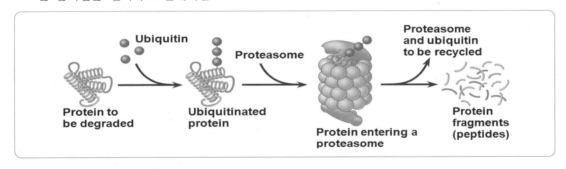

(1) 인간 유전체 내의 여러 가지 서열의 종류

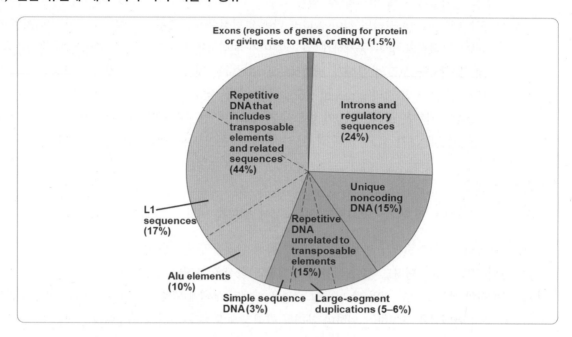

Exons (regions of genes coding for protein or giving rise to rRNA or tRNA) (1.5%)

Repetitive DNA that includes transposable elements and related sequences (44%)

Introns and regulatory sequences (24%)

Unique noncoding DNA (15%)

L1 sequences (17%)

Repetitive DNA unrelated to transposable elements (15%)

Alu elements (10%)

Simple sequence DNA (3%)

Large-segment duplications (5–6%)

ㄱ. 전이성 인자 및 그와 연관된 서열을 포함하는 반복서열(44%)

ㄴ. 전이성 인자와 무관한 반복서열(15%)

ㄷ. 인트론과 조절부위(24%)

ㄹ. 독특한 비암호화 DNA(15%)

ㅁ. 엑손 및 rRNA 및 tRNA로 전사되는 부위(1.5%)

(2) 반복서열(repeatitive sequence)

ㄱ. Tandem Repeat : 반복단위가 연속적으로 배열되어 있는 것이 특징임. 대부분은 동원체나 염색체 말단 소립에 집중 분포하고 있으며 종간에 반복단위의 서열은 유사하나 반복서열의 반복 횟수는 다양함. 특히 minisatellite DNA나 microsatellite DNA의 경우 DNA fingerprinting에 이용하기에 가장 적합하다고 여겨짐

ⓐ microsatellite DNA : STR(short tandem repeat)이라고도 하며 반복단위의 길이가 1~6bp이며 반복 단위의 반복 횟수가 10~100회 정도임

ⓑ minisatellite DNA : 주로 반복 단위의 길이가 10~60bp이며 사람마다 그 반복서열이 상당히 다양함

⊙ VNTR(variable number of tandem repeat) : 반복횟수가 상당히 다양한 서열로서 genetic marker로 이용함

(3) 진핵생물의 전이성 인자

ㄱ. DNA 트랜스포존(DNA transposon) : transposase를 암호화하여 DNA를 중간 매개체로 유전체 사이를 이동할 수 있는 전이성 인자로서 양 말단에 짧은 역반복 서열을 지님. 자르고 붙이기(cut-and-paste) 방식으로 기존의 위치에서 제거되어 이동하거나 복사 후 붙이기(copy-and-paste) 방식으로 기존의 위치에 트랜스포존을 남겨두고 새로운 곳으로 복제되어 이동하는 방식으로 구분함

예 Ac-Ds(옥수수)

 Ac-Ds 시스템

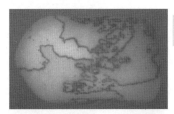

➤Ac-Ds 시스템을 포함하는 유전적 전이에 의해 색소화된 호분.

Ⓐ 맥클린톡(B.McClintock)은 줄무늬가 있거나 점이 있는 옥수수 알갱이가 높은 돌연변이율을 나타낸다는 것을 확인했는데 이 연구를 통해 전이성 인자의 존재를 처음 규명했으며 그녀는 이러한 업적으로 인해 노벨상을 수상하게 됨

Ⓑ Ac-Ds 시스템은 두 종류의 전이성 인자로 이루어짐. Ds는 Ac의 일부 서열이 결실된 것으로서 Ac가 유전체에 존재하기 전까지는 전이할 수 없으나 Ac가 유전체 속으로 들어가면 Ds는 전이 하여 특정 유전자의 발현을 방해하게 됨

Ⓒ 옥수수 알갱이를 나타내는 색 유전자에 전이성 인자인 Ac나 Ds가 삽입되면 해당 유전자는 발현되지 않게 되며 삽입의 경향은 상당히 임의적이기 때문에 옥수수 알갱이는 점박이처럼 보이게 됨

ㄴ. 레트로트랜스포존(retrotransposon) : 레트로트랜스포존 DNA의 전사물인 RNA 중간물질을 매개로 옮겨 다니는 전이성 인자로 새로운 삽입 위치에서 RNA는 레트로트랜스포존에 의해 암호화된 역전사효소에 의해 다시 DNA로 역전사된 후 삽입됨. 진핵생물 유전체의 전이성 인자는 대부분 레트로 트랜스포존임

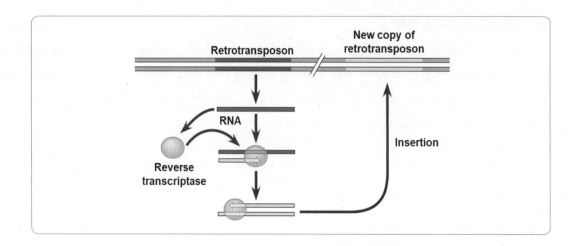

최신 기출과 해설

52 진핵세포의 유전자발현에 관한 설명으로 옳은 것은?

　① 오페론을 통해 전사가 조절된다.
　② mRNA 가공은 세포질에서 일어난다.
　③ 인핸서(enhancer)는 전사를 촉진하는 단백질이다.
　④ 히스톤 꼬리의 아세틸화는 염색질 구조변화를 유도한다.
　⑤ 마이크로 RNA(miRNA)는 짧은 폴리펩티드에 대한 정보를 담고 있다.

53 병원체가 바이러스인 질병이 아닌 것은?

　① 황열병　　　② 광견병　　　③ 홍역　　　④ 광우병　　　⑤ 구제역

54 다음 중 SiRNA(small interfering RNA)에 대한 설명으로 옳은 것만을 〈보기〉에서 모두 고른 것은?

> ┌─ 보기 ┐
> ㄱ. 특정 유전자의 발현을 억제하기 위해 사용될 수 있다.
> ㄴ. 동물에서만 발견되는 RNA의 일종이다.
> ㄷ. 20~25개 정도 되는 뉴클레오티드로 이루어진 단일가닥 RNA분자이다.

　① ㄱ　　　② ㄱ, ㄷ　　　③ ㄴ　　　④ ㄴ, ㄷ　　　⑤ ㄷ

정답 및 해설

52 정답 | ④
히스톤 단백질의 N말단 꼬리 부분의 염기성 아미노산 양전하를 나타내고 있는데 이 히스톤 꼬리에 아세틸화가 일어나면 양전하가 상쇄되어 음전하를 띠는 DNA와의 상호작용이 약화되어 염색질 구조가 풀리며 전사가 촉진될 수 있다.

53 정답 | ④
광우병을 유발하는 병원체는 단백질성 감염 입자인 프리온이다. 프리온 단백질은 포유류 신경 세포의 원형질막에 존재하는 단백질로서 잘못된 구조로 인해서 질병을 유발하게 된다.

54 정답 | ①
작은 절편으로 구성된 SiRNA는 상보적 서열을 갖는 특정 mRNA의 번역을 억제하는 기작이다.

55 진핵세포의 유전자 발현에 대한 설명으로 옳은 것만을 〈보기〉에서 있는 대로 고른 것은?

┌─ 보기 ┐

ㄱ. 염색질 응축여부와 유전자 발현은 관련성이 없다.
ㄴ. DNA 메틸화에 의해 유전자 발현이 조절될 수 있다.
ㄷ. 인핸서(enhancer)는 표적유전자의 내부에 있을 수 없다.
ㄹ. miRNA(마이크로 RNA)는 표적 mRNA를 분해시킬 수 있다.

① ㄱ, ㄴ   ② ㄱ, ㄷ   ③ ㄱ, ㄷ, ㄹ   ④ ㄴ, ㄷ, ㄹ   ⑤ ㄴ, ㄹ

56 마이크로RNA(miRNA)와 miRNA전구체에 관한 설명으로 옳은 것만을 〈보기〉에서 있는 대로 고른 것은?

┌─ 보기 ┐

ㄱ. miRNA전구체는 다이서(dicer)에 의해 절단된다.
ㄴ. miRNA는 헤어핀 구조를 갖고 있는 3차 구조이다.
ㄷ. miRNA전구체는 핵 내에서 가공이 완료되어 miRNA가 만들어진다.
ㄹ. miRNA는 세포질에서 표적 RNA와 결합하여 번역(translation)을 차단한다.

① ㄱ, ㄴ   ② ㄱ, ㄷ, ㄹ   ③ ㄱ, ㄹ   ④ ㄴ, ㄷ   ⑤ ㄷ, ㄹ

정답 및 해설

55 정답 | ⑤

ㄱ. 염색질이 응축되어 있으면(이질 염색질 상태) 유전자 발현이 억제되며, 염색질이 풀려 있으면(진정 염색질 상태) 유전자 발현이 촉진된다.
ㄴ. DNA 메틸화는 히스톤 단백질의 탈아세틸화를 초래하여 염색질 응축에 영향을 미쳐 유전자 발현을 조절한다.
ㄷ. 인핸서는 프로모토의 상단부 하단부 심지어 유전자 내부의 인트론에도 위치할 수 있다.
ㄹ. miRNA는 표적 mRNA와 부분 상보적일 경우 RISC와 함께 번역을 억제하거나 표적 mRNA와 완전 상보적일 경우 mRNA의 분해를 유발할 수 있다.

56 정답 | ③

ㄴ. Pre-miRNA에 대한 설명이다. miRNA는 직선화된 절편에 해당한다.
ㄷ. miRNA 절편은 세포질에서 RISC와 결합 후에 완성된 형태로 가공이 완료된다.

MEMO

편입생물 비밀병기

생물 1타강사 **노용관**

단권화 바이블 ✚ 필수기출과 해설편

한권으로 끝내는 메디컬(의치한약수) 편입 나만의 祕密兵器

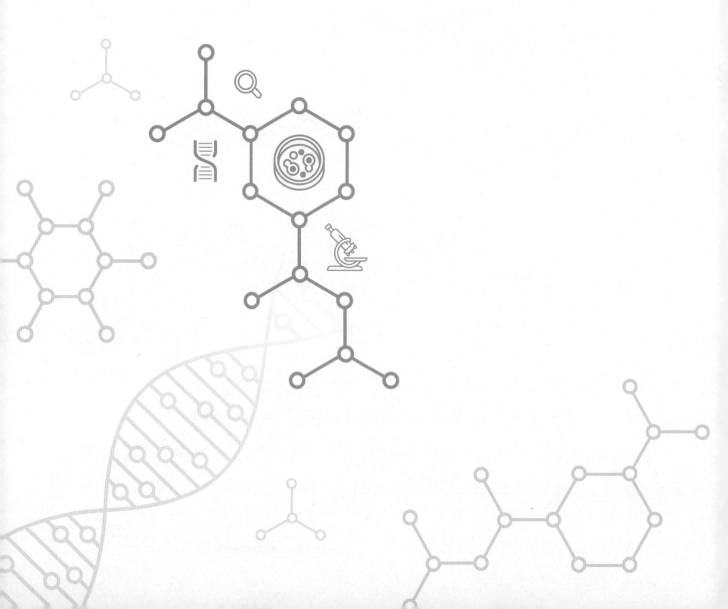

18

유전공학

18 유전공학(genetic engineering)

1 재조합 DNA의 형성

(1) DNA의 절단과 연결

ㄱ. 제한효소에 의한 DNA 절단 : 제한효소(restriction site)란 핵산의 특징 염기서열만을 인식하여 절단하는 핵산내부가수분해효소(endonuclease)로서 메틸화되어 있지 않은 특정 서열을 절단 하게 되는데 숙주 세포는 자신의 제한효소에 의한 자신의 DNA를 보호하는 차원에서 DNA에 메틸화를 시킴.

제한효소에 의해 잘린 절편의 말단은 접착성 말단(sticky end)이나 평활말단(blund end)의 형 태를 띠게 됨. DNA 제한효소가 인식하는 DNA의 특정 염기서열을 제한자리(restriction site) 라고 하며 제한자리는 회문구조(palindrome)를 이루고 있는 것이 특징임

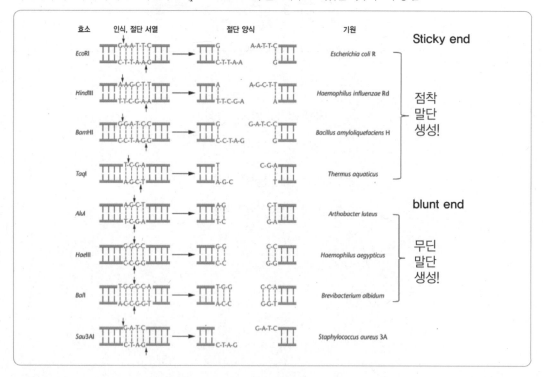

ㄴ. 리가아제(ligase) : 리가아제는 두 핵산 절편 간에 인산이에스테르 결합을 형성하여 연결함

(2) 벡터(vector)

유전물질을 전달하기 위해 전달매체로 사용되는 DNA분자로서 DNA 클로닝을 목적으로 하는 클로닝 벡터와 유전자의 발현을 목적으로 하는 발현벡터로 구분됨. 하지만 대부분의 벡터는 유전자의 클로닝과 발현을 모두 목적으로 하기 때문에 구분의 의미는 크게 없다고 보아야 함

ㄱ. 벡터의 조건

ⓐ 클로닝 벡터의 일반적 조건

1. 재조합된 유전자를 숙주 내에서 복제하기 위해서 복제원점이 존재해야 함
2. 클로닝 자리(cloning site)가 있어야 함. 여러 클로닝 자리가 모여 있는 부위를 MCS(multiple cloning site)라고 함
3. 재조합 DNA의 형질전환 여부와 유전자의 재조합 여부를 확인할 수 있게끔 하는 선택적 표지자(selectable marker)가 있어야 함

ⓑ 발현 벡터의 추가적인 조건

1. 특정 유전자의 발현을 목적으로 하는 실험에서 유전자 발현 벡터는 프로모터를 지니고 있어야 함
2. 클로닝된 유전자의 번역을 위해 SD 서열이 개시코돈 앞에 존재해야 함

ㄴ. 벡터의 종류

ⓐ pBR322 : 플라스미드 벡터로서 세균의 플라스미드에서 유래한 환형의 이중가닥 DNA 분자이며 클로닝할 수 있는 핵산 크기가 15kb 정도로 제한된다는 점이 단점임

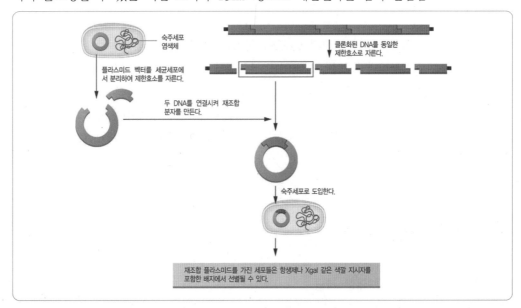

ⓑ 박테리오파지 벡터(bacteriophage vector) : 박테리오파지는 세균의 DNA를 한 세포에서 다른 세포로 전달할 수 있어서 좋은 벡터 역할을 수행함. 파지는 플라스미드에 비해 몇 가지 장점이 있는데 플라스미드에 비해 세포에 대한 감염성이 좋기 때문에 파지 벡터를 이용하면 플라크 형태의 클론을 얻을 가능성이 높음

ⓒ 세균인공염색체(bacterial artificial chromosome ; BAC) : 선형 DNA 가닥인 YAC의 불안정성과 그 밖의 몇 가지 단점을 해소해 버린 인공 염색체로서 세균의 F인자를 기반으로 하여 제작된 것이며 YAC와는 달리 환형 DNA의 형태를 지님. 평균 150kb 정도의 DNA를 클로닝할 수 있기 때문에 YAC와 마찬가지로 인간 유전체 프로젝트에 이용되었음

ⓓ Ti 플라스미드 : 식물세포에 유전자를 도입하기 위해 필요한 벡터로서 Agrobacterium tumefaciens 세균 내에 존재하고 Ti 플라스미드의 T-DNA라는 작은 DNA 단편이 숙주 식물세포의 염색체로 통합되어 형질 전환이 일어나게 됨

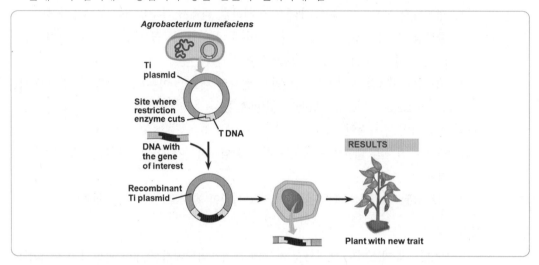

1. vir 유전자(virulence gene) : vir 유전자 산물은 T-DNA 좌우편에 있는 25bp 정도의 염기서열을 인지하여 절단한 후 T-DNA를 Ti 플라스미드로부터 분리함. 이후 분리된 T-DNA는 식물 염색체 DNA에 삽입됨

2. T-DNA : 대략 20kb 크기의 영역으로서 opine 유전자, ipt 유전자 및 옥신 유전자가 존재함. ipt 유전자는 시토키닌 합성에 관련되어 있으며 옥신 유전자는 옥신 합성에 관련되어 있어서 이로 인해 대량으로 합성되는 시토키닌과 옥신은 미분화 세포덩어리를 증식시켜 종양 형성에 기여하고 opine은 아그로박테리아의 영양원으로 이용됨

2 유전자 클로닝

(1) 유전자 클로닝 과정에 대한 개관

ㄱ. 벡터로 사용할 세균 플라스미드와 목적 유전자를 각각의 세포로부터 분리함

ㄴ. 플라스미드와 목적 유전자를 제한효소를 처리함. 한 가지 제한효소로 플라스미드와 표적 유전자를 자를 수도 있지만 어떤 경우에는 MCS의 제한자리를 인식하는 서로 다른 두 개의 제한효소로 플라스미드와 목적에 있는 서로 다른 두 개의 제한효소로 자를 수도 있음. 이 방법은 목적

편입생물 비밀병기 – 단권화바이블 + 필수기출과 해설편

유전자가 어떤 방향으로 들어갔는지를 알 수 있고 또한 벡터의 양 끝이 서로 맞지 않아 자가연결률을 낮출 수 있는 장점이 있음

ㄷ. 벡터의 자가 연결률을 낮추기 위해 알칼리성 인산가수분해효소(alkiline phosphatase)를 처리해야 함. 알칼리성 인산가수분해효소를 통해 절단된 플라스미드 5′-인산기가 존재하지 않기 때문에 자가 연결될 수 없음

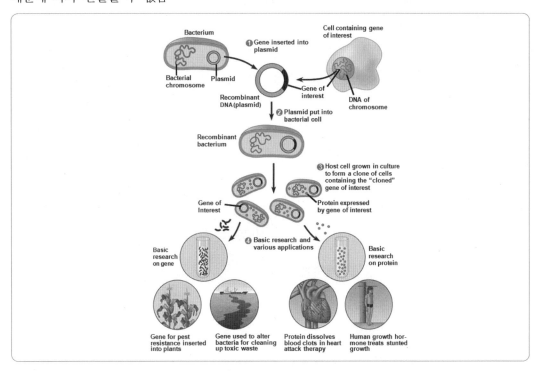

ㄹ. 목적 유전자와 절단된 플라스미드를 시험관에서 혼합함

ㅁ. 리가아제를 이용하여 두 DNA 분자들을 연결함. 리가아제의 활성을 위해 용액에는 ATP가 포함되어야 함

ㅂ. 재조합 플라스미드를 세균과 혼합하고 적당한 조건을 맞춰 주면 일부의 세균은 플라스미드 DNA로 형질전환됨

ㅅ. 재조합 플라스미드로 형질전환된 세균을 선별해야 함

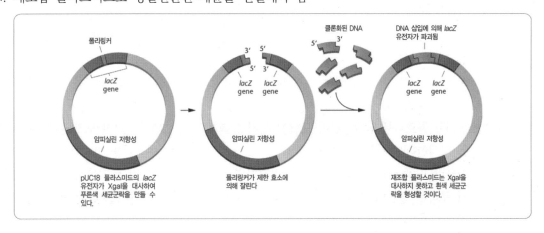

(2) 재조합된 DNA로 형질전환된 세균의 선별 과정

원하는 클론만을 선별하는 과정을 스크리닝(screening)이라고 함

ㄱ. 복제평판을 이용하는 선별 과정 : 재조합된 벡터 pBR322로 형질전환된 세균의 선별 과정

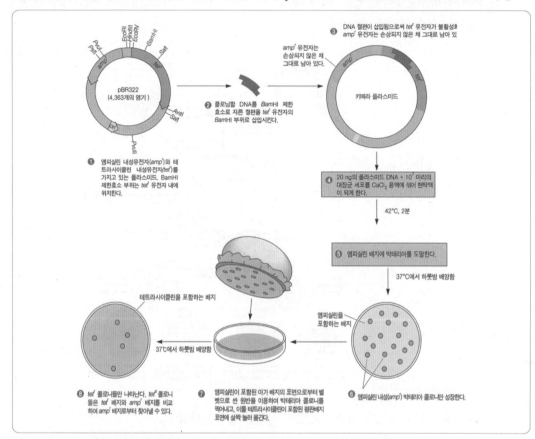

ⓐ 플라스미드를 세균으로부터, 목적 유전자를 특정 세포로부터 분리함

ⓑ Pst I 을 처리하여 pBR322와 목적 유전자를 자름. pBR322에는 알칼리성 인산가수분해효소를 처리하여 자가연결률을 낮춤

ⓒ pBR322와 목적 유전자를 혼합한 후에 DNA 리가아제를 처리하여 재조합 DNA를 형성함. 그러나 목적 유전자가 결합되지 않은 자가연결된 플라스미드도 형성된다는 것을 유념해야 함

ⓓ 일부의 세균으로 재조합되었거나 그렇지 않은 플라스미드가 도입되고 대부분의 세균은 형질전환되지 않음

ⓔ 테트라사이클린이 도말된 배지에 세균을 처리함. 콜로니를 형성한 클론은 pBR322가 도입된 세균임을 의미함

ⓕ 형성된 콜로니를 암피실린이 도말된 배지로 복제평판함. 암피실린이 도말된 배지에서 콜로니를 형성한다는 것은 재조합되지 않은 pBR322가 도입된 세균임을 의미함. 따라서, 테트라사이클린 도말 배지에서는 콜로니를 형성하였으나 암피실린 도말 배지에서는 콜로니를 형성하지 못하는 클론이 바로 목적 유전자로 재조합된 pBR322로 형질전환된 세균임을 의미함

ㄴ. 1 스텝 선별 과정 : 해당 벡터는 ampicillin 저항성 유전자, MCS가 내제한 lacZ 유전자를 포함하고 있음. lacZ 유전자의 constitutive한 발현을 위해서 배지에 IPTG를 처리해야 함

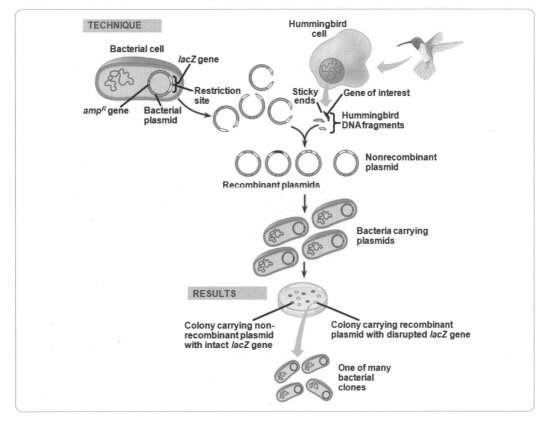

ⓐ 플라스미드를 세균으로부터, 목적 유전자를 특정 세포로부터 분리함

ⓑ 제한효소로 클로닝 벡터와 목적 유전자를 자름. 클로닝 벡터에는 알칼리성 인산가수분해효소를 처리하여 자가연결률을 낮춤

ⓒ 클로닝 벡터와 목적 유전자를 혼합한 후에 DNA 리가아제를 처리하여 재조합 DNA를 형성함. 그러나 목적 유전자가 결합되지 않은 자가연결된 플라스미드로 형성된다는 것을 유념해야 함

ⓓ 일부의 세균으로 재조합되었거나 그렇지 않은 플라스미드가 도입되고 대부분의 세균은 형질전환되지 않음

ⓔ 암피실린, IPTG, X-gal이 도말된 배지에 세균을 처리함. 암피실린은 클로닝 벡터만 콜로니를 형성하게끔 하는 항생제로서 처리된 것이며 IPTG는 클로닝 벡터의 lacZ 발현을 유도하기 위해 처리된 것이고 X-gal은 lacZ에 의해 발현된 β-galactosidase에 의해 분해되어 푸른색을 띠는 물질로서 처리된 것임. 흰색 콜로니와 푸른색 콜로니가 형성되었다면 흰색 콜로니가 바로 목적 유전자로 클로닝된 벡터로 형질전환된 세균임을 의미함

(3) DNA 도서관(DNA library)

벡터를 통해 목적 유전자나 그 밖의 DNA 서열이 도입된 클론의 총합. 플라스미드를 도입한 세균 클론은 콜로니의 형태를 띨 것 이고 파지를 이용해서 형성된 클론은 용균반의 형태를 띠게 될 것임

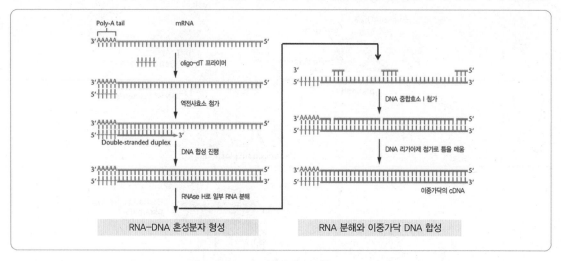

ㄱ. 유전체 도서관(genomic library) : 한 종이 갖는 유전체의 모든 부분이 포함된 클론의 집합체를 가리킴. 유전체를 제한효소로 처리하였을 때 생긴 모든 절편들 각각을 포함하는 클론 집단인데 유전체 도서관은 특정 유전자 외에 인트론이나 조절서열에 대한 정보를 모두 지니고 있음. 특정 제한효소로 유전체를 여러 절편으로 절단한 후에 벡터에 클로닝한 뒤 세균에 도입하여 유전체 도서관을 구축함

ㄴ. cDNA 도서관: 특정 조직의 mRNA를 역전사한 cDNA가 도입된 클론만을 포함하며 mRNA가 출발물질이기 때문에 인트론, 프로모터 등의 서열은 cDNA 도서관에 나타나지 않음. cDNA를 만들기 위해서는 맨 먼저 mRNA를 역전사효소로 처리하여 mRNA의 복사체인 cDNA를 합성함. 일단 cDNA가 만들어지면 mRNA는 제거되고 cDNA는 DNA 중합효소와 뉴클레오티드로 처리하여 이중가닥으로 만듦. 이 이중가닥의 cDNA를 플라스미드 벡터에 연결하여 cDNA 도서관을 구축함. 아래 그림은 cDNA 도서관인 제조법을 cDNA 합성과 함께 제시한 것임

ⓐ 프라이머로 올리고(dT)와 역전사효소를 이용하여 mRNA 주형으로부터 cDNA를 합성함

ⓑ RNA 가수분해효소 H(RNase H)나 알칼리성 용액을 이용하여 부분적으로 mRNA를 분해함

ⓒ DNA 중합효소 Ⅰ를 이용하여 두 번째 cDNA 가닥을 합성함

(4) 목적 유전자 탐지

혼성화(hybridization)란 상보적인 핵산끼리 서로 염기쌍을 형성하는 것을 의미하는데 이 때 목적 유전자와의 혼성화를 위해 준비한 핵산 탐침(nucleic acid)을 처리하여 목적 유전자로 형질전환된 세포를 찾아냄

ㄱ. 엄격성(stringency) : 특정 서열에 핵산 탐침이 혼성화될 때의 상보성 정도로서 엄격성이 높다는 것은 아주 상보성이 높은 탐침만 혼성화된다는 것을 의미하여 엄격성이 낮다는 것은 상보성

이 떨어지는 서열 간에도 혼성화가 잘 일어난다는 것을 의미함. 따라서 혼성화시의 엄격성을 조절하여 탐침이 목적 유전자와 적절히 혼성화될 수 있도록 해야 함

ⓐ 엄격성을 높이는 조건 : 고온이나 저농도의 염 용액에서는 핵산 간의 혼성화가 잘 일어나게 되므로 엄격성을 높일 수 있음

ⓑ 엄격성을 낮추는 조건 : 저온이나 고농도의 염 용액에서는 핵산 간의 혼성화가 어려우므로 엄격성을 낮출 수 있음

ㄴ. 목적 유전자가 도입된 클론 찾기 과정

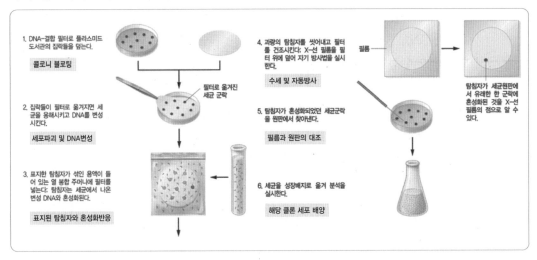

ⓐ 고체 배지 상의 클론들을 특수제작된 나이트롤셀룰로오스 막에 전달함. 나이트로셀룰로오스 막에 옮겨진 세포를 파괴하고 알칼리성 용액을 사용하여 DNA를 변성시킴. 변성된 단일가닥 DNA는 80℃에서 나일론 막에 부착됨

ⓑ 나이트로셀룰로오스 막을 목적유전자와 상보적이면서 동위원소로 표지된 탐침 분자가 들어 있는 용액에 반응시킴. 막에 부착된 DNA는 단일가닥이므로 단일가닥 탐침은 막에 부착된 상보적 염기서열을 가진 목적유전자와 결합함. 막을 씻어 부착되지 않은 탐침들을 제거함

ⓒ 나이트로셀룰로오스 막을 필름 아래 일정 시간 두어 필름을 방사선으로 감광시킴 (autoradiography), 검은 점은 탐침과 혼성화된 DNA가 존재하는 위치를 말해주고 있음. 세균 클론을 가지고 있는 마스터 플레이트에서 이 위치를 추적하여 목적유전자를 가지고 있는 세균을 확보함

주요 유전공학 기법

(1) 중합효소연쇄반응(polymerase chain reaction ; PCR)

핵산 중합효소를 이용하여 핵산의 양을 증폭시키는 기술

ㄱ. PCR의 의의와 primer : 증폭하고자 하는 부위의 양쪽 가장자리의 염기 서열이 알려져 있다면 어떤 DNA 분자의 어떤 부위이건 선택될 수 있음. 가장자리의 염기서열을 알아야 하는 이유는 핵산 사슬에 결합할 수 있는 두 개의 짧은 올리고뉴클레오티드가 있어야 DNA 중합효소나 역전사효소가 DNA 중합을 시작할 수 있기 때문임. primer는 보통 17~20개의 뉴클레오티드로 구성되어 있으며 증폭하고자 하는 DNA 이중 나선의 3′ 끝 부위에 상보적인 배열을 갖도록 합성하여 사용하게 됨

ㄴ. PCR의 구분 : PCR은 DNA의 특정 서열을 증폭시키는 standard PCR과 RNA와 상보적인 cDNA를 증폭시키는 RT-PCR로 구분함

ⓐ standard PCR : 변성, 프라이머 붙이기, 신장 단계로 구성됨

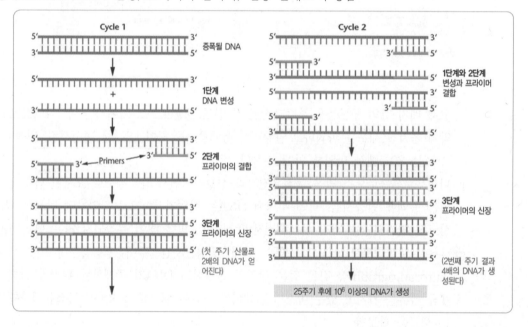

1. 변성(denaturation) : DNA 중합효소는 DNA 합성을 위해 단일 가닥에 부착하여 이를 주형으로 하여 이에 상보적인 새로운 가닥을 합성하게 됨. 그러므로 DNA 중합효소가 작용하기 위해서는 DNA 이중 가닥이 각각의 단일 가닥으로 풀려야만 함. DNA 이중 가닥을 단일 가닥으로 분리하기 위해 열(95℃)을 가해 주는 방법을 사용함

2. 프라이머 붙이기(annealing) : DNA 중합효소가 작용할 수 있도록 primer를 단일 가닥에 붙여 주는 과정으로서 상승된 온도를 T_m값보다 조금 낮은 온도로 다시 내려주어야 함. annealing 온도는 반응의 특이성에 영향을 미치는 매우 중요한 요인임. annealing 온도가 너무 높으면 primer와 주형이 서로 결합하지 못하고 분리된 상태로 남아 있게 되

며 온도가 너무 낮으면 primer가 정확히 상보적인 부위에만 결합하지 않고 비특이적인 부위에까지 결합하게 됨. 그러므로 두 개의 primer는 동일한 T_m 값을 갖도록 구성되어야 만 함

$$T_m = (4 \times [G+C] + 2 \times [A+T]) ℃$$

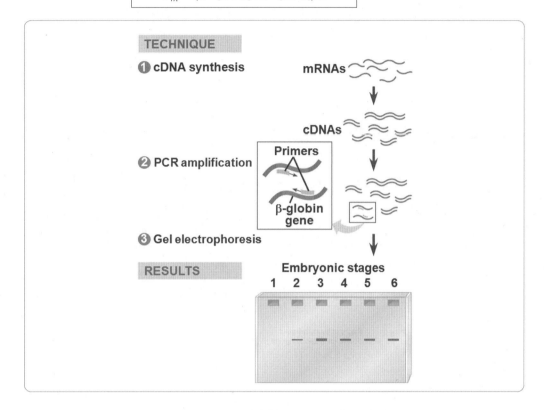

3. 신장(extension) : DNA 중합효소가 DNA를 합성하는 단계로서 이 때의 온도는 적정온 도가 74℃ 정도이며 반응 시간은 PCR product의 크기에 따라 조절이 가능함. PCR에서 사용하는 DNA 중합효소는 변성 온도인 95℃의 고온에서도 활성을 잃지 않도록 온도 안 정성을 필요로 하는데 이렇게 요건을 충족할 수 있는 효소는 바로 온천에서 증식하는 세 균인 Thermus aquaticus로부터 분리한 Taq 중합효소임

ⓑ RT-PCR(reverse trancriptase-PCR) : RT-PCR은 일반적으로 PCR의 주형 가닥으로 DNA를 이용하는 것과는 다르게 주형가닥으로 mRNA를 이용함. 이러한 점 때문에 주로 세 포 내에서 mRNA가 얼마나 존재하는 가를 알아낼 때 사용됨. 이것이 중요한 이유는 세포 내에서 특정 유전자가 얼마나 발현되는 지는 주로 mRNA의 양과 관계가 있고 따라서 이것 을 추정하면 세포의 발현과 분화, 상태에 대한 정보를 얻을 수 있음. PCR 과정 시의 생성물 인 cDNA 증폭산물의 양은 초기 주형가닥 mRNA의 농도에 따라 차이가 있는데 초기 농도 가 높을수록 생성물의 양도 증가함.

PCR 생성물의 양은 band의 굵기를 통해 알 수 있음

(2) 블롯팅(blotting)

핵산 혼성화를 응용한 기법으로서 전기영동된 시료를 나이트로셀룰로오스 종이나 나일론막으로 전이시켜 적절한 probe를 이용하여 혼성화시켜 목적 핵산 가닥이나 단백질을 검출하는 것을 의미함. 다만 점 블롯팅은 전기영동 단계가 없다는 점이 특징임

ㄱ. 점 블롯팅(dot blotting) : 전기영동으로 분리하는 단계 없이 클로닝된 DNA를 혼성화하는 방식임. 클로닝된 특정 DNA를 검출하기 위해 해당 DNA와 상보적인 염기서열을 가진 방사선 원소 표지된 탐침을 사용하게 됨

ㄴ. 서던 블롯팅(Southern blotting) : DNA 블롯팅으로서 특정 유전자 및 서열의 상태나 존재 여부를 확인하는데 이용됨. 최근에는 유전체 중에서 특정 부위만 증폭시킬 수 있는 발전된 PCR에 의해 대체되어 가고 있음

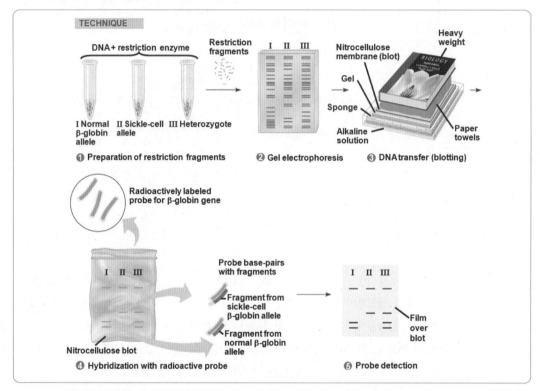

ⓐ 제한효소 절편의 준비 : 각각의 DNA 시료를 같은 종류의 제한효소와 함께 섞음. 이번 예제에서는 Dde I 제한효소를 사용함. 각 시료들은 Dde I 제한효소에 의해 절단되어 수천 개의 제한효소 절편을 만들어 냄

ⓑ 젤 전기영동 : 각 시료의 제한효소절편들은 전기영동에 의해 분리되고 시료에 따라 독특한 밴드 패턴을 형성함

ⓒ DNA transfer : 모세관 현상에 따라 염기성 용액에 젤을 통과하여 위쪽으로 빨려 올라가게 되는데 이 때 DNA는 염기성 용액을 따라 나이트로셀룰로오스 종이로 이동함. 이 과정에서 이중가닥 DNA가 단일가닥 DNA로 변성됨. 나이트로셀룰로오스 종이에 붙은 DNA 가닥은 젤 상의 이들의 위치와 동일한 곳에 위치하게 됨

ⓓ 방사선 탐침과의 혼성화 : 나이트로셀룰로오스 블롯은 방사능으로 표지된 탐침을 포함하는 용액에 노출됨. 여기서 사용될 탐침은 β-글로빈 유전자에 상보적인 서열을 갖는 단일가닥 DNA임. 유전자의 일부분을 포함하는 제한효소절편과 이들 탐침분자들은 서로 염기쌍을 형성하여 붙이게 됨

ⓔ 자동방사선사진법 : 포토그래픽 필름을 나이트로셀룰로오스 종이 위에 덮음. 탐침에 표지된 방사선에 노출된 필름은 탐침과 염기쌍을 형성하고 있는 DNA를 포함하는 밴드와 동일한 위치에 이미지를 형성하게 됨

ㄷ. 웨스턴 블롯팅(Western blotting) : 웨스턴 블롯 분석은 조직 또는 세포 추출물에서 특이적인 단백질을 검출하기 위해 사용하는 실험방법이며 항체를 이용하여 검출하기 때문에 코마시염색법에 비해 민감도가 커서 소량의 단백질도 확인이 가능함

ⓐ 전기영동 : 세포에서 용출한 단백질들을 전기영동을 통해 분리시킴.
SDS-PAGE를 수행하는 경우 비공유결합을 통해 연접되어 있는 각 소단 위체들은 분리될 것임

ⓑ transfer : 시료를 젤에서 나이트로셀룰로오스 종이로 이동시킴

ⓒ 1차 항체의 처리 : 특정 단백질을 인식하여 결합하는 항체를 처리함

ⓓ 2차 항체의 처리 : 1차 항체에 특이적이고 보통 형광물질로 표지된 2차 항체가 1차 항체에 결합함으로써 특정 단백질이 검출됨

(3) 제한효소 지도(restriction map)

특정 제한효소의 인식부위를 나타내는 DNA 단편의 물리적 지도로서 전기영동을 이용하여 제한효소로 절단된 DNA 절편은 그 크기별로 분리할 수 있고 특정 유전자나 DNA 절편에서 제한부위를 찾을 수 있음. 즉, 제한효소간의 물리적인 거리를 염기쌍 단위로 나타내주는 제한효소의 인식자리 지도를 작성할 수가 있는 것임

ㄱ. 한 종류의 제한효소만을 이용한 제한효소 지도의 작성 : 특정 유전자를 완전절단하거나 부분절단하여 형성된 DNA 절편을 전기영동하여 분석함으로써 제한효소 지도 작성이 가능함

ⓐ 분석대상 DNA 절편의 가공 : A로 표시된 제한부위가 있는 원래의 절편의 양 말단을 방사성 동위원소로 표지함. 양 말단을 포함하는 DNA 절편은 자기방사법을 통해 감지될 것임

ⓑ 제한효소를 이용한 DNA 절단 : 고농도의 제한효소를 처리하거나 처리 시간을 길게 해 주면 모든 제한자리가 절단될 것이고 저농도의 제한효소를 처리하거나 처리 시간을 짧게 해 주면 제한자리 중의 일부만 절단되거나 절단되지 않게 됨

ⓒ 전기영동 결과 분석 : 별표는 ^{32}P로 말단부위가 표지된 것을 나타내는데 완전 절단에 의해 100bp와 200bp가 양끝의 절편임을 알 수 있음. 또한 완전 절단에 의해 50bp와 400bp 절편이 생겼으므로 단지 몇 개의 절편만이 부분 절단에 의해 생길 수 있음. 따라서 50bp 절편은 200bp 절편에 인접해 있고 400bp 절편은 100bp의 말단절편에 인접하여 위치함을 알 수 있음. 표지가 안 된 450bp 절편이 부분 절단에 의해 생기는 것은 50bp와 400bp 절편이

존재하는 것을 보여주며 따라서 최종 구조를 알 수 있게 됨. 부분 절단에 의해 생긴 모든 절편은 최종적으로 구성한 DNA 구조와 일치함

ㄷ. 다형성 DNA marker를 이용한 유전체 분석

ⓐ 제한효소 절편 길이 다형성(restriction fragment length polymorphism ; RFLP) : 제한효소 절단으로부터 얻게 된 DNA 절편이 개인에 따라 다양한 조합으로 나타나게 됨. 제한효소로 유전자의 주위와 유전자 내에 존재하는 제한자리를 절단한 후에 전기영동을 수행한 뒤 서던 블롯팅을 수행하여 유전자의 돌연변이 유무 또는 유전자형을 알 수 있게 됨

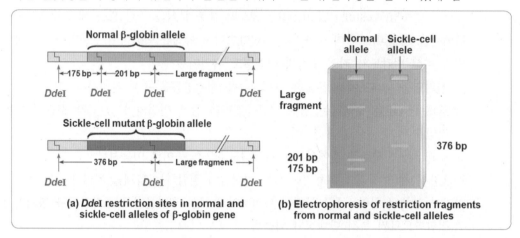

(a) DdeI restriction sites in normal and sickle-cell alleles of β-globin gene

(b) Electrophoresis of restriction fragments from normal and sickle-cell alleles

ⓑ 가변사본 직렬반복(variable number of tandem repeat ; VNTR)의 분석 : VNTR 지역은 20~60bp 길이의 염기서열이 4~40회 정도 반복되는 부위로서 상동염색체인 부계염색체와 모계염색체에서 보통 반복횟수가 다름. 따라서 이 지역의 길이는 염기서열의 반복수의 차이에 의해 길이가 다양하게 관찰되는데 따라서 VNTR 패턴은 개인의 유전자 지문으로서 기능할 수 있음

1. 제한효소를 이용한 VNTR 분석 : VNTR 주위에 제한효소를 처리하게 되면 개인마다 다양한 길이의 DNA 절편이 형성되는 것을 볼 수 있음
2. PCR을 이용한 VNTR 분석 : VNTR 주위의 서열을 알고 있다면 상보적인 서열의 프라이머를 이용하여 해당 VNTR을 포함하는 서열을 증폭하여 비교할 수 있음

(4) DNA 염기서열 분석

전통적인 DNA 염기서열 분석 방식으로는 사슬 종결법과 Maxam-Gilbert 분석 방법이 존재하며 현재는 자동화 염기서열 분석방식이 이용되고 있음

ㄱ. 사슬 종결법(chain termination method ; Sanger method) : DNA를 중합함으로써 염기서열을 결정하는 방법임

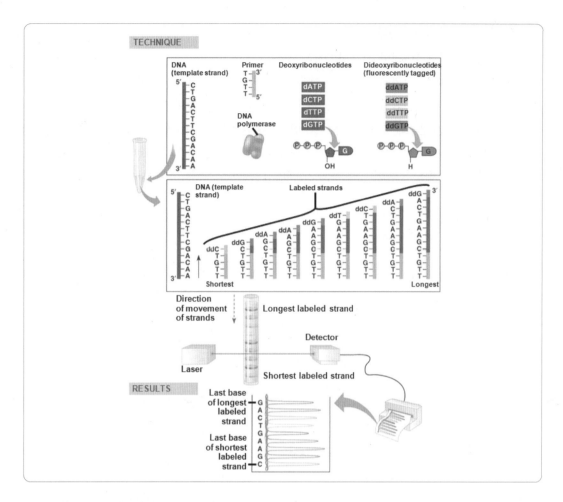

ⓐ 파지 M13을 벡터로 삼아 염기서열을 분석하려는 DNA 가닥을 삽입한 뒤에 대장균으로 도입
  하여 파지를 복제함. 이후 파지 머리에서 단일가닥 DNA를 분리함

ⓑ 필수적인 다음의 성분을 포함하는 시험관에서 반응을 실시함. 시험관에는 염기서열 분석대상
  으로 재조합된 M13 벡터, M13 벡터의 클로닝 자리 주변에 상보적인 염기서열을 지니는 프
  라이머, DNA 중합효소, Mg^{2+}, 4종류의 dNTP, ^{32}P로 표지되어 있는 서로 다른 종류의
  ddNTP를 포함함

ⓒ 새로운 DNA 가닥의 합성은 프라이머의 3′말단에서 시작되어 dNTP가 순서대로 중합됨. 이
  러한 과정 중에 dNTP 대신 3′-OH를 지니지 않는 ddNTP가 합성 중인 DNA 가닥에 중합
  되면 DNA 합성이 종료됨. 이러한 결과로 다양한 길이를 갖는 DNA 가닥들이 합성됨. 새로
  합성된 DNA 가닥의 마지막 뉴클레오티드 자리에는 방사성 동위원소로 표지된 ddNTP가 위
  치하게 됨

ⓓ 새로 합성된 DNA 가닥들은 폴리아크릴아미드 젤을 통과하면서 길이에 따라 나누어짐. 길
  이가 작은 가닥일수록 빨리 움직임

ⓔ 방사성 동위원소 표지된 ddNTP를 포함하는 DNA 가닥은 자기방사법을 통해 확인할 수 있
  으며 DNA 주형가닥의 전체 서열을 추론할 수 있음

(5) 유전자 기능 확인(annotation)

ㄱ. DNA 마이크로어레이 분석법(DNA microarray analysis) : 핵산 탐침을 통해 특정한 세포가 특정한 시기에 발현하는 많은 유전자를 알아내는 데 이용하는 기술로서 여러 유전자의 DNA 조각을 단일가닥으로 만들어 유리 슬라이드 위에 바둑판 모양으로 배열하여 고정시킨 DNA chip 상에 조직으로부터 얻은 mRNA를 역전사하여 얻은 특정 형광색소로 표지된 cDNA를 가하여 세포의 유전자 발현에 대한 정보를 얻게 됨. 마이크로어레이 분석법은 유전자 상호작용과 유전자 기능에 대한 단서를 얻을 수 있는 중요한 기술임

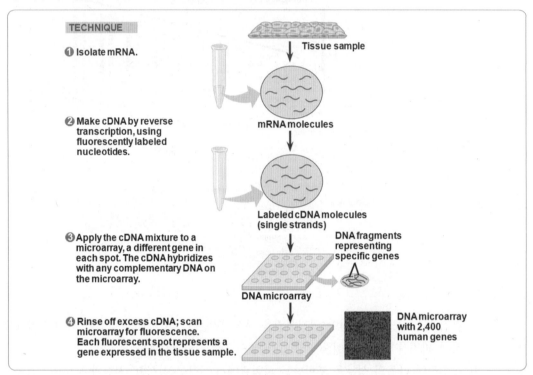

ㄴ. 리포터 유전자에 의한 유전자 발현 분석 : 조사하려는 유전자의 조절부위를 리포터 유전자 앞에 붙여서 유전자 발현 정도를 분석하면 특정 유전자의 발현 양상과 시기를 판단할 수 있음. 리포터 단백질의 생산성과 시기, 세포 특이성은 그 단백질의 조절부위의 활성도 뿐만 아니라 원래 그 단백질의 유전자 기능에 대한 단서가 될 수 있음

ⓐ 리포터 유전자로 lacZ를 이용하게 되는 경우 : lacZ를 리포터 유전자를 이용하게 되는 경우 배지에는 X-gal을 포함해야 하며 X-gal의 색깔 발현 양상에 따라 리포터 유전자인 lacZ의 발현 정도를 알 수 있음

ⓑ 리포터 유전자로 녹색형광단백질(green fluorescent protein ; GFP)을 이용하게 되는 경우 : GFP 유전자로부터 발현된 GFP는 UV가 비춰지면 녹색의 형광을 발하는 단백질로서 GFP 유전자는 표적 유전자 뒤에 연결시켜 발현시키거나 표적 유전자를 제거한 후 조절 부위에 바로 GFP 유전자를 연결시켜 발현시킴

4 기타 유전공학 기법

(1) 핵치환 기법을 이용한 형질전환 동물 형성

어떤 세포로부터 핵을 도려내어 이미 핵을 제거한 다른 세포에 옮기는 것을 가리킴. 이 방법은 발생
·분화 과정에 있어서의 핵과 세포질의 역할을 알아내는 데 매우 유효함. 핵은 분화하더라도 그것은
비가역적이 아니라는 사실을 알 수 있는데 포유류의 난자에 핵을 이식하려는 실험이 근래에도 활발
히 행해지고 있으며, 무핵 난세포에 G_0 단계의 공여세포를 융합하여 형질전환 동물을 형성하게 됨

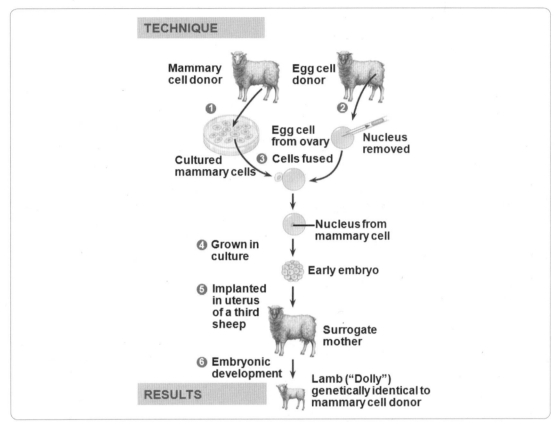

57 코로나 바이러스(SARS–CoV–2)의 감염 여부를 역전사 중합효소연쇄반응(RT–PCR)을 이용하여 진단하고자 한다. 이 진단 방법에서 필요한 시료가 <u>아닌</u> 것은?

① 역전사효소

② 열안정성 DNA 중합효소

③ 디옥시뉴클레오티드(dNTP)

④ SARS–CoV–2 바이러스 특이적 IgM

⑤ SARS–CoV–2 유전자 특이적 프라이머

58 세균의 플라스미드(Plasmid)에 관한 설명으로 옳은 것만을 〈보기〉에서 있는 대로 고른 것은?

┌─ 보기 ┐
ㄱ. 염색체와 별도로 존재하는 DNA이다.
ㄴ. 플라스미드 DNA의 복제는 염색체 DNA의 복제와 독립적으로 조절된다.
ㄷ. 세균의 증식에 필수적인 유전정보를 보유한다.

① ㄱ   ② ㄴ   ③ ㄱ, ㄴ   ④ ㄴ, ㄷ   ⑤ ㄱ, ㄴ, ㄷ

정답 및 해설

57 정답 | ④

기본적으로 세균은 직접 검출하는 것이고 Virus는 핵산을 통해서 감염확진을 하게 된다. 코로나 Virus의 진단은 RT-PCR이라는 방법을 사용하여 확진하게 되는데 RT(역전사)-PCR은 PCR 전에 역전사 과정을 수행해 RNA로부터 cDNA(상보성 DNA)를 합성하는 단계가 추가된 것이다. RT-PCR로 RNA 바이러스의 감염 여부를 진단하려면 시료에서 RNA를 분리한 후 역전사 효소와 디옥시뉴클레오티드를 이용해 cDNA를 생성시킨 후 코로나 바이러스에 특이적인 서열로 프라이머를 제작한 후 열안정성 DNA 중합효소를 혼합하여 PCR을 수행해 증폭되는 서열이 있는지 확인한다.

58 정답 | ③

ㄱ. 플라스미드는 일부 세균 효모 등에서 발견되는 작은 환형의 DNA로 기본 염색체와(핵양체)는 별도로 세포질에 보통 한 개 이상 존재한다. 플라스미드는 생명활동에 필수적인 유전자가 없다는 것이 특징이다

ㄴ. 플라스미드는 자체 복제 원점을 지녀 핵양체와는 독립적으로 자체 복제된다.

ㄷ. 플라스미드는 평상시 생존에는 필수적이지 않은 항생제 저항성 관련 유전자등을 함유한다.

59 사람의 인슐린 유전자를 플라스미드에 클로닝하여 재조합 DNA를 얻은 후, 이 재조합 DNA를 이용하여 박테리아에서 인슐린을 생산하려고 한다. 이 재조합 DNA에 포함된 DNA 서열로 옳은 것만을 〈보기〉에서 있는 대로 고른 것은?

> **보기**
> ㄱ. 제한효소자리 서열
> ㄴ. 인슐린 유전자의 인트론 서열
> ㄷ. 선별표지자로 사용되는 항생제 저항성 유전자 서열

① ㄱ   ② ㄴ   ③ ㄷ   ④ ㄱ, ㄷ   ⑤ ㄴ, ㄷ

60 중합효소연쇄반응(PCR)과 디데옥시 DNA 염기서열분석법(dideoxy DNA sequencing)을 이용하여 이중가닥 DNA를 분석하고자 한다. 이때 두 분석 방법의 공통점으로 옳은 것만을 〈보기〉에서 있는 대로 고른 것은?

> **보기**
> ㄱ. DNA 중합효소가 사용된다.
> ㄴ. 프라이머(primer)가 필요하다.
> ㄷ. 수소결합이 끊어지는 과정이 일어난다.
> ㄹ. 새롭게 합성되는 DNA 가닥은 3′→5′ 방향으로 신장한다.

① ㄱ, ㄴ   ② ㄴ, ㄷ   ③ ㄷ, ㄹ   ④ ㄱ, ㄴ, ㄷ   ⑤ ㄱ, ㄷ, ㄹ

정답 및 해설

59 정답 | ④
ㄱ. 제한효소 자리를 제한효소로 절단하고 인슐린 유전자(cDNA) 서열을 삽입한다.
ㄴ. 플라스미드의 항생제 저항성 유전자를 이용하여 플라스미드가 제대로 삽입된 세균을 항생제 저항성으로 쉽게 선별할 수 있다.
ㄷ. 세균은 스플라이싱을 할 수 없으므로 진핵세포 유전자를 세균에서 단백질로 발현시키는 경우엔 성숙한 비암호 부위인 인트론은 제거되고 암호 부위인 엑손만을 함유한 CDNA 상태이다.

60 정답 | ④
ㄷ. PCR과 디데옥시 사슬 종결법은 모두 DNA 복제를 이용하므로 프라이머와 DNA 중합효소가 사용되며, DNA 중합효소에 의한 새로운 가닥의 합성은 5′→3′ 방향으로 일어난다. PCR은 변성 단계에서 가열에 의해 두 주형 가닥이 분리될 때 수소 결합이 끊어지며 디데옥시 사슬 종결법에서도 복제 후 딸가닥을 길이에 따라 ddNTP가 첨가시에는 중합반응이 종결되기 때문에 더 이상 중합반응이 일어나지 않기 때문에 DNA합성이 억제된다. 분석하기 전에 주형 가닥으로부터 딸가닥을 분리시키는 변성을 유발할 때 수소 결합이 끊어진다.

61 마이크로어레이(microarray) 분석법에 대한 설명으로 옳은 것만을 〈보기〉에서 있는 대로 고른 것은?

┌─ 보기 ┐

ㄱ. 여러 유전자 발현을 동시에 검출할 수 있다.

ㄴ. 미생물의 종 동정에는 사용되지 않는다.

ㄷ. 적은 양의 DNA와 mRNA도 증폭한 후 형광 염색하여 탐침으로 사용할 수 있다.

ㄹ. 슬라이드 표면에 여러 개의 이중나선 DNA 조각들을 붙여 분석에 사용한다.

① ㄱ, ㄴ, ㄷ   ② ㄱ, ㄷ   ③ ㄱ, ㄷ, ㄹ   ④ ㄱ, ㄹ   ⑤ ㄷ, ㄹ

62 다음은 유전자 내 단일염기변이를 검출하기 위해 자주 사용하는 제한효소 단편분석(RFLP: Restriction Fragment Length Polymorphism) 과정을 순서없이 기술한 것이다. 실험 과정을 순서대로 올바르게 나열한 것은?

┌─ 보기 ┐

가. 대상자의 백혈구에서 DNA를 추출하고, 제한효소를 처리하여 제한효소단편 조각을 만든다.

나. 이중가닥으로 된 DNA를 단일 가닥으로 만들고, 특수한 필터 종이에 블롯팅(blotting)한다.

다. 제한효소단편 혼합물을 전기영동한다.

라. X-선 필름을 종이 필터 위에 올려놓고 방사능을 검출한다.

마. 시료를 알아보고자 하는 유전자와 상보적인 염기 서열을 가진 단일가닥 방사성 DNA 탐지자가 들어 있는 용액과 반응시킨다.

① 가 → 나 → 다 → 마 → 라   ② 가 → 다 → 나 → 마 → 라

③ 가 → 마 → 나 → 다 → 라   ④ 나 → 가 → 라 → 마 → 다

⑤ 마 → 다 → 나 → 라 → 가

정답 및 해설

61 정답 | ②

ㄱ, ㄴ. 미생물의 종 특이적 서열이 포함된 핵산 가닥이 부착된 칩(chip)을 사용하면 DNA→mRNA로 전사가 되는 종특이적 유전자 발현에 이용할 수 있다.

ㄷ. 마이크로어레이는 탐침을 이용한 혼성화원리를 이용하므로, 단일 가닥 핵산과 같은 mRNA들을 분석에 사용해야 한다.

62 정답 | ②

RFLP는 동일한 유전자라고 할지라도 개인차에 따라서 SNP현상에 따라서 제한효소 처리시 다양한 절편들이 나타나는 것을 이용하는 방법이다. 절편의 크기와 개수를 통해서 유전자 돌연변이를 검출할 수 있다.

편입생물 비밀병기

생물 1타강사 **노용관**

단권화 바이블 ➕ 필수기출과 해설편

한권으로 끝내는 메디컬(의치한약수) 편입 나만의 秘密兵器

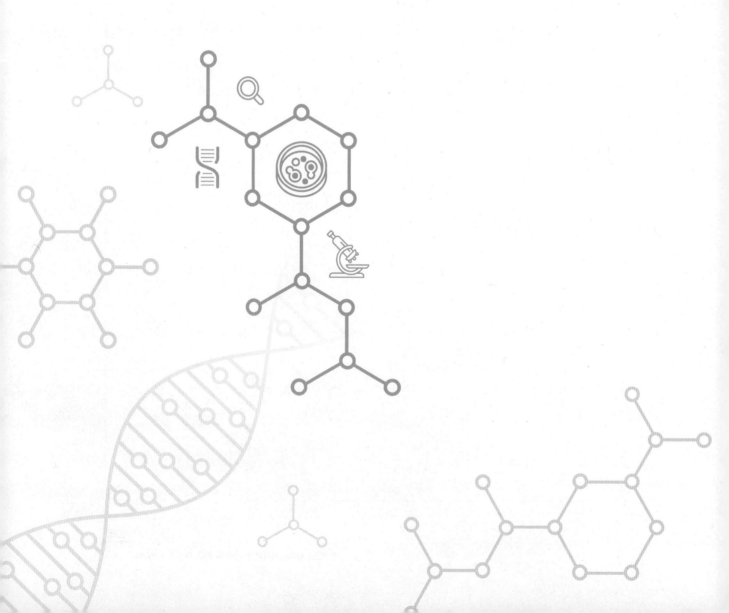

19

인체생리학
서론

19 인체생리학 서론

1 동물의 조직화

(1) 조직화 정도와 물질교환

ㄱ. 동물은 충분한 교환 표면(호흡계, 순환계)이 필요

ㄴ. 내부체액(혈액, 조직액)은 교환표면을 체세포와 연결 ; 조직액과 혈액 간의 물질교환은 몸 전체의 세포들의 영양물질 획득과 노폐물 제거에 필수적임

(2) 동물의 조직화 단계 : 세포 < 조직 < 기관 < 기관계 < 개체

ㄱ. 세포(cell) : 동물은 약 200여 종류의 세포로 구성

ㄴ. 조직(tissue) : 유사한 모양과 공통적 기능을 지닌 세포들의 집단, 4종류의 조직(상피조직, 결합조직, 근육조직, 신경조직)으로 구분

ㄷ. 기관(organ) : 기능적 단위들로 하나이상의 기관계에 속할 수 있음

　　예 이자 : 내분비계와 소화계에 모두 중요한 기능으로 작용

ㄹ. 기관계(organ system) : 여러 구성 기관의 조합으로 창발적 생리작용을 보임.

　　예 배설계 : 물질대사, 노폐물 배출, 혈액의 삼투 평형 조절

Organ Systems in Mammals		
Organ System	**Main Components**	**Main Functions**
Digestive	Mouth, pharynx, esophagus, stomach, intestines, liver, pancreas, anus	Food processing (ingestion, digestion, absorption, elimination)
Circulatory	Heart, blood vessels, blood	Internal distribution of materials
Respiratory	Lungs, trachea, other breathing tubes	Gas exchange (uptake of oxygen; disposal of carbon dioxide)
Immune and lymphatic	Bone marrow, lymph nodes, thymus, spleen, lymph vessels, white blood cells	Body defense (fighting infections and cancer)
Excretory	Kidneys, ureters, urinary bladder, urethra	Disposal of metabolic wastes; regulation of osmotic balance of blood
Endocrine	Pituitary, thyroid, pancreas, adrenal, and other hormone-secreting glands	Coordination of body activities (such as digestion and metabolism)
Reproductive	Ovaries or testes and associated organs	Reproduction
Nervous	Brain, spinal cord, nerves, sensory organs	Coordination of body activities; detection of stimuli and formulation of responses to them
Integumentary	Skin and its derivatives (such as hair, claws, skin glands)	Protection against mechanical injury, infection, dehydration; thermoregulation
Skeletal	Skeleton (bones, tendons, ligaments, cartilage)	Body support, protection of internal organs, movement
Muscular	Skeletal muscles	Locomotion and other movement

2 조직의 구조와 기능

(1) 상피조직(epithelial tissue)

기계적 손상, 병원체, 체액 손실에 대한 장벽으로써 몸의 내부 환경 보호, 내부와 외부 환경 사이의 물질 교환 조절

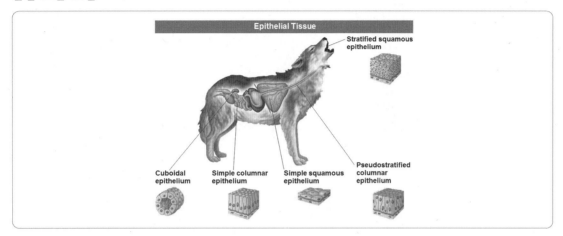

ㄱ. 하나 이상의 세포층이 서로 연결되어 있음

ㄴ. 모든 상피조직은 극성을 지님

    ⓐ 정단 표면(apical surface) : 호흡기나 장의 내강이나 기관 바깥을 향해 있어 액체나 공기에 노출

        예 소장 상피세포의 정단부 미세융모 : 소화된 영양소 흡수 표면적을 증가 시킨 형태를 지님

    ⓑ 기저 표면(basal surface) : 세포와 기질의 두꺼운 층인 기저막과 부착

ㄷ. 상피세포와 하부조직 사이에는 기저막(basal lamina ; 기저판)이 존재함

ㄹ. 상피세포를 분류하는 기준

    ⓐ 세포층의 수 : 단층상피(simple epithelium), 거짓다층상피(pseudostratified epithelium), 다층상피(stratified epithelium)

    ⓑ 노출된 표면의 세포모양 : 입방형, 원주형, 편평형

    ⓒ 기능 : 교환, 운반, 유동, 보호, 분비

(2) 결합조직(connective tissue)

몸체 안에서 다른 조직들을 결합시키거나 지지하는 기능 수행, 때로는 물리적인 장벽(외부 침입자로부터의 보호 등)으로 작용

    ㄱ. 넓게 산재해 있는 세포를 둘러싸고 있는 기질(세포의 기질 ; 바탕질) 풍부

    ㄴ. 결합조직에 산재해 있는 세포의 종류

        ⓐ 섬유아세포(fibroblast) : 세포와 섬유의 단백질 구성성분을 분비

ⓑ 대식세포(macrophage) : 미로와 같은 섬유층을 돌아다니면서 식세포작용을 통해 외래 물질과 죽은 세포 잔해를 잡아먹어 청소부 역할을 수행함

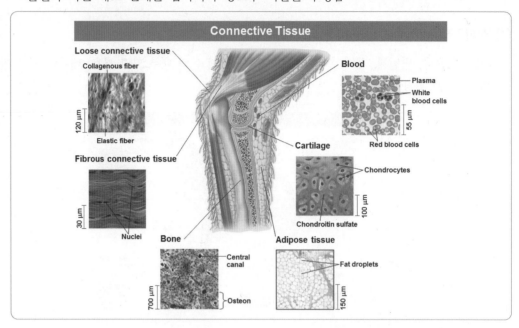

ㄷ. 결합조직 섬유

ⓐ 콜라겐 섬유 : 신축성 無, but 강하여 잡아당겨도 쉽게 찢어지지 x, 동물계에서 가장 풍부한 단백질인 콜라겐으로 구성

ⓑ 탄력성 섬유 : 신축성과 탄력성을 지닌 엘라스틴으로 구성되어 콜라겐섬유의 비신축성 보충

ⓒ 망상섬유(세망섬유) : 콜라겐으로 구성, 콜라겐 섬유와 연결되어 있으면서 결합 조직을 인접 한 조직과 결합시킴

ㄹ. 결합조직의 종류

조직이름	바탕질	섬유 종류와 배열	주유 세포의 종류	위치
성긴결합조직	겔 ; 섬유와 세포보다 바탕질이 더 많음	콜라겐, 탄성섬유, 망상섬유(reticular) ; 무작위배열	섬유모세포	피부, 혈관과 기관주변, 상피아래
섬유성 결합조직	바탕질보다 대부분이 섬유	콜라겐, 평행 배열	섬유모세포	힘줄과 인대
지방조직	거의 없음	없음	갈색지방, 백색지방	나이와 성별에 따라 다름
혈액	액체	없음	혈구	혈액과 림프관
연골	견고하고 유동성이 있음 ; 히알루론산	콜라겐	연골모세포	관절표면, 척추, 귀, 코, 인두
뼈	칼슘염으로 인해 단단함	콜라겐	조골세포와 파골세포	뼈

(3) 근육조직(muscular tissue)

모든 유형의 몸체 운동에 관련된 조직으로 에너지 소모 주요조직이며 동시에 가장 풍부한 조직

[근섬유 유형들의 특징]

구분	골격근	평활근	심근
광학현미경에서 모습	가로무늬	민무늬	가로무늬
섬유배열	근절	비스듬한 다발	근절
위치	뼈에 부착되어 있음 ; 몇 개의 조임근은 속이 빈 기관을 닫는데 사용됨	속이 빈 기간과 튜브의 벽을 구성함 ; 몇 개의 조임근	심근
조직의 모양	다핵이며 크고 원통형임	단핵이며 작고 원추형임	단핵이며 짧고 가지친 모양임
내부구조	T-소관과 근소포체	T-소관 없음 ; 근소포체가 적거나 없음	T-소관과 근소포체
섬유단백질	액틴, 미오신 ; 트로포닌과 트로포미오신	액틴, 미오신, 트로포미오신	액틴, 미오신 ; 트로포닌과 트로포미오신
조절	• Ca^{2+}과 트로포닌 • 섬유들은 서로 독립적임	• Ca^{2+}과 칼모듈린 • 섬유들은 틈새이음으로 전기적으로 연결되어 있음	• Ca^{2+}과 트로포닌 • 섬유들은 틈새이음으로 전기적으로 연결되어 있음
수축 속도	가장 빠름	가장 느림	중간
하나의 섬유 연축의 수축력	차등적 아님	차등적	차등적
수축의 시작	운동뉴런에서의 ACh가 필요	신장신호과 화학신호 ; 율동적일 수 있음	율동적임
수축의 신경조절	체성운동뉴런	자율신경뉴런	자율신경뉴런
수축의 호르몬 영향	없음	다중의 호르몬	에피네프린

(4) 신경조직(nervous tissue)

신경보호를 동물의 한 부분에서 다른 부분으로 전달

ㄱ. 신경세포(뉴런) : 신경자극을 전달

ㄴ. 신경교세포 : 뉴런에 영양 공급, 절연체 제공, 뉴런 형성에 관여함

3 내부 환경의 조절

(1) 동물의 내부 환경

ㄱ. 조절자(regulator) : 외부적 변동에 의한 내부변화를 줄이기 위해 내부조절기작을 이용하며 내온동물이 조절자에 속함

ㄴ. 순응자(conformer) : 외부환경에 따라서 내부환경을 변화시키는데 외온동물이 순응자에 속함

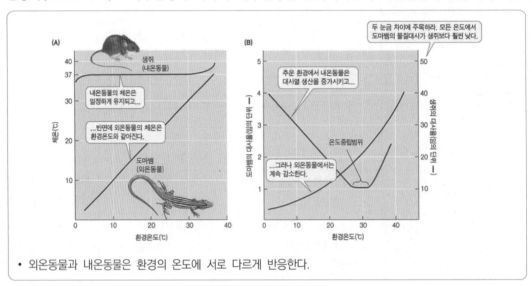

• 외온동물과 내온동물은 환경의 온도에 서로 다르게 반응한다.

(2) 항상성 유지 기작(기능적 구성요소 ; 수용체, 조절중추, 효과기)

보통의 경우 음성 되먹임(negative feedback ; 체내환경 변화가 변화의 요인을 제거하는 방식으로서 변화 감소기작이 됨) 기작을 통해 항상성이 유지됨

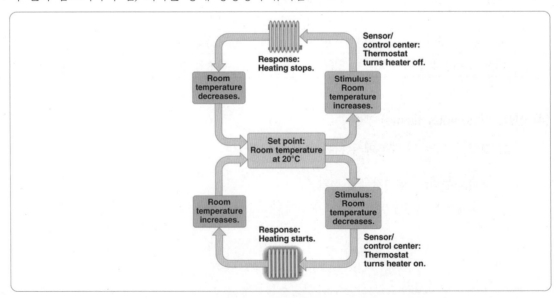

(3) 항상성의 변경

ㄱ. 다양한 환경에 대해서 항상성을 위한 설정점과 정상범위는 변화할 수 있음

　　❶ 깨어 있을 때보다 자고 있을 때 대부분의 동물들은 더 낮은 체온을 갖고 있음

ㄴ. 항상성의 정상적 범위가 변화하는 한 가지 방법으로 순화(acclimatization ; 외부환경의 변화에 적응하는 과정)가 있음

　　❶ 포유동물이 해수면에서 고지대로 올라갈 때의 생리학적 변화 : 허파로의 혈류량 증가, 산소를 운반하는 적혈구 생산의 증가

4　체온조절

(1) 대부분의 세포 기능은 좁은 범위의 온도 내에 제한되어 있음

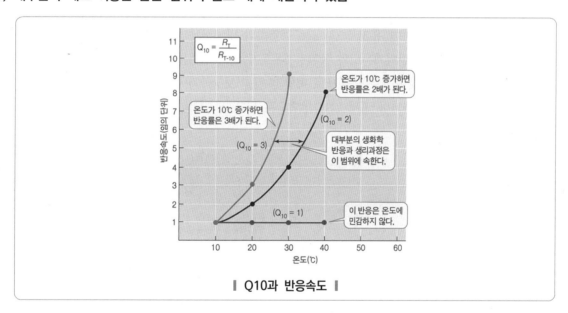

‖ Q10과 반응속도 ‖

ㄱ. 대부분의 세포는 0~45℃ 사이에서 그 기능을 수행할 수 있지만 종에 따라 이보다도 한계범위가 훨씬 좁은 경우도 있음

ㄴ. 순환계 적응 : 환경온도 변화에 반응하여 몸체 안쪽과 피부 사이를 흐르는 혈액량을 변경

　　ⓐ 혈관 이완 : 피부표면으로의 혈류량 증가하여 체외로의 열손실률이 증가됨

　　ⓑ 혈관 수축 : 피부표면으로의 혈류량 감소하여 체외로의 열손실률이 감소됨

　　ⓒ 역류열 교환기작 : 열의 전달률을 최대화시키기 위해 서로 반대 방향으로 흐르는 인접한 혈액의 흐름. 동맥을 흐르는 혈액이 지닌 열의 일부가 정맥을 흐르는 혈액으로 유입되어 체내 중심부의 온도를 유지할 수 있는 중요한 전략적 기제가 됨

ㄷ. 증발을 통한 냉각 : 헐떡거림, 땀흘림(많은 육상 포유동물), 침바름(일부 캥거루, 설치류), 몸 표면의 점액량 변화 등을 통한 증발 냉각 조절

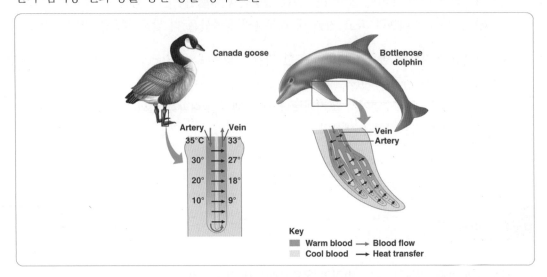

ㄹ. 물질대사율 조정 : 온도중립범위 내에서 내온동물은 일반적으로 피부로 가는 혈액의 양을 조절하여 체온을 일정하게 유지시키나 온도중립범위 밖에서는 에너지를 사용하여 체온을 조절함. 온도중립범위는 하한임계온도와 상한임계온도에 의해 결정되는데 외부온도가 하한임계온도 아래로 떨어지면 내온동물은 환경으로 빼앗긴 열을 보상하기 위해 열을 생성해야 하며 포유류는 체온조절을 위해 떨거나 떨지 않는 방법으로 열을 생산함

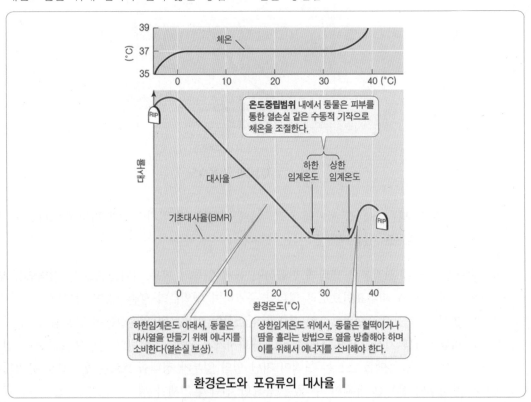

| 환경온도와 포유류의 대사율 |

ⓐ 떨림 열생성과 비떨림 열생성 : 떨림 열생성이란 움직이거나 떠는 것과 같은 근육 활동으로 인한 열생성임. 암컷 비단뱀 등의 크기가 큰 파충류 일부나 내온성 곤충도 비행근육을 작동 하기 전에는 떨림을 통해 물질대사율을 증가시키는 내온성 기작을 진행함. 비떨림 열생성은 갈색지방조직 미토콘드리아에서 짝풀림 호흡이 진행되는 과정을 통해 수행되며 근육을 떨지 않고도 열발생을 할 수 있는 방식임

ⓑ 척추동물의 자동온도조절기 : 시상하부의 온도 외에 다른 공급원에서 오는 정보도 함께 통합 하여 체온을 유지시키는 기작을 진행함

  1. 시상하부의 온도가 설정점을 넘어가거나 그 아래로 떨어지면 온도의 변화방향을 역전시키 도록 온도조절반응이 활성화됨

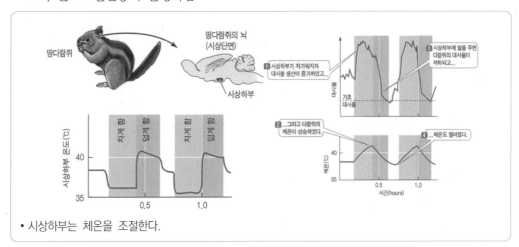

• 시상하부는 체온을 조절한다.

  2. 피부의 온도감지기에 등록된 외부온도에 대한 정보도 사용하는데 외부온도가 변하면 시 상하부의 설정점을 변화시켜 온도조절반응을 일으킴

(2) 체온조절에서의 순화

ㄱ. 내온동물의 순화

  ⓐ 단열의 정도를 조절하는 것임. 예를 들어 겨울에는 두꺼운 모피를 자라게 하고 여름에는 모 피를 벗음

  ⓑ 계절에 따라 물질대사를 통한 열생산능력의 변화가 나타남

ㄴ. 외온동물의 순화 : 종종 세포수준에서의 조정 포함

  ⓐ 동일한 기능을 지니지만 서로 다른 최적온도를 지니는 효소 변이체를 생성함 : 물고기의 계 절적 순화는 대사적 보상 기작을 만들어 냈는데 이는 온도의 영향에 맞서기 위해 생화학적 기구를 다시 조정하는 것임. 유사한 기능을 지니면서 최적 온도가 다른 효소를 시기에 맞추 어 발현할 수 있다면 여름에 맞는 한 세트의 효소와 겨울에 맞는 또 다른 한 세트의 효소를 사용해 반응을 촉매함으로써 보상을 할 수가 있는 것임

  ⓑ 포화지방/불포화지방 비율의 변화를 통해 다양한 환경 온도에서 막 유동성을 유지함

  ⓒ 아주 낮은 환경온도에서의 생명체의 경우 부동화합물(antifreeze)을 생성하여 어는점을 낮춤

(3) 물질대사율에 영향을 미치는 요인

ㄱ. 크기 : 물질대사율/체질량과 크기는 반비례함. 크기가 작아질수록, 체질량당 에너지 비용이 증가하나, 물질교환, 몸체지지, 이동을 위한 조직의 비율이 감소하며, 크기가 커질수록, 체질량당 에너지 비용이 감소하지만 물질교환, 몸체지지, 이동을 위한 조직의 비율이 증가함

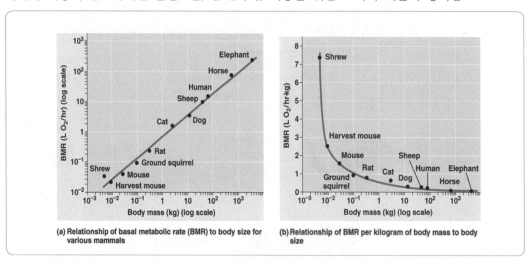

(a) Relationship of basal metabolic rate (BMR) to body size for various mammals

(b) Relationship of BMR per kilogram of body mass to body size

ㄴ. 활동

ⓐ 기초대사율(basal metabolic rate ; BMR) : 쉬고 있고 비어 있는 위장을 가지고 있으며 스트레스를 받지 않는 상태에서 성장하지 않는 내온동물 물질대사율(성인남성 : 1600~1800 kcal/day, 성인여성 : 1300~1500 kcal/day)로 일정한 환경온도 범위 내에서 결정됨

최신 기출과 해설

63 다음 중 사람의 결합조직을 구성하는 세포가 <u>아닌</u> 것은?

① 섬유아세포(fibroblast) 　② 지방세포(adipocyte)

③ 연골세포(chondrocyte) 　④ 대식세포(macrophage)

⑤ 상피세포(epithelial cell)

64 다음은 환경적응의 예이다.

> 온대 지방의 낙엽수는 가을이 되면 낙엽을 만든다.

위의 환경적응 원리와 <u>다른</u> 것은?

① 곰은 겨울잠을 잔다.

② 사철 푸른 상록수는 겨울에 잎의 삼투압을 증가시킨다.

③ 보리는 가을에 씨를 뿌려야 이듬해 봄에 수확할 수 있다.

④ 붓꽃은 늦은 봄에 꽃이 피고, 국화는 가을에 꽃이 핀다.

⑤ 추운 지방에 사는 포유류는 몸집에 비해 상대적으로 말단부위가 작다.

정답 및 해설

63 정답 | ⑤

상피 세포는 상피조직을 구성하는 세포에 해당한다.
섬유아세포는 콜라겐 단백질을 만들고 지방세포는 지방조직을 구성하며 연골세포는 충격흡수의 연골을 구성하며 대식
세포는 기저부에서 대식세포와 섬유아세포의 콜라겐 단백질로 구성한다.

64 정답 | ④

온도 변화에 따른 생물의 적응과 개화작용이 보기에 해당한다.
개화는 빛을 감지하는 광수용체를 이용해 연속된 밤의 길이 변화를 파악하여 일어난다.

65 다음은 생체 내의 항상성 조절에 대한 설명이다. 설명이 옳은 것만을 〈보기〉에서 있는 대로 고른 것은?

┌─ 보기 ┐

ㄱ. 분자량이 작은 물의 비열이 높은 이유는 물 분자 사이의 공유결합을 끊는데 에너지가 많이 소비되기 때문이다.

ㄴ. 생체내 활성형 비타민인 디히드록시 비타민 D는 소화관에서 Ca^{2+} 흡수를 촉진한다.

ㄷ. 콩팥의 네프론에서 Na^+ 및 물의 재흡수는 각각 알도스테론 및 항이뇨호르몬(ADH)에 의하여 조절된다.

ㄹ. 동물의 신체활동조절에 관여하는 티록신은 원형질막에 있는 수용체와 결합하여 신호전달을 수행한다.

① ㄱ, ㄷ   ② ㄱ, ㄹ   ③ ㄴ, ㄷ   ④ ㄴ, ㄷ, ㄹ   ⑤ ㄴ, ㄹ

정답 및 해설

65 정답 | ③

ㄱ. 물의 비열이 높은 이유는 물 분자 사이의 수소결합을 끊는데 에너지가 소비되기 때문이다.

ㄴ. 티록신은 타이로신 아미노산에 요오드가 결합하여 소수성을 나타내므로 세포막을 투과하여 핵내부에 있는 수용체와 결합하여 작용한다.

MEMO

생물 1타강사 **노용관**

편입생물 비밀병기

단권화 바이블 ✚
필수기출과 해설편

한권으로 끝내는 메디컬(의치한약수) 편입 나만의 祕密兵器

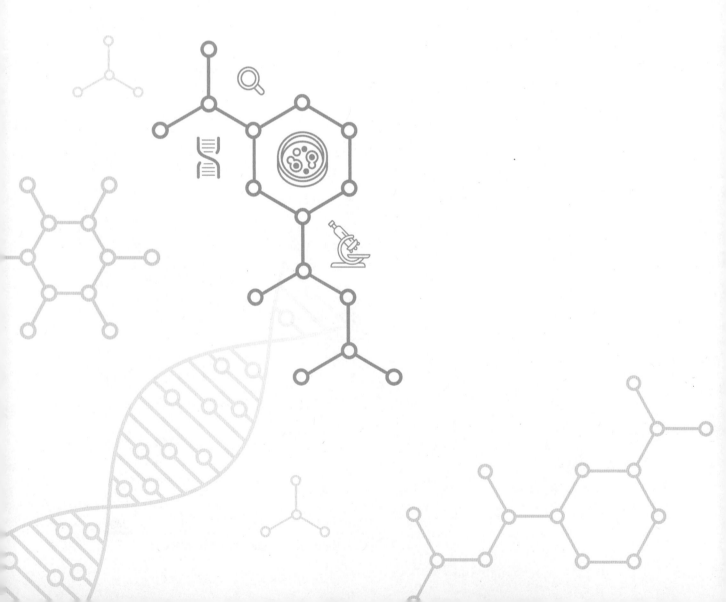

20

영양과 소화

20 영양과 소화

1 영양소

(1) 적절한 음식의 세 가지 영양적 요구

ㄱ. 화학에너지 : ATP 생성을 위한 에너지

ㄴ. 탄소골격 : 인체 주요 분자의 골격 형성

ㄷ. 필수영양소 : 생체 내에서 합성할 수 없는 영양소로 꼭 섭취를 통해 획득해야 함

  예 필수아미노산, 필수지방산, 비타민, 무기염류

(2) 필수영양소

ㄱ. 필수아미노산 : 생체 내에서 합성 불가능한 아미노산

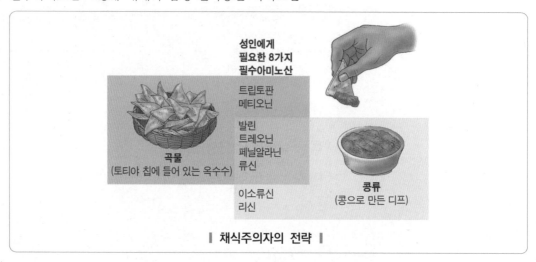

성인에게 필요한 8가지 필수아미노산

트립토판
메티오닌

발린
트레오닌
페닐알라닌
류신

이소류신
리신

곡물
(토티야 칩에 들어 있는 옥수수)

콩류
(콩으로 만든 디프)

▮ 채식주의자의 전략 ▮

ⓐ Val, Leu, Ile, Met, Thr, Lys, Phe, Trp, (His)

ⓑ 동물성 단백질에는 필수아미노산이 모두 포함되어 있지만 식물성 단백질에는 필수아미노산이 모두 포함되어 있는 경우가 거의 없음

ㄴ. 필수지방산 : 생체 내에서 합성 불가능한 지방산으로 리놀레산, 리놀렌산, 아라키돈산이 포함되는데 특히 아라키돈산은 프로스타글란딘과 같은 생체 내 중요한 신호물질의 전구체가 되므로 상당히 중요함

ㄷ. 비타민 : 다양한 기능을 수행하는 유기분자로 아주 적은 양만 필요함

ㄹ. 무기염류 : 간단한 무기물질로 하루에 1mg 미만에서 2500mg 정도의 적은 양만 필요함

(3) 영양소의 종류

ㄱ. 주영양소

ⓐ 탄수화물(4.2 kcal/g) : 우리 몸이 필요로 하는 에너지의 절반 이상을 공급하는 주요 에너지원이며, 일부는 몸의 구성성분을 구성함. 예를 들어 글리코칼릭스의 탄수화물은 세포 간 인식작용에 관여하는 것으로 알려져 있음

1. 1차적 에너지원 : 제일 먼저 소비되기 때문에 몸의 구성비율이 높지 않음
2. 여분은 글리코겐으로 저장(간, 근육), 나머지는 지방으로 전환되어 저장됨

ⓑ 지방(9.5 kcal/g) : 탄수화물과 함께 우리 몸의 중요한 에너지원이며, 원형질 성분 중, 단백질 다음으로 많은 양을 차지함

1. 주로 중성지방의 형태로써 피하지방조직에 저장
2. 에너지 필요시 중성지방은 지방조직 내에서 분해되어 에너지가 필요한 곳(간, 근육 등)으로 이동함

ⓒ 단백질(4.1kcal/g) : 20여 종의 아미노산이 기본 단위이며, 아미노산의 종류와 결합 순서에 따라 단백질의 종류가 달라짐

1. 에너지원보다는 신체를 구성하나, 극단적 상황 하에서는 최후의 에너지원으로 이용됨
2. 아미노산으로 구성됨

ㄴ. 부영양소 : 에너지원이 될 수 없는 영양소나 체구성 물질이나 생체 내 생리기능을 조절하는 기능을 수행함

ⓐ 비타민(vitamin) : 체내에서 합성되지 않으므로 반드시 음식물로 섭취해야 하며, 소량으로 체내의 생리 기능을 조절하나 부족하면 결핍증이 유발됨. 보통 비타민의 과용으로 인한 해로움은 없으나, 지용성 비타민의 경우 과용하게 되면 체내 지방에 축적되는 경향이 있으므로 과용 시에는 해로울 가능성이 있음

Vitamin	Major Dietary Sources	Major Functions in the Body	Symptoms of Deficiency
Water-Soluble Vitamins			
B₁ (thiamine)	Pork, legumes, peanuts, whole grains	Coenzyme used in removing CO_2 from organic compounds	Beriberi (tingling, poor coordination, reduced heart function)
B₂ (riboflavin)	Dairy products, meats, enriched grains, vegetables	Component of coenzymes FAD and FMN	Skin lesions, such as cracks at corners of mouth
B₃ (niacin)	Nuts, meats, grains	Component of coenzymes NAD^+ and $NADP^+$	Skin and gastrointestinal lesions, delusions, confusion
B₅ (pantothenic acid)	Meats, dairy products, whole grains, fruits, vegetables	Component of coenzyme A	Fatigue, numbness, tingling of hands and feet
B₆ (pyridoxine)	Meats, vegetables, whole grains	Coenzyme used in amino acid metabolism	Irritability, convulsions, muscular twitching, anemia
B₇ (biotin)	Legumes, other vegetables, meats	Coenzyme in synthesis of fat, glycogen, and amino acids	Scaly skin inflammation, neuromuscular disorders
B₉ (folic acid)	Green vegetables, oranges, nuts, legumes, whole grains	Coenzyme in nucleic acid and amino acid metabolism	Anemia, birth defects
B₁₂ (cobalamin)	Meats, eggs, dairy products	Production of nucleic acids and red blood cells	Anemia, numbness, loss of balance
C (ascorbic acid)	Citrus fruits, broccoli, tomatoes	Used in collagen synthesis; antioxidant	Scurvy (degeneration of skin and teeth), delayed wound healing
Fat-Soluble Vitamins			
A (retinol)	Dark green and orange vegetables and fruits, dairy products	Component of visual pigments; maintenance of epithelial tissues	Blindness, skin disorders, impaired immunity
D	Dairy products, egg yolk	Aids in absorption and use of calcium and phosphorus	Rickets (bone deformities) in children, bone softening in adults
E (tocopherol)	Vegetable oils, nuts, seeds	Antioxidant; helps prevent damage to cell membranes	Nervous system degeneration
K (phylloquinone)	Green vegetables, tea; also made by colon bacteria	Important in blood clotting	Defective blood clotting

ⓑ 무기염류 : 몸의 구성성분으로 여러 가지 생리작용을 조절하는데, 결핍증과 과잉증을 동시에 지님.

🔴 NaCl의 과잉 섭취는 고혈압 유발가능성을 높임

Mineral Requirements of Humans*			
Mineral	**Major Dietary Sources**	**Major Functions in the Body**	**Symptoms of Deficiency**
Calcium (Ca)	Dairy products, dark green vegetables, legumes	Bone and tooth formation, blood clotting, nerve and muscle function	Impaired growth, loss of bone mass
Phosphorus (P)	Dairy products, meats, grains	Bone and tooth formation, acid-base balance, nucleotide synthesis	Weakness, loss of minerals from bone, calcium loss
Sulfur (S)	Proteins from many sources	Component of certain amino acids	Impaired growth, fatigue, swelling
Potassium (K)	Meats, dairy products, many fruits and vegetables, grains	Acid-base balance, water balance, nerve function	Muscular weakness, paralysis, nausea, heart failure
Chlorine (Cl)	Table salt	Acid-base balance, formation of gastric juice, nerve function, osmotic balance	Muscle cramps, reduced appetite
Sodium (Na)	Table salt	Acid-base balance, water balance, nerve function	Muscle cramps, reduced appetite
Magnesium (Mg)	Whole grains, green leafy vegetables	Enzyme cofactor; ATP bioenergetics	Nervous system disturbances
Iron (Fe)	Meats, eggs, legumes, whole grains, green leafy vegetables	Component of hemoglobin and of electron carriers; enzyme cofactor	Iron-deficiency anemia, weakness, impaired immunity
Fluorine (F)	Drinking water, tea, seafood	Maintenance of tooth structure	Higher frequency of tooth decay
Iodine (I)	Seafood, iodized salt	Component of thyroid hormones	Goiter (enlarged thyroid gland)

(Greater than 200 mg per day required — applies to Calcium through Magnesium)

*Additional minerals required in trace amounts are chromium (Cr), cobalt (Co), copper (Cu), manganese (Mn), molybdenum (Mo), selenium (Se), and zinc (Zn). All of these minerals, as well as those in the table, are harmful when consumed in excess.

2 동물의 에너지 균형 조절

(1) 연료 대사의 호르몬 조절

ㄱ. 호르몬 조절 개요 : 혈당을 4.5 mM 전후로 유지하기 위해 인슐린, 글루카곤, 에피네프린이 협동하여 생체 조직 특히 간, 근육, 지방 조직의 대사 과정을 조절함

ⓐ 혈당 농도가 필요 이상으로 높아지면 인슐린은 이들 조직에 신호를 보내서 과잉의 혈중 포도당을 세포로 진입하게 하여 저장 물질인 글리코겐과 중성지방으로 변환시킴

ⓑ 혈당이 너무 낮으면 글루카곤이 분비되어 표적기관으로 하여금 글리코겐 분해와 포도당 신생합성, 지방 산화를 유도함

ⓒ 에피네프린은 혈액으로 방출되어 근육, 폐, 심장 등의 급격한 활동에 대비함

ⓓ 코티솔은 장기간 스트레스에 대한 인체 반응을 유도함

(2) 영양과다와 비만

영양과다에 의한 비만은 제2형 당뇨병(인슐린 비의존성 당뇨병), 대장암, 유방암, 심장마비, 뇌졸중 등을 유발함

ㄱ. 열량 불균형

ⓐ 영양부족(undernourishment) : 열량이 만성적으로 부족하여 저장된 글리코겐과 지방을 사

용하기 때문에 결국 혈장 단백질, 근육 단백질, 뇌단백질 등의 체내 단백질을 분해하게 됨. 영양부족은 주영양소의 섭취 부족에 기인함

ⓑ 영양과다(overnourishment) : 과도한 열량으로 인해 비만이 유발됨

ㄴ. 식욕조절 호르몬

ⓐ 렙틴(지방조직에서 합성) : 지방의 저장이 충분하다는 신호를 보내 연료 섭취의 감소를 촉진하고 에너지 소비의 증가를 가져옴. 시상하부에서의 렙틴-수용체 상호작용은 식욕억제에 관여하는 신경세포로 하여금 식욕억제 호르몬 생성을 유도함. 또한 교감신경계를 자극하여 혈압, 심장박동수, 지방세포 미토콘드리아에서의 짝풀림 호흡 등을 증가시키고 간이나 근육 세포가 인슐린에 대해 더 민감한 반응을 나타내도록 함. 렙틴은 Ob 유전자에 의해 암호화되어 있으며 렙틴 수용체는 Db 유전자에 의해 암호화되어 있음

EXPERIMENT

Obese mouse with mutant *ob* gene (left) next to wild-type mouse

RESULTS

Genotype pairing (red type indicates mutant genes)		Average change in body mass (g) of subject
Subject	Paired with	
ob⁺ob⁺, db⁺db⁺	*ob⁺ob⁺, db⁺db⁺*	8.3
ob ob, db⁺db⁺	*ob ob, db⁺db⁺*	38.7
ob ob, db⁺db⁺	*ob⁺ob⁺, db⁺db⁺*	8.2
ob ob, db⁺db⁺	*ob⁺ob⁺, db db*	-14.9*

*Due to pronounced weight loss and weakening, subjects in this pairing were reweighed after less than eight weeks.

ⓑ 인슐린(이자에서 분비) : 인슐린 분비는 지방 저장의 크기와 현재의 에너지 균형 두 가지를 반영하는데 시상하부에 작용하여 식욕을 억제하며 근육, 간, 지방조직 등에 신호를 보내어 이화작용을 증가시킴

ⓒ 그렐린(위벽에서 분비) : 펩티드 호르몬으로 짧은 시간단위로 작용하는 강력한 식욕촉진물질임. 그렐린 수용체는 심장 근육 및 지방 조직 뿐만 아니라 뇌하수체 및 시상하부에도 존재하는데 그렐린의 혈중 농도는 식사 사이에서 현저하게 변하며 식사 직전에 최고치를 나타내고 식사 직후에는 급격하게 떨어짐

ⓓ PYY(식후 소장이나 대장에서 분비) : 펩티드 호르몬으로 음식물이 위에서 창자로 들어오는 것에 반응하여 분비됨. PYY의 혈중 농도는 식후에 증가하며 몇 시간 동안 높은 수치를 유지함. 식욕증진 신경세포를 억제하여 공복감을 감소시킴

(3) 당뇨병(diabetes mellitus)

인슐린 분비가 부적당하게 일어나거나 비정상적인 표적세포 반응이 일어나거나 아니면 두 가지 모두에 의해 일어나는 비정상적인 고혈당증으로 특징지어짐

ㄱ. 제1형 당뇨병(type 1 diabetes) : 전체 당뇨병 환자의 10%를 차지하며 이자의 베타세포 파괴 때문에 발생하는 인슐린 결핍에 그 원인이 있는데 가장 일반적인 자가면역질환으로 몸에 베타세포를 자기 자신으로 인식하지 못하여 백혈구에 의해 베타세포가 파괴되어 나타나는 것임

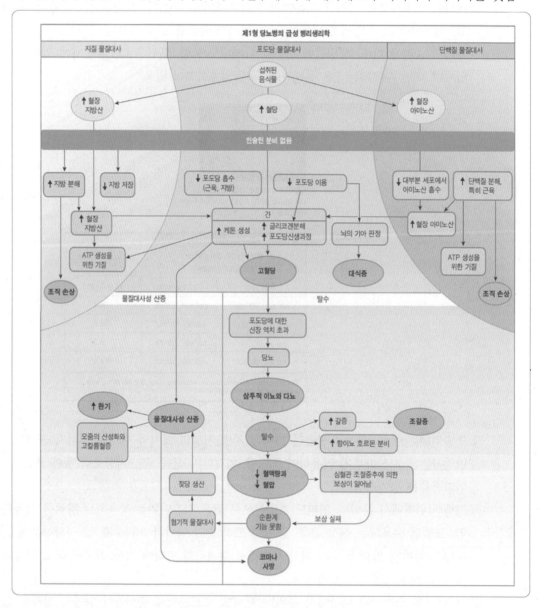

ⓐ 단백질 물질대사 : 에너지와 단백질 합성을 위한 아미노산과 포도당이 없어서 근육은 ATP 생성을 위한 기질을 제공하기 위해 자신의 단백질을 분해하는데 아미노산은 근육에서 빠져 나와 간으로 이동함

ⓑ 지방 물질대사 : 지방조직은 저장된 지질을 분해함. 지방산은 ATP 합성을 위해 기질로 제공되고 간으로 옮겨지기 위해 혈액으로 들어감. 간에서 지방산은 베타 산화과정을 통해 분해됨. 그러나 시트르산회로를 통해 지방산을 이용하는 능력에는 한계가 있어서 초과된 지방산은 케톤으로 전환됨. 케톤은 다시 혈액으로 분비되어 ATP 합성을 위해 근육이나 뇌 등의 다른 조직에서 이용될 수 있음

ⓒ 포도당 물질대사 : 인슐린이 없으면 혈액의 포도당은 혈액에 머물게 되고 혈당을 높여 고혈당증을 일으킴. 이런 포도당을 물질대사할 수 없는 간은 글리코겐 분해와 포도당신생합성과정과 같은 절식 상태의 경로를 개시함. 이 경로를 통해 글리코겐, 아미노산과 글리세롤에서 추가적으로 포도당이 생성됨. 이 포도당이 혈액을 통해 간으로 되돌아가면 고혈당증을 악화시킴

ⓓ 탈수 : 삼투성 이뇨의 결과로 순환되는 혈액량과 혈압의 감소가 일어남. 혈압이 떨어지면 혈압을 유지하기 위해 ADH의 분비 증가와 잦은 식수 섭취를 일으키는 갈증과 심장 혈관 보상과 같은 항상성 물질대사를 일으킴

물질대사산증 : 당뇨병의 물질대사산증은 케톤 생성이라는 잠정적인 원인에 의해 일어남. 간에서 생성되는 산성의 케톤체를 통해서도 혈액의 pH가 감소하게 됨

ⓔ 삼투성 이뇨와 다뇨증 : 만일 당뇨병의 고혈당증이 포도당의 신역치를 초과하면 신장의 근위세뇨관에서 포도당 흡수는 포화됨. 결과적으로 여과된 포도당은 재흡수되지 않고 소변으로 배출됨. 집합관에서 부가적인 용질의 존재는 수분 재흡수를 감소시키고 더 많은 배출을 일으키도록 함. 이것은 많은 양의 오줌을 유도하고 만일 조절되지 않으면 탈수를 초래할 것임. 재흡수가 안된 용질로 인한 소변으로의 수분 손실을 삼투성 이뇨라고 함

ㄴ. 제2형 당뇨병(type 2 diabetes) : 당뇨병 환자의 90%를 차지함

ⓐ 특성 : 소화된 포도당에 대한 반응이 늦게 나타나는 인슐린 저항성(insulin resistance)이 나타남

ⓑ 치료법 : 운동을 통한 체중감소가 효력이 있으며 치료제를 이용하기도 함. 제2형 당뇨병 치료제는 베타세포의 인슐린 분비를 자극하고 장에서 탄수화물의 분해를 느리게 하며 간의 포도당 유출을 억제하거나 표적조직의 인슐린에 대한 반응성을 높여주는 것임

3 인간의 소화계

(1) 소화계의 구성

ㄱ. 소화관을 통한 음식물의 이동경로 : 입 → 인두 → 식도 → 위 → 소장 → 대장 → 항문

ㄴ. 위장관(gastrointestinal tract ; GI tract)

    ⓐ 위장관의 전체적 구조 : 길이는 약 4.5m이고 구강에서 항문까지 뻗어 있으며 흉강을 지나 횡격막을 통과하여 복강으로 들어감

    ⓑ 위장관 벽의 기본 구조 : 안쪽의 점막, 중간의 점막하조직, 평활근으로 구성된 근육층, 맨 바깥의 결합조직으로 구성됨

    ⓒ 위장관의 운동

        1. 연동운동(peristalsis) : 환상근과 종주근의 조화된 활동에 의해 일어나는데 환상근이 수축하고 종주근이 이완되면 관의 직경이 감소되어 음식물을 밀어내고 환상근이 이완되고 종주근이 수축되면 관의 직경이 증가되어 음식물을 받아들일 준비를 하게 되어 음식물을 앞으로 밀어냄

        2. 분절운동(segmentation) : 음식물을 양방향으로 이동시켜 소화액과 음식물이 잘 섞일 수 있도록 하며 이와 같은 운동은 음식물의 소화를 촉진시키고 소화관 흡수 표면에 장내 음식물을 노출시켜 흡수를 촉진함

ㄷ. 부속분비기관(accessory digestive tract) : 관을 통해 소화액을 분비함

    📗 침샘, 간, 이자, 담낭 등

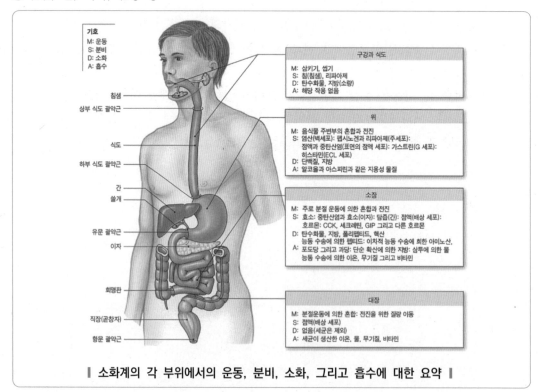

┃ 소화계의 각 부위에서의 운동, 분비, 소화, 그리고 흡수에 대한 요약 ┃

358

편입생물 비밀병기 – 단권화바이블 + 필수기출과 해설편

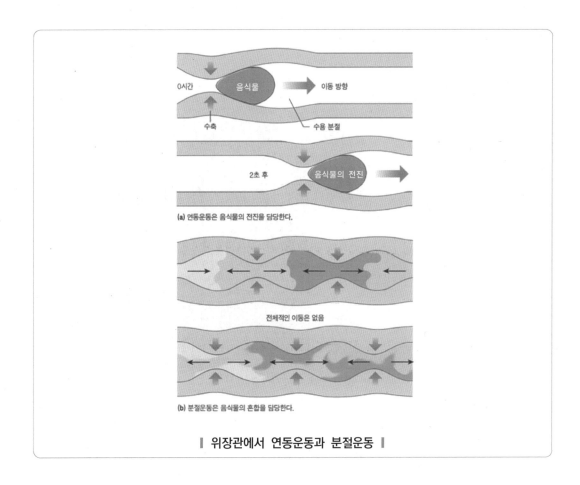

┃ 위장관에서 연동운동과 분절운동 ┃

(2) 입에서의 소화

ㄱ. 기계적 소화 : 저작운동과 연하운동이 일어남

ⓐ 저작운동(mastication) : 입 속에서 음식물을 잘게 부수어 소화를 도움

ⓑ 연하운동(deglutition) : 음식물이 구강에 닿으면 반사적으로 음식물을 삼킴

ㄴ. 화학적 소화 : 침에 들어있는 아밀라아제에 의한 녹말을 분해하는데 입 안의 음식이 구강의 신경반사를 자극하여 들어오기 전에도 침샘의 침이 관에서 나와 구강까지 분비됨

 침의 성분 분석

Ⓐ 아밀라아제 : 녹말을 엿당으로 분해
Ⓑ 리파아제 : 혀의 분비선으로부터 분비되는 혀 리파아제는 중성지방을 지방산과 DAG로 분해함. 혀 리파아제는 위 속에서 활성화되어 음식물 내 중성지방을 30% 소화시킬 수 있음. 혀 리파아제에 의해 지방이 소화되면 소화산물에 의해 십이지장으로부터 콜레시스토키닌의 분비가 자극됨
Ⓒ 리소자임 : 세균의 세포벽 분해
Ⓓ 뮤신(당단백질) : 입안의 상피가 벗겨지는 것을 방지하며 음식물을 매끄럽게 하여 쉽게 삼킬 수 있게 함
Ⓔ 완충액 : 입안의 산을 중성화하여 치아가 썩는 것을 방지

(3) 위에서의 소화

ㄱ. 위의 구조와 특성

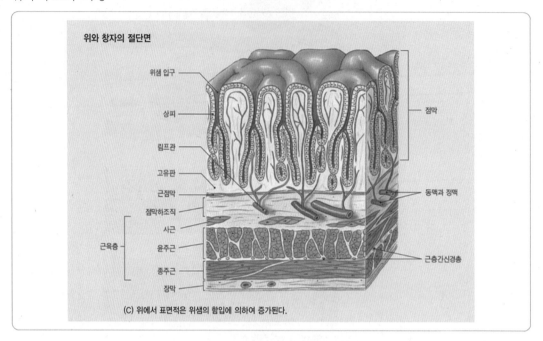

위와 창자의 절단면

위샘 입구
상피
림프관
고유판
근점막
점막하조직
사근
윤주근
종주근
장막
근육층
점막
동맥과 정맥
근층간신경총

(C) 위에서 표면적은 위샘의 함입에 의하여 증가된다.

ⓐ 복강의 윗부분, 횡격막 아래에 자리잡고 있음

ⓑ 알코올 등의 극히 제한된 영양소만 혈류를 통하여 흡수되며 주로 음식물을 저장하고 단백질 분해에 관여함

ⓒ 주름이 있는 위벽은 상당히 유연하며 상당한 정도로 늘어날 수 있음

ⓓ 위액이라는 소화액을 분비하고 위벽 평활근의 운동을 통해 소화액을 섞어 음식물과 소화액의 혼합물인 유미즙(chyme)을 형성함

ㄴ. 위에서의 화학적 소화

ⓐ 주세포(chief cell) : 펩시노겐을 분비함. 펩시노겐은 HCl의 작용에 의해 펩신으로 활성화되는데 활성화된 pepsin은 자가활성화를 통해 빠른 속도로 활성화된 형태가 증가하며 폴리펩티드 내의 특정 아미노산 부근 펩티드 결합을 끊음

ⓑ 부세포(parietal cell) : H^+와 Cl^-을 분비하여 위 내강에서의 HCl 형성에 관여하며 내인성 인자(intrinsic factor)를 분비하여 적혈구의 성숙에 필요한 비타민 B_{12}의 흡수를 촉진시킴. 내인성 인자가 정상적으로 분비되지 못하면 비타민 B_{12}의 결핍으로 인해 적혈구 생성과정이 손상되어 악성빈혈이 유발 될 수 있음

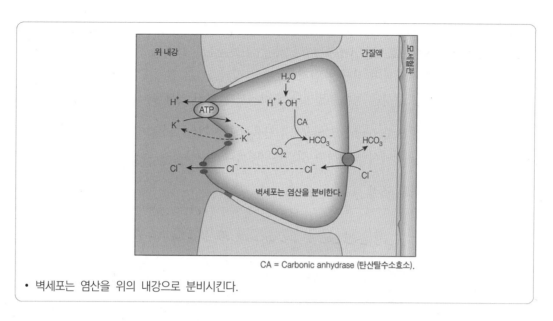

CA = Carbonic anhydrase (탄산탈수소효소).

- 벽세포는 염산을 위의 내강으로 분비시킨다.

ⓒ 점액세포(goblet cell) : 점액과 중탄산염을 분비하는데 점액은 물리적 장벽을 형성하며 중탄
  산염은 화학적 완충장벽을 형성하여 위 내막 주변의 HCl을 중화시켜 산에 의한 손상을 막음

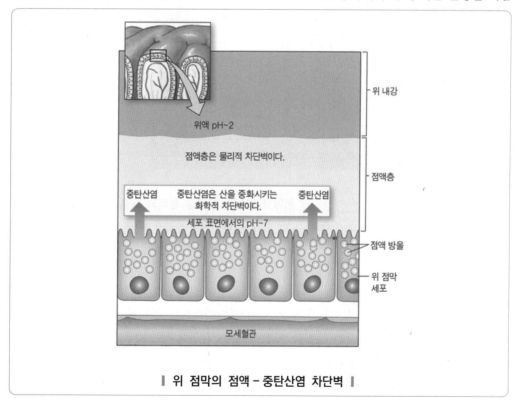

| 위 점막의 점액 - 중탄산염 차단벽 |

ⓓ G세포 : 가스트린을 분비하여 위산의 분비를 자극하고 펩시노겐의 분비를 촉진시킴
ⓔ D세포 : 소마토스타틴을 분비하여 위산, 가스트린, 펩시노겐의 분비를 억제함
ⓕ 장크롬친화성 세포 : 히스타민을 분비하여 벽세포를 자극하여 HCl의 분비를 촉진시킴

ㄷ. 자가소화를 막는 기작

    ⓐ 활성이 없는 효소원(zymogen) 상태로 소화효소를 분비함

    ⓑ 점액층이 존재하여 강산성 환경으로부터 상피를 보호함

    ⓒ 충분한 세포생성을 통해 3일마다 위벽세포가 완전 교체됨

ㄹ. 위궤양의 원인 Helicobacter pylori : 산을 중화시키는 화학물질인 암모니아를 몸 주변으로 분비하여 산성 환경에서 생존하며 감염부위에서의 염증반응을 유발함

ㅁ. 위에서의 분비물 조절

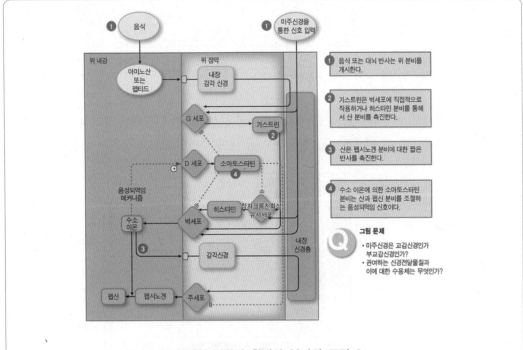

| 위에서 뇌상과 창자상 분비의 조절 |

뇌상은 음식에 대한 시각, 냄새, 소리, 상상 또는 입안에 음식이 존재함으로써 시작된다. 위상은 음식이 위에 도달하면서 시작된다.

    ⓐ 뇌상에서는 미주신경에서 나온 부교감신경이 G세포를 자극하여 가스트린을 혈류 내로 분비함. 내강에 있는 아미노산 또는 펩티드는 가스트린 분비를 위한 짧은 반사를 촉발함

    ⓑ 가스트린은 히스타민 분비를 직접적 또는 간접적으로 자극하여 산 분비를 촉진함

    ⓒ ECL세포는 가스트린과 내장신경계의 아세틸콜린에 반응하여 히스타민을 분비함. 히스타민은 표적세포인 부세포로 확산되어 들어가서 산 분비를 촉진함

    ⓓ 위 내강 내의 산은 짧은 반사를 경유하여 주세포에서의 펩시노겐 분비를 자극함. 내강에서 산은 펩시노겐을 펩신으로 전환시켜 단백질 소화를 시작함

    ⓔ 산은 또한 D세포에서 소마토스타틴 분비를 촉진함. 소마토스타틴은 음성되먹임 작용으로 위산, 가스트린, 펩시노겐 분비를 억제함

(4) 소장에서의 소화

ㄱ. 소장의 구조와 특징 : 소화관 중 가장 길이가 길며 십이지장, 공장, 회장 순으로 배열됨. 융모가 존재하기 때문에 흡수를 위한 표면적이 넓어 소화 산물의 흡수가 용이함

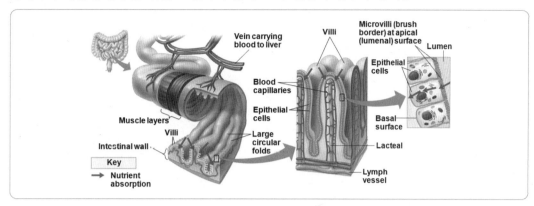

ⓐ 십이지장(duodenum) : 위에 연결된 약 30cm까지의 부분으로 이자관과 쓸개관이 열려 있어 이자액과 쓸개즙이 분비됨

ⓑ 공장(jejunum) : 십이지장에서 약 2m까지의 부분으로 내벽은 많은 주름이 잡혀 있고 이 주름에는 융털 돌기가 수없이 많으며 이 융털돌기 사이사이에 장샘이 열려 있어 장액이 분비되며 양분의 흡수가 일어남

ㄴ. 소장에서의 화학적 소화에 관여하는 부속기관

ⓐ 간 : 쓸개즙을 생성함. 단, 쓸개즙의 저장과 분비는 담낭에서 수행됨. 쓸개즙의 담즙산염은 일종의 계면활성제로서 지방을 유화시켜 소화 표면적을 증가시키므로 리파아제에 의한 소화를 용이케 함

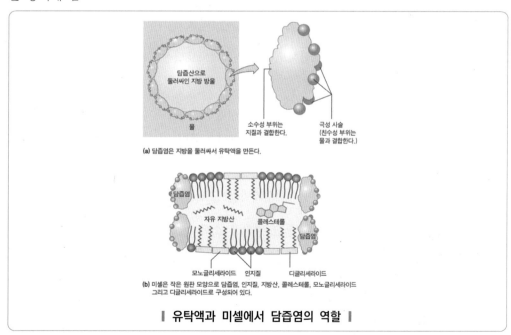

| 유탁액과 미셀에서 담즙염의 역할 |

ⓑ 이자 : 외분비선과 내분비선으로 모두 작용하며 소화액을 분비하여 음식물의 화학적 소화에 관여함

1. HCO_3^- 분비 : HCO_3^-는 위산이 섞인 산성 유미즙을 중화하는데 관여하는데 간질액으로부터 확산되어 진입한 이산화탄소와 물의 반응을 통해 HCO_3^-이 형성되며 HCO_3^-이 이자로부터 분비될수록 H^+는 간질액으로 분비되기 때문에 체액의 pH가 떨어지게 됨

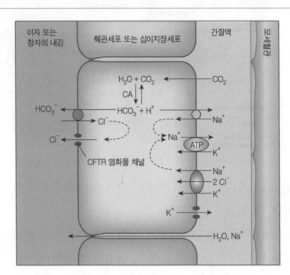

┃ 이자와 십이지장에서 중탄산염 분비 ┃

중탄산염을 생산하는 세포는 많은 양의 탄산탈수소효소를 갖고 있다.

2. 단백질 가수분해효소 분비

   Ⓐ 트립신(트립신노겐 $\xrightarrow{\text{엔테로펩티다아제}}$ 트립신) : 폴리펩티드 내의 특정 아미노산 부근 펩티드 결합을 끊음

   Ⓑ 키모트립신(키모트립시노겐 $\xrightarrow{\text{트립신}}$ 키모트립신) : 폴리펩티드 내의 특정아미노산 부근 펩티드 결합을 끊음

   Ⓒ 카르복시펩티다아제(프로카르복시펩티다아제 $\xrightarrow{\text{트립신}}$ 카르복시펩티다아제)
      : 폴리펩티드의 C말단부위에서부터 N말단 방향으로 펩티드 결합을 끊음

3. 아밀라아제 분비 : 녹말을 엿당으로 분해함

4. 지방가수분해효소 분비 : 중성지방을 모노글리세리드와 지방산으로 분해함

ⓒ 장액에 포함된 소화효소를 통한 화학적 소화

1. 말타아제 : 엿당 → 2 포도당

2. 수크라아제 : 설탕 → 포도당 + 과당

3. 락타아제(보통 유아기까지만 분비됨) : 젖당 → 포도당 + 갈락토오스

4. 아미노펩티다아제 : 폴리펩티드의 N말단부위에서부터 C말단 방향으로 펩티드 결함을 끊음

(5) 소화 관련 주요 호르몬의 종류와 기능

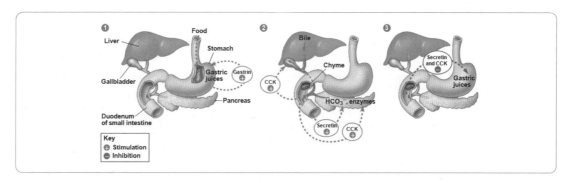

ㄱ. 지방이 풍부한 유미즙이 십이지장으로 들어오면 세그레틴과 콜레시스토키닌(CCK)이 위의 연동 운동과 산 분비를 저해하고 따라서 소화가 느려짐

ㄴ. 가스트린은 혈류를 따라 순환하여 위로 돌아오는데 이는 위액의 생성을 촉진함

ㄷ. 세크레틴은 이자에서 탄산수소나트륨 분비를 자극함. 탄산수소나트륨은 위에서 온 산성 유미즙을 중화시킴

ㄹ. 아미노산과 지방산은 콜레시스토키닌(CCK)을 분비시킴. 콜레시스토키닌은 이자에서 소화 효소 분비와 쓸개에서 담즙을 분비하도록 자극함

(6) 소장에서의 흡수

ㄱ. 물의 흡수 : 매일 소장으로 유입되는 9L의 용액 중에서 대부분은 소장에서 재흡수됨. 유기 영양소와 이온의 흡수는 대부분 십이지장과 공장에서 일어나며 물 흡수를 위해서 삼투성 기울기를 형성함

ㄴ. 탄수화물의 흡수 : 포도당, 과당, 갈락토오스 등의 단당류로 분해된 후 흡수됨

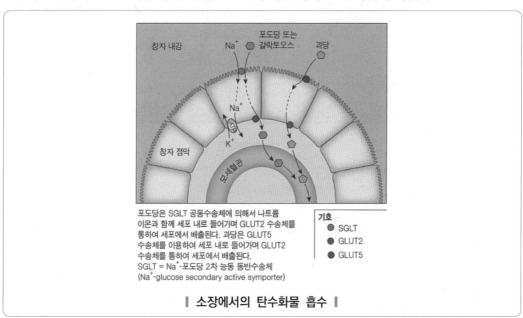

| 소장에서의 탄수화물 흡수 |

ⓐ 포도당 또는 갈락토오는 Na^+과 공동수송을 통해 흡수됨
ⓑ 과당은 농도기울기에 따라 촉진확산됨

ㄷ. 펩티드, 아미노산 : 펩티드 또는 아미노산을 여러 방식을 통해 흡수

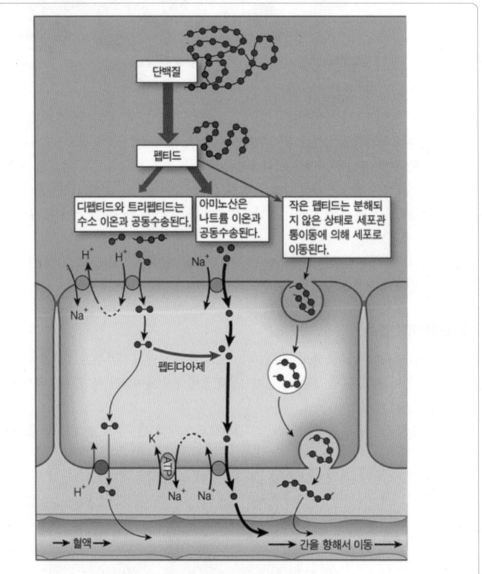

단백질

펩티드

디펩티드와 트리펩티드는
수소 이온과 공동수송된다.

아미노산은
나트륨 이온과
공동수송된다.

작은 펩티드는 분해되
지 않은 상태로 세포관
통이동에 의해 세포로
이동된다.

Na^+

H^+ H^+

Na^+

Na^+

펩티다아제

K^+

ATP

Na^+ Na^+

H^+

→ 혈액 →

→ 간을 향해서 이동 →

┃ 펩티드 흡수 ┃

소화 후에 단백질은 대체로 자유 아미노산이나 디펩티드, 트리펩티드 형태로 흡수된다. 트리펩티드보다 큰
일부 펩티드는 세포관통이동에 의해 흡수될 수 있다.

ⓐ 아미노산은 나트륨 이온과 공동수송됨

ㄹ. 지방의 흡수 : 중성지방이 모노글리세리드와 지방산으로 분해된 후 흡수

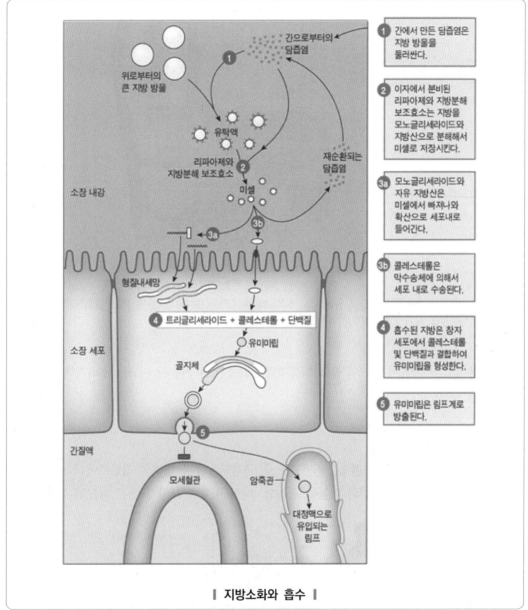

│ 지방소화와 흡수 │

ⓐ 소장의 활면소포체에서 중성지방이 재합성되고, 골지체를 통해 중성지방은 인지질, 콜레스테롤, 단백질과 연합되어 유미입자(chylomicron)를 형성함

ⓑ 유미입자는 외포작용을 통해 간질액으로 분비되는데 유미입자의 크기가 모세혈관으로 진입하기에는 크기가 커 암죽관으로 진입함

(7) 소장으로 흡수된 영양소의 이동

ㄱ. 포도당, 아미노산, 수용성 비타민 등의 이동경로 : 모세혈관 → 간문맥 → 간 → 간정맥 → 하대정맥 → 심장 → 온몸

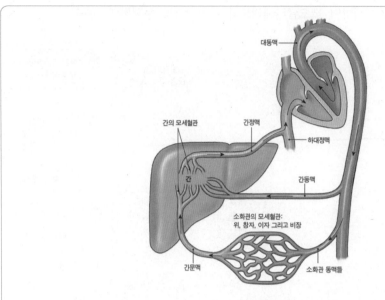

| 간문맥계 |

소장에서 흡수된 대부분의 영양소는 여과 기능을 하는 간을 통과하는데 이때 잠재적으로 독성이 있는 생체 이물질을 제거하여 전신으로 순환되는 것을 차단한다.

ㄴ. 유미입자, 지용성 비타민 등의 이동경로 : 암죽관 → 가슴관 → 좌쇄골하정맥 → 상대정맥 → 심장 → 온몸

(8) 대장의 구조와 기능

ㄱ. 대장의 구조 : 맹장, 결장, 직장 순으로 구성되며 T자 형태의 접합부에서 소장과 연결되고 이 부분의 괄약근은 음식의 이동을 조절함. 대장 점막의 내강 표면은 융모가 없어서 편평해 보임

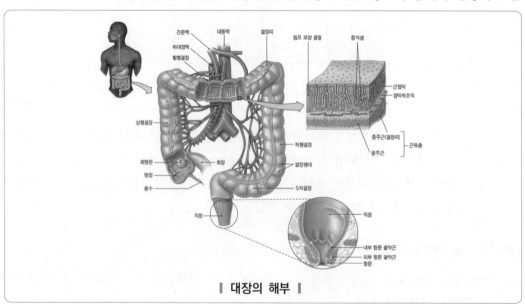

| 대장의 해부 |

ⓐ 맹장 : 소장과 대장의 연결부에 끝이 막힌 주머니 모양으로 되어 있음. 식물성 물질의 발효가 일어나는 장소로서 포유류의 경우 비교적 작은 크기의 맹장을 지니고 있음. 충수 (appendix)는 맹장 중 손가락 모양으로 튀어나온 부분으로 면역반응에 일부 관여함

ⓑ 결장 : 몸의 오른쪽 아래에서 위로, 다시 왼쪽으로 가로지른 후 아래로 향하는 굵고 주름진 창자로 S자 모양으로 되어 있음

ⓒ 직장 : 결장의 끝으로 항문과 연결되어 있음

ㄴ. 주요기능

ⓐ 수분의 흡수 : 다양한 소화액의 용매로 사용되어 소화관으로 들어간 수분을 재흡수함. 물의 능동수송에 대한 생물학적 기전이 없기 때문에 소금과 같은 이온을 내강 밖으로 펌프하여 생긴 삼투압으로 물의 재흡수가 일어나도록 함

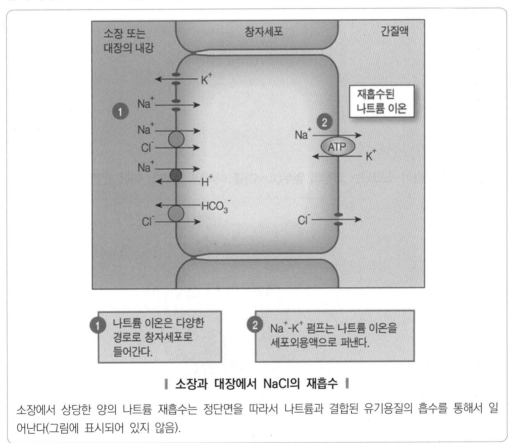

| 소장과 대장에서 NaCl의 재흡수 |

소장에서 상당한 양의 나트륨 재흡수는 정단면을 따라서 나트륨과 결합된 유기용질의 흡수를 통해서 일어난다(그림에 표시되어 있지 않음).

ⓑ 대장에서의 소화와 흡수 : 대장에는 많은 대장균이 살고 있는데 이들은 음식물 속의 소화되지 않은 탄수화물과 단백질을 발효시켜 분해함. 이러한 과정을 거친 최종 산물에는 젖산이나 부티르산과 같은 짧은 지방산이 포함됨. 또한 장내세균은 비타민K, 비오틴, 엽산 등의 결핍을 예방하는데 도움을 주며 일부 세균은 황화수소를 발생시켜 방귀를 형성하는데 관여함

66 정상인과 비교하여 치료받지 않은 제1형 당뇨병(인슐린 의존성 당뇨병)을 가진 환자에서 나타나는 현상으로 옳지 <u>않은</u> 것은?

① 간에서 케톤체(ketone body) 생성이 증가한다.
② 혈액의 pH가 증가한다.
③ 물의 배설이 증가한다.
④ 지방 분해가 증가한다.
⑤ Na^+의 배설이 증가한다.

67 그림은 지방이 소화되는 과정의 일부(A~D)를 나타낸 것이다. 이에 관한 설명으로 옳지 <u>않은</u> 것은?

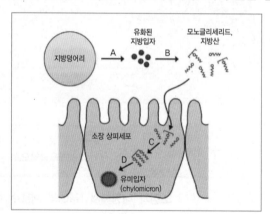

① A에서 담즙이 작용한다.
② A와 B는 위(stomach)에서 일어난다.
③ C에서 모노글리세리드와 지방산은 다시 트리글리세리드로 합성된다.
④ D 이후 형성된 유미입자(chylomicron)는 단백질을 포함한다.
⑤ 유미입자는 소장 상피세포를 빠져나와 유미관(암죽관)으로 들어간다.

68 그림은 인체 소화기관의 구조를 나타낸 것이다.

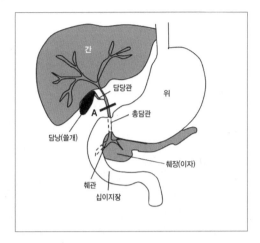

A 지점을 묶었을 때 직접적으로 영향을 받는 것은?

① 지방의 소화 효율이 떨어진다.
② 녹말의 소화 효율이 떨어진다.
③ 핵산의 소화 효율이 떨어진다.
④ 수용성 비타민의 흡수가 감소한다.
⑤ 단백질의 소화 효율이 떨어진다.

정답 및 해설

66 정답 | ②

인슐린은 음식으로 섭취된 혈중 포도당, 아미노산, 지방산이 체조직으로 흡수되어 고분자인 글리코겐, 단백질, 지방 형태로 저장되도록 하며, 포도당 신생합성과 지방 분해를 억제하고 세포 호흡을 촉진한다. 1형당뇨의 특징은 인슐린의 분비가 줄어들기 때문에 지방 분해가 증가하고, 혈중 지방산이 지방으로 전환되어 저장되지 못하므로 높은 농도의 지방산이 분해되면서 생성된 아세틸-COA가 시트르산 회로에서 모두 대사되지 못하고 축적된다. 이 경우 아세틸 COA는 산성의 케톤체로 전환되며 혈액의 pH가 낮아질 수 있다. (당뇨병성 케토산증. 그리고 인슐린은 신장에서 Na의 재흡수를 촉진하기도 하므로, 인슐린 농도가 저하된 당뇨에서는 Na+의 배설, 물의 배설이 증가한다. 또한 포도당이 소변으로 배설되면서 소변의 농도가 증가하여 삼투압이 증가하여 물의 배설이 증가한다.

67 정답 | ②

A. 양친매성 담즙에 의한 지방의 기계적소화인 유화작용이다.
B. 리파아제에 의한 지방의 화학적 소화를 통한 가수분해
C. 모노글리세리드와 지방산이 활면소포체에 의한 지방의 재형성 과정이다.
D. 유미입자의 형성과정이다. 유미입자는 크기가 커서 융모 내부의 모세혈관으로 유입되지 못하고 말단부가 열려있는 림프관으로 유입되어 림프계를 거쳐 순환계로 들어간다.

68 정답 | ①

A 지점의 담관을 묶으면 십이지장으로의 담즙 분비가 일어나지 않아, 담즙산염의 지방 유화가 일어나지 못하므로 담즙산염에 의한 기계적 소화과정이 일어나지 않기 때문에 리파아제에 의한 지방 분해의 속도가 느려진다.

생물 1타강사 **노용관**

편입생물 비밀병기

단권화 바이블 **➕**
필수기출과 **해설**편

한권으로 끝내는 메디컬(의치한약수) 편입 나만의 祕密兵器

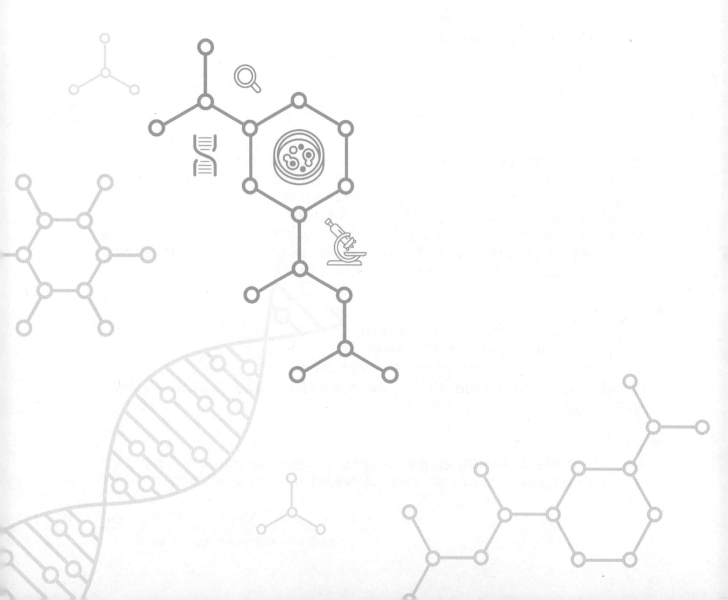

순환

21 순환(circulation)

1 혈액

(1) 혈액의 조성

혈장과 혈구로 구성되는데 혈액 샘플을 채취한 뒤 원심 분리하여 분리함. 혈액응고 방지 위해 항응고제를 처리함

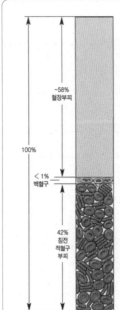

	남성	여성
혈장혈구비율	40~54%	37~47%
헤모글로빈 (g Hb/dL* 혈액)	14~17	12~16
적혈구 수치 (세포/μL)	$4.5~6.5 \times 10^6$	$3.9~5.6 \times 10^6$
총 백혈구 수치 (세포/μL)	$4~11 \times 10^3$	$4~11 \times 10^3$
백혈구 종류별 수치		
호중구	50~70%	50~70%
호산구	1~4%	1~4%
호염구	< 1%	< 1%
림프구	20~40%	20~40%
단핵구	2~8%	2~8%
혈소판 (per μL)	$150~450 \times 10^3$	$150~450 \times 10^3$

* 1 deciliter (dL) = 100 mL

혈구 수치, 이 표는 정상치를 보여주고 있다. 혈장혈구비율(Henatocrit)은 전체 혈액량에서 침전된 (원심분리된) 적혈구의 백분율을 말한다. 헤모글로빈 함량은 적혈구의 산소 운반 능력을 반영한다. 적혈구 수치는 빛을 이용하여 자동으로 세포 숫자를 측정하는 기계로 측정한다. 총 백혈구 수치는 세포의 종류와 관계없이 백혈구 전체의 숫자를 나타낸다. 백혈구 종류별 수치(differential white cell count)는 염색약으로 염색된 혈액의 얇은 도말을 통해 다섯 종류의 백혈구들 사이의 상대적 비율을 보여준다. 혈소판 수치는 혈액의 응고 능력을 예측할 수 있게 한다.

ㄱ. 혈장(55%) : 혈액의 용액 부분으로써 물은 혈장의 대표적인 성분으로 전체 무게의 92%를 차지하고 단백질 성분이 약 7%를 차지함. 나머지 1%는 용해된 유기분자, 이온, 미량의 원소, 비타민, 용해된 O_2와 CO_2 등이 차지함

   ⓐ 혈장단백질 : 대부분 간에서 만들어지며 알부민, 피브리노겐, 글로불린 등이 대표적임. pH변화에 대한 완충제 역할을 하고 혈액과 세포사이액 간의 삼투 균형을 유지하며 혈액의 점성이 생기는 원인이기도 함

   ⓑ 이온 : Na^+, K^+, Ca^{2+}, Mg^{2+}, Cl^-, HCO_3^- 등이 이에 속하며, 삼투, pH 조절에 관여함. 혈장 내 이온의 농도는 세포사이액의 이온농도에 직접적인 영향을 주는데 이는 근육이나 신경의 정상적 작동에 중요하므로 혈장의 이온농도는 아주 좁은 범위 내에서 정확하게 유지되어야 함

ㄴ. 혈구(45%) : 골수에서 형성되는 혈액을 구성하는 세포 부분으로 적혈구, 백혈구, 혈소판이 이에 속함

ⓐ 적혈구(500만/mm³) : 산소와 이산화탄소 운반에 관여하는 혈액 세포임

1. 적혈구의 특징 : 골수의 줄기세포에서 생성되며 생성 120일 후 간이나 비장에서 파괴됨. 헤모글로빈을 다량 함유하여 산소를 운반하며 핵이 없기 때문에 많은 양의 헤모글로빈 함유가 가능하고 다량의 산소 운반에 관여하는 것임. 젖산발효를 통해 ATP를 생성하기 때문에 산소소모량이 없고 바깥쪽보다 가운데가 얇은 접시모양으로 넓은 표면적을 형성할 수 있는 형태를 지니고 있어 기체교환에 유리함

2. 빈혈의 발생 : 영양성 빈혈은 식이 시 적혈구 조혈작용에 필요한 철분 등의 물질을 부족히게 섭취할 때 발생하며, 악성 빈혈의 경우 섭취한 비타민B$_{12}$를 적절히 흡수하지 못하는 경우에 발생하는데 비타민B$_{12}$는 정상 적혈구 생성과 성숙 과정에 필요한 물질임. 또한 적혈구의 세포골격 형성에 결함이 생기거나 겸상적혈구증은 용혈성 빈혈을 유발함

ⓑ 백혈구(7000/mm³) : 면역반응을 수행하는 혈액 세포로서 적혈구와는 달리 혈관 밖에도 존재하며 핵이 존재하기 때문에 핵형 분석에 이용됨

ⓒ 혈소판(20~30만/mm³) : 거핵세포에서 떨어져 나와 형성되며 적혈구보다 크기가 작고 무색이며 핵이 없음. 세포질에는 미토콘드리아와 활면소포체, 그리고 혈액응고 단백질과 시토카인으로 가득한 소낭이 존재함. 수명은 보통 10일 정도이며 언제나 혈액 중에 존재하지만 순환계의 벽에 손상이 생기기 전에는 활성화되지 않음

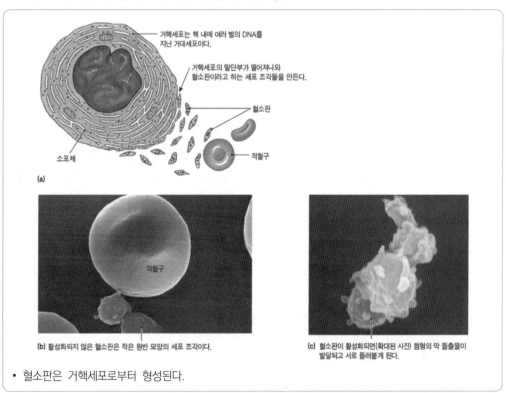

• 혈소판은 거핵세포로부터 형성된다.

(2) 지혈(hemostasis)

혈액을 손상된 혈관 내부에 가두는 과정으로서 혈관 수축, 혈소판에 의한 손상된 부위의 일시적 봉합, 손상된 조직이 수리될 때까지 상처부위를 막을 수 있는 혈액응고 또는 혈병의 형성이 필요함

ㄱ. 혈관의 수축 : 손상된 혈관의 내피세포에서 분비하는 신호전달물질에 의해 손상 부위 혈관의 즉각적인 수축이 일어남. 혈관 수축은 일시적으로 혈관 내부의 혈액 흐름과 압력을 완화시키고 혈소판이 손상 부위를 틀어막는 것을 용이하게 함

ㄴ. 혈소판 마개의 형성 : 혈소판은 혈관 손상에 의해 외부로 노출된 콜라겐 단백질에 부착되고 활성화되어 상처 부위 주변으로 시토카인을 방출함. 혈소판에서 방출된 인자들은 국부적인 혈관수축을 더욱 촉진하고 더 많은 다른 혈소판들을 활성화시켜 이들이 서로 부착하여 느슨한 형태의 혈소판 마개를 만들도록 함

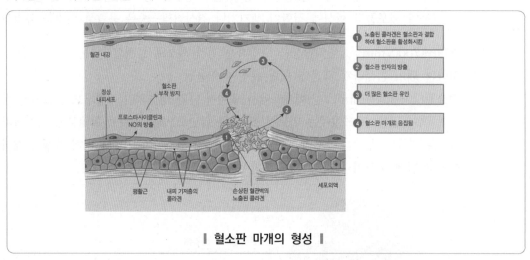

‖ 혈소판 마개의 형성 ‖

ㄷ. 혈액응고 연쇄반응 : 콜라겐과 조직인자들이 혈액응고 연쇄반응을 유도하는데 일련의 효소반응을 통하여 혈소판 마개를 단단히 고정시켜 줄 피브린 단백질의 그물을 형성하게 되며 이렇게 해서 단단해진 혈소판 마개를 혈병이라고 함. 새로운 세포의 성장과 분열로 손상된 혈관이 수리되는데 이 때 혈병은 떨어져 나오고 플라스민 효소에 의해 서서히 분해됨

ⓐ 혈소판의 활성화 : 혈소판은 손상되지 않은 내피세포에는 부착되지 않는데 내피세포는 세포막 지질을 프로스타사이클린으로 전환켜서 혈소판의 부착과 응집을 저해함. 하지만 혈관벽이 손상되면 혈소판이 인테그린을 통해 콜라겐과 결합하게 되고 혈소판 내부의 과립에 저장되어 있던 물질들을 방출하도록 자극하는데, 그 안에는 세로토닌, 혈소판활성화인자(PAF)가 포함되어 있음. PAF는 또 다른 혈소판을 활성화시킴으로써 일종의 양성되먹임 고리를 형성하고 혈소판 세포막의 인산지질을 트롬복산 A_2로 전환시키는데 세로토닌과 트롬복산 A_2는 혈관수축제임

ⓑ 혈액응고 연쇄반응 경로 : 내인성 경로와 외인성 경로로 구분되는데 두 경로는 피브리노겐을 불용성 피브린 섬유로 전환시키는 트롬빈 생성과정에서 서로 만나 공통경로를 형성하게 됨

| 혈액응고 연쇄반응 |

각 단계마다 비활성 혈장단백질들이 활성효소로 전환된다.

1. 내인성 경로(intrinsic pathway) : 콜라겐 노출에 의해 시작되며 혈장 내에 이미 존재하는 단백질들을 이용함. 콜라겐은 이 경로의 첫 번째 효소인 인자 XII를 활성화시킴으로써 일련의 반응이 개시되도록 함
2. 외인성 경로(extrinsic pathway) : 손상된 조직이 단백질-인산지질 복합체인 조직인자를 노출시킬 때 시작됨. 조직인자는 외인성 경로가 시작되도록 인자 VII를 활성화시킴

ㄹ. 혈액응고의 억제
   ⓐ 비타민K 부족 : 각종 혈액응고 인자 활성화 억제
   ⓑ 와파린 : 비타민K의 활성 억제
   ⓒ 해파린 : 항트롬빈 인자와 트롬빈 간 비가역적 결합을 촉진함
   ⓓ 아세틸살리실산(아스피린) : 트롬복산 A_2의 합성을 촉진하는 COX 효소의 작용을 억제함
   ⓔ EDTA, EGTA, 시트르산염, 옥살산염 : Ca^{2+}을 제거함
   ⓕ 히루딘 : 트롬빈의 작용을 억제함
   ⓖ 유리막대로 저음으로써 피브린을 제거함
   ⓗ 저온상태 : 트롬보플라스틴, 트롬빈의 작용을 억제함

2 순환계

(1) 기능

ㄱ. 운반 : 기체(O_2, CO_2) 운반, 영양분, 호르몬, 노폐물을 운반함

ㄴ. 체온조절 : 피부에 분포한 모세혈관 수축, 이완을 통한 열 방출속도를 조절함

ㄷ. 방어 : 순환계의 면역세포를 통해 방어함

(2) 종류

ㄱ. 개방 순환계(open circulatory system) : 모세혈관이 없어서 혈액과 조직액 간의 구분이 없음. 낮은 유압을 유지해도 되므로 에너지 절약 면에서 장점이 있고 모세혈관망을 형성할 필요도 없어서 순환계의 형성 및 유지가 용이함

ㄴ. 폐쇄 순환계(close circulatory system) : 모세혈관이 존재하여 혈액과 조직액이 구분됨. 유압이 높아 몸이 크거나 운동성이 높은 생물들에게 O_2나 영양분의 효율적 전달이 가능하게 함. 또한 거대분자(각종 호르몬, 헤모글로빈 등)가 잔존하여 교질삼투압을 형성하여 적절한 혈압유지에 기여함

(3) 척추동물의 심혈관계

대사속도가 빠른 동물은 그렇지 않은 동물에 비해 보다 복잡한 혈관과 강력한 심장을 지니며 개체 내 혈관의 복잡성과 분포 정도도 각 기관의 대사량에 비례함

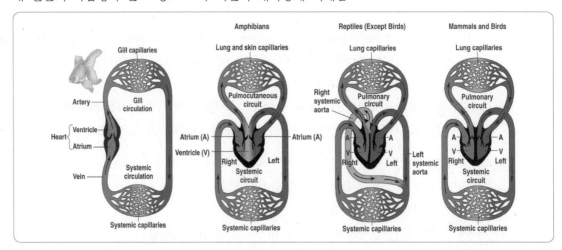

ㄱ. 어류(1심방 1심실) : 체순환계, 폐순환계 구분이 없어서 심장으로 혈액이 돌아오기까지 두 번 모세혈관망을 지나야하기 때문에 혈류속도에 제한을 받음. but, 골격근의 운동을 통해 필요한 혈류속도를 유지. 심장에는 정맥혈만 흐름

ㄴ. 양서류(2심방 1심실) : 체순환계, 폐순환계 구분이 생겨 뇌, 근육 등에 많은 양의 혈액 공급이 가능하나, 정맥혈과 동맥혈이 섞이기 때문에 물질교환의 효율성이 제한됨

ㄷ. 파충류(2심방 불완전 2심실) : 양서류와 마찬가지이지만, 정맥혈과 동맥혈이 섞이는 정도가 덜해 물질교환의 효율성이 증가

ㄹ. 조류, 포유류(2심방 2심실) : 정맥혈, 동맥혈이 완전히 구분되어 물질교환이 효율적임. 같은 크기의 외온동물에 비해 약 10배의 에너지를 소모하는 내온동물에게 필요한 순환계임

(4) 심장을 중심으로 한 인간 심혈관계 분석

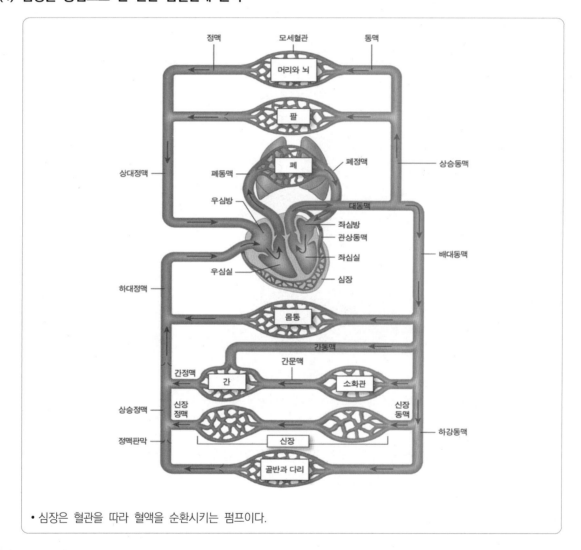

• 심장은 혈관을 따라 혈액을 순환시키는 펌프이다.

ㄱ. 인간의 혈액 순환 경로

ⓐ 체순환 : 좌심실 → 대동맥 → 온몸(모세혈관) → 대정맥 → 우심방

ⓑ 폐순환 : 우심실 → 폐동맥 → 폐(모세혈관) → 폐정맥 → 좌심방

ㄴ. 심장의 구조

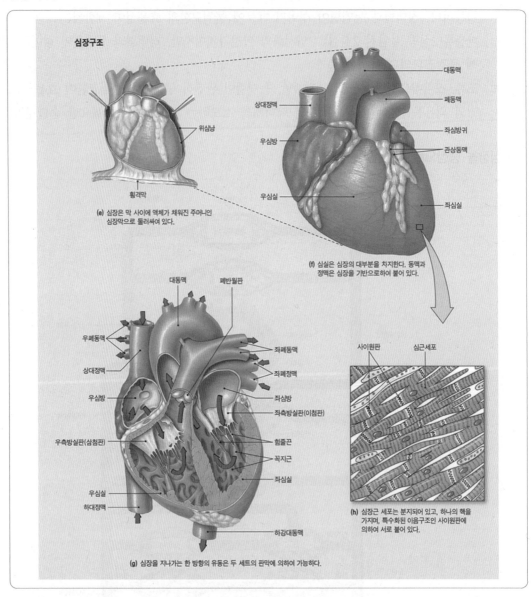

@ 흉골 밑에 위치하며, 주먹 크기 정도로 대부분 심장근으로 구성

ⓑ 혈액을 받아들이는 곳인 심방과 혈액을 내보내는 곳인 심실로 구성되며, 인간의 경우 2심방 2심실

ⓒ 심실은 심방보다 더 두꺼운 근육층을 가지며 더 강력한 수축력을 갖는데 특히 좌심실은 훨씬 강한 힘으로 수축하여 체내 각 기관으로 혈액을 보냄. 좌심실이 우심실보다 더욱 강력하게 수축하지만 한 번 수축할 때 내보내는 혈액의 양은 동일하다는 것이 특징임

ⓓ 심장에는 결합조직으로 구성된 4개의 판막이 존재하는데, 이들은 혈액이 역류하는 것을 방지하게 됨. 판막에 이상이 있는 경우, 불완전한 판막을 통해 분출되어 나오면서 심장 잡음이라고 하는 비정상적인 소리를 내기도 함

ㄷ. 심장에서의 전기전도 과정

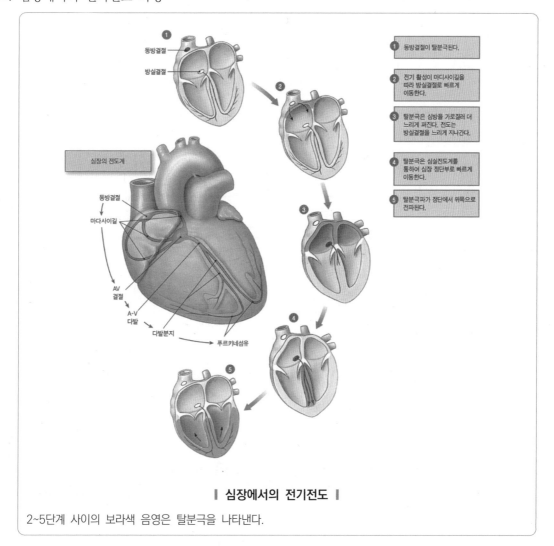

┃ 심장에서의 전기전도 ┃

2~5단계 사이의 보라색 음영은 탈분극을 나타낸다.

ⓐ 상대정맥과 심방이 만나는 곳에 동방결절(박동원)이 위치하며 스스로 주기적으로 탈분극되어 좌우심방이 동시에 수축함. 심장근 세포들은 간극연접으로 연결되어 있어 빠른 신호전달이 가능하므로 동시수축이 가능함

ⓑ 전기활성이 결절간 경로를 통하여 방실결절로 빠르게 이동함

ⓒ 탈분극은 심방을 가로질러 더욱 느리게 퍼짐. 전도는 방실결절을 느리게 지나감

ⓓ 탈분극은 심실전도계(히스색)를 통해 심장 정단부로 빠르게 이동함

ⓔ 탈분극파가 푸르키네 섬유를 통해 정단에서 위쪽으로 전파함

ㄹ. 심전도(electrocardiogram) : 피부 표면 위에 전극을 올려놓고 심장의 전기활동을 기록한 것

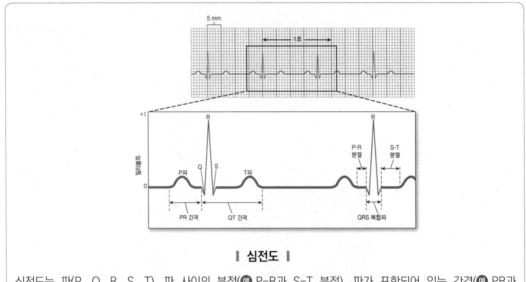

| 심전도 |

심전도는 파(P, Q, R, S, T), 파 사이의 분절(**예** P-R과 S-T 분절), 파가 포함되어 있는 간격(**예** PR과 QT 간격)으로 나뉜다. 이 그림은 도선 I 에서 얻어진 심전도이다.

ⓐ P파 : 심방의 탈분극
ⓑ PR간격 : P파의 시작에서부터 Q파(심실의 최초 탈분극)의 시작까지임. 방실결절을 통과하는 전도속도에 따라 좌우됨. 방실결절의 전도가 늦어지면 PR간격은 길어짐. 심박수에 따라서도 변화함. 예를 들어 심박수가 증가하면 PR간격이 줄어듦
ⓒ QRS파 : 심실의 탈분극
ⓓ QT간격 : Q파의 시작부터 T파 끝까지. 심실의 탈분극 및 재분극
ⓔ ST분절(등전위) : S파의 끝에서 T파의 시작부위까지의 분절. 심실이 탈분극되어 있는 기간
ⓕ T파 : 심실의 재분극

ㅁ. 심장주기(cardiac cycle) : 심장이 혈액을 내보내고 받아들이는 주기

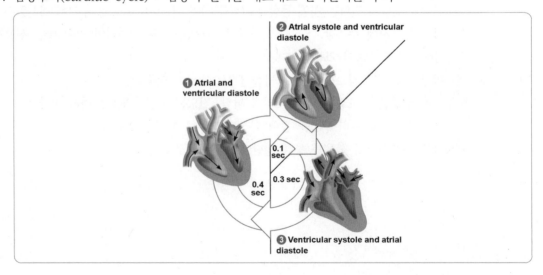

1. 심방, 심실이완 : 방실판막 열림, 반월판 닫힘(0.4초)
2. 심방수축, 심실이완 : 방실판막 열림, 반월판 닫힌 상태(0.1초)
3. 심실수축, 심방이완 : 방실판박 닫힘, 반월판 열림(0.3초)

ⓐ 압력-부피 곡선을 통한 심장주기 이해

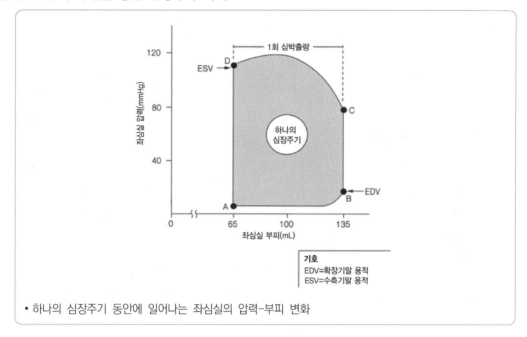

• 하나의 심장주기 동안에 일어나는 좌심실의 압력-부피 변화

1. 심실 충만(A → B) : 좌심실 압력이 좌심방 압력보다 낮아서 방실판막(이첨판)이 열리게 되고 좌심방의 혈액이 좌심실로 이동하게 됨(심실충만)
2. 등용적성 수축(B → C) : 좌심실은 좌심방으로부터 들어온 혈액으로 차 있고, 부피는 대략 135 mL(확장기말 용적)임. 심실근육은 이완되어 있으므로 심실압력은 낮음. 흥분하면 심실이 수축하여 심실압력이 증가. 좌심방 압력보다 좌심실 압력이 높으면 방실판막이 닫힘. 모든 판막이 닫혀 있는 상태이므로 혈액은 심실로부터 유출되지 않음
3. 심실 유출(C → D) : 좌심실의 압력이 대동맥의 압력보다 높아서 C상태에서 반월판(대동맥판막)이 열리게 됨. 혈액은 대동맥으로 유출되어 심실용적이 감소함(점 D 상태 : 수축기말 용적)

> 일회박출량 = 확장기말 용적 - 수축기말 용적

4. 등용적성 이완(D → A) : 점 D에서 심실이완. 심실 압력이 대동맥 압력보다 낮기 때문에 반월판(대동맥 판막)이 닫힘

ⓑ 위거스 그림 : 심장주기에 나타나는 전기적, 물리적 사건들을 요약한 그림

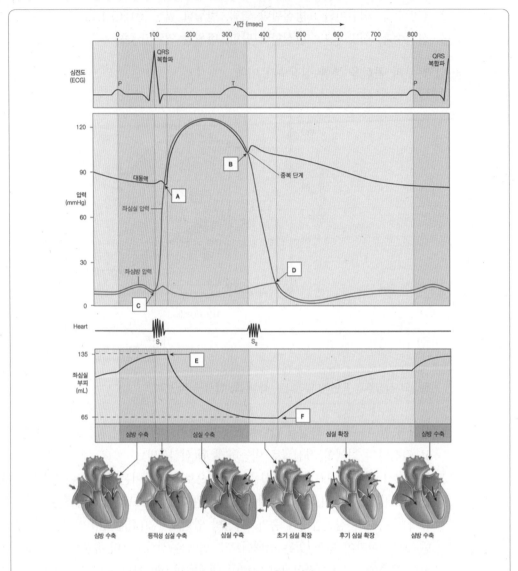

| 심장주기의 위거스(Wiggers) |

네모 안에 있는 글자는 개념 점검 27~29번 문제에 해당한다.

1. A - 반월판 열림
2. B - 반월판 닫힘
3. C - 방실판막(이첨판) 열림
4. D - 방실판막(이첨판) 닫힘
5. E - 확장기말 용적
6. F - 수축기말 용적

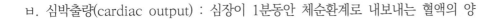

ㅂ. 심박출량(cardiac output) : 심장이 1분동안 체순환계로 내보내는 혈액의 양

심박출량 계산

- 심박출량 = 심박동수 × 1회심박출량
  = 72.5 beat/min × 70 mL/beat
  = 5.1 L/min

ㅅ. 심장의 수축과 장력과의 관계

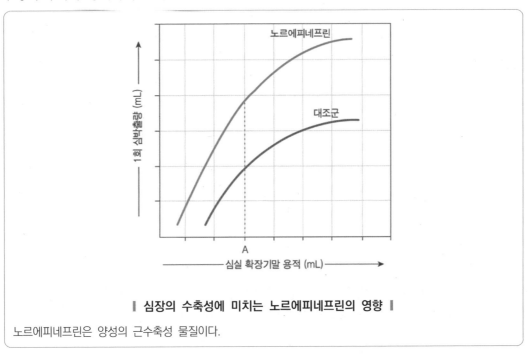

┃ 심장의 수축성에 미치는 노르에피네프린의 영향 ┃

노르에피네프린은 양성의 근수축성 물질이다.

ⓐ 프랑크-스탈링의 법칙(Frank-Starling law) : 심장 근육은 신장도가 증가할수록 더욱 강하게 수축함. 즉, 심장의 이완정도는 곧 수축력과 비례하는 것임. 따라서 심장이 많이 확장되어 혈액이 많으면 그만큼 더 크게 수축하여 더 많은 혈액을 방출하게 됨. 이것을 프랑크-스탈링의 법칙이라고 함

ⓑ 교감신경의 효과 : 교감신경의 흥분과 에피네프린은 심근의 수축력을 증가시켜 동일한 심실 확장기말 용적에 대해 일회박출량을 증가시킴

ⓒ 정맥환류량과 1회 심박출량의 관계 : 확장기말 용적은 정맥 순환을 통하여 심장으로 들어오는 정맥환류(venous return)에 의하여 결정됨. 세 가지 인자가 정맥 환류에 영향을 미치는데 1. 심장으로 되돌아가는 혈액에 대한 정맥의 압축 또는 수축 2. 호흡동안에 일어나는 복강과 흉곽의 압력변화 3. 정맥에 미치는 교감신경의 자극 등이 그 인자들임

ㅇ. 심장근의 활동전위

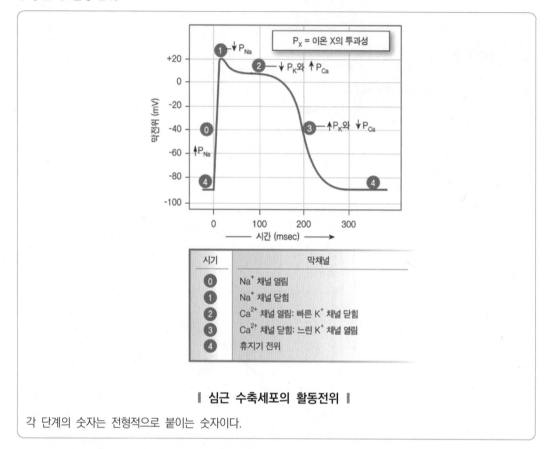

∥ 심근 수축세포의 활동전위 ∥

각 단계의 숫자는 전형적으로 붙이는 숫자이다.

ⓐ 4단계(휴지막 전위) : 심근 수축세포는 약 −90 mV의 안정된 휴지막 전위를 갖고 있음

ⓑ 0단계(탈분극) : 탈분극파가 간극연접을 통해 수축세포로 이동할 때 막전위는 더 양극으로 됨. 전압작동성 Na^+채널이 열리면서 Na^+가 세포안으로 들어가게 되고 빠르게 탈분극이 일어나게 됨. 막전위가 +20 mV에 도달하면 Na^+채널이 닫힘. 이것은 이중 작동 채널로 축삭의 전압개폐성 Na^+채널과 유사함

ⓒ 1단계(초기 재분극) : Na^+채널이 닫히면 열려진 K^+채널을 통하여 K^+이온이 세포 밖으로 나가면서 재분극이 시작됨

ⓓ 2단계(일정 유지 단계) : 초기 재분극은 잠깐 진행됨. 활동전위는 그 다음에 변하지 않고 그대로 유지되는데 그 원인은 K^+방출의 감소와 Ca^{2+}유입의 증가 때문임. 탈분극으로 활성화된 전압개폐성 Ca^{2+}채널이 0단계와 1단계 사이에 천천히 열리면서 Ca^{2+}이 세포 안으로 들어오게 됨. 동시에 일부 K^+채널은 닫힘. Ca^{2+}유입과 K^+방출의 감소가 합쳐져 활동전위가 변하지 않고 유지되는 것임

ⓔ 3단계(신속한 재분극) : 전위 유지 단계의 시기는 Ca^{2+} 채널이 닫히고 K^+의 투과가 다시 증가하면 전위 유지기의 시기는 종료됨. 이 시기를 담당하는 K^+ 채널은 신경세포의 채널과 유사함. 신경세포에서처럼 K^+채널은 재분극에 의해 활성화되고 천천히 열림. 지연되었던 K^+채널이 열리면 K^+은 빠르게 세포 밖으로 나가고 세포는 휴지막전위를 갖게 됨

ㅈ. 심장근 자율박동세포의 활동전위 : 심근 자율박동세포는 막전위가 일정한 값으로 멈추는 일이 없기 때문에 휴지막전위라 하지 않고 박동원 전위(pacemaker potential)라고 함. 박동원 전위가 역치 이상으로 올라갈 때마다 자율박동세포는 활동전위를 형성함

ⓐ 박동원 전위의 형성과정

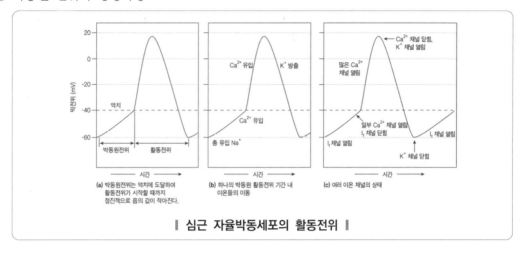

| 심근 자율박동세포의 활동전위 |

1. 세포막 전위는 -60mV이고 K⁺와 Na⁺ 모두를 투과시킬 수 있는 채널은 열려 있음. 이 채널은 전류를 흘러가게 하기 때문에 I_F채널이라고 하고 특이적 성질을 갖고 있음

2. I_F채널이 음성 막전위에서 열리게 되면 Na⁺ 유입이 K⁺ 방출보다 큼. 총 양성 전압이 유입되면 자율박동세포는 천천히 탈분극됨. 그리고 약간의 Ca²⁺ 채널이 열림. 지속적인 Ca²⁺의 유입으로 탈분극이 계속해서 진행되고 막전위는 꾸준히 역치 가까이에 도달하게 됨

3. 막전위가 역치에 도달하게 되면 더 많은 Ca² 채널이 열리게 됨. 칼슘 이온이 급격히 안으로 들어오게 되면 활동전위는 급한 경사면으로 상승하게 됨. 이런 현상은 다른 흥분성 세포에서 만들어지는 탈분극이 전압개폐성 Na⁺ 채널에 의해 진행된다는 점에서 다름

4. Ca²⁺ 채널이 활동전위의 정점에서 닫히게 되면 서행 K⁺ 채널이 열리게 됨. 자율박동세포 활동전위의 재분극 단계에서는 K⁺ 방출이 그 원인이 되고 이것은 다른 형태의 흥분성 세포와 동일함

ⓑ 신경계의 심장박동 조절 : 교감신경과 부교감신경에 의해 조절됨

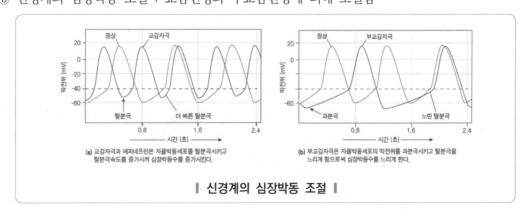

| 신경계의 심장박동 조절 |

1. 심장박동수의 결정요인 : 박동원세포가 탈분극되는 속도는 심장이 수축하는 속도를 결정함. 활동전위 사이의 간격은 자율박동세포가 다른 이온의 투과성을 변하게 하면서 조정됨. 박동원의 활동전위 단계 동안에 Na^+과 Ca^{2+}의 투과성이 증가하면 탈분극 속도도 증가하며 심장박동수는 커짐. Ca^{2+}의 투과성이 감소하거나 K^+의 투과성이 증가하면 탈분극은 느려지고 심장박동수도 감소함

2. 교감신경계의 영향 : 박동원세포의 교감신경 자극은 심장박동수를 증가시킴. 교감신경세포에서 나오는 노르에피네프린이나 부신 수질에서 나오는 에피네프린은 If채널이나 Ca^{2+}채널을 통한 이온 수송을 증진시킴. 더 많은 양이온의 유입은 박동원의 탈분극 속도를 촉진시키고 이는 세포가 빠르게 역치에 도달하게 만들며 활동전위 발생속도를 증가시킴. 박동원이 활동전위를 더욱 빠르게 발생시키면 심장박동수는 증가함

3. 부교감신경의 영향 : 부교감신경전달물질인 아세틸콜린은 심작박동을 느리게 함. 아세틸콜린이 수용체에 결합하게 되면 세포내 신호전달을 통해 K^+과 Ca^{2+}채널의 투과도에 영향을 미치게 되는데 칼륨의 투과가 증가하여 세포는 과분극이 일어나게 되어 박동원의 전위가 더욱 음극화가 되며 동시에 박동원에 있는 Ca^{2+} 투과성은 감소하여 박동원전위가 탈분극되는 속도가 감소하게 됨

(5) 혈관의 구조와 기능

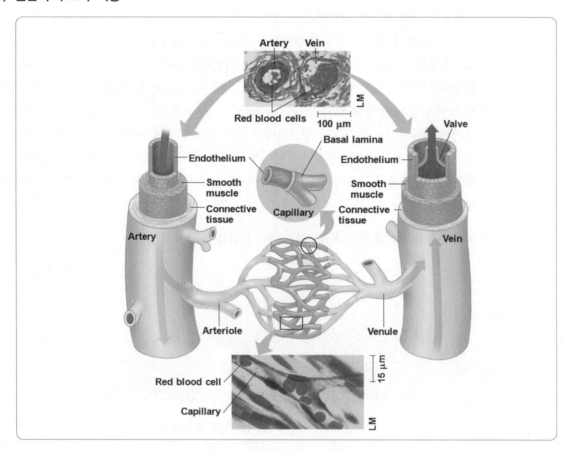

ㄱ. 동맥 : 심장에서 나가는 혈관으로써 내피, 평활근, 결합조직으로 구성되며 탄성조직의 비율이 정
   맥에 비해 상대적으로 높음. 두꺼운 혈관벽을 지녀 높은 혈압을 견딜 수 있고, 동맥벽의 탄력에
   의해 동맥이 원래의 상태로 돌아오면서 심장이 이완되는 시기에도 높은 혈압을 유지할 수 있음

ㄴ. 정맥 : 심장으로 들어가는 혈관으로써 내피, 평활근, 결합조직으로 구성되며 탄성조직의 비율이
   동맥에 비해 상대적으로 낮음. 동맥보다 더 많은 수로 구성되어 있으며 지름도 커서 순환계의
   절반 이상의 혈액을 보유하고 있음. 동맥보다 혈관벽이 얇고 덜 탄력적이며 혈압이 낮아서 역류
   를 막기 위해 판막이 존재함

ㄷ. 모세혈관 : 주위 조직과 물질교환이 일어나는 혈관으로써 내피와 기저막으로 구성됨

(6) 혈압, 혈류량, 혈류속도의 상관관계 분석

ㄱ. 혈압 : 일단 유체가 시스템을 통하여 흐르기 시작하면 거리에 따라 에너지가 마찰력에 의해서
   손실되므로 압력이 감소함. 이런 현상은 순환계에서도 동일하게 적용됨

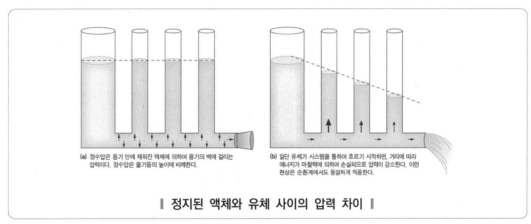

(a) 정수압은 용기 안에 채워진 액체에 의하여 용기의 벽에 걸리는 압력이다. 정수압은 물기둥의 높이에 비례한다.

(b) 일단 유체가 시스템을 통하여 흐르기 시작하면, 거리에 따라 에너지가 마찰력에 의하여 손실되므로 압력이 감소한다. 이런 현상은 순환계에서도 동일하게 적용한다.

| 정지된 액체와 유체 사이의 압력 차이 |

ㄴ. 혈류량 : 혈류량은 절대 압력보다는 압력차이(ΔP)에 비례하며, 저항(R)과는 반비례 관계에 있
   음. 저항은 관의 지름^{4}과 반비례 관계에 있음

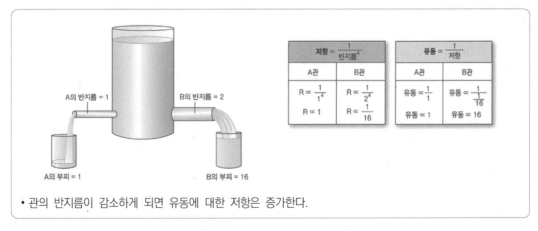

A의 반지름 = 1   B의 반지름 = 2

A의 부피 = 1   B의 부피 = 16

저항 $\propto \dfrac{1}{반지름^4}$		유동 $\propto \dfrac{1}{저항}$	
A관	B관	A관	B관
$R \propto \dfrac{1}{1^4}$	$R \propto \dfrac{1}{2^4}$	유동 $\propto \dfrac{1}{1}$	유동 $\propto \dfrac{1}{16}$
$R \propto 1$	$R \propto \dfrac{1}{16}$	유동 $\propto 1$	유동 $\propto 16$

• 관의 반지름이 감소하게 되면 유동에 대한 저항은 증가한다.

ㄷ. 혈류속도 : 혈류량을 혈관의 총단면적으로 나눈 값에 비례함

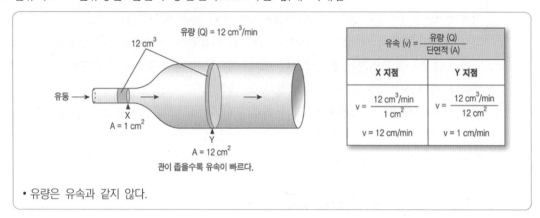

ㄹ. 생체의 혈류속도, 혈관 총단면적, 혈압 변화 : 혈압은 심장에서 멀어질수록 낮아지게 되며, 혈관의 총단면적이 클수록 혈류속도는 낮음

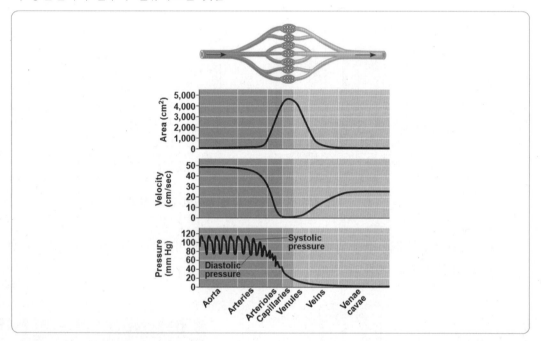

ⓐ 혈압 : 동맥 > 모세혈관 > 정맥
ⓑ 혈류속도 : 동맥 > 정맥 > 모세혈관
ⓒ 혈관 총단면적 : 모세혈관 > 정맥 > 동맥

(7) 혈압

혈액은 고압력 부위에서 저압력 부위로 이동하는데 일단 혈액이 소동맥이나 모세혈관으로 들어가면 혈관의 좁은 직경 때문에 혈류 저항이 생기고, 정맥으로 들어갈 때는 압력이 거의 사라짐

ㄱ. 심장주기에 따른 혈압의 변화

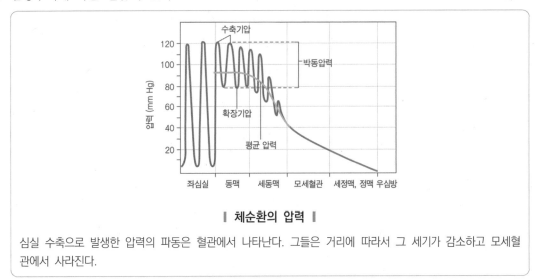

❙ 체순환의 압력 ❙

심실 수축으로 발생한 압력의 파동은 혈관에서 나타난다. 그들은 거리에 따라서 그 세기가 감소하고 모세혈관에서 사라진다.

ⓐ 수축기압(systolic pressure) : 심실수축기 시의 동맥의 혈압
ⓑ 이완기압(diastolic pressure) : 심실이완기 시의 동맥의 혈압으로 심장의 이완기 동안에 탄력 있는 동맥벽이 빠른 속도로 원상태를 회복하기 때문에, 수축기압보다는 낮지만 그래도 상당히 높은 혈압을 유지할 수 있음

ㄴ. 혈압측정 : 수축기압과 이완기압을 알아낼 수 있음

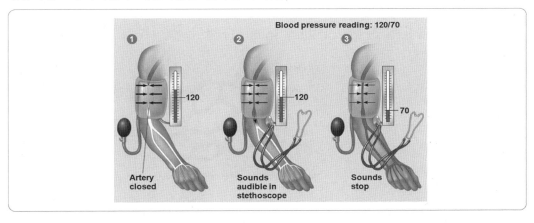

ㄷ. 심박출량과 말초저항의 혈압에 대한 영향 : 동맥압은 동맥으로 들어가는 혈류와 동맥에서 나가는 혈류 사이의 균형으로, 들어가는 혈류가 나가는 혈류를 초과하면 혈액은 동맥에 모이게 되고 평균동맥압은 증가하지만 나가는 혈류가 들어오는 혈류를 초과하게 되면 평균 동맥압은 떨어지게 됨. 평균 동맥압은 심박출량과 세동맥 저항(말초저항)에 각각 비례함
ⓐ 심박출량이 증가하고 말초저항이 변하지 않는 경우 : 동맥으로 들어오는 혈류는 증가하지만 나가는 혈류는 거의 변하지 않을 것이므로 혈압은 상승함
ⓑ 심박출량이 변하지 않고 말초저항이 증가하는 경우 : 동맥으로 들어오는 혈류는 변하지 않고 나가는 혈류만 작아지므로 혈압은 증가함

ㄹ. 혈압의 조절 - 압력수용기 반사

    ⓐ 압력수용기는 경동맥 압력수용기와 대동맥 압력수용기가 존재하며 이들은 평균 동맥압의 변화에 민감함

    ⓑ 압력수용기는 동맥압이 증가하면 활동전위의 발생빈도가 증가하고, 동맥압이 감소하면 활동전위의 발생빈도가 감소함

    ⓒ 동맥압의 증가에 의해 압력수용기의 활동전위 발생빈도가 증가하면 구심성 신경으로의 반사속도가 증가되어 심혈관 조절중추를 통해 심혈관계에 작용하는 교감신경계의 흥분을 억제하고 부교감신경계의 흥분을 촉진시킴. 이와 같은 원심성 신호는 심박수와 일회박출량을 감소시키고 소동맥의 혈관을 확장시켜 심박출량과 총말초저항을 감소시킴으로써 혈압을 낮추게 됨. 동맥압의 감소는 반대의 결과를 초래함

(8) 모세혈관을 통한 물질교환

모세혈관은 한 층의 단층 편평 상피세포층으로 구성되어 혈액과 조직액 간의 물질교환이 가능함

ㄱ. 모세혈관만을 흐르는 혈액량의 조절 : 우리 몸의 모든 조직은 모세혈관을 통해 혈액의 성분을 공급받을 수 있음. 뇌, 심장, 신장, 간 등의 중요 기관은 항상 충분하게 혈액을 공급받게 되지만 기타 기관은 상황에 따라 공급받는 혈액량이 크게 달라짐

    ⓐ 소동맥 평활근의 수축과 이완을 통한 혈액량 조절 : 소동맥의 평활근이 수축하면 단면적이 줄어서 모세혈관망으로 진입하는 혈액량이 줄어들지만, 이완되면 혈류량이 늘어서 많은 양의 혈액이 모세혈관망으로 진입함

    ⓑ 모세혈관전 괄약근(precapillary sphincter)의 수축과 이완을 통한 혈액량 조절

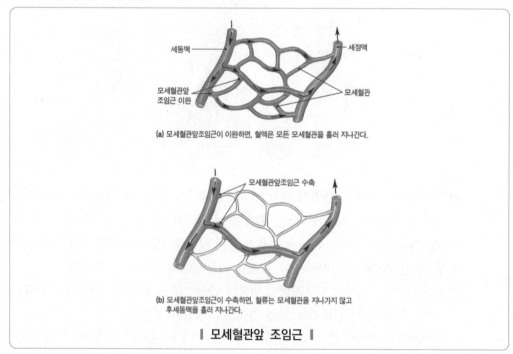

| 모세혈관앞 조임근 |

ㄴ. 모세혈관에서의 물질교환 방식 구분

ⓐ 내피세포막의 단순확산 : O_2, CO_2 등의 소수성 물질이 이동하는 방식임

ⓑ 내피세포간의 간극을 통한 이동 : 물, 포도당, 아미노산과 같은 크기가 작은 친수성 물질의 이동방식으로써 이러한 물질들은 작은 크기로 인해 내피세포 사이의 간극을 통해 통과하지만 크기가 상대적으로 큰 단백질은 통과하지 못함. 단, 간과 소장의 모세혈관 내피세포 간격은 크기 때문에 단백질의 통과가 더욱 수월함

ⓒ 세포관통이동 : 크기가 큰 친수성 물질의 이동방식임

ㄷ. 모세혈관에서의 여과와 재흡수

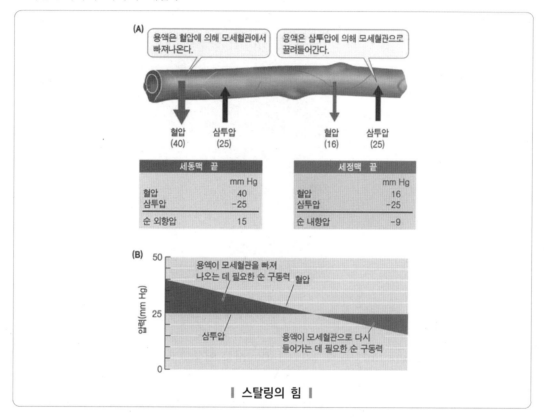

| 스탈링의 힘 |

ⓐ Starling 공식 : $J_u = K_f(P_c - P_i) - (\pi_c - \pi_i)$

P_c : 모세혈관의 정수압

P_i : 조직액의 정수압

π_c : 모세혈관의 삼투압

π_i : 조직액의 삼투압

ⓑ 모세혈관의 여과와 흡수 균형 붕괴 요인 : 모세혈관 유체정압이 증가하거나 혈장 단백질의 양이 감소하거나 조직액의 단백질량이 증가하는 경우이며, 부종의 원인이기도 함.

(9) 심혈관계 질환

ㄱ. 동맥경화(atherosclerosis) : 콜레스테롤의 양이 많아지면 저밀도 지질 단백질(low density lipoprotein ; LDL) 상태로 혈관벽에 침적되어 동맥 내벽 표면이 거칠어지고 동맥경화판(플라크)이 형성되며 혈관이 좁아짐. 혈전 형성으로 인한 심장 마비나 뇌졸중 유발 가능성이 높아짐. LDL은 "나쁜 콜레스테롤"이라 불리기도 하며, 고밀도 지질 단백질(high density lipoprotein ; HDL)은 "좋은 콜레스테롤"이라 불리는데 운동을 할 경우 LDL/HDL의 비율을 감소시키나, 흡연이나 트랜스지방의 섭취는 반대의 결과를 일으키는 것으로 알려져 있음

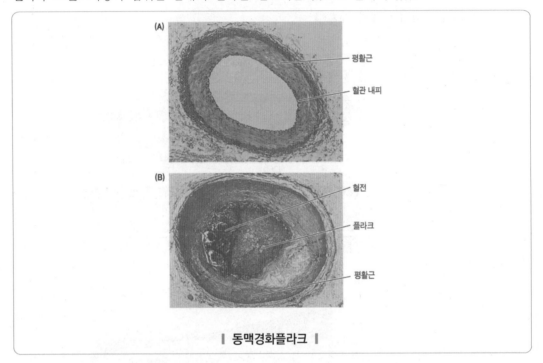

| 동맥경화플라크 |

ㄴ. 고혈압(hypertension) : 수축기압이 140mmHg 이상, 이완기압이 90mmHg 이상. 심박출량의 증가나 말초저항이 상승하는 것이 고혈압의 주된 원인으로 알려져 있음. 고혈압 환자들은 경동맥, 대동맥 압력 수용기가 고혈압 상황에 대해 적응하여서 압력수용기로부터의 정보가 존재하지 않아 연수의 심혈관중추가 고혈압을 정상으로 인식하여 안강하 반사작용을 수행하지 않는 것이 특징임

ㄷ. 뇌졸중(stroke) : 뇌혈관의 파손이나 막힘으로 인해 뇌신경조직이 O_2 부족으로 인해 죽는 것을 말함

3 림프계

(1) 림프관

ㄱ. 평활근이 발달되어 있지 않지만 림프관벽의 주기적인 수축과 주위 골격근 수축에 의해 림프의 유동이 촉진됨

ㄴ. 단방향성 판막이 존재하여 조직액은 림프관으로 유입될 수 있으나 유출은 되지 않음

ㄷ. 쇄골하정맥에서 혈액과 합류하기 때문에 혈액으로부터 여과된 용액을 다시 혈관계로 돌려줄 수가 있음. 림프 흐름이 차단되면 조직에 액성분이 누적되어 부종이 생김

ㄹ. 혈관에 비해 벽이 얇고 투과성이 높아 소장에서 형성된 지질단백질의 진입이 가능함. 따라서 림프관을 통해 이동하는 지질단백질은 혈관계로 돌아가며 이후 필요한 곳으로 이동하게 됨

(2) 림프절

림프액을 걸러주고 바이러스와 세균을 공격하는 기능이 있음. 우리 몸에 감염이 발생하면 림프절의 백혈구들이 증식하는데 이 때 림프절이 커지고 부드러워짐

(3) 림프액

림프계로 유입된 액성분으로 혈액보다 단백질 함량이 훨씬 낮은 것이 특징임

69 포유동물의 동맥, 정맥, 모세혈관에 관한 설명으로 옳은 것만을 〈보기〉에서 있는 대로 고른 것은?

> **보기**
> ㄱ. 혈압은 동맥에서 가장 높다.
> ㄴ. 혈류의 속도는 정맥에서 가장 느리다.
> ㄷ. 총단면적은 모세혈관에서 가장 크다.

① ㄱ   ② ㄴ   ③ ㄱ, ㄷ   ④ ㄴ, ㄷ   ⑤ ㄱ, ㄴ, ㄷ

70 어느 환자의 심전도에서 심방의 수축은 규칙적이지만, 심방수축 후의 심실수축은 불규칙한 것이 관찰되었다. 이 환자는 심장주기(cardiac cycle) 동안 심장의 전기신호 전도 과정에 이상이 생긴 것으로 확인되었다. 다음 중 이 환자에서 기능에 이상이 생긴 것으로 판단되는 부위로 가장 적절한 것은?

① 방실결절   ② 반월판
③ 관상동맥   ④ 동방결절
⑤ 폐정맥

정답 및 해설

69 정답 | ③
ㄱ. 혈압은 심장에서 멀어질수록 동맥 > 모세혈관 > 정맥으로 진행을 하면서 점차 낮아진다.
ㄴ. 혈류 속도 : 동맥 > 정맥 > 모세혈관 혈관의 총단면적이 가장 넓은 모세혈관에서 가장 낮은 혈류속도를 갖게 된다.
ㄷ. 혈관 총 단면적 : 모세혈관 > 정맥 > 동맥 모세혈관의 총단면적이 넓어서 혈류속도가 늘어진다.

70 정답 | ①
심방의 전기적 자극이 동방결절에서 시작하여 심실로 유입되기 직전에 방실결절을 거쳐서 진행한다. 심방 수축은 규칙적이나 심실 수축이 불규칙한 것은 심방에서 심실로의 전기 신호 전도 과정에 이상이 발생한 것이므로 그 과정과 관련된 부위인 방실결절 이상일 가능성이 높다.

71 다음은 심장 박동에 따른 전기 활성도를 측정한 것이다. 심방의 수축시기와 심실의 수축시기를 순서대로 옳게 나열한 것은?

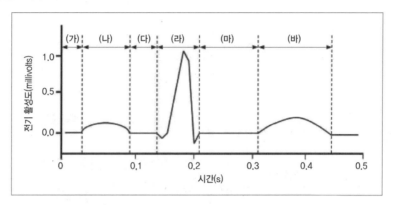

① (가), (다)
② (가), (라)
③ (나), (라)
④ (나), (바)
⑤ (라), (바)

정답 및 해설

71 정답 | ③

ECG에서 P파의 작용으로 인한 P파는 심방 수축시 전기 신호가 체표면으로 전달되어 형성된다.

(라) QRS파 : 심실 수축, 심방 이완 시 전기 신호가 체표면으로 전달되어 형성된다.

생물 1타강사 **노용관**

편입생물 비밀병기

단권화 바이블 +
필수기출과 해설편

한권으로 끝내는 메디컬(의치한약수) 편입 나만의 祕密兵器

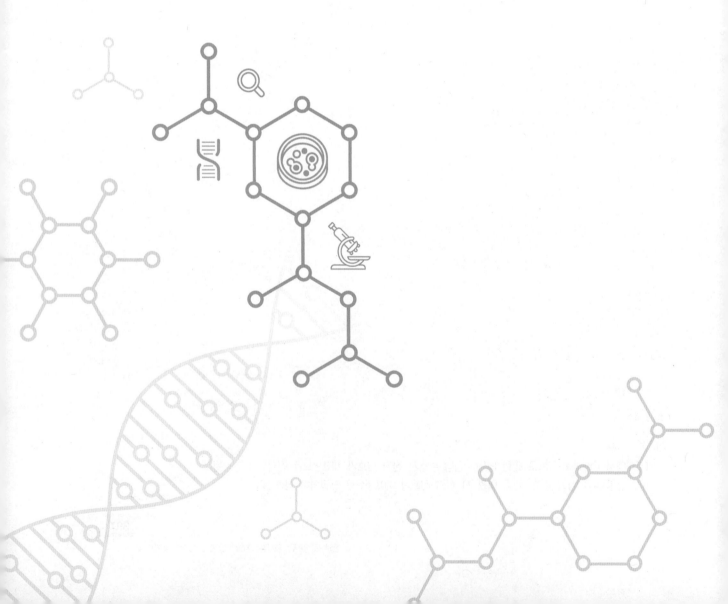

면역

22 면역(immunity)

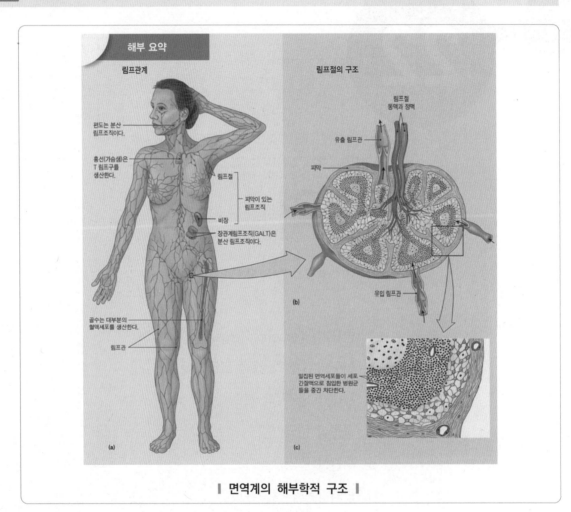

| 면역계의 해부학적 구조 |

(1) 1차 림프기관(primary lymphoid organ)

림프구를 조혈모세포에서 생산하는 기관으로서 포유류에서는 골수와 흉선, 태아의 간 등이 여기에 해당함. 조혈모세포는 전구세포를 거쳐 분화와 증식을 하여 항원수용체 유전자의 재조합을 통해 항원과의 반응성을 획득함

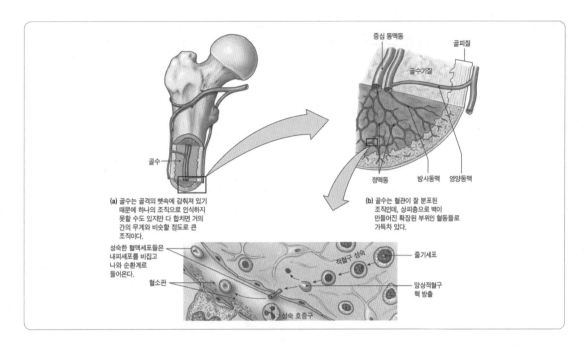

(a) 골수는 골격의 뼛속에 감춰져 있기 때문에 하나의 조직으로 인식하지 못할 수도 있지만 다 합치면 거의 간의 무게와 비슷할 정도로 큰 조직이다.

(b) 골수는 혈관이 잘 분포된 조직인데, 상피층으로 벽이 만들어진 확장된 부위인 혈동들로 가득차 있다.

성숙한 혈액세포들은 내피세포를 비집고 나와 순환계로 들어온다.

ㄱ. 골수(bone marrow) : B림프구와 T림프구 모두 골수에서 형성되며 B세포는 골수에서 성숙하고 T세포는 흉선으로 이동하여 흉선에서 성숙함

ㄴ. 흉선(thymus) : 흉강속 목부위의 갑상선 아래에 있는 기관으로 유년기에 성장하지만 사춘기 후점차 퇴화됨. 태아의 간 및 비장, 그리고 출생 후 골수에서 유래한 림프구는 흉선에 정착하여 T림프구로 전환됨

(2) 2차 림프기관(secondary lymphoid organ)

면역세포가 외부 항원과 반응하여 활성화되는 기관으로 림프절, 림프관, 비장, 편도, 충수 등이 포함됨

ㄱ. 림프절(lymph node) : 피부상처를 통하여 병원체가 침입했을 때 방어기능을 수행

   ⓐ 병원체가 유입림프관을 통해 림프절에 도착하면 병원체와 그 추출물들은 대식세포 등에 의해 걸러짐. 이 과정동안 감염 미생물이 혈액에 도달하는 것이 방지되고 림프구의 활성화가 이루어짐

   ⓑ 림프구들은 혈액과 림프를 왕래하며 이들이 림프절을 통하여 흐르는 모세혈관에 도달하면 림프구는 혈액을 떠나 림프절로 들어감

ㄴ. 비장(spleen) : 혈액을 여과하는 림프기관으로 흡혈 곤충이 병을 옮길 때 또는 림프절이 미생물을 제거하지 못하여 그대로 림프에서 혈액으로 통하게 될 때 기능하며 병원체와 림프구가 림프가 아닌 혈액을 통해 비장에 들어오고 나간다는 점이 림프절과의 차이점임

   ⓐ 여과를 통해 손상되거나 오래된 적혈구를 제거함

   ⓑ 이차 림프 조직으로서 감염원을 제거하여 림프구를 활성화시킴

(1) 혈구의 형성

초기 배아에서는 혈구세포들이 처음 난황낭에서 생산되며 나중에는 태아 간에서 만들어짐. 3~7개월 된 태아에서는 비장이 조혈기능의 주 기관임. 태아 성장의 4~5개월째에는 뼈가 발달하기 시작하면서 조혈기능이 골수로 이동하기 시작하여 출생 시에는 골수를 중심으로 이루어짐. 성인에서는 조혈기능이 주로 머리, 늑골, 흉골, 추골, 골반 그리고 대퇴골에서 이루어짐. 혈구세포의 역할은 중요하지만 수명이 짧아서 조혈기능은 일생동안 활발하게 일어남

(2) 백혈구의 종류와 기능

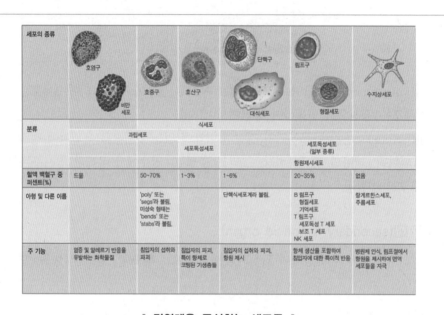

세포의 종류	호염구 / 비만세포	호중구	호산구	단핵구 / 대식세포	림프구 / 형질세포	수지상세포
분류		식세포				
	과립세포					
			세포독성세포		세포독성세포 (일부 종류)	
					항원제시세포	
혈액 백혈구 중 퍼센트(%)	드물	50~70%	1~3%	1~6%	20~35%	없음
아형 및 다른 이름		'poly' 또는 'segs'라 불림. 미성숙 형태는 'bends' 또는 'stabs'라 불림.		단핵식세포계라 불림.	B 림프구 형질세포 기억세포 T 림프구 세포독성 T 세포 보조 T 세포 NK 세포	랑게르한스세포, 주름세포
주 기능	염증 및 알레르기 반응을 유발하는 화학물질	침입자의 섭취와 파괴	침입자의 파괴, 특이 항체로 코팅된 기생충들	침입자의 섭취와 파괴, 항원 제시	항체 생산을 포함하여 침입자에 대한 특이적 반응	병원체 인식, 림프샘에서 항원을 제시하여 면역 세포들을 자극

┃ 면역계을 구성하는 세포들 ┃

ㄱ. 골수계 : 다능 조혈모세포에서 비롯된 골수 전구세포에서 비롯된 백혈구 집단을 가리킴
  ⓐ 호중구(neutrophil) : 감염 시 신속히 반응하여 침투한 미생물들을 섭식하는 식세포작용을 수행함
  ⓑ 호산구(eosinophil) : 기생충의 제거에 관여하며 약한 식세포작용을 보임
  ⓒ 호염구(basophil) : 워낙 숫자가 적어 면역반응에 대한 기여도를 잘 알지 못함
  ⓓ 수지상 세포(dendritic cell) : 조직에 서식하는 별모양의 세포로 림프절로 이동해 적응면역 반응을 유도함
  ⓔ 비만세포(mast cell) : 조직에 분포하며 호염구와 유사한 과립을 지니고 있으며 염증반응에 관여함

ⓕ 단핵구(monocyte) : 혈액 내를 순환하는 백혈구로써 과립구와 비교하여 크기가 크고 가운데가 쑥 들어간 핵 모양을 가졌음. 단핵구는 대식세포의 전구세포로써 혈액에서 조직으로 이동한 뒤 성숙하여 대식세포로 분화함

ⓖ 대식세포(macrophage) : 혈액을 순환하는 단핵구로부터 유래하며 조직 침투 시 분화하여 죽은 세포나 세균 등을 포식하고 제거함

ㄴ. 림프계 : 다능 조혈모세포에서 비롯된 골수 전구세포에서 비롯된 백혈구 집단을 가리킴

ⓐ 자연살해 세포(natural killer cell ; NK cell) : 바이러스 감염 세포나 암세포 등을 비특이적으로 공격하여 제거함

ⓑ T림프구 : T림프구가 활성화되어 분화되어 세포독성 T세포가 되면 바이러스 감염 세포나 암세포를 특이적으로 공격하고 보조 T세포가 되면 B세포, 대식세포, 세포독성 T세포의 활성화에 관여함

ⓒ B림프구 : 항체를 생성, 분비하는 역할을 수행함

3 체내 방어 기작 개요

(1) 물리적, 화학적 장벽을 통한 병원균의 침입 제한

피부 및 소화기, 호흡기, 비뇨생식기 통로 내면의 점막 등이 물리적 장벽을 형성함

ㄱ. 피부를 통한 침입 제한 : 물리적 장벽으로 작용하는 것 뿐만 아니라 피지샘, 땀샘에서 나오는 산성분비물을 통해 미생물의 성장을 억제함

ㄴ. 점막을 통한 침입 제한 : 점액, 침, 눈물은 외부에 직접 노출된 상피세포를 적셔주고 미생물을 씻어냄으로써 군락 형성을 막음

ⓐ 점액물질 : 점액 분비세포에서 분비되며, 미생물이나 작은 입자를 가두는데, 특히 호흡관의 경우 점액 분비세포 주변의 섬모상피세포가 섬모를 움직여 점액에 잡혀 있는 미생물을 바깥으로 내보냄

ⓑ 위액 : 농축된 염산과 단백질 분해효소에 의해 병원체를 파괴함

ⓒ 리소자임(lysozyme) : 침, 눈물 등에 포함되어 있으며, 세균 세포벽을 구성하는 펩티도글리칸을 파괴함

(2) 선천성 면역(innate immunity)을 통한 면역 반응

ㄱ. 소수의 수용체군을 이용하여 특정 병원균 그룹에 공통적으로 존재하는 특징을 인식하는 비특이적인 면역반응임

ㄴ. 병원체가 전에 침입하였던 적이 있었는지 없었는지를 구별하지 않고 감염 즉시 작동함

(3) 후천성 면역(acquired immunity)을 통한 면역 반응

ㄱ. 엄청난 다양성을 가진 수용체를 이용하여 특정 병원균의 특이적 특성을 인식하는 특이적인 면역 반응임

ㄴ. 반응유도에 시간이 걸림

4 선천성 면역반응(innate immune response ; nonspecific immune response)

(1) 세포에 의한 선천성 면역반응

ㄱ. 식세포 작용

@ Toll-유사 수용체(Toll-like receptor ; TLR) : 특정 종류의 병원균의 특이적인 분자조각 인식에 의해 식세포 작용을 유도하여 식포를 형성하도록 함

● 예 TLR4(세균 세포벽의 지질다당제 인식), TLR3(바이러스 특이적인 핵산인 dsRNA 인식), TLR5(세균 편모의 성분인 플라젤린 인식)

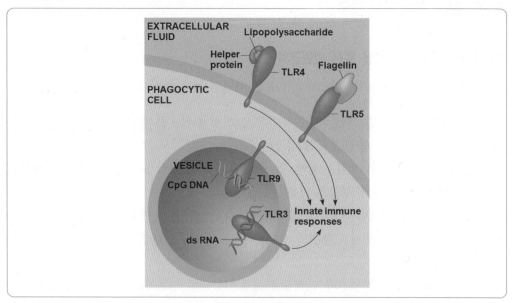

ⓑ 형성된 식포 내의 미생물은 리소좀과 융합하여 리소좀 내의 HNO^{2-}을 포함하는 다양한 독성 가스나 미생물 분해효소에 의해 파괴됨

ⓒ 주요 선천성 식세포

1. 대식세포(macrophage) : 일부는 전신으로 이동하거나 일부는 여러 체내기관이나 조직에 안착하는데 특히 비장 및 림프절 등 여러 림프조직에 자리잡음으로써 감염균을 효과적으로 인식하여 퇴치함. 혈액을 통하여 들어온 미생물은 비장의 그물망사조직 내에 걸리고, 조직액에 들어온 미생물은 림프절에서 걸리게 되어 대식세포에 의해 인식됨

2. 호중구(neutrophil) : 감염조직에서 나오는 화학적 신호에 의해 감염부위로 가장 빠르게 이동하여 식세포 작용을 수행함

3. 호산구(eosinophil) : 식세포 활성 뿐만 아니라 기생충 제거 기능도 수행함

4. 수지상세포(dendritic cell) : 외부환경과 접촉하는 조직에 자리잡고 있어 식세포작용을 수행하여 후천성 면역 반응을 유도하는데 관여함

ㄴ. 세포독성 작용 : 백혈구가 독성물질을 분비하여 세포를 살해하는 작용으로 주요 선천성 세포독성 세포에는 자연살해세포와 호산성 백혈구가 포함됨

(2) 항미생물펩티드 및 단백질

ㄱ. 인터페론(interferon) : 바이러스 감염에 대한 선천성 방어를 수행하는 물질임. 인터페론은 체세포나 각종 백혈구 등에서 분비되어 아직 감염되지 않은 주변 세포에서의 바이러스 증식을 억제하거나 각종 백혈구의 활성화를 유도함

ⓐ 인터페론 α: 백혈구에서 생산되며 바이러스의 증식을 억제함

ⓑ 인터페론 β: 섬유아세포에서 생산되며 대식세포나 NK세포를 활성화시킴

ⓒ 인터페론 γ: 면역림프구에서 생산되며 세포독성 T세포나 대식세포를 활성화시킴

ㄴ. 보체계(complement system) : 30여 종의 혈청 단백질로 구성되며 미생물 표면에 존재하는 물질이나 항체에 의해 활성화되어 작용을 수행함

ⓐ 미생물을 옵소닌화하여 식세포에 의한 식세포 작용을 유도함

ⓑ 여러 백혈구에 대한 유인물질로 작용함

ⓒ 침입 미생물에 막공격 복합체(membrane attack complex)를 형성하여 각종 이온이나 물이 세포 내로 들어가 세포를 부풀게 하여 터뜨림

(3) 염증반응(inflammatory response)

상처나 감염 시 유리되는 화학신호 물질에 의한 변화로 인해 일어나는 면역반응으로 홍조, 발열, 부종 등의 특징이 나타남. 염증 반응은 국부적이거나 전신적일 수 있음

ㄱ. 염증반응의 일반적 특징

ⓐ 조직 손상 부위에서의 비만세포가 히스타민을 분비하는데 히스타민은 혈관의 확장, 모세혈관의 투과성 증가 등을 유도함. 혈관의 확장으로 인해 홍조를 띠고, 모세혈관의 투과성 증가로 인해 부종현상이 나타남

ⓑ 감염부위로 유입된 보체 단백질은 비만세포에 의한 히스타민 분비를 촉진하고 식세포들은 상처부위로 유인함. 주변 혈관의 내피세포 또한 신호물질을 분비하여 호중구나 대식세포를 유인하고 혈관의 투과성 증가를 유도함

ⓒ 결국 상처부위에는 백혈구, 죽은 미생물, 세포 잔해가 모여 있는 체액인 고름(pus)이 축적됨

ㄴ. 국소적 염증반응

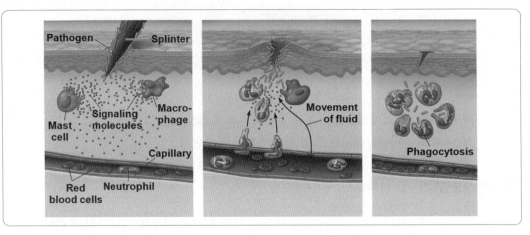

ⓐ 상처 부위에서 대식세포와 비만세포는 근처 모세혈관에 영향을 주는 화학신호를 분비함
ⓑ 모세혈관이 확장되고 물질 투과성이 증진됨으로써 항미생물펩티드를 포함하는 혈장액이 조직액으로 스며듦. 면역세포에서 나오는 신호물질이 식세포 유인을 한층 더 고조시킴
ⓒ 식세포가 상처 부위에서 병원균 또는 세포 잔재를 흡입하고, 상처 조직은 복구됨

ㄷ. 전신성 염증반응
ⓐ 백혈구 수의 급격한 증가 : 손상된 세포나 미생물 감염 세포는 골수로부터 더 많은 호중구를 생산하게 하는 유도물질을 분비함
ⓑ 열의 과도한 발생 : 특정 독소나 활성화 대식세포에서 분비되는 열발생물질(pyrogen)이 시상하부의 체내 온도조절 장치의 설정점을 상향 조절함
ⓒ 패혈증(septic shock) : 심한 고열과 저혈압 상태가 특징이며 나이가 많은 노인이나 영아에서 종종 발생함. 발생 사례의 1/3 이상이 죽음에 이름

5 후천성 면역반응(acquired immune response ; specific immune response)

(1) 후천성 면역반응의 개요
ㄱ. 체액성 면역반응(humoral immune response) : B세포에 의한 면역반응으로 B세포가 분비한 항체에 의해 수행되는 면역반응으로, 체액(혈액, 조직액)에서 진행됨
ㄴ. 세포성 면역반응(cell-mediated immune response) : T세포에 의한 면역반응으로 T세포의 활성화 및 세포독성 과정으로 조직에서 진행

(2) 후천성 면역반응의 특징

ㄱ. 엄청난 수용체의 다양성 : 수용체를 암호화하는 유전자의 다양한 재배열을 통해 다양한 수용체를 생성하게 됨

ㄴ. 자기관용(self-tolerance) : 자기 자신의 세포나 조직을 구성하는 물질에는 면역반응을 보이지 않는 것으로서 면역계가 활성화되기 전인 태아의 발생 초기에 이식된 조직이나 세포는 자기항원으로 인식될 수 있으며 성인의 경우 장기 이식 등의 수술 시 면역학적 관용을 유발할 필요가 있음

    ⓐ 클론 제거(clonal deletion) : B세포와 T세포의 분화를 진행하는 과정에서 자기항원을 인식하는 클론은 세포예정사를 통해 제거됨

    ⓑ 클론 무감작(clonal anergy) : 자기항원을 인식하는 면역세포의 면역반응이 억제되는 현상

    ⓒ 면역학적 면제(immunological previlege) : 인체의 안구, 고환, 뇌 등에서는 밀착연접을 통해 면역세포의 유입을 방지하거나, 세포예정사를 유발하는 리간드인 FasL을 발현하여 면역세포를 제거하여 자기세포를 보호함

ㄷ. 면역학적 기억(immunological memory) : 과거에 접하여 본 항원에 대한 반응이 처음 접할 때의 반응보다 훨씬 강하게 되는 이유는 과거에 접한 항원을 기억하는 기억세포(memory cell)가 형성되기 때문임

(3) 림프구에 의한 항원 인식

ㄱ. 항원(anitigen) : 림프구에 의해 특이적으로 인식되어 면역반응을 유도하는 외래분자로 단백질, 거대 탄수화물, 핵산 등 그 종류가 무수하며, 한 개의 항원에는 항체가 인식할 수 있는 다수의 항원 결정기(antigenic determinant ; epitope)가 존재함. 크기가 크고 복잡할수록 비자기 물질의 종류가 많을수록 면역반응을 일으킬 가능성이 높아짐

    ⓐ 면역원(immunogen) : 면역원성이 있는 외래분자

    ⓑ 합텐(hapten) : 면역원성이 없는 작은 유기분자로 단백질 운반체에 결합시켜 투여하면 항체 생성을 유발하는 물질

    ⓒ 보강제(adjuvant) : 스스로는 항원성이 없고 항원과 함께 주입하여 면역력을 높여주는 모든 물질

ㄴ. 항원 수용체(antigen receptor) : 하나의 B세포 또는 T세포는 대략 100,000개의 항원 수용체가 있음. B세포의 항원 수용체 및 분비형인 항체(antibody ; immunoglobulin)는 항원의 일부분인 항원결정 부위(antigenic determinant ; epitope)를 인식하여 결합함. 단일 림프구에 존재하는 수용체는 모두 동일하기 때문에 각각의 림프구는 특정 항원결정 부위에 대해 특이적으로 결합

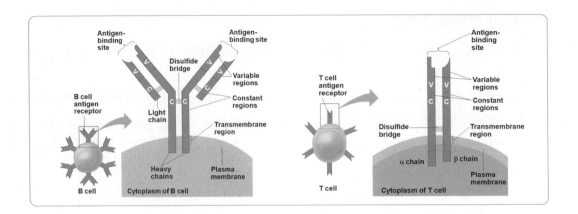

(4) B림프구의 발달

ㄱ. B세포의 성숙 과정

    ⓐ 골수 줄기세포로부터 유래하며 평생동안 계속 분열해 체내에 B세포의 수를 일정하게 유지함

    ⓑ 분열한 세포는 체성 재조합이 일어나며 표면에 중사슬과 대리 경사슬을 발현하게 됨

    ⓒ 세포막에 IgM을 발현하기 시작한 세포를 미성숙 B세포(immature B cell)라 하며, 이 때 항체에 자기항원이 결합하게 되면 물론 제거가 일어나게 됨

    ⓓ 세포는 곧 표면에 IgM, IgD를 세포막에 모두 발현하여 골수로부터 빠져나가는데 이를 처녀 B세포(naive B cell)라 하며 이 세포가 혈액에서 자기 항원과 결합하게 되면 클론 무감작이 발생하게 되어 무반응성의 세포 상태로 전환됨

    ⓔ 2차 림프기관으로 이동하여 특정 항원과 만나게 되면 증식을 할 수 있지만 그렇지 않은 경우 수 주 내에 죽게 됨

ㄴ. 항체의 구조와 특징 : 항원 본연의 모양을 인식하여 결합함

    ⓐ 4개의 폴리펩티드로 구성된 Y자 모양의 분자로 이황화 결합으로 연결된 2개의 중쇄와 2개의 경쇄로 구성됨. 중쇄 꼬리 부분에는 세포막 관통 부분과 세포질 내부에 위치할 부분이 위치하나, 분비형인 항체는 꼬리부분이 존재하지 않음

    ⓑ 중쇄와 경쇄 각각은 불변영역(constant region)과 가변영역(variable region)으로 구성됨

    ⓒ 항체의 항원결합 부위와 항원과의 상호작용은 비공유결합을 통해 안정화됨

ㄷ. 항체의 형성과정

    ⓐ 체성 재조합(somatic recombination) : 항체를 구성하는 중사슬과 경사슬을 발현하는 각각의 유전자에는 동일 부위의 구조를 형성하는 DNA 절편들이 반복적으로 존재하며, 이들이 무작위적인 DNA 배열을 거쳐 B세포마다 서로 다른 유전자 서열을 갖게 됨

    ⓑ 접합부 다양성(junctional diversity) : 경사슬의 경우 V-J 절편 연결시 무작위적인 서열 결실과 삽입이 일어나 가변부위의 다양성을 형성하게 됨

    ⓒ 체성 과변이(somatic hypermutation) : 형질세포로 활성화 된 후 이미 재배열된 항체유전자에서 점돌연변이가 발생하여 항원결합력이 증가된 형질세포들이 빠르게 증가하는 과정으로서 이러한 과정을 친화도 성숙(affinity maturation)이라고 함

ⓓ 대립 유전자 배제(allelic exclusion) : 상동염색체 중에서 먼저 한 개의 항체 유전자 재배열이 발생하면 반대 염색체의 항체 유전자 재배열을 억제하여 각B세포마다 단일 항원 특이성 항체만을 발현시키는 현상

ⓔ 클래스 스위칭(class switching) : 동일 B세포의 클론에서 Fc의 class가 전환되는 것. 막관통 수용체 형태(IgM, IgD)에서 분비형(IgG, IgA, IgE)으로 전환됨

[항체의 종류]

종류	일반구조		휘치	기능
IgG	단량체		혈장에 녹아 있음, 순환하는 항체의 80%	1차 및 2차 면역반응에서 가장 풍부한 항체, 태반을 통과하여 태아에게 수동면역을 제공
IgM	오량체		B 세포의 표면, 혈장에 녹아 있음	B 세포막의 항원수용체, 1차 면역반응 동안 B 세포에서 방출되는 첫 번째 종류의 항체
IgD	단량체		B 세포의 표면	성숙한 B 세포의 세포표면 수용체, B 세포의 활성화에 중요
IgA	이량체		침, 눈물, 젖 및 다른 몸의 분비물	점막 표면을 보호, 상피세포에 병원체가 붙는 것을 차단
IgE	단량체		피부와 소화관 및 호흡기에 나열된 조직에 있는 형질세포에서 분비	비만 세포와 호염구와의 결합은 그다음의 항원 결합을 민감하게 하고, 이는 염증과 일부 다른 알레르기 반응에 기여하는 히스타민의 분비를 촉발한다.

ㄹ. 항체의 기능

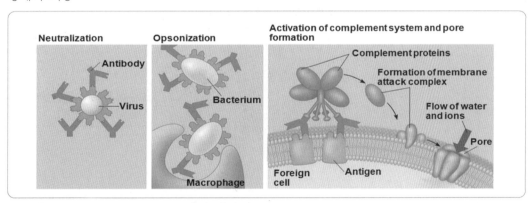

ⓐ 중화작용(neutralization) : 항체가 바이러스나 세균 표면에 존재하는 단백질에 부착하여 숙주 세포로 침투하지 못하게 함

ⓑ 옵소닌화(opsonization) : 항체가 병원성 세균에 결합하여 대식세포의 식세포작용을 촉진시킴

ⓒ 응집반응(agglutination) : 미생물이나 기타 항원을 응집시킴

ⓓ 보체의 활성화 : IgG, IgM 항체는 보체를 활성화시켜 염증반응과 식세포작용을 활성화시킴

(5) T림프구의 발달

ㄱ. T세포의 성숙 과정

    ⓐ 골수 줄기 세포로부터 유래하지만, 곧 성숙과정을 위해 흉선으로 이동함

    ⓑ 초기에는 세포막 단백질인 CD4, CD8을 모두 표면에 발현하지 않으며, 항체 유전자의 재배열과 유사한 과정을 통해 다양한 T세포 수용체를 형성

    ⓒ 재배열이 완료되어 T세포 수용체와 CD4, CD8을 표면에 발현하게 되며 이 세포는 흉선 피질 세포가 제시하는 MHC Ⅰ 또는 MHC Ⅱ 분자와 결합하게 되는데, 결합을 성공적으로 수행한 세포들만 살아남게 됨

    ⓓ MHC Ⅰ과 결합한 세포는 표면에 CD8만 남게 되고 MHC Ⅱ와 결합한 세포는 표면에 CD4만 남게 됨. 이 세포들은 흉선 수질에서 항원제시세포(수지상세포, 대식세포)와 결합하게 됨

    ⓔ 위의 과정을 거친 세포들 중 표면에 CD4를 발현하는 경우 TH(보조 T세포)가 되고 CD8을 발현하는 경우 Tc(세포독성 T세포)가 됨. 2차 림프기관으로 이동하기 전에 자기 항원과 결합하게 되면 클론 무감작으로 돌입하게 됨

ㄴ. T세포의 항원 수용체 구조와 특징 : 주조직 적합성 복합체(major histocompatibility complex ; MHC)상에 제시된 가공된 항원을 인식

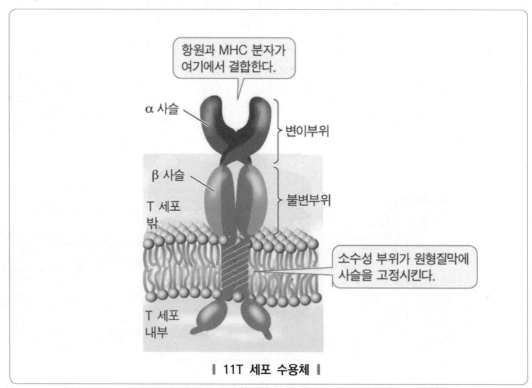

| 11T 세포 수용체 |

    ⓐ α 측쇄와 β 측쇄가 이황화결합으로 연결된 단백질

    ⓑ 끝부분에 막관통 영역이 있어 T세포의 세포막에 고정됨

    ⓒ 바깥쪽 끝부분의 V영역은 항원과 비공유성 결합을 형성함

편입생물 비밀병기 – 단권화바이블 + 필수기출과 해설편

ㄷ. MHC(major histocompatibility complex ; 주조직 적합성 복합체) : 장기이식에 대한 거부반응을 보이는 주요인으로 처음 발견되었으며 각 개인의 세포가 세포막에 특이적으로 발현하여 자기세포를 인식하는 표지물질로 작용하며 항원과 결합하여 세포막에 제시됨으로써 면역세포들이 항원을 인식할 수 있도록 함. 숙주세포에 진입한 병원체의 단백질은 작은 조각으로 잘리는 데, 이를 펩티드 항원이라 함. 펩티드 항원은 세포 내에서 MHC 분자와 결합하고 MHC에 결합된 펩티드는 세포 표면으로 이동하는 데 이를 항원제시(antigen presenting)라 함. MHC 단백질에 의한 항원제시가 있어야만 항원에 대항하는 면역반응이 활성화 됨. 체세포가 항원을 제시할 때에는 이미 감염되었다는 신호가 되며 식세포나 B세포가 병원균을 섭취하여 항원을 표면에 제시할 때에는 감염이 진행되고 있다는 신호가 됨

ⓐ MHC 암호 유전자의 위치 : 6번 염색체상에 MHC Ⅰ, Ⅱ 유전자가 모두 존재함

ⓑ MHC 단백질의 형태

　1. MHC Ⅰ 단백질 : 모든 유핵세포에서 발현되는 MHC Ⅰ 단백질

　2. MHC Ⅱ 단백질 : 항원제시세포(수지상세포, 대식세포, B세포)에서 발현되는 MHC Ⅱ 단백질

ⓒ MHC 단백질의 항원제시 과정 : MHC에 결합하여 제시되는 펩티드 항원은 큰 단백질이 분해되어 세포 내에서 생성된 것임. 세포 내와 세포 외로부터 유래한 단백질은 세포 내 다른 구획에 존재함. 그들은 두 가지 세포 내 분해 경로를 통해 가공되어 분리되어 있는 세포 내 구획에서 두 군의 MHC 단백질과 결합하게 됨

　1. MHC Ⅰ을 통한 내재항원의 제시 : 바이러스나 세포질 내 세균 감염의 결과로 세포질 내에서 발생하는 단백질은 프로테아솜에 의해 세포질 내에서 펩티드로 분해되어 소포체로 진입함. 거기서 펩티드는 MHC Ⅰ 단백질과 결합하고 펩티드-MHC Ⅰ 복합체는 골지체를 통해 세포 표면으로 이동함

　2. MHC Ⅱ를 통한 외재항원의 제시 : 세포외 항원과 병원균으로부터 파생된 단백질의 경우 세포 외 물질은 내포작용을 통해 세포의 소포 내에 위치하게 되며 소포 내 프로테아제는 그것을 MHC Ⅱ와 결합할 수 있는 펩티드로 분해함. 소포체와 골지체를 통해 형성된 MHC Ⅱ 단백질은 가공된 단백질이 존재하는 소포로 이동하여 결합하게 되며 이렇게 형성된 펩티드-MHC Ⅱ 복합체는 세포 표면으로 이동함

ⓓ MHC 단백질과 CD 단백질 간의 결합 : 세포독성 T세포의 CD8 공동수용체는 MHC Ⅰ 단백질과 결합하는 데 이는 MHC Ⅰ 단백질이 세포독성 T세포로만 펩티드를 제시할 수 있음을 확인하는 것임. 동일한 방법으로 보조 T세포의 CD4 공동수용체는 MHC Ⅱ 단백질에 의해 결합된 펩티드는 단지 보조 T세포만을 자극함

(6) 클론선택(clonal selection)

항원 결합에 의해 특정 림프구가 증폭되는 과정

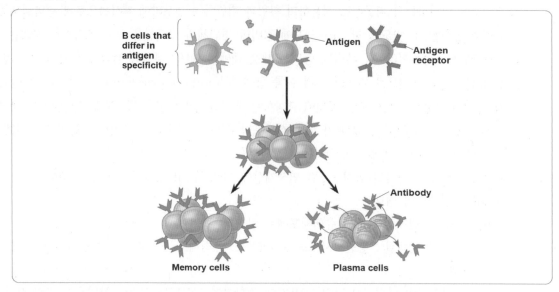

ㄱ. 항원수용체가 특정 항원과 결합하게 되면 림프구의 활성화가 개시됨

ㄴ. 활성화 된 림프구는 두 가지로 분화하여 증식함

    ⓐ 효과기 세포(effector cell) : 항원을 공격하는 세포. B세포의 효과기 세포를 형질세포
    (plasma cell)라 함

    ⓑ 기억세포(memory cell) : 효과기 세포와 동일한 수용체를 지니고 있어, 향후 일어나게 될
    2차 면역 반응(secondary immune response ; 특정 항원에 2번이상 노출되어 일어나는
    면역 반응)을 1차 면역 반응(primary immune response ; 특정 항원에 처음 노출외어 일
    어나는 면역 반응)보다 강력하게 하는 원인이 됨. 2차 면역 반응의 강도는 1차 면역 반응보
    다 강하고, 빠르고, 작용기간도 김. 1차 면역 반응은 최고치 반응이 10~17일 후에 나타남에
    반해, 2차 면역 반응은 최고치 반응이 2~7일 후에 나타나는 것이 일반적임

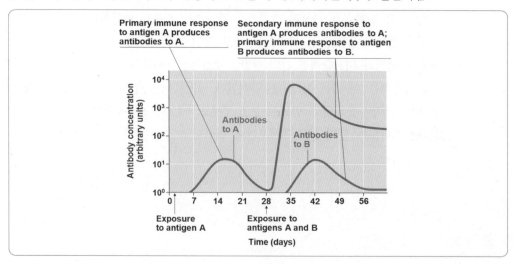

(7) 후천성 면역 반응의 기작

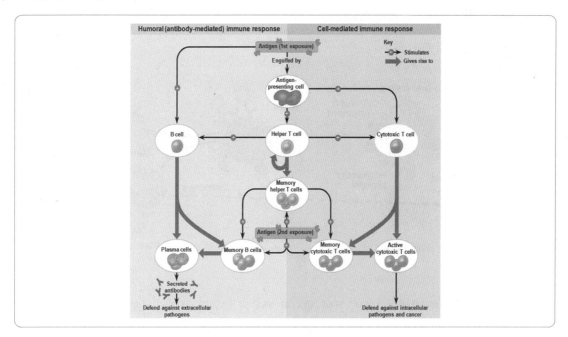

ㄱ. 보조 T세포(helper T cell ; T_H) : 체액성 면역 반응과 세포성 면역 반응을 모두 촉진함

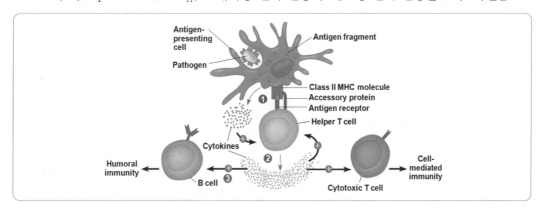

   ⓐ 항원제시세포에 제시된 항원, 항원제시세포가 분비한 인터루킨, 보조 T세포 자신이 분비한 인터루킨에 의해 기억 보조 T세포, 효과기 보조 T세포로의 분화가 유도됨

   ⓑ 활성화된 보조 T세포는 인터루킨을 분비하여 B세포와 세포독성 T세포, 대식세포를 활성화시킴. T_{H1}은 대식세포와 세포독성 T세포를 활성화시키고 T_{H2}는 B세포를 활성화시킴

ㄴ. 세포독성 T세포(cytotoxic T cell ; Tc) : 바이러스 감염 세포나 암세포를 사멸함

   ⓐ 세포독성 T세포의 활성화 : 수지상세포와의 상호작용 또는 추가적으로 보조 T세포와의 상호작용으로 인해 세포독성 T세포는 활성화됨

   ⓑ 세포독성 T세포의 작용

      1. 감염된 세포에 제시된 항원에 반응하여 perforin과 granzyme을 분비함. perforin은 감염세포의 세포막에 구멍을 내며 granzyme은 표적세포의 세포예정사를 유발함

2. Fas에 의한 apoptosis 유발 : 세포독성 T세포의 FasL은 유핵세포의 Fas와 결합하여 표
   적세포의 caspase cascade를 유발하여 세포예정사를 진행시킴

ㄷ. B세포의 활성화와 작용

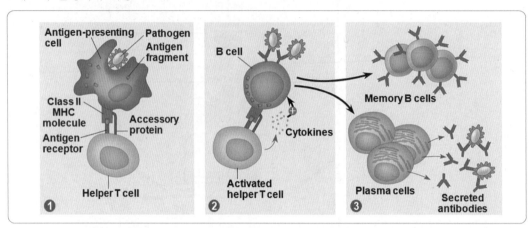

ⓐ 자신의 세포 표면의 MHC II에 제시된 가공된 항원과 보조 T세포와의 직접적인 결합, 보조
   T세포에 의해 분비된 인터루킨, 그리고 B세포 자신이 동일한 항원에 결합하는 것이 B세포
   활성화에 필수적임. 반복적 구조 때문에 B세포 표면에 있는 다수의 수용체에 동시에 결합할
   수 있는 항원은 B세포로 하여금 항체 생성을 유발하나 기억 B세포는 형성되지 않음
ⓑ 활성화된 B세포는 증식, 분화하여 기억 B세포와 형질세포가 됨
ⓒ 항체의 종류 : B세포에서 형성되는 항체는 B세포의 세포막 항원 수용체와는 중쇄의 불변(C)
   부위만 다름. 세포막을 관통하는 막관통 영역이나 세포질 내 꼬리부분 대신에 항체의 체내
   분포와 항원 제거 기작을 결정하는 특정 서열이 존재함. 중쇄 C영역에는 다섯 종류가 있는데
   한 종류의 항체에서 다른 종류의 항체로 클래스 스위칭(class switching)이 일어나는 것은
   항원에 의한 자극과 T세포로부터 유래된 조절신호가 있어야 함

6 면역반응의 적응

(1) 능동면역과 수동면역

ㄱ. 능동면역(active immunity) : 감염에 대응하여 기억세포 클론이 형성됨. 자연적 능동면역과 인
   위적 능동면역으로 구분 cf. 백신(vaccine) : 사독화되거나 약독화된 병원균을 주사한 것으로
   인위적 능동면역으로 구분
ㄴ. 수동면역(passive immunity) : 이미 형성된 항체가 공급됨. 지연적 수동면역(모유를 통한 IgA
   항체 공급, 태반을 통한 IgG 항체 공급)과 인위적 수동면역(면역혈청 주사)으로 구분함

(2) 면역거부

ㄱ. 혈액의 면역거부 : 공여자의 항원과 수여자의 항체가 응집반응을 보일 경우 거부반응이 일어남

ⓐ ABO항원과 항체 간의 응집반응 : ABO 혈액형의 항원은 적혈구세포의 당지질임. 혈액형 항원 A와 B는 일부 세균의 세포 표면에 공통적으로 존재하는 탄수화물과 구조적으로 유사한데 이러한 세균의 감염이 일어나면 A항원과 B항원이 없는 사람들은 그것에 대한 관용을 갖고 있지 않기 때문에 세균에 대한 항체를 만들어냄. 따라서 O형 혈액형인 사람은 항원 A와 B에 대한 항체를 갖게 되는 것임. ABO식 혈액형의 항체는 IgM의 형태로서 태반을 통과할 수 없기 때문에 산모의 항체는 태아의 항원과 응집반응을 수행하지 않음

| ABO 혈액형 |

각 혈액형의 특징적인 항원과 항체들이 표시되어 있다.

ⓑ Rh항원과 항Rh항체 간의 응집반응 : 항Rh항체는 Rh항원에 노출된 후에야 형성되며 IgG의 형태로서 태반을 통과할 수 있다는 점에서 ABO식 혈액형의 항체와 구분됨

ㄴ. 조직 및 기관의 면역거부

ⓐ MHC Ⅰ,Ⅱ는 다형성 분자이기 때문에 거부반응을 최소화시키기 위해 공여조직의 MHC형을 수혜자의 MHC형과 맞춰야함. 형제간 이식 성공률이 부모자식간 이식 성공률보다 높음

ⓑ 보통 장기이식의 경우, 면역 거부의 주체가 수혜자인데 반해, 골수 이식의 경우에 있어서는 면역거부 주체가 공여자의 골수가 됨. 공여 골수의 면역 거부 반응을 이식편대 숙주반응(graft versus host reaction)이라 함

(1) 과민반응(hypersensitivity reaction)

무해한 환경 항원에 대한 면역계의 과민반응으로 알레르기 반응(allergic reaction)이라고 함. 이러한 반응을 일으키는 환경의 항원들을 알레르겐(allergen)이라 함

ㄱ. 제1형 과민반응(type Ⅰ hypersensitivity reaction) : 주로 비만세포의 Fc 수용체에 결합된 IgE 수용체에 결합된 IgE에 특이적인 항원이 결합하여 발생하며 이는 비만세포의 탈과립과 이에 따른 히스타민 등의 염증 매개물질의 분비를 초래하는데 이는 혈관 확장, 모세혈관 투과성 증가와 재채기, 콧물, 눈물, 기관지 평활근 수축 등을 유발함. 제1형 과민반응은 일반적으로 호흡을 통해 흡입된 미립자의 항원들로 유발되며 식물 꽃가루를 그 예로 들 수 있음. 제1형 과민반응은 콧물을 흘리는 가벼운 증상에서부터 심한 경우 질식으로 인한 사망에 이르기까지 광범위한 증세를 가져옴. 급성 알레르기 반응은 종종 과민성 쇼크(anaphylactic shock) 유발하는데, 피하 전신의 혈관이 확장되고 혈압이 급격하게 감소하여 수분 이내에 사망하게 됨. 알레르기에 민감한 사람들은 에피네프린 주사액을 지니고 다님. 에피네프린은 떨어진 혈압을 상승시키고 기관지의 평활근을 이완시켜 히스타민에 의한 알레르기 반응을 완화시킬 수 있기 때문임

ㄴ. 제2형 과민반응(type Ⅱ hypersensitivity reaction) : 인간세포의 표면성분들에 공유결합으로 결합하는 작은 분자들로 인하여 야기되며 이로써 면역계가 이종물질로써 인지하는 변경된 세포 구조물을 만들어냄. B세포는 이러한 새로운 에피토프에 대응하는 IgG를 생성하고 이러한 IgG는 변형된 세포에 결합하여 보체활성화와 포식작용을 통한 세포의 파괴를 초래함. 항생제 페니실린은 제2형 과민반응을 유도할 수 있는 반응분자의 한 예임

ㄷ. 제3형 과민반응((type Ⅲ hypersensitivity reaction) : 용해성 단백질항원과 이에 대한 IgG의 결합으로 형성된 작은 용해성 면역복합체로 인하여 일어남. 이 면역복합체의 일부는 작은 혈관벽 또는 폐포벽에 부착되어 보체를 활성화시키고 또 조직을 손상시키는 염증반응을 일으켜 조직의 생리학적 기능을 저해하게 됨. 항체나 사람이 아닌 동물의 종에서 유래된 다른 단백질들을 환자에게 치료제로서 투여하였을 때 제3형 과민반응으로 인한 부작용이 일어날 수 있음

ㄹ. 제4형 과민반응((type Ⅳ hypersensitivity reaction) : 항원 특이적인 효과 T세포들의 생성물에 의해 일어나며 이 중 대부분의 반응들은 CD4 TH_1 세포들에 의해 야기됨. 제4형 과민반응의 일부는 세포독성 CD8 Tc세포들에 기인하여 일어남. 이러한 반응은 작고 반응성을 가지는 지용성 분자들이 세포막을 통과하여 인간세포 내 단백질 분자들과 공유결합하여 일어남. 이렇게 화학적으로 변형된 단백질들의 분해로 비정상 펩티드들이 생성되고 이는 MHC Ⅰ 분자들과 결합하여 세포독성 T세포의 반응을 자극함

(2) 면역결핍(immunodeficiency)

ㄱ. 선천성 면역결핍(inborn immunodeficiency) : 면역계 세포의 발달 과정상 장애가 생기거나 보체, 항체 생성에 장애가 생기는 것이 주요원인임

　● 중증복합면역결핍(severe combined immunodeficiency ; SCID) : 기능 림프구가 존재하지 않아 폐렴, 뇌수막염 등의 재발성 감염에 취약하며 골수 이식을 통해 정상적 림프구를 공급해야 함

최신 기출과 해설

72 동물의 적응면역(acquired immunity)에 관한 설명으로 옳은 것은?

① 항체 IgG는 단량체를 형성한다.
② T 세포는 체액성 면역 반응이다.
③ B 세포는 감염된 세포를 죽인다.
④ 항원 제시 세포는 Ⅰ형 및 Ⅱ형 MHC 분자를 모두 가지고 있다.
⑤ T 세포는 항체를 분비한다.

73 항체는 IgM, IgG, IgA, IgE, IgD의 다섯 종류로 구분된다. 각 항체의 특성으로 옳지 <u>않은</u> 것은?

① IgM은 1차 면역반응에서 B 세포로부터 가장 먼저 배출되는 항체이다.
② IgG는 5합체를 형성하며 태반을 통과하지 못한다.
③ IgA는 눈물, 침, 점액 같은 분비물에 존재하며 점막의 국소방어에 기여한다.
④ IgE는 혈액에 낮은 농도로 존재하며 알레르기 반응 유발에 관여한다.
⑤ IgD는 항원에 노출된 적이 없는 성숙 B 세포 표면에 IgM과 함께 존재한다.

정답 및 해설

72 정답 | ④

전문적인 항원 제시 세포(APC)인 대식세포, 수지상세포, B 세포는 표면에 MHC Ⅰ, Ⅱ 분자를 모두 지닌다. 전문 항원
제시세포를 제외한, 핵을 지니는 모든 세포들은 표면에 MHC Ⅰ은 소유하고 있지 않고 Ⅱ형 MHC만 보유한다.
IgG는 단량체형으로만 존재하며, 오량체를 형성하는 것은 IgM 타입이다.
Tc세포가 세포성 면역 반응을 매개하며, 감염 세포나 암세포를 사멸시킨다.
B세포는 항체를 분비하여 전신체액으로 퍼져서 체액성 면역 반응을 매개한다.

73 정답 | ②

5량체를 형성하여 크기가 커 태반을 통과하지 못하는 항체는 IgM IgG는 크기가 가장 작은 항체로서 태반을 통과해
태아에게 전달되어 수동 면역을 형성시킬 수 있다.

418

편입생물 **비밀병기** - 단권화바이블 + 필수기출과 해설편

생물 1타강사 **노용관**

편입생물 비밀병기

단권화 바이블 ✚ 필수기출과 해설편

한권으로 끝내는 메디컬(의치한약수) 편입 나만의 祕密兵器

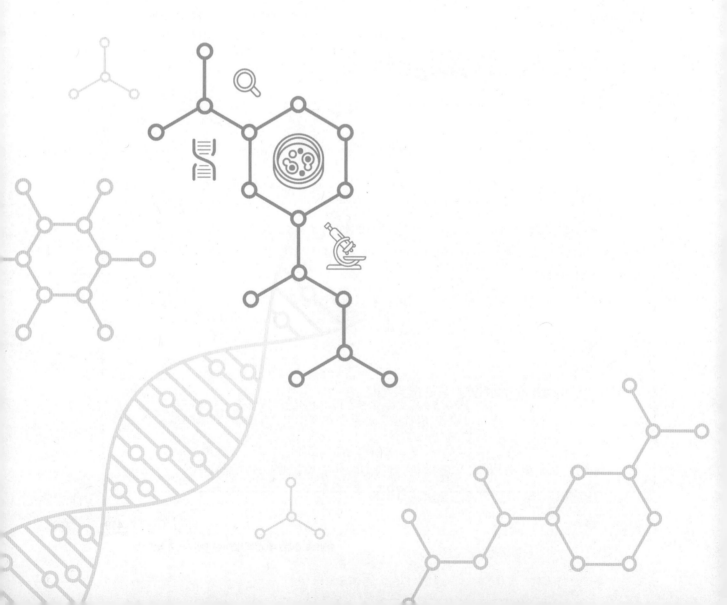

호흡

23 호흡(ventilation)

1 호흡계의 구조

(1) 폐의 구조

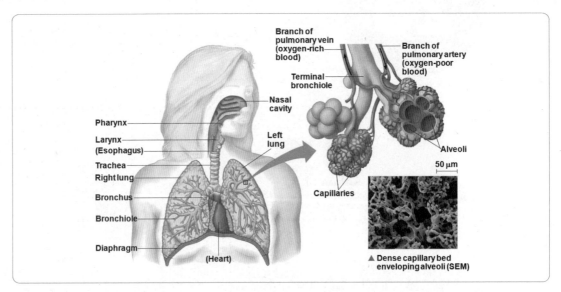

ㄱ. 가벼운 해면조직으로 이루어져 있고, 대부분 공기로 가득 찬 공간으로 채워져 있음

ㄴ. 각 폐는 흉막낭으로 둘러싸여 있어 흉강과의 기체교환이 불가능함

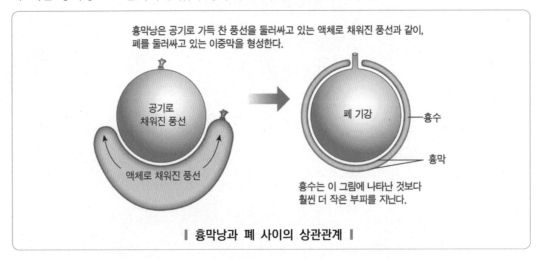

흉막낭은 공기로 가득 찬 풍선을 둘러싸고 있는 액체로 채워진 풍선과 같이, 폐를 둘러싸고 있는 이중막을 형성한다.

흉수는 이 그림에 나타난 것보다 훨씬 더 작은 부피를 지닌다.

‖ 흉막낭과 폐 사이의 상관관계 ‖

ㄷ. 폐포(alveolus) : 폐는 수없이 많은 작은 주머니인 폐포로 구성되는데, 폐포는 단층상피세포로 구성되며 기관세지와 연결되어 있음. 폐포의 얇은 벽은 근육을 함유하지 않아 스스로 수축과 이완을 수행할 수 없으나, 폐포를 구성하는 결합조직은 다량의 엘라스틴(신축성 섬유)을 함유하고 있어서 신전성과 탄력성이 있어 부피의 증가나 감소가 가능함

ㄹ. 표면활성제(surfactant) : 물분자간에는 수소결합으로 인한 표면장력이 큰데 이것은 표면의 물분자들이 측면과 하부에 위치한 다른 물분자들에게는 끌리지만 공기에게는 끌리지 않기 때문임. 폐포 내부는 액체의 얇은 막에 의해 표면장력이 형성되며 이로 인해 흡기시에 폐포는 신장에 대한 저항성이 존재하게 됨. 그러나 우리의 폐는 표면장력을 감소시키는 표면활성제를 분비하는데 인지질과 단백질로 구성된 표면활성제는 특수한 폐포 세포에서 분비되어 이러한 물분자간의 응집력을 붕괴시켜 표면장력을 낮춤으로써 더욱 원활한 호흡운동이 진행되도록 함. 풍부한 표면활성제의 생성능력 없이 조산되는 아이들은 신생아 호흡곤란 증후군(newborn respiratory distress syndromes ; NRDS) 일으킴

(2) 기체 이동 경로

입 또는 코 → 인두 → 후두 → 기관 → 기관지 → 기관세지 → 폐포

		명칭	분획영역	지름 (mm)	분지 수?	단면적 (cm^2)
전도계		기관	0	15~22	1	2.5
		1차기관지	1	10~15	2	
		점점 작아지는 기관지	2		4	
			3			
			4	1~10		
			5			
			6~11		1×10^4	
					2×10^4	100
교환 표면		세기관지	12~23	0.5~1	8×10^7	5×10^3
		폐포	24	0.3	$3{\sim}6 \times 10^8$	$>1 \times 10^6$

‖ 기도의 분지 ‖

ㄱ. 기도의 직경 : 기관에서 기관세지로 갈수록 점점 작아짐

ㄴ. 기도의 수 : 기관에서 기관세지로 갈수록 증가

ㄷ. 전체 단면적 : 기관에서 기관세지로 갈수록 증가

한권으로 끝내는 메디컬(의치한약수) 편입 나만의 秘密兵器

2 / 기체의 법칙

(1) 혼합기체의 총 압력은 각 기체 압력의 총합임. 따라서 대기 중 한 기체의 분압 = Patm × 대기 중 해당 기체의 %농도가 됨

> 산소의 분압 = 760mmHg × 21% = 160mmHg

(2) 기체는 단일상태이던 혼합상태이던 간에 고압력지대에서 저압력지대로 이동함

(3) 보일의 법칙

기체가 용기에 밀폐되어 있다면 부피가 변화할 때 그 기체의 압력은 역으로 변화함

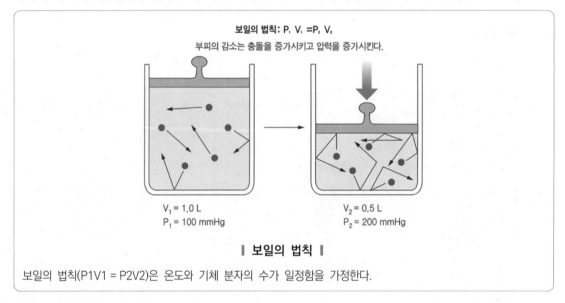

보일의 법칙: $P_1 V_1 = P_2 V_2$
부피의 감소는 충돌을 증가시키고 압력을 증가시킨다.

$V_1 = 1.0$ L
$P_1 = 100$ mmHg

$V_2 = 0.5$ L
$P_2 = 200$ mmHg

| 보일의 법칙 |

보일의 법칙(P1V1 = P2V2)은 온도와 기체 분자의 수가 일정함을 가정한다.

(4) Fick의 호흡 법칙이 성립함

Fick의 호흡 법칙은 호흡 경계면에서의 확산에 의한 기체의 이동속도에 대한 법칙임

ㄱ. Fick의 호흡 법칙 관련 식 $Q = DA\dfrac{C_1 - C_2}{L}$

ㄴ. 호흡 표면의 두께가 얇을수록, 면적이 넓을수록, 분압차가 클수록 기체교환의 속도가 빠름. 따라서 대부분의 호흡 표면은 넓고 얇은 경향이 있음

3 호흡운동의 메커니즘

(1) 폐활량계를 통한 폐기능 검사

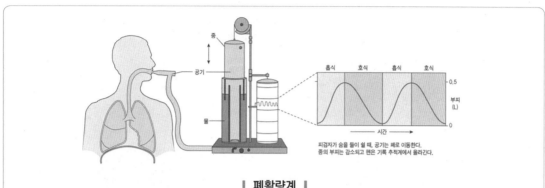

| 폐활량계 |

피검사가 공기나 산소로 채워진 도립 종에 부착된 마우스피스에 입을 붙인다. 종은 물에 부유되어 있기 때문에, 종의 부피와 피검사 호흡기도의 부피는 하나의 폐쇄계를 이룬다.

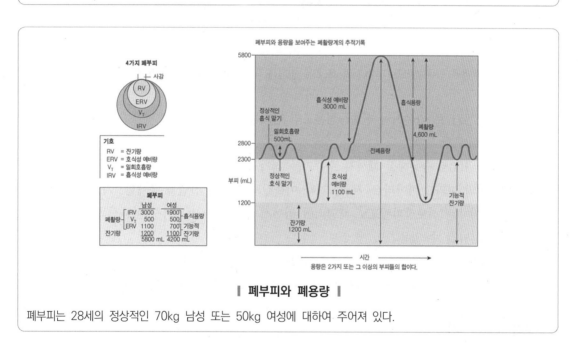

| 폐부피와 폐용량 |

폐부피는 28세의 정상적인 70kg 남성 또는 50kg 여성에 대하여 주어져 있다.

ㄱ. 통기량 : 안정 호흡시의 환기량

ㄴ. 흡식성 예비량 : 심호흡시 흡기량 – 통기량

ㄷ. 호식성 예비량 : 심호흡시 호기량 – 흡기량

ㄹ. 잔기량 : 폐포 내에 남은 공기량이며, 폐활량으로 측정이 불가함

ㅁ. 폐활량 : 흡식성 예비량 + 통기량 + 호식성 예비량

ㅂ. 전폐용량 : 폐활량 + 잔기량

(2) 기도의 전처리 과정

흡입된 공기는 비강과 기도의 점막으로부터 증발하는 열과 수분에 의해 가온, 습윤 과정을 거침. 입을 통한 호흡은 코를 통한 가온, 습윤에 있어 효과적이지 않음

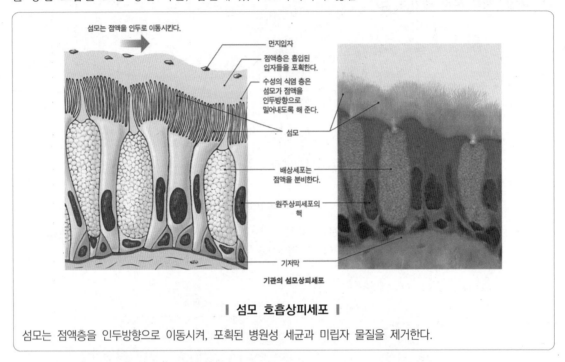

섬모는 점액을 인두로 이동시킨다.

먼지입자

점액층은 흡입된 입자들을 포획한다.

수성의 식염 층은 섬모가 점액을 인두방향으로 밀어내도록 해 준다.

섬모

배상세포는 점액을 분비한다.

원주상피세포의 핵

기저막

기관의 섬모상피세포

┃ 섬모 호흡상피세포 ┃

섬모는 점액층을 인두방향으로 이동시켜, 포획된 병원성 세균과 미립자 물질을 제거한다.

ㄱ. 공기를 37℃로 가온시켜 신체중심온도의 변화를 유발하지 않고, 폐포가 차가운 공기에 손상되지 않도록 함

ㄴ. 공기가 100% 습윤해질 때까지 수증기를 첨가시켜 습한 교환상피가 건조되지 않도록 함

ㄷ. 이물질의 여과 : 바이러스, 세균, 기타 이물질의 폐포의 진입을 봉쇄함. 기도는 점액(당단백질)을 분비하는 섬모상피세포로 배열되어 있어서 점액질에 가두어진 이물질을 인두 위로 보내어 식도로 넘길 수 있음

> **cf** 낭포성 섬유증(cystic fibrosis) : 기도의 내피세포로부터 용액의 분비가 부족해지고 점액의 점성이 커져 섬모운동을 통한 청소활동이 원활하지 않게 되어 폐포의 감염률이 높아짐

(3) 호흡 운동의 과정

공기를 폐로 보낼 때 공기를 밀어서 들여보내는 것이 아니라 빨아들이는 호흡(음압 호흡 ; nagative pressure breathing)을 수행하며, 폐는 스스로 수축과 이완을 할 수 없으므로 연수의 명령에 의한 횡격막과 늑간근의 수축, 이완을 통해 호흡운동이 가능해짐

구분	흉강의 압력	흉강의 부피	내늑간근	외늑간근	횡격막
흡기	하강	증가	이완	수축	수축
호기	상승	감소	수축	이완	이완

ㄱ. 흡기 : 횡격막과 외늑간근의 수축에 의해 흉강이 확장되어 일어남

    ⓐ 횡격막 : 횡격막의 수축은 횡격막이 복강 쪽으로 내려오면서 흉강의 용적을 증가시킴

    ⓑ 늑간근 : 늑간근은 늑골사이에 존재하며 근육의 배열 방향이 서로 반대인 두 세트의 근육으로 구성되어 있음. 내늑간근 위에 외늑간근이 배열되어 있는데 외늑간의 수축은 측면과 전후에서의 확장을 유발함

ㄴ. 호기 : 횡격막과 외늑간근의 이완에 의해 흉강이 축소되어 일어남. 안정시 호기는 수동적으로 일어나지만 심호흡시에는 강제호기가 발생함

    ⓐ 횡격막 : 횡격막은 이완되어 원래의 둥근 지붕 모양의 위치에 있게 됨

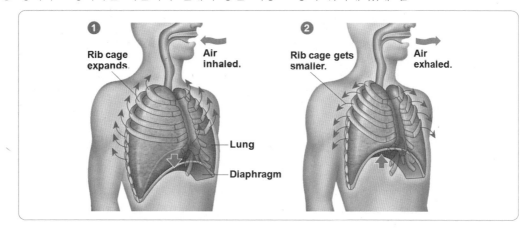

    ⓑ 늑간근 : 외늑간근의 이완으로 늑골이 아래로 내려오게 됨

(4) 호흡 동안의 폐포압, 흉강 내압의 변화

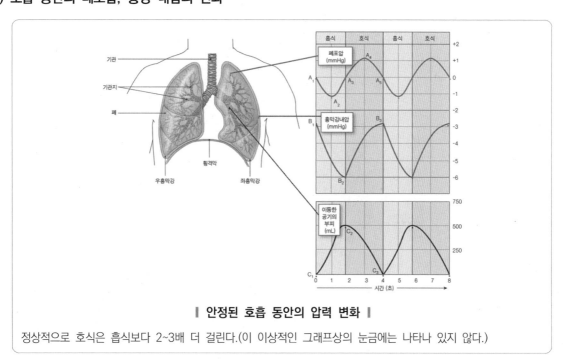

ǀ 안정된 호흡 동안의 압력 변화 ǀ

정상적으로 호식은 흡식보다 2~3배 더 걸린다.(이 이상적인 그래프상의 눈금에는 나타나 있지 않다.)

ㄱ. 0초 시기 : 호흡 사이의 짧은 휴지기 동안 폐포압은 대기압과 동일하며 압력이 같을 때는 공기의 흐름이 없음

ㄴ. 0~2초 시기 : 흡식이 시작되면 흡식근육들이 수축하고 흉강 부피가 증가함. 부피가 증가함에 따라 폐포압은 대기압보다 약 1mmHg 하강하고 공기가 폐포 안으로 흐름. 흉강 부피변화가 공기의 흐름보다 빠르기 때문에 폐포압은 흡식중간 지점에서 최저치에 도달함

ㄷ. 2~4초 시기 : 호식동안 폐와 흉강의 부피가 감소함에 따라 폐 내부의 압력이 증가하여 대기압보다 약 1mmHg 높은 최대 값에 도달함. 이제는 폐포압이 대기압보다 높기 때문에 기류는 역으로 바뀌어 공기가 폐로부터 빠져나감

ㄹ. 4초 시기 : 호식 말기에 폐포압이 다시 대기압과 같아질 대 공기의 이동은 멈춤. 폐의 부피는 호흡주기의 최소치에 도달함. 이 지점에서 호흡주기는 끝나고 다음 호흡을 다시 시작할 준비를 하게 됨

(5) 총 폐 환기량과 폐포 환기량

ㄱ. 총 폐 환기량은 환기율에 1회 호흡량을 곱하여 결정되는데 이것은 얼마나 많은 신선한 공기가 폐포 교환 표면에 도달하는지에 대한 좋은 지표가 되지 않을 수도 있음. 모든 호흡의 일부는 기관과 기관지와 같은 전도기도에 남기 때문에 호흡계로 들어오는 공기의 일부는 폐포에 도달하지 못함. 전도기도는 혈액과 기체교환을 하지 않기 때문에 해부학적 사강으로 알려져 있음. 흡입된 공기의 상당 부분이 교환 표면에 결코 도달하지 못하기 때문에 보다 더 정확한 환기 효율의 지표는 분당 폐포에 도달하는 신선한 공기의 양인 폐포 환기량임. 폐포 환기량은 환기율과 폐포에 도달하는 신선한 공기의 부피의 곱으로 계산함

ㄴ. 기도에 들어오는 공기의 총 부피와 폐포에 도달하는 신선한 공기 부피 사이의 차이를 예시하기 위한 호흡주기 동안의 500mL의 공기를 이동시키는 전형적인 호흡 과정

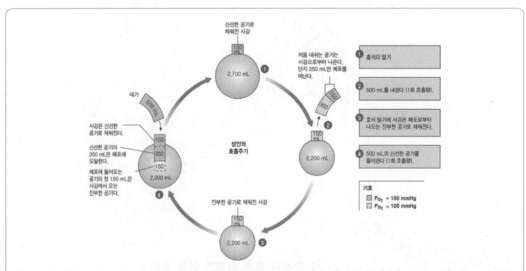

총 폐 환기량은 사강 때문에 폐포 환기량보다 더 크다. 이 예에서 총 폐 환기량은 500mL/호흡 × 환기율이지만 폐포 환기량은 단지 350mL/호흡 × 환기율이다.

ⓐ 흡식 말기에 폐부피는 최대가 되고 신선한 공기는 사강을 채움

ⓑ 500mL의 1회 호흡량이 내쉬어짐. 그러나 기도를 빠져나가는 이 500mL의 첫 부분은 사강에 있던 150mL의 신선한 공기이며 폐포에서 나오는 350mL의 진부한 공기가 그 뒤를 따름. 따라서 비록 500mL의 공기가 폐포를 빠져나갔지만 그 중 350mL만이 몸을 빠져나옴. 나머지 150mL의 진부한 폐포 공기는 사강에 머묾

ⓒ 호식 말기에 폐부피는 최소가 되고 가장 최근의 호식으로부터 나온 퀴퀴한 공기가 해부학적 사강을 채움

ⓓ 다음 흡식과 함께 500mL의 신선한 공기가 기도로 들어옴. 진입하는 공기는 해부학적 사강에 있던 150mL의 퀴퀴한 공기를 폐포로 돌리고 신선한 공기의 첫 350mL이 그 뒤를 따름. 흡입된 신선한 공기의 마지막 150mL은 다시 사강에 남아 결코 폐포에 도달하지 못함

(6) 폐포 내 기체 조성의 변화

정상적인 호흡 동안에는 폐포 내 산소 분압과 이산화탄소 분압이 거의 변하지 않지만 폐포 환기량의 유의미한 변화는 폐포에 도달하는 신선한 공기와 산소의 양에 영향을 미치는데 폐포 내 산소분압과 이산화탄소 분압은 과다호흡, 과소호흡에서 달라짐. 폐포 환기량이 정상 수준 이상 증가함에 따라(과다호흡), 폐포의 산소 분압이 약 120mmHg로 증가하고 이산화탄소 분압은 약 20mmHg로 떨어짐. 폐포로 들어가는 신선한 공기의 양이 적은 과소호흡 동안 폐포의 산소 분압은 감소하고 이산화탄소 분압은 증가함

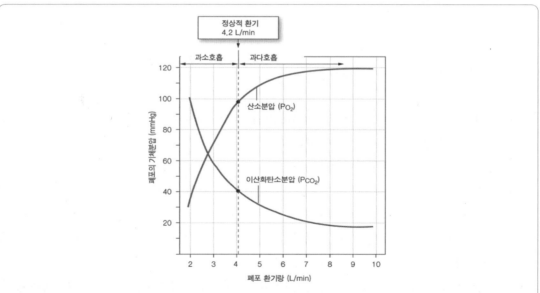

폐포 환기량이 증가하면, 폐포의 산소분압은 증가하고 이산화탄소분압은 감소한다. 폐포 환기량이 감소하면, 그 반대가 된다.

(7) 폐포 환기와 기체교환을 감소시키는 병리학적 상태

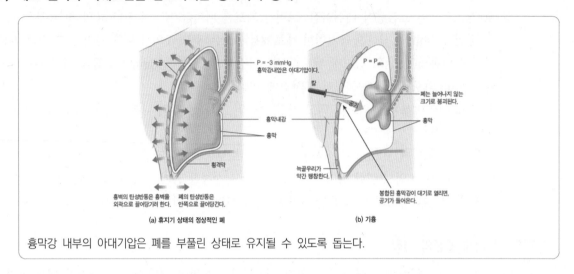

(a) 휴지기 상태의 정상적인 폐   (b) 기흉

흉막강 내부의 아대기압은 폐를 부풀린 상태로 유지될 수 있도록 돕는다.

ㄱ. 기흉(pneumothorax) : 흉강과 대기 사이에 구멍이 뚫리면 공기가 압력 차에 의해 흉강 내로 흐르게 되는데 흉막강 내의 공기는 폐를 흉벽에 부착하고 있는 액체결합을 파괴하고 흉벽은 외곽으로 팽창하는 한편 탄성적인 폐는 바람 빠진 풍선처럼 신장되지 않은 상태로 붕괴됨. 기흉은 또한 선천성 수포가 터질 때에 자연적으로 일어날 수 있는데 폐 내부의 공기가 흉강 내로 들어가게 될 때 발생하기도 함

ㄴ. 폐기종(emphysema) : 폐포 내에서의 흡연의 자극 효과는 단백질분해효소를 분비하는 폐포대식세포를 활성화시킴. 이러한 효소들은 폐의 탄성섬유를 파괴하고 세포자살을 유도하여 폐포벽을 붕괴시킴. 그 결과 보다 수가 적고 크기가 큰 폐포와 작은 기체 교환 면적을 가지게 됨. 이에 따라 폐포 내의 산소분압은 정상 또는 낮은 수준으로 유도되며 폐 혈관은 낮은 산소분압이 유도됨

ㄷ. 섬유성 폐질환 : 흉터조직의 축적은 폐포막을 두껍게 하는데 이러한 흉터조직을 통한 기체의 확산은 정상보다 훨씬 느림. 이에 따라 폐포 내의 산소분압은 정상 또는 낮은 수준으로 유도하며 폐 혈관은 낮은 산소분압이 유도됨

ㄹ. 폐부종(pulmonary edema) : 정상적인 경우 낮은 폐 혈압과 효율적인 림프 배출의 결과로 폐에 나타나는 간질액의 양은 적으나 좌심실부전등의 이유로 인해 폐혈압이 상승하면 모세혈관에서의 정상적인 여과/재흡수의 균형이 깨지게 됨. 모세혈관 유체정압이 증가하면 더 많은 용액이 모세혈관으로 여과되어 나오는데 여과가 지나치게 증가되면 림프관이 모든 용액을 제거할 수 없게 되고 과다용액이 폐 간질공간에 축적되어 폐부종을 일으키게 됨. 심한 경우에는 용액이 폐포막을 통해 심지어 새어나와 폐포 내부에 축적됨. 이에 따라 폐포내의 산소분압은 정상을 유지하며 폐 혈관은 낮은 산소분압이 유도됨

ㅁ. 천식 : 증가된 기도저항은 기도환기를 감소시키게 되는데 이로 인해 폐포 내부의 산소분압도 낮은 수준으로 유도되며 폐 혈관은 낮은 산소분압이 유도됨

4 호흡 운동의 조절

(1) 호흡 조절 중추

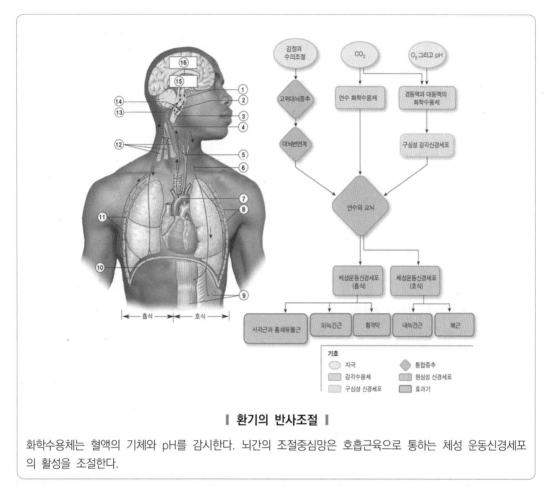

│ 환기의 반사조절 │

화학수용체는 혈액의 기체와 pH를 감시한다. 뇌간의 조절중심망은 호흡근육으로 통하는 체성 운동신경세포의 활성을 조절한다.

ㄱ. 연수(medulla oblongata) : 주로 흡식에 관여하며, 호흡의 기본리듬을 형성함. 연수중추의 신경을 통해 늑간근과 횡격막에 수축신호를 보냄. 이러한 신경신호는 휴식시에 보통 분당 10~14회 정도 형성됨. 들숨과 들숨 사이에는 호흡 관련 근육들이 이완되어 날숨이 유발됨

  ⓐ 배측호흡군(dorsal respiratory group) : 주로 횡격막을 조절하는 흡식성 신경세포들을 포함함

  ⓑ 복측호흡군(ventral respiratory group) : 능동적 호식에 사용되는 근육과 격렬한 운동 중 일어나는 것처럼 정상 이상의 흡식 중 특히 활동하는 일부 흡식근육들을 조절함

ㄴ. 뇌교(pons) : 호흡의 기본리듬을 조정하여 들숨과 날숨의 전환을 부드럽게 하고, 호흡 속도 조절에 관여함

(2) 화학수용체

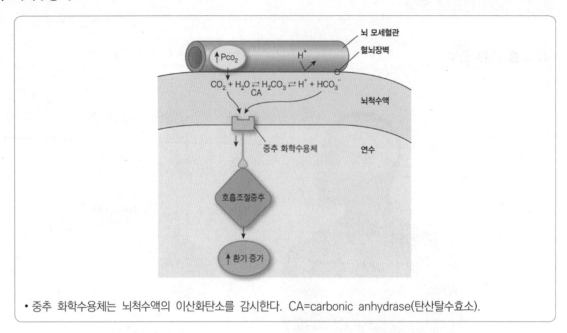

뇌 모세혈관
혈뇌장벽

$$CO_2 + H_2O \rightleftharpoons H_2CO_3 \rightleftharpoons H^+ + HCO_3^-$$
CA

뇌척수액

중추 화학수용체   연수

호흡조절중추

↑ 환기 증가

• 중추 화학수용체는 뇌척수액의 이산화탄소를 감시한다. CA=carbonic anhydrase(탄산탈수효소).

ㄱ. 연수의 중추화학수용체 : 환기를 조절하는 가장 중요한 화학물질은 연수에 위치한 중추화학수용체를 통해 매개되는 이산화탄소임

    ⓐ 연수의 중추화학수용체가 이산화탄소 농도를 감지한다고 말하지만 실제로는 뇌척수액의 pH 변화에 반응함을 통해서 감지하는 것임. 뇌혈관장벽을 지나 뇌척수액으로 확산되는 이산화탄소는 중탄산염과 H^+으로 전환됨

    ⓑ 혈장이 pH 변화가 보통 중추화학수용체에 직접 영향을 주지 않는다는 사실을 주목해야 함. 혈장에 유리된 H^+는 뇌혈관장벽을 매우 느리게 통과하기 때문에 중추화학수용체에 거의 영향을 주지 않음

ㄴ. 경동맥, 대동맥소체의 말초화학수용체 : 혈액의 pH와 산소의 농도 등을 감지하여 연수로 신경 정보를 보내어 연수로 하여금 호흡의 깊이와 속도 조절을 수행하게 함. 단, 산소의 경우에는 분압이 60mmHg보다 낮을 때에만 호흡의 깊이와 속도가 증가하게 됨

5 기체 운반

(1) 순환과 기체 교환의 조화 : 기체교환과 순환계의 협력을 통한 기체 운반

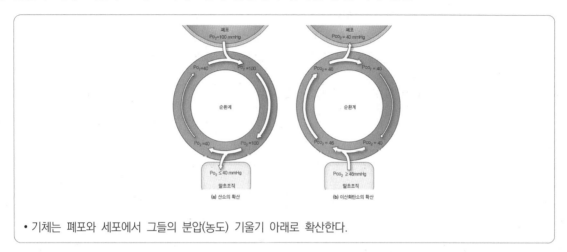

- 기체는 폐포와 세포에서 그들의 분압(농도) 기울기 아래로 확산한다.

ㄱ. 폐의 모세혈관 : 폐동맥을 통해 폐에 도달한 혈액은 폐포내 공기보다 낮은 P_{O_2}와 높은 P_{CO_2}를 지님. 따라서 혈액이 폐 모세혈관으로 들어가면 CO_2가 혈액에서 공기로 빠져나가고 동시에 공기 중의 O_2는 폐포내 상피를 덮고 있는 용액에 녹아들어 혈액으로 확산됨

ㄴ. 조직의 모세혈관 : 조직의 모세혈관에서는 분압의 기울기가 O_2는 혈액 밖으로 CO_2는 혈액 안으로 확산되도록 형성되어 있음. 이러한 기울기는 세포 내 미토콘드리아가 세포 사이액의 O_2를 제거하고 CO_2는 첨가하기 때문에 형성된 것임

(2) 혈액 내 기체운반

ㄱ. 산소 운반 : 적혈구의 헤모글로빈에 산소가 결합하여 운반

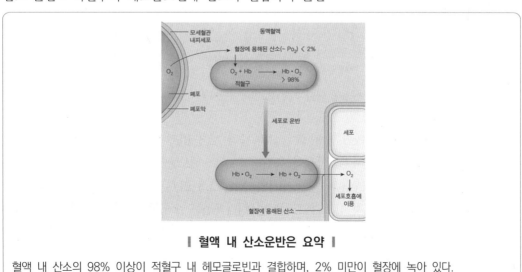

｜ 혈액 내 산소운반은 요약 ｜

혈액 내 산소의 98% 이상이 적혈구 내 헤모글로빈과 결합하며, 2% 미만이 혈장에 녹아 있다.

ⓐ 혈액 속에서의 산소의 운송 양상 : 총 혈액 산소함량은 200ml/L인데, 혈장에 녹은 상태는 3ml/L이며, Hb와 결합한 상태는 197ml/L임

ⓑ 헤모글로빈에 결합하는 산소량에 영향을 미치는 요인 : 혈장의 산소 분압이 높을수록 Hb에 결합하는 산소량이 많으며, 혈액 내 Hb 분자수가 많을수록 동일한 산소분압 상태에서 혈액에 존재하는 산소량이 많음

ⓒ 온도, pH, 대사산물 등의 존재가 산소의 헤모글로빈 결합에 대해 미치는 영향 : pH의 변화로 초래되는 헤모글로빈 포화곡선의 이동을 보어효과라고 함. 헤모글로빈의 산소결합 반응식이 $Hb + 4O_2 \underset{②}{\overset{①}{\rightleftarrows}} Hb(O_2)_4$ 라면

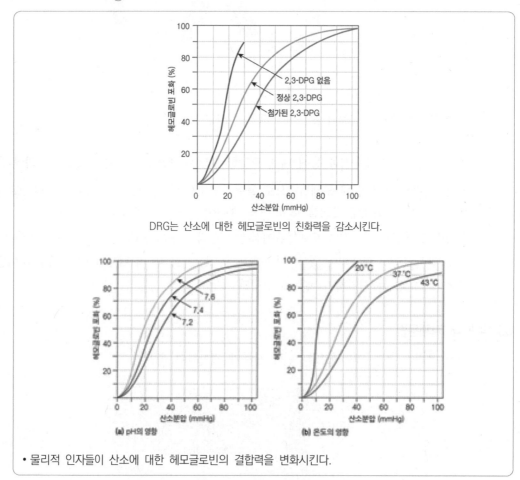

DRG는 산소에 대한 헤모글로빈의 친화력을 감소시킨다.

• 물리적 인자들이 산소에 대한 헤모글로빈의 결합력을 변화시킨다.

1. 온도의 감소, P_{CO_2}의 감소, pH의 증가, 2,3-BPG 감소 등의 조건에서 산소에 대한 Hb 친화력이 높아져 ① 반응이 촉진되고 산소-헤모글로빈 해리곡선을 왼쪽으로 이동함

2. 온도의 증가, P_{CO_2}의 증가, pH의 감소, 2,3-BPG 증가 등의 조건에서 산소에 대한 Hb 친화력이 떨어져 산소-헤모글로빈 해리곡선을 오른쪽으로 이동시킴

ⓓ 태아의 헤모글로빈과 모체의 헤모글로빈 : 태아의 헤모글로빈이 모체의 헤모글로빈보다 산소 친화력이 높음

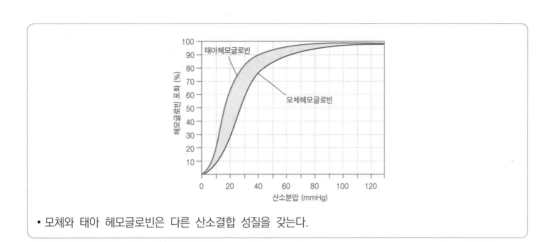

• 모체와 태아 헤모글로빈은 다른 산소결합 성질을 갖는다.

ㄴ. 이산화탄소 운반

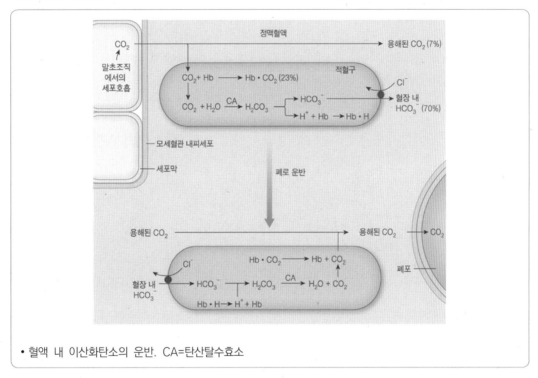

• 혈액 내 이산화탄소의 운반. CA=탄산탈수효소

ⓐ 이산화탄소 제거의 중요성 : 이산화탄소분압의 과도한 증가는 산증(acidosis)으로 알려진 pH의 교란을 야기함

ⓑ 혈액에서의 이산화탄소 운송방식

1. HCO_3^- 상태로 혈장을 통해 운반(70%)

2. $HbCO_2$ 상태로 적혈구를 통해 운반(23%)

3. CO_2 형태로 혈장을 통해 운반(7%)

ⓒ CO_2가 HCO_3^-로 전환됨으로써 유리한 점

1. CO_2가 세포로부터 폐로 운반될 수 있는 주된 수단을 제공함

2. HCO_3^- 는 대사산(metabolic acid)에 대한 완충제로 작용하여 신체의 pH를 안정화시킴

74 포유동물의 순환계 및 호흡계와 관련된 설명으로 옳은 것만을 〈보기〉에서 있는 대로 고른 것은?

보기

ㄱ. 헤모글로빈은 효율적 산소운반을 돕는다.

ㄴ. 폐순환고리(pulmonary circuit)의 경우 동맥보다 정맥의 혈액이 산소포화도가 더 높다.

ㄷ. 동맥, 정맥, 모세혈관 중 모세혈관에서 혈압이 가장 낮다.

① ㄱ   ② ㄴ   ③ ㄷ   ④ ㄱ, ㄴ   ⑤ ㄱ, ㄴ, ㄷ

정답 및 해설

74 정답 | ④

ㄱ. 산소는 물에 대한 용해도가 낮아서, 척추동물에서는 산소와 결합할 수 있는 특수 혈색소인 헤모글로빈을 사용하여 산소 운반 효율을 높인다. 그리하여서 헤모글로빈을 통해서 폐포에서 산소를 유입시켜서 조직세포에 산소를 전달하는 것이다.

ㄴ. 폐순환 고리는 심장에서 폐동맥을 통해 저산소 정맥혈액을 폐로 펌프하여, 혈액이 산소를 충전하고 이산화탄소를 배출한 후 산소 포화도가 높은 고산소 혈액이 되어 폐정맥을 타고 심장으로 돌아오는 과정이다. 체순환보다는 경로가 짧아서 우심실의 수축력은 좌심실에 비해 약하다

ㄷ. 혈압은 심장에서 멀어질수록 낮아지는데 좌심실에서 멀어질수록 혈압은 떨어지게 된다
다시말하면 혈압의 크기는 동맥 〉 모세혈관 〉 정맥 순이다. 모세혈관은 체조직과 물질 교환을 하는 부위이므로, 그에 적합하게 혈관 총 단면적이 가장 넓고, 혈류 속도는 가장 느리다.

75 호흡과 관련된 설명으로 옳은 것만을 〈보기〉에서 있는 대로 고른 것은?

> **보기**
> ㄱ. 흡기동안 횡격막이 이완한다.
> ㄴ. 산소와 이산화탄소의 교환은 각 기체의 분압차에 따른 확산에 의해 일어난다.
> ㄷ. 세포호흡은 조직세포에서 유기물을 산화시켜 에너지를 얻는 과정으로, 세포 내 미토콘드리아에서 일어난다.
> ㄹ. 폐포에서 기체교환을 마치고 빠져나온 혈액은 심장의 우심방으로 간다.

① ㄱ, ㄴ   ② ㄴ, ㄷ   ③ ㄷ, ㄹ   ④ ㄱ, ㄴ, ㄷ   ⑤ ㄴ, ㄷ, ㄹ

76 헤모글로빈의 특성에 대한 설명으로 옳은 것만을 〈보기〉에서 있는 대로 고른 것은?

> **보기**
> ㄱ. 산소 분압이 증가하면 산소해리도가 감소한다.
> ㄴ. 산소가 순차적으로 결합할수록 다음 산소에 대한 친화력은 점차 감소한다.
> ㄷ. 혈액의 pH가 증가하면 산소해리도가 증가한다.

① ㄱ   ② ㄴ   ③ ㄷ   ④ ㄱ, ㄴ   ⑤ ㄱ, ㄷ

정답 및 해설

75 정답 | ②

ㄱ. 호흡은 기본적으로 수동적 호흡과정에 해당한다.
　　흡기시 연수의 활성으로 인해 횡격막과 외늑간근 수축이 일어나 흉강이 부피가 확장된다.
ㄹ. 폐순환을 통해서 폐를 거치면서 기체 교환을 마치고 폐로부터 빠져나온 혈액은 좌심방으로 유입된다.

76 정답 | ①

ㄱ. 산소가 헤모글로빈의 소단위에 결합할수록 나머지 소단위의 산소 친화도는 증가한다(협동성).
ㄴ. 혈액의 pH가 낮아질 때 헤모글로빈의 산소 친화도가 낮아지며 해리도가 증가하여 주변세포에 O_2기체 공급량이 증가한다(보어 효과).

편입생물 비밀병기

생물 1타강사 노용관

단권화 바이블 ✛ 필수기출과 해설편

한권으로 끝내는 메디컬(의치한약수) 편입 나만의 祕密兵器

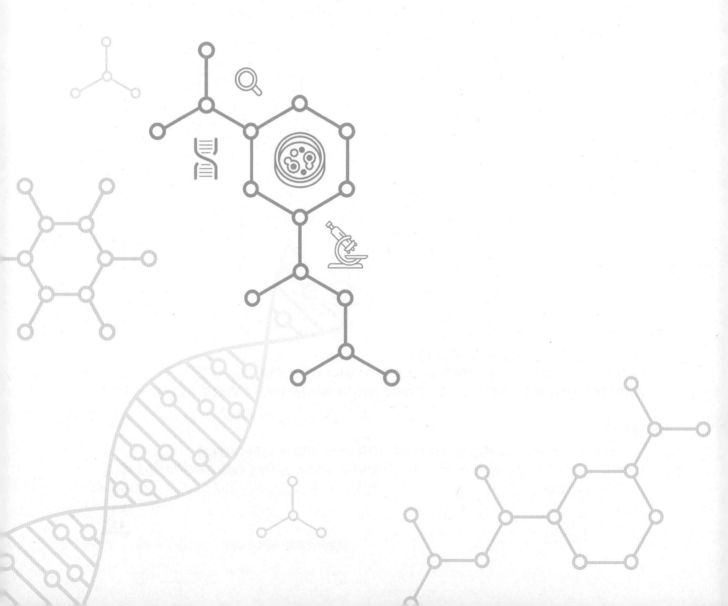

24

배설

24 배설(elimination)

1 질소 노폐물

(1) 영양소 대사에 따른 질소 노폐물의 생성

구분	탄수화물	지방	단백질	핵산	비고
구성 원소	C, H, O		C, H, O, N		단백질, 핵산이 질소를 포함함
노폐물	CO_2, H_2O		CO_2, H_2O, NH_3		암모니아는 간에서 요소로 전환
배설 형태	CO_2 → 폐(호기) H_2O → 폐, 오줌, 땀		CO_2 → 폐(호기) H_2O → 폐, 오줌, 땀 요소 → 오줌, 땀		

(2) 질소 노폐물의 종류

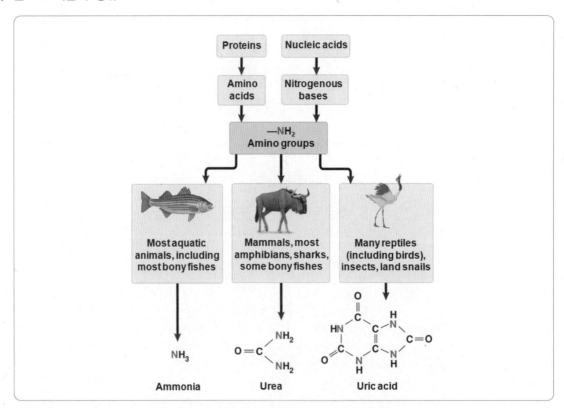

질소 노폐물	특징	해당 동물
암모니아	수용성, 독성이 강함	수중 무척추동물, 경골어류
요소	수용성, 독성이 약함	양서류, 포유류
요산	불용성, 독성이 약함	곤충류, 파충류, 조류

ㄱ. 암모니아(ammonia) : 영양단계에서 흡수된 아미노산이 세포호흡 단계에 이용되기 위해서 먼저 아미노기가 암모니아의 형태로 제거되는데 암모니아는 체액의 pH를 상승시키고 이온 농도를 상승시키는 독성이 강한 물질임. 동물들은 암모니아의 농도가 매우 낮아야만 견딜 수 있기 때문에 암모니아의 형태로 배설하는 동물은 많은 양의 물을 필요로 함. 이런 이유 때문에 암모니아 형태의 배설은 주로 수생생물들에게서 관찰됨

ㄴ. 요소(urea) : 육상동물과 많은 종류의 해수동물은 암모니아를 배설하는 대신에 요소를 배설하는 방향으로 진화하게 됨. 요소는 암모니아에 비해 독성이 훨씬 덜하며, 높은 농도 상태로 수송하거나 저장할 수 있고, 암모니아보다 농축된 형태로 배설 가능하기 때문에 수분 손실량이 적다는 장점이 있음. 요소 생성에 에너지를 소모해야 한다는 단점도 있음

ㄷ. 요산(uric acid) : 독성이 덜하고, 물에 잘 녹지 않아 반고체의 상태로 물의 손실이 거의 없이 배설 가능하나, 요소를 생성할 때보다 더 많은 에너지를 소모해야 한다는 단점이 있음. 또한 인간의 경우, 퓨린기를 분해하면서 생성된 요산이 관절에 침적되어 통풍(gout)을 유발하는 것으로 알려져 있음

2 배설계의 구조

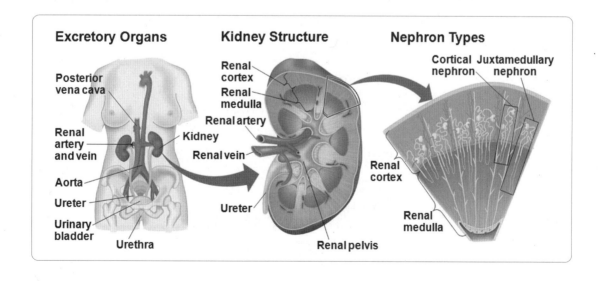

(1) 포유류의 경우 한 쌍의 신장을 지니며, 사람의 신장 하나의 길이는 약 10cm 정도로 신동맥을 통해 혈액이 들어오고, 신정맥으로 혈액이 빠져나감. 심장에서 나오는 혈액의 25% 정도를 공급받음. 각 신장에서 형성된 오줌은 신우(renal pelvis)에 잠시 저장된 후, 수뇨관(ureter)을 통해 신장 밖으로 흘러 나와 방광(urinary bladder)으로 모이며, 이후 배뇨 시 오줌은 방광에서 요도(urethra)를 따라 배출됨

(2) 신장은 피질(renal cortex ; 사구체, 보먼주머니, 세뇨관 분포)과 수질(renal medulla ; 세뇨관, 집합관 분포)로 구성됨

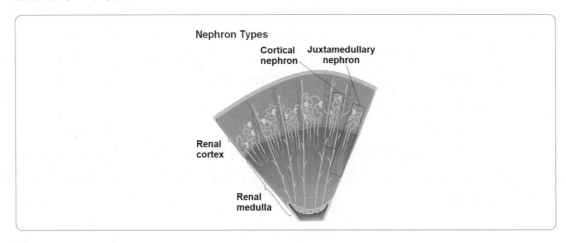

(3) 네프론의 구조

인간의 신장에 있는 네프론 중 85% 정도는 피질 네프론(cortical nephron)으로 헨레고리(loop of Henle)가 짧아서 거의 피질에만 머무르며 나머지 15%가 수질곁네프론(juxtamedullary nephron)으로 신장의 수질 깊숙이 잘 발달된 헨레고리를 가지고 있음. 수질곁네프론이 수분의 보존에 매우 중요한 고농도의 오줌 형성을 가능케 함

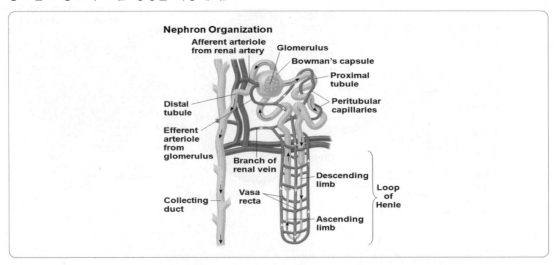

ㄱ. 사구체(glomerulus ; 혈장의 여과에 관여하는 모세혈관 덩어리), 보먼주머니(Bowman's capsule ; 사구체를 둘러싸고 있는 컵 모양의 구조), 세뇨관(renal tubule ; 단층의 상피세포가 가느다란 관을 형성하며 근위세뇨관-헨레고리의 하행지-헨레고리의 상행지-원위세뇨관 순으로 배열)으로 구성되어 있음. 척추동물 중에서 포유류와 조류만이 헨레고리를 지님

ㄴ. 각 네프론은 신동맥에서 나온 수입세동맥을 통해 혈액을 공급받고, 이것은 사구체 모세혈관으로 분지되며 다시 모여 수출세동맥을 형성함. 이는 다시 모세혈관으로 분지되면서 세관을 둘러싸고 있는 세뇨관 주위 모세혈관(peritubular capillary)을 형성함. 세 번째 모세혈관은 아래쪽으로 뻗어 수질곁네프론의 헨레고리를 따라 머리핀 구조의 직행혈관(vasa recta)을 형성함

ㄷ. 직행혈관 내 혈액의 흐름은 이웃한 헨레고리의 여과액이 흐르는 방향과 반대, 직행혈관과 헨레고리는 역류교환계처럼 작용하여 신장의 효율을 증가시킴

3 네프론을 통한 소변 형성 과정

(1) 여과(filtration)

압력 차이에 의한 사구체에서 보먼주머니로의 혈장 부피유동

ㄱ. 여과액 성분 : H_2O, $NaCl$, HCO_3^-, H^+, 요소, 포도당, 아미노산, 비타민 등의 작은 분자로 혈구나 단백질과 같은 커다란 분자에 대해서는 투과성이 없음

ㄴ. 혈액이 사구체 모세혈관을 지나가면서 20% 여과되며 여과는 비선택적으로 일어나기 때문에 투과 물질의 농도는 혈장에서의 농도와 같음

ㄷ. 여과액의 이동경로 : 사구체 → 보먼주머니 → 근위세뇨관 → 헨레고리 → 집합관 → 신우 → 수뇨관 → 방광 → 요도 → 몸 밖

ㄹ. 여과압 = 사구체와 보먼주머니의 유체정압의 차이(55mmHg - 15mmHg) - 사구체의 교질삼투압(30mmHg) = 10mmHg

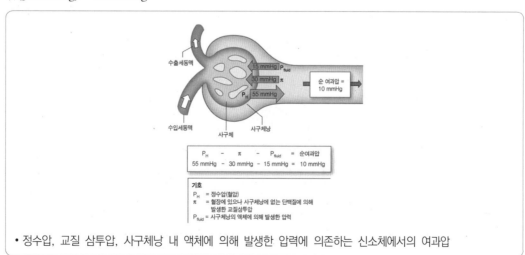

• 정수압, 교질 삼투압, 사구체낭 내 액체에 의해 발생한 압력에 의존하는 신소체에서의 여과압

ㅁ. 사구체 여과율(GFR) : 좌우 양쪽 신장의 모든 네프론에서 1분 동안 여과된 사구체 여과액 총량 (ml/min)

ⓐ 사구체 여과율은 여자의 경우 1분동안 115mL이고 남자의 경우 1분 동안 125mL임.

ⓑ 혈압과 신혈류량의 사구체 여과율에 대한 영향

1. 혈압의 영향 : 혈압은 사구체 여과를 촉진하는 유체정압을 제공하는데 혈압이 상승하면 사구체 여과율이 증가하고 혈압이 내려가면 사구체 여과율도 내려가야 하는데 GFR은 평균 동맥 혈압이 80~180mmHg를 유지하는 한 거의 일정하게 유지됨. 하지만 평균 동맥압이 상승하면 80~180mmHg이라고 하더라도 조금씩 높아진다고 생각해야 함

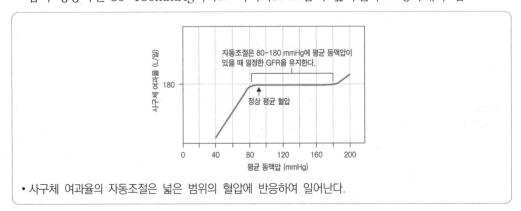

• 사구체 여과율의 자동조절은 넓은 범위의 혈압에 반응하여 일어난다.

2. 신혈류량의 영향 : 사구체 여과율의 조절은 주로 신세동맥을 통한 혈류 조절에 따라 이루어짐. 신세동맥의 저항이 증가하면 신혈류량이 감소하고 혈액은 다른 기관으로 전용됨. 그러나 증가된 저항의 사구체 여과율에 대한 효과는 그 저항 변화가 시작되는 장소에 달렸음. 수입세동맥의 수축은 저항을 증가시키고 신혈류, 모세혈관압, GFR을 감소시키나 수출세동맥의 증가된 저항은 신혈류를 감소시키나 모세혈관압과 GFR을 증가시킴

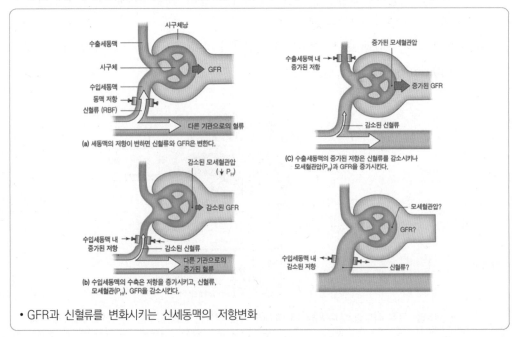

• GFR과 신혈류를 변화시키는 신세동맥의 저항변화

ⓒ 사구체 여과율의 측정

1. 물질의 청소율(clearance) : 한 물질의 1분간 소변으로 완전 배설된 혈장량

$$청소율 = \frac{해당물질의소변배설률(mg/min)}{해당물질의혈장내농도(mg/ml혈장)}$$

2. 어떤 물질이 재흡수도 안되고 재분비도 안된다면 GFR은 물질청소율과 동일함

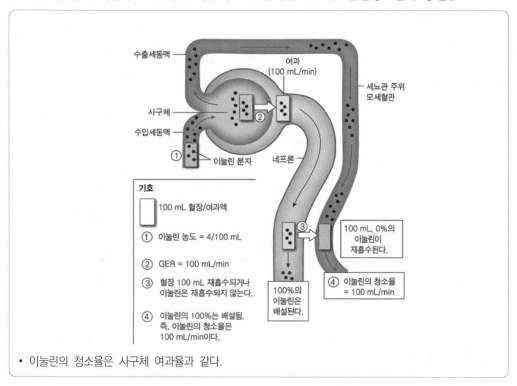

• 이눌린의 청소율은 사구체 여과율과 같다.

ⓓ 사구체에서 자유롭게 여과되는 물질 X에 대한 신장에서의 용질 처리

[신장에서의 용질의 처리]

사구체에서 자유롭게 여과되는 물질 X의 경우	X의 신처리는
여과율이 배설률보다 크다면	물질 X의 순 재흡수가 있다.
배설률이 여과율보다 크다면	물질의 순 분비가 있다.
여과율과 배설률이 같다면	순 분비나 순 흡수가 없다.
물질 X의 청소율이 이눌린 제거보다 작다면	물질 X의 순 재흡수가 있다.
물질 X의 청소율이 이눌린 제거와 같다면	물질 X는 재흡수되거나 분비되지 않는다.
물질 X의 청소율이 이눌린 제거보다 크다면	물질 X의 순 분비가 있다.

(2) 재흡수와 분비

세뇨관으로부터 빠져나가는 것은 재흡수, 세뇨관으로 진입하는 것은 분비라고 함

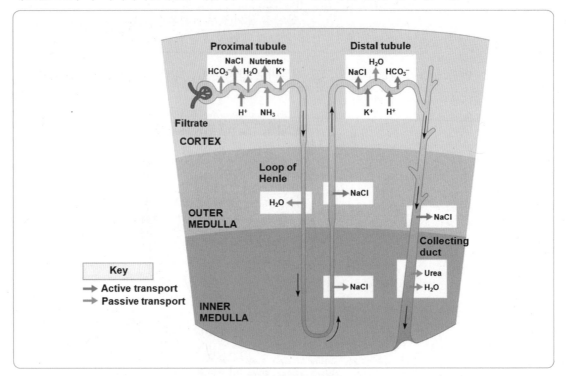

ㄱ. 근위세뇨관(proximal tubule) : 근위세뇨관에서의 재흡수는 엄청난 양의 여과액으로부터 이온, 물, 그리고 영양소들을 다시 잡아들이는데 매우 중요한 역할을 수행

ⓐ 재흡수 물질의 종류와 수송방식 : NaCl(능동수송), 물(삼투), 영양소(능동수송), K^+(수동수송), HCO_3^-(수동수송)

1. Na^+의 능동수송 : Na^+의 능동수송은 신장에서 일어나는 대부분의 재흡수과정에 필요한 원동력으로 작용함. 근위세뇨관으로 들어온 여과액은 세포 내보다 높은 Na^+농도를 가지는 혈장과 이온 조성에서 유사함. 따라서 여과액 내의 Na^+은 전기화학적 농도 기울기를 따라 열린 통로를 통해 근위세뇨관 세포 내로 이동함. 세뇨관 상피세포의 정단막을 통해 일어나는 Na^+의 수송과정에는 여러 가지 다양한 동반 수송과 역수송 단백질 및 통로 단백질이 관여함. 근위세뇨관에서 Na^+-H^+ 교환수송체는 Na^+의 재흡수에 가장 중요한 역할을 수행함. 일단 세뇨관 상피세포로 흡수된 후 Na^+은 기저막에 존재하는 Na^+-K^+ ATPase에 의해 세포외액으로 능동수송됨

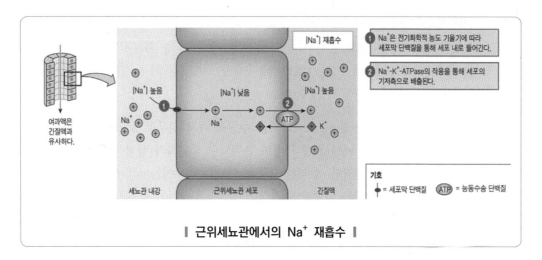

▌ 근위세뇨관에서의 Na⁺ 재흡수 ▌

2. Na⁺의 공동수송 : 네프론에서 Na⁺과 연관된 2차 능동수송은 포도당, 아미노산, 이온 그리고 여러 대사산물을 포함하는 많은 물질들의 재흡수와 관련되어 있음. 정단부에서는 Na⁺의 전기화학적 기울기를 따라 세포 내로 Na⁺이 이동하는 에너지를 이용하여 포도당을 그것의 농도 기울기에 역행하여 세포질 내부로 운반하는 Na⁺-포도당 공동운반체를 지니고 있음. 세포의 기저부에서는 포도당이 촉진확산 운반체의 작용을 통해 세포 외로 확산되어 나가는 반면에 Na⁺은 Na⁺-K⁺ ATPase에 의해 방출됨

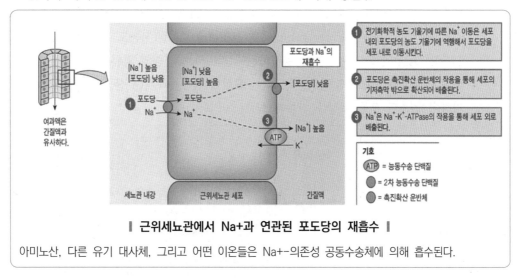

▌ 근위세뇨관에서 Na+과 연관된 포도당의 재흡수 ▌

아미노산, 다른 유기 대사체, 그리고 어떤 이온들은 Na+-의존성 공동수송체에 의해 흡수된다.

ㄴ. 헨레고리의 하행지(descending limb) : 아쿠아포린이라는 단백질을 통해 물의 재흡수가 원활하나 기타 물질에 대한 투과성은 거의 없음. 세포사이액이 여과액보다 삼투농도가 높으므로 물이 빠져나가게 되는데, 이 조건은 하행지 전 지역에 걸쳐 유지됨. 왜냐하면 신장의 피질에서 안쪽 수질로 들어갈수록 세포사이액의 삼투농도가 높아지기 때문임

ㄷ. 헨레고리의 상행지(ascending limb) : NaCl이 얇은 상행지 부위에서 수동적으로 재흡수되고 굵은 상행지 부위에서는 능동적으로 재흡수됨에 반해 물에 대한 투과성은 없기 때문에 상행지를 따라 올라갈수록 삼투농도는 낮아지게 됨

ㄹ. 원위세뇨관(distal tubule) : 체액의 K^+와 NaCl 농도를 결정하는데 중요한 역할을 수행함. 이러한 조절은 여과액으로 분비되는 K^+의 양과 재흡수되는 NaCl의 양적 변화에 기인함

    ⓐ 재흡수 : NaCl(능동수송), HCO_3^-(능동수송), H_2O(삼투)

    ⓑ 분비 : K^+(능동수송), H^+(능동수송)

ㅁ. 집합관(collecting duct) : 여과액을 수질을 거쳐 신우로 보내는 역할을 수행함. 수분을 보존하려 할 때에는 아쿠아포린 형성이 촉진되어 물분자가 상피층을 통과하도록 하고, 염과 요소는 통과시키지 않지만, 희석된 오줌을 만드는 경우에는 삼투현상에 의한 물의 재흡수 없이 염류만 재흡수하게됨. 집합관의 신장의 삼투농도 기울기를 따라 지나가면서 여과액은 점점 농축되고 높은 농도의 세포사이액에 의해 많은 양의 수분이 재흡수됨. 수질의 안쪽 부위는 요소에 대한 투과성이 있고 이 지점에서의 요소 농도는 매우 높기 때문에 요소의 재흡수가 발생하게 됨

(3) 염류 농도기울기와 수분 보존

ㄱ. 사람의 혈액은 약 300mOsM의 삼투농도이지만 신장에서는 4배 이상 농도가 높은 오줌을 배출할 수 있음. 포유류의 신장이 고농도의 오줌을 형성할 수 있는 능력은 삼투농도에 역행하여 용질을 수송하는데 많은 양의 에너지를 소모하기 때문에 가능. 이 높은 삼투압을 만드는 두 가지 요소는 헨레고리를 통해 수질부위에 농축된 NaCl과 집합관 말단에서 재흡수된 요소임

ㄴ. 역류증폭계(countercurrent multiplier system) : 피질(저농도 ; 300mOsM)과 수질(고농도 ; 1200mOsM)의 농도 기울기를 형성하는데 관여하는 일종의 역류교환 체계로서 농도 기울기 형성에 에너지를 소모하게 됨. 헨레고리를 포함한 역류증폭계는 신장의 안쪽에 높은 염 농도를 유지하여 농축된 오줌 형성을 가능케 함

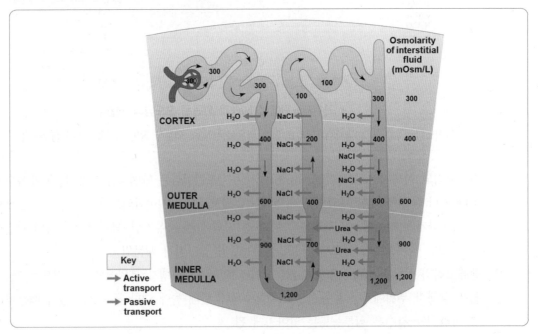

ⓐ 헨레고리의 하행지(물에 대해서는 투과성 있으나 무기염류에 대해서는 투과성 없음) : 세뇨관으로부터 삼투에 의해 물이 재흡수되며, 세뇨관 내 삼투용질 농도가 높아짐

ⓑ 헨레고리의 상행지(물에 대해서는 투과성 없으나, 무기염류에 대해서는 투과성 있음) : 세뇨관으로부터 NaCl이 얇은 상행지에서는 수동수송, 굵은 상행지에서는 능동수송을 통해 재흡수되어 원위세뇨관에 도달하게 되면 저삼투성 용액이 됨. 특히 굵은 상행지에서의 NaCl의 능동수송이 없이는 체내 어디에서도 이와 같은 농도 구배를 유지할 수 없음. 역류교환의 혜택에도 불구하고 신장은 이 과정에서 많은 양의 ATP를 소모하게 됨

ⓒ 집합관(물에 대해서는 투과성, 염에 대해서는 불투과성) : 집합관으로부터 물이 재흡수 되면서 무기염류, 요소 등의 용질이 농축되고, 농축된 요소의 일부(약 50%)가 집합관 말단 부위를 통해 재흡수되어 수질 안쪽의 높은 삼투 농도를 유지하는데 기여하게 됨

4 신역치와 당뇨

(1) 신역치(renal plasma threshold)

소변 속에 배설되는 어느 한 물질의 최소 혈장 농도

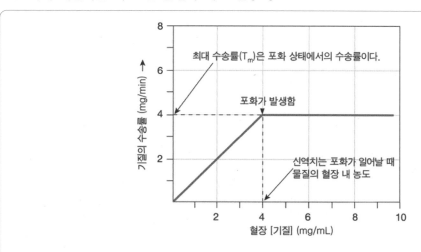

| 매개수송의 포화현상 |

물질의 수송률은 수송단백질이 포화될 때까지 물질의 혈장 내 농도에 비례한다. 일단 포화가 일어나면 수송률은 수송 최대치에 이르게 된다. 수송 최대치에 도달한 물질의 혈장내 농도를 신역이라고 한다.

(2) 포도당에 대한 신역치 : 100ml당 300mg

ㄱ. 혈장 포도당의 농도가 신역치보다 낮으면 소변 속에서 포도당이 검출되지 않음

ㄴ. 혈장 포도당의 농도가 신역치보다 높으면 소변 속에서 포도당이 검출됨

(3) 당뇨(glucosuria)

재흡수되는 양보다 더 많은 포도당이 세뇨관을 통과할 때 소변 속에 포도당이 나타나는 현상

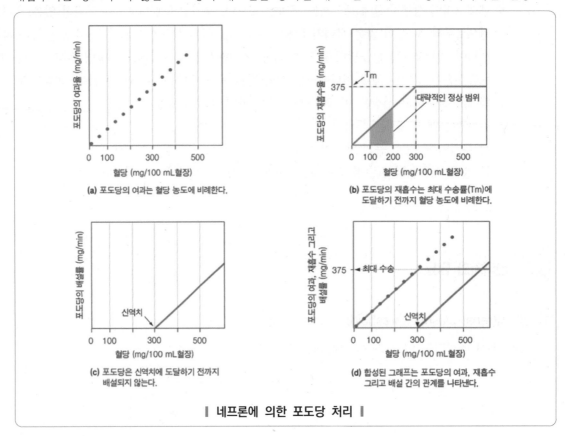

(a) 포도당의 여과는 혈당 농도에 비례한다.

(b) 포도당의 재흡수는 최대 수송률(Tm)에 도달하기 전까지 혈당 농도에 비례한다.

(c) 포도당은 신역치에 도달하기 전까지 배설되지 않는다.

(d) 합성된 그래프는 포도당의 여과, 재흡수 그리고 배설 간의 관계를 나타낸다.

‖ 네프론에 의한 포도당 처리 ‖

---

5 호르몬에 의한 네프론 기능 조절

(1) ADH(antidiuretic hormone ; 바소프레신)에 의한 수분 재흡수 조절

ㄱ. ADH 분비에 영향을 미치는 인자 : 바소프레신이라고도 하는 이 호르몬은 삼투몰농도와 혈압 변화에 자극되어 뇌하수체 후엽으로부터의 분비가 조절되어 수분 재흡수를 촉진함

  ⓐ 삼투몰농도 변화에 의한 바소프레신의 분비량 조절 : 바소프레신 분비를 위한 주요 삼투수용기는 시상하부에서 발견되는데 삼투몰농도가 역치농도인 280mOsM 이하일 때는 삼투수용기가 자극되지 않고 바소프레신이 분비되지 않으나 삼투몰농도가 280mOsM를 넘어서면 삼투수용기가 자극되고 바소프레신이 분비됨

  ⓑ 혈압과 혈액량 변화에 의한 바소프레신의 분비량 조절 : 혈압과 혈액량의 변화는 바소프레신 분비에 있어 다소 약한 자극임. 부피 조절을 위한 주요 수용기는 심방에 있는 신전 민감성 수용기이며 혈압은 심혈관 반응이 시작하는 경동맥체와 대동맥체에 존재하는 신전 민감성

압력수용기에 의해 측정됨. 혈압과 혈액량이 떨어지면 시상하부에 신호를 보내 바소프레신을 분비시키고 수분을 보존함

ㄴ. 바소프레신의 작용 기작 : 바소프레신은 아쿠아포린이라는 단백질로 구성된 물분자 통로를 통해 물의 재흡수에 영향을 미침. 바소프레신이 수용체에 결합하면 집합관의 상피세포막 표면에 노출된 아쿠아포린의 양이 일시적으로 증가하게 되어 수분의 재흡수량이 증가함. 바소프레신의 합성을 막거나 수용체 유전자를 불활성화시키는 돌연변이, 또는 아쿠아포린 유전자 자체의 돌연변이는 정상적 아쿠아포린의 수가 증가하는 것을 억제할 것이고 결국 바소프레신에 의한 수분 균형 조절이 이루어질 수 없게 됨

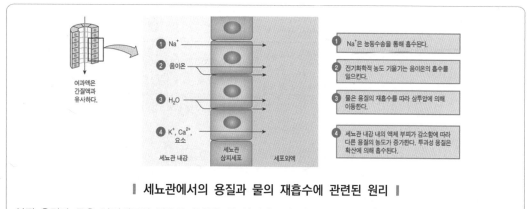

┃ 세뇨관에서의 용질과 물의 재흡수에 관련된 원리 ┃

어떤 용질과 물은 상피세포의 안으로 들어온 후 상피세포의 밖으로 이동한다(상피관통수송). 다른 용질은 상피세포 사이의 이음을 통해 수송된다(세포측면 관통수송). 세포막 수송체는 이 그림에 나타내지 않았다.

(2) 혈압 변화에 반응하는 호르몬 조절

ㄱ. 레닌-안지오텐신-알도스테론 경로 : 이 경로를 통해 혈압 증가 효과가 나타남

ⓐ 사구체 인접장치(juxtaglomerular apparatus ; JGA)가 수입세동맥의 혈압감소에 반응하여 레닌을 합성분비함

ⓑ 간에서 합성된 혈장의 안지오텐시노겐이 레닌에 의해 안지오텐신 I 으로 전환됨

ⓒ 안지오텐신 I 이 ACE(angiotensin converting enzyme)에 의해 안지오텐신 II로 전환됨

ⓓ 안지오텐신 II는 부신피질을 자극하여 알도스테론의 분비를 유도하고 시상하부를 자극하여 바소프레신의 분비 증가, 갈증 유발을 유도하며 연수의 심혈관계 조절중추를 자극하여 심혈관계 반응을 상승시키고 세동맥 수축을 야기하게 됨. 많은 종류의 고혈압 치료제는 ACE에 대한 특이적 억제제로써 안지오텐신 II 생성을 억제하여 혈압을 정상치로 낮춤

ⓔ 알도스테론의 작용 기작 : 알도스테론은 신장의 원위세뇨관과 집합관 일부를 자극하여 Na^+의 재흡수 증가를 유도함

77 그림은 신장의 네프론과 집합관을 나타낸 것이다. 이에 관한 설명으로 옳은 것은?

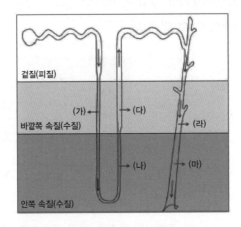

① (가)에서 아쿠아포린을 통해 H_2O가 흡수된다.
② 오줌 여과액의 농도는 (나)보다 (다)에서 더 높다.
③ (라)에서 NaCl이 확산에 의하여 재흡수된다.
④ 뇌하수체 전엽에서 분비되는 항이뇨호르몬(ADH)에 의해 (마)에서 H_2O의 재흡수가 촉진된다.
⑤ (가) ~ (마) 중에서 NaCl의 재흡수가 일어나지 않는 곳은 (가)와 (나)이고, 재흡수가 일어나는 곳은 (다) ~ (마)이다.

정답 및 해설

77 정답 | ①

신장에서 물의 재흡수는 헨리고리 하행지의 세포막의 물 통로인 아쿠아포린을 이용한 촉진 확산에 의해 주로 일어난다. 헨레 고리 상행지쪽은 밀착연접에 의해 피질 부위로 올라갈수록 NaCl 능동수송으로 재흡수 되면서 여과액의 삼투농도는 감소하므로 (나)쪽이 더 높다. 집합관에서 Na+의 재흡수는 능동 수송에 의해 이루어진다. ADH는 시상하부에서 생성된 후 뇌하수체 후엽에서 분비되어 집합관에서 아쿠아포린의 발현을 촉진하여 수분 재흡수를 증가시킨다. (가)에서 NaCl의 재흡수가 일어나지 않는 곳이다.

MEMO

생물 1타강사 **노용관**

단권화 바이블 +
필수기출과 해설편

한권으로 끝내는 메디컬(의치한약수) 편입 나만의 祕密兵器

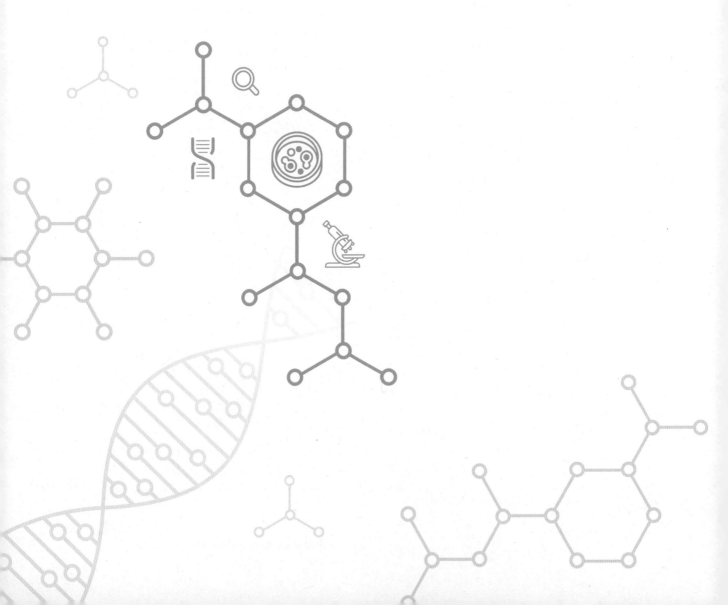

25

호르몬과 내분비계

25 호르몬과 내분비계

1 호르몬의 특성과 구분

(1) 호르몬의 일반적 특성

ㄱ. 내분비선분만 아니라 신경세포, 면역계 세포 등에 의해서 혈액으로 분비되어 표적세포에 작용함. 표적 세포는 호르몬에 대한 수용체가 존재하는 세포이며 호르몬은 표적세포의 수용체에 특이적으로 결합하여 반응을 일으킴

ㄴ. 호르몬의 작용은 꼭 종료되어야 함. 일반적으로 혈액 내의 호르몬은 간과 신장에 주로 존재하는 효소에 의해 활성이 없는 대사물질로 분해되어 담즙이나 오줌의 형태로 배설됨. 호르몬의 분해 속도는 그 혈액 내의 농도가 반으로 떨어지는데 걸리는 시간인 반감기(half-life)로 표시됨. 또한 표적세포 수용체에 결합한 호르몬은 여러 방법으로 그 활성을 상실함

ㄷ. 음성 피드백 조절(negative feedback regulation) : 최종적으로 나타난 반응이 처음의 자극 형성을 저해하는 방식의 조절

ⓐ 복잡한 회로에서 한 호르몬의 분비가 증가 또는 감소하면 호르몬을 연결하는 되먹임 고리 때문에 다른 호르몬의 분비도 변화함. 두세 개의 호르몬이 작용하는 회로에서 하위 호르몬은 일반적으로 자신의 분비를 조절하는 호르몬을 억제하도록 되먹임 작용을 수행함

ⓑ 만일 되먹임 고리에서 병리현상이 마지막의 내분비선에서 생기면 그것을 1차 병리현상이라고 하고 자극 호르몬을 생성하는 조직중 하나에서 기능 이상이 생기며 그것을 2차 병리현상이라 함. 예를 들어 부신 피질의 종양이 코르티솔을 과다생성하기 시작하면 그 결과는 1차 과다분비가 되는 것이고 머리의 외상으로 인해 뇌하수체가 손상을 입어 ACTH분비가 감소한다면 그것은 2차 분비저하라고 함

ㄹ. 호르몬간의 상호작용 : 많은 경우에 세포와 조직은 동시에 존재하는 다수의 호르몬에 의해 조절을 받는데 이러한 면에서 호르몬 간의 상호작용은 상당히 중요한 의미를 지님

ⓐ 협동 작용(synergism) : 종종 같은 표적에 작용하는 두 호르몬은 그 결과가 산술적인 더하기보다 더 클 수 있는데 이러한 형태의 상호작용을 협동작용이라고 함. 예를 들어 혈당량을 상승시키는데 관여하는 호르몬인 에피네프린이 100mL혈액 당 혈당을 5mg 올리고 글루카곤이 10mg 올리는 경우에 동일한 양의 두 호르몬이 동시에 작용하면 협동작용으로 인하여 100mL 혈액 당 22mg의 혈당량을 증가시키게 됨

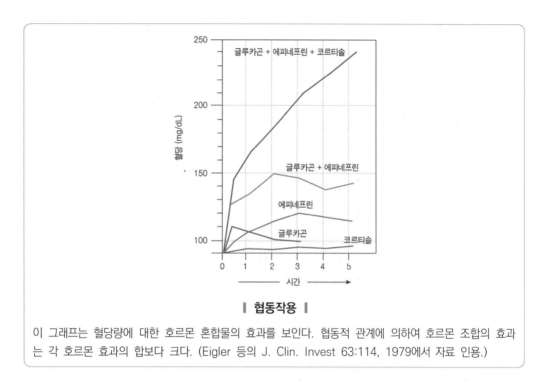

∥ 협동작용 ∥

이 그래프는 혈당량에 대한 호르몬 혼합물의 효과를 보인다. 협동적 관계에 의하여 호르몬 조합의 효과는 각 호르몬 효과의 합보다 크다. (Eigler 등의 J. Clin. Invest 63:114, 1979에서 자료 인용.)

ⓑ 길항 작용(antagonism) : 서로 다른 호르몬이 상대방의 효과를 서로 상쇄하는 작용임. 길항 작용이 있는 호르몬은 동일한 수용체에 대해 경쟁하거나 또는 다른 대사회로를 통해 길항작용을 수행하기도 하고 어떤 경우에는 한 호르몬이 길항작용을 하는 호르몬의 수용체 수를 감소시키기도 함

ㅁ. 동일 호르몬이더라도 수용체의 종류에 따라 서로 다른 효과가 발생 가능함

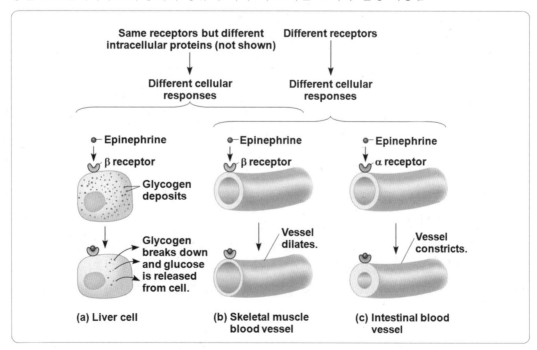

ⓐ 간세포 : 에피네프린이 β 수용체에 결합하여 단백질 인산화효소 A(protein kinase A ; PKA)를 활성화시켜 글리코겐의 분해를 촉진함

ⓑ 골격근 혈관 : 에피네프린이 β 수용체에 결합하여 PKA를 활성화시켜 평활근 수축을 저해하여 골격근 혈관으로의 혈류량을 증가시킴

ⓒ 장 혈관 : 에피네프린이 α 수용체에 결합하여 세포내 신호전달을 통해 장 혈관의 평활근을 수축시켜 장으로의 혈류량을 감소시킴

(2) 호르몬의 구분

펩티드 호르몬, 스테로이드 호르몬, 카테콜아민, 갑상선호르몬 등으로 구분함

[펩티드, 스테로이드, 아민호르몬의 비교]

구분	펩티드호르몬	스테로이드호르몬	아민 카테콜아민	아민 갑상샘호르몬
합성, 저장	미리 만들어져서 분비소포에 저장됨	전구체로부터 필요 시 합성	미리 만들어져서 분비소포에 저장됨	미리 만들어져서 전구체가 분비소포에 저장됨
모세포에서의 방출	세포의 유출	단순확산	세포외 유출	단순확산
혈액에서의 운반	혈장에 용해	수용체에 결합	혈장에 용해	수용체에 결합
반감기	짧다	길다	짧다	길다
수용체 위치	세포막	세포질 또는 핵, 몇몇은 세포막 수용체를 가지기도 한다.	세포막	핵
수용체에 결합한 후의 반응	2차 전령계의 활성화, 유전자 활성화 가능	전사, 번역 단계에서 유전자 활성화, 유전자 발현과 관련 없는 반응도 유도 가능	2차 전령계의 활성화	전사, 번역 단계에서 유전자 활성화
일반적인 표적현상	기존 단백질의 수정과 새 단백질 합성 유도	새 단백질 합성 유도	기존 단백질의 수정	새 단백질 합성 유도
예	인슐린, 부갑상샘호르몬	에스트로겐, 안드로겐, 코르티솔	에피네프린, 노르에피네프린	티록신(T_4)

ㄱ. 펩티드 호르몬 : 펩티드/단백질 호르몬의 크기는 단지 3개의 아미노산인 작은 펩티드부터 큰 단백질까지 다양함

ⓐ 리보솜에서 합성된 프레프로호르몬(preprohormone : 신호펩티드와 다른 펩티드 서열로 구성된 호르몬 단백질)이 소포체에서 신호서열이 잘려나가 프로호르몬(prohormone)이 되고 프로호르몬은 골지체에서 다른 불활성 펩티드가 잘려나가 활성 호르몬으로 전환됨

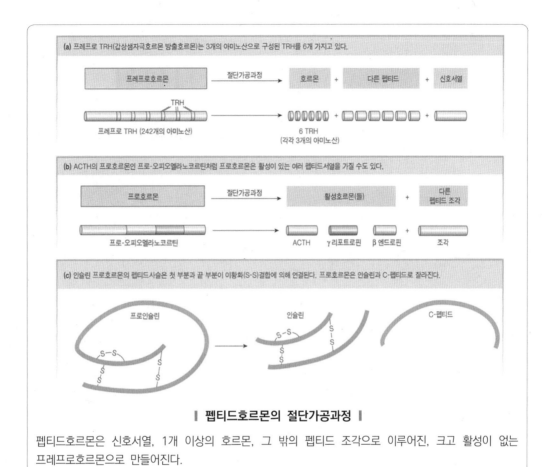

펩티드호르몬의 절단가공과정

펩티드호르몬은 신호서열, 1개 이상의 호르몬, 그 밖의 펩티드 조각으로 이루어진, 크고 활성이 없는 프레프로호르몬으로 만들어진다.

ⓑ 펩티드 호르몬은 친수성이어서 일반적으로 세포외액에서 손쉽게 용해되어 몸 전반으로 운반됨. 펩티드 호르몬의 반감기는 일반적으로 수분 이내로 매우 짧음. 펩티드 호르몬에 대한 반응이 일정 기간 유지되려면 호르몬은 계속 분비되어야 함

ⓒ 펩티드 호르몬은 친수성으로써 표적세포내로 진입할 수 없음. 대신에 이들은 세포 표면의 수용체에 결합하여 2차 전령계를 통해 신호전달을 수행함. 2차 전령계는 기존의 단백질을 변화시키므로 펩티드 호르몬에 대한 세포의 반응은 일반적으로 빠름. 펩티드 호르몬에 의해 시작된 변화에는 세포막 채널의 개폐와 효소나 운반단백질의 조절 등이 포함됨

ㄴ. 스테로이드 호르몬 : 모든 스테로이드 호르몬은 콜레스테롤에서 합성되기 때문에 화학구조가 유사하며 몸 전체 조직에서 만들어진 펩티드 호르몬과는 달리 스테로이드 호르몬은 몇 개의 기관(부신피질, 성생식선)에서만 합성됨

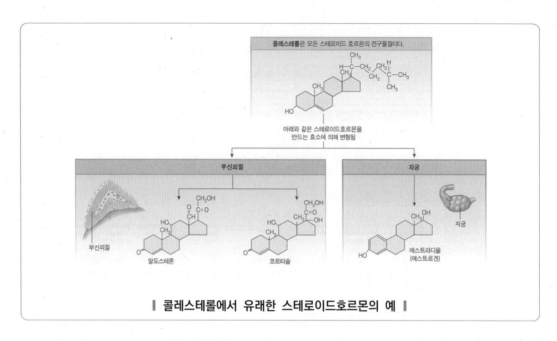

┃ 콜레스테롤에서 유래한 스테로이드호르몬의 예 ┃

ⓐ 스테로이드 호르몬을 분비하는 세포는 스테로이드를 합성하는 세포소기관인 활면소포체가 비정상적으로 많음. 스테로이드 호르몬은 소수성이기 때문에 막을 쉽게 통과하여 모세포에서 나와 표적세포로 확산되어 들어감. 이러한 성질은 스테로이드 호르몬을 합성하는 세포가 이들을 분비소포에 저장할 수 없다는 것을 뜻함. 대신에 세포는 호르몬이 필요할 때마다 합성됨

ⓑ 스테로이드 호르몬은 혈장이나 다른 체액에는 잘 녹지 않음. 그러므로 혈액 내 대부분의 스테로이드 호르몬 분자는 운반 단백질과 결합함.

ⓒ 세포내로 진입한 스테로이드는 세포질이나 핵 내에 존재하는 수용체와 결합하여 핵 내부에 존재하는 유전자의 발현을 촉진하거나 억제하는 이른바 유전자 발현조절을 위한 전사인자로 작용하게 됨

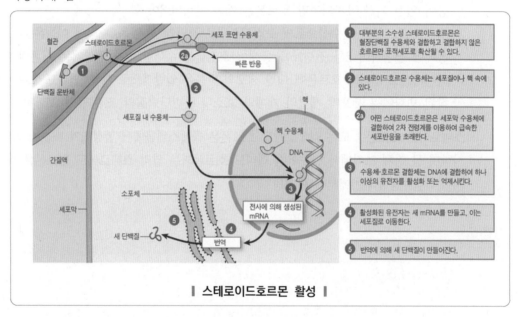

┃ 스테로이드호르몬 활성 ┃

ㄷ. 아민호르몬 : 아민호르몬은 트립토판이나 티로신으로부터 만들어지는 호르몬임
    ⓐ 멜라토닌(melatonin) : 트립토판으로부터 합성되며 세포내 수용체에 결합하여 작용하게 됨
    ⓑ 카테콜아민(catecholamin) : 에피네프린, 노르에피네프린, 도파민 등이 속해 있으며 한 분자의 티로신으로 구성되어 있으며 전형적인 펩티드 호르몬처럼 세포막 수용체에 결합하여 신호를 전달함
    ⓒ 갑상선 호르몬 : 두 분자의 티로신과 요오드로 구성되어 있는데 세포 내 수용체와 결합하여 유전자를 활성화시키는 스테로이드호르몬처럼 행동함

2 사람의 내분비계

(1) 사람의 주요 내분비선과 호르몬 개관

Major Human Endocrine Glands and Some of Their Hormones				
Gland	Hormone	Chemical Class	Representative Actions	Regulated By
Hypothalamus	Hormones released from the posterior pituitary and hormones that regulate the anterior pituitary (see below)			
Posterior pituitary gland (releases neurohormones made in hypothalamus)	Oxytocin	Peptide	Stimulates contraction of uterus and mammary gland cells	Nervous system
	Antidiuretic hormone (ADH)	Peptide	Promotes retention of water by kidneys	Water/salt balance
Anterior pituitary gland	Growth hormone (GH)	Protein	Stimulates growth (especially bones) and metabolic functions	Hypothalamic hormones
	Prolactin	Protein	Stimulates milk production and secretion	Hypothalamic hormones
	Follicle-stimulating hormone (FSH)	Glycoprotein	Stimulates production of ova and sperm	Hypothalamic hormones
	Luteinizing hormone (LH)	Glycoprotein	Stimulates ovaries and testes	Hypothalamic hormones
	Thyroid-stimulating hormone (TSH)	Glycoprotein	Stimulates thyroid gland	Hypothalamic hormones
	Adrenocorticotropic hormone (ACTH)	Peptide	Stimulates adrenal cortex to secrete glucocorticoids	Hypothalamic hormones
Thyroid gland	Triiodothyronine (T_3) and thyroxine (T_4)	Amines	Stimulate and maintain metabolic processes	TSH
	Calcitonin	Peptide	Lowers blood calcium level	Calcium in blood
Parathyroid glands	Parathyroid hormone (PTH)	Peptide	Raises blood calcium level	Calcium in blood
Pancreas	Insulin	Protein	Lowers blood glucose level	Glucose in blood
	Glucagon	Protein	Raises blood glucose level	Glucose in blood
Adrenal glands Adrenal medulla	Epinephrine and norepinephrine	Amines	Raise blood glucose level; increase metabolic activities; constrict certain blood vessels	Nervous system
Adrenal cortex	Glucocorticoids	Steroids	Raise blood glucose level	ACTH
	Mineralocorticoids	Steroids	Promote reabsorption of Na^+ and excretion of K^+ in kidneys	K^+ in blood; angiotensin II
Gonads Testes	Androgens	Steroids	Support sperm formation; promote development and maintenance of male secondary sex characteristics	FSH and LH
Ovaries	Estrogens	Steroids	Stimulate uterine lining growth; promote development and maintenance of female secondary sex characteristics	FSH and LH
	Progestins	Steroids	Promote uterine lining growth	FSH and LH
Pineal gland	Melatonin	Amine	Involved in biological rhythms	Light/dark cycles

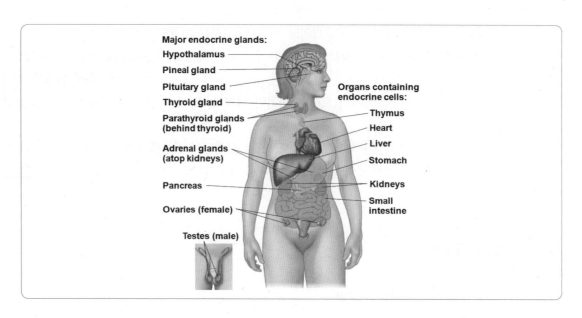

(2) 시상하부(hypothalamus)

간뇌의 일부를 차지하고 있고 내분비계 최고 조절 중추로서 내분비계와 신경계를 통합하는 데 중요한 역할을 수행함

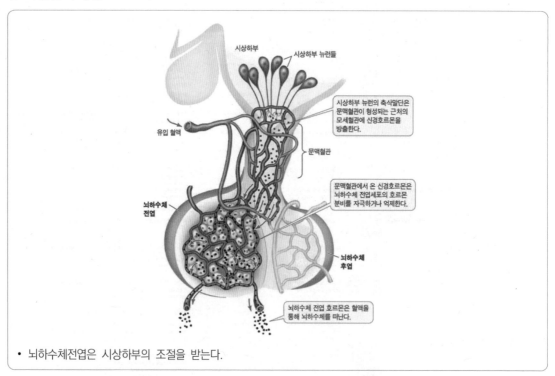

• 뇌하수체전엽은 시상하부의 조절을 받는다.

ㄱ. 방출호르몬(releasing hormone ; RH), 방출억제호르몬(releasing inhibitory hormone ; RIH) 분비. 방출호르몬은 뇌하수체 호르몬 분비를 촉진시키나, 방출억제호르몬은 뇌하수체 호르몬 분비를 억제시킴

ㄴ. 직접 표적기관에 작용하는 호르몬을 생성하며 뇌하수체 후엽을 통해 분비함

(3) 뇌하수체(pituitary)
시상하부 아래쪽에 위치한 호르몬 분비기관으로서 두 개의 분비선인 전엽과 후엽으로 구분됨

ㄱ. 뇌하수체 전엽(anterior pituitary ; 분비성 상피조직) : 자극 호르몬 또는 비자극 호르몬 분비
    ⓐ 자극 호르몬 : 다른 내분비선을 자극하여 호르몬 분비를 유도함
        1. 부신피질 자극 호르몬(adrenal cortex tropic hormone ; ACTH) : 부신피질을 자극하여 당질코르티코이드 분비를 유도함
        2. 갑상선 자극 호르몬(thyroid stimulating hormone ; TSH) : 갑상선을 자극 하여 티록신, 트리요오드티로닌 분비를 유도함
        3. 생식선 자극 호르몬(gonadotropin ; FSH, LH) : 생식선을 자극하여 성호르몬 분비를 유도함

    ⓑ 성장 호르몬(growth hormone ; GH) : 자극 호르몬과 비자극 호르몬으로 모두 기능을 수행함

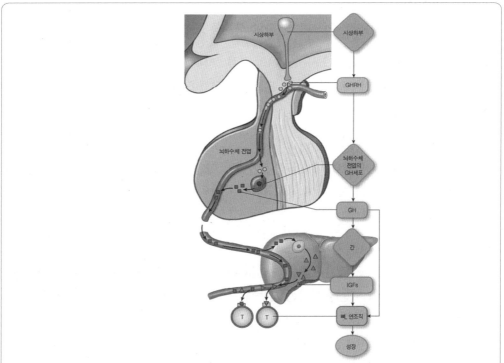

• 성장호르몬은 복잡한 내분비 경로의 예이다. 성장 호르몬은 몸의 많은 조직에 직접적으로 작용할 뿐 아니라 성장을 조절하는 또 다른 호르몬인 인슐린유사 성장인자[Insulin-like growth factor, IGF 또는 소마토메딘(somatomedin)]가 간에서 합성되는 것에 영향을 미친다.

1. 자극호르몬으로 기능 시, 간을 자극하여 인슐린 유사 성장인자(insulin- like growth factor ; IGF)를 분비하게 함. IGF는 뇌하수체 전엽과 시상하부에 작용하여 성장호르몬 분비에 음성되먹임 효과를 보임. IGF는 성장호르몬과 작용하여 뼈와 연조직의 성장을 자극함

2. 비자극호르몬으로 기능 시, IGF와 같이 조직 성장에 필수적인 단백질의 동화작용을 촉진하며 뼈의 성장을 촉진함. 또한 GH는 간의 포도당을 방출시키고 지방을 분해하여 혈장의 지방산과 포도당 농도를 증가시키는데 관여함

3. 과다분비의 경우, 유년기의 과다분비는 거인증을 유발하고 성인시의 과다분비는 말단비대증을 유발하고 과소분비의 경우 난쟁이증을 유발함

ㄴ. 뇌하수체 후엽(posterior pituitary ; 뇌신경조직) : 시상하부의 신경분비세포에서 합성된 신경호르몬을 분비함

    ⓐ 옥시토신(oxytocin) : 분만시 자궁수축을 유발하며 수유기간에는 젖샘 수축을 유발하여 젖분비를 촉진함

    ⓑ 바소프레신(vasopressin) : 신장의 집합관에서의 수분 재흡수를 촉진하여 삼투농도 및 혈압조절 기능을 수행함

(4) 갑상선(thyroid)

두 개의 엽으로 구성되어 있으며, 기관의 복부쪽 표면에 위치함

ㄱ. 갑상선 호르몬(thyroid hormone)의 종류 : 티록신(T_4)과 트리요오드티로닌(T_3) 형태로 분비됨. 주로 T_4 형태로 분비되나, T_3가 T_4보다 수용체에 대한 친화력이 높기 때문에 표적세포에서 대부분의 T_4를 T_3로 전환시킴

ㄴ. 갑상선 호르몬의 기능

    ⓐ 산소 소비율과 세포 대사율을 증가시켜 혈압, 심박수, 근력, 소화, 생식기능 유지에 관여함

    ⓑ 조골세포의 정상적 기능을 촉진하며, 배아의 뇌 발생 과정에 관여하고 성장호르몬의 완전한 발현에 필요함

ㄷ. 갑상선 호르몬 관련 증세

    ⓐ 갑상선 기능 항진증(hyperthyroidism) : 산소소비와 대사에 의한 열 발생을 증가시킴. 몸에서 열이 나기 때문에 환자는 따뜻하고 땀이 나며 더위를 참지 못함. 과다한 갑상선호르몬은 단백질 이화작용을 촉진시켜 근육 악화를 초래하여 체중감소를 초래함

      예 그레이브병(Grave's disease) : 눈 뒤 액체가 축적되어 돌출됨. 이것은 TSH 수용체에 대한 자가 항체에 의해 갑상선이 계속 활성화되기 때문

    ⓑ 갑상선 기능 저하증(hypothyroidism) : 갑상선 호르몬의 분비 감소는 대사율과 산소 소비를 감소시키는데 환자는 몸의 열 발생량이 줄어 추위에 민감하게 됨. 단백질 합성이 감소되는데 이 현상은 성인에서 잘 부러지는 손톱, 가느다란 머리카락, 건조하고 얇은 피부를 초래함. 갑상선기능저하증의 아이는 같은 연령의 정상아이에 비해 뼈와 조직의 성장이 늦고 키가 작음

      예 크레틴 병(Cretinism) : 골격성장 지연, 정신박약 증세를 보이는 갑상선 기능 저하증의 일종

ⓒ 갑상선종(goiter) : 갑상선종 발생의 가장 흔한 원인은 요오드 결핍임. 요오드가 결핍된 식사를 함으로써 T_3, T_4 합성분비량이 떨어져 TRH, TSH에 대한 정상적 음성 피드백 조절이 되지 않아 갑상선이 계속 자극되어 갑상선이 비대해지는 것임

ㄹ. 칼시토닌(calcitonin)의 기능 : 조골세포를 자극하고, 파골세포의 기능을 억제하며, 신장에서의 Ca^{2+} 배출 증가를 유도하여 혈중 Ca^{2+} 농도를 감소시킴. 칼시토닌은 파골세포가 과다활동하고 뼈흡수에 의해 약해지는 유전병인 파제트병(Paget's disease) 환자를 치료할 때 사용됨. 칼시토닌은 이들 환자의 비정상적인 뼈 손실을 회복시키는데 이 때문에 과학자들은 모체와 아이의 칼슘 양을 공급해야 하는 임신과 수유기의 여성과 전체 뼈 축적이 필요한 성장기의 아동에게서 이 호르몬이 중요할 것이라고 추정함

(5) 부갑상선(parathyroid)

갑상선 뒤쪽의 4개의 작은 구조물로 부갑상선 호르몬(parathyroid hormone : PTH)을 분비하여 혈중 칼슘 농도조절에 관여함. PTH는 신장, 소장에 작용하여 혈장의 Ca^{2+} 농도를 증가시킴. 혈장의 칼슘 증가는 음성되먹임으로 작용하여 PTH 분비를 멈추게 함

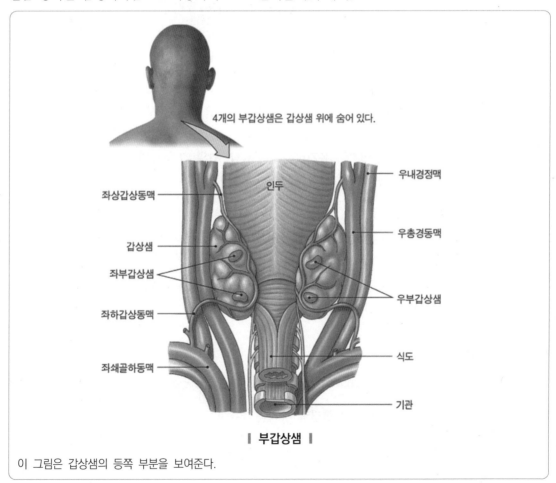

4개의 부갑상샘은 갑상샘 위에 숨어 있다.

인두

좌상갑상동맥   우내경정맥

갑상샘   우총경동맥

좌부갑상샘

좌하갑상동맥   우부갑상샘

좌쇄골하동맥   식도

기관

┃ 부갑상샘 ┃

이 그림은 갑상샘의 등쪽 부분을 보여준다.

한권으로 끝내는 메디컬(의치한약수) 편입 나만의 秘密兵器

ㄱ. 부갑상선 호르몬의 기능

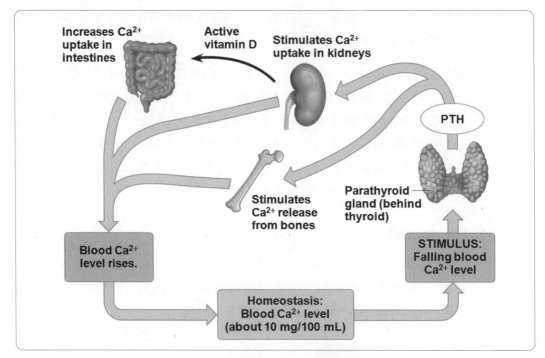

   ⓐ 파골 세포를 자극하여 뼈로부터 Ca^{2+} 방출을 촉진함

   ⓑ 신장에서 비타민 D 활성화에 관하여 소장에서의 Ca^{2+} 흡수를 간접적으로 촉진함

   ⓒ 신장의 원위세뇨관에서의 Ca^{2+} 재흡수를 촉진함. PTH는 동시에 인산의 재흡수를 줄임으로
     써 신장에서의 인산의 방출을 촉진함. PTH의 칼슘과 인에 대한 반대되는 효과는 그들의 합
     친 농도를 일정 수준 이하로 유지하는데 필요함. 만일 그 농도가 일정 수준을 넘어서면 인산
     칼슘 결정이 되어 침전물이 생김

ㄴ. 부갑상선 호르몬 관련 증세

   ⓐ 부갑상선 기능 항진증(hyperparathyroidism) : 뼈로부터 칼슘, 인이 용출되어 골절 가능성
     이 높아짐

   ⓑ 부갑상선 기능 저하증(hypoparathyroidism) : 혈액의 Ca^{2+} 농도가 낮아져 근육 강직성 경
     련인 테타니병(tetany)이 유발됨

(6) 이자(pancreas)

랑게르한스섬(islets of Langerhans)의 α, β 세포에서 혈당량을 조절하는 호르몬을 분비

ㄱ. α세포 : 글루카곤을 분비하여 혈당량 증가를 유발함

   ⓐ 글리코겐 포스포릴라아제를 활성화시키고 글리코겐 합성효소를 불활성화시켜 간에 저장된
     글리코겐의 실제적인 분해를 촉진시키며 이 두 효소의 효과는 cAMP에 의하여 일어나는 인
     산화의 결과임

ⓑ 간에서 해당과정에 의한 포도당의 분해를 억제하고 포도당 신생합성을 통한 포도당의 합성을 자극하는데 이것은 해당과정 효소인 PFK-1과 피루브산 키나아제를 억제하고 포도당신생합성과정 효소인 PEP 카르복시키나아제 활성을 촉진함으로써 이루어지는 것임

ⓒ 간에서 글리코겐 분해를 자극하고 해당과정을 억제하여 포도당의 이용을 저하시키며 포도당 신생합성을 항진시킴으로써 포도당을 간으로부터 혈액으로 내보내도록 함

ⓓ 지방조직에서 중성지방 리파아제(triacylglycerol lipase)와 페리리핀(perilipin)의 cAMP 의존성 인산화에 의하여 중성지방의 분해를 활성화시킴. 이 효소 작용으로 유리 지방산이 해리되어 간이나 그 밖의 조직으로 보내져 연료로 이용되는데 이것은 뇌에서 사용할 포도당을 절약하는 효과를 지님

ㄴ. β세포 : 인슐린 분비를 분비하여 혈당량 감소를 유발함

ⓐ 포도당이 근육과 지방 조직으로 들어가도록 자극하는데 세포내로 진입한 포도당은 포도당 6인산으로 전환됨

ⓑ 간에서 글리코겐 합성효소를 활성화시키고 글리코겐 포스포릴라아제를 불활성화시킴으로써 포도당 6인산이 글리코겐으로 합성되도록 함

ⓒ 간에서 해당과정을 통하여 포도당 6인산이 피루브산으로 산화되는 것과 피루브산이 아세틸-CoA로 산화되는 반응을 활성화시킴. 더 이상 에너지 생성을 위해 산화될 필요가 없는 아세틸-CoA는 간에서 지방산의 합성에 이용됨. 생성된 지방산은 혈장 지질단백질(VLDL)의 중성지방으로써 지방 조직으로 운반됨

ⓓ 지방세포를 자극해서 VLDL의 중성지방에서 분비된 지방산으로부터 다시 중성지방을 합성하도록 자극함

(7) 부신수질(adrenal medulla)

교감신경으로부터 자극을 받아 카테콜아민(catecholamine ; 에피네프린, 노르에피네프린)을 분비함. 카테콜아민의 주요 활성은 즉각적으로 사용할 수 있는 화학에너지량을 증가시키는 것임

ㄱ. 심박수를 높이고 혈압을 상승시켜 O_2와 연료가 조직으로 이동하는 속도를 증가시킴

ㄴ. 기도를 확장시켜 O_2가 체내로 유입되는 속도를 증가시킴

ㄷ. cAMP 의존 인산화에 의하여 글리코겐 포스포릴라아제를 활성화시키고 글리코겐 합성효소를 불활성화시켜 간에 저장된 글리코겐을 혈당으로 전환되도록 자극함

ㄹ. 골격근의 글리코겐을 젖산으로 전환시키는 발효를 항진시키고 당분해에 의한 ATP 생성을 촉진함

ㅁ. 지방 조직의 페리리핀과 중성지방 리파아제를 활성화시켜 지방 동원을 자극함

ㅂ. 글루카곤의 분비를 촉진시키고 인슐린 분비를 억제하여 연료 동원을 증가시키고 연료의 저장을 억제하는 효과를 지님

(8) 부신피질(adrenal cortex)

내분비 신호(ACTH, 안지오텐신 Ⅱ)에 반응하여 당질코르티코이드, 무기질코르티코이드를 분비하며 소량의 에스트로겐과 프로게스틴 등도 합성함

ㄱ. 당질코르티코이드(glucocorticoid ; 코르티솔) : 단백질과 같이 탄수화물이 아닌 에너지원으로부터 포도당신생합성을 촉진하여 더 많은 포도당이 에너지원으로 이용될 수 있게 함. 또한 많은 양의 당질코르티코이드는 면역계의 특정 구성요소를 저해함. 코르티솔은 생명을 유지하는데 반드시 필요한데 부신이 제거된 동물은 심각한 외부 스트레스에 노출되면 죽게 됨. 또한 코르티솔은 글루카곤과 에피네프린의 활성에 꼭 필요하기 때문에 코르티솔은 이 호르몬들에 대한 허용적 효과(permissive effect)를 보임

ⓐ 코르티솔의 기능

1. 간에서 포도당신생합성을 촉진함. 간에서 생성된 포도당 일부는 혈액으로 방출되거나 나머지는 글리코겐으로도 저장됨. 그러므로 코르티솔은 혈당을 증가시키게 되는 것임
2. 코르티솔은 골격근단백질을 분해하여 포도당신생합성의 기질을 제공하게 함
3. 지방분해를 촉진시켜 지방산이 주변조직의 에너지원으로 쓰일 수 있게 함. 지방분해로 생긴 글리세롤은 포도당신생합성에 이용될 수 있음
4. 다양한 경로를 통해 면역반응을 억제함

ⓑ 코르티솔의 과다증과 결핍증

1. 코르티솔 과다증 : 호르몬을 분비하는 종양이나 호르몬을 외부에서의 투여에 의해 발생하며 고농도로 일주일 이상 코르티솔을 투여하면 코르티솔 과다증에 걸릴 위험이 있는데 이를 쿠싱 증후군(Cushing's syndrome)이라고도 함. 코르티솔 과다증의 대부분의 증상은 호르몬의 정상 작용에서 예측할 수 있는데 과도한 포도당신생합성이 당뇨병과 비슷한 고혈당증을 초래함. 근육단백질과 지방 분해는 조직의 손실을 초래함. 역설적으로 과도한 코르티솔은 아마도 부분적으로는 식욕증가와 그로 인한 과식으로 인해 몸통과 얼굴에 여분의 지방을 축적함. 코르티솔과다증을 가진 환자의 전형적인 모습은 가느다란 사지와 뚱뚱한 몸통, 살찐 볼의 달덩이 같은 얼굴임.

ㄴ. 무기질코르티코이드(mineralocorticoid ; 알도스테론) : 혈압이 낮아질 때 신장의 원위세뇨관에서의 Na^+ 재흡수를 촉진하여 혈압을 정상화시키고, 무기염류와 수분의 균형을 유지하는 역할을 수행함

ㄷ. 스트레스와 부신 : 단기간 스트레스 시에는 부신 수질이 자극되어 에피네프린이 분비되고 장기간 스트레스 시에는 부신 피질이 자극되어 코르티솔과 알도스테론이 분비됨

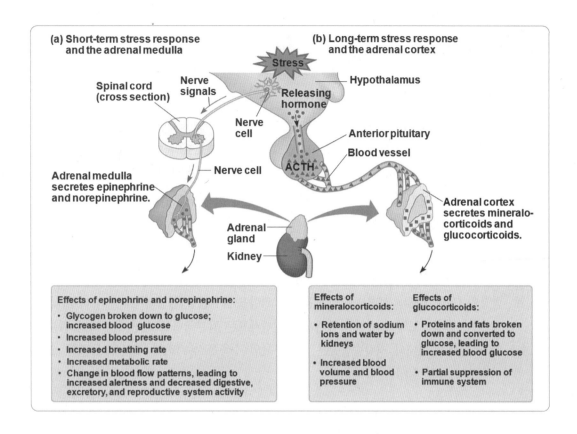

(9) 신장(kidney)

생체내의 삼투평형, 배설과 관련된 기관으로 호르몬 분비를 직접 수행하거나, vitD의 활성화에 관여함

ㄱ. 레닌(renin) : 사구체 인접장치(JGA)에서 합성되며, 혈장의 안지오텐신을 활성화함으로써 알도스테론 분비를 자극하여 혈압 유지에 기여함

ㄴ. vitD의 활성화가 수행되어 소장에서 Ca^{2+} 흡수를 촉진시킴

ㄷ. 에리트로포이에틴(erythropoietin) : 골수에서 적혈구 생성을 촉진함

3 칼슘의 균형

(1) Ca²⁺의 여러 가지 생리학적 기능

ㄱ. Ca^{2+}은 중요한 신호분자임. 몸속의 구획 사이로 Ca^{2+}의 움직임은 칼슘 이온의 신호를 형성함. 칼슘이 세포질 내로 이동하면 이는 시냅스소포나 분비소포의 세포외유출, 근육섬유의 수축, 효소나 운반체의 활성변화를 시작함. 세포질에서의 Ca^{2+}의 제거는 능동적 수송을 필요로 함

ㄴ. Ca^{2+}은 데스모솜에서 세포를 연접시키는 세포내 접착제의 일부임

ㄷ. Ca^{2+}은 혈액응고 연쇄반응의 보조인자임. Ca^{2+}이 응고반응에 필수적이라 하더라도 몸의 Ca^{2+}농도는 응고반응이 저해되는 농도 이하로는 절대 내려가지 않음. 그러나 혈액 표본에서의 Ca^{2+}제거는 시험관에서의 혈액응고를 막음

ㄹ. 혈장의 Ca^{2+}농도는 신경세포의 흥분도에 영향을 줌. 만일 혈장의 Ca^{2+}이 너무 낮으면 나트륨에 대한 신경세포의 투과성이 증가하고 신경세포는 탈분극하고 신경계는 과다 흥분하게 됨. 가장 극단적인 형태의 저칼슘혈증은 호흡근육의 수축을 유지하여 질식을 유발함. 고칼슘혈증은 반대로 근육의 활성을 억제함

(2) 혈액의 칼슘 농도 조절 : 칼슘 항상성은 무게 균형의 원칙을 따름

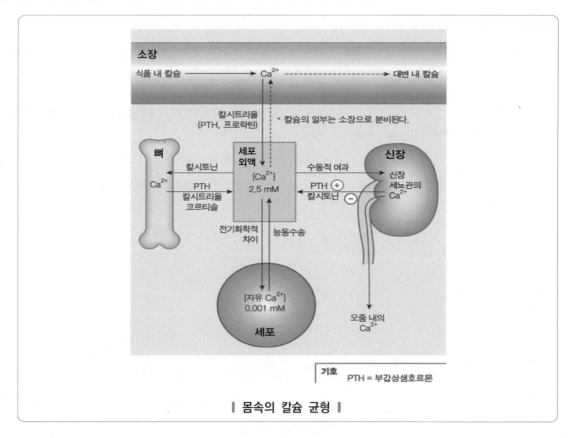

| 몸속의 칼슘 균형 |

ㄱ. 칼슘의 흡수와 방출 : 부갑상선 호르몬, 칼시트리올(vitD₃), 칼시토닌에 의해 칼슘의 흡수와 방출이 조절됨

    ⓐ 칼슘의 흡수 : Ca^{2+}은 소화된 Ca^{2+}량의 1/3만이 흡수되며 유기물질과는 달리 호르몬에 의해 조절됨

    ⓑ 칼슘의 방출 : Ca^{2+}손실은 주로 신장에서 일어나고 대변으로 소량이 분비됨. Ca^{2+}은 사구체에서 자유롭게 여과됨. Ca^{2+}은 신장 단위를 통해 재흡수되는데 호르몬 조절에 의한 재흡수는 원위세뇨관에서만 일어나고 정단의 Ca^{2+}채널과 기저측의 Na^+-Ca^{2+} 역수송체와 Ca^{2+} ATPase 수송체에 의해 이루어짐

ㄴ. 칼슘과 인산의 항상성 연관성 : 인산의 항상성은 Ca^{2+}의 항상성과 긴밀하게 연관됨. 인산은 소장에서 흡수되며 신장에서 여과, 흡수되어 뼈와 ECF, 세포소기관으로 이동함. vitD₃가 소장에서의 인산 흡수를 촉진함. 신장에서의 인산 방출은 인산 방출을 촉진하는 PTH와 인산 재흡수를 억제하는 vitD₃에 의해 결정됨

(3) 골다공증(osteoporosis)

뼈의 축적을 능가하는 뼈의 흡수에 의해 나타나는 대사장애임

ㄱ. 대부분의 뼈 흡수는 스펀지 형의 기둥 모양의 뼈, 특히 척추, 엉덩이, 손목 같은 곳에서 일어남

ㄴ. 골다공증은 에스트로겐 농도가 떨어지는 폐경기의 여성에게서 가장 많음. 골다공증은 유전적, 환경적 요인의 복잡한 병으로써 위험 요인으로는 작고 여윈 몸, 폐경기의 나이, 흡연, 식품에서의 낮은 Ca^{2+}섭취 등임

78 다음은 그레이브스병(Graves' disease)과 그레이브스병을 가진 여성 A에 대한 자료이다.

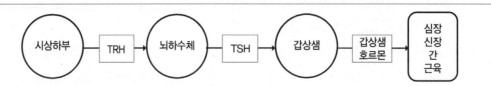

TRH : 갑상샘자극호르몬 방출호르몬
TSH : 갑상샘자극호르몬

- 그림은 갑상샘호르몬의 분비가 유도되는 과정을 나타낸 것이다.
- 그레이브스병은 수용체 작동제(receptor agonist)로 작용하는 항-TSH 수용체 항체를 생성하는 자가면역질환이며, A는 갑상샘 항진증을 갖고 있다.
- A가 출산한 B는 태어난 직후 항-TSH 수용체 항체를 가지고 있었고, 시간이 지난 후 B에서 더 이상 이 항체가 발견되지 않았다.

이에 관한 설명으로 옳은 것만을 〈보기〉에서 있는 대로 고른 것은?

┌─ 보기 ┐
ㄱ. A에서 갑상샘호르몬의 양이 증가해도 갑상샘으로부터 지속적으로 호르몬이 분비된다.
ㄴ. A에서 갑상샘호르몬은 뇌하수체 전엽에 작용하여 TSH의 분비를 촉진한다.
ㄷ. B가 가지고 있던 항-TSH 수용체 항체의 유형은 IgG이다.

① ㄱ   ② ㄴ   ③ ㄷ   ④ ㄱ, ㄴ   ⑤ ㄱ, ㄷ

─── 정답 및 해설 ───

78 정답 | ⑤

- A에서는 수용체의 작동제 수용체를 활성화시키는 리간드로 작용로 작용하는 TSH 수용체 특이적 항체가 생성되므로 높은 갑상선 호르몬 농도에 의한 음성 조절에 의해 TSH 분비가 감소되어 수용체가 항체에 의해 계속 활성화되므로 지속적으로 갑상샘 호르몬이 분비된다. 정상 상태에선 갑상샘 호르몬의 농도가 증가하면 시상하부와 뇌하수체 전엽에 작용하여 TRH와 TSH 분비를 감소시키는 음성 피드백 조절이 일어나 갑상샘 호르몬의 농도가 일정하게 유지된다. 그레이브씨병 에서도 이러한 음성 조절은 일어나 TRH와 TSH의 분비는 감소하지만, 항체에 의한 TSH 수용체의 자극으로 갑상샘 호르몬의 분비가 조절 없이 지속된다.
- TSH 수용체 항체는 출생 일정 시간이 흐른 후 사라진 것으로 보아, 임신 중 산모로부터 항체를 전달받은 IgG이다 (수동 면역 형성). 산모에서 태반을 통해 태아로 전달될 수 있는 항체 유형은 단량체로서 작용하는 가장 크기가 작은 IgG이다.

79 호르몬 수용체(receptor)에 관한 설명으로 옳지 않은 것은?

① 단백질 분자이다.
② 호르몬과 결합하면 세포 내에서 특정 화학 반응이 유도된다.
③ 어떤 호르몬 수용체는 세포질에 존재한다.
④ 호르몬의 크기와 형태를 인식하여 결합한다.
⑤ 세포막에서 호르몬을 세포 안으로 수송한다.

80 다음은 갑상선 호르몬의 분비 조절 과정을 나타낸 것이다.

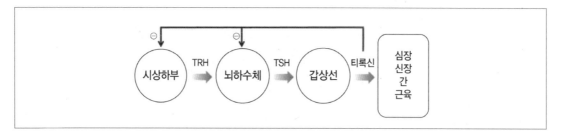

이에 관한 설명으로 옳은 것만을 〈보기〉에서 있는 대로 고른 것은?

> 보기
> ㄱ. 체온이 떨어지면 TRH 분비가 증가한다.
> ㄴ. 티록신의 과다 분비는 TSH 분비를 촉진한다.
> ㄷ. TSH 분비가 증가되면 물질대사가 활발해진다.
> ㄹ. 티록신이 과다 분비되면 갑상선 비대증이 생긴다.

① ㄱ, ㄷ　　② ㄱ, ㄹ　　③ ㄴ, ㄷ　　④ ㄴ, ㄹ　　⑤ ㄷ, ㄹ

정답 및 해설

79 정답 | ⑤

수용성 호르몬은 세포막 수용체에 특이적으로 결합된 후 직접 세포 내로 유입되지 않고 수용체를 활성화시켜 2차 신호 전달자의 내부 신호전달이 일어나도록 하며, 지용성 호르몬은 세포 내부로 확산되어 수용체와 복합체를 형성하면 핵 내에서 특정 유전자의 발현을 조절한다.

80 정답 | ①

체온이 떨어지면, TSH의 분비가 증가하여 티록신의 분비가 촉진되고, 티록신의 T4는 전신의 세포에 작용하여 물질대사를 촉진시켜 체온을 상승시킨다.
티록신의 과다분비로 농도가 증가하면 시상하부와 뇌하수체 전엽의 TRH, TSH 분비를 음성되먹임하여 감소시키므로 티록신의 농도가 점차 감소하게 된다.
갑상선 비대증은 요오드 결핍 등으로 티록신 농도가 감소될 때 TSH 분비가 증가하여 갑상선이 과도하게 자극받으면서 나타난다.

81 갑자기 독사를 보고 위험을 느끼게 되면, 호르몬이 분비되어 심장박동이 빨라지며 소화관에 있는 혈관들이 수축하고 근육으로 더 많은 혈액이 흐르게 되며 간에서 글리코겐이 빠르게 포도당으로 전환된다. 이 호르몬이 분비되는 곳은?

① 갑상선   ② 부갑상선

③ 부신수질   ④ 뇌하수체

⑤ 부신피질

82 인슐린과 관련된 설명으로 옳은 것만을 〈보기〉에서 있는 대로 고른 것은?

┌─── 보기 ───┐
ㄱ. 인슐린의 주요 표적세포는 이자에 있다.
ㄴ. 인슐린은 글루카곤과의 길항작용을 통해 혈당을 조절한다.
ㄷ. 인슐린 수용체에 기능 결손 돌연변이가 생기면 돌연변이 발생 이전보다 오줌의 양이 증가한다.
└──┘

① ㄱ   ② ㄱ, ㄴ, ㄷ   ③ ㄱ, ㄷ   ④ ㄴ   ⑤ ㄴ, ㄷ

정답 및 해설

81 정답 | ⑤

위험을 느끼게 되면 교감신경의 활성화에 의해 부신수질에서 에피네프린(아드레날린)의 분비가 촉진된다. 에피네프린은 격투-도주 반응이 유발되어 강한 활동을 할 수 있는 신체 상태를 만들어준다.

82 정답 | ⑤

인슐린의 주요 표적은 간(liver)세포이며, 간세포 내로 흡수된 포도당은 글리코겐 형태로 중합되어 저장된다. 췌장은 인슐린을 분비하는 장소이다. 인슐린 수용체에 기능 결손 돌연변이가 발생하면 혈당 조절이 이루어지지 않아 당뇨가 발생하고, 당뇨시 요의 삼투압이 증가하여 물이 함께 많이 배설되므로 오줌의 양이 증가한다.

MEMO

편입생물 비밀병기 비밀병기

생물 1타강사 노용관

단권화 바이블 ✚ 필수기출과 해설편

한권으로 끝내는 메디컬(의치한약수) 편입 나만의 祕密兵器

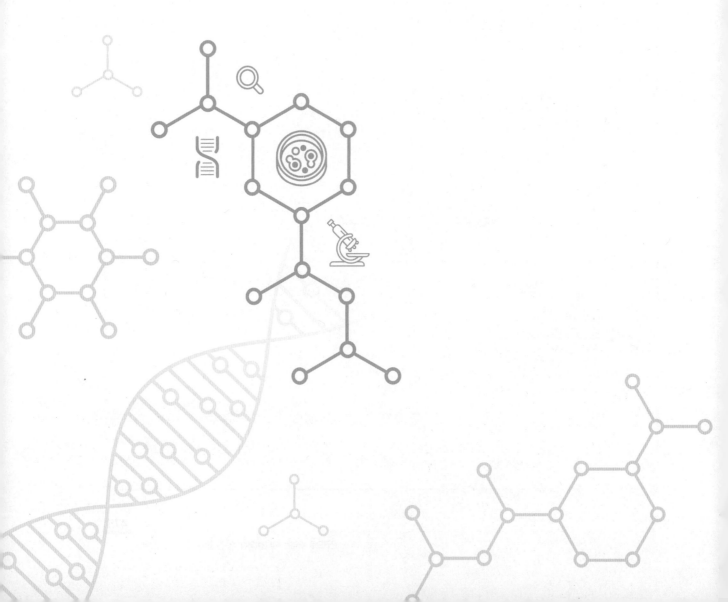

뉴런과
신경신호

26 뉴런과 신경신호

1 정보처리 서론

(1) 신경계 구성

ㄱ. 중추 신경계(central nervous system) : 정보를 통합하여 뇌, 척수로 구성

ㄴ. 말초 신경계(peripheral nervous system) : 중추신경계와 신체의 다른 부위를 연결하며 체성 신경계와 자율신경계(교감신경, 부교감신경)로 구성

(2) 신경세포의 구조와 기능

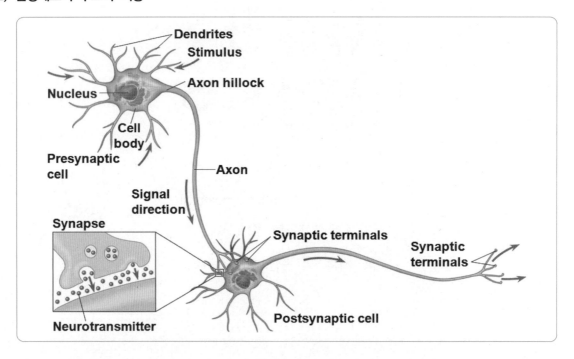

ㄱ. 신경세포체(cell body) : 핵, 리보솜, 소포체, 골지체, 미토콘드리아 등이 있고 물질대사가 활발함. 핵을 가진 세포체는 세포 생명 유지에 필수적인데 세포체로부터 분리된 부분은 더 이상 필요한 단백질을 만드는 세포소기관이 없으므로 천천히 퇴행되어 결국 죽게 됨

ㄴ. 수상돌기(dendrite) : 고도로 복잡한 가지상의 구조로서 다른 신경세포로부터 정보를 수용하는 구조물임. 수상돌기는 뉴런의 표면적을 증가시켜 많은 다른 뉴런들과의 상호작용을 가능하도록 함

ㄷ. 축삭(axon) : 효과가 세포와 다른 신경세포에 신호를 전달하도록 기다란 돌기로 되어 있음

ⓐ 축삭둔덕(axon hillock) : 축삭과 세포체가 연결되는 원추 모양 부위로 축삭을 따라서 전달
될 신호인 활동전위 발생하는 부분

ⓑ 축삭 말단(axon terminal) : 축삭의 곁가지가 융기 같은 부분으로 끝나게 되는데 이를 축삭
말단이라고 하며 축삭 말단에는 미토콘드리아가 있으며 또한 신경분비물질로 채워진 세포막
에 붙어 있는 소포들이 존재함. 축삭 말단이 그것의 표적세포와 만나는 부분을 시냅스라고
하며 시냅스에 신호를 전달하는 세포를 시냅스 전 세포라 하고 신호를 받는 부분을 시냅스
후 세포라고 함. 그리고 이 두 세포 간의 작은 공간을 시냅스 틈(synaptic cleft)이라 함

ⓒ 축삭의 세포질은 많은 종류의 섬유와 미세섬유로 가득 차 있으나 리보솜과 소포체는 가지고
있지 않아서 축삭 또는 축삭말단에 필요한 단백질은 세포체의 조면 소포체에서 합성되어야
함. 만들어진 단백질은 소포 안에 포장되어 축삭수송(axonal transport)으로 알려진 과정에
의해 축삭으로 운반됨

1. 느린 축삭수송(slow axonal transport) : 세포질의 흐름에 의해 세포체로부터 축삭말단
까지 물질을 운반되는 것을 가리키는데 운반속도가 느리기 때문에 느린 축삭수송은 효소
나 세포골격단백질처럼 세포에서 빨리 소모되지 않는 요소들을 운반하는데 주로 이용됨

2. 빠른 축삭수송(fast axonal transport) : 뉴런의 고정된 미세소관을 길로 삼아 미세소관
에 결합되어 있는 운동단백질의 도움으로 운반되는 것을 가리키는데 전방수송
(anterograde trasport)은 세포체로부터 축삭 말단까지 미토콘드리아, 분비소포들을 운
반하고 역행수송(retrograde transport)은 축삭말단으로부터 세포체까지 노후된 세포 구
성물을 재활용하기 위해 운반하게 됨

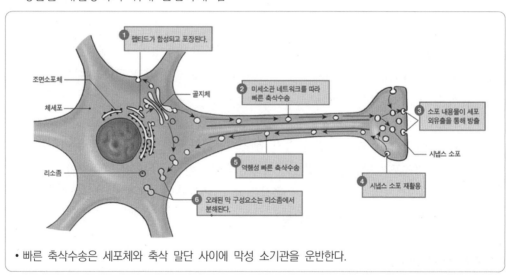

• 빠른 축삭수송은 세포체와 축삭 말단 사이에 막성 소기관을 운반한다.

한권으로 끝내는 메디컬(의치한약수) 편입 나만의 祕密兵器

(3) 정보의 전달과 신경세포의 종류

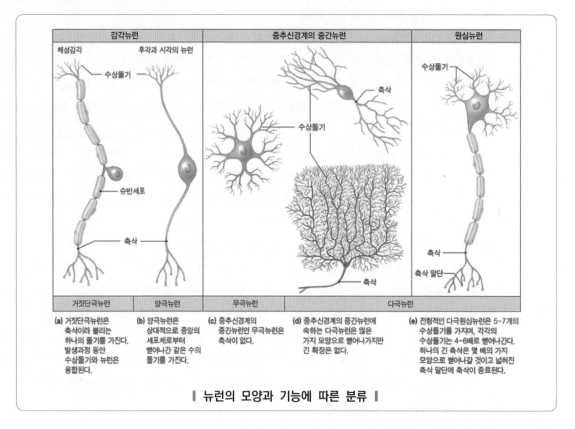

감각뉴런		중추신경계의 중간뉴런	원심뉴런

| 뉴런의 모양과 기능에 따른 분류 |

(a) 거짓단극뉴런은 축삭이라 불리는 하나의 돌기를 가진다. 발생과정 동안 수상돌기와 뉴런은 융합된다.

(b) 양극뉴런은 상대적으로 중앙의 세포체로부터 뻗어나간 같은 수의 돌기를 가진다.

(c) 중추신경계의 중간뉴런인 무극뉴런은 축삭이 없다.

(d) 중추신경계의 중간뉴런에 속하는 다극뉴런은 많은 가지 모양으로 뻗어나가지만 긴 확장은 없다.

(e) 전형적인 다극원심뉴런은 5~7개의 수상돌기를 가지며, 각각의 수상돌기는 4~6배로 뻗어나간다. 하나의 긴 축삭은 몇 배의 가지 모양으로 뻗어나갈 것이고 넓혀진 축삭 말단에 축삭이 종료된다.

ㄱ. 감각신경세포 : 감각수용기로부터 중추신경계로 온도, 압력 그리고 여러 다른 자극에 대한 정보를 보내는데 구심성 감각뉴런은 그들의 구조와 길이에 있어서 특징적인 형태를 보임. 예를 들어 말초감각뉴런은 중추신경계에서 가까운 곳에 세포체가 있고 팔다리 부분에 있는 감각수용기까지 이르는 긴 돌기를 지님

ㄴ. 연합신경세포 : 현재의 상황과 과거의 경험 등을 토대로 통합적으로 분석, 해석하며 그 형태는 다양하지만 종종 매우 복잡한 가지 형태의 돌기가 있으며 다른 많은 뉴런들과 시냅스를 구성함

ㄷ. 운동신경세포 : 체성운동신경계와 자율신경계의 원심성 뉴런은 표준적인 뉴런의 모양과 흡사하며 자율신경계의 일부 뉴런들은 축삭을 따라 염주라는 부풀려진 부분이 있음. 중추 신경계로부터 효과기 세포로 정보를 전달함

(4) 지지세포(아교세포)

ㄱ. 기능

ⓐ 뇌의 90%이상을 차지함

ⓑ 신경세포에 필요한 물질을 공급함

ⓒ 신경세포의 활동에 적합한 화학적 환경을 조성함

ㄴ. 종류

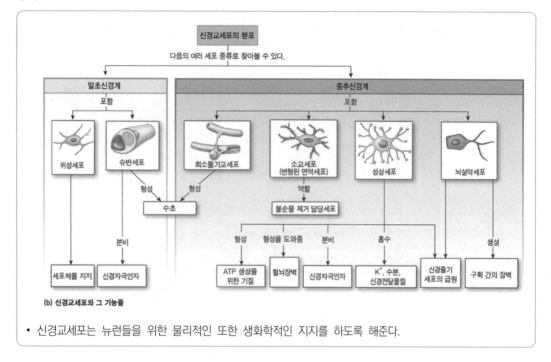

(b) 신경교세포와 그 기능들

• 신경교세포는 뉴런들을 위한 물리적인 또한 생화학적인 지지를 하도록 해준다.

ⓐ 성상교세포(astrocyte) : 이온 및 신경전달물질의 세포외 농도를 조절하며 활발히 활동중인 신경세포 주변의 혈관벽을 확장시켜 혈류량을 증가시킴. 발생 단계에서 뇌, 척수의 모세혈관 벽 내피세포간의 밀착연접을 유도하여 뇌혈관장벽(blood-brain barier) 형성에 관여하게 됨. 성상교세포들은 간극연접을 통해 서로 정보를 교환함

ⓑ 슈반세포(Schwann cell) : 말초신경계 구성 뉴런의 수초를 형성함. 뉴런의 손상 시 재생관을 형성하여 뉴런의 재생을 촉진함

ⓒ 소신경교세포(microglia) : 뇌혈관장벽으로 둘러싸여 있는 뇌에서 대식세포의 역할을 수행하여 뇌조직 내의 변성된 뉴런과 이물질을 잡아먹는 청소자의 역할을 수행함

ⓓ 뇌실막세포(ependymal cell) : 뇌실의 주변을 둘러싸고 있으며 뇌척수액의 흐름을 유도할 수 있는 섬모구조를 지님. 뇌실막은 뉴런이나 신경교세포로 분화될 수 있는 미성숙한 세포인 신경 줄기세포(neural stem cell)의 근원인 곳이기도 함

ⓔ 희소돌기아교세포(oligodendrocyte) : 중추신경계 구성 뉴런의 수초를 형성함. 뉴런의 손상 시 성장 억제 인자 방출하여 뉴런의 재생을 억제함

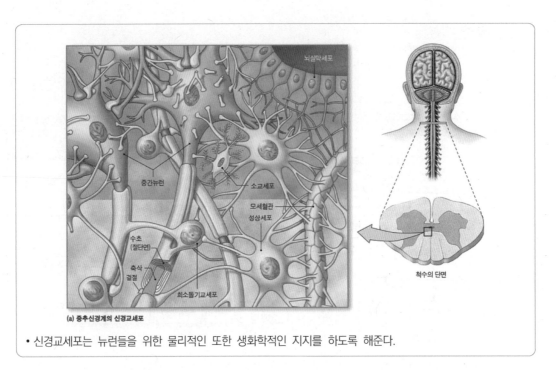

(a) 중추신경계의 신경교세포

뇌실막세포

중간뉴런
소교세포
모세혈관
성상세포
수초
(절단면)
축삭
결절
회소돌기교세포

척수의 단면

- 신경교세포는 뉴런들을 위한 물리적인 또한 생화학적인 지지를 하도록 해준다.

세포핵
슈반세포는 축삭 주위를
여러 번 둘러싼다.
축삭

세포체

1~1.5 mm

랑비에결절은 두 슈반세포 간의
수초가 없는 축삭막 부위이다.

슈반세포핵은 수초층의
바깥 면으로 밀려나 있다.
수초층은 여러
겹의 세포막으로
구성되어 있다.

축삭

(a) 말초신경에서의 수초 형성

(b) 각각의 슈반세포는 축삭의 작은 한 분절 주위에 수초를 형성한다.

- 슈반세포는 말초신경계 주변의 수포를 형성한다.

2 휴지막 전위(resting potential ; 신호를 전달하지 않을 때의 신경세포의 막전위)

(1) 휴지막 전위 형성 요인

ㄱ. 신경세포막을 중심으로 한 이온들의 불균등 분포. 이온들의 불균등 분포는 Na^+/K^+ pump, Ca^{2+} pump 등의 이온 펌프에 의해 형성됨

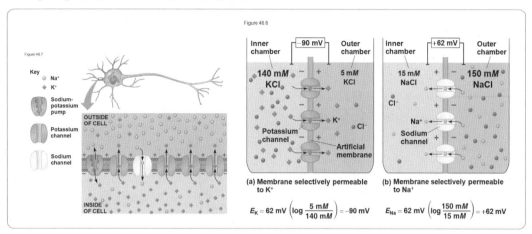

ㄴ. 세포막의 선택적 투과성 : 축색의 원형질막은 Na^+에 대한 투과성이 낮고, K^+에 대한 투과성이 높음

(2) 평형전위(equilibrium potential ; E_{ion})

전기화학적 평형상태에서의 막전압의 세기

3 차등성 전위와 활동전위

(1) 차등성 전위(graded potential)

막전위의 변화 정도가 자극의 크기에 따라 결정되는 전위

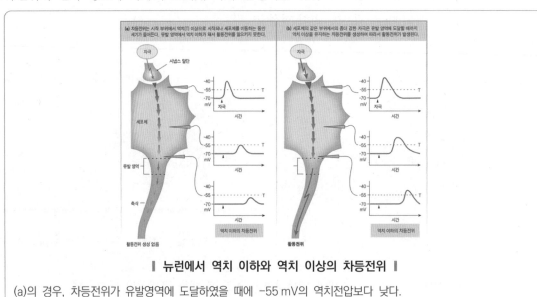

┃ 뉴런에서 역치 이하와 역치 이상의 차등전위 ┃

(a)의 경우, 차등전위가 유발영역에 도달하였을 때에 −55 mV의 역치전압보다 낮다.
(b)의 경우, 차등전위는 유발영역에서 역치 전압보다 더 큰 전위 값을 보인다.

ㄱ. 차등성 전위는 이온채널이 열리거나 닫힘으로써 뉴런으로부터 이온이 나가거나 들어올 때 발생하는데 차등성 전위라고 하는 이유는 전위의 크기나 진폭이 막전위 변화를 일으키게 한 자극의 강도에 직접적으로 비례하기 때문임

ㄴ. 전류소실과 세포질 저항으로 인해 차등성 전위는 전도되면서 강도를 잃게 되는데 축삭언덕에서 차등성 전위가 역치 전압(threshold voltage)에 이르면 활동전위를 형성하지만 그렇지 않으면 소멸됨

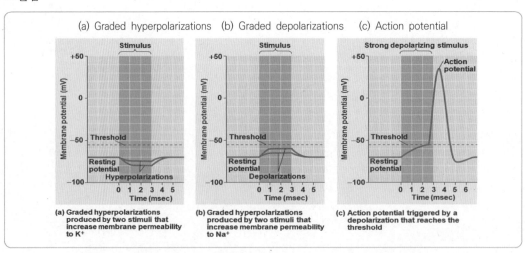

(2) 활동전위(action potential) : 신호가 전달될 때의 축삭에서의 막전위

ㄱ. 차등성 전위와 활동전위 비교

[차등전위와 활동전위의 비교]

구분	차등전위	활동전위
신호의 형태	입력신호	재생성 전도신호
일어나는 장소	일반적으로 수상돌기나 세포체	축삭을 통한 유발 영역
관여하는 이온채널의 형태	기계적, 화학적 또는 전압작동채널	전압작동채널
관여하는 이온들	일반적으로 Na^+, Cl^-, Ca^{2+}	Na^+과 K^+
신호의 형태	탈북극성(Na^+의 경우) 또는 과분극성(Cl^-의 경우)	탈분극성
신호의 강도	초기 자극성에 의존 ; 합해질 수 있다.	항상 같다(실무율) ; 합해질 수 없다.
신호를 유발하는 것	이온들이 채널을 통해 들어온다.	유발 영역에서 역치보다 높은 차등전위
특성	시작을 위해 최소 수준의 자극이 필요하지는 않다.	시작을 위해 역치 자극이 필요하다.

ㄴ. 실무율(all or none law) : 활동전위가 일단 유도되면 그 크기는 자극의 세기와는 상관없이 일정하고 뉴런을 지나면서 강도가 줄지 않음

ㄷ. 활동전위의 형성은 전압 의존성 Na^+채널과 K^+채널은 세포의 탈분극에 의해 둘 다 활성화되는데 Na^+채널은 매우 빠른 속도로 열리는 반면 K^+채널은 좀 더 천천히 열림. 그 결과 초기에 Na^+이 세포막을 통과하고 그 이후 K^+이 유출되는 것임

전압작동 NA⁺ 모델

① 휴지막 전위시 활성게이트는 채널을 닫고 있음
② 탈분극성 자극이 채널에 도착함
③ 활성게이트가 열리면서 Na^+이 세포로 유입됨
④ 비활성게이트는 닫히고 Na^+유입은 중단됨
⑤ 세포에서 유출되는 K^+이온에 의해 유발되는 재분극 동안 두 게이트는 원래 상태로 되돌아감

ㄹ. 활동전위는 이온 농도 기울기를 바꾸지 못함. 하나의 활동전위 범위 내에서는 아주 극소량의 이온만이 세포막을 거쳐 이동하므로 따라서 상대적인 Na^+과 K^+ 농도는 근본적으로 변하지 않는다는 것을 이해해야 함. 예를 들어 활동전위의 하강 단계인 +30mV에서 -70mV로 세포막전위를 바꾸기 위해서는 10만개의 K^+중 오직 하나만이 세포 밖으로 이동하면 됨. 또한 활동전위 동안에 세포 안팎으로 이동하는 이온들은 급속히 Na^+-K^+ ATPase에 의해 회복됨

ㅁ. 활동전위 형성 과정

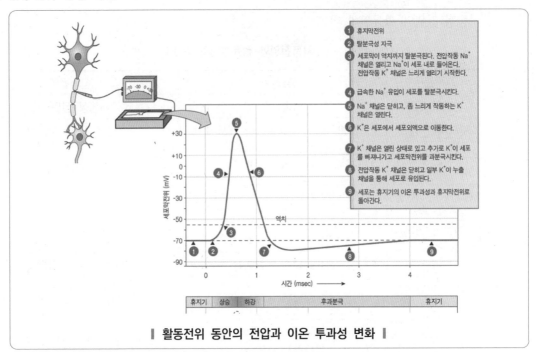

| 활동전위 동안의 전압과 이온 투과성 변화 |

ⓐ 휴지 상태(resting state) : 전압의존성 Na^+, K^+ 통로가 닫혀 있고, 휴지막전위는 전압 비의존성 통로에 의해서 유지됨

ⓑ 탈분극성 자극이 도달함

ⓒ 세포가 탈분극되면 전압작동 Na^+ 채널은 열리고 세포막은 Na^+에 대해 더욱 통과하기 쉬워짐. Na^+은 세포 밖에 더욱 집중되어 있고 세포 안의 음성 세포막전위는 양전하 이온을 끌어당기므로 Na^+은 세포 내부로 이동함

ⓓ 세포내액에 양전하가 더해지므로 세포막은 탈분극되고 이것은 세포막을 점차적으로 좀 더 양성화시킴. 정점에 이르기 전에 축삭의 Na^+ 채널은 닫혀 Na^+에 대한 투과성은 급격히 감소됨

ⓔ 활동전위는 +30mV에서 최대치에 이름

ⓕ Na^+ 채널이 활동전위의 최대치에서 닫힐 때 K^+ 채널은 완전히 열린 상태로 세포막은 K^+에 대한 투과성이 높아짐. 양성 세포막전위에서 K^+의 농도 기울기와 전기적 기울기는 세포 밖으로의 K^+의 유출을 촉진함. K^+이 세포 밖으로 이동함에 따라 세포막전위는 급속히 조금 더 음성화됨

ⓖ 하강하는 세포막전위가 -70mV에 다다랐을 때 전압작동 K^+ 채널은 아직 닫히지 않은 상태이고 K^+은 계속해서 세포 밖으로 나가고 세포막은 과분극되며 E_{K^+}는 -90mV에 다다름

ⓗ 일단 느린 전압작동 K^+ 채널이 완전히 닫히게 되면 K^+의 세포안으로의 이동이 세포 밖으로의 이동보다 많게 됨

ⓘ 세포막 전위는 다시 -70mV의 정상 휴지막전위 상태로 가게 됨

ㅂ. 불응기(refractory period) : 활동전위 직후에 활동전위를 재개할 수 없는 시기. 불응기 형성은 이온의 농도기울기 변화에 의한 것이 아니라 Na^+통로의 불활성에 기인한 것임. 불응기의 길이는 활동전위가 생성될 수 있는 최대한의 빈도를 제한함. 활동전위가 한 방향으로만 진행하는 이유도 활동전위가 지나간 자리는 불응기에 놓여있기 때문임

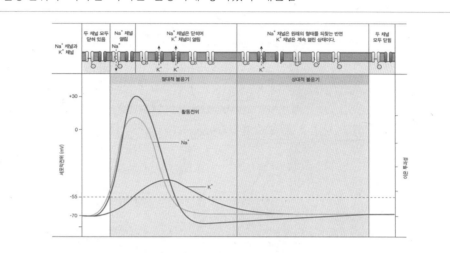

┃ 활동전위에 이어지는 불응기 ┃

절대적 불응기 동안에는 어떤 자극도 또 다른 활동전위를 일으킬 수 없다. 상대적 불응기 동안은 정상보다 더 강한 자극만이 새로운 활동전위를 일으킬 수 있다. 각 시기에서 볼 수 있는 1개의 채널은 이 시기의 대다수의 채널의 상황을 나타낸 것이다. 한 종류 이상의 채널 형태가 나타난 경우는 이 시기엣 채널 상태에 따라 해당 그룹을 나누었다.

ⓐ 절대적 불응기(absolute refractory period) : 이 시기에는 아무리 큰 자극이 가해져도 두 번째 활동전위가 형성되지 않음

ⓑ 상대적 불응기(relative refractory period) : 정상적인 탈분극 정도보다 더 강한 자극이 가해져야 활동전위가 형성되는 시기

ㅅ. 활동전위 전도 : 빠른 속도로 축삭을 통해 활동전위가 이동하는 것을 가리킴

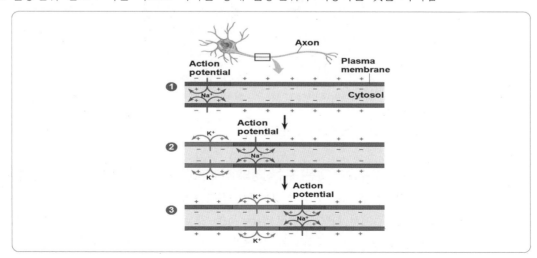

ⓐ 활동전위가 전도되는 과정에서 그 세기를 잃어버리지 않는 이유 : 축삭의 탈분극시 유입된 양성전하는 인접부위로 확산되어 인접부위의 Na^+ 채널을 열게 하여 활동전위 형성을 유발하는 양성되먹임 고리가 진행됨

ⓑ 활동전위의 발생 빈도수 : 자극의 세기는 활동전위 빈도에 반영되어 신경전달물질의 방출량을 결정함

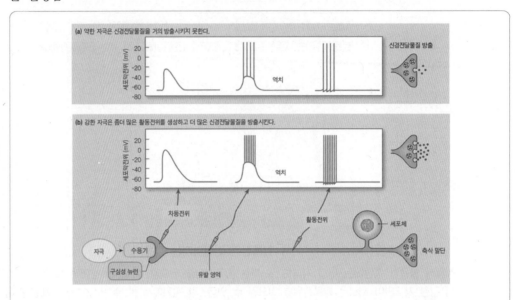

• 활동전위의 생성 빈도는 자극의 세기를 나타낸다. 더 강한 자극은 더 많은 신경전달물질을 시냅스로 방출한다.

ⓒ 활동전위의 전도속도

1. 축삭의 굵기 : 축삭의 굵기가 굵을수록 활동전위의 전도속도는 빨라짐

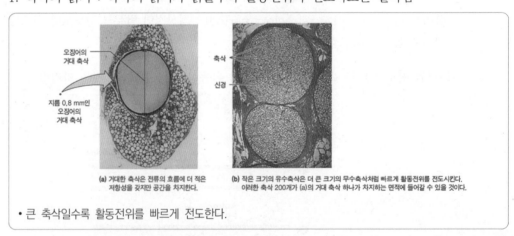

(a) 거대한 축삭은 전류의 흐름에 더 적은 저항성을 갖지만 더 많은 공간을 차지한다.

(b) 작은 크기의 유수축삭은 더 큰 크기의 무수축삭처럼 빠르게 활동전위를 전도시킨다. 이러한 축삭 200개가 (a)의 거대 축삭 하나가 차지하는 면적에 들어갈 수 있을 것이다.

• 큰 축삭일수록 활동전위를 빠르게 전도한다.

2. 수초의 유무 : 수초가 있는 유수신경의 신경전도 속도가 수초가 없는 무수신경의 신경전도 속도보다 빠름. 유수신경의 경우 활동전위는 랑비에르 결절에서만 형성되기 때문에 활동전위가 결절에서 다음 결절로 뛰는 듯한 양상이 나타나는데 이를 도약전도(saltatory conduction)라 함. 척추동물 뉴런의 수초 손실인 탈수초성 질환(demyelinating

disease)은 뉴런신호에 대해서 치명적인 영향을 미치게 됨. 중추신경계와 말초신경계에서 수초의 상실은 활동전위의 전도를 느려지게 함. 게다가 이제 더 이상 전류가 절연되지 않는 랑비에르 결절 사이의 세포막 부위에서 전류가 누출되면 탈분극이 결절에 도착하게 될 때 역치값을 넘을 수 없게 되며 전도는 중단됨. 다발성 경화증(multiple sclerosis)은 탈수초성 질환 중 가장 잘 알려진 질환임

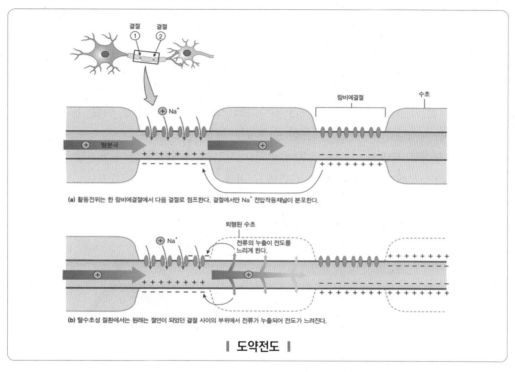

| 도약전도 |

o. 활동전위 형성에 영향을 미치는 여러 가지 요인

ⓐ 활동전위 관련 채널에 결합하여 활성을 변화시키는 물질

　🔴 신경독소(neurotoxin) : Na^+채널을 차단하여 감각 느끼지 못하도록 함

ⓑ 세포외액의 이온 농도의 변화 : K^+농도는 세포의 휴지막전위를 결정하는 주요 결정인자로서 만일 혈액 속에 있는 K^+농도가 3.5~5mmol/L의 정상적인 범위를 벗어나면 세포막의 휴지막전위가 변하게 됨

　1. 고칼륨혈증(hyperkalemia) : 혈액 내의 K^+농도가 증가하면 뉴런의 휴지막전위가 역치값에 더 가깝게 되고 적은 차등성 전위에 대해서도 활동전위를 일으키게 할 수 있음

　2. 저칼륨혈증(hypokalemia) : 혈액 내의 K^+농도가 아주 낮게 떨어지면 세포의 안정전위가 과분극화되며 역치 값에서 멀어져 정상적인 자극보다 더 강한 자극만이 활동전위를 일으킬 수 있음

4 시냅스를 통한 신호전달

(1) 시냅스(synapse) : 뉴런과 뉴런 간의 접합구조로 신호전달이 수행됨

ㄱ. 전기적 시냅스(electrical synapse) : 심장이나 뇌 등에 분포함. 간극연접의 connexin을 통해 이온이 직접 이동하는 것이 특징이며, 신호전달이 빠르나 신호의 변경이 불가능하고, 정보는 양방향으로 전해질 수 있음

ㄴ. 화학적 시냅스(chemical synapse) : 시냅스 틈(synaptic cleft)을 통해 신경전달물질이 이동하여 시냅스 후 뉴런의 수용체에 결합하며 신호변형과 합(summation)이 가능함

ⓐ 직접적 시냅스 : 이온성 수용체(리간드 개폐성 이온채널)를 통한 신호전달

　예 아세틸콜린에 대한 이온성 수용체를 통한 신호전달

ⓑ 간접적 시냅스 : 시냅스 후 뉴런의 대사성 수용체를 통한 신호전달

　예 노르에피네프린에 대한 G단백질 연결 수용체를 통한 신호전달

(2) 화학적 시냅스(직접적 시냅스)의 신호전달 과정

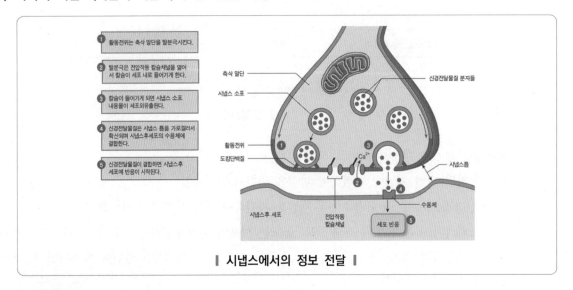

| 시냅스에서의 정보 전달 |

ㄱ. 활동전위가 시냅스말단의 세포막을 탈분극시킴

ㄴ. 탈분극에 의해서 전압의존성 Ca^{2+} 통로가 열려 Ca^{2+}가 유입됨

ㄷ. 칼슘 농도가 높아지면 시냅스 전 신경세포막과 시냅스 소포막이 융합됨

ㄹ. 소포로부터 시냅스 틈으로 신경전달물질이 방출됨

ㅁ. 신경전달물질이 시냅스 후 신경세포막에 존재하는 리간드 의존성 이온통로의 수용체 부위와 결합하면 이온통로가 열려서 Na^+와 K^+이 통과함

ㅂ. 신경전달물질이 수용체로부터 떨어져 나오면 이온통로가 닫힘. 시냅스 전달은 신경전달물질이 시냅스 틈으로부터 확산되어 사라지거나, 시냅스말단이나 다른 세포에 의해서 재흡수 되거나, 혹은 특정 효소에 의해서 분해됨으로써 종결됨

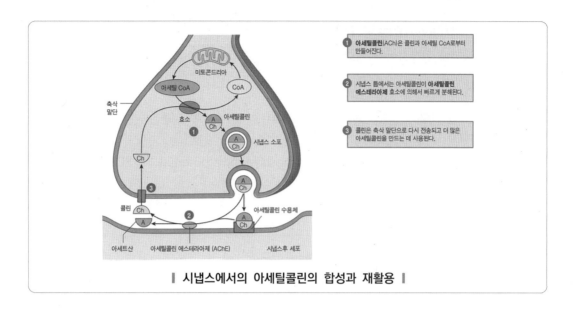

① 아세틸콜린(ACh)은 콜린과 아세틸 CoA로부터 만들어진다.

② 시냅스 틈에서는 아세틸콜린이 **아세틸콜린 에스테라아제** 효소에 의해서 빠르게 분해된다.

③ 콜린은 축삭 말단으로 다시 전송되고 더 많은 아세틸콜린을 만드는 데 사용된다.

┃ 시냅스에서의 아세틸콜린의 합성과 재활용 ┃

(3) 신경전달물질의 비활성화

신경신호전달의 주된 특징은 신경전달물질이 시냅스 틈에서 빠르게 제거되거나 또는 불활성화되어 그 지속기간이 짧음

ㄱ. 일부 신경전달물질은 단순히 수용체로부터 분리, 확산되어 흩어져 버림

ㄴ. 일부 신경전달물질은 시냅스 틈에 존재하는 효소들에 의해 불활성화 상태로 전환되어 세포외액 으로부터 시냅스 전 세포나 또는 주변의 뉴런이나 신경교세포로 재차 운반되어 제거됨

   예 아세틸콜린의 아세틸콜린 에스터라아제에 의한 불활성화

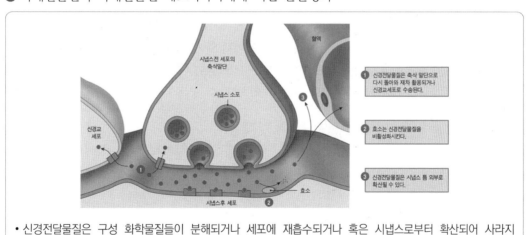

① 신경전달물질은 축삭 말단으로 다시 돌아와 재차 활용되거나 신경교세포로 수송된다.

② 효소는 신경전달물질을 비활성화시킨다.

③ 신경전달물질은 시냅스 틈 외부로 확산될 수 있다.

• 신경전달물질은 구성 화학물질들이 분해되거나 세포에 재흡수되거나 혹은 시냅스로부터 확산되어 사라지게 될 때 활성을 마치게 된다.

ㄷ. 노르에피네프린의 경우 신경전달물질이 시냅스 전 축삭 말단으로 다시 수송되면 시냅스를 통한 신호전달이 종결됨. 노르에피네프린이 일단 축삭말단으로 운반되면 노르에피네프린은 소포 안에 다시 채워지거나 또는 미토콘드리아에서 발견된 모노아민 산화효소 (monoamine oxidase ; MAO) 같은 세포 내 효소들에 의해 분해됨

(4) 시냅스 후 전위(postsynaptic potential ; PSP)

신경전달물질에 반응하여 형성되는 시냅스 후 신경세포의 차등성 전위

ㄱ. 시냅스 후 전위의 구분

ⓐ 흥분성 시냅스 후 전위(excitatory postsynaptic potenial ; EPSP) : 탈분극 형태의 차등성 전위

ⓑ 억제성 시냅스 후 전위(inhibitory postsynaptic potenial ; IPSP) : 과분극 형태의 차등성 전위

ㄴ. 시냅스 후 전위의 합

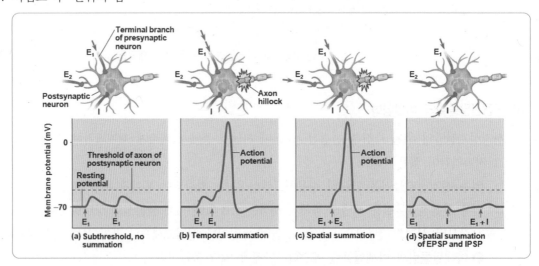

ⓐ 시간합(temporal summation) : 첫 번째 발생한 PSP에 의한 시냅스 후 신경세포의 막전위가 휴지막 전위로 돌아가기 전에 두 번째 PSP가 발생하여 합쳐지는 것

ⓑ 공간합(spatial summation) : 여러 PSP가 서로 다른 시냅스를 통해서 동시에 도달하여 합쳐지는 것. IPSP는 EPSP의 효과를 억제할 수 있음

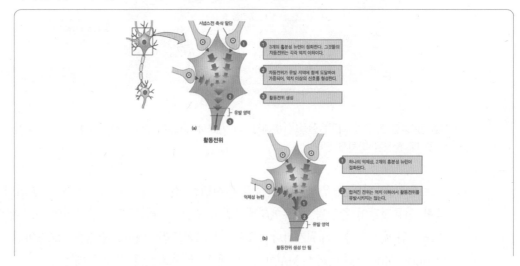

공간적 가중은 거의 동시에 일어나는 차등전위의 전류가 조합되어 일어난다.

(a)에서는 여러 개의 역치 이하의 신호가 가중되어 활성전위를 생성해내었다.

(b)에서는 억제성 시냅스 전 뉴런이 활동전위가 생성하는 것을 저해하고 있다. 시냅스 후 억제가 한 예이다.

(4) 신경전달물질(neurotransmitter)의 종류와 기능

Neurotransmitter	Structure
Acetylcholine	
Amino Acids	
GABA (gamma-aminobutyric acid)	
Glutamate	
Glycine	
Biogenic Amines	
Norepinephrine	
Dopamine	
Serotonin	
Neuropeptides (a very diverse group, only two of which are shown)	
Substance P	Arg—Pro—Lys—Pro—Gln—Gln—Phe—Phe—Gly—Leu—Met
Met-enkephalin (an endorphin)	Tyr—Gly—Gly—Phe—Met
Gases	
Nitric oxide	N≡O

ㄱ. 아세틸콜린(acetylcholine) : 중추신경계 및 말초신경계의 가장 일반적인 신경전달물질로 작용하며, 심장근을 제외한 나머지 근육에 연접한 시냅스에서 흥분성 신경전달물질로 작용하며, 심장근에서는 억제성 신경전달물질로 작용함

ㄴ. 생체내 아민(biogenic amine) : 아미노산에서 유래한 신경전달물질

ⓐ 세로토닌(serotonin) : 트립토판으로부터 합성되며 중추신경계에서 보통 억제성 신경전달물질로 작용함

ⓑ 도파민(dopamine) : 티로신으로부터 합성되며 중추신경계와 말초신경계에서 주로 흥분성으로 작용함. 퇴행성 신경질환인 파킨슨병은 뇌의 도파민 결핍과 관련이 있음. 티로신으로부터 합성되는 생체내 아민을 카테콜아민(catecholamine)이라 함

    1. 도파민과 세로토닌은 뇌의 여러 부위에서 분비되어 수면, 분위기, 주의집중, 학습과 연관된 작용에 기여함. LSD, 메스칼린 등의 정신작용 약물들은 세로토닌과 도파민에 대한 수용체와 결합해서 환각작용을 일으키는 것으로 짐작됨

    2. 에피네프린(epinephrine)/노르에피네프린(norepinephrine) : 티로신으로부터 합성되며 중추신경계와 말초신경계에서 신경전달물질로 작용하고, 또한 호르몬으로도 작용 가능함. 특히 노르에피네프린은 말초신경계의 일부인 자율신경계에서 G단백질 연결 수용체를 통해 EPSP를 형성함

    3. 우울증 치료 약물은 뇌에서 노르에피네프린 혹은 세로토닌과 같은 생체내 아민의 농도를 높임. 특히 프로작(Prozac)의 경우 분비된 세로토닌의 재흡수를 방지함으로써 세로토닌의 농도를 증가시킴

ㄷ. 아미노산(amino acid) : 중추신경계의 신경전달물질로 작용함

    ⓐ 감마아미노부틸산(gamma aminobutyric acid ; GABA) : CNS의 억제성 신경전달물질로써 Cl^-의 투과성을 증가시켜서 IPSP 생성을 유발함

    ⓑ 글루탐산(glutamate) : 뇌에서 가장 일반적으로 이용되는 신경전달물질로써 흥분성임

    ⓒ 글리신(glycine) : 뇌를 제외한 CNS의 억제성 시냅스에서 작용함

ㄹ. 신경펩티드(neuropeptide) : 비교적 짧은 아미노산 사슬로 구성되며 신호전달경로를 활성화시키는 신경전달물질로 작용. 신경펩티드들은 훨씬 더 긴 전구단백질의 분해 과정을 거쳐서 만들어짐

    ⓐ 물질 P(substance P) : 흥분성 신경펩티드로써 고통을 인지하는 과정에서 중요한 역할을 함

    ⓑ 엔돌핀(endorphin) : 출산과 같은 육체적 및 정신적 스트레스를 받는 상황 하에서 뇌에서 형성됨. 통증을 완화시킬 뿐만 아니라 ADH의 분비를 유도하여 오줌의 양을 감소시키고 호흡률을 떨어뜨리며 쾌감을 유도하는 등의 효과를 보임

ㅁ. 기체(gas) : 국부적인 조절인자로 작용함

    ⓐ 일산화질소(NO) : 남성의 성적 흥분 시, 발기조직 내의 혈관벽을 구성하는 평활근을 이완시키고 결국 혈관의 이완이 유발되어 발기조직의 해면체가 혈액으로 채워짐으로써 발기가 유발됨. 비아그라(Viagra)는 NO의 분해를 수행하는 효소의 활성을 억제하여 발기 유지에 기여함. NO는 다른 신경전달물질과는 달리 소포에 저장되지 않고 필요에 의해 합성되는 즉시 주변으로 확산하여 이웃하는 표적세포의 변화를 초래하고 바로 분해됨

    ⓑ 일산화탄소(CO) : 헴산화효소(heme oxygenase)에 의해서 합성되는데, 뇌조직에서 CO는 시상하부의 호르몬 분비를 조절하며, 말초신경계에서는 내장을 이루는 근세포의 막전위를 과분극시키는 억제성 신경전달물질로 작용함

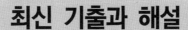

83 신경세포에서 활동전위(action potential)에 관한 설명으로 옳은 것만을 〈보기〉에서 있는 대로 고른 것은?

> **보기**
> ㄱ. K^+ 이온의 투과도는 휴지상태에 비해 활동전위의 하강기에 더 작다.
> ㄴ. 활동전위 상승기에는 Na^+이온의 투과도가 K^+이온의 투과도보다 크다.
> ㄷ. 전압개폐성 이온통로(voltage-gated ion channel)의 작용을 막을 경우 활동전위는 생성되지 않는다.

① ㄱ   ② ㄴ   ③ ㄱ, ㄷ   ④ ㄴ, ㄷ   ⑤ ㄱ, ㄴ, ㄷ

정답 및 해설

83 정답 | ④

ㄴ. 활동 전위의 하강기의 재분극을 위해서는 활동 전위의 정점에서 전압개폐성 K^+ 통로가 열리면서 K^+ 이온의 투과도가 높아질 때 발생한다. 즉, 휴지기에 Na^+-K^+ 펌프의 작용으로 세포 안쪽에 고농도로 유지되던 K^+ 가 통로를 통해 농도기울기를 따라 빠져나가면서 전압이 하강하는 것이다.

ㄷ. 활동 전위의 상승기는 역치 이상의 자극에 의해 전압개폐성 Na^+ 통로가 열리면서 Na^+ 이온의 투과도가 높아질 때 발생한다. 휴지기에 Na^+-K^+ 펌프의 작용으로 세포 바깥쪽에 고농도로 유지되던 Na^+가 통로를 통해 농도기울기를 따라 유입되면서 전압이 상승하는 것이다. 활동 전위의 상승기엔 전압개폐성 K^+ 통로는 열리지 않으므로, 이 시기에는 K^+의 투과도가 Na^+의 투과도보다 낮다. 활동 전위는 전압개폐성 Na^+ 통로와 전압개폐성 K^+ 통로의 작용으로 발생하므로, 이들의 작용을 막을 경우 활동 전위는 생성되지 않는다.

편입생물 비밀병기

생물 1타강사 **노용관**

단권화 바이블 ➕
필수기출과 해설편

한권으로 끝내는 메디컬(의치한약수) 편입 나만의 祕密兵器

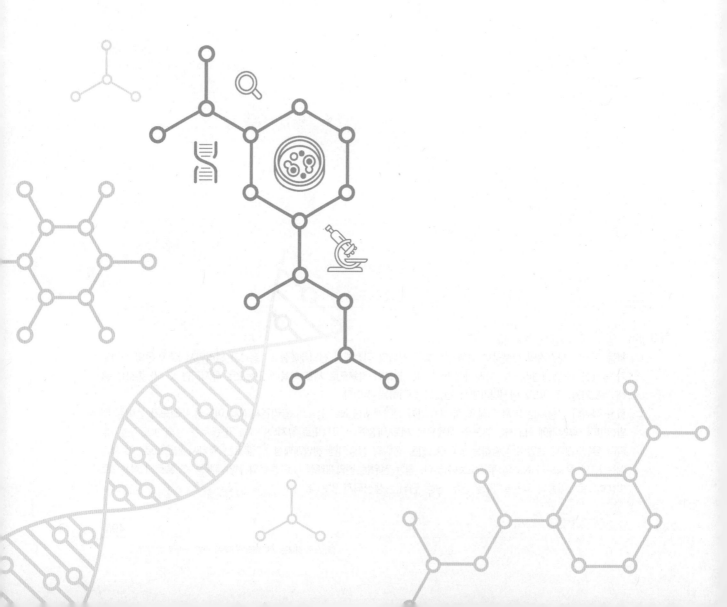

27

척추동물의
신경계

27 척추동물의 신경계

1 신경계의 구분

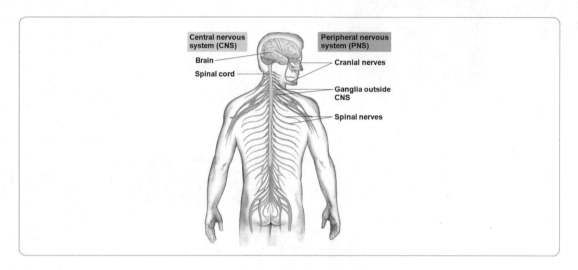

(1) 중추신경계(central nervous system ; CNS) : 뇌와 척수로 구성

ㄱ. 중추신경계의 특징

ⓐ 배아시기에 관찰되는 속이 비어있는 등쪽 신경삭으로부터 유래. 성체에서 이 빈 관은 척수의 좁은 중심관(central canal)과 뇌의 4개의 뇌실(ventricle) 형태로 변형

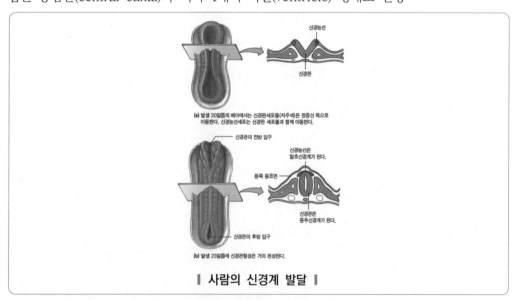

┃ 사람의 신경계 발달 ┃

ⓑ 혈관-뇌 장벽(blood-brain barrier) : 중추신경 모세혈관의 내피세포간 밀착연접이 형성된 것으로 세포사이공간을 통한 물질 교환이 차단됨. 소수성 물질은 혈관-뇌장벽을 자유롭게 통과할 수 있으나, 친수성 물질은 선택적 막수송 기작에 의해서만 이동이 가능함

ⓒ 백색질(축삭부위 ; 축삭이 수초로 싸여 있음)과 회백질(수상돌기, 수초로 싸여 있지 않은 축삭, 신경세포체 등으로 구성)로 구성됨. 뇌의 경우 피질은 회백질, 수질은 백질인 반면 척수의 경우 피질은 백질, 수질은 회백질이라는 점을 주의해야 함

ㄴ. 중추신경계의 구분

ⓐ 뇌(brain) : 척추동물의 복잡한 의식적 행동 조절. 대뇌, 간뇌, 중뇌, 뇌교, 연수로 구분

ⓑ 척수(spinal cord) : 등뼈 안쪽의 세로 방향으로 형성되며, 뇌로 정보를 전달하거나 뇌로부터의 정보를 다른 부위로 전달하는 기능을 수행하며, 뇌와는 독립적인 자체의 신경회로를 이용하여 특정 자극에 대한 반사작용 수행

1. 구조 : 피질(백질 ; 감각과 운동신경섬유 다발, 중추신경계 신경섬유 다발)과 수질(회백질 ; 주로 신경세포체와 무수신경세포로 구성)로 구성

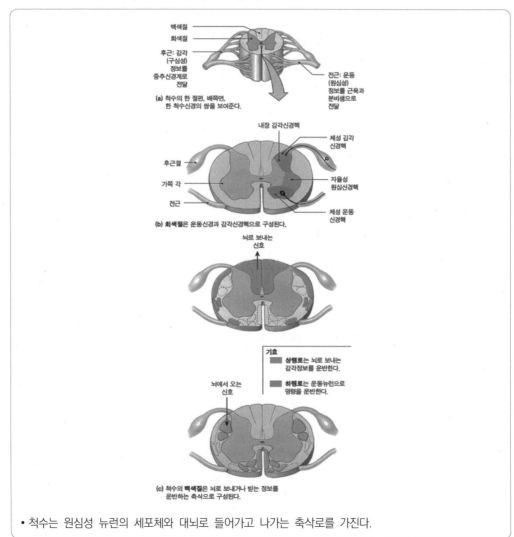

(a) 척수의 한 절편, 배쪽면, 한 척수신경의 쌍을 보여준다.

(b) 회색질은 운동신경과 감각신경핵으로 구성된다.

(c) 척수의 백색질은 뇌로 보내거나 받는 정보를 운반하는 축삭으로 구성된다.

• 척수는 원심성 뉴런의 세포체와 대뇌로 들어가고 나가는 축삭로를 가진다.

2. 기능 : 신경계와 뇌를 연결시키는 기능을 수행함. 신체 대부분의 수용기로부터 유래하는 감각정보는 척수의 상행로에 의해 뇌에 전달되며, 뇌가 운동활동을 지시하는 신경자극은 척수의 하행로를 따라 이동함. 또한 뇌와는 독립적인 자체의 신경회로를 이용하여 특정 자극에 대한 기계적인 반응인 반사작용(reflex)에 관여함

(2) 말초신경계(peripheral nervous system ; PNS)

말초로부터 중추신경계로, 중추신경계로부터 말초로 정보를 전달하는 역할을 수행하며, 척추동물의 움직임 및 생체 내 환경을 조절함. 체성신경계와 자율신경계로 구분

ㄱ. 구심성 신경(afferent neurons) : 말초신경계에서 중추신경계로 정보를 전달함

ㄴ. 원심성 신경(efferent neurons) : 중추신경계로부터 정보를 받아 근육과 분비선으로 전달

　ⓐ 체성신경계(운동신경계) : 골격근의 적절한 반응 수행 통제, 체외 환경의 변화 인지

　ⓑ 자율신경계(autonomic nervous system) : 불수의근(심근, 내장근)의 활성을 조절하며 소화기관, 순환기관, 분비기관 등의 활성을 조절함으로써 생체 내의 환경을 조절하는 역할을 수행함

　　1. 교감신경(sympathetic division) : 싸움 또는 도망가기 반응(fight-or-flight response) 유발함

　　2. 부교감신경(parasympathetic division) : 휴식 또는 소화 반응(rest-or- digestion response)을 유발함

2 척추동물의 뇌

(1) 인간의 뇌 발생

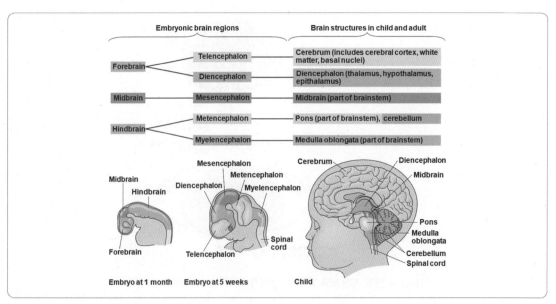

ㄱ. 전뇌(forebrain) : 단뇌(telencephalon ; 성인의 대뇌)와 간뇌(diencephalon ; 성인의 간뇌)
로 발생

ㄴ. 중뇌(midbrain) : 중뇌(mesencephalon ; 성인의 중뇌)로 발생

ㄷ. 후뇌(hindbrain) : 후뇌(metencephalon ; 성인의 뇌교와 소뇌에 해당)와 수뇌(myelencephalon
; 성인의 연수에 해당)로 분화됨

(2) 뇌의 각 부위의 구분과 기능

ㄱ. 뇌간(brainstem) : 뇌 부위 중 진화적으로 오래된 부위 중 하나. 중뇌, 뇌교, 연수로 구성되어
있으며 항상성 유지, 운동의 조절, 대뇌로 정보 전달 기능을 수행함. 뇌간의 몇몇 중추 신경세포
는 대뇌피질과 소뇌를 향해 축삭을 뻗어 도파민, 세로토닌, 아세틸콜린 등을 분비하여 주의집
중, 각성, 식욕, 동기유발에 있어서 행동학적 변화를 초래함

ⓐ 중뇌(midbrain) : 다양한 형태의 감각정보를 수용하고 종합하며 전뇌의 특정 지역으로 암호
화된 감각정보를 전달함

1. 포유류의 경우, 전뇌와 후뇌를 연결하는 작은 부위. 모든 청각을 담당하는 감각신경세포
의 축삭은 중뇌에서 멈추거나, 중뇌를 지나 대뇌에 이름

2. 홍채조절(동공반사), 안구운동, 시각반사에 관여함

3. 각성유도중추가 있어서 자극되면 각성이 유도됨

ⓑ 연수(medulla oblongata) : 뇌교와 척수 사이에 위치함

1. 척수와 뇌를 연결하는 모든 상하행로가 연수를 통과할 때 반대쪽으로 교차하는데 결국 오
른쪽 대뇌반구는 신체의 왼쪽에서 오는 감각정보를 받아들이며, 왼쪽 대뇌반구는 신체의
오른쪽에서 오는 감각정보를 받아들이게 됨

2. 심장박동중추, 혈관중추로 작용하며 뇌교와 함께 호흡중추로도 작용

3. 삼키기, 구토, 소화 등 내장기관의 자율적이고 항상적인 기능을 조절

4. 수면중추로 작용함

ⓒ 뇌교(pons) : 중뇌와 연수 사이에 위치함

1. 연수와 더불어 호흡조절에 관여함

2. 수면중추로 작용함

ㄴ. 소뇌(cerebellum) : 고유수용기를 통해 관절의 위치와 근육의 길이에 관한 정보를 제공받고, 평
형기관(전정기관, 반고리관)으로부터 전달되는 각종 정보가 입력되어 운동과 신체 균형에 관여
하게 됨

ⓐ 팔, 다리와 몸의 모든 수의적인 움직임을 조절하며, 자세와 균형을 유지하는 데 관여함

ⓑ 대뇌에 의하여 지시된 운동과 실제 수행된 운동을 비교하여 정확한 신체 운동을 가능케 함

ㄷ. 간뇌(diencephalon) : 척추동물의 진화 초기에 나타나기 시작한 전뇌의 한 부위. 시상과 시상
하부는 신체의 각 부위로 정보를 중계하는 통합센터의 역할을 수행함

ⓐ 시상상부(epithalamus) : 멜라토닌을 합성하는 송과선을 포함하는 부위이며 모세혈관의 클러스터 구조에서 혈액으로부터 뇌척수액을 형성함

ⓑ 시상(thalamus) : 대뇌로 가는 감각 정보의 입력중추임. 감각기관으로부터 들어오는 정보는 시상에서 정렬되어서 다음 처리를 위해 대뇌의 적절한 중추로 전달됨

ⓒ 시상하부(hypothalamus) : 항상성을 조절하는 매우 중요한 간뇌 부위임

    1. 공복, 갈증, 삼투평형, 대사율, 체온조절, 혈당량 조절에 관여함

    2. 뇌하수체 전엽을 자극하는 호르몬을 분비하거나 뇌하수체 후엽 호르몬인 옥시토신, 바소프레신을 직접 생산하여 뇌하수체 후엽을 통해 분비

    3. 성과 짝짓기 행동, 싸움-도망 반응, 쾌락에서 중요한 역할 수행

ㄹ. 대뇌(cerebrum) : 오른쪽, 왼쪽 2개의 대뇌반구(cerebral hemisphere)로 구성되어 있으며 포유동물의 정보처리를 담당함

ⓐ 피질, 수질, 기저핵으로 구성됨

    1. 피질 : 면적이 넓으며, 인지과정과 수의적 운동, 학습 등이 이루어짐. 인간의 경우 대뇌피질은 전체 뇌 무게의 80%를 차지하며 복잡한 주름을 지님

    2. 기저핵 : 일련의 운동을 계획하고 학습하는 중추로서의 역할을 수행함

ⓑ 뇌량(corpus callosum) : 오른쪽과 왼쪽 대뇌반구 사이의 의사소통을 중재하는데 뇌량을 절단하면 간질이 완화되나 좌뇌와 우뇌의 소통이 되지 않음.

(3) 각성과 수면 그리고 생체시계

ㄱ. 각성과 수면

ⓐ 망상계 형성(reticular formation) : 뇌간의 중심에 퍼져 있는 신경망으로 90개의 독립세포체 클러스터로 구성됨

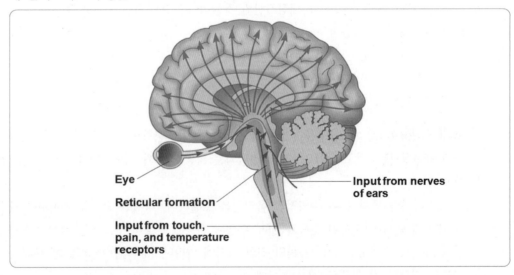

    1. 각 클러스터의 신경세포는 뇌의 각 부위로 축삭을 뻗어 광범위한 신경망 형성함. 망상계 형성의 활성을 조절하면 뇌의 각 부위의 활성이 동시에 제어됨

2. 망상활성계(reticular activation system) : 수면과 각성을 조절함. 감각필터로 작용하여 대뇌피질에 도달하는 각종 감각정보를 제어함. 뇌교, 연수의 수면중추를 자극하면 수면상태를 유도하게 되며, 중뇌의 각성중추를 자극하면 각성을 유도하게 됨

3. 멜라토닌(melatonin) : 송과선에서 합성되며, 생체주기 형성에 중요한 역할을 수행. 시차적응, 불면증, 계절의 영향을 받는 감정이상질환, 우울증과 동반된 수면장애를 치료하기 위한 식품보조제로 이용. 멜라토닌은 세로토닌으로부터 합성되는데 세로토닌 역시 수면유도 중추에서 사용되는 신경전달물질로 여겨짐. 세로토닌은 아미노산 트립토판으로부터 합성됨

ㄴ. 생체시계(biological clock) : 포유동물에는 일주기 리듬을 유지하는데 관여하는 생체시계가 있음. 생체시계는 주기적인 유전자 발현과 세포의 활성을 조절하는 분자적 기작으로 이루어짐
 ⓐ 호르몬 분비, 배고픔, 외부자극에 대한 과민현상 등의 다양한 생리현상에 영향을 미침

3 대뇌피질

(1) 대뇌피질 구조 개요

깊은 고랑에 의해서 4개의 엽으로 구분. 각각의 엽에는 1차감각영역(특정 유형의 감각정보를 수용하고 처리하는 부위)과 연합영역(정보를 수용하여 종합하는 부위)이 존재함. 포유동물의 진화과정에서 일어난 피질의 증가는 연합영역의 팽창에 의한 것임

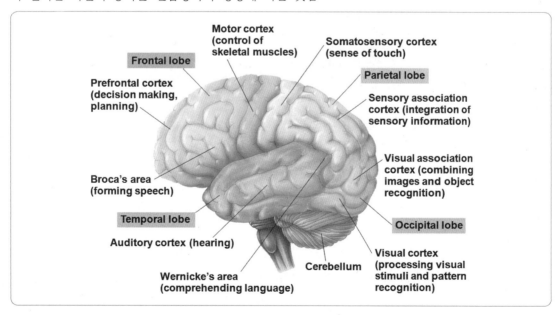

(2) 대뇌피질의 영역 구분

ㄱ. 전두엽(frontal lobe) : 운동피질이 존재하여 의식적인 움직임 조절에 관여하며, 전두엽의 안쪽 부위에 후각중추가 존재함. 전두엽의 앞부분인 전전두엽은 감각정보를 분류하는 기능을 수행함

ㄴ. 두정엽(parietal lobe) : 체감각피질이 존재하여 피부, 근육 등의 감각정보를 처리하고 몸의 자세나 위치를 감지하며, 미각중추가 존재함. 두정엽이 손상되면 마비상태가 오며, 몸의 뒤틀림을 초래하고, 주위 물체와의 공간적 관계를 제대로 인지하지 못함

ㄷ. 측두엽(temporal lobe) : 청각중추가 존재함

ㄹ. 후두엽(occipital lobe) : 시각중추가 존재함

(3) 대뇌피질의 특징

ㄱ. 몸의 각 부위를 담당하는 피질의 표면적은 담당하는 몸의 크기와는 무관

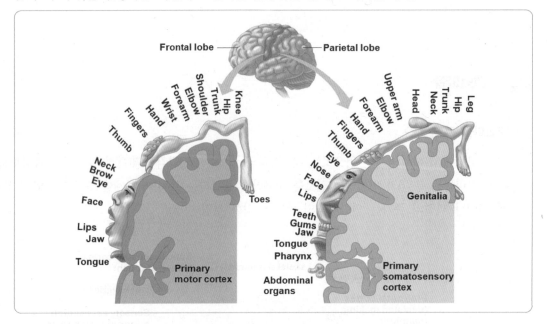

ⓐ 체감각 피질의 표면적은 해당 부위에 분포한 감각신경세포의 수와 비례

ⓑ 운동피질의 표면적은 해당 부위의 근육 움직임을 조절하는데 필요한 기술의 난이도에 비례

ㄴ. 피질기능의 좌우분화

ⓐ 좌측반구 : 집중적인 인지과정에 중요하며 언어능력, 분석, 판단을 수행하여 손상되면 언어 장애가 발생하게 됨

ⓑ 우측반구 : 상과 그 배경간의 대강의 관계 인지에 중요하며 시공간적 입체의 분석을 수행함. 손상되면 길찾기 능력이나 지도판단 능력이 저하됨

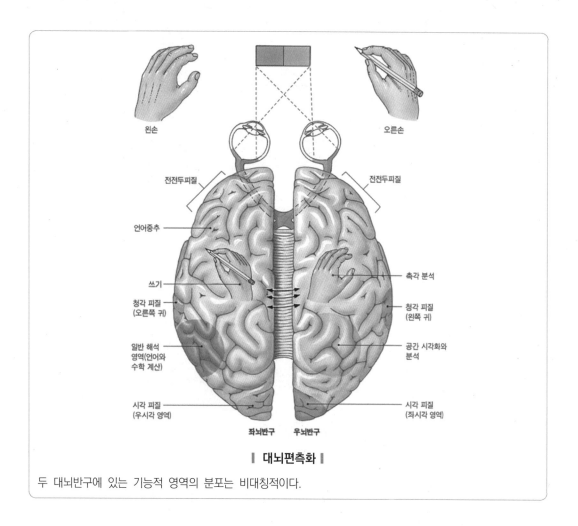

| 대뇌편측화 |

두 대뇌반구에 있는 기능적 영역의 분포는 비대칭적이다.

(4) 언어와 말하기

좌반구 대뇌피질에는 언어관련부위(브로카 영역, 베르니케 영역) 有

ㄱ. 말하기에 관련된 영역의 기능

ⓐ 브로카 영역(Broca's area) : 언어구사에 필요한 근육조절을 담당. 브로카 영역이 손상되면 말이 느려지고 발음이 정확하지 않으나, 말의 의미는 이해할 수 있음

ⓑ 베르니케 영역(Wernicke's area) : 언어의 의미 파악을 담당. 베르니케 영역이 손상되면 말은 유창하나 글이나 말의 의미를 이해하지 못함

ㄴ. 본 단어를 말할 때와 들은 단어를 말할 때의 신호 전달 경로

ⓐ 본 단어를 말할 때 : 시각령 → 베르니케 영역 → 브로카 영역 → 운동피질

ⓑ 들은 단어를 말할 때 : 청각령 → 베르니케 영역 → 브로카 영역 → 운동피질

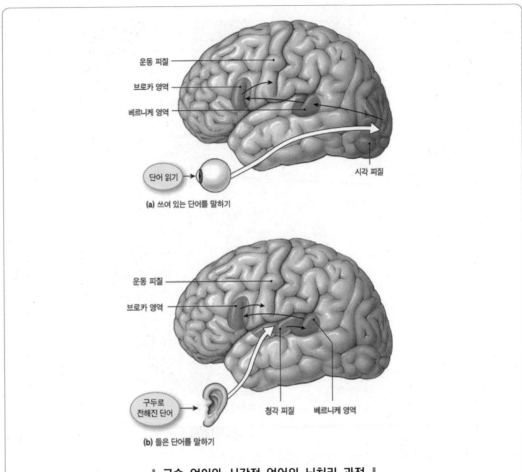

운동 피질
브로카 영역
베르니케 영역
시각 피질
단어 읽기
(a) 쓰여 있는 단어를 말하기

운동 피질
브로카 영역
구두로 전해진 단어
청각 피질　베르니케 영역
(b) 들은 단어를 말하기

┃ 구술 언어와 시각적 언어의 뇌처리 과정 ┃

구술 언어와 문서로 쓰인 언어는 다른 경로를 통해 처리가 된다. 베르니케 영역이 손상된 사람의 경우 구술 또는 문어체의 의사소통을 이해하지 못한다. 브로카 영역이 손상된 사람들은 이해하는데에 문제가 없으나 적절하게 응답을 할 수 없다.

(5) 감정(emotion)

다양한 뇌영역 사이의 복잡한 상호작용에 의한 산물이며 변연계가 감정 형성에 중심에 있음. 변연계 (limbic system)는 뇌간 주변의 고리상 구조물을 이루며, 편도체, 해마, 시상, 시상하부를 포함하 며, 감정, 동기유발, 후각, 행동과 기억 등 여러 가지 기능을 수행함. 대뇌피질의 감각영역 및 뇌의 고등영역과 상호작용하여 정서를 형성함. 전뇌의 구조물은 뇌간에 의해서 조절되는 기본적이면서도 생존과 관련된 기능에 감정을 부여함

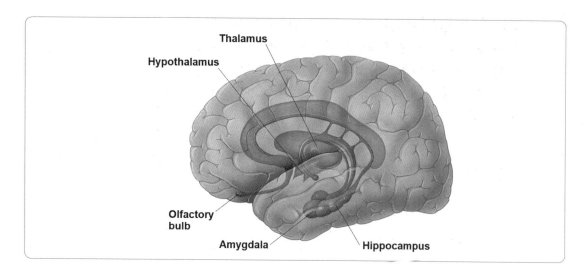

ㄱ. 편도체(amygdala) : 감정기억이 저장되는 장소임

ㄴ. 해마(hippocampus) : 정보를 전두엽으로 보내는 데 관여함

ㄷ. 후각망울(olfactory bulb) : 후각수용기로부터 비롯된 정보를 대뇌 피질과 변연계로 전송함

ㄹ. 전두엽피질(profontal cortex) : 의사결정 능력과 감정반응에 중요한 역할 수행하는 부위, 전두엽 부위의 문제발생은 성격변화를 수반하는 것이 일반적임

4 자율신경 조절과 체성신경 조절

(1) 자율신경계(autonomic nervous system)

ㄱ. 자율신경계는 체내에서 항상성을 유지하기 위해 내분비계와 행동상태체계와 밀접하게 작용함

ⓐ 체성감각수용기와 내장수용기로부터 오는 감각정보는 시상하부, 뇌교, 연수에 있는 항상성 조절중추로 가게 되는데 이러한 중추는 혈압, 체온조절, 수분균형과 같은 중요한 기능들을 감시하고 조절함

ⓑ 시상하부는 삼투농도를 감지하는 삼투수용기와 체온을 감지하는 온도수용기와 같은 감지기를 갖고 있는데 시상하부와 뇌간으로부터 체온을 감지하는 온도수용기와 같은 감지기를 갖고 있는데 시상하부와 뇌간으로부터 오는 운동 출력은 자율반응, 내분비반응, 마시기, 음식 탐색, 온도조절과 같은 행동적 반응들을 형성함

ⓒ 대뇌 피질과 변연계에서 통합된 감각정보는 자율신경 출력에 영향을 미치는 감정을 형성하기도 함

ⓓ 일부 자율신경 반사는 뇌로부터의 입력신호 없이 일어날 수 있음

　　📌 척수반사(spinal reflex) : 배변, 배뇨, 음경 발기

ㄴ. 교감신경과 부교감신경이 표적조직 및 기관에 대해서 길항적으로 조절함

　　ⓐ 때로는 하나의 공통적 목적을 달성하기 위해 다른 조직들과 협력적으로 작용함

　　　　⑩ 음경발기를 위한 혈액 흐름은 부교감신경의 조절을 받으나 정자 사정을 위한 근수축은 교감신경에 의해 지시됨

　　ⓑ 땀샘과 대부분의 혈관 평활근은 교감신경에 의해서만 자극되고 긴장성 조절에 완전히 의존하게 됨

ㄷ. 자율신경의 전체적 구조 : 자율신경로는 연속하여 2개의 원심성 뉴런을 가지고 있고 교감신경과 부교감신경은 다른 부위에서 척수를 빠져나감

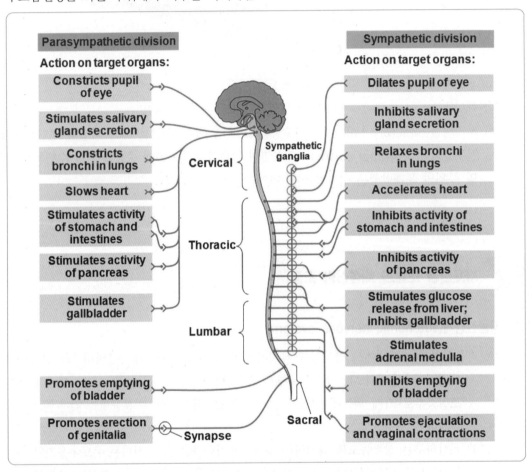

[교감신경 가지와 부교감신경 가지의 비교]

구분	교감신경	부교감신경
CNS 유래 지점	첫 번째 가슴 분절에서 두 번째 허리 분절까지	중뇌, 연수, 두 번째~네 번째 천골 분절
말초신경절의 위치	주로 척추 주위 교감신경 사슬 ; 하행동맥 곁에 위치한	표적기관 또는 그 근처
신경전달물질이 방출되는 영역의 구조	염주	염주
표적 시냅스에서의 신경전달물질	노르에피네프린(아드레날린성 뉴런)	ACh(콜린성 뉴런)
시냅스에서 신경전달물질의 불활성화	염주 안으로 흡수, 확산	효소적 분해, 확산
표적세포 상의 신경전달물질 수용체	α, β-아드레날린성	무스카린성
신경절 시냅스	니코틴성 수용체에 대한 ACh	니코틴성 수용체에 대한 ACh
뉴런-표적 시냅스	α 또는 β-아드레날린성 수용체에 대한 NE	무스카린성 수용체에 대한 ACh

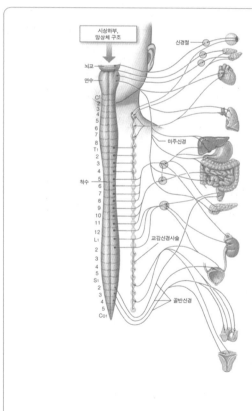

효과기관	부교감신경 반응**	교감신경 반응	아드레날린성 수용체
눈의 동공	수축	팽창	α
침샘	물 분비	점액, 효소	α, β_2
심장	느린 박동	박동수와 수축력 증가	β_1
세동맥과 정맥	—	수축 확장	α β_2
폐	세기관지 수축	세기관지 확장	β_2*
소화관	운동성과 분비 증가	운동성과 분비 감소	α, β_2
외분비성 췌장	효소 분비 증가	효소 분비 감소	
내분비성 췌장	인슐린 분비 자극	인슐린 분비 억제	α
부신수질	—	카테콜아민 분비	
신장	—	레닌 분비 증가	β_1
방광	오줌의 방출	오줌의 방출 억제	α, β_2
지방조직	—	지방 분해	β
땀샘	땀흘림	국부적인 땀흘림	
남성과 여성의 생식기관	발기	사정(남성)	α
자궁	주기에 의존	주기에 의존	α, β_2
림프 조직 (그림이 없음)	—	일반적으로 억제성	α, β_2

** 모든 부교감신경 반응은 무스카린 수용체에 의해 중재된다.

* 오직 호르몬성 에피네프린

기호
부교감신경
교감신경

┃ 자율신경계의 교감신경 경로와 부교감신경 경로 ┃

실제로 2개의 교감신경절 사슬이 있는데, 척수의 양쪽에 하나씩 존재한다.

ㄹ. 자율신경계의 표적은 평활근, 심장근, 많은 외분비선, 소수의 내분비선, 림프조직 그리고 일부 지방조직임. 신경절후 뉴런과 그것의 표적세포 사이의 시냅스는 신경효과기이음부(neuroeffector junction)라고 함

ⓐ 자율신경 축삭은 마치 줄을 따라 일정한 간격을 두고 있는 구슬처럼 그것의 원위 말단에 일련의 팽창된 부분을 가지고 끝나는데 이를 염주라고 하며 이러한 각 팽창부는 신경전달물질로 채워진 소포들을 함유하고 있음

ⓑ 신경전달물질은 단순히 간질액으로 방출되어 수용체가 있는 곳이라면 어디라도 확산되는데 그 결과 체성신경과 골격근 사이에서 일어나는 것보다 덜 통제된 형태의 의사소통을 나타냄

ⓒ 자율신경전달물질의 방출은 다양한 출처로부터 조절받기 쉬움. 호르몬과 히스타민과 같은 조절인자들은 신경전달물질 방출을 촉진하거나 억제할 수 있음

ⓓ 자율신경 전달물질 합성은 축삭 염주에서 일어남

(2) 체성운동신경계(somatic motor neuron)

ㄱ. 체성운동신경은 하나의 뉴런으로 구성되어 있음

ⓐ 체성신경 운동뉴런의 세포체는 대부분 척수의 전각에 위치하며 골격근 표적으로 뻗어 있는 하나의 긴 축삭을 지님

ⓑ 근섬유에 있는 체성신경 운동뉴런의 시냅스를 신경근육이음부(neuromuscular junction)이라 하며 신경근육이음부 시냅스 후 측면에서 축삭말단 맞은편에 놓인 근세포막은 얕은 도랑처럼 보이는 오목한 부위인 운동종판(motor end plate)으로 변형됨

1. 운동종판에는 니코틴성 Ach 수용체들이 활성 영역 안에 존재함. 시냅스 틈은 섬유성기질로 채워지는데 기질 내에는 아세틸콜린을 아세트산과 콜린으로 분해시킴으로써 빠르게 Ach을 불활성화시키는 효소인 아세틸콜린에스터라아제를 함유하고 있음

2. 니코틴 콜린성 수용체는 화학적으로 작동되는 이온채널인데 Ach에 대한 2개의 결합자리를 가지고 있음. Ach이 수용체와 결합하면 채널의 문이 열리고 1가의 양이온들이 이를 통하여 흐르게 되는데 근섬유 안으로의 Na^+의 순유입은 근섬유를 탈분극시켜 활동전위를 일으키고 수축하게 함

5 기억, 학습과 관련된 시냅스 연결 변화

(1) 신경계 발생 주요기작

제한된 성장조절인자를 확보한 신경세포만이 선택적으로 생존하며, 발생 초기의 시냅스 절반 정도가 불안정해져 결국 사라짐

(2) 신경세포의 가소성(neural plasticity)

신경계가 자체 활성에 반응하여 구조적으로 재조정 될 수 있는 능력

ㄱ. 시냅스의 활성이 높아지면 시냅스의 연결이 강화되며, 시냅스의 활성이 사라지면 시냅스의 연결이 끊김

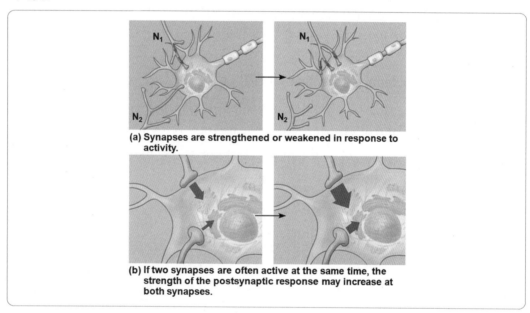

(a) Synapses are strengthened or weakened in response to activity.

(b) If two synapses are often active at the same time, the strength of the postsynaptic response may increase at both synapses.

ㄴ. 개체가 환경을 인지하는 능력을 획득하기 위해서 또는 손상이나 질환으로부터 회복될 때 신경계의 재구성 필요

(3) 기억(memory)

단기기억(한번에 7~12개 정도의 정보를 지닐 수 있는 제한된 정보의 저장형태)과 장기기억으로 구분. 단기기억과 장기기억 모두 대뇌피질에 저장되며, 단기기억을 장기기억으로 전환시키는데 해마가 필수적이지만, 해마는 장기기억을 유지하는 데는 관련이 없음

ㄱ. 기억의 기간에 따른 구분
　　ⓐ 단기기억(short-term memory) : 대뇌피질에 저장되며, 그 정보는 해마에서 형성되는 일시적인 연결 또는 연합을 통해 접근이 가능함

   ⓑ 장기기억(long-term memory) : 대뇌피질에 저장되며, 해마에서의 연결이 대뇌 피질 내의
      보다 영구적인 연결로 교체됨

  ㄴ. 기억의 성격에 따른 구분

절차기억	서술기억
• 상기하는 것이 자동적으로 되며 의식적인 집중을 요하지 않음 • 반복을 통해 천천히 획득 • 운동기술과 규칙과 절차 포함 • 기억은 실례로 재현될 수 있음	• 상기하는 것은 의식적 집중 요함 • 추리, 비교, 평가 같은 고급사고에 의존 • 기억은 구두로 보고될 수 있음

   ⓐ 서술기억(declarative memory) : 전화번호, 사건, 장소에 대한 기억
   ⓑ 절차기억(procedural memory) : 걷기, 신발끈 묶기, 자전거 타기, 쓰기에 관련된 기억. 뇌
      의 성장과 발달에 관여하는 기작과 유사한 세포수준 기작이 일어나며 신경세포들간의 새로
      운 연결이 형성되는 것이 특징임

(4) 장기상승작용(long-term potentiation ; LTP)

시냅스 전달의 강도가 장기간 증가되는 세포 수준의 학습 기작. LTP는 시냅스 전 신경세포에서 짧
은 시간 동안 높은 빈도의 연속적인 활동전위가 발생했을 때 일어남. 그리고 이러한 연속적인 활동
전위는 시냅스 후 신경세포에서 발생한 탈분극 신호와 동시에 일어나야 함

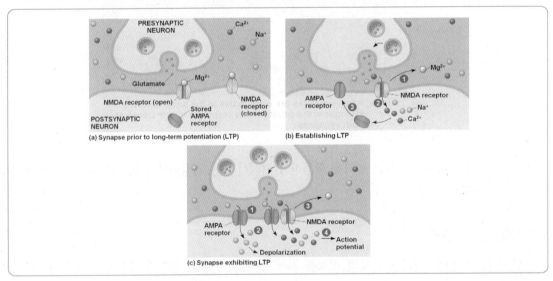

① 글루탐산이 AMPA 수용체에 결합하면 AMPA 수용체가 열리고 막이 탈분극됨
② 글루탐산이 NMDA 수용체에 결합하면 탈분극되어 Mg^{2+}이 떨어져 나가고 NMDA 수용체가 열
   려 Ca^{2+}이 유입됨
③ Ca^{2+}은 AMPA 수용체의 인산화를 유도하고 더 많은 AMPA 수용체의 발현을 유도하며 NO 생
   성을 유도함. NO는 시냅스 전 세포로 확산되어 글루탐산 분비를 촉진함

6 중추신경계 질환

(1) 정신분열증(schizophrenia)

정상적으로 통합된 형태를 보이는 뇌기능들이 분열되어 나타나는 증상

ㄱ. 전형적으로 환각과 망상 증세를 겪음

ㄴ. 도파민을 신경전달물질로 이용하는 신경경로에 영향을 줌

    ⓐ 도파민의 분비를 촉진하는 암페타민은 정신분열증 유사 증상을 유도함

    ⓑ 정신분열 증상 완화 약물은 공통적으로 도파민 수용체를 저해함

ㄷ. 글루탐산 수용체도 관련 : PCP(천사의 가루라 불림)는 글루탐산 수용체를 저해함으로써 강력한 정신분열 증세를 나타냄

(2) 기분장애(affective depression)

기분조절이 어렵고 비정상적인 기분이 장기간 지속되는 장애

ㄱ. 우울증(major depression) : 유쾌한 활동에도 아무런 즐거움이나 관심을 보이지 않는 바닥으로 떨어진 기분상태가 몇 개월씩이나 지속되는 증상

ㄴ. 조울증(bipolar disorder) : 기분이 고조된 상태와 저조한 상태의 양극단을 오가는 정신질환

    ⓐ 조증 시기(manic phase) : 자아존중으로 충만하고 에너지가 넘치며, 아이디어가 샘솟고, 말이 많아지는 등의 행동과 함께 때로는 위험한 결정을 하기도 함

    ⓑ 우울증 시기(depreesice phase) : 기쁨을 잘 느끼지 못하며, 무관심해지고, 잠을 자지 못하며, 자신이 무가치하다고 느끼는 증상을 동반함

(3) 알츠하이머병(Alzheimer's disease)

혼동, 기억 상실 등의 다양한 증상을 일으키는 노인성 치매

ㄱ. 해마와 대뇌피질을 포함하는 뇌의 대부분의 부위에서 신경세포가 사멸함

ㄴ. 뇌조직에서 노인반(β-아밀로이드)과 신경섬유 응집체(주로 타우 단백질)가 관찰됨

    ⓐ β-아밀로이드 : 정상 상태에서 신경세포의 막상에 존재하는 단백질이 시크리테이즈(secreatase)라는 효소에 의해서 분해되어 나온 불용성 펩티드로써 세포 밖에 축적되어 응집체의 형태로 존재함

    ⓑ 타우 단백질 : 타우단백질의 정상적 기능은 미세소관을 따라 이동하는 영양물질의 공급을 조절하는 것인데 이러한 타우 단백질의 구조 변형에 의해 타우단백질간 결합이 발생함으로써 신경섬유 응집체가 형성됨

84 교감 신경계의 작용에 관한 설명으로 옳지 <u>않은</u> 것은?

① 기관지가 수축된다.
② '싸움-도피 반응(fight or flight response)'이다.
③ 심장박동이 촉진된다.
④ 신경절후에서 노르에피네프린이 분비된다.
⑤ 동공이 확대된다.

84 정답 | ①

교감 신경계는 위험 상황이나 강한 활동 시의 '격투-도주(fight or flight) 반응'을 관장한다. 즉 혈당 증가, 심장박동 및 호흡 증가와 기관지 이완, 혈압 상승 등을 유발하며 소화와 배설 기능은 억제한다. 또한 동공 주변의 홍채 방사근을 수축시켜 동공을 확장시키는 기능도 한다. 이러한 교감신경의 작용은 신경절 뒷부분 신경(절후신경)의 축삭 말단에서 분비되는 신경전달물질인 노르에피네프린(norepinephrine)에 의해 주로 유발된다.

MEMO

생물 1타강사 **노용관**

편입생물 비밀병기

단권화 바이블 ✚ 필수기출과 해설편

한권으로 끝내는 메디컬(의치한약수) 편입 나만의 祕密兵器

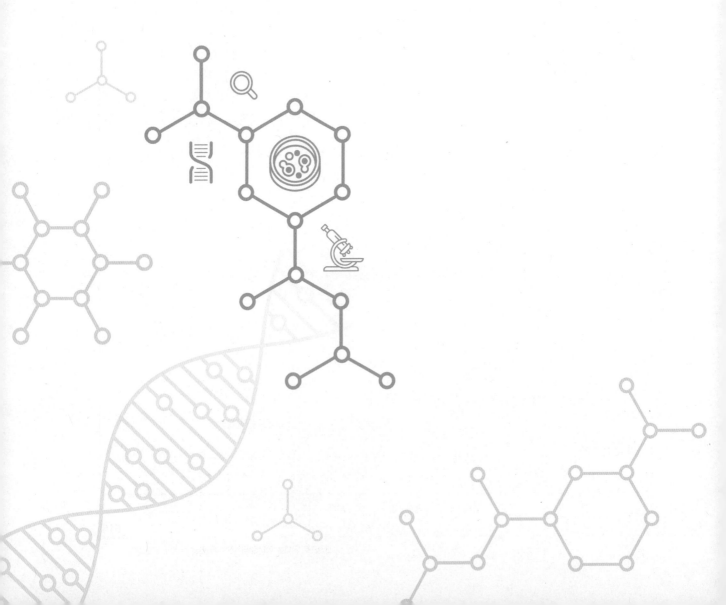

감각과 운동

28 감각과 운동

1 수용기와 적합자극

(1) 수용기와 감각기관

자극을 받아들일 수 있는 세포를 감각수용기(sensory receptor)라 하며, 외부자극을 효과적으로 받아들일 수 있도록 수용기가 분화되어 있는 기관을 감각기관(sensory organ)이라 함

(2) 적합자극 : 특정 감각 기관만을 자극하여 흥분시킬 수 있는 자극

감각기관	수용기	적합자극	감각
눈	망막	빛(가시광선)	시각
귀	달팽이관	음파	청각
	전정기관	몸의 기울기	평형감각
	반고리관	림프의 관성	
코	후각, 상피	기체 상태의 화학물질	후각
혀	미뢰	액체 상태의 화학물질	미각
피부	압점, 촉점	압력, 접촉	압각, 촉각
	통점	열, 물질, 강한 압력	통각
	온점	온도의 상승	온각
	냉점	온도의 하강	냉각

2 자극과 반응의 일반적 특징

(1) 실무율(All or None law)

수용기 세포에 반응을 일으킬 수 있는 최소한의 자극의 세기를 역치라 하고, 역치가 작을수록 예민한 감각기임. 단일 근섬유나 단일 신경섬유에서는 역치 미만의 자극에는 반응이 없고, 역치 이상의 자극에서는 반응의 크기가 일정한데 이를 실무율이라 함

(2) 베버의 법칙

자극의 변화를 느낄 수 있는 최소한의 변화량은 처음 자극 세기에 비례함

ㄱ. $K = \dfrac{\triangle R}{R_1}$ $\triangle R = KR_1$

(R_1 : 처음 자극의 세기, R_2 : 나중 자극의 세기, K : 베버 상수)

ㄴ. $\triangle R$과 K는 비례관계에 있음. 감각기에 따라 K값이 일정함. K값이 작을수록 예민한 감각기임

3 감각경로과정

(1) 감각경로과정에서 나타나는 특징

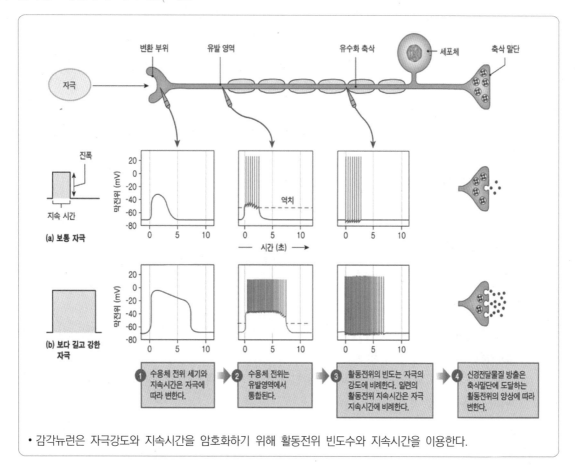

• 감각뉴런은 자극강도와 지속시간을 암호화하기 위해 활동전위 빈도수와 지속시간을 이용한다.

① 감각 수용(sensory reception) : 수용기 세포가 자극을 감지하는 것
② 감각 변환(sensory transduction) : 자극 에너지를 감각수용기에서 막전위의 변화로 전환하는 과정

③ 전달(transmission) : 자극에너지가 수용기전위로 변환된 후, 활동전위 형태로 중추신경계에 전달되는 것임. 감각 전달 중에 여러 자극이 시간적으로 또는 공간적으로 합쳐짐. 수용기 전위와 시냅스 후 전위도 종합됨

④ 인지(perception) : 뇌에 의한 자극 인지. 감각 수용기에서 발생한 활동전위는 척수 혹은 뇌의 특징 신경세포와 시냅스를 형성하고 있는 특정 자극을 전달하는 뉴런에 의해 전달되기 때문에 뇌의 어느 부위에 활동전위가 도달했는가를 통해 자극의 종류를 구별할 수 있게 됨

(2) 증폭과 감각적응

ㄱ. 증폭(amplification) : 자극에너지가 감각경로에 존재하는 세포들에서 강화되는 현상. 증폭은 종종 2차 신호전달자가 관여하는 신호전달 경로에 의해서 조절. 비세포성 구조물에서도 증폭이 일어난다는 점을 주목해야 함.
cf 귀의 청소골의 진동 증폭

ㄴ. 감각적응(sensory adaptation) : 동일한 강도의 자극이 지속적으로 가해지면, 감각수용기의 반응성이 감소함

4 감각 수용기의 구분

(1) 자극의 종류에 따른 구분

ㄱ. 외부 수용기 : 몸 밖으로부터 오는 자극을 감지하는 감각수용기이며, 열, 빛, 압력, 화학물질 등을 적합자극으로 함

ㄴ. 내부 수용기 : 몸 안의 자극을 감지하는 감각수용기이며 혈압, 몸 위치 등을 파악함

(2) 구조에 따른 구분

ㄱ. 1차 수용기 : 감각뉴런이 직접 수용기 세포로 작용하는 경우. 수용기 전위가 활동전위로 변환됨.
예 촉각 수용기, 통각 수용기

ㄴ. 2차 수용기 : 특수자극을 수용하기 위해 뉴런 이외의 세포가 수용기로 분화된 경우. 수용기 전위가 활동전위로 변환되지 않음
예 시각, 청각, 미각수용기

(3) 지속되는 자극에 대한 반응에 따른 구분

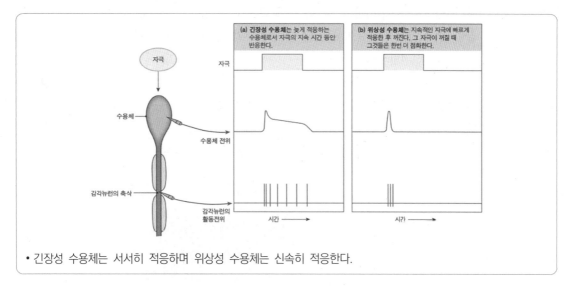

| (a) 긴장성 수용체는 늦게 적응하는 수용체로서 자극의 지속 시간 동안 반응한다. | (b) 위상성 수용체는 지속적인 자극에 빠르게 적응한 후 꺼진다. 그 자극이 꺼질 때 그것들은 한번 더 점화한다. |

• 긴장성 수용체는 서서히 적응하며 위상성 수용체는 신속히 적응한다.

ㄱ. 긴장성 수용기(tonic receptor) : 느리게 적응하는 수용기로서 처음 활성화되었을 때 신속하게 점화되고 그 다음에는 늦어지며 자극이 존재하는 한 유지됨

  예 압력 수용기, 통각 수용기, 일부 촉각과 고유감각수용기

ㄴ. 위상성 수용기(phasic receptor) : 빠르게 적응하는 수용기로서 처음에 자극을 받을 때는 흥분하지만 그 자극의 세기가 일정하게 유지되면 흥분을 멈추게 되고 자극이 멈출 때 다시 한 번 흥분하게 됨

  예 후각 수용기

(4) 기능에 따른 구분

ㄱ. 기계적 수용기(mechanoreceptor) : 압력 접촉, 신장, 움직임, 소리와 같은 자극에 의해 일어나는 물리적 변형을 감지. 세포골격과 같은 세포 내 구조물은 물론, 섬모와 같은 세포의 구조물과 연결된 이온통로를 지녀, 세포막이 구부러지거나 늘어나게 되면 장력이 발생하여 이온통로의 투과성이 변하여 탈분극이나 과분극을 유발함

  ⓐ 유모세포(hair cell) : 섬모가 있는 기계적 수용기 예 청세포

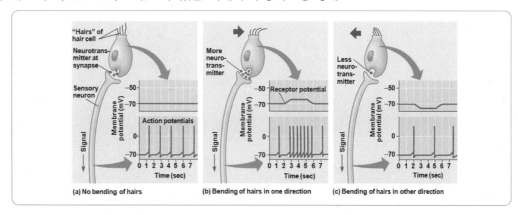

ⓑ 신장수용기 : 근육의 신장 정도나 근육에서 발생한 힘의 크기에 대한 정보를 제공함
    1. 근방추(muscle spindle) : 근육 속에 분포하는 작은 근섬유로써, 중심부위에 감각뉴런의
       끝이 감겨 있어서 근육이 늘어날 때 근방추가 자극을 받아 근육이 다시 원래의 길이로 회
       복하려는 신전반사를 유도함
    2. 골지건기관(Golgi tendon organ) : 힘줄과 근섬유의 연결 부분에서 발견되는데 수용기
       들은 근섬유와 나란히 놓여 있으며 골지건기관은 하나의 근육이 제길이수축을 하고 있을
       때 생기는 장력에 반응하여 이완반사를 일으킴
ⓒ 피부감각 수용기 : 감각신경세포의 수상돌기를 통해 감각수용

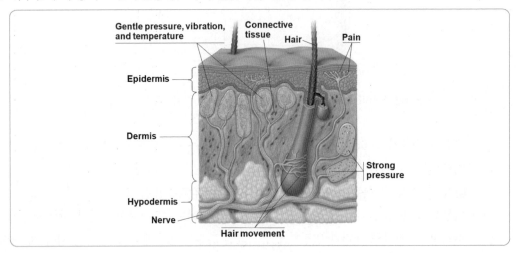

ㄴ. 화학 수용기(chemoreceptor) : 화학수용기 세포막에 존재하는 수용체에 자극분자가 결합하여
   막 투과성을 변화시킴
    ⓐ 일반수용기 : 녹아있는 모든 용질의 농도를 전반적으로 감지함
        예 시상하부의 삼투수용기
    ⓑ 특수수용기 : 특정분자에만 선택적으로 반응함
        예 H^+ 화학수용기

5 사람의 청각

(1) 귀의 전체적 구조

공기진동(음파)의 자극을 감지함. 사람이 들을 수 있는 주파수는 20~2000Hz에 해당함

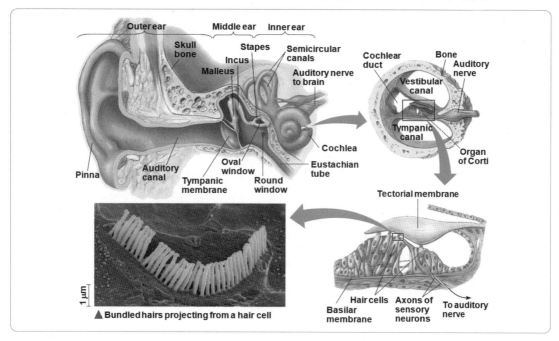

▲ Bundled hairs projecting from a hair cell

ㄱ. 외이(outer ear) : 귓바퀴와 청관으로 구성되며 음파를 모아 고막에 전달하는 역할을 수행함

ㄴ. 고막(tympanic membrane) : 외이와 중이의 경계를 이루며, 진동을 청소골의 망치뼈에 전달함

ㄷ. 청소골 : 망치뼈(malleus), 모루뼈(incus), 등자뼈(stapes)로 구성되며, 고막으로부터 전달된 진동을 증폭하여 달팽이관의 등자뼈와 맞닿아 있는 막구조인 난원창에 전달함

ㄹ. 유스타키오관(Eustachian tube) : 인두와 중이를 연결하는 관이며, 외부와 중이의 압력을 일치시키는 역할을 수행함

ㅁ. 내이(inner ear) : 체액으로 차 있는 미로로서 두개골의 관자뼈 내에 존재하며, 달팽이관과 반고리관이 존재하여, 각각 청각과 평형감각을 맡음

(2) 소리의 인식 과정과 청각 장애

ㄱ. 소리의 인식 과정 : 음파 → 고막진동 → 청소골 → 난원창 → 전정계 → 고실계 → 기저막 진동 → 코르티기관의 유모세포에서 수용기 전위 발생 → 청신경 → 대뇌

ㄴ. 청각장애 : 고막이나 청소골이 손상된 전도성 난청과 내이, 청각신호 경로에 이상이 생긴 신경성 난청으로 구분됨

(3) 달팽이관(cochlea)

전정계와 고실계의 두 큰 관이 있고, 그 사이에 작은 통로인 와우관이 존재함. 전정계와 고실계는 외림프액으로, 와우관은 내림프액으로 차 있음

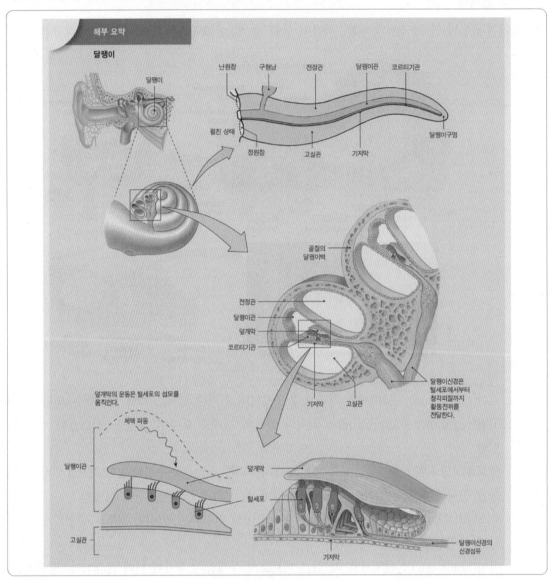

ㄱ. 난원창(oral window) : 등자뼈와 맞닿아 있는 달팽이관의 막구조로, 청소골의 증폭과 진동을 받아들임

ㄴ. 정원창(round window) : 달팽이관 내의 파동을 소멸시키는 음파의 제동현상을 유발하여 다음 에 연속적으로 도달하는 진동을 감지할 수 있도록 귀를 초기화시킴

ㄷ. 코르티기관(organ of Corti) : 와우관의 바닥인 기저막 상에 위치하며, 기계적 수용기인 유모세 포가 있고, 섬모는 덮개막과 맞닿아 있음. 압력파가 기저막을 진동시키면 유모세포를 흥분시킴

(4) 소리 형성의 두 가지 중요한 변인

소리의 크기는 음파의 진폭에 의해 결정되며, 소리의 고저는 음파의 주파수에 의해 결정됨. 와우관의 기저막이 길이방향으로 고르지 않기 때문에 소리의 고저가 구별 가능함

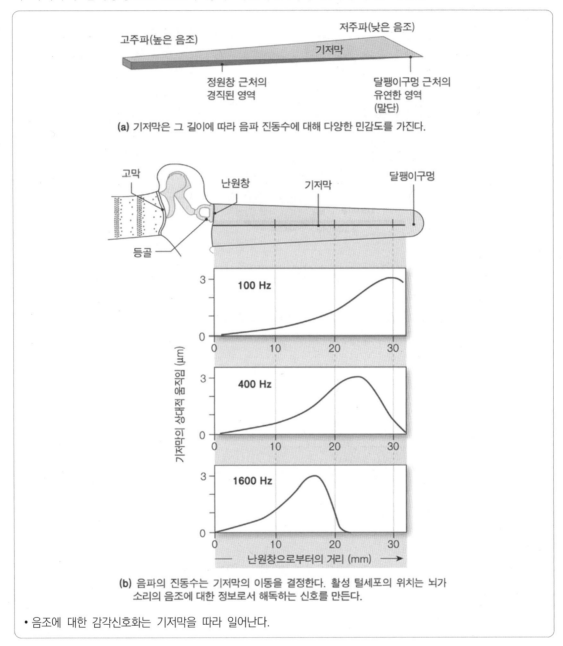

(a) 기저막은 그 길이에 따라 음파 진동수에 대해 다양한 민감도를 가진다.

(b) 음파의 진동수는 기저막의 이동을 결정한다. 활성 털세포의 위치는 뇌가 소리의 음조에 대한 정보로서 해독하는 신호를 만든다.

• 음조에 대한 감각신호화는 기저막을 따라 일어난다.

ㄱ. 난원창과 가까운 부위의 기저막 : 상대적으로 좁고 딱딱하여 높은 주파수에 반응함

ㄴ. 난원창과 먼 부위의 기저막 : 상대적으로 넓고 유연하여 낮은 주파수에 반응함

한권으로 끝내는 메디컬(의치한약수) 편입 나만의 祕密兵器

(5) 평형감각 : 신체의 균형과 위치에 관련된 감각

ㄱ. 반고리관(semicircular canal) : 난형낭과 연결되어 있으며 머리의 회전과 다양한 회전 운동을 감지함

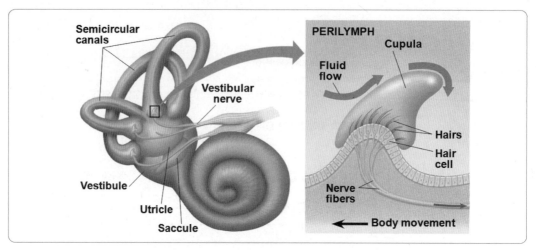

ⓐ 각 관의 내부에는 유모세포들이 하나의 집단을 이루고 있으며, 섬모는 정(copula)이라는 젤라틴성 물질 속에 돌출

ⓑ 머리가 회전하게 될 때 반고리관의 액체가 정을 압박하여 섬모를 구부리게 되어 유모 세포를 흥분시킴

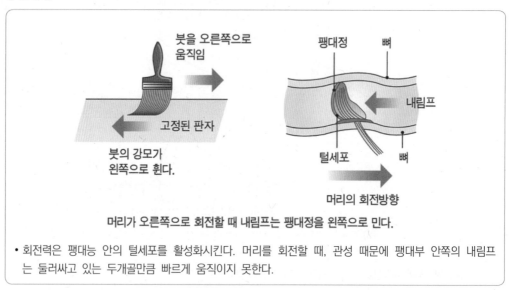

머리가 오른쪽으로 회전할 때 내림프는 팽대정을 왼쪽으로 민다.

• 회전력은 팽대능 안의 털세포를 활성화시킨다. 머리를 회전할 때, 관성 때문에 팽대부 안쪽의 내림프는 둘러싸고 있는 두개골만큼 빠르게 움직이지 못한다.

ㄴ. 전정기관 : 난원창의 바로 뒤쪽에 있는 구조물로서 난형낭(utricle)과 구형낭(saccule)으로 구성되며, 중력과 선형 움직임에 대한 위치를 파악케 함

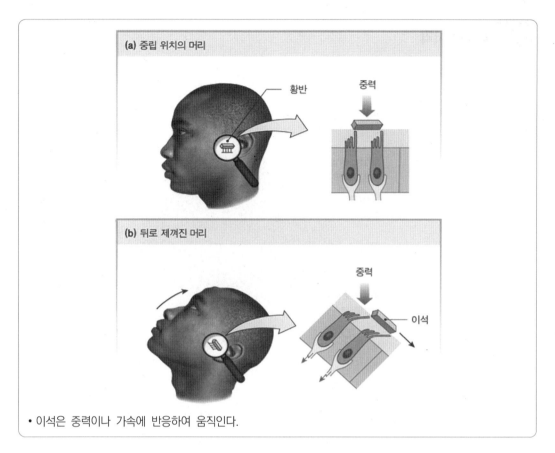

(a) 중립 위치의 머리

황반

중력

(b) 뒤로 제껴진 머리

중력

이석

• 이석은 중력이나 가속에 반응하여 움직인다.

ⓐ 난형낭과 구형낭에는 유모세포들이 무리지어 배열되어 있고, 모든 섬모는 젤라틴성 물질속에 돌출. 수평으로 위치한 난형낭은 전후 방향의 움직임을, 수직으로 위치한 구형낭은 상하방향의 움직임을 감지함

ⓑ 젤라틴성 물질 속의 이석(otolith)이라는 탄산칼슘 알갱이가 머리를 기울일 때, 섬모를 구부려 유모세포를 흥분시킴

6 사람의 시각

(1) 눈의 구조

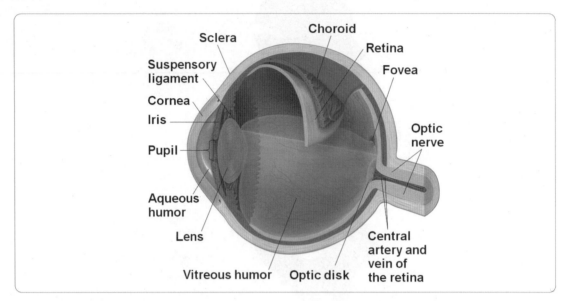

ㄱ. 공막(sclera) : 거칠고 하얀 외층의 결합조직으로 눈의 앞쪽에서 투명한 각막으로 변형되어 고정된 렌즈처럼 빛이 눈으로 들어오게 함

ㄴ. 맥락막(choroid) : 얇은 색소 상피층으로, 일종의 암실 역할을 수행함

ㄷ. 홍채(iris) : 맥락막 앞쪽의 도넛 모양의 구조물로, 홍채의 색깔에 의해 눈의 색깔이 결정되며, 홍채의 크기 변화에 의해 동공의 크기가 결정되어 눈으로 들어오는 빛의 양을 조절함

ㄹ. 망막(retina) : 안구의 가장 안쪽 층을 형성하며 신경세포와 광수용기(간상세포, 원추세포)로 이루어진 층을 형성함

ㅁ. 시신경원판(optic disk) : 눈에 연결된 시신경이 눈을 떠나는 부위로, 광수용기가 존재하지 않아 빛이 감지되지 않기 때문에 맹점(blind spot)이라고도 함

ㅂ. 수정체(lens) : 원반 모양의 투명한 단백질체로 모양이 변형되어 초점형성에 기여함

ㅅ. 모양체(ciliary body) : 수축과 이완을 통해 수정체의 두께 조절에 관여하며, 안구방수를 분비함

ㅇ. 진대(suspensory ligament) : 모양체와 함께 수정체 두께 조절에 관여함

ㅈ. 안구방수(aqueos humor) : 수정체와 각막 사이의 공간에 차 있는 액체 성분으로 모양체에서 분비되는데, 안구방수가 빠져나가는 관이 막히면 안압이 높아지고, 실명으로 초래하는 녹내장이 유발됨

ㅊ. 유리체방수(vitreous humor) : 수정체 뒤쪽 공간의 젤리성 물질

(2) 눈의 조절 : 빛의 양과 초점 조절

ㄱ. 빛의 양 조절 : 홍채에 의한 동공 크기 조절

ⓐ 밝을 때 : 부교감 신경 자극 → 홍채의 방사근 이완, 원형근 수축 → 동공크기 감소

ⓑ 어두울 때 : 교감 신경 자극 → 홍채의 방사근 수축, 원형근 이완 → 동공크기 증가

ㄴ. 원근 조절 : 수정체 두께 변화에 의한 조절

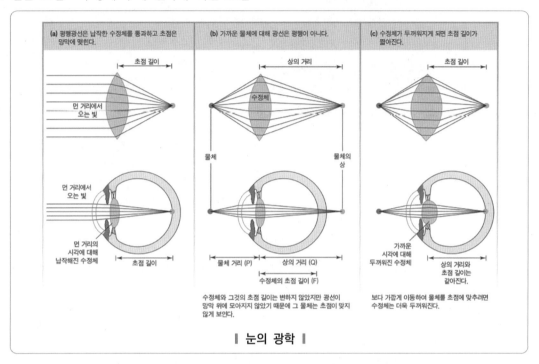

┃ 눈의 광학 ┃

ㄷ. 원시와 근시 : 초점이 망막 뒤쪽이나 앞쪽에 맺힐 때 발생함

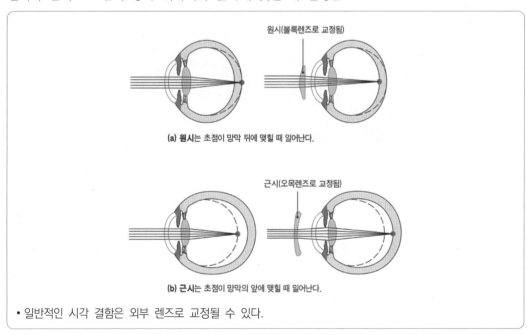

• 일반적인 시각 결함은 외부 렌즈로 교정될 수 있다.

(3) 망막의 구조와 광수용기

망막은 광수용기, 쌍극세포, 신경절세포로 구성되며 특히 광수용기는 간상세포와 원추세포로 구분됨

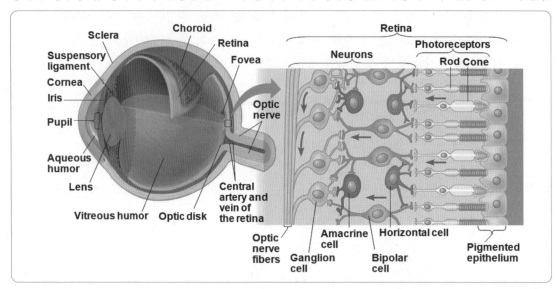

ㄱ. 간상세포(rod cell) : 로돕신이라는 감광 색소가 존재하며, 빛에 대단히 민감하여 어두울 때 형태와 명암을 구분함. 망막의 가장자리에 주로 분포하며 황반에는 간상세포가 존재하지 않아 밤에 별을 똑바로 쳐다보면 보이지 않음

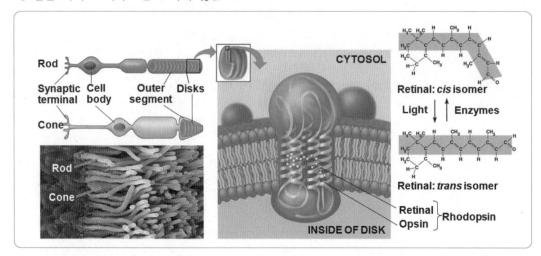

ⓐ 명순응과 암순응

1. 명순응 : 어두운 곳에서 밝은 곳으로 가게 된 경우, 강한 빛에 의해 로돕신이 한꺼번에 분해가 되어 눈이 부시지만 시간이 지나면서 차츰 잘 보이게 되는 현상

2. 암순응 : 밝은 곳에서 어두운 곳으로 가게 된 경우, 로돕신이 생성되면서 차츰 잘 보이게 되는 현상

ⓑ 간상세포의 신호전달과정

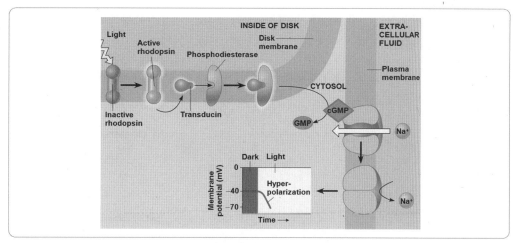

① 빛이 레티날을 시스 이성질체에서 트랜스 이성질체로 변형시켜 로돕신을 활성화시킴. 이때 로돕신의 색깔이 보라색에서 노란색으로 변화되는 탐색 현상이 일어남

② 활성화된 로돕신은 트랜스듀신이라 불리는 G단백질을 활성화시킴

③ 트랜스듀신(G단백질)은 phosphodiesterase(PDE)를 활성화시킴

④ 활성화된 PDE는 cGMP를 GMP로 가수분해하여 Na^+ 채널이 닫힘. 결국 과분극이 유발됨

ㄴ. 원추세포(cone cell) : 감광 색소인 포톱신이 존재하며, 빛에 대한 역치가 매우 높아서 밝은 경우에만 형태, 명암, 색 분별을 수행함. 서로 다른 3종류의 원추세포가 존재하는데, 각각 적색, 녹색, 청색 파장의 빛을 가장 잘 흡수함. 망막의 중앙에 주로 분포하기 때문에 낮에는 사물을 똑바로 쳐다보아야 선명함. 비정상적인 색깔의 인지는 전형적으로 포톱신의 이상에 기인하는데, 적색, 녹색의 시각색소 유전자는 X염색체 상에 존재하기 때문에 두 유전자 중 하나가 결핍되면, 적색과 녹색의 구분에 결함이 생기는 적록색맹이 발생함

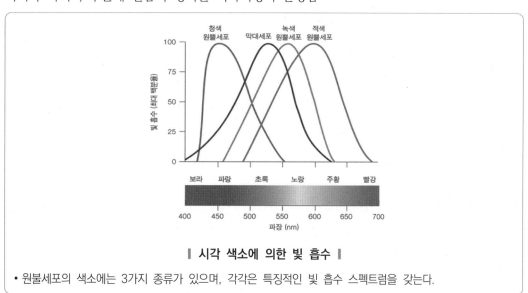

▌ 시각 색소에 의한 빛 흡수 ▌

• 원불세포의 색소에는 3가지 종류가 있으며, 각각은 특징적인 빛 흡수 스펙트럼을 갖는다.

(4) 시각 정보 처리

ㄱ. 수직적 전달경로 : 광수용기 세포(photoreceptor cell) → 쌍극세포(bipolar cell) → 신경절
세포(ganglion cell)

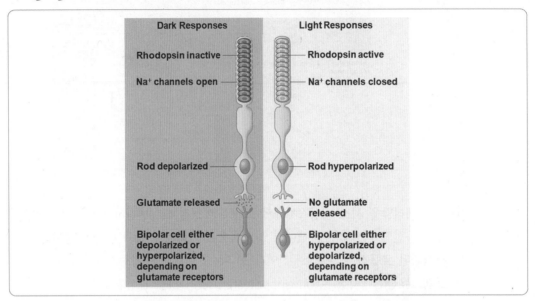

ⓐ 어두운 곳 : 광수용기 세포는 탈분극 상태로 존재하며, 글루탐산을 분비하고, 수용체의 유형
에 따라 일부 쌍극세포는 탈분극이 유도되고, 일부 쌍극세포는 과분극이 유발됨

ⓑ 밝은 곳 : 광수용기 세포는 과분극 상태로 전환되어 글루탐산 방출이 억제되고, 탈분극 쌍극
세포는 과분극, 과분극 쌍극세포는 탈분극이 유발

ㄴ. 측면 경로 : 수평세포(horizontal cell)와 무축삭세포(amacrine cell)에 의한 수평적 신경전달

ⓐ 수평세포 : 수용기로부터 다른 수용기로 또는 여러 쌍극세포로 신호를 전달함. 간상세포나
원추세포가 자극되면 수평세포들은 보다 멀리 떨어져 있는 광수용기 세포들과 쌍극세포들을
억제하여 밝은 부분을 더 밝게 하고, 어두운 부분들을 보다 더 어둡게 하여 상의 대비가 뚜
렷해지는데 이를 측면 억제(lateral inhibition)이라고 함

ⓑ 무축삭세포 : 하나의 쌍극세포에서 여러 신경절 세포로 신호를 전달함

ㄷ. 수용영역(receptive field) : 하나의 신경절세포에 정보를 전달하는 간상세포와 원추세포의 집
합. 수용영역이 크면 상이 상대적으로 확실치 않고 수용영역이 작으면 상이 상대적으로 확실함.
황반의 신경절세포 수용영역은 아주 작아 상이 선명함

(5) 시신경 전달 경로와 시야에 따른 정보 전달의 차이

ㄱ. 시신경 전달 경로 : 시신경(optic nerve) → 시신경 교차(optic chiasm) → 시상의 가쪽무릎핵
(lateral geniculate nucleus) → 후두엽의 1차 시각피질(primary visual cortex)

편입생물 **비밀병기** – 단권화바이블 + 필수기출과 해설편

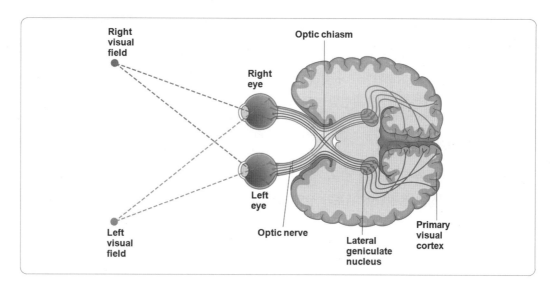

ㄴ. 시야에 따른 정보 전달의 차이 : 신경절세포의 축삭으로 된 두 개의 시신경다발은 대뇌피질의
기저 중심 부근에서 교차하여 양쪽 눈의 왼쪽 시야는 뇌의 오른쪽으로, 오른쪽 시야는 뇌의 왼
쪽으로 신호를 보내게 됨

7 사람의 후각

(1) 후각상피의 구조와 후각 전달 과정

ㄱ. 후각상피의 구조 : 후각수용기 세포, 지지세포, 기저세포로 구성

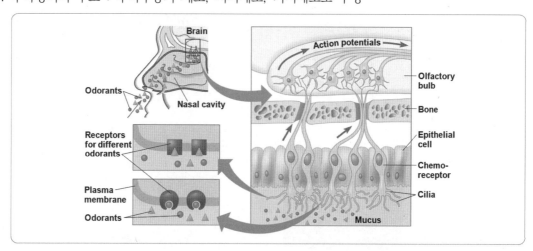

ㄴ. 후각 전달 경로 : 시상을 경유하는 경우와 시상을 경유하지 않는 경우가 모두 존재함

> 후각 수용기 → 후각 망울의 2차 감각 신경 → 대뇌 피질의 전두엽

(2) 후각 관련 특징

ㄱ. 후각 수용기 세포는 변형된 뉴런으로서 민감하지만 매우 빠른 감각 적응을 보임

ㄴ. 후각 수용체를 암호화하는 유전자는 약 1천 가지 이상인데 각각의 후각 수용기는 한 종류의 냄새 수용체 단백질만을 발현함

(3) 후각 수용기의 흥분 과정

ㄱ. 냄새물질이 후각 수용기 섬모 세포막에 존재하는 G단백질 연결 수용체에 결합함

ㄴ. cAMP 생성이 촉진되어 세포막 상의 Na^+, Ca^{2+} 채널을 열게 되어 탈분극이 유도되고 활동전위가 형성됨

8 사람의 미각

(1) 미각 수용기의 위치와 특징

상피세포와 변형된 세포로서 유두라는 돌출된 구조물에 둘러싸인 미뢰 내에 존재하는데 미각 수용기는 맛봉오리를 형성하여 분포함. 맛봉오리(taste bud ; 여러 종류의 미세포가 꽃봉오리 모양을 형성한 것)는 다섯가지 맛(단맛, 신맛, 짠맛, 쓴맛, 우마미맛)을 모두 감지하나 개개의 미각 수용기는 한 종류의 맛수용체만 발현하여 한 종류의 맛만을 감지하게 됨. 우마미맛은 글루탐산(조미료의 MSG 핵심성분이며 고기나 치즈와 같은 음식물에 다량 존재) 감지를 통해 느낄 수 있는 맛임

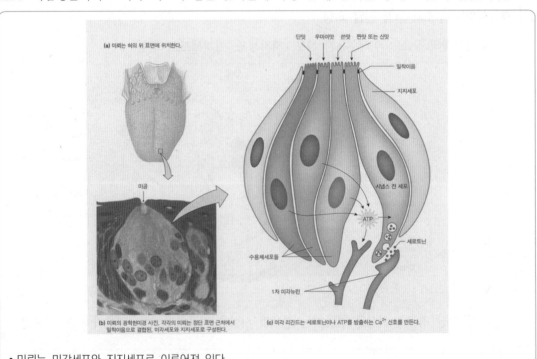

• 미뢰는 미각세포와 지지세포로 이루어져 있다.

(2) 미각 형성 과정

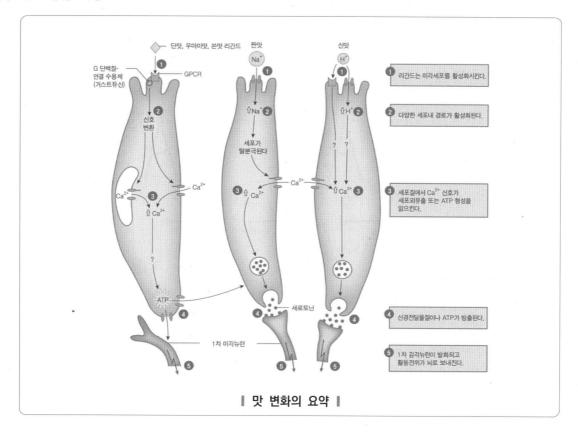

┃ 맛 변화의 요약 ┃

ㄱ. 단맛, 쓴맛, 우마미맛의 경우

   ⓐ G단백질 연결 수용체를 통해 자극이 감지됨

   ⓑ 미각자극물질이 수용체와 결합하면, G단백질, phospholipase C, IP_3, Ca^{2+}을 포함하는 신경전달경로가 활성화됨

   ⓒ 2차 신호 전달자는 Na^+채널을 열어 탈분극이 유도됨

ㄴ. 신맛의 경우

   ⓐ 산이나 신맛을 내는 다른 물질이 수용체에 결합하면 K^+채널이 닫히면서 탈분극이 유발됨

---

9 피부 감각 수용기의 구조와 기능

(1) 피부감각

통각, 압각, 촉각, 냉각, 온각으로 구분하며 통점 > 압점 > 촉점 > 냉점 > 온점 순으로 많이 분포되어 있음. 피부 감각 수용기 세포는 1차 수용기로써 신경세포의 축삭말단을 통해 감각을 수용함

(2) 피부감각의 특징

ㄱ. 2점 접촉 역치 : 접촉한 두 점을 서로 떨어진 것으로 지각할 수 있는 두 점 간의 최소거리로써, 수용영역(receptive field)들 간의 거리 측정 치수가 작아야 민감성이 높은 것이며 손가락 끝이 가장 접촉역치 값이 작음

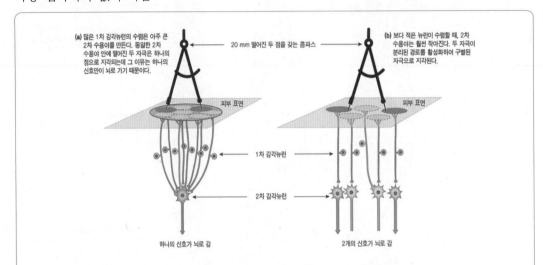

- 이점 구별법은 2차 수용야에 따라 다양하다. (a) 팔과 다리에는 덜 민감한 피부 부위가 있다. 이러한 부위에서 20 mm 거리의 2개의 자극은 따로 느낄 수 없다. (b) 손가락 끝처럼 보다 민감한 부위에서는 2 mm 정도 떨어진 자극도 구별된 자극으로 지각된다.

ㄴ. 측면억제(lateral inhibition) : 중앙부위를 더 크게 자극하고, 이웃 부위의 자극을 억제하여 감각 경계가 분명해짐

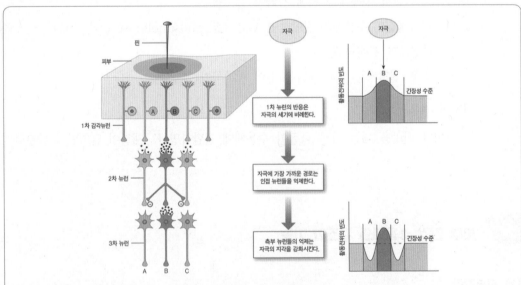

- 측부 억제는 대조를 증진시켜 자극을 보다 쉽게 지각하도록 한다. 1차 감각뉴런 A, B, C의 반응은 각 수용야의 자극 강도에 비례한다. 2차 감각뉴런 A와 C는 2차 감각뉴런 B에 의해 억제되며, B와 그에 이웃하는 것들 사이에서 더욱 큰 대조를 일으킨다.

ㄷ. 결합조직의 구조와 위치가 감지하는 기계적 에너지 종류를 결정함

ⓐ 가벼운 접촉을 감지하는 수용기는 피부 표면에 위치함

ⓑ 강한 압력이나 진동에 반응하는 수용기는 피부 깊숙이 위치함

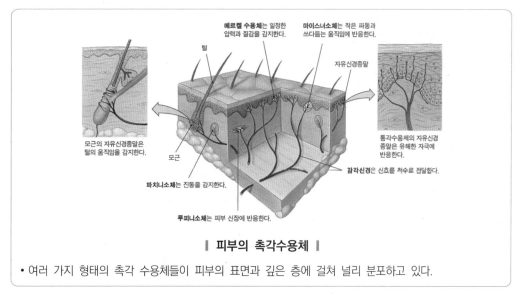

| 피부의 촉각수용체 |

• 여러 가지 형태의 촉각 수용체들이 피부의 표면과 깊은 층에 걸쳐 널리 분포하고 있다.

10 근육(muscle)의 구조와 기능

(1) 근육의 종류

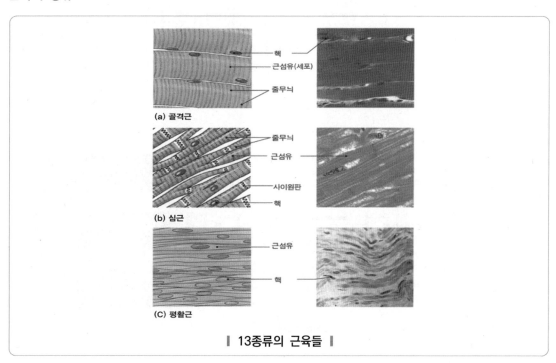

| 13종류의 근육들 |

ㄱ. 골격근(skeletal muscle) : 골격의 움직임에 관여하며, 다핵성이고, 횡문근임
ㄴ. 심장근(cardiac muscle) : 심장 수축에 관여하며, 일핵성이고, 횡문근임
ㄷ. 평활근(smooth muscle) : 혈관이나 소화관 운동에 관여하며, 일핵성이고, 민무늬근임

(2) 골격근의 구조와 기능

ㄱ. 골격근의 구조

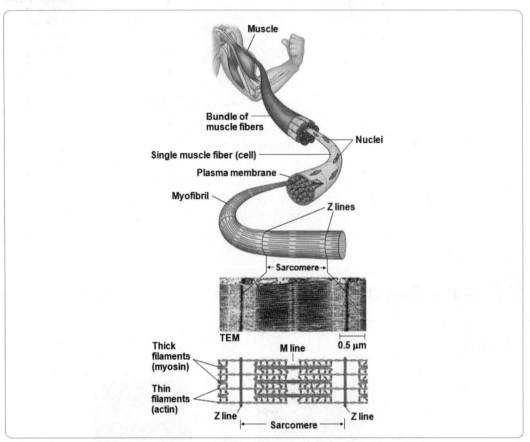

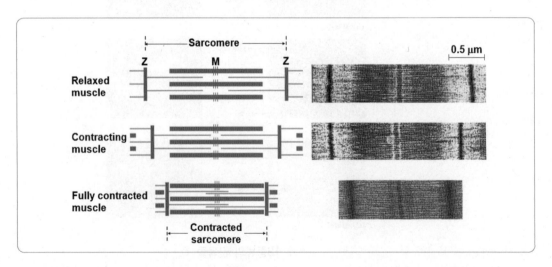

ⓐ 대부분의 골격근은 근육의 길이 방향으로 평행하게 배열된 근섬유 다발로 구성

ⓑ 각 근섬유는 배아시기의 근원세포가 유합하여 이뤄진 다핵성 세포임

ⓒ 근섬유는 근원섬유(myofibril ; 가는 액틴 필라멘트와 굵은 미오신 필라멘트로 구성)로 구성됨

ⓓ 근절(sarcomere ; 근육수축의 기본단위)로 구성되어 있어서 가로무늬가 나타남. 미오신이 분포한 부분이 어둡게 나타나고, 액틴만 분포한 부분이 상대적으로 밝게 나타남

ⓔ 근섬유 깊숙한 곳까지 함입되어 있는 구조인 횡주세관(T관)이 존재함. 횡주세관을 통해서 근육의 깊은 곳까지 활동전위가 전도됨

ㄴ. 골격근 수축 기작 - 활주 필라멘트 모델(sliding filament model)

ⓐ 활주 필라멘트 모델의 특징

1. 근육 수축 시 가는 필라멘트와 굵은 필라멘트의 길이는 변화하지 않고, 각각의 필라멘트의 활주를 통해 중첩부위가 증가됨

2. 근 필라멘트의 활주는 미오신과 액틴 간의 상호작용에 기인함

3. 근수축이 가능하기 위해서는 ATP와 Ca^{2+}이 모두 필요. 미오신이 액틴에 결합하기 위해서는 Ca^{2+}이 필요하고, 계속된 수축을 위해 미오신과 액틴이 분리되기 위해서 ATP가 필요함

ⓑ 근수축시 진행되는 미오신과 액틴의 상호작용 상세 과정

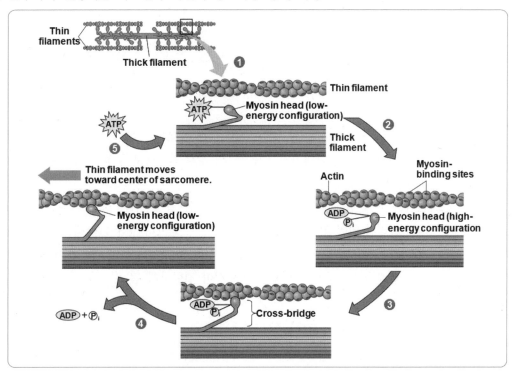

① 근수축의 출발점으로써 미오신의 머리가 ATP와 결합되고 있고 낮은 에너지 구조를 하고 있음

② 미오신의 머리가 ATP를 ADP와 Pi로 가수분해하고 높은 에너지 구조를 하고 있음

③ 미오신의 머리가 액틴과 결합하여 가교를 형성함

④ ADP와 Pi가 방출되면서 미오신은 낮은 에너지 구조가 되고 이에 따라 가는 필라멘트가 활주하게 됨

⑤ 새로운 ATP 분자가 결합되면서 미오신의 머리가 액틴으로부터 떨어져 나가고 새로운 수축 주기가 시작됨

ㄷ. 골격근 수축의 조절

ⓐ 골격근 수축시의 칼슘과 조절 단백질의 역할

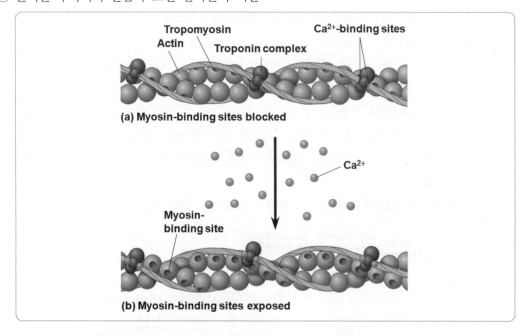

1. 트로포미오신(tropomyosin)은 조절 단백질로써 그리고 트로포닌 복합체(troponin complex)는 조절 단백질의 집합체로써 각각 액틴으로 구성된 가는 필라멘트와 결합되어 있음

2. 근육이 휴식 상태에 있을 때, 액틴의 미오신 결합부위는 조절 단백질인 트로포미오신에 의해 가려져 있어 액틴과 미오신이 결합할 수 없으나, Ca^{2+}이 세포질에 고농도로 존재할 경우 Ca^{2+}이 트로포닌 복합체에 결합하여 트로포미오신의 위치가 변동되어 액틴의 미오신 결합부위가 노출되고 액틴과 미오신이 결합하게 됨

ⓑ 골격근 수축 유도 신호 전달 과정

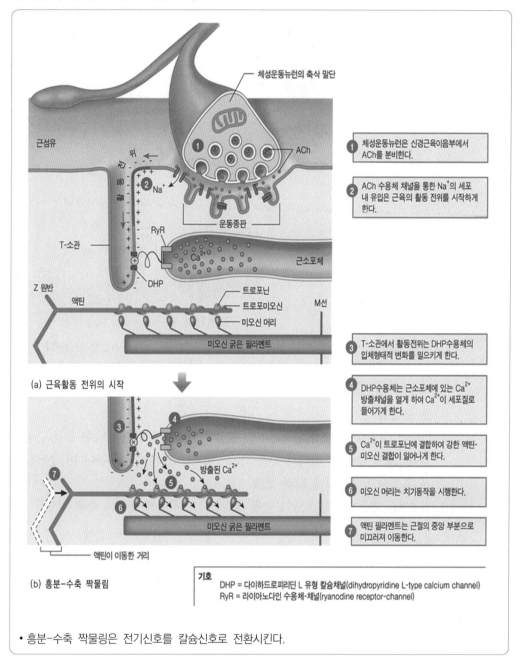

(a) 근육활동 전위의 시작

① 체성운동뉴런은 신경근육이음부에서 ACh를 분비한다.

② ACh 수용체 채널을 통한 Na⁺의 세포 내 유입은 근육의 활동 전위를 시작하게 한다.

③ T-소관에서 활동전위는 DHP수용체의 입체형태적 변화를 일으키게 한다.

④ DHP수용체는 근소포체에 있는 Ca²⁺ 방출채널을 열게 하여 Ca²⁺이 세포질로 들어가게 한다.

⑤ Ca²⁺이 트로포닌에 결합하여 강한 액틴-미오신 결합이 일어나게 한다.

⑥ 미오신 머리는 치기동작을 시행한다.

⑦ 액틴 필라멘트는 근절의 중앙 부분으로 미끄러져 이동한다.

(b) 흥분-수축 짝물림

기호
DHP = 다이하드로피리딘 L 유형 칼슘채널(dihydropyridine L-type calcium channel)
RyR = 라이아노다인 수용체-채널(ryanodine receptor-channel)

• 흥분-수축 짝물링은 전기신호를 칼슘신호로 전환시킨다.

ㄹ. 신경계에 의한 골격근의 수축력 조절 기작

   ⓐ 수축하는 근섬유의 개수 조절

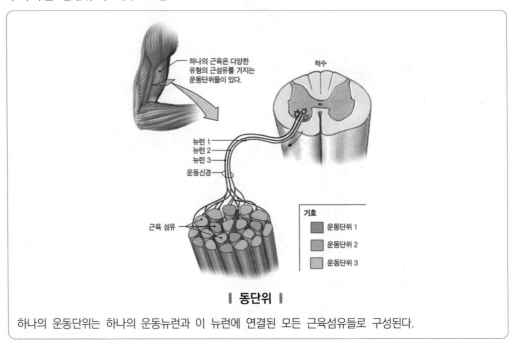

하나의 운동단위는 하나의 운동뉴런과 이 뉴런에 연결된 모든 근육섬유들로 구성된다.

1. 운동 단위(motor unit) : 하나의 운동신경세포와 그 운동신경세포가 조절하는 근섬유들로 구성됨
2. 하나의 운동신경세포가 활동전위를 형성하면 이 운동단위에 속한 모든 근섬유들이 하나의 집단으로써 수축함. 따라서 수축강도는 얼마나 많은 근섬유들이 이 운동신경세포에 의해서 조절되고 있느냐에 달려 있음
3. 신경계는 운동단위의 유형과 수를 결정함으로써 전체 근육의 수축 강도를 조절할 수 있음

   ⓑ 근섬유의 수축 빈도수 변화

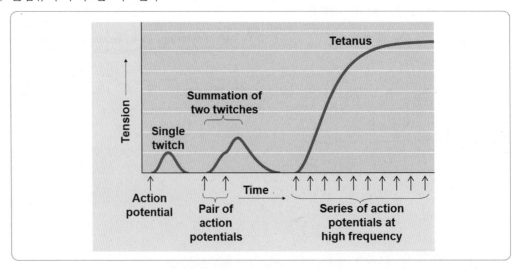

1. 하나의 활동전위는 근육으로 하여금 100msec 이하의 단일 연축(single twitch)을 유발하는데, 만일 두 번째 활동전위가 근섬유의 이완이 완전히 일어나지 않은 상태에서 도달된다면 연축이 합쳐져서 장력이 증가하게 됨

2. 빈도가 충분히 높아서 근섬유가 이완할 틈이 없으면 연속적이고 지속적인 수축인 강축(tetanus)이 유발됨. 운동신경세포는 일반적으로 매우 고빈도의 활동전위를 형성하여 개별적인 연축에 의한 경련성 움직임이 아니라 강축에 의한 부드럽고 자연스러운 움직임을 가능케 함

ㅁ. 근섬유에 의한 장력과 섬유 길이의 관계

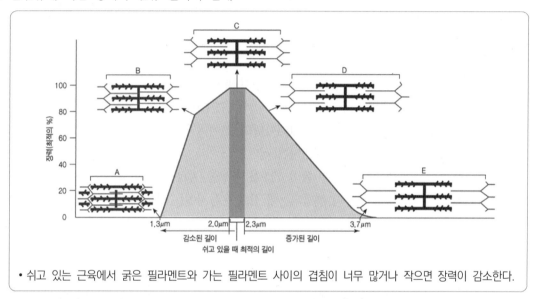

• 쉬고 있는 근육에서 굵은 필라멘트와 가는 필라멘트 사이의 겹침이 너무 많거나 작으면 장력이 감소한다.

ⓐ 수축이 시작되기 전 근섬유 내의 연축 장력은 근절 길이를 직접적으로 반영함. 수축이 시작되기 전 각각의 근절이 최적 길이를 가지고 있다면 근절은 최적의 힘으로 수축할 것인데 쉬고 있는 정상적인 근육의 길이가 수축이 시작되기 전 최적의 길이로 존재함

ⓑ 분자적 수준에서 근절 길이는 굵고 가는 필라멘트의 겹침을 반영함

1. 만일 근섬유가 매우 긴 근절 길이의 상태에서 수축을 시작한다면 굵고 가는 필라멘트는 드물게 겹치기 때문에 드문 교차다리를 갖게 되고 따라서 필라멘트간의 상호작용이 최소한으로 줄어들기 때문에 많은 힘을 생성할 수 없음

2. 최적의 근절길이에서는 굵고 가는 필라멘트 간에 수많은 교차다리를 형성함으로써 필라멘트들은 수축을 시작하여 근섬유가 연축하는 최적의 힘을 형성함

3. 수축이 시작될 때 만일 근절이 최적의 길이보다 짧다면 굵고 가는 필라멘트들은 너무나 많이 겹쳐져 있는 것이고 이러한 겹침은 교차다리 형성을 방해하여 장력은 매우 빠르게 감소하게 됨

ㅂ. 골격근 수축을 위한 ATP 생성

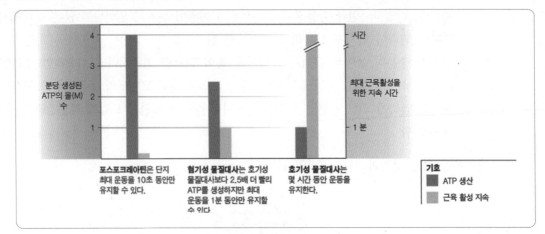

@ 예비 에너지 원천으로 근육은 포스포크레아틴(phophocreatine)을 가지고 있는데 근육이 쉬고 있을 때 포스포크레아틴은 크레아틴과 ATP간에 형성된 고에너지 인산 결합을 가지고 있음. 근육이 활동할 때 포스포크레아틴의 고에너지 인산기는 크레아틴 인산화효소에 의해 ADP로 전이되어 ATP를 형성하게 됨
ⓑ 젖산 발효나 호기성 대사를 통해 ATP를 형성함. ATP 생성을 위해서 쓰일 수 있는 영양물질에는 당이나 지방산 등이 해당되는데 심한 운동시에는 당이 소모되는 경향이 있고 가벼운 운동은 지방산이 소모되는 경향이 존재함. 단백질은 대체적으로 근수축의 에너지원이 아님

ㅅ. 골격근 섬유의 종류

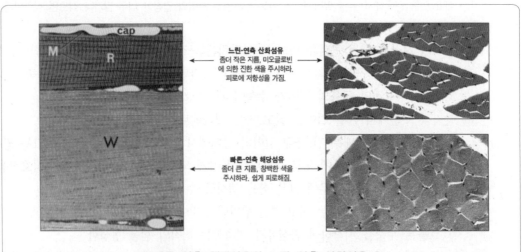

| 빠른-연축 해당섬유와 느린-연축 산화섬유 |

많은 양의 적색 미오글로빈, 수많은 미토콘드리아(M), 충분한 모세혈관의 공급은 느린-연축 산화근육(적색근육을 나타내기 위해서 R로 표시함)을 빠른-연축 해당근육(백색 근육을 나타내기 위해서 W로 표시함)으로부터 구별하게 한다.

[근섬유 유형들의 특징]

구분	느린-연축 산화 ; 적색근육	빠른-연축 산화 ; 적색 근육	빠른-연축 해당 ; 백색근육
최대 장력에 도달하는 시간	가장 느림	중간	가장 빠름
미오신 ATPace 활성	느림	빠름	빠름
지름	작음	중간	큼
수축기간	가장 김	짧음	짧음
근소포체에서 Ca^{2+} -ATPase 활성	중간	높음	높음
지구력	피로 저항성	피로 저항성	쉽게 피로해짐
사용장소	가장 광범위하게 사용된 ; 자세	서있고 걷는데	가장 적게 사용됨 : 점프할 때 ; 빠르고 정교한 운동
물질대사	산화적 ; 유기성	해당과정이지만 지구력 훈련으로 보다 산화적으로 됨	해당과정 ; 빠른-연축 산화보다 좀 더 무기성임
모세혈관 밀도	높음	중간	낮음
미토콘드리아	많이	중간	적음
색깔	암적색(미오글로빈)	적색	백색

생물 1타강사 **노용관**

편입생물 비밀병기

단권화 바이블 + 필수기출과 해설편

한권으로 끝내는 메디컬(의치한약수) 편입 나만의 祕密兵器

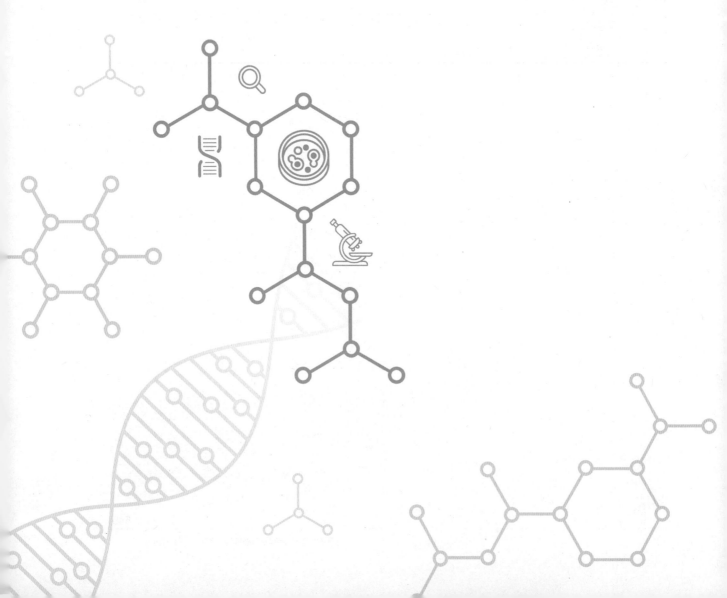

29

생식

29 생식(reproduction)

생식의 종류

(1) 무성 생식(asexual reproduction)

생식세포가 형성되지 않거나 생식세포의 융합이 존재하지 않는 생식 방식

ㄱ. 특징 : 유전적 다양성이 떨어져 특정 환경에 적응한 개체군은 성장률이 높으나 절멸가능성이 높음

(2) 유성 생식(sexual reproduction)

생식세포가 형성되어 서로 융합되어 개체를 형성하는 생식 방식

ㄱ. 특징 : 제1감수분열 전기의 교차, 염색체의 독립적 분리를 통해 유전적 다양성이 확보되어 변화하는 환경에서도 절멸 가능성이 낮으며, 진화속도 또한 빠름

ㄴ. 유성 생식 세포의 종류
  ⓐ 정자(sperm) : 난자보다 훨씬 작은 운동성 세포
  ⓑ 난자(egg) : 상대적으로 더욱 큰 세포로 이동성이 없음

ㄷ. 수정 : 체외수정과 체내수정으로 구분함
  ⓐ 체외 수정(external fertilization) : 암컷은 환경에 알을 방출하고, 그곳에서 수컷이 이들을 수정시킴
  ⓑ 체내 수정(internal fertilization) : 정자는 암컷 생식관 내부 또는 근처에 보관되며 수정은 생식관 안에서 발생함. 체내수정은 건조한 환경에서 정자 난자에 도달할 수 있도록 해주는 육상생활에서의 하나의 적응 방식임

2 생식계의 발생

(1) 성의 분화

생식구조는 발생 7주째까지는 분화를 시작하지 않기 때문에 초기 배아의 성은 결정하기 어려움. 분화 전의 배아 조직은 형태학적으로 남성 또는 여성으로 확인될 수 없기 때문에 양성잠재성으로 간주됨. 양성잠재성 생식샘은 바깥쪽의 피질과 안쪽의 수질을 갖고 있는데 남성으로 분화되면 수질이 정소로 발생하고 여성으로 분화되면 피질이 난소로 발생하게 됨

ㄱ. 양성잠재성 내부 생식기과 외부 생식기

　ⓐ 양성잠재성 내부 생식기 : 두 쌍의 부속관으로 구성되는데 배아 신장으로부터 유래된 볼프관과 뮐러관이 그것임. 발생이 남성 또는 여성으로 진행되면서 한 쌍의 관은 발달하는 반면 다른 쌍은 퇴화됨

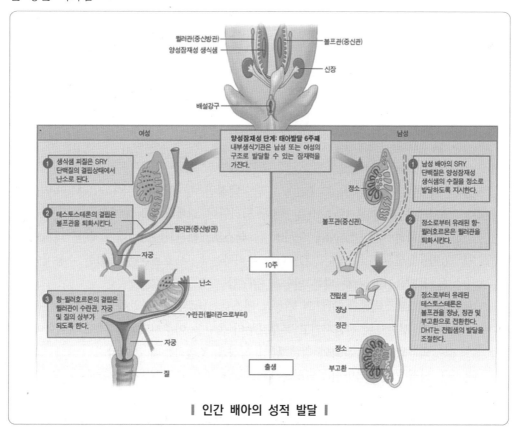

▮ 인간 배아의 성적 발달 ▮

ㄴ. 남성 배아의 발생 : Y 염색체의 SRY 유전자는 생식샘수질을 정소로 발생하도록 지시하는데 발생하는 배아는 생식샘이 정소로 분화된 후에 테스토스테론을 분비할 수 있게 됨. 정소가 일단 분화하면 남성의 내부 및 외부생식기의 발생에 영향을 미치는 세 가지 호르몬을 분비하기 시작함

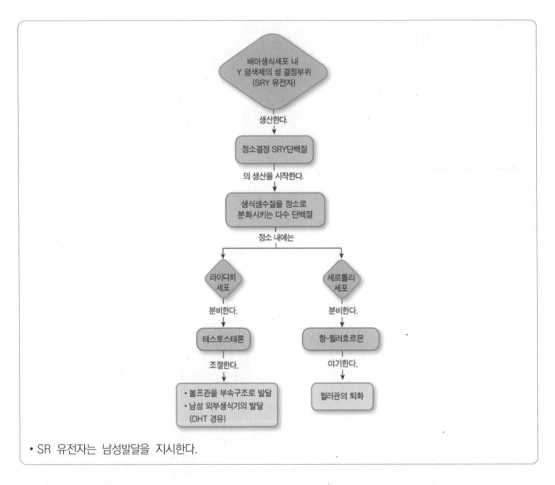

• SR 유전자는 남성발달을 지시한다.

ⓐ 세르톨리 세포(Sertoli cell) : 당단백질인 항-뮐러호르몬(anti-Mullerian hormone ; AMH)을 분비하는데 AMH는 배아 뮐러관이 퇴행하도록 야기함.

ⓑ 라이디히 세포(Leydig cell) : 테스토스테론과 그 유도체인 디히드로테스토스테론 (dihydrotestosterone ; DHT)을 분비하는데 두 호르몬은 동일한 수용체에 결합하여 반응 을 유발하지만 서로 다른 반응을 유도함

1. 테스토스테론과 DHT의 기능 : 테스토스테론은 볼프관을 남성의 부속구조인 부정소, 정 관, 정낭으로 전환시키고 복부로부터 음낭을 이주시키는 데에도 관여함에 반해서 DHT는 외부생식기의 분화와 같은 남성 성징을 조절하는데 관여함

2. 남성 가성반음양인 : 남성은 테스토스테론을 DHT로 전환시키는 것을 촉매하는 5α-환원 효소를 물려받는데 이 효소가 결핍되어있는 환자는 남성 가성반음양인이 됨. 즉, 남성 외 부생식기와 전립선이 태아발생 동안 충분히 발생하지 못하기 때문에 출생 당시 그 신생아 는 여성으로 보이나 사춘기가 되면 정소는 다시 테스토스테론을 분비하기 시작하여 외부 생식기의 남성화, 음모의 성장, 굵어지는 성대 등을 경험하게 됨

ㄷ. 여성 배아의 발생 : SRY 유전자를 갖고 있지 않은 여성의 배아에서는 양성 잠재성 생식샘의 피 질이 난소조직으로 발생함

ⓐ AMH의 억제가 없으면 뮐러관은 질의 상부, 자궁, 나팔관으로 발생함

ⓑ 테스토스테론이 없으면 볼프관은 퇴화하고 DHT가 없으면 외부생식기는 여성의 특징을 띠게 됨

(2) 남성과 여성의 호르몬 합성

스테로이드 호르몬은 서로 밀접히 연관되어 있으며 동일한 스테로이드 전구체들로부터 생성됨. 양쪽 성 모두 안드로겐과 에스트로겐을 생성하지만 안드로겐은 남성에서 우세하고 에스트로겐은 여성에서 우세함

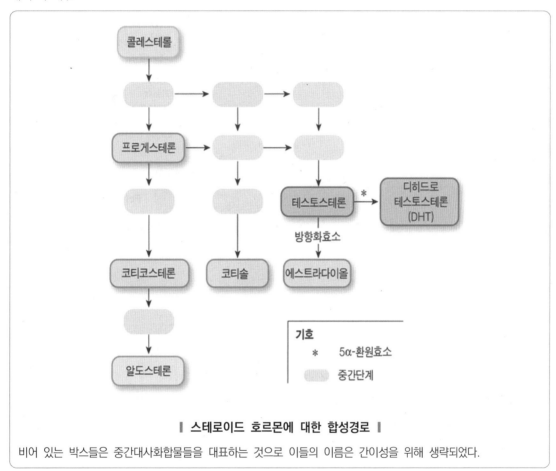

❚ 스테로이드 호르몬에 대한 합성경로 ❚

비어 있는 박스들은 중간대사화합물들을 대표하는 것으로 이들의 이름은 간이성을 위해 생략되었다.

ㄱ. 남성의 경우 : 남성에서 대부분의 테스토스테론은 정소에서 분비되지만 약 5%는 부신피질에서 유래함. 테스토스테론은 말초조직에서 보다 더 강력한 유도체인 DHT로 전환됨. 테스토스테론에 기인한 생리적 효과의 일부는 실제로는 DHT 활성의 결과임

ㄴ. 여성의 경우 : 여성에서는 방향화효소에 의해 테스토스테론을 에스트라디올로 전환시키는데 남성에서는 이 에스트라디올이 아주 적게 만들어짐. 여성은 또한 프로게스테론을 생성하며 난소와 부신피질에서는 적은 양의 안드로겐도 생성함

3 사람의 생식기관

(1) 여성 생식기관의 구조

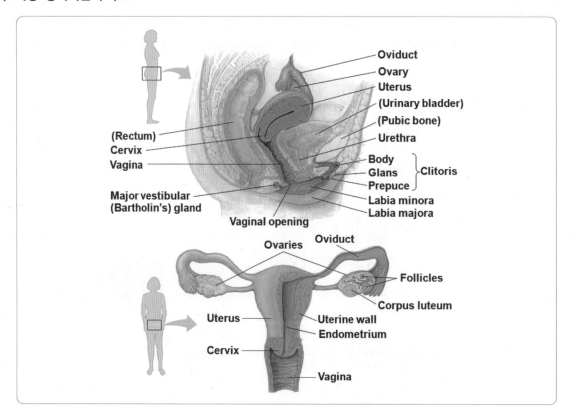

ㄱ. 난소(ovary)
   ⓐ 복강 내부에 인대에 의해 지지되어 자궁의 양 옆에 위치
   ⓑ 각 난소의 외부층은 여포(follicle)로 채워져 있고, 각 여포는 지지세포군에 둘러싸인 일부 성숙한 난자인 난모세포(oocyte)를 지님
   ⓒ 출생시, 난소에는 약 100~200만 개의 여포가 존재하지만, 사춘기에서 폐경기에 이르기까지 단지 500여개의 여포만이 완전 성숙하여 배란됨

ㄴ. 수란관(oviduct) : 자궁에서 시작하여 각 난소 쪽으로 뻗어 있는데, 관의 표피에 늘어서있는 섬모가 복강 내의 액체를 관 안으로 흐르게 하면서 난자가 모이도록 도움. 수란관의 파동적 수축과 섬모의 운동이 난자가 자궁에 도달할 수 있는 원동력이 됨

ㄷ. 자궁(uterus) : 두꺼운 근육질 기관으로 임신 동안에는 4kg의 태아를 받아들이기 위해 늘어날 수 있음. 자궁 내막(endometrium)에는 풍부한 혈관이 존재하며, 자궁의 목부분을 자궁 경부(cervix)라 하는데 질(vagina)을 통해 열려 있음

(2) 남성 생식기관의 구조

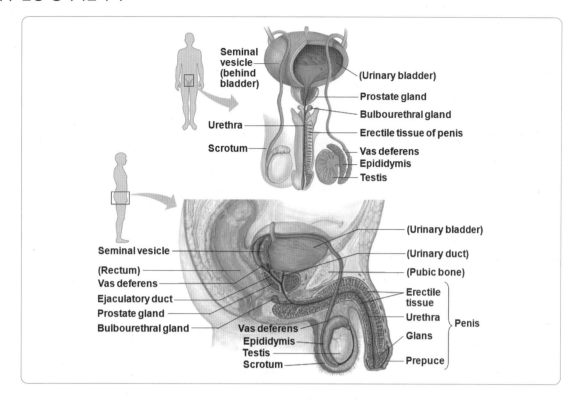

ㄱ. 정소(testes)
  ⓐ 복강 외부에 위치한 음낭(복강보다 2℃ 낮음)에 위치
  ⓑ 몇 가지 결합조직층으로 둘러싸인 수없이 꼬여 있는 세정관(seminiferous tubule ; 정자가 형성되는 장소)으로 이루어짐
  ⓒ 세정관 사이에 흩어져 있는 레이디히 세포(Leydig cell)는 테스토스테론 등의 남성호르몬을 형성함

ㄴ. 사정 시 정자 이동 경로 : 정소 → 부정소(epididymis ; 정자가 운동성과 수정능력을 획득) → 정관(vas deferens) → 사정관(ejaculated duct ; 정낭에서 나온 관과 정관이 합류) → 요도 (urethra ; 비뇨계와 생식계의 공통 배출관) → 몸 밖

ㄷ. 분비선 : 정액을 형성하며 정낭, 전립선, 요도구선으로 구성
  ⓐ 정낭(seminal vesicle) : 정액의 60%를 형성하며, 정낭의 액체는 걸쭉하고 노란색을 띠고 알칼리성임. 정액의 알칼리성은 정자의 여성 체내 진입시 질의 산성 환경을 중화시켜 정자를 보호하게 됨. 점액, 과당, 응고효소, 아스코르브산, 프로스타글란딘 등을 함유함
  ⓑ 전립선(prostate gland) : 몇 개의 작은 관을 통해 요도로 직접 생성물을 분비함. 액체는 묽고 유백색이며 항응고효소와 시트르산을 함유함
  ⓒ 요도구선(bulbourethral gland) : 전립선 아래 요도 양쪽에 위치한 한 쌍의 작은 분비선으로 사정전에 요도에 남아있는 소변의 산성을 중화시키는 맑은 점액을 분비함

한권으로 끝내는 메디컬(의치한약수) 편입 나만의 祕密兵器

4 배우자 형성과정

(1) 정자형성과정

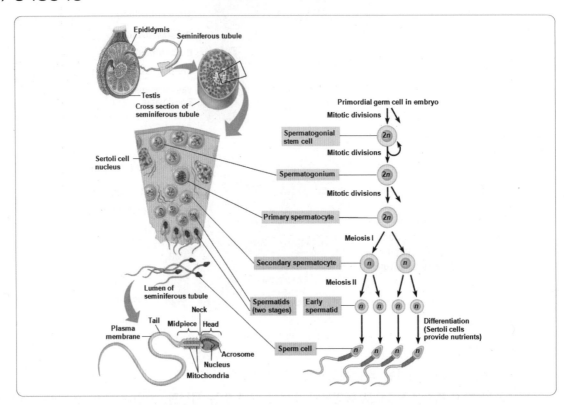

ㄱ. 배아 정소의 원시 생식세포는 분열하고 분화하여 줄기세포를 만드는데, 이 줄기세포는 유사분열을
   통해 정원세포(spermatogonia)가 되며, 이는 역시 유사분열을 통하여 정모세포(spermatocyte)
   를 만듬. 각 정모세포는 감수분열을 통하여 4개의 정세포(spermatid)가 되는데, 정세포는 모양
   과 구성의 커다란 변화를 거쳐 정자로 분화함

ㄴ. 세정관 내에는 중심으로 향하는 일련의 정자 형성 단계가 존재함. 줄기세포는 관의 외부 가장자
   리 근처에 존재함. 정자형성이 정원세포와 정세포 단계를 따라 진행됨에 따라 세포들은 지속적
   으로 안쪽으로 이동함. 마지막 단계에서 성숙한 정자는 정세관의 내강으로 방출됨

ㄷ. 정자의 구조

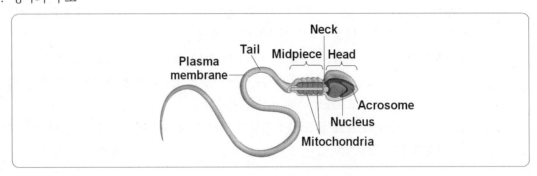

ⓐ 반수체 핵을 담고 있는 머리 부분 끝에 정자가 난자를 뚫고 들어가는데 이용되는 효소를 담은 특별한 구조인 첨체(acrosome)이 있음

ⓑ 정자의 머리 뒷부분 중편에는 많은 수의 미토콘드리아가 있어 편모의 운동을 위한 ATP를 생성함

ㄹ. 정소에서의 호르몬 조절

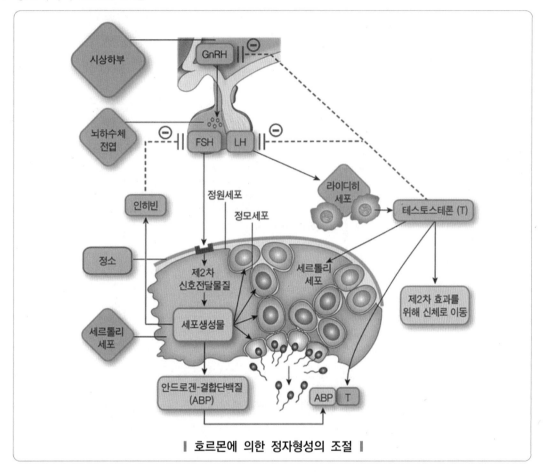

│ 호르몬에 의한 정자형성의 조절 │

ⓐ FSH : 세르톨리 세포를 자극하여 정원세포 유사분열과 정자형성에 필요한 주변분비분자들의 합성을 촉진함. 또한 FSH는 안드로겐결합 단백질과 인히빈의 생성을 촉진함. 세르톨리 세포에서 생성된 인히빈은 뇌하수체 전엽에 작용하여 FSH 분비를 억제함

ⓑ LH : 세정관 사이의 간질 공간에 위치한 라이디히 세포를 자극하여 테스토스테론과 세정관에서의 정자형성을 촉진하는 기타 안드로겐의 분비를 촉진함. 라이디히 세포로부터 분비된 테스토스테론은 시상하부와 뇌하수체 전엽에 작용하여 GnRH, LH 분비를 억제함. 정모세포는 테스토스테론 수용체를 갖고 있지 않아 테스토스테론에 직접 반응할 수 없지만 안드로겐 결합 단백질에 대한 수용체를 갖고 있기 때문에 테스토스테론에 반응하는 것임

(2) 난자형성과정

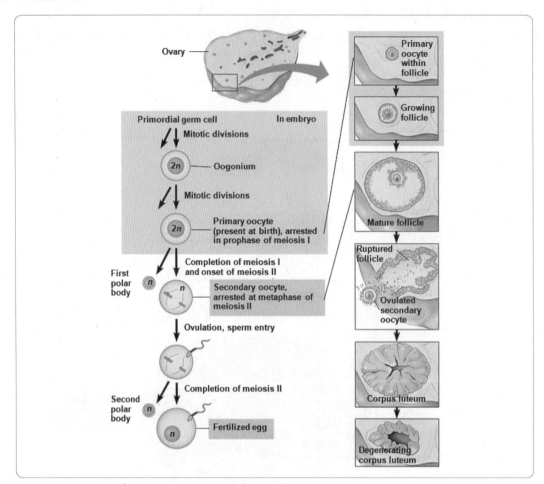

ㄱ. 난자형성과정은 배아시기의 여성에서 원시생식세포(primodial germ cell)로부터 난원세포 (oogonia)가 형성되면서부터 시작됨. 난원세포는 감수분열을 시작하지만 제 1감수분열 전기에 서 멈추게 됨. 이 상태의 세포를 제 1난모세포(primary oocyte)라고 하며, 작은 여포의 안쪽에 서 출생 전까지 분열을 멈춘 상태로 있음

ㄴ. 사춘기가 시작되면 FSH가 주기적으로 일부 여포들을 자극하여 성장과 발달을 재개하도록 함. 일반적으로 하나의 여포만이 한 달에 한 번씩 성숙을 완료하여 여포 내의 제 1난모세포는 제 1 감수분열을 마치고 제 2감수분열을 시작하지만 중기에 멈추게 됨. 제 2감수분열에서 멈춘 제 2 난모세포(secondary oocyte)는 여포가 파열되어 배란됨

ㄷ. 정자가 난모세포 안으로 들어오면 제 2감수분열은 재개되는데, 두 번의 감수분열의 각각에서 불 균등한 세포질 분열을 통해 형성된 작은 세포(극체)는 결국 퇴화됨. 따라서 난자형성과정을 마 친 기능적 산물은 이미 정자가 진입한 하나의 성숙한 난소임

ㄹ. 배란 후 남겨진 파열된 여포는 황체(corpus luteum)로 발생함. 배란된 난모세포가 수정되지 않 아 난자형성과정을 완료하지 못하면 황체는 퇴화하게 됨

5 여성의 생식주기

(1) 특징

자궁내막이 두터워지기 시작하고 혈액 공급이 왕성해진 후에만 배란이 일어남. 임신이 되지 않는 경우 자궁의 벽은 떨어져 나오고 또 다른 주기가 시작되는데, 자궁경부와 질을 통해 흘러나오는 자궁에서의 주기적인 내막 붕괴를 월경(menstruation)이라 함. 자궁에서의 변화를 월경주기(menstrual cycle)라 하고, 난소에서의 주기적 현상을 난소주기(ovarian cycle)이라 함

(2) 여성 생식주기의 호르몬 조절

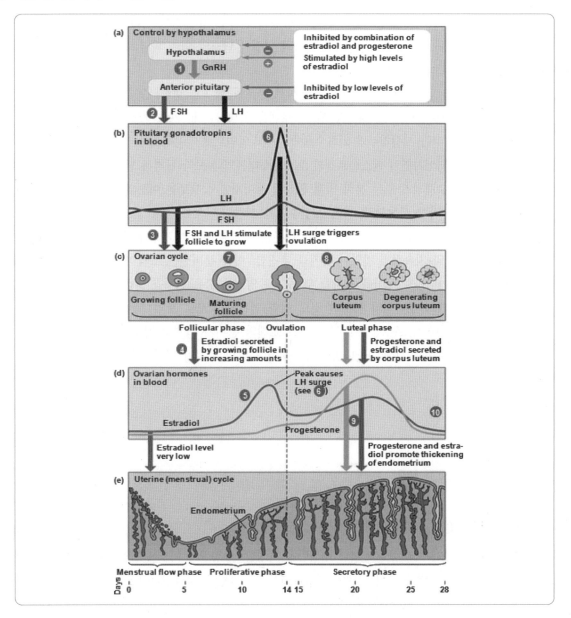

한권으로 끝내는 메디컬(의치한약수) 편입 나만의 祕密兵器

① 시상하부에서 GnRH를 분비하는 것으로 시작됨

② 뇌하수체를 자극하여 소량의 FSH와 LH가 분비되도록 함

③ 여포자극호르몬은 LH의 도움을 받아 여포의 성장을 촉진함

④ 성장하는 여포의 세포들은 에스트로겐을 만들기 시작함. 낮은 농도의 에스트로겐은 GnRH의 분비를 억제하여 생식선 자극 호르몬인 FSH와 LH의 농도를 비교적 낮은 수준으로 유지함

⑤ 성장하는 여포가 분비하는 에스트로겐의 농도가 급격히 상승함

⑥ FSH와 LH의 농도가 급격히 상승. 높은 농도의 에스트로겐은 GnRH의 분비를 증가시키고, 생식선 자극 호르몬의 분비를 촉진시키게 됨. 이러한 효과가 LH에 대해서 더욱 분명하게 나타나는 것은 높은 농도의 에스트로겐이 뇌하수체에 있는 LH 분비세포의 GnRH 민감성을 높이는 작용을 하기 때문임. LH는 여포의 최종적인 성숙을 유도함

⑦ 성숙 과정의 여포는 액체로 가득 찬 내부공간을 만들고 매우 크게 자라 난소 표면 근처에 돌출부를 형성함. LH 농도가 최고가 되면 여포와 인접한 난소의 벽이 파열되어 제2난모세포를 방출하게 됨

⑧ LH는 난소에 남아 있는 여포조직이 분비선 구조인 황체를 형성하도록 유도함. 지속적인 LH의 자극으로 황체는 프로게스테론과 에스트로겐을 분비하는데, 프로게스테론과 에스트로겐의 농도가 올라감에 따라 시상하부와 뇌하수체에 음성되먹임으로 작용하여 LH와 FSH의 분비를 억제함. 황체가 퇴화되어가면서 에스트로겐과 프로게스테론의 농도가 급격히 떨어지는데 이로 인해 시상하부와 뇌하수체의 호르몬 분비 억제 현상이 풀어지면서 새로운 여포의 생장을 촉진하기에 충분한 FSH의 분비가 시작되고, 다음 생식주기가 시작됨

⑨ 황체에서 분비된 에스트로겐과 프로게스테론은 동맥의 확장과 자궁내막 분비선의 성장을 포함하는, 지궁내막의 지속적인 발달과 유지를 촉진함. 이들 분비선은 초기 배아가 실제로 자궁내막에 착상되기 전이더라도 배아를 유지할 수 있도록 영양분 함유 액체를 분비하는데, 난소주기의 황체기는 자궁주기의 분비기와 동조된 것도 이와 연관된 것으로 보임

⑩ 황체가 퇴화되면서 프로게스테론과 에스트로겐의 분비가 급격히 감소하면 월경이 유발됨. 프로스타글란딘 분비에 의해 자궁내막이 수축하고 내막의 조직이 액체와 함께 혈액을 분비하는 현상이 일어남

6 태아의 발생과 분만

(1) 착상까지의 과정

수란관의 상단부에서 수정이 일어나 수정란을 형성함. 수정란은 이후 난할을 지속하여 약 일주일 후 배반포(blastocyst)라는 배아 상태에 이르게 되는데, 배반포 형성 후 며칠이 지나면 자궁내막에 착상함. 착상된 배아는 인간융모막성 생식선 자극호르몬(human chorionic gonadotropin ; HCG)

을 분비하는데 HCG는 뇌하수체의 LH처럼 작용하여 임신 초기 몇 주 동안 황체를 유지함으로써 프로게스테론과 에스트로겐의 분비를 유지함. 하나 이상의 배아가 자궁에 있는 상태를 임신 (pregnancy)이라 함. 수정일로부터 266일, 마지막 월경일로부터 280일 정도가 임신기간이 됨

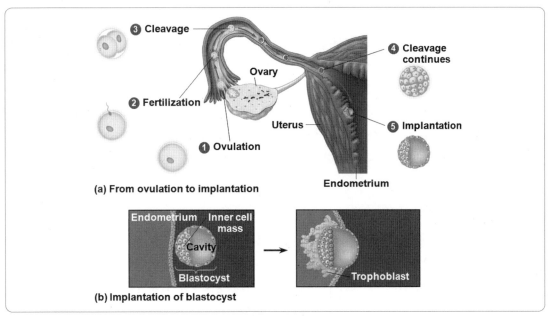

(a) From ovulation to implantation

(b) Implantation of blastocyst

(2) 임신기간의 구분

ㄱ. 첫 번째 임신 3분기 : 임산부와 배아 모두에게 가장 급격한 변화가 일어나는 시기임

  ⓐ 배반포가 성장함에 따라 자궁내막은 착상에 반응하고 배아의 신체구조 분화가 시작됨

  ⓑ 발생 초기 2~4주 동안 배아는 자궁 내막에서 직접 영양분을 얻고, 영양세포층(trophoblast) 은 확장되어 태반 형성에 기여하게 됨

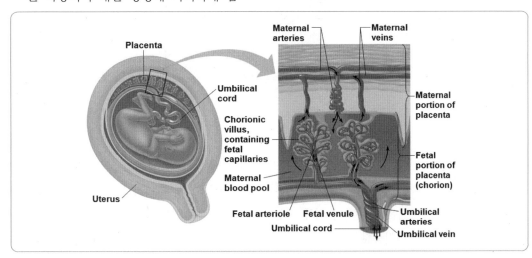

  ⓒ 기관형성(organogenesis) : 첫 번째 임신 3분기는 주로 신체기관이 발생하는 기관형성의 시기인데, 8주 이후가 되면 성체의 모든 주요 구조가 초기 상태로 존재하며 이 시기부터 태아(fetus)라 부름

ⓓ 배아를 발생의 첫 한 달 중에 떼어 놓으면 일란성 쌍생아(monozygotic twin)가 될 수 있음. 이란성 쌍생아(dizygotic twin)는 하나의 생식 주기 중에 두 여포가 성숙되고 독립적으로 수정되어 유전적으로 두 개의 서로 다른 배아가 착상되어 생김

ㄴ. 두 번째 임신 3분기
ⓐ 자궁이 커져 임신이 명확하게 확인됨
ⓑ 태아의 움직임이 감지되며, 첫 한 두달 후에는 복부의 체벽을 통해 태아의 움직임을 볼 수 있음
ⓒ HCG 분비량 감소하여 황체가 퇴화하고 태반에서 프로게스테론 분비되어 임신이 유지됨
ⓓ 높은 농도의 프로게스테론 분비로 인해, 자궁경부의 보호마개를 형성하는 점액의 증가, 모체부위 태반의 성장, 자궁의 확장 및 난소와 월경주기 정지 등이 일어남

ㄷ. 세 번째 임신 3분기
ⓐ 태아가 가용공간을 채움에 따라 태아의 움직임이 감소함
ⓑ 태아가 성장하고 자궁이 확장함에 따라 복부기관이 압축되고, 위치가 바뀌어 소화불량, 빈뇨, 근육경직 등이 유발됨
ⓒ 프로스타글란딘과 에스트로겐, 옥시토신 등의 상호작용이 분만을 유도

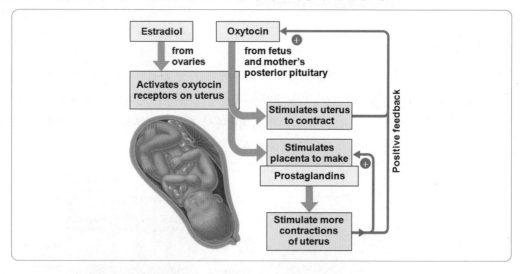

(3) 수유(lactation)

신생아를 돌보는 방법으로 포유동물 고유의 특징임. 출산 후 프로게스테론 농도가 떨어지면서 뇌하수체 전엽으로부터 프로락틴이 분비되어 유선을 자극하고 젖 분비가 가능해짐. 신생아의 젖 빨기와 출산 후 에스트라디올의 변화에 의해 시상하부는 뇌하수체 전엽에게 프로락틴을 분비하게 하고 옥시토신의 분비도 촉진시킴

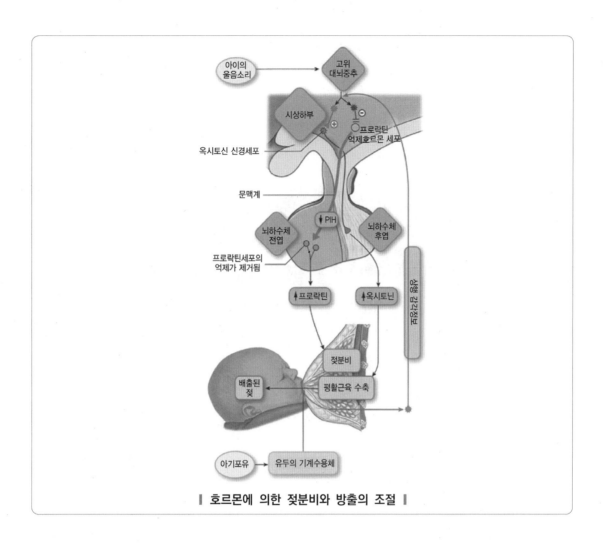

┃ 호르몬에 의한 젖분비와 방출의 조절 ┃

생물 1타강사 **노용관**

편입생물 비밀병기

단권화 바이블 ✚
필수기출과 해설편

한권으로 끝내는 메디컬(의치한약수) 편입 나만의 祕密兵器

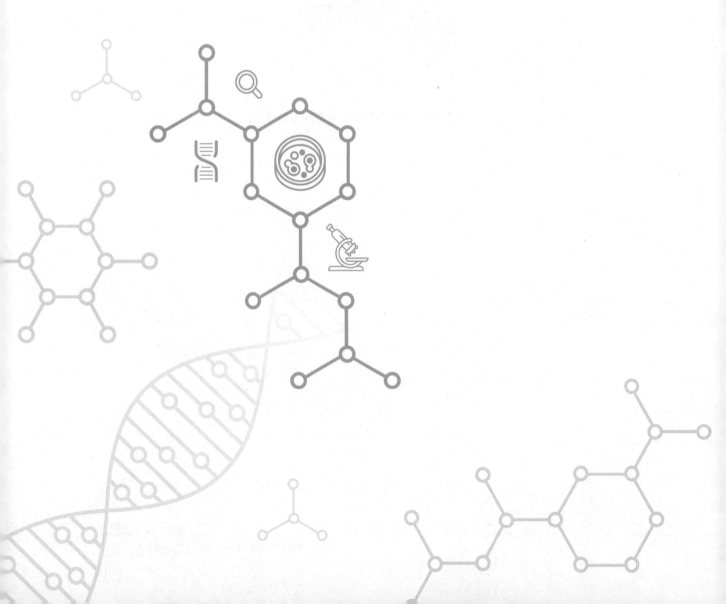

발생

30 발생(development)

1 배아 발생(embryonic development)

(1) 일반적인 동물이 배아 발생 단계

동물 발생의 배아 발생 단계는 난할, 낭배형성, 기관형성으로 구분됨

ㄱ. 난할(cleavage) : 매우 빠른 연속된 세포분열을 말하며 큰 부피를 가진 접합자는 많은 수의 작은 세포로 쪼개짐. 이 때 세포를 할구라고 부르며 난할이 끝날 무렵에 할구는 일반적으로 포배로 알려진 공 모양의 배아를 형성함

ㄴ. 낭배형성(gastrulation) : 포배기 이후 세포의 분열 속도는 현저히 떨어지는데 할구들은 많은 이동을 하며 그로 인해 서로에 대한 상대적인 위치가 바뀜. 이러한 적극적인 세포들의 재배열을 낭배형성이라고 하며 이 시기의 배아를 낭배 단계에 있다고 함. 낭배형성의 결과로 외배엽, 내배엽, 중배엽의 3배엽이 형성됨

ㄷ. 기관형성(organogenesis) : 각 배엽이 형성되고 나서 세포들이 상호작용을 통해 재배열하여 조직과 기관을 만드는 과정인데 많은 기관들은 하나 이상의 배엽에서 유래된 세포들로 구성됨. 예를 들어 피부의 바깥층은 외배엽에서 기원하는 세포들로 이뤄지지만 안쪽층은 중배엽에서 유래한 세포들로 구성됨. 기관형성과정에서 일부 세포들은 원래 있는 장소를 떠나 최종 목적지를 향해 이동함

(2) 수정(fertilization)

ㄱ. 수정의 기능

ⓐ 부모 각각으로부터 만들어진 반수체 염색체들을 지닌 정자와 난자를 융합하여 배수체 상태의 접합자 형성

ⓑ 난자의 활성화 : 정자가 난자의 표면에 접촉하게 되면 배아발생 유도 물질대사가 수정란에서 진행

ㄴ. 성게의 수정 과정

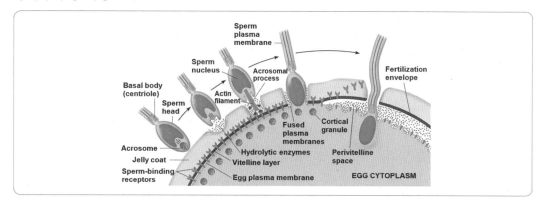

ⓐ 정자세포가 난자의 젤리층에 접촉하면 정자의 첨체(acrosome)로부터 가수분해효소들이 외포작용을 통해 배출됨

ⓑ 정자 첨체로부터 방출된 가수분해효소가 젤리층에 구멍을 만들고, 성장하는 액틴섬유는 첨체돌기를 만듦. 정자의 머리에서 튀어나온 이 첨체돌기(acrosomal process)의 빈딘(bindin)은 젤리층을 통과한 후 난황막(vitelline layer)을 통과해서 뻗어 있는 난자막상의 수용체와 결합하는데 이 때 종특이적 인식이 일어남. 이 빈딘은 같은 종의 젤리를 제거한 알에만 붙는 것을 확인함. S. purpuratus에서 추출한 빈딘은 같은 종의 젤리가 제거된 알에만 붙고 Arbacia punctulata의 알에는 붙지 않음

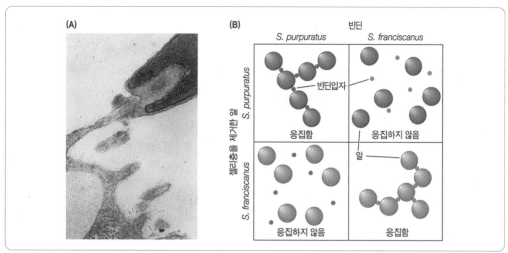

ⓒ 난황막에 구멍이 형성되면 난자와 정자의 세포막이 융합함. 이 때 서로 다른 기작의 다수정 방지기작(block to polyspermy)이 수행됨

ⓓ 정자핵이 난자로 진입함

ㄷ. 다수정의 방지

ⓐ 다수정 급속방지(fast block to polyspermy) : 난자의 막전위 변화 변화로써 성취되는데 첫 번째 정자가 난자의 원형질막에 닿으면 1~3초 내에 막전위가 +20mV로 바뀜. 이 변화는 주

로 Na^+이 난자 밖에서부터 세포질 안으로 유입됨으로써 일어남. 정자는 정상적인 휴지막
전위를 유지하고 있는 난자의 막과는 융합할 수 있으나 탈분극된 막과는 융합할 수 없음

ⓑ 다수정 완만방지(slow block to polyspermy) : 성게의 경우 급속 방지는 일시적이며 단지
1분 정도만 수정전위를 유지할 수 있는데 이러한 일시적인 탈분극은 영구히 다수정을 방지
할 수 없음. 즉, 난황막에 결합된 정자를 완전히 제거하지 않으면 다수정은 일어나게 됨. 이
과정은 피층반응에 의해 수행되어 정자와 난자가 결합한 후 약 1분 뒤에 일어나는데 수정막
은 정자의 침입지점에서 형성되기 시작하여 난자의 전역으로 확산됨

1. 정자와 난자가 결합한 후 몇 초만에 소포체로부터 Ca^{2+}이 방출되어 피층과립(cortical
granule)과 세포막 간의 융합이 촉진됨. 칼슘의 방출은 피층과립의 외포작용 및 수정막의
형성과 일치하며, 또한 칼슘의 농도가 증가하면 피층과립과 세포막이 융합함

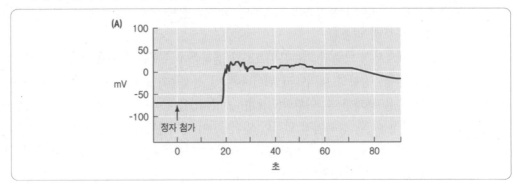

2. 피층과립으로부터 난황막과 원형질막 사이의 위란강공간(perivitelline space)으로 내용
물이 방출됨.
3. 피층과립의 물질은 난황막과 원형질막 간의 결합을 파괴하며, 점액성 다당류가 삼투압을
높여 위란강으로 수분을 흡수하고, 정자 결합 수용체를 제거하고, 난황막이 굳어져 수정
막이 형성됨

(3) 난할(cleavage) : 수정란의 초기 세포분열

ㄱ. 난할의 보편적 특징

ⓐ G1기와 G2기가 사실상 없으므로, 세포성장 없이 분열만 지속하여 배아는 난할 동안 크기성
장이 이루어지지 않음. 따라서 난할이 지속되면서 할구의 크기는 작아짐

ⓑ 초반 5~7번 세포분열 시기부터 할강이 형성되며 포배기 때에는 할강의 크기가 최대가 됨

ⓒ 난할이 진행되면서 세포질 요소가 불균등하게 분포됨에 따라 각 세포들의 운명도 점차 달라
지게 됨

ㄴ. 난할의 양상 구분 : 난황의 양과 분포에 따라 난할의 양상이 달라짐

ⓐ 전할(holoblastic cleavage ; 완전난할) : 난할이 전체적으로 일어남

1. 등할 : 난황의 양 적고 균등하게 분포된 등황란에서 진행됨

🅔 극피동물

2. 부등할 : 적당히 많은 난황이 식물극을 중심으로 분포된 중황란에서 진행됨

　　　 📌 양서류

ⓑ 부분할(meroblastic cleavage ; 불완전난할) : 난할이 특정 부위에서만 일어남

　　1. 반할 : 다량의 난황이 알 전체를 차지하는 단황란에서 진행됨

　　　　 📌 조류

　　2. 표할 : 다량의 난황이 알 중심에 분포한 중심황란에서 진행됨

　　　　 📌 곤충류

(4) 낭배 형성 과정(gastulation)

형태형성과정을 거치면서 세포군이 후에 조직이나 기관형성이 일어날 새로운 위치로 이동함

ㄱ. 낭배형성과정의 일반적 특징 : 세포 운동성의 변화, 세포 형태의 변화, 세포들 간의 세포부착 변화, 세포외 기질 분자의 조성 변화가 일어남

ㄴ. 낭배형성과정의 결과 : 3개의 배엽층(germ layer)이 형성됨

　ⓐ 외배엽(ectoderm) : 낭배의 가장 바깥층 형성

　ⓑ 내배엽(endoderm) : 배아의 소화관 형성

　ⓒ 중배엽(mesoderm) : 외배엽과 내배엽 사이의 공간을 부분적으로 채움

ㄷ. 개구리 낭배형성과정

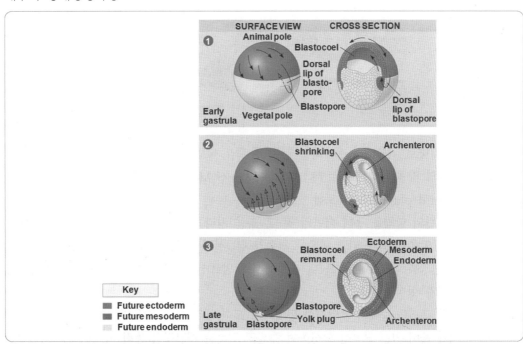

　ⓐ 포배의 등쪽부위(접합자의 회색신월환 부위)가 함입되면서 원장을 형성함. 함입된 부위 위쪽은 원구의 등쪽으로 원구배순부(dorsal lip)라고 함

　ⓑ 원구배순부는 원구의 양 끝이 복측에서 만날 때까지 함입되면서 확장

ⓒ 원장을 따라 미래의 내배엽, 중배엽 세포가 원구배순부 끝에서 배아 안쪽으로 회절하여 중배
엽층을 형성하는 가운데 할강은 사라지며 원장으로 대체됨

ⓓ 외배엽이 확장되어 원구가 줄어들도록 압박을 가하게 되면, 난황마개(yolk plug)는 안으로
이동함

(5) 기관형성과정(organogenesis)

기관의 원기가 형성되는 과정. 낭배형성과정의 주요 특징이 대규모의 세포이동과정이라면 기관형성
과정의 주요 특징은 조직과 세포 모양에서 조금 더 지엽적인 형태형성 변화가 나타낸다는 것임

ㄱ. 개구리의 초기 기관형성과정 : 척삭동물에서는 신경관(neural tube ; 후에 중추신경계가 됨)과
척삭(notochord ; 배아를 지지하는 골격막대로 작용)이 처음으로 모습을 나타냄

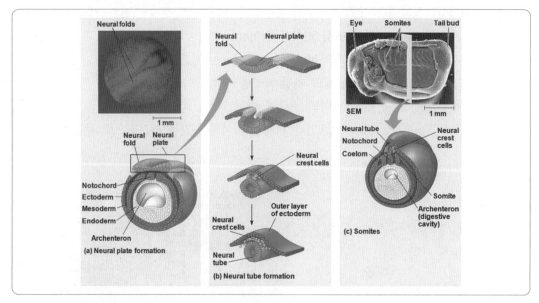

ⓐ 원장 바로 위쪽에서 응축하는 등쪽 중배엽 세포로부터 척삭이 형성됨

ⓑ 중배엽 및 다른 세포들로부터 나오는 많은 신호물질에 의해 척삭 바로 위의 외배엽이 신경판
(neural plate)으로 유도됨

ⓒ 신경판의 함입을 통해 배아의 전-후 축을 따라 신경관(neural tube)이 형성되며 후에 신경
관의 앞쪽은 뇌가 되고 뒤쪽은 척수가 됨. 신경관이 외배엽으로부터 떨어질 때 경계면을 따
라 신경릉세포(neural crest cell ; 후에 말초신경, 치아, 머리뼈 등을 구성)라고 불리는 세
포띠가 형성됨

ⓓ 척삭 측면의 중배엽이 일정한 덩어리로 모여 체절(somite)을 형성함. 체절 세포는 중심축 골
격에 붙어 있는 근육을 형성하며 체절의 일부는 개별적 간충직 세포로 분리되어 새로운 장소
로 이동하고 일부는 척삭 주위에 모여들어 척추를 형성함. 척추 사이에 있는 척삭의 일부분
은 추간판(vertebral disk)의 내부 부분으로 남음. 척삭동물에서 중심축 골격과 근육이 체절
적 특성을 보이는 것은 기본적으로는 체절동물임을 지지하는 증거가 됨

ㄴ. 각 배엽으로부터 형성되는 성체 구조

ⓐ 외배엽 : 피부 상피, 눈의 각막, 수정체, 신경계, 부신수질, 송과선, 뇌하수체

ⓑ 중배엽 : 척삭, 골격계, 근육계, 배설계, 순환계, 림프계, 생식계, 피부 진피, 체강액, 부신피질

ⓒ 내배엽 : 소화관 상피, 호흡계 상피, 요도, 방광, 생식계 벽, 간, 이자, 흉선, 갑상선, 부갑상선

(6) 포유류 발생의 특징과 인간의 초기 배아 발생

ㄱ. 포유류 발생의 특징

ⓐ 수란관에서의 수정 이후 난할이 시작되면서 발생과정이 시작됨

ⓑ 포유류의 난자와 접합자는 세포질의 물질과 관련하여 뚜렷하게 나타나는 극성은 없으며 접합자는 난황이 없고 전할이 진행됨

ㄴ. 인간의 초기 배아 발생의 4단계

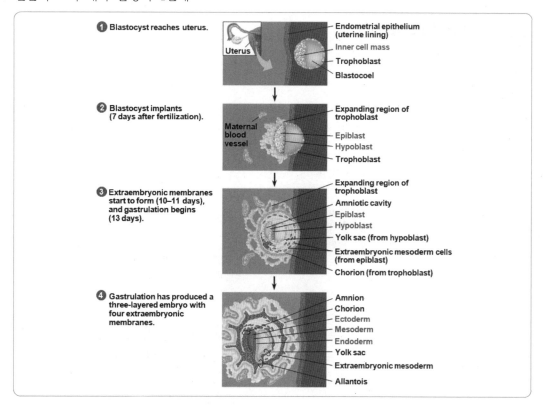

① 난할이 완전히 종료되면 배반포(blastocyst ; 포배기에 해당함)가 형성됨. 배반포 할강의 한쪽 끝에 붙어 모여 있는 세포를 내세포괴(inner cell mass ; 배아를 형성하며, 요막, 난황낭, 양막을 형성하고 융모막 형성에 일부 기여함)라 함. 매우 이른 시기의 배반포 세포들은 줄기세포의 원천이 됨

② 영양세포층(trophobalst ; 배반포의 외부 상피세포층) : 배아형성에 관여하지 않으며 대신에 배아를 지원해주는 역할을 수행함

1. 자궁내막 분자를 분해하는 효소를 분비하면서 착상을 시작케 함. 영양세포층이 자궁내막 으로 침투하면서 모세혈관이 터져 영양세포층 조직이 모체 혈액에 잠김

2. 착상이 일어나는 시기에 배반포의 내세포괴는 상배엽층과 하배엽층을 지닌 편평한 원반형 의 배아를 형성함

③ 착상이 끝나면 낭배형성과정이 시작됨. 세포들은 조류와 같이 원조를 통과하여 상배엽으로부 터 안으로 이동하여 중배엽과 내배엽을 형성함. 동시에 배외막이 형성되기 시작하며 영양세 포층은 계속해서 자궁내막으로 확장하게 됨. 자궁내막으로 침투하는 영양세포층과 상배엽 기 원 중배엽 및 자궁내막조직이 태반을 형성함

④ 낭배형성 과정 말에 3배엽층 형성되는데, 배외막 중배엽과 네 개의 배외막이 삼배엽층으로 된 배아를 둘러쌈

2 동물의 형태형성 원리

(1) 세포의 형태, 위치 변화

ㄱ. 세포의 형태변화 : 보통 세포골격이 재조직화 됨으로써 일어남. 신경관이 형성될 때 외배엽세포 의 미세섬유와 미세소관 재조직화를 통해 세포가 쐐기모양으로 변함

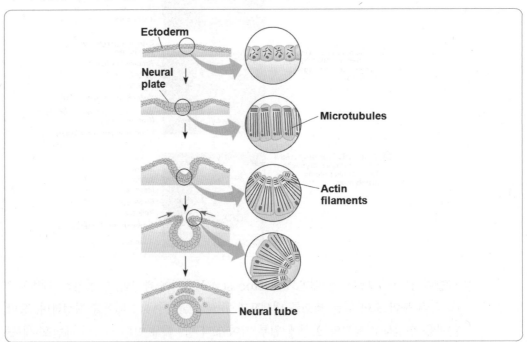

ⓐ 미세소관이 배아의 배-복 축에 평행하도록 배열되어 있어 세포가 이 배-복 축 방향으로 길어 지도록 함

ⓑ 각 세포의 등쪽 끝에는 미세섬유가 평행하게 나란히 배열되어 있으며 미세소관과는 수직을 이루고 있음. 이것이 수축하면 세포가 쐐기 모양이 되면서 외배엽층이 안쪽으로 굽어짐

ㄴ. 세포의 위치변화 : 세포골격의 재조직화로 인한 형태변화를 통해 기어가기를 수행하거나 세포들의 재배열을 통해 형태형성 운동이 진행됨

ⓐ 낭배형성과정의 회절의 경우처럼 세포들이 집단적으로 이동하거나 체절세포나 신경릉 세포처럼 개별적으로 이동하게 됨

ⓑ 수렴확장(convergent extension) : 조직층을 이루는 세포들이 재배열하여 세포층이 좁아지면서 이로 인해 길어지는 형태형성 운동

  예 성게의 원장 확장, 개구리 낭배형성 과정에서의 회절

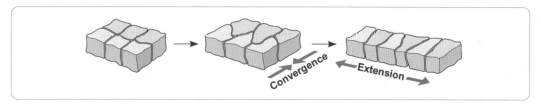

(2) 형태형성에서의 세포외기질과 세포부착분자의 역할

ㄱ. 세포외기질 당단백질인 피브로넥틴 : 이동하는 세포에 특정 부착분자를 공급하여 세포이동을 촉진함. 예를 들어 개구리 낭배형성과정에서 미래의 중배엽이 배아내부를 이동할 때 회절중인 가장 앞 세포들이 피브로넥틴 섬유를 따라 이동함. 피브로넥틴이나 피브로넥틴에 결합하는 수용체에 대한 항체를 주입하면 중배엽의 내부 이동이 저해됨

ㄴ. 선택적 세포 친화력과 세포부착분자 : 세포부착분자는 세포 이동과 안정한 조직 구조를 형성하는 데 기여하는 핵심 당단백질 그룹으로써 세포 표면에 위치하여 다른 세포의 세포부착분자와 결합하며 세포의 형태에 따라 그 양이나 화학적 성분 모두 차이가 있음. 이러한 차이가 형태형성 운동과 조직 형성을 조절하는데 관여함

ⓐ 선택적 세포 친화력의 예) 양서류 신경배 세포들의 재응집 : 유색 개구리 배아의 예정 상피세포와 흰색 개구리 배아의 신경판 세포를 개별 세포로 분리한 후 다시 섞었더니 세포들은 재응집하여 세포 종류별로 분리되어 한 종류가 다른 종류를 둘러싸게 됨

ⓑ 형태형성에서의 카드헤린의 역할 : 배아발생의 특정한 시기에 특정 부위에서 발현되며 기능을 수행하기 위해서는 Ca^{2+}이 필요함. 개구리의 포배 발생에서 아주 중요한 역할을 수행함. EP 카드헤린의 mRNA에 안티센스 RNA를 개구리의 난자에 주입하고 나서 안티센스 RNA를 주입하지 않은 대조군과 안티센스 RNA를 주입한 실험군의 난자에 각각 정자를 넣어주고 배아 발생을 관찰하여 비교하였더니 대조군의 난자는 정상적으로 포배를 형성하였으나 실험군의 난자는 정상적으로 포배를 형성하지 못함

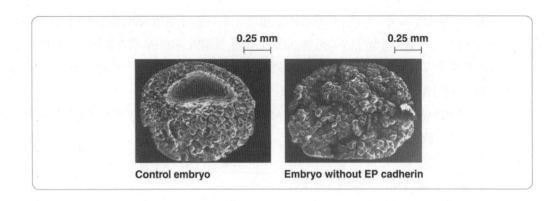

0.25 mm   0.25 mm

Control embryo   Embryo without EP cadherin

3 세포의 발생학적 운명

(1) 배아발생시기에 일어나는 분화

특수화된 세포로의 발생을 분화(differentiation)라고 하는데 이러한 변화는 갑자기 일어나는 것이 아니라 세포의 생화학적인 구성과 기능에서의 뚜렷한 변화에 앞서서 세포가 어떤 운명으로 투신하는 과정이 먼저 필요함. 이 시점의 세포나 조직은 외관상 투신하지 않은 세포와 동일하지만 이들의 발생 운명은 제한되는데 이것은 아래 두 단계로 구분됨

ㄱ. 예정화(specification) : 중립적인 환경에서 어떤 정해진 형태로 분화할 수 있을 때 세포나 조직의 운명은 예정되었다고 말하며 이 시기의 투신은 바뀔 수가 있음

ㄴ. 결정(determination) : 환경이 바뀌어도 정해진 형태로만 분화하게 될 때 세포와 조직의 운명은 결정되었다고 함

(2) 예정화의 두 가지 방식 : 자동적 예정화와 조건부 예정화로 구분함

ㄱ. 자동적 예정화(autonomous specification)

ⓐ 특징 : 대부분 무척추동물에서 관찰되며 알에 분포하는 어떤 세포질 분자의 존재 여부로 결정됨. 각 배아에서 정해진 난할로 인하여 같은 세포계보가 형성되는데 일반적으로 할구의 운명은 바뀌지 않음. 세포 종류는 대규모의 세포 이동에 앞서서 미리 결정되며 모자이크 발생을 함. 즉, 할구를 잃어버리지 않는 한 세포의 운명은 변하지 않음

예 피낭류 초기 배아의 자동적 예정화 : 8세포기 배아에서 네 쌍의 할구로 분리하면 각각은 원래 배아에서 만들 구조를 형성함

운명지도

동물극

외배엽

a4.2 b4.2

신경계

앞쪽 뒤쪽

척삭 A4.1 B4.1 근육

내배엽 간충직

식물극

할구 분리

외배엽 외배엽

a4.2 b4.2

척삭 A4.1 B4.1 근육

간충직

내배엽 내배엽

ㄴ. 조건부 예정화(conditional specfication)

ⓐ 특징 : 모든 척추동물과 일부 무척추동물에서 관찰되며 세포 간의 상호작용에 의하여 운명이 결정되는데 상대적인 위치가 중요함. 세포에 정해진 운명은 없으며 세포 분열 와중에 변함. 대규모의 세포 재배열과 이동이 먼저 일어나고 이후에 운명이 결정됨. 조절발생 능력을 가지며 세포는 다른 기능을 획득할 수 있음

📍 양서류 배아의 조건부 예정화 : 배아에서 일부 세포를 제거하면 남아 있는 세포들이 잃어버린 부분을 조절하고 보상함

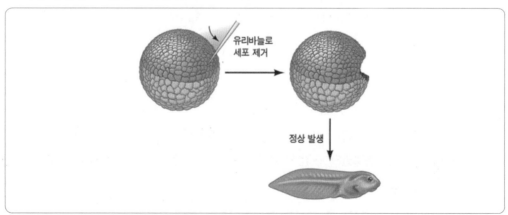

유리바늘로 세포 제거

정상 발생

(3) 세포의 비대칭성 확립

ㄱ. 체축 형성 : 형태 형성 과정의 가장 첫 단계로서 조직, 기관 발생의 전제 조건이 됨 예를 들어 좌우대칭 동물은 전-후 축, 배-복 축, 좌-우 축이 형성됨

ⓐ 비양막류 척추동물 : 난자 형성 과정이나 수정 시기와 같은 초기 단계에 체축 형성에 관한 기본적인 정보가 구축됨. 개구리의 경우 미수정란의 멜라닌, 난황 위치가 각각 동물반구, 식물반구 위치를 결정함. 동물극-식물극 축은 간접적으로 전-후 축을 결정하고 수정이 일어나면 피층회전이 일어나 배-복 축이 형성되고 자동적으로 좌-우 축이 특정한 분자기작에 의해 형성됨

1. 동물반구는 검은색 멜라닌 과립이 피층에 존재하기 때문에 진한 회색을 띠며, 식물반구는 멜라닌이 없고 대신 난황이 있어 노란색을 띰

2. 난자와 접합자의 극성은 난황과 세포질 결정소에 의해 결정됨. 난할 양상을 결정하는 데 결정적으로 아주 중요한 요소로 작용하는 난황은 식물극 쪽에 집중분포되어 있고 난황의 농도는 동물극쪽으로 갈수록 확연히 줄어듦

3. 동물극-식물극 축이 전-후 축을 결정하는 것으로 보아 전-후 축은 이미 난자에 존재하는 것으로 판단됨. 난자와 정자가 융합한 후에 세포질이 재배열되어 배-복 축이 형성됨

4. 정자가 동물극 부위로 침입하면서 원형질막과 연관 피층이 내부 세포질에 대해 회전하는 데, 피층회전으로 인해 정자가 들어온 반대 지점의 식물반구 피층에 있는 분자들이 동물반구의 내부 세포질에 있는 분자들과 상호작용하여 식물반구 피층의 단백질을 활성화시킴. 일부 종에서는 피층회전 결과 색소 분산부위인 회색신월환(gray crescent)이 나타나며 이 부위는 미래의 등쪽이 될 부위임

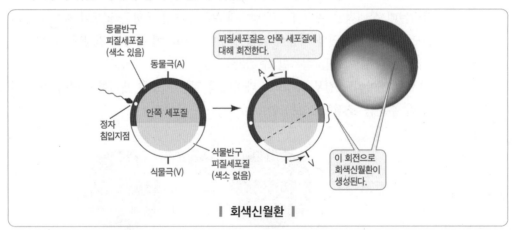

| 회색신월환 |

ㄴ. 세포운명가능성의 제한 : 발생이 진행됨에 따라 발생 범위는 점차적으로 제한됨. 배아 세포의 운명은 세포질 결정인자 뿐만 아니라 접합자의 난할 양상에 의해서도 영향을 받을 수도 있음

ⓐ 회색신월환의 개체 발생에 대한 영향을 분석한 실험 : 첫 번째 난할에 의해 형성되는 두 할구의 정상적 개체로의 발생은 회색신월환의 존재 유무에 달려 있는 것을 볼 수 있음. 실로 수정란을 묶어서 첫 번째 난할 후 회색신월환이 한쪽 할구로 분포되도록 한 후 대조군과 비

교함. 회색신월환 전부 또는 반을 받은 할구는 정상 배아로 발생하나 회색신월환을 받지 못한 할구는 등쪽 구조가 없는 비정상적 발생을 진행함 따라서 첫 번째 난할에 의해 정상적으로 형성되는 두 할구의 전능성은 회색신월환에 모여 있는 세포질 결정인자에 달려 있다고 추론됨

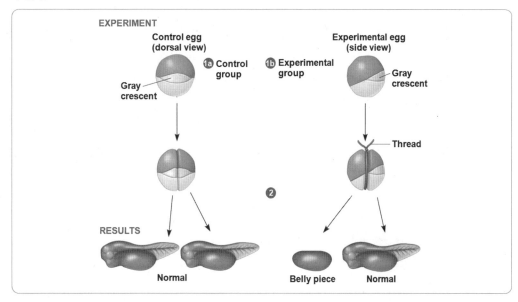

ⓑ 양서류의 배아 세포의 운명 결정 시기 분석 : 낭배 초기의 예정 표피 외배엽에 동일한 낭배의 예정 신경 외배엽을 이식하면 표피를 형성하나 낭배 후기의 예정 표피 외배엽에 동일한 낭배의 예정 신경 외배엽을 이식하면 신경판 조직을 형성하는 것으로 미루어 볼 때 양서류의 경우 낭배 후기에 조직 특이적인 세포의 운명이 고정되는 것으로 보임

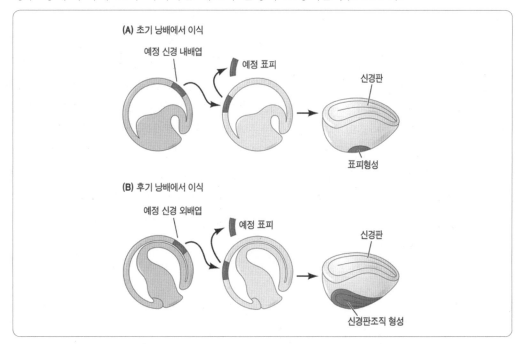

(4) 유도신호에 의한 세포 운명 결정

유도신호에 대한 반응은 보통 신호를 받는 세포들이 특정한 조직으로 분화하도록 해주는 특정한 유전자들의 발현을 일으키는 것임

ㄱ. 형성체(organizer) : 수정란의 발생 초기에 형태형성의 중심이 되는 부위로 양서류의 경우 낭배 초기의 원구배순부가 형성체로 작용하여 특정 부위의 형성을 유도함. Spemann과 Mangold는 흰색 도롱뇽의 낭배의 복면에 정상의 검은색 도롱뇽 낭배의 원구배순부를 이식하여 원구배순부의 유도 능력을 조사했는데 이식을 받은 배아는 이식된 지역에서 제2의 척삭과 신경관을 형성하였으며 궁극적으로 제2의 배아를 대부분 형성함. 두 배아의 내부를 조사함으로써 두 번째 배아에서 만들어진 구조 일부가 이식을 받은 배아의 조직으로부터 형성되었다는 것이 밝혀짐. 즉 이식된 원구배순부는 이식을 받은 배아세포가 이들의 원래 운명이 아닌 새로운 구조를 형성하도록 유도할 수 있었다는 것을 의미함

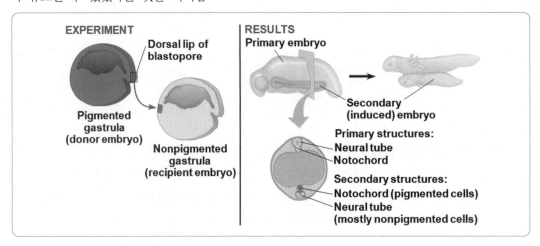

ㄴ. 사지의 형성
  ⓐ 패턴형성(pattern formation) : 동물의 공간적 조직화 발생으로 3차원적 공간에서 기관과 조직이 제자리에 배열되는 것. 패턴형성 조절분자를 위치정보(positional information)라 하며, 어떤 세포가 체축에 대해 어느 위치에 있어야 하는지를 알려주며, 세포와 그 자손 세포들이 어떻게 미래의 분자신호에 반응해야 할지를 결정하는데 기여함
  ⓑ 사지싹(limb bud) : 외배엽층으로 덮여있는 중배엽 조직으로 두 가지의 중요한 형성체 부위가 존재하며, 이 부위의 세포들은 사지싹 내의 다른 세포에 핵심 위치정보를 제공하는 단백질을 분비함. 뼈와 근육과 같은 사지의 각 요소는 이러한 위치정보에 반응하여 근-원 축, 전-후 축, 배-복 축에 대하여 정확한 위치와 방향으로 발달하게 됨

ⓒ 사지싹 형성체의 종류

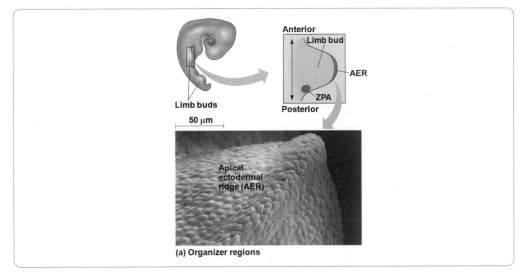

(a) Organizer regions

1. 정단외배엽융기(apical ectodermal ridge ; AER) : 사지싹 끝에 있는 두꺼운 외배엽부위로 다리의 근-원 축 생장 패턴형성을 유도하는데, 섬유아세포 성장인자(FGF)군에 속하는 여러 분비 단백질을 만들어내서 사지싹이 뻗어나가는 것을 촉진함

2. 극성화활성대(zone of polarizing activity ; ZPA) : 사지싹 뒷부분이 몸에 붙은 부위의 외배엽 하 중배엽 조직 덩어리로 다리의 전-후 축 패턴형성을 유도하는데, 소닉헤지호그 (Sonic hedgehog ; Shh)라는 성장인자를 분비하여 ZPA에서 가장 가까운 부분이 뒤쪽으로 되도록 유도함

ⓓ 사지싹 패턴형성에서의 ZPA의 역할 : 공여체 조류 배아로부터 ZPA 조직을 떼어내서 수여체 배아 사지싹의 앞쪽 가장자리에 있는 외배엽 아래에 이식하였더니 이식된 수여체 사지싹에서 여분의 지골이 정상 지골에 대하여 거울상으로 수여체 조직으로부터 발달하게 됨. 거울상의 여분의 지골이 만들어졌다는 것은 ZPA 세포로부터 물질이 분비되어 확산되며, 이 물질은 뒤쪽 구조를 결정하는 위치 정보로 작용한다는 것을 알 수 있음. ZPA로부터 거리가 멀어질수록 신호물질의 농도는 감소하므로 더 앞쪽의 지골이 발달하게 됨

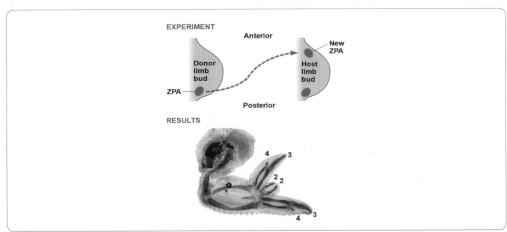

4 발생의 유전적 조절

(1) 초파리 축 형성의 유전적 조절

ㄱ. 배아의 패턴 형성 개요

ⓐ 전-후 축 형성에 필요한 유전자와 그 작용

1. 모계 영향 유전자(maternal effect gene) : 간극 유전자의 발현을 조절하며 전-후 축 형성에 관여함

ㄴ. 모계 영향 유전자 : 전-후 축 농도구배를 따라 인접한 다른 유전자들의 발현을 조절함

ⓐ bicoid와 nanos의 기능 : bicoid는 두부, 흉부 등의 전방 결정 센터의 형태 형성 요소이며 hunchback 유전자를 발현을 촉진시키고 caudal 유전자 발현을 억제함. bicoid 유전자에 돌연변이가 발생하면 두부와 흉부가 사라지게 됨. 반면 nanos는 복부와 같은 후방 결정 센터의 형태형성요소이며 hunchback 유전자의 발현을 억제함

ⓑ 전-후 축 형성 관련 물질의 분포 양상

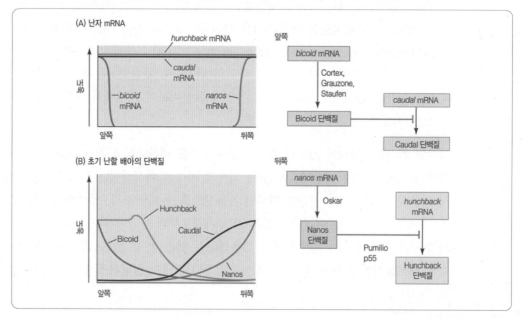

85 여성의 난자형성에 관한 설명으로 옳은 것만을 〈보기〉에서 있는 대로 고른 것은?

> 보기
> ㄱ. 출생시 생식세포는 제1감수분열이 완료된 상태이다.
> ㄴ. 제1난모세포는 제1감수분열이 종료되면서 2개의 제2난모세포를 만든다.
> ㄷ. 배란시 황체형성호르몬(LH)에 의해 여포 파열이 촉진되어 제2난모세포가 방출된다.
> ㄹ. 제2난모세포가 정자를 만난 후 제2감수분열이 완성된다.

① ㄱ, ㄴ, ㄷ　　② ㄱ, ㄷ　　③ ㄴ, ㄷ　　④ ㄴ, ㄹ　　⑤ ㄷ, ㄹ

86 남성 생식기의 구조와 기능에 대한 설명으로 옳지 않은 것은?

① 꼬불꼬불한 관으로 되어있는 부정소는 정소에서 만들어진 정자가 일시적으로 보관되는 곳으로, 이곳을 지나면서 정자가 성숙된다.
② 한 쌍의 정낭은 정자가 사용하는 대부분의 에너지를 제공하는 과당을 포함한 진한 액체를 분비한다.
③ 사정관은 정낭에서 나온 관, 전립선에서 나온 관, 요도구선에서 나온 관과 하나로 합쳐진 후 요도와 연결된다.
④ 전립선은 정자에게 영양이 되는 묽은 액체를 분비하여 정자의 활동을 활발하게 한다.
⑤ 요도구선은 알칼리성 점액을 분비하여 요도에 남아있을 수 있는 오줌의 산성을 중화시킨다.

정답 및 해설

85 정답 | ⑤
여성은 출생시에 1감수분열 전기에 멈춘 난모세포를 지니고 태어난다.
1난모세포가 1감수분열을 종료하면 2난모세포 1개와 1극체 1개가 형성된다.

86 정답 | ③
사정관은 마지막에는 요도로 연결되기는 하나 정관의 연장과 정낭 유래의 관이 만나 형성된 짧은 관으로 정액이 방출되는 통로이다.

편입생물 비밀병기

생물 1타강사 **노용관**

단권화 바이블 ✚
필수기출과 **해설**편

한권으로 끝내는 메디컬(의치한약수) 편입 나만의 祕密兵器

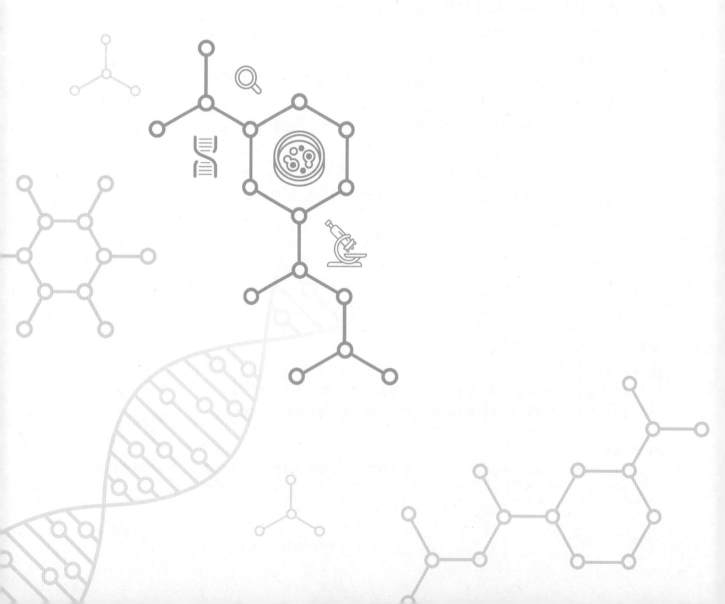

진화론적
생물관

31 진화론적 생물관

(1) 라마르크의 진화론

생명체가 하등한 상태에서 고등한 상태로 점진적으로 변화함과 동시에 서로 유연관계를 가진다는 것에 주목하고, 원시 생물은 그 자체 내부의 요인, 즉 더 복잡해지려는 타고난 본능에 의하여 고등 생물로 진화한다고 생각함

- ㄱ. 용불용설 : 잘 사용되지 않는 신체 부분은 퇴화하는 반면, 많이 사용되는 신체 부분은 커지고 강해진다는 입장
- ㄴ. 획득형질 유전 : 한 개체가 일생동안 획득한 모든 특성은 자손에게 전해질 수 있다는 입장

(2) 다윈의 진화론

[종의 기원]이라는 저서에서 진화론을 전개하였으며, 자연선택이라는 개념을 통해 진화를 설명함

- ㄱ. Darwin의 진화론의 개요 : 생물은 기하급수적으로 많은 자손을 퍼뜨리고 개체들은 구조나 습성에 변이를 나타내기 때문에 이들 사이에 생존경쟁이 일어날 때, 환경에 가장 알맞게 적응한 유리한 변이성을 가진 개체들만이 살아남을 수 있고, 따라서 그들만이 자신을 닮은 자손을 퍼뜨릴수 있다고 생각하였으나 변이성에 대한 유전적 기초가 뒷받침되지 못한 것이 한계로 지적됨
- ㄴ. Darwin의 진화론의 특징
    - ⓐ 진화의 주체는 개체가 아니라 개체군임
    - ⓑ 자연선택은 한 생명체에서 자손으로 전해지는 형질인 유전형질의 빈도를 늘리거나 줄일 수 있을 뿐임
    - ⓒ 환경요인들은 장소와 시간에 따라 변하며, 어떤 형질이 유리한지는 환경에 좌우됨

2 진화의 증거

(1) 화석 기록

오랜 시간의 단위를 두고 새로운 주요 생물군의 기원을 기록으로 남긴 것을 말하며, 이는 시간에 따라 지구 위의 생명체가 변화해온 양상을 설명해 줄 뿐만 아니라 다른 종류의 증거들로부터 나온 진화에 대한 가설을 시험해 보는 데에도 이용이 됨

 진화의 연속성을 암시하는 화석기록

Ⓐ 말의 화석 : 몸의 크기는 증가하고 발가락 수가 줄어드는 방향으로 진화가 일어남을 알 수 있음
Ⓑ 시조새 : 파충류와 조류의 중간 단계로 새처럼 깃털을 지니고 있지만 파충류처럼 날개 끝에 발톱이 있다는 것을 알 수 있음

ㄱ. 화석의 종류 : 화석을 통하여 생물들이 살던 시대 및 환경을 알 수 있음
  ⓐ 표준화석 : 시대를 알려주는 화석
    예 선캄브리아대(스트로마톨라이트; 원시형 남세균의 퇴적물이고 35억년 전의 원핵생물화석으로 가장 오래된 화석), 고생대(삼엽충, 필석, 전갈), 중생대(암모나이트, 공룡, 시조새), 신생대(화폐석, 맘모스 이빨)
  ⓑ 시상화석 : 환경을 알려 주는 화석
    예 산호 : 수온이 18~25°C이며 빛이 닿는 수심 50m 이내의 얕은 곳에서만 서식하므로 그 당시의 환경을 짐작할 수 있음

ㄴ. 화석의 연대를 측정하기 위해 각 방사성 동위원소의 특징적인 반감기를 이용한 방사성 연대측정법(radiometric dating)을 이용함

 방사성 연대측정법

Ⓐ 화석의 절대연대를 결정하는데 이용됨. 암석층에서의 화석의 순서는 화석의 상대적인 형성 순서는 알려주지만 실제 절대적 연대를 알려주지는 못함
Ⓑ 반감기(half-life : 원래 원소의 50%가 붕괴하는데 걸리는 시간)를 이용해 절대연대를 알아냄. 예를 들어 생명체가 죽으면 12C의 양은 일정한데 14C는 천천히 붕괴되어 14N이 됨. 따라서 화석에 있는 12C와 14C의 비율을 측정하여 화석의 연대를 결정함
Ⓒ 몇몇 원소의 반감기 : 239U(45억년), 40K(13억년), 14C(5730년)

(2) 생물지리학적 증거

지구상의 생물 분포를 지리학적으로 연구하여 생물진화에 대한 증거를 확보함

ㄱ. 생물지리학적 증거에 대한 주요 내용 : 대륙이 모두 붙어 있었을 때에는 생물 군집의 이동이 가능하여 동일성을 유지했으나 대륙이 이동하고 큰 바다를 경계로 대륙이 구분되면서 생물 군집의 이동에 제한이 되고 지역에 따라 먹이의 종류와 생활 방식이 달라져 각 대륙의 생물들은 서로 다른 방향으로 진화하게 됨. 이는 환경이 매우 다른 지역에 사는 생물들간의 유사성을 이해하는 토대가 됨

ㄴ. 생물지리학적 증거의 예

ⓐ 유대류의 분포 : 유대류는 원시적 태반 포유류로 태반이 아예 없거나 불완전한 동물을 가리킴. 오스트레일리아에 많은 캥거루나 코알라가 유대류에 속하는 대표적인 동물인데 아시아나 유럽에서 유대류가 발견되지 않는 이유는 태반 포유류로 진화하기 전에 대륙이 분리되면서 진화의 방향이 달라졌기 때문

ⓑ 핀치새의 예 : 갈라파고스 군도의 핀치새는 서식하는 섬의 환경에 따라 먹이가 달라 부리의 모양이 각기 달라지게 됨

(3) 발생학적 증거

개체가 발생하는 동안 나타나는 구조의 변화를 비교분석하여 생명체가 공통의 조상으로부터 진화하여 왔다는 사실을 증명해 줌 cf. Haeckel의 발생반복설 : "개체발생은 계통발생을 반복한다"고 주장함

ㄱ. 진화상으로 연관되어 있는 개체들은 배 발생과정이 매우 유사함

 척추동물의 배

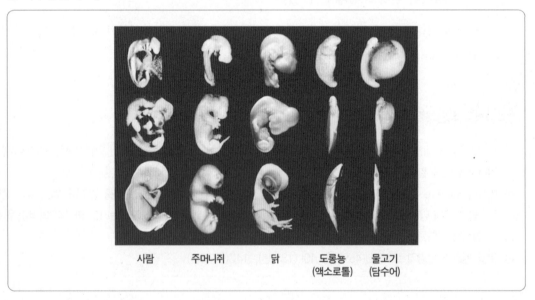

사람   주머니쥐   닭   도롱뇽   물고기
(액소로틀) (담수어)

ㄴ. 유생의 공통성 : 유생의 모양이 비슷한 종들은 서로 유연관계가 더 가깝다고 할 수 있음
　　📗 트로코포라 : 갯지렁이(환형동물)와 조개(연체동물)의 유생으로 서로의 유연관계를 확인할 수
　　있음

(4) 비교해부학적 증거

서로 다른 생명체의 해부학적 유사함은 이들 구조가 각각 새롭게 발생했다기보다는 공통조상의 한
가지 기원형으로부터 서로 다른 방식으로 진화됨을 통해 가능했던 것임

ㄱ. 상동기관(homologous organ) : 외형은 달라도 발생기원이 같은 기관으로 발산진화의 산물임
　　📗 사람의 팔, 고양이의 앞다리, 고래의 옆 지느러미, 박쥐의 날개

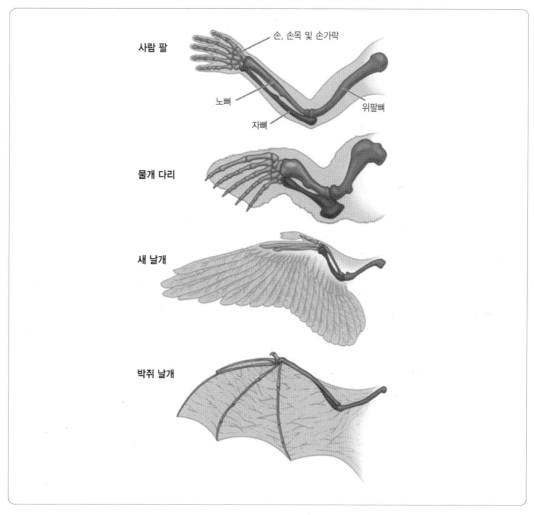

ㄴ. 상사기관(analogous organ) : 해부학적 기원이 매우 이질적이지만, 외형적으로 유사한 모습을
　　나타내는 기관으로 수렴진화의 산물임
　　📗 새의 날개와 곤충의 날개, 고래의 지느러미와 상어의 지느러미

(5) 비교 생화학

ㄱ. 헤모글로빈(α 사슬 2개, β 사슬 2개로 구성) : 사람의 헤모글로빈과 고릴라의 헤모글로빈의 아미노산의 서열은 1군데서만 차이가 남. 돼지는 10곳, 말은 26곳에서 차이가 남. 사람과의 유연관계를 볼 때, 고릴라는 말이나 돼지에 비해 가깝다는 사실을 알 수 있음

ㄴ. 시토크롬 c(cytochrome c) : 전자전달계에서 운반체로 작용, 동물의 집단에 따라 조금씩 아미노산 서열에 차이가 존재함

ㄷ. DNA 혼성화 : 근연종의 DNA 비교분석 시 사용됨. DNA의 뉴클레오티드 서열이 유사할수록 혼성화 정도가 높다는 사실을 통해 서로 다른 생물의 유연관계를 추정함

MEMO

생물 1타강사 **노용관**

편입생물 비밀병기

단권화 바이블 ＋ 필수기출과 해설편

한권으로 끝내는 메디컬(의치한약수) 편입 나만의 秘密兵器

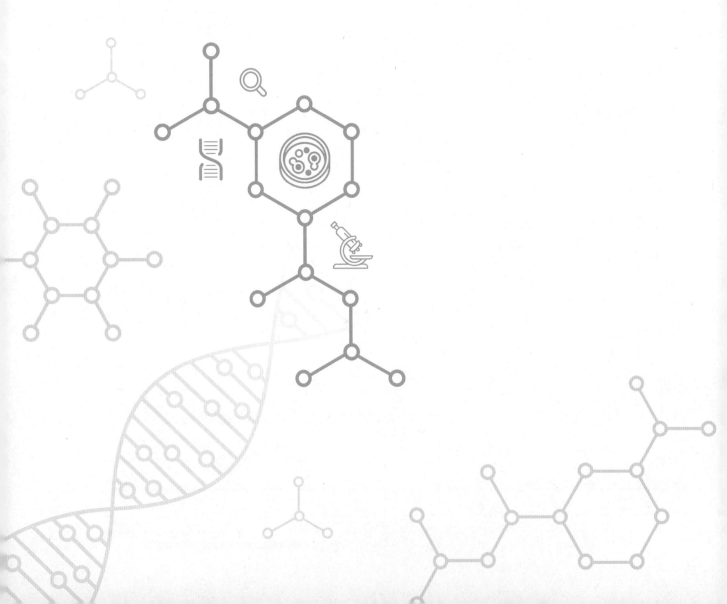

개체군의 진화와 생물종과 종분화

32 개체군의 진화와 생물종과 종분화

(1) 유전자 풀과 대립유전자 빈도

ㄱ. 개체군(집단 ; population) : 진화의 가장 작은 단위로서 같은 시기, 같은 장소에 서식하고 있는 동일한 종 개체의 집단을 가리킴. 한 집단은 중심부에서부터 주변부로 퍼져있으며 주변부에서는 인접한 다른 개체군과 일부 지역이 겹쳐서 분포하기도 함

ㄴ. 유전자 풀(gene pool) : 지리적 개체군 내에서 국지적으로 교배가 일어난 집단을 멘델집단(Mendelian population)이라 하는데, 특정 시기에 한 집단 내에 존재하는 모든 유전자 좌위에 위치한 모든 대립유전자인 유전자 풀을 측정함으로써 해당 집단이 지니는 유전적 특성을 파악할 수 있음

ㄷ. 대립유전자 빈도 계산 : 개체수가 500인 개체군에 대한 대립유전자 빈도 계산

유전자형	AA	Aa	aa
개체수	320	160	20
대립 유전자 수	640A	160A, 160a	40a
유전자형 빈도	0.64	0.32	0.04

대립유전자 A의 총 수 = 640+160=800
대립유전자 a의 총 수 = 160+40=200
대립유전자 빈도 : $f(A)=p=800/1000=0.8$, $f(a)=q=200/1000=0.2$

(2) 하디-바인베르크 원리(Hardy-Weinberg principle)

ㄱ. 내용 : 대립유전자 분리와 재조합이 멘델의 유전방식으로만 일어날 때 그 집단의 대립유전자 빈도와 유전자형 빈도가 세대가 지나도 항상 일정하게 유지된다는 주장임. 여러 세대에 걸쳐 동일한 대립유전자와 유전자형의 빈도를 가진 개체군을 하디-바인베르크 평형(Hardy-Weinberg equilibrium) 상태에 있다고 함. 유성생식 개체군에만 적용하는 개념임

하디-바인베르크 평형의 수식적 증명

하디-바인베르크 평형 조건이 유지되면 한 유전자 좌위에서의 대립유전자의 빈도는 세대를 거치면서 일정하게 유지됨. 첫 세대의 A 대립인자 빈도를 p, a 대립인자 빈도를 q라 하면 아래 표와 같이 나타나게 됨

구분	A(p)	a(q)
A(p)	$AA(p^2)$	$Aa(pq)$
a(q)	$Aa(pq)$	$aa(q^2)$

$p^2+2pq+q^2=1$이며, 실제 유전자형의 빈도가 한 가지 동형접합성은 p^2, 이형접합성은 $2pq$, 다른 한 가지 동형접합성이 q^2으로 나타나는 집단에서 하디-바인베르크 평형 상태로 이루어진 것으로 판단함. 다음 세대의 A 대립인자의 빈도 $(p^1)=p^2+pq=p(p+q)=p$로서, 세대가 거듭되어도 특징 대립유진자의 빈도는 변하지 않으며 한 세대동안 무작위적인 교배 후에 유전자형 빈도는 동일한 비율로 유지됨

ㄴ. 하디-바인베르크 평형을 위한 조건

ⓐ 개체군이 아주 커야 함. 집단의 크기가 작을수록, 세대가 지나면서 대립유전자 빈도는 우연에 의해 더욱 잘 변할 것이기 때문

ⓑ 교배는 무작위적이어야 함. 근친교배와 같이 개체군내 일부와 짝짓기를 선호한다면, 배우자는 무작위적으로 섞이지 않아 유전자형 빈도가 변할 것이기 때문

ⓒ 개체군간의 이동(유전자 흐름)이 없어야 함. 개체군 안으로 혹은 밖으로 대립유전자를 이동시킴으로써 유전자 흐름은 대립유전자 빈도를 변화시킬 것이기 때문

ⓓ 돌연변이가 일어나지 않아야 함. 돌연변이는 대립유전자를 변화시키거나 또는 제거함으로써, 또는 하나의 유전자를 전체를 중복시킴으로써 유전자 풀을 변화시킬 것이기 때문

ⓔ 자연선택이 작용하지 않아야 함. 서로 다른 유전자형으로 인한 다른 표현형을 소유한 개체들의 차등적인 생존 및 번식적 성공도는 대립유전자 빈도를 변화시킬 수 있기 때문

ㄷ. 하디-바인베르크 원리의 적용을 이용한 간단한 문제

ⓐ 어떤 집단의 10,000명 중 Rh-형인 혈액을 가진 사람의 수가 100명으로 나타났다. 이 집단에서 Rh+형의 이형접합자와 동형접합자의 비는 얼마인가?

ⓑ 어느 도시의 PKU(페닐케토뇨증)의 유전병을 가지고 태어나는 신생아의 수는 만 명당 1명의 비율이라고 한다. 이 도시의 인구수가 5만 명이라고 할 때 이 도시에 있는 보인자의 수는 얼마인가?

ⓒ 100명 중 A형이 27명, O형이 9명, AB형이 24명일 경우, 유전자형이 AO인 사람은 몇 명이겠는가?

(1) 진화의 잠재적 원인 - 소진화의 원인 5가지

ㄱ. 유전적 부동(genetic drift) : 우연한 사건들에 의해 집단의 크기가 작아지고 세대를 거치면서 대립유전자의 빈도가 예측할 수 없게 되는 과정

    ⓐ 병목현상(bottlenect effect) : 화재나 홍수와 같이 갑작스런 환경의 변화에 의해 집단의 크기가 급격하게 줄어드는 것. 생존자들 가운데 우연히 어떤 대립유전자는 비율이 증가하고 다른 일부는 줄어들며 또다른 일부는 아예 없어지게 됨

    ⓑ 창시자효과(founder effect) : 한 개체군의 일부가 원래의 개체군으로부터 분리되어 새로운 지역에서 새로운 개체군을 형성할 때, 새로운 거주지에서의 유전적 부동을 말함

ㄴ. 선택적 교배(nonrandom mating) : 선택적 교배는 특정 대립유전자의 빈도를 증가시키거나 감소시킴

ㄷ. 유전자 흐름(gene flow) : 동일 종의 다른 개체군과 완전히 격리되는 경우는 드물기 때문에 보통 일부 개체군 간의 이동이 일어남. 이동한 개체가 새로운 장소에서 번식하면 유전자 흐름(gene flow)이 일어나게 됨. 대립유전자가 집단들 사이에서 교환되기 때문에, 유전자 흐름은 집단들 간의 차이를 줄이는 경향이 있음. 유전자 흐름이 광범위하게 일어나면 이웃하는 집단들이 공통의 유전자 풀을 가지는 하나의 큰 집단으로 합쳐질 수 있음

ㄹ. 돌연변이(mutation) : 성공적인 돌연변이가 드물기 때문에 변화의 주된 원인으로 생각할 수 없지만 적응도에 심각한 영향을 미치는 돌연변이는 대립유전자 빈도에 궁극적으로 커다란 영향을 주게 됨

ㅁ. 자연선택(natural selection) : 서로 다른 유전적 변이 가운데 특정 환경에서 특정한 유전적 변이체가 더욱 선호되는 것

(2) 자연선택의 특징과 양상

ㄱ. 상대적 적응도(relative fitness) : 한 개체가 다음 세대의 유전자풀에 기여하는 정도는 다른 개체들의 기여도와 비교해 상대적인 값으로 나타낸 것이며 상대적 적응도가 높은 개체들이 자연선택적으로 유리한 개체들임

ㄴ. 자연선택의 특징

    ⓐ 자연선택은 배후에 존재하는 유전자형이 아니라 개체의 표현형을 대상으로 적용함. 그러므로 특정 대립유전자에 의해서 이루어지는 상대적 적응도는 그 대립유전자가 발현되는 유전체의 성격과 환경적 맥락에 의존함

    ⓑ 환경을 구성하는 물리적, 생물학적 요소는 시간에 따라 변할 수 있는데, 자연선택만이 이러한 변화하는 환경에서 생물체로 하여금 적응 진화로 일관되게 인도하는 유일한 진화기작이 됨

    ⓒ 성적 선택과 같은 상대적 적응도를 높이려는 일련의 행동적, 표현형적 적응이 일어나기도 함

성적 선택(sexual selection)

Ⓐ 성적 선택의 의미 : 특정 유전형질을 가진 개체들이 그렇지 않은 개체들에 비해서 더 많은 짝을 얻을 가능성이 있다는 내용의 자연선택

Ⓑ 성적 선택의 구분

  1. 동성내 선택(intrasexual selection) : 같은 성 안에서의 선택을 의미하며, 같은 성을 가지는 개체들이 다른 성의 짝을 놓고 직접적인 경쟁을 벌이는 것. 직접 싸우는 경우도 있지만 종종 부상을 피할 수 있는 잠재적인 의식화된 행동을 통해서 심리적인 승리를 쟁취하는 경우도 있음

  2. 이성간 선택(intersexual selection) : 한쪽 성의 개체들이 반대편 성을 가진 그들의 짝을 고르는 것. 많은 경우 암컷의 선택은 수컷의 외양이나 행동의 화려함에 의존함

ㄷ. 자연선택의 3가지 양상

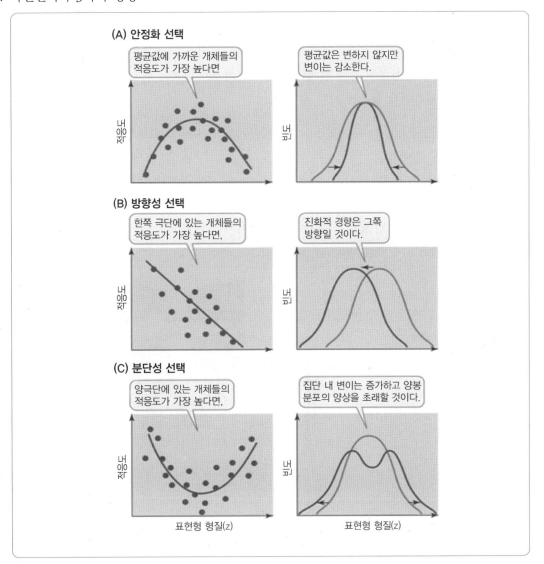

ⓐ 방향성 선택(directional selection) : 표현형 분포 범위 안에서 한 쪽 극단에 있는 표현형의 개체들이 선호되는 자연선택 양상으로서, 방향성 선택은 한 집단의 환경이 변할 때나 집단의 구성원들이 다른 환경 조건들을 가진 새로운 서식지로 이주하는 경우에 흔히 나타남

ⓑ 분단성 선택(disruptive selection) : 표현형 분포의 중간형 개체들보다 양 극단의 개체들이 더욱 선호되는 자연선택 양상

ⓒ 안정화 선택(stabilizing selection) : 양 극단의 표현형을 제거하는 쪽으로 작용하고 중간형을 선호하는 자연선택 양상으로서 변이를 줄이고 특정 표현형의 현재 상태를 그대로 유지하게 함

(3) 유전적 변이의 보존

자연선택에 의해 유전적 변이가 줄어드는 경향이 대한 보전 및 회복 기작에 의해 상쇄됨

ㄱ. 이배성(diploidy)

ⓐ 이배체의 경우 열성형질은 동형접합자가 아닌 한 자연선택의 작용을 받지 않음. 따라서 자연선택에 반하는 형질을 암호화하는 유전자라 할지라도 개체군에서 지속될 수 있음

ⓑ 이형접합자 보호를 통해 현재는 불리한 것이지만 환경이 변할 때 새로운 이로움을 줄 수 있는 대립유전자 풀을 유지할 수 있음

ㄴ. 균형 선택(balancing selection) : 한 집단에서 둘 이상의 표현형들이 자연선택에 의해서 유지되는 경우 일어남

ⓐ 이형접합자 이점(heterozygote advantage ; 잡종강세) : 어떤 유전자 좌위에서 이형접합자 개체들이 동형접합자에 비해 상대적 적응도가 높은 경우임

　　🔴 예 겸상적혈구 빈혈증의 말라리아 감염 시의 유리함

ⓑ 빈도의존성 선택(frequency-dependent selection)

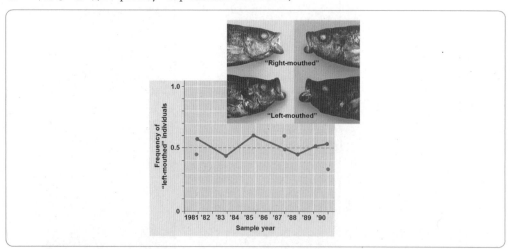

1. 유전자형의 생식적인 성공이 개체군내의 빈도에 의해 결정되는 것으로 그 결과 안정된 다양성을 유지함

2. 한 유전자형이 희귀할 때는 이점이 되고, 보편적이 될 때는 불리한 요소가 됨. 즉, 희귀한 경우에 이점이 되는 대립유전자가 그 이점으로 인해 빈도가 증가하게 되면, 그 유전자형이 덜 희귀해져서 그 이점이 감소하게 됨

ㄷ. 중립적 변이(neutral variation) : 번식 성공도에 영향을 거의 주지 않는 변이로서 단백질 비암호화 부위에서의 어떤 변이도 그 어떠한 선택적 유리함을 제공하지 않으며 시간이 지나도 자연선택에 영향을 받지 않는 대립유전자의 빈도는 유전적 부동에 의해 증가할 수도, 감소할 수도 있음

3 종에 대한 여러 가지 정의

(1) 형태학적 종(morphological species)

몸의 형태 및 여타의 구조적 특징으로 종을 규정함. 유성생식과 무성생식 생물에 모두 적용될 수 있으며 유전자 흐름에 대한 정보가 없이도 적용될 수 있다는 장점이 있으나 어떠한 구조적 특징을 기준으로 종을 구별해야 할 것인지에 대해 주관적 이견이 있을 수 있다는 단점 또한 존재함

(2) 생태학적 종(ecological species)

종의 생태적 지위(생물공동체 안에서 차지하고 있는 지위)를 기준으로 적용되는 개념. 유성생식은 물론 무성생식을 하는 종에도 적용될 수 있으며 생물이 서로 다른 환경에 적응하게 되었을 때 나타나는 분단성 자연선택의 작용을 강조함

(3) 계통발생학적 종(phylogenetic species)

공통조상이 있는 개체들의 가장 작은 무리를 종이라고 규정하며 생물 계통수의 한 가지를 이룸. 형태나 분자서열 같은 특징을 다른 생물과 비교하여 한 종의 계통발생사를 추적함. 별개의 종으로 규정할 수 있는데 요구되는 차이의 정도를 결정하는 것이 어려운 점임

(4) 생물학적 종(biological species)

Ernst Mayer가 정의한 것에 따르면, 종은 구성원들이 자연에서 서로 교배하여 생식 능력이 있는 자손을 낳을 수 있는 잠재성이 있는 한 무리의 집단을 가리킴. 한 종의 구성원들은 유전자 흐름으로 높은 수준으로 또는 낮은 수준으로 연결되어 있음을 알 수 있으며 다른 종 간에는 유전자 흐름이 존재하지 않는 것으로 규정함. 하지만 화석종이나 무성생식종에 대해서는 적용될 수 없다는 점이 단점이며 형태적으로나 생태적으로 뚜렷이 구분되지만 유전자 흐름이 일어나는 종들에 대해서는 적절하게 적용될 수 없다는 한계가 존재함

Linne의 이명법에 따른 종의 명명법

Ⓐ 속명, 종명, 명명자 순으로 기입
Ⓑ 속명과 종명은 이탤릭체로 표기하며 속명의 첫글자는 대문자, 종명의 첫글자는 소문자로 표기함
🔹예 *Homo sapiens* Linnaeus

4 생식적 격리(reproductive isolation) - 생물학적 종에 바탕을 둔 개념

(1) 생식적 격리의 특성

ㄱ. 종 간의 유전자 흐름을 막고, 종간교배로 생기는 자손인 잡종의 형성을 제한함

ㄴ. 하나의 장애 요인이 모든 유전자 흐름을 막지 못한다 할지라도 여러 장애 요인들의 조합은 한 종의 유전자 풀을 효과적으로 격리할 수 있음

(2) 생식적 격리의 구분

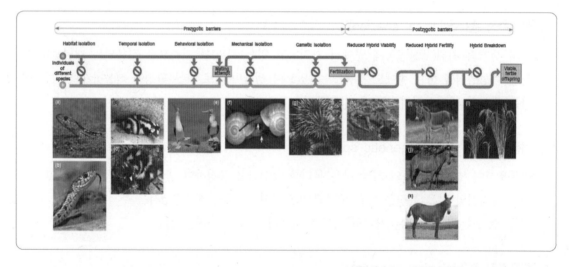

ㄱ. 수정 전 장벽(prezygotic barrier) : 수정이 일어나지 못하게 하는 생식적 격리 기작

　ⓐ 서식처 격리(habitat isolation) : 서식장소나 교배장소가 다름

　ⓑ 시간적 격리(temporal isolation) : 짝짓기의 시기나 개화의 시기가 다름

　ⓒ 행동적 격리(behavioral isolation) : 구애행동이나 기타 행동의 차이로 인해 교배가 이루어지지 않는 것

　ⓓ 기계적 격리(mechanical isolation ; 형태적 격리) : 생식기의 구조가 서로 달라 교미나 수분이 일어나지 않는 것

ⓔ 배우자 격리(gametion isolation) : 두 종의 개체가 성공적으로 교배를 한다고 하더라도 난
　　　자와 정자의 불화합성 때문에 수정이 일어나지 않는 것
　ㄴ. 수정 후 장벽(postzygotic barrier) : 잡종이 형성된 후의 생식적 격리에 기여함
　　ⓐ 잡종치사(hybrid inviability) : 잡종개체가 발생도중이나 생식력을 갖기 전에 죽게 됨
　　ⓑ 잡종불임(hybrid sterility) : 잡종개체가 수정가능한 배우자를 생산하지 못함
　　ⓒ 잡종약세(hybrid weakness) : 잡종개체가 매우 허약하거나 잡종세대가 거듭될 경우 생식력
　　　이 없어짐

5 　종분화(speciation)

(1) 종분화 기작의 구분

　ㄱ. 이지역성 종분화(allopatric speciation) : 한 개체군이 지리적으로 격리된 두 작은 집단으로
　　분리되었을 때 유전자 흐름이 차단되어 일어나는 종분화로서 지질학적 재편성 없이도 일어날
　　수 있으며 유전자의 흐름을 차단할 수 있는 장벽의 강력함은 생물의 이동 능력에 따라 다름

한권으로 끝내는 메디컬(의치한약수) 편입 나만의 祕密兵器

ⓐ 이지역성 종분화의 과정

  1. 지리적 장벽이 형성됨

  2. 지역적으로 격리된 각 집단에서 서로 다른 돌연변이가 일어나고 서로 다른 자연선택이 작용한 다음 유전적 부동이 대립 유전자 빈도를 서로 다르게 변화시킴

  3. 자연선택이나 유전적 부동의 부산물로 생식적 격리가 일어나게 됨

ⓑ 이지역성 종분화의 증거

  1. 지리적 장벽이 많은 지역은 지리적 장벽이 적은 지역보다 더 많은 종이 존재함

  2. 두 집단의 생식적 격리가 일반적으로 둘 사이의 거리가 멀어짐에 따라 증가하는 것이 입증됨. 이것은 두 집단 간의 거리가 멀어짐에 따라 유전자 흐름이 감소하기 때문이라는 설명에 의해 지지됨

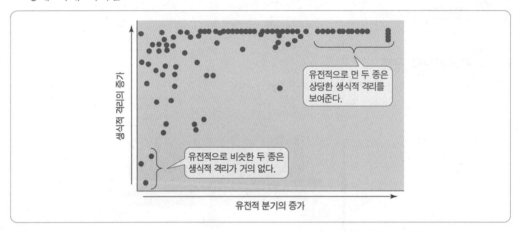

ㄴ. 동지역성 종분화(sympatric speciation) : 같은 지역에 존재하는 개체군에서의 종 분화

  ⓐ 다배수성(polyploidy) : 염색체 조합의 추가로 인한 새로운 종의 형성

    1. 동질배수체(autopolyploid ; 자가다배수체) : 한 종에서 유래된 염색체를 두 종보다 더 많이 지니는 개체

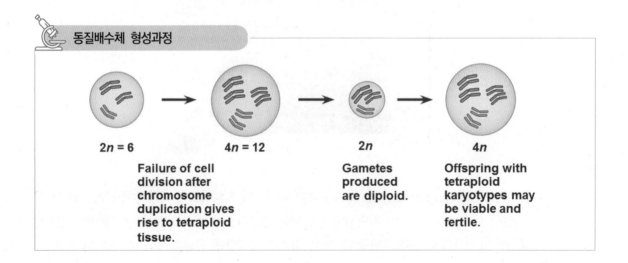

동질배수체 형성과정

2n = 6 → 4n = 12 → 2n → 4n

Failure of cell division after chromosome duplication gives rise to tetraploid tissue.

Gametes produced are diploid.

Offspring with tetraploid karyotypes may be viable and fertile.

(2) 잡종지대(hybrid zone)

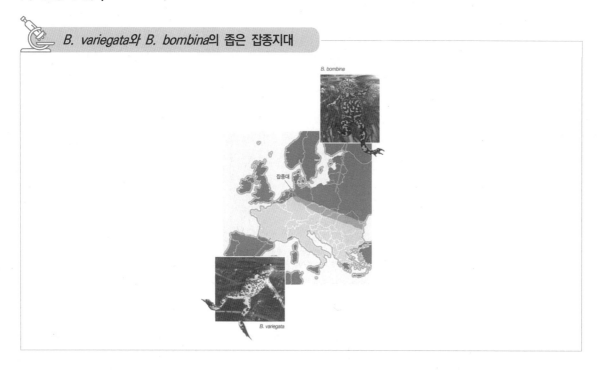

B. variegata와 B. bombina의 좁은 잡종지대

ㄱ. 잡종지대의 형성 과정
　① 유전자 흐름으로 연결된 동일한 종의 집단들 간에 유전자 흐름의 장벽이 형성됨
　② 서로 다른 집단들이 갈라져 나오기 시작함
　③ 종분화를 거의 마침
　④ 유전자 흐름이 다시 이루어지는 곳에서 잡종지대가 형성됨

ㄴ. 잡종지대의 변화

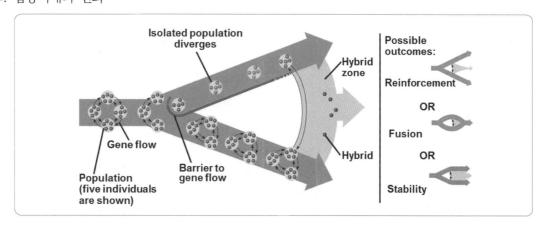

　ⓐ 강화 : 잡종이 부모종보다 덜 적응적이면, 자연선택으로 인해 접합전 장벽이 더욱 강화되어
　　　적응력 없는 잡종 형성이 줄어들기 때문에 생식적 장벽이 강화됨. 강화가 일어나면 종 사이
　　　의 생식적 장벽이 이소종에서보다 동소종에서 더 강해야 할 것임

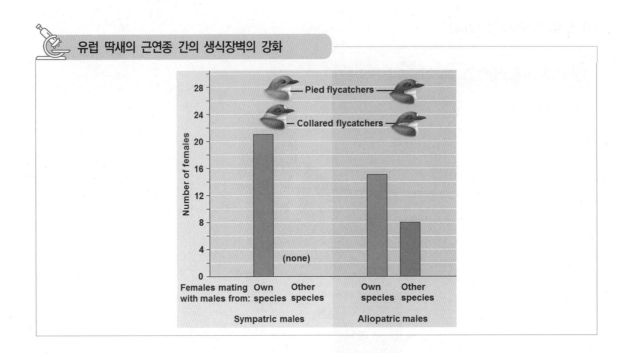

유럽 딱새의 근연종 간의 생식장벽의 강화

ⓑ 융합 : 유전자 흐름이 원활해서 생식적 장벽이 약화되고 더 나아가 두 종의 유전자 풀이 점
진적으로 동일해져 결국 잡종으로 이루어진 하나의 종으로 융합됨

ⓒ 안정 : 잡종 개체가 계속적으로 형성됨

(3) 종분화율

ㄱ. 화석 기록에 나타나는 종분화율 패턴

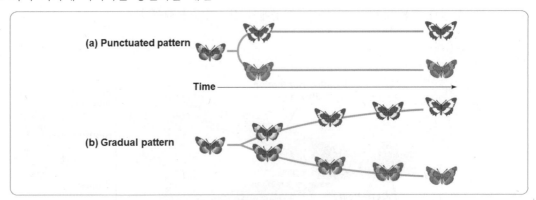

ⓐ 단속평형(punctuated equilibria) : 새로운 종이 부모종에서 분리되어 나올 때 대부분의 변
화가 생기고 이후 존속하는 기간 중에는 거의 변하지 않음

ⓑ 점진적 종분화 : 종분화가 비교적 천천히 일어남

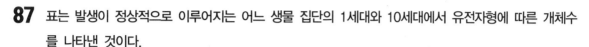

87 표는 발생이 정상적으로 이루어지는 어느 생물 집단의 1세대와 10세대에서 유전자형에 따른 개체수를 나타낸 것이다.

유전자형	1세대의 개체수	10세대의 개체수
RR	100	400
Rr	600	100
rr	300	500

이에 관한 설명으로 옳은 것만을 〈보기〉에서 있는 대로 고른 것은?

┌─ 보기 ─────────────────────────────────────┐
ㄱ. 1세대에서 대립유전자 R의 빈도는 0.35 이다.
ㄴ. 10세대에서 대립유전자 r의 빈도는 0.55 이다.
ㄷ. 이 집단은 하디-바인베르크 평형이 유지되었다.
└──┘

① ㄱ   ② ㄴ   ③ ㄱ, ㄷ   ④ ㄴ, ㄷ   ⑤ ㄱ, ㄴ, ㄷ

88 유전적 부동의 원인이 되는 현상으로 옳은 것만을 〈보기〉에서 있는 대로 고른 것은?

┌─ 보기 ─────────────────────────────────────┐
ㄱ. 창시자 효과   ㄴ. 병목 현상   ㄷ. 수렴진화
└──┘

① ㄱ   ② ㄷ   ③ ㄱ, ㄴ   ④ ㄴ, ㄷ   ⑤ ㄱ, ㄴ, ㄷ

정답 및 해설

87 정답 | ②

대립유전자의 빈도가 일정하게 된다면 하디 바인베르크의 법칙이 유지가 되는 것이다. 현재는 대립유전자의 빈도가 변화되었으므로, 하디-바인베르크 평형이 유지되고 있지 않다.

88 정답 | ③

수렴진화는 계통이 다른 생물들이 서로 비슷한 환경에 적응하면서 외형과 기능이 유사한 구조(상사 구조)를 발달시키는 현상이다.

한권으로 끝내는 메디컬(의치한약수) 편입 나만의 秘密兵器

89 그림은 자연선택의 3가지 유형을 나타낸 것이다. 화살표는 선택압을 나타낸다. 이에 관한 설명으로 옳은 것만을 〈보기〉에서 있는 대로 고른 것은?

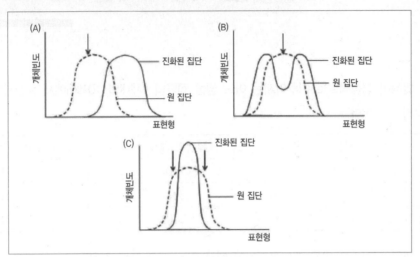

┌ 보기 ┐
ㄱ. (A)에서는 대립유전자 빈도(allele frequency)가 변화한다.
ㄴ. (B)는 야생 개체군들에서 살충제에 대한 해충의 저항성 증가를 설명해 주는 적응 유형이다.
ㄷ. (C)는 '개체군의 평균값은 변하지 않는다'는 것을 설명해 주는 적응 유형이다.

① ㄱ   ② ㄴ   ③ ㄱ, ㄷ   ④ ㄴ, ㄷ   ⑤ ㄱ, ㄴ, ㄷ

─────────────────────────────────────

정답 및 해설

89 정답 | ③
  ㄱ. (A)는 선택압에 의한 방향성 선택으로, 대립유전자 빈도가 변화한다.
  ㄴ. (C)는 안정화 선택, 적응선택이며 개체군의 평균은 변화하지 않는다.
  ㄷ. (B)는 분단성 선택이며, 살충제에 대한 저항성 증가는 선택압에 의한 방향성 선택이다.

90 그림은 대립유전자 A와 B의 빈도가 동일한 집단의 유전자 풀(gene pool)이 우연한 환경의 변화에 의해 집단의 크기가 감소한 이후, 살아남은 집단의 유전자 풀을 나타낸 것이다.

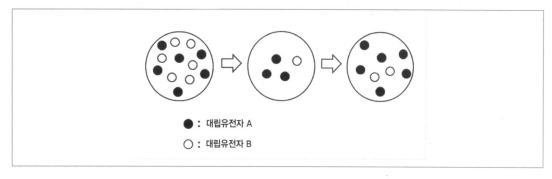

● : 대립유전자 A
○ : 대립유전자 B

이와 같은 진화요인에 의해 나타난 현상으로 옳은 것은?

① 다른 지역 물개들의 유전적 변이와 비교하여, 북태평양 물개들의 유전적 변이가 적다.
② 갈라파고스 군도에서 각각의 섬에 사는 핀치새의 먹이와 부리 모양은 조금씩 다르다.
③ 말라리아가 번성하는 지역에서는 낫 모양 적혈구 유전자의 빈도가 높게 나타난다.
④ 다양한 항생제에 내성을 가진 슈퍼박테리아 집단이 출현하였다.
⑤ 흰 민들레가 노란 민들레 군락지에서 출현하였다.

90 정답 | ①

그림은 우연에 의해 유전자 풀이 변화하는 유전적 부동(genetic drift) 중, 특히 교란(자연재해 및 인간 활동)등에 의해 개체 수가 급감하면서 생존자 집단에서의 대립유전자 빈도(유전자 풀)가 원래 집단과 달라지게 되는 병목효과를 나타낸 것이다. 개체군의 크기가 클수록 유전적 부동은 적게 나타난다. 북태평양 물개는 남획(교란)에 의해 그 수가 급감하였고 그로 인해 유전자 풀이 변화된 것이므로 병목효과가 나타난 예이다.
집단 내에 변이를 유지시키는 기작 중 이형접합자(잡종) 우세(균형 선택의 한 종류)의 예이다. 방향성 자연선택의 예이다. 흰 민들레가 출현한 것은 새로운 변이의 발생에 의한 것일 수도 있고, 유전자 흐름(흰색 민들레 꽃씨의 유입)에 의한 것일 수도 있다.

91 자연선택에 대한 설명으로 옳은 것만을 〈보기〉에서 있는 대로 고른 것은?

> **보기**
>
> ㄱ. 자연선택이 안정화 선택(stabilizing selection)의 방향으로 일어나면, 대부분의 종에서 진화속도가 느려진다.
> ㄴ. 방향성 선택(directional selection)의 결과로 집단 내 어떤 형질의 평균값은 극단을 향해 이동한다.
> ㄷ. 분단성 선택(disruptive selection)이 일어나는 집단에서는 변이가 증가된다.

① ㄱ   ② ㄱ, ㄴ, ㄷ   ③ ㄱ, ㄷ   ④ ㄴ, ㄷ   ⑤ ㄷ

정답 및 해설

91 정답 | ②

안정화 선택은 중간 형질의 개체들이 늘어나는 자연선택으로, 집단의 변이를 감소시키므로 진화속도를 늦출 수 있다.
방향성 선택은 한쪽 극단 형질의 개체들이 늘어나는 자연선택으로, 형질의 평균값이 극단으로 이동한다.
분단성 선택은 양쪽 극단 형질의 개체들이 늘어나는 자연선택으로, 집단의 변이를 통해서 새로운 종의 출현이 증가한다.

편입생물 비밀병기

생물 1타강사 **노용관**

단권화 바이블 ✚ 필수기출과 해설편

한권으로 끝내는 메디컬(의치한약수) 편입 나만의 祕密兵器

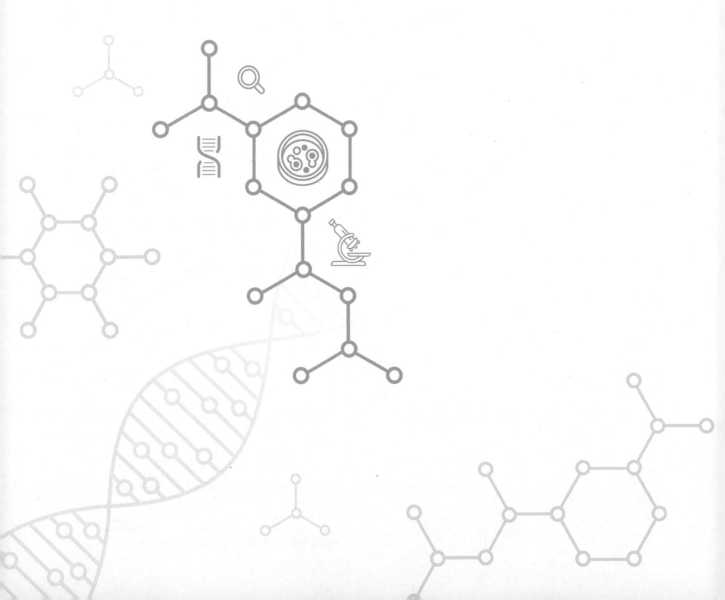

계통발생과
계통수, 분자진화

33 계통발생과 계통수, 분자진화

1

계통발생의 진화적 관점

(1) 계층적 분류

ㄱ. 분류군(taxon ; 이름이 지어진 분류 단위)의 포괄적 관계 : 종(species) < 속(genus) < 과(family) < 목(order) < 강(class) < 문(phylum) < 계(kingdom)

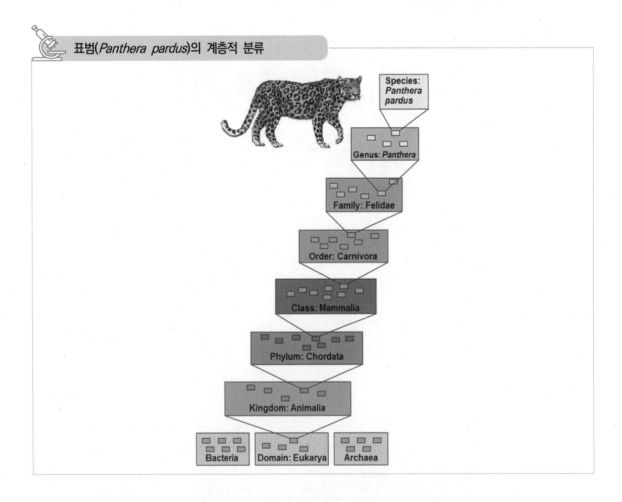

표범(*Panthera pardus*)의 계층적 분류

ㄴ. 상위의 분류 수준은 분류학자들에 의해 선택된 특정 형질에 의해 결정된 것이기 때문에 더 포괄적인 범주들에서는 흔히 다른 계통들이 서로 대등하지 않음. 즉, 서로 다른 목이 같은 정도의 형태적인 또는 유전적인 다양성을 보여주지는 않음

ㄷ. 반드시 진화 역사를 반영하는 것은 아님. 즉, 린네의 분류 체계는 계통발생에 대한 정보를 거의 주지 못함

(2) 계통수에 대한 이해

ㄱ. 생물군의 진화 역사는 계통수(phylogenetic tree ; 공통조상으로부터 내려오는 생물 집단의 전승을 나뭇가지가 갈라지는 모양으로 그린 것)를 통해 표현됨

ㄴ. 계통수는 진화 관계에 대한 가설을 나타내는데, 이것은 흔히 양방향 분기점으로 그려짐

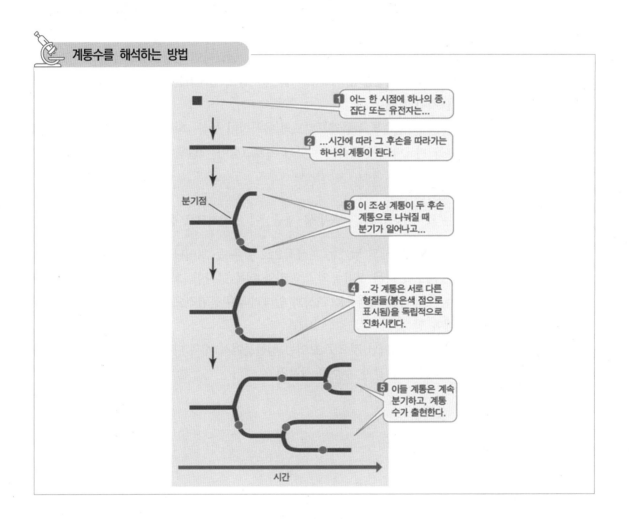

계통수를 해석하는 방법

ㄷ. 계통수를 통해 알 수 있는 것과 알 수 없는 것

ⓐ 계통수에서 분기하는 순서가 반드시 특정 종의 분기된 순서를 말하는 것은 아니며, 분기점은 분기된 가지를 형성한 종들의 공통조상인데, 공통조상의 출현 순서 정도만 알 수 있음

ⓑ 계통수의 한 분류군이 바로 옆의 분류군에서 유래되었다고 가정할 수 없음. 다만 두 분류군의 공통조상이 존재했고, 그 공통조상으로부터 두 분류군이 분화된 것이라는 것만 추론이 가능함

(1) 상동의 근거

일반적으로 매우 유사한 형태나 DNA 염기서열을 공유하는 생물들은 그렇지 않은 생물보다 혈연적으로 더욱 가까울 가능성이 있음

ㄱ. 포유류 앞다리 뼈의 수와 배치의 유사성과 같이 확증적인 형태적 유사성이나 화석 증거는 상동의 근거가 됨

ㄴ. 형질의 복잡성을 비교하여 복잡한 두 구조가 많은 면에서 닮았다면 공통조상에서 분화되었을 가능성이 있음. 복잡한 구조를 이루는 단위구조가 높은 비율로 일치하는 것이 별개의 기원을 가질 확률은 상당히 낮을 것이기 때문

ㄷ. 분자적 상동 : 관계가 가까울수록 뉴클레오티드의 유사성이 높음. 최근에는 뉴클레오티드 길이가 다른 DNA 단편을 비교하고 정렬하는 컴퓨터 프로그램이 개발됨

(2) 상사의 배제

상동과 상사를 구별하는 것이 정상적인 계통발생 재구성에 결정적으로 중요함

ㄱ. 형태적 상사 : 박쥐의 날개와 새의 날개는 피상적으로 닮은 듯 보이나 더욱 자세히 관찰하면 박쥐의 날개는 새의 날개보다 다른 포유류의 앞다리와 더욱 유사함. 화석 기록에 따르면 박쥐의 날개와 새의 날개는 각기 다른 사지동물 조상의 앞다리에서 독립적으로 생긴 것으로 상동이 아니라 상사로 간주해야 함

ㄴ. 분자적 상사 : 가까운 관계가 아닌 것으로 보이는 생물들에서 매우 다른 서열 간에 공유된 염기들은 단순히 우연한 대응, 즉 분자 수준의 상사임

2 계통수의 구성

(1) 분기학(cladistics)

공통조상을 생물분류의 1차적 기준으로 삼는 계통분류학 접근법

ㄱ. 분류군의 구분

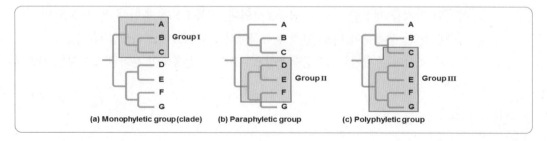

(a) Monophyletic group (clade) (b) Paraphyletic group (c) Polyphyletic group

ⓐ 단계통군(monophyletic group) : 한 조상종과 모든 후손으로 구성된 분류군

ⓑ 측계통군(paraphyletic group) : 한 조상종과 후손의 일부로만 구성된 분류군

ⓒ 다계통군(polyphyletic group) : 조상이 다른 분류군을 포함

ㄴ. 공유 조상 형질과 공유 파생 형질

ⓐ 공유 조상 형질(shared ancestral character) : 분류군의 조상에서 기원된 형질 **예** 포유류에 대해서 척추

ⓑ 공유 파생 형질(shared derived character) : 특정 분기군에 특이한 진화적 신형 **예** 포유류에 대해서 털

ㄷ. 파생형질을 이용한 계통수 형성

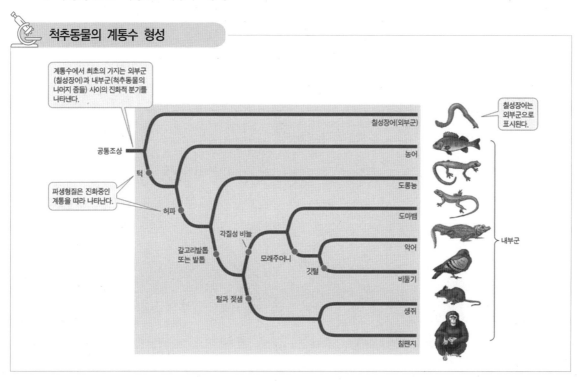

척추동물의 계통수 형성

ⓐ 형태, 고생물학, 배아발생 및 유전자 서열의 증거를 바탕으로 적절한 외부군을 결정함

1. 내부군(ingroup) : 파생형질을 만족하는 집단

2. 외부군(outgroup) : 파생형질을 만족하지 못하는 집단으로 내부군 계통 이전에 분기함

ⓑ 내부군의 구성원들을 서로 비교하고 외부군의 구성원들과도 비교하여 척추동물 진화의 여러 분기점에서 어느 형질이 파생되었는지를 결정할 수 있음

(2) 비례적인 가지 길이의 계통수

계통수의 분기 형태로 표현된 연대기는 절대적이라기보다는 상대적이지만, 일부 계통수 도표에서는 가지 길이가 유전적 변화량이나 시간에 비례하게 됨

ㄱ. 가지 길이가 유전적 변화를 나타내는 경우 : 수평선의 길이는 공통조상에서 분기된 이후의 유전적 변화량과 비례함

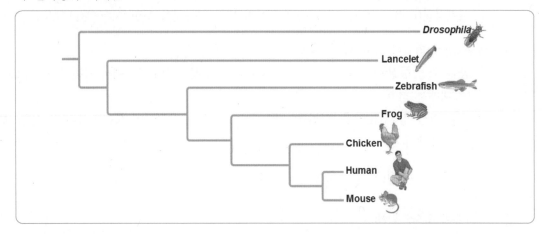

ㄴ. 가지 길이가 시간의 간격을 나타내는 경우 : 화석 기록에서 추론하여 지질학적 시간의 문맥에서 분기점을 배치함. 이 경우의 수평선의 길이는 시간에 비례하게 됨

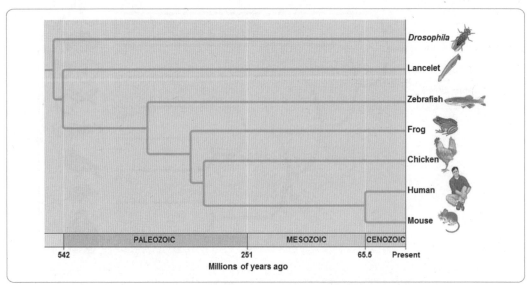

(3) 계통수 구성의 원칙- 최대 단순성과 최대 개연성

ㄱ. 최대 단순성(maximum parsimony) : 우선 사실과 부합되는 가장 단순한 설명을 조사해야 함. 예를 들어 형태에 근거한 계통수의 경우 가장 단순한 계통수는 공유 파생 형질의 기원을 평가할 때 가장 적은 수의 진화 사건을 필요로 하며 DNA에 근거한 계통도의 경우에도 가장 단순한 계통수는 가장 적은 수의 염기 변화가 필요함

계통수 구성에서의 단순성 적용하기

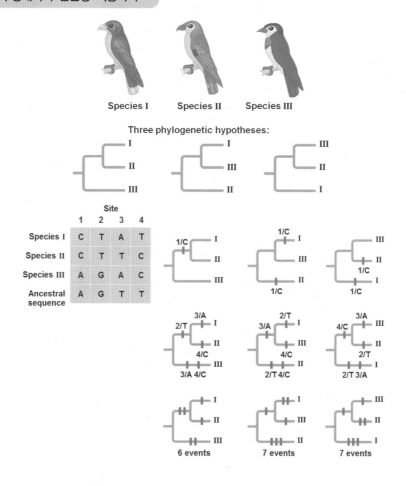

① 종들에 대해 가능한 세 가지 계통발생을 그림

② 종에 대한 분자 자료를 표로 작성함

③ DNA 서열 1번 위치에 집중함. 계통수에서 위치 1 자료를 설명하기 위해서는 종 Ⅰ과 Ⅱ로 가는 가지에 교차표지로 표시한 단일 염기 변화 사건 하나면 충분함. 다른 두 계통수에서는 두 번의 염기 변화 사건이 필요함

④ 위치 2, 3, 4의 염기를 계속 비교하면 세 가지 계통수 각각은 총 5번의 부가적인 염기변화 사건이 요구됨

ㄴ. 최대 개연성(maximum likelihood) : 시간에 따라 DNA가 변화하는 방식에 대한 특정한 규칙이 주어질 때 가장 큰 확률로 일어났음직한 진화 사건의 순서를 반영하는 계통수를 찾음

3 분자 진화

(1) 분자 진화(molecular evolution)

고분자의 진화를 조사하고 유전자와 유전자들을 가지고 있는 개체들의 진화적 역사를 재구성하는데 분자적 변화를 근거로 하며 유전적 부동과 돌연변이가 뉴클레오티드 변화의 속도와 방향에 영향을 준다는 점이 특징임

ㄱ. 뉴클레오티드 서열의 변화(돌연변이)

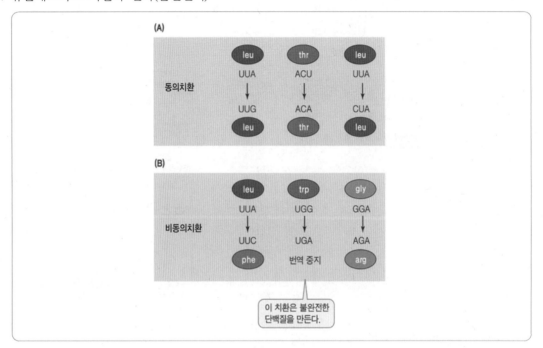

ⓐ 동의 돌연변이(synonymous mutation ; 침묵 돌연변이) : 아미노산 서열의 변화를 일으키지 않는 돌연변이로서 단백질 기능에 영향을 미치지 않기 때문에 자연선택의 영향을 받지 않음

ⓑ 비동의 돌연변이(nonsynonymous mutation ; 미스센스 돌연변이) : 단백질의 아미노산 서열의 변화를 일으키는 돌연변이로서 일반적으로 그 개체에게 해를 끼칠 가능성이 높음

ㄴ. 분자진화의 중립설(neutral theory of molecular evolution)

ⓐ 중립설이 대두된 배경 : 자연선택은 불리한 유전자를 제거함으로써 유전적 다양성을 감소시키나, 기대했던 다양성보다 훨씬 더 큰 유전적 다양성이 존재함

ⓑ 중립설의 내용 : 분자 수준에서 대부분의 돌연변이는 이롭지도 해롭지도 않아서 고분자에서 대부분의 진화적 변화와 종 내의 유전적 변이는 유리한 대립유전자의 방향성 선택이나 안정화 선택에 의해서가 아니라 유전적 부동의 결과로 생김. 따라서 중립 돌연변이의 고정 속도는 이론적으로 일정하며 고분자들은 일정한 속도로 분기되고 그러한 분자들은 일명 분자시계(molecular clock)으로 이용될 것임

(2) 고분자의 단량체 서열의 변화와 단량체 치환 속도

ㄱ. 고분자의 단량체 치환속도 : 기능적으로 중요한 부위의 치환속도는 낮음

ⓐ 핵산의 뉴클레오티드 치환속도 : 아미노산의 서열 변화를 일으키지 않는 동의치환이 아미노산의 서열 변화를 일으키는 비동의치환보다 치환속도가 높고 암호화하는 단백질의 아미노산 기능이 중요할수록 뉴클레오티드 치환속도는 낮아지는 경향이 있으며, 의사유전자(pseudogene ; 원래 기능을 수행하는 유전자가 중복되면서 변화되어 기능을 상실한 유전자)의 치환속도가 원래 기능을 담당하던 유전자보다 높다는 것을 알 수 있음

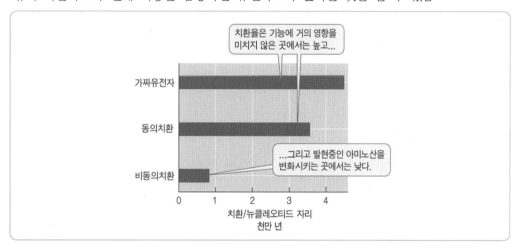

ⓑ 단백질의 아미노산 치환속도 : 시토크롬 c(미토콘드리아 내의 전자전달 단백질)의 경우 효소 기능에 필수적인 철을 함유하는 헴 그룹과 상호작용하는 부위의 아미노산 치환속도는 낮지만 상대적으로 빠르게 변화가 축적되는 부위가 있음. 기능적으로 중요한 아미노산들의 변화는 시토크롬 c의 기능을 약화시키기 때문에 그러한 돌연변이가 유발된 개체는 자연선택에 의해 제거되었기 때문으로 추정함

ㄴ. 분자시계(molecular clock)

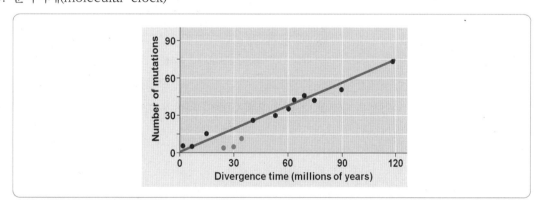

ⓐ 생물분자가 분자시계(molecular clock)로 이용되기 위해서는 그 단백질을 가지고 있는 모든 진화적 계통은 반드시 거의 일정한 속도로 진화할 필요가 있음

ⓑ 서로 다른 분자시계는 진화에 대한 기능적 제약이 서로 다르기 때문에 서로 다름. 예를 들어 특정 효소의 진화속도는 효소의 기능이 상실되었거나, 해당 효소가 발견되는 개체군의 크기가 극적으로 감소하면 극적으로 변화할 것임

ⓒ 분자진화의 속도는 긴 세대기간을 가진 생물체에서보다 세대기간이 짧은 생물체에서 더욱 빠름

ⓓ 분자시계의 예 : 시토크롬 c를 들 수 있음. 시토크롬 c의 아미노산 서열의 변화는 비교적 일정한 속도로 진화되어 왔음

4 게놈 진화

(1) 유전체의 크기와 복잡성

유전체의 크기는 일반적으로 생물체의 복잡성과 관계 있음

ㄱ. 작고 간단한 생물체보다 크고 복잡한 생물체의 유전체와 유전자 수가 더욱 큰 경향이 있음

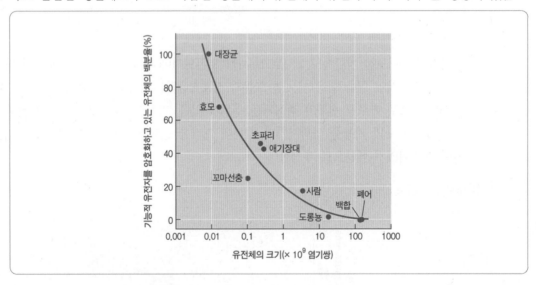

ㄴ. 유전체의 크기 다양성은 대부분 기능적 유전자 수의 차이가 아니라 비암호화 부위의 양에 달려 있음

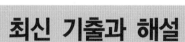

최신 기출과 해설

92 그림 (가)~(라)는 생물분류군 A~E의 유연관계를 나타낸 계통수이다.

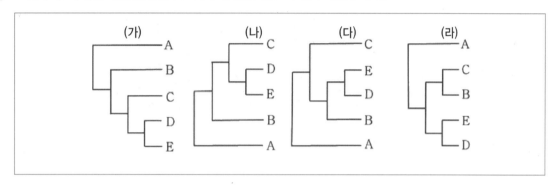

A~E의 진화적 관계가 동일한 계통수를 옳게 짝지은 것은?

① (가) - (나)   ② (가) - (다)

③ (나) - (다)   ④ (나) - (라)

⑤ (다) - (라)

정답 및 해설

92 정답 | ①

　(가)와 (나) 계통수는 A를 기준으로 나머지 생물들과의 유연관계가 가장 멀다. 그 다음이 B,C순이며 D와 E가 가장 가까운 자매종으로 묶여있는 계통수이다.

생물 1타강사 **노용관**

편입생물 비밀병기

단권화 바이블 ✚
필수기출과 **해설**편

한권으로 끝내는 메디컬(의치한약수) 편입 나만의 祕密兵器

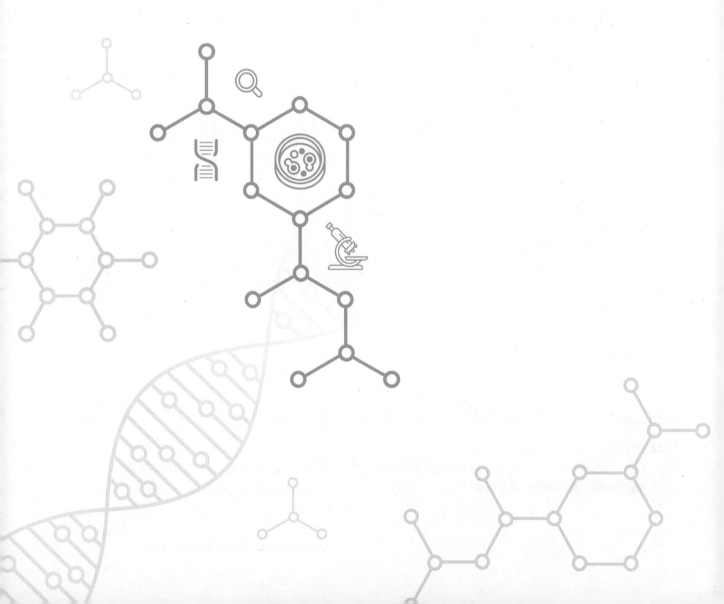

34

지구 생물의 역사

34 지구 생물의 역사

1

생명의 기원

(1) 작은 유기화합물의 무생물적 합성

ㄱ. 초기 지구의 대기 성분 : 수증기, 질소, 질소산화물, 이산화탄소, 메탄, 암모니아, 수소, 황화수소, 그 밖의 화산 폭발로 인한 분출된 각종 화합물 등이 포함되며 이후 지구가 냉각되면서 수증기는 응결하여 바다를 이루고 다량의 수소는 우주로 방출됨

ㄴ. 오파린(Oparin)과 홀데인(Haldane)의 가설 : 지구 초기의 대기가 환원적 환경이기 때문에 무생물적으로 유기물이 만들어질 수 있다는 가설을 제시함. 유기합성이 일어날 수 있게 하는 에너지는 번개와 강력한 자외선에서 비롯됨. 특히 수증기가 응결하여 형성된 바다는 유기분자의 수용액인 "원시 수프(primitive soup)"라고 제안함

ㄷ. 밀러(Stanley Miller)와 유리(Harold Urey)의 실험 : 오파린과 홀데인의 가설을 검증하기 위해 초기 지구의 상태와 흡사한 실험실 조건을 구성하여 유기 분자의 무생물적 합성을 확인함

유기분자의 무생물적 합성을 확인한 실험

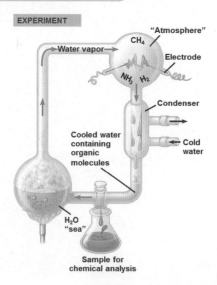

실험 결과

포름알데히드(CH_2O), 시안화수소(HCN) 등의 단순 화합물이나 아미노산과 탄화수소 등의 복잡한 분자도 형성됨

(2) 거대분자의 무생물적 합성

ㄱ. 생명이 출현하기 위해서는 물질대사를 가능케 하는 거대 유기분자가 형성되어야만 함

ㄴ. 아미노산 중합체의 형성 : 아미노산 용액을 뜨거운 모래나 점토 혹은 암석에 떨어뜨렸더니 자발적으로 아미노산 중합체가 형성됨. 그러나 이 중합체는 아미노산 간의 교차결합이 존재하는 복합체라는 점이 현재의 단백질과의 차이점임

(3) 원시생물(protobiont)의 출현

ㄱ. 프로테노이드(proteinoid) : 폭스는 뜨겁고 건조한 조건하에서 200개의 아미노산으로 이루어진 중합체를 생성하는데 성공하였음. 이 자연발생적 중합체의 집합을 열성 프로테노이드(thermal proteinoid)라고 하였음. 프로테노이드를 물에 담그면 코아세르베이트와 비슷한 덩어리를 이루는데 이를 프로테노이드 마이크로스피어(proteinoid microsphere)라고 부름. 이와 같은 둥근 형체가 자동적으로 두 층의 막을 형성하여 코아세르베이트와 같이 수중환경으로부터 스스로를 격리시키며 더욱이 이 둥근 형체는 주위환경으로부터 선택적으로 분자를 받아들이고, 자라서 다른 마이크로스피어와 융합하거나 또는 분열하기도 함

ㄴ. 코아세르베이트(coacervate) : 코아세르베이트는 세포의 원형질과 비슷하며, 주변 환경에서 물질을 선택적으로 받아들여 계속 생장할 수 있고, 어느 정도 크기에 이르면 둘로 갈라져서 그 수가 증가하기도 함. 또한 코아세르베이트 내에 고분자 화합물이 농축되면 보통의 수용액에서 볼 수 없는 화학반응이 일어남. 오파린은 코아세르베이트가 살아있는 생명체와 유사한 특성을 갖고 있기 때문에 점진적인 변화를 거쳐 원시 생명체로 발전하게 되었다고 보았음

ⓐ 코아세르베이트 만들기 : 젤라틴 용액 5mL와 아라비아 고무 용액 3mL를 시험관에 넣고 흔들어서 혼합한 후 온도와 pH를 적절하게 조절하면 형성됨. 일반적으로 코아세르베이트는 pH 3.4~4.0의 범위와 50℃ 정도의 고온에서 가장 잘 형성됨

ⓑ 코아세르베이트의 형성 : 단백질 입자가 물 입자와 결합하여 콜로이드 입자를 형성하고, 이 콜로이드 입자들이 모여 막에 둘러싸인 코아세르베이트를 형성함

ㄷ. 리포솜(liposome) : 막으로 둘러싸인 작은 방울로 혼합물에 있는 소수성 분자들이 방울의 표면에서 세포막의 지질 이중층과 매우 닮은 이중층으로 구조화됨. 번식할 수 있고 이중층이 선택적으로 투과적이므로 용질 농도가 다른 용액에 있으면 삼투압으로 인해 팽창되거나 수축됨

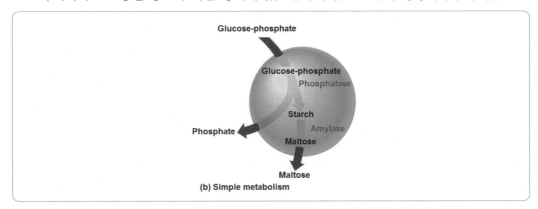

(b) Simple metabolism

(4) 자기복제분자의 출현

ㄱ. 자기복제를 수행하는 RNA 분자의 출현 : RNA 세계의 형성

ⓐ 단일가닥의 RNA 분자는 뉴클레오티드 서열에 따라 결정되는 3차원 구조가 다양함

ⓑ 특정 환경에서 특정 염기서열의 RNA 분자가 다른 서열의 RNA 분자보다 더 안정되고 더 빨리 복제하며 오류도 적음

ⓒ 주위 환경에 가장 적합하고 자신을 복제하는 능력이 가장 큰 서열로 이루어진 RNA 분자가 자손을 가장 많이 남기게 되면서 그 후손은 단 하나의 RNA 종이 아니라 복제 오류로 인해 형성된 약간 다른 서열로 RNA들로 이루어진 RNA 가족일 것임

ⓓ 유전정보가 존재하는 RNA가 원시생물에 나타나면서 더욱 많이 변화가 나타남 : RNA는 DNA 뉴클레오티드가 조합되는 주형으로 작용하게 되었는데, 단일가닥의 RNA보다는 DNA가 더욱 안정된 유전정보의 저장소로 기능할 수 있으며 더욱 정확하게 복제될 수 있음

2 생명의 역사

(1) 지질학적 기록

대	기	개시	지구에서의 주요한 물리적 변화	생명 역사의 주요 사건
중생대	백악기	1억4400만년전	북쪽 대륙이 결합 : 곤드와나가 분리되기 시작 : 운석이 유카탄반도에 충돌	공룡의 계속적 방산진화 : 현화식물과 포유류의 다양화 : 말기에 대멸종 (종의 76%가 사라짐)
	쥐라기	2억600만년전	두 개의 큰 대륙 형성 : 라이라시아(북쪽)와 곤드와나(남쪽) : 기후 온화	다양한 공룡 : 최초의 새 : 두 번의 소멸종
	삼첩기	2억4800만년전	판게아대륙이 서서히 분리되기 시작 : 무덥고 습한 기후	초기 공룡 : 최초의 포유류 : 해양 무척추동물의 다양화 : 말기에 대멸종 (종의 65%가 사라짐)
고생대	페름기	2억9000만년전	대륙들이 판게아로 합쳐짐 : 대규모 빙하 형성 : 판게아의 내부에 건조기후대 형성	파충류 방산진화 : 양서류 감소 : 말기에 대멸종(종의 96%가 사라짐)
	석탄기	3억5400만년전	기후 하강 : 현저한 위도상의 기후 차이	대규모 '양치류 숲' : 최초의 파충류 : 곤충의 방산 : 최초의 현화식물
	데본기	4억1700만년전	말기에 대륙의 충돌 : 아마도 소혹성이 지구와 충돌	어류의 다양화 : 최초의 곤충류와 양서류 : 말기에 대멸종(종의 75%가 사라짐)
	실루리아기	4억4300만년전	해수면 상승 : 두 개의 큰 대륙형성 : 무덥고 습한 기후	무악어류의 다양화 : 최초의 경골어류 : 동식물의 육상정착
	오르도비스기	4억9000만년전	곤드와나가 남극으로 이동 : 대규모 빙하 형성 : 해수면이 50m 낮아짐	말기에 대멸종 (종의 75%가 사라짐)
	캄브리아기	5억4300만년전	O_2 수준이 현재 수준에 도달함	대부분의 동물문이 존재 : 다양한 조류

(2) 생명 역사에서의 핵심적 사건

ㄱ. 최초의 단세포 생물 출현 : 생명의 최초 증거는 35억년전으로 연대가 측정된 스트로마톨라이트임. 현재 스트로마톨라이트는 따뜻하고 얕은 염수의 만에서 발견됨

ⓐ 광합성과 산소 혁명 : 오늘날의 남세균과 유사한 세균에 의한 광합성을 통해 O_2의 양이 증가하기 시작함

1. 생성된 O_2는 물에 용해된 철과 반응했는데 이렇게 형성된 산화철이 침전되고 퇴적물로 축적됨. 이 해양 퇴적물은 오늘날의 철광석의 원천으로 산화철을 함유한 붉은 암석층으로 띠를 형성하게 압축됨

2. 물에 용해된 철이 모두 침전된 후에 추가적으로 용해된 O_2가 포화된 후 마침내 O_2는 물에서 분출되어 대기로 유입되기 시작했는데 이 O_2는 철이 풍부한 육상 암석을 산화시켜 흔적을 남기게 됨

3. 대기의 O_2량 증가는 대기의 성격을 환원성에서 산화성으로 변화시켰으며 호기성 생물의 출현을 가능케 하는 환경 조성의 원인이 되었음

ⓑ 최초의 진핵생물 : 가장 오래된 진핵생물의 화석은 21억년 전의 것임

1. 내부공생(endosymbiosis)의 과정 : 호기성 세균과 남세균과 유사 세균이 더욱 커다란 세포 내로 들어와 숙주세포와 공생하게 되어 각각 미토콘드리아와 색소체가 됨. 모든 진핵생물에는 미토콘드리아나 미토콘드리아 잔재가 있지만 색소체가 모든 진핵생물에 존재하는 것은 아니라는 것을 볼 때 미토콘드리아가 색소체보다 먼저 내부공생하게 된 것(연속 내부공생 ; serial endosymbiosis)으로 추정함

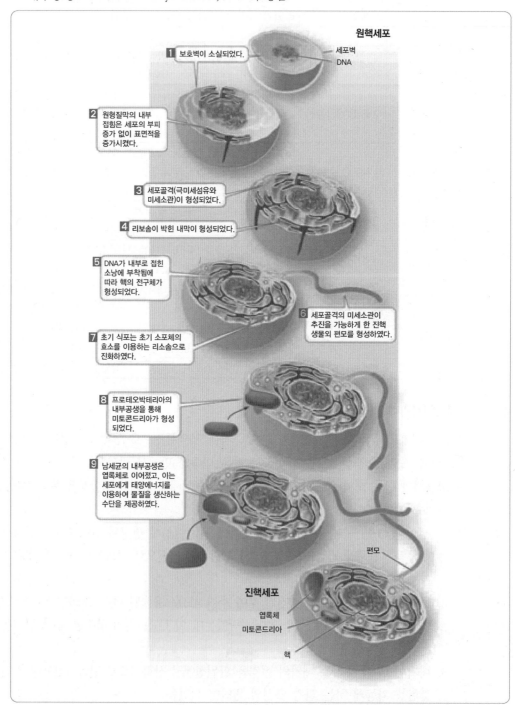

2. 내부공생의 증거 : 미토콘드리아와 색소체의 내막에 현존 세균의 원형질막에서 발견되는 것과 상동인 효소와 전자전달계가 존재한다는 점, 미토콘드리아와 색소체가 이분법과 유사한 방식으로 분열한다는 점, 각 세포소기관에 세균과 유사한 단백질이 거의 결합되어 있지 않은 환형 DNA가 존재한다는 점, 미토콘드리아와 색소체에 자신의 유전정보를 단백질로 해독하는데 필요한 리보솜이 있다는 점, 미토콘드리아나 색소체의 리보솜의 크기, 뉴클레오티드 서열, 항생제 감수성 면에서 진핵세포의 세포질 리보솜보다 원핵생물의 리보솜과 더욱 유사하다는 점

ㄴ. 다세포 생물의 기원
ⓐ 초기 다세포 진핵생물 : 가장 오래된 다세포 진핵생물의 화석은 약 12억년 전의 것임
1. 에디아카라 생물상 : 길이가 1m도 넘는 것이 있는데 연한 신체의 생물들이 속해 있으며 5억 6500만년전에서 5억 3500만년전 사이에 살았음
2. 후기 선캄브리아대까지 다세포 생물의 크기와 다양성이 제한적인 이유 : 7억 5000만년전부터 5억 8000만년전까지 일련의 지독한 빙하기가 있었는데 이 시기의 여러 시점에서 빙하가 지구의 육지를 온통 뒤덮었고 바다도 대체로 얼음으로 뒤덮여 대다수 생물은 심해의 열수구와 온천 또는 얼음이 덮여 있지 않은 열대 지역의 바다에 국한되었기 때문
ⓑ 캄브리아기 폭발(Cambrian explosion) : 현존하는 동물의 많은 문들이 캄브리아기 초기(5억 3000만년전에서 5억 2500만년전)에 형성된 화석에 갑자기 나타남
1. 캄브리아기 폭발 이전에는 모든 대형동물의 신체가 연했고 특히 동물은 육식 포식자가 존재하지 않았음
2. 캄브리아기 폭발 이후로 비교적 짧은 기간 내에 발톱과 먹이를 잡기 위한 특징이 있는 길이가 1m가 넘는 포식자가 나타났으며 날카로운 가시와 두툼한 갑옷 등 새로운 방어 적응이 피식자에게서 나타나게 됨

ㄷ. 육상 진출 : 남세균과 기타 광합성 세균은 10억 년 이전에 습한 육지 표면을 덮었으나 식물, 균류, 동물과 같은 더욱 커다란 생물은 약 5억년 전 이후에 육상으로 진출하게 됨
ⓐ 육상생활을 가능케 하는 적응 양상
1. 식물 : 방수용 왁스 피복, 관다발 체계
2. 균류 : 식물의 수분과 무기염류 흡수작용에 협력하고 대신 유기양분을 얻음
ⓑ 가장 널리 퍼져 있는 동물 : 절지동물(특히 곤충류, 거미류)과 사지류

3 생물의 흥망성쇠 요인

(1) 대륙 이동(continental drift)

지구의 뜨거운 중간층 위에 떠 있는 대륙판의 시간에 따른 이동

ㄱ. 지구의 주요 대륙판 : 산과 섬의 형성 등 많은 중요한 지질학적 과정이 판의 경계에서 발생함

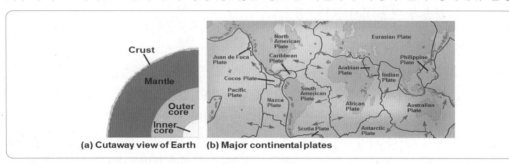

(a) Cutaway view of Earth   (b) Major continental plates

ⓐ 일부의 경우에는 두 판이 서로 멀어져감
  예 북미판과 유라시아판
ⓑ 다른 경우에는 두 판이 서로 미끄러져 지나면서 지진이 흔한 지역을 형성함
  예 캘리포니아의 앤드레이어스 단층
ⓒ 해양판이 대륙판과 충돌하면 일반적으로 해양판이 대륙판 아래로 깔려 들어가서 격렬한 융기가 일어나 판 경계를 따라 산맥이 형성되는 경우가 있음
  예 히말라야 산맥 : 인도판과 유라시아판의 충돌

ㄴ. 대륙이동의 결과 : 판의 이동은 지형을 천천히 변화시키지만 지구의 물리적 특성을 새롭게 하는 것뿐만 아니라 지구 생물에도 주요한 영향을 미침

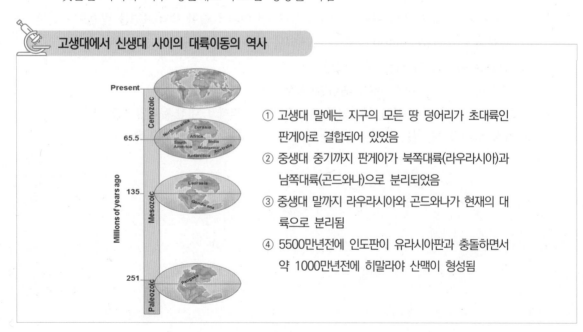

고생대에서 신생대 사이의 대륙이동의 역사

① 고생대 말에는 지구의 모든 땅 덩어리가 초대륙인 판게아로 결합되어 있었음
② 중생대 중기까지 판게아가 북쪽대륙(라우라시아)과 남쪽대륙(곤드와나)으로 분리되었음
③ 중생대 말까지 라우라시아와 곤드와나가 현재의 대륙으로 분리됨
④ 5500만년전에 인도판이 유라시아판과 충돌하면서 약 1000만년전에 히말라야 산맥이 형성됨

ⓐ 환경과 기후의 변화로 인한 생존 주요 생물군의 변화

　　　◉ 판게아의 형성 : 해수면은 낮아지고 광활한 대륙의 내부는 춥고 건조해진 환경이 조성됨

ⓑ 큰 규모에서의 이소 종분화를 촉진함

ㄷ. 대륙 이동을 통해 알 수 있는 멸종 생물의 지리적 분포

　　ⓐ 페름기의 담수 파충류의 화석이 브라질과 서부 아프리카 공화국 모두에서 발견된 점

　　ⓑ 호주의 동식물상이 세계의 다른 지역과 뚜렷이 대조되는 점

(2) 대멸종(mass extinction)

ㄱ. 다섯 번의 대멸종 : 각 대멸종에서 지구 해양 종의 50% 이상이 멸종함. 특히 페름기와 백악기의 대멸종이 가장 주목을 받음

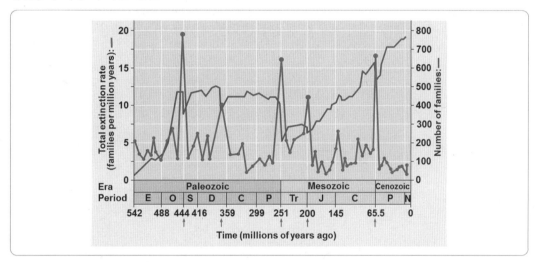

ⓐ 페름기의 대멸종 : 현재의 시베리아 지역에서의 격렬한 화산폭발로 인해 발생했으며 엄청난 용암층이 형성됨. CO_2양의 증가에 따른 지구 온난화로 인해 적도와 극지 간의 바닷물 섞임이 늦춰지게 되면서 해양의 용존 산소량이 감소하게 되고 이는 바로 해양 생물의 대멸종 주요 원인으로 작용하게 됨

ⓑ 백악기의 대멸종 : 소행성 또는 혜성과의 충돌로 인해 대기로 퍼부어진 거대한 파편 구름이 햇빛을 가려 지구 기후에 심각한 영향을 미치게 되고 파편 구름의 낙진은 이리듐 점토를 형성하였는데 이 점토는 신생대 퇴적층과 중생대 퇴적층을 구별하게 함

ㄴ. 대멸종의 결과

ⓐ 많은 수의 종을 제거함으로써 번성하고 복잡한 생태적 군집의 크기를 감소시키게 되면서 진화의 경로를 비가역적으로 바꾸게 됨

ⓑ 생물의 종류에 변화를 일으켜 군집의 성격도 변하게 함

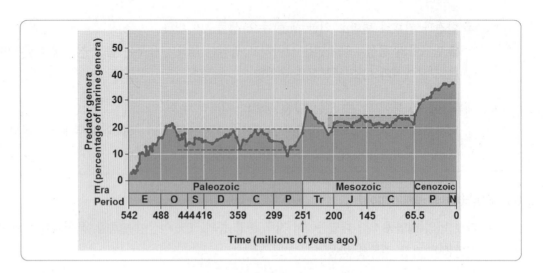

ⓒ 많은 종이 제거되면서 새로운 생물의 현저한 적응방산이 가능해짐

최신 기출과 해설

93 (가)~(다)는 지금까지 발견된 화석을 근거로 하여 명명된 사람류(hominins)종의 일부이다.

> (가) 호모 하빌리스(Homo habilis)
> (나) 오스트랄로피테쿠스 아파렌시스(Australopithecus afarensis)
> (다) 호모 에렉투스(Homo erectus)

(가), (나), (다)를 과거로부터 현존하는 호모 사피엔스(Homo sapiens) 이전까지 시간에 따라 옳게 나열한 것은?

① (가)-(나)-(다)   ② (가)-(다)-(나)
③ (나)-(가)-(다)   ④ (나)-(다)-(가)
⑤ (다)-(나)-(가)

정답 및 해설

93 정답 | ③
오스트랄로피테쿠스("남쪽의 원숭이") 아파렌시스
호모 하빌리스("손을 쓰는 사람")
호모 에렉투스("곧게 서는 사람") 순서로 진화한 것으로 알려졌다.

편입생물 비밀병기

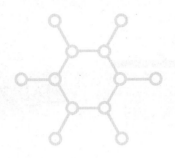

생물 1타강사 **노용관**

단권화 바이블 ✚
필수기출과 **해설**편

한권으로 끝내는 메디컬(의치한약수) 편입 나만의 祕密兵器

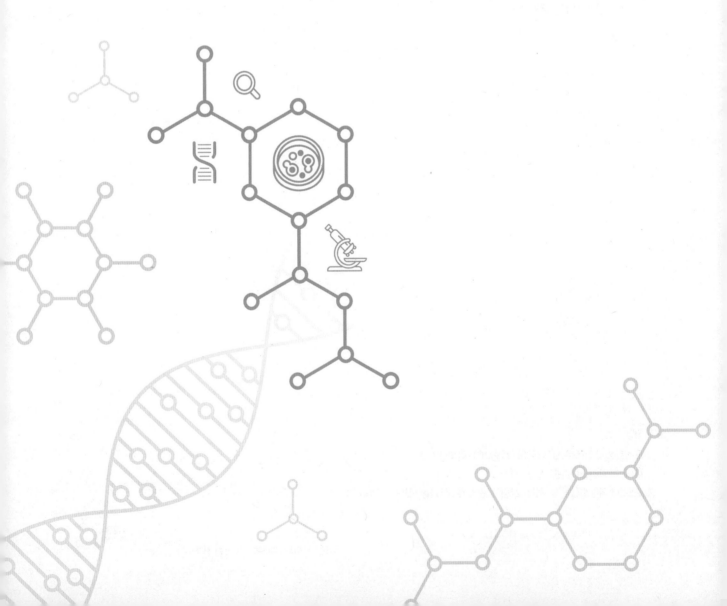

35

생물 분류와
원핵생물 종다양성

35 생물 분류와 원핵생물 종다양성

1 생물의 계통분류

(1) 분자계통분류학을 통해 알게 된 사실

세균으로 분류된 많은 종의 원핵생물이 사실상 세균보다 진핵생물에 더욱 가깝다는 사실로 인해 이 무리를 고세균(Archaea)이라는 새로운 영역에 포함시킴

ㄱ. rRNA 유전자 서열을 토대로 한 생물 구분 : 모든 생물은 진정세균, 고세균, 진핵생물 3가지 영역(domain)으로 구분됨

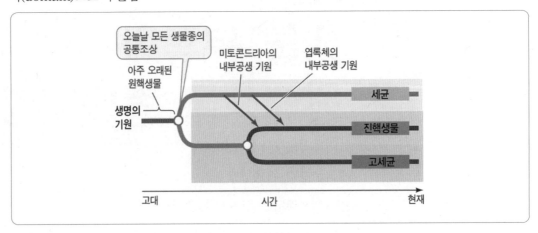

ㄴ. 3가지 생물 영역 비교

특성	영역		
	진정세균	고세균	진핵생물
핵막	없음	없음	있음
막성 세포소기관	없음	없음	있음
세포벽 펩티도글리칸 성분	있음	없음	없음
막지질	곁가지가 없는 탄화수소 에스테르 결합	일부 가지달린 탄화수소 에테르 결합	곁가지가 없는 탄화수소 에스테르 결합
RNA 중합효소	한 종류	한종류	3종류

특성	영역		
	진정세균	고세균	진핵생물
단백질 합성시 개시 아미노산	포르밀메티오닌	메티오닌	메티오닌
인트론	매우 드묾	일부 유전자에 존재함	광범위하게 존재함
오페론	있음	있음	없음
플라스미드	있음	있음	드묾
스트렙토마이신 및 클로람페니콜에 대한 감수성	있음	없음	없음
디프테리아 독소에 대한 리보솜이 감수성	없음	있음	있음
환형 염색체	있음	있음	없음
히스톤	없음	일부 존재함	있음
100°C 이상에서 증식할 수 있는 능력	없음	일부 존재함	없음
메탄형성균	없음	있음	없음
질소고정균	있음	있음	없음
엽록소를 이용한 광합성 생물	있음	없음	있음

2 원핵생물의 구조적, 기능적 적응

(1) 세포의 표면구조

ㄱ. 세포벽 : 세포의 모양을 유지하고 물리적으로 보호하며 세포가 저장액에서 파괴되는 것을 막아 줌. 대부분의 세균 세포벽은 펩티도글리칸을 포함함

ⓐ 펩티도글리칸(peptidoglycan) : 짧은 펩티드로 연결된 변형된 당의 중합체가 망상구조를 형성한 것으로 진정세균의 세포벽에는 포함되어 있지만 고세균의 세포벽에는 포함되어 있지 않음

ⓑ 그람염색법(Gram staining) : 세포벽의 펩티도글리칸 함량이 높은 그람 양성균(Gram-positive bacteria)와 펩티도글리칸 함량이 낮고 세포벽 바깥쪽에 지질다당류(lipopolysaccharide)가 존재하는 그람 음성균(Gram-negative bacteria)으로 구분함

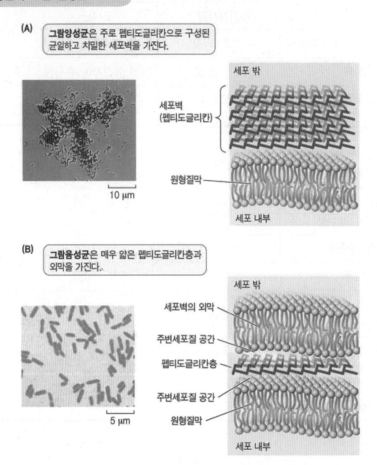

Ⓐ 그람 양성균 : 펩티도글리칸이 풍부한 두꺼운 세포벽을 지니고 있어 보라색의 크리스탈 바이올렛(crystal violet)으로 염색된 세포벽이 알코올로 세척해도 탈색되지 않아 붉은색의 샤프라닌(safranin)으로 염색해도 보라색이 그대로 유지됨

Ⓑ 그람 음성균 : 세포벽에 펩티도글리칸 양이 적어 알코올에 의해 크리스탈 바이올렛이 쉽게 탈색되어 이후 샤프라닌으로 붉게 염색됨

  1. 세포벽에 포함된 지질다당류의 지질 성분을 독성이 있어서 동물에게 열이나 쇼크를 유발함

  2. 외막이 항생제의 투과를 저해하기 때문에 그람 양성균보다는 항생제에 더욱 내성이 강한 경향을 보임

    🔵 페니실린에 대해서 그람음성균이 그람양성균보다는 내성이 높음

ㄴ. 협막(capsule ; 피막) : 원핵생물이 기질이나 다른 개체에 부착하여 콜로니를 형성할 수 있도록 하며 일부 세균의 경우 협막은 탈수현상을 낮추고 숙주의 면역체계가 세균을 공격하는 것을 막아줌

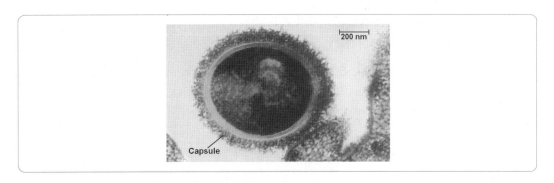

ㄷ. 선모(pili) : 털과 같은 단백질 부속지로 기질이나 다른 세포에 부착하는데 이용되거나 세균 간
의 유전자 교환에 이용됨

ⓐ 부착선모(attachment pili ; 핌브리아) : 기질이나 다른 세포에 부착하는데 이용되는 선모로
성선모보다 짧고 수가 많음

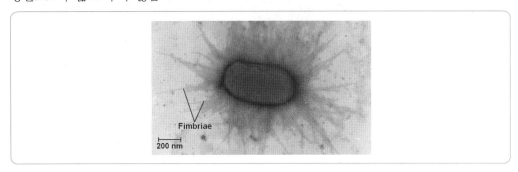

ⓑ 성선모(sex pili) : 세균 간에 DNA를 교환하기 전에 두 세포를 서로 끌어당겨주는 역할을
수행함

(2) 세포내부의 구조

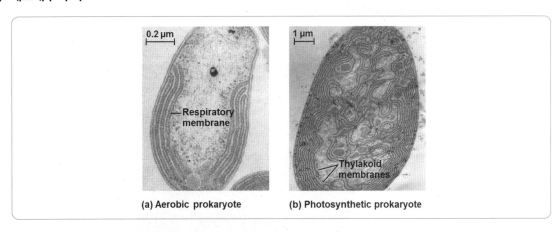

(a) Aerobic prokaryote   (b) Photosynthetic prokaryote

ㄱ. 세포 내부의 막성 구조 : 원핵세포는 진핵세포와 같은 내막계 및 기타 막성 세포소기관이 존재
하지 않으나 일부 원핵세포의 경우 특수한 물질대사(호흡 및 광합성)를 위한 막구조가 존재하는
데 이는 세포막이 안으로 함입되면서 형성된 것임

ㄴ. 유전체의 구조 : 구조적으로 진핵세포와 매우 다르며 DNA 함량도 훨씬 적음

　　ⓐ 염색체 : 환형의 염색체로 단백질 함량이 낮음. 염색체 DNA가 분포하는 핵양체 부위 (nucleoid region)가 존재하며 전자현미경으로 관찰시 주변 세포질보다 밝게 보임

　　ⓑ 플라스미드(plasmid) : 염색체 DNA 이외의 환형 DNA도 독립적으로 복제되며, 단 몇 개의 유전자만 포함되어 있음

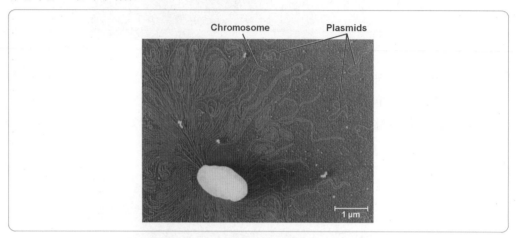

ㄷ. 리보솜의 구조 : 진핵세포의 리보솜보다 크기가 작고 단백질과 RNA 성분이 달라서 erythromycin 이나 tetracyclin과 같은 항생제는 원핵세포의 단백질 합성만 억제하고 진핵 생물의 단백질 합성에는 영향을 주지 못함

(3) 운동성

ㄱ. 이동 속도 : 일부의 경우 50㎛/sec

ㄴ. 화학주성(chemotaxis) : 비교적 균질한 환경에서는 무작위적으로 움직이나 불균질한 환경에서는 주성을 보임. 특히 화학물질의 농도가 일정하지 않은 환경에서의 주성을 화학주성이라 함

ㄷ. 편모(flagella) : 원핵생물의 가장 일반적인 운동기관

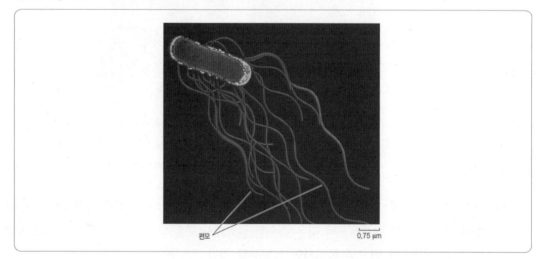

ⓐ 분포 : 전체적으로 퍼져 있거나 한쪽 또는 양쪽 말단에 모여 있음

ⓑ 구조 : 폭이 진핵생물 편모의 1/10 정도이며 세포막으로 덮여 있지 않음

　　1. 분자적 구성 : 진핵생물과는 달리 플라젤린(flagellin) 단백질로 구성됨

　　2. 운동방식 : 진핵생물과는 달리 프로펠러 운동 방식임

(4) 생식과 돌연변이

원핵생물은 무성생식을 통해 적절한 환경에서 매우 빨리 번식할 수 있으며 높은 돌연변이율로 인해 새로운 환경에 대한 적응력 또한 뛰어남

ㄱ. 생식방법 : 이분법(binary fission)을 통해 생식함

ㄴ. 돌연변이율 : 세대간 돌연변이율은 작지만 세대기간이 워낙 짧기 때문에 특정 시간당 돌연변이율이 높아 새로운 조건에 빠르게 적응할 수 있음. 이로 인한 높은 유전적 다양성으로 인해 다양한 조건에서 살아남을 수 있게 됨

ㄷ. 일부 원핵세포는 열악한 환경에 견디는 능력을 지님

 내생포자(endospore)

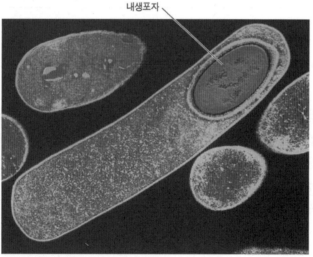

클로스트리듐 디피실리균(Clostridium difficile)　0.3 μm

필수 영양물질이 부족할 때 원래의 영양세포는 염색체를 복제하여 이를 견고한 벽으로 둘러싸서 내생포자를 형성하는데 내생포자 내에는 수분이 거의 없고 물질대사가 일어나지 않음. 휴면 상태에서 환경이 나아지면 다시 수분을 흡수하여 물질대사를 개시함

3 원핵생물의 영양 방식과 호흡 방식

(1) 영양 방식

ㄱ. 이용 에너지원의 종류에 따른 구분

ⓐ 광영양생물(phototroph) : 빛을 에너지원으로 이용하는 생물

ⓑ 화학영양생물(chemotroph) : 화학물질을 에너지원으로 이용하는 생물

ㄴ. 이용 탄소원의 종류에 따른 구분

ⓐ 독립영양생물(autotroph) : CO_2를 탄소원으로 이용하는 생물

ⓑ 종속영양생물(heterotroph) : 유기물을 탄소원으로 이용하는 생물

ㄷ. 생물의 주요 영양 방식

영양 방식		에너지원	탄소원	생물종
독립영양생물	광독립영양생물	빛	CO_2	광합성 세균(남세균 등), 식물, 조류
	화학독립영양생물	무기물	CO_2	원핵생물(Sulfolobus 등)
종속영양생물	광종속영양생물	빛	유기물	일부 원핵생물(Rhodobacter, Chloroflexux 등)
	화학종속영양생물	유기물	유기물	다수의 원핵생물, 원생생물, 동물, 일부 식물

(2) 호흡 방식에 따른 구분

ㄱ. 절대 호기성 생물(obligate aerobe) : 세포호흡에 산소를 이용하며 산소 없이는 생존할 수 없는 생물

ㄴ. 절대 혐기성 생물(obligate anaerobe) : 산소가 오히려 독성을 나타내는 생물

ⓐ 무기호흡 절대 혐기성 생물 : 무기호흡(anaerobic respiration)을 통해 에너지를 얻음. 최종 전자 수용체로 NO3-나 SO42- 등을 이용함

ⓑ 발효 절대 혐기성 생물 : 발효를 통해 에너지를 얻음

ㄷ. 조건부 혐기성 생물(facultative anaerobe) : 산소가 있을 때에는 유기호흡(aerobic respiration)을 수행하지만 산소가 없을 때에는 발효를 수행함

4 원핵생물의 구분

(1) 고세균(Archaea) : 극단적인 환경에 서식하는 생물이 대부분임

ㄱ. 고세균의 공통적 특징

ⓐ 세포벽에 펩티도글리칸이 존재하지 않음

ⓑ 막지질은 에테르 결합(ether linkage)에 의해 글리세롤과 연결된 긴 사슬의 탄화수소를 함유하고 있음. 일부 탄화수소는 분지되어 있기도 함

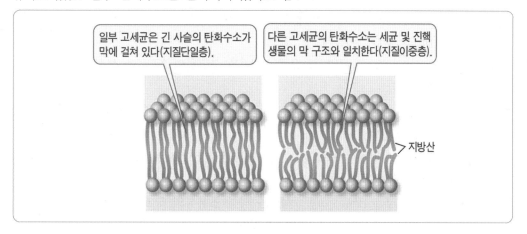

> 일부 고세균은 긴 사슬의 탄화수소가 막에 걸쳐 있다(지질단일층).

> 다른 고세균의 탄화수소는 세균 및 진핵생물의 막 구조와 일치한다(지질이중층).

지방산

1. 일부 고세균은 양 끝에 글리세롤을 가진 긴 탄화수소 사슬을 지니며 이 분자들은 막을 가로지르므로 지질 단층막을 형성함

2. 또다른 고세균의 탄화수소는 세균이나 진핵생물처럼 지질 이중층막을 형성하기도 함

ㄴ. 고세균의 종류

ⓐ 극호염균(extreme halophile) : 사해 등과 같이 염분의 농도가 높은 환경에 서식하는 광고세균

1. 분홍색 카로틴을 함유하고 있기 때문에 눈에 쉽게 띔

2. 일분의 극호염균은 세균성 로돕신(bacteriorhodopsin)이라 불리는 광흡수분자를 통해 화학삼투기작으로 ATP를 합성함

ⓑ 메탄생성균(methanogen) : CO_2를 이용하여 H_2를 산화시키는 과정에서 CH_4를 생성하는 절대 혐기성 고세균

1. 산소가 더 이상 존재하지 않는 늪지 등에서는 메탄 생성균이 생성한 메탄 가스로 인해 독특한 냄새가 남

2. 일부 메탄생성균은 소, 흰개미 또는 다른 초식동물의 장에 서식하면서 이들 동물 영양에 필수적인 역할을 수행함

3. 하수처리에 중요한 분해자이기도 함

ⓒ 극호열균(extreme thermophile) : 매우 뜨거운 환경에서 서식하는 고온고세균

1. *Sulfulobus* 속의 고세균 : 90℃ 정도의 황이 풍부한 화산 온천에서 서식함

2. *Geogemma borossii* : 대서양 심해 열수구 근처에서 서식하며 121℃에서도 세포가 증식할 수 있음

3. *Pyrococcus furiosus* : DNA 중합효소가 PCR에 이용됨

(2) 진정세균(Eubacteria)

ㄱ. 프로테오세균(proteobacteria) : 그람음성세균으로 매우 크고 다양한 분기군이며 미토콘드리아는 호기성 프로테오세균에서 유래한 것이라 추측됨

ⓐ *Rhizobium* : 콩과 식물의 뿌리혹에서 질소고정을 수행함

ⓑ *Agrobacterium* : 식물에 종양(근두암종)을 유발하는데 외부의 DNA를 식물의 유전체 내에 전달하는 과정에 이용되기도 함

ⓒ *Nitrosomonas* : 토양세균으로 NH_4^+를 산화하여 NO_2^-을 생성함으로써 생태계의 질소순환에 참여함

ⓓ *Thiomargarita namibiensis* : 광합성 황세균으로 H_2S를 산화하여 에너지를 얻고 노폐물로 황을 형성함

ⓔ 각종 병원성 세균 : *Legionella*는 재향군인병, *Salmonella*는 식중독, *Vibro cholerae*는 콜레라를 유발함

ⓕ 대장균(*Escherichia coli*) : 사람과 다른 포유류의 장에서 서식함

ⓖ *Helocobacter pylori* : 위궤양의 원인균

ㄴ. 남세균(cyanobacteria) : 광독립영양세균으로 광합성시 유일하게 산소를 발생시키는 광합성 세균임

ⓐ 남세균 유사 세균이 진핵생물에 내부공생하여 엽록체로 진화한 것으로 추측함

ⓑ 단세포성이거나 군체를 형성하기도 하며 물이 있는 곳이라면 어디에서라도 서식하여 담수 또는 해양생태계에 많은 양의 유기영양물질을 제공함

ⓒ 일부 사상형 군체는 질소고정을 수행하는 특수한 세포가 분화되어 대기중의 질소를 고정함

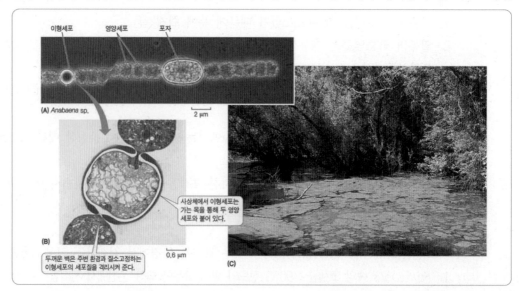

ㄷ. 그람양성세균(Gram-positive bacteria) : 프로테오세균과 견줄 정도로 다양함

    ⓐ 방선균류(actinomycetes) : 사상형 군체를 형성하며 대부분 자유생활을 하며 토양의 유기물을 분해함

        예 *Streptomyces* : 스트렙토마이신을 포함한 여러 종의 항생제 생산

    ⓑ 각종 병원성 세균 : *Bacillus anthracis*은 탄저병, Clostridium botulinum은 보툴리누스 식중독을 유발함

    ⓒ 미코플라즈마(mycoplasma) : 세포벽이 없는 유일한 세균이며 가장 작은 세포에 속함

5 원핵생물의 대사와 작용

(1) 물질의 순환 – 질소순환

ㄱ. 질소고정세균(nitrogen fixer) : $N_2 + 6H \rightarrow 2NH_3$

    예 *Rhizobium*, 질소고정 남세균 등

ㄴ. 질화세균(nitrifier) : 형성된 암모니아를 질산염으로 전환시키는데 이 때 무기물의 산화 시에 발생하는 에너지를 이용하여 유기물을 합성함

    ⓐ 아질산세균 : $NH_3 + 3/2O_2 \rightarrow NO_2^- + H^+ + H_2O$

        예 *Nitrosomonas, Nitrococcus*

    ⓑ 질산세균 : $NO_2^- + 1/2O_2 \rightarrow NO_3^-$ 예 *Nitrobacter*

ㄷ. 탈질화세균(denitrifier) : $2NO_3^- + 10e^- + 12H^+ \rightarrow N_2 + 6H_2O$

(2) 다른 생명체와의 상호작용

ㄱ. 상리공생 : 원핵생물과 숙주생물 서로에게 이로움을 줌

    예 대장에 서식하는 세균의 vitB12, K 합성

ㄴ. 편리공생 : 한 쪽은 이익을 얻는 반면 다른 한 쪽은 특별히 이롭거나 해롭지 않은 관계 예 사람의 신체 표면에 살고 있는 세균의 일부

ㄷ. 기생 : 기생체가 숙주에게 해를 입히나 숙주를 빠른 시간 내에 죽이지는 않음. 질병을 일으키는 기생체를 병원체(pathogen)라고 함

(3) 생물막(biofilm)의 형성

여러 종류의 원핵생물이 표면을 뒤덮으며 얇은 막의 형태를 형성함

ㄱ. 원핵생물은 신호전달분자를 통해 주변의 세포를 끌어들여 생물막으로 덮인 콜로니를 형성하며 부착선모를 통해 기질이나 다른 세포에 부착하게 됨

ㄴ. 생물막에는 물질이동 통로가 있어서 영양물질이 생물막 내부의 세포로 전달되고 노폐물은 배출됨

ㄷ. 산업 및 의료기구에 손상을 입히고, 충치를 일으키는 등의 질병을 야기함

(4) 병원성 진정세균

ㄱ. 코흐의 제안(Koch's postulate) : 어떤 미생물이 병원체이기 위해 만족해야 하는 조건

ⓐ 이 미생물은 항상 환자의 몸 속에서 발견되어야 함

ⓑ 이 미생물은 숙주의 몸에서 채취되어 순수 배양될 수 있어야 함

ⓒ 배양된 미생물을 건강한 새로운 숙주에 주사하면 이 숙주도 병에 걸려야 함

ⓓ 새로 감염된 숙주로부터 채취한 이 미생물은 ⓑ 단계에서 얻은 미생물과 동일한 것이어야 함

ㄴ. 세균의 독소 : 외독소와 내독소로 구분함

ⓐ 외독소(exotoxin) : 살아서 번식하는 세균이 분비하는 수용성 단백질로서 숙주의 몸 전체를 이동하며 독성은 매우 강하고 종종 치명적이기는 하나 발열의 증세는 없음

예 *Clostridium tetani*(파상풍), *Vibrio cholerae*(콜레라), *Clostridium botulinum*(보툴리즘), *Yersinia pestis*(흑사병)

ⓑ 내독소(endotoxin) : 특정 그람음성세균이 죽어 분해되는 과정에서 방출되는 독소로서 세균의 외부막을 구성하는 지질다당류임. 치명적인 경우는 드물며 대개는 발열, 구토, 및 설사를 유발함 예 *Salmonella, Escherichia*

최신 기출과 해설

94 다음 중 어떤 생물이 세균(Bacteria) 영역에 속하는 생물이라고 판단한 근거로 가장 적절한 것은?

① RNA 중합효소는 한 종류만 있다.
② 히스톤과 결합한 DNA가 있다.
③ 세포 표면에 섬모가 있다.
④ 셀룰로오스로 구성된 세포벽이 있다.
⑤ 막으로 둘러싸인 세포소기관이 세포질에 있다.

95 질소순환에 관한 설명으로 옳은 것은?

① 식물은 질소(N)를 직접 흡수한다.
② 질산화(nitrification)는 질산 이온(NO^-)을 질소(N)로 환원시키는 과정이다.
③ 질소고정(nitrogen fixation)은 토양의 암모늄 이온(NH^+)을 아질산 이온(NO)으로 전환시키는 과정이다.
④ 식물의 뿌리는 질산 이온(NO_3^-)과 암모늄 이온(NH^+) 형태로 흡수한다.
⑤ 암모니아화(ammonification)는 공기 중의 질소(N)를 암모니아(NH_3)와 암모늄이온(NH_4^+)으로 전환하는 과정이다.

정답 및 해설

94 정답 | ①

ㄱ. 세균은 한 종류의 RNA 중합효소를 지닌다.
ㄴ. 세균의 DNA에는 히스톤 단백질이 결합되어 있지 않다.
ㄷ. 섬모는 진핵세포 표면에 존재하는 짧은 털 구조물로서 표면의 액체를 이동시킨다.
ㄹ. 셀룰로오스 함유 세포벽은 식물과 녹조류가 지닌다.
ㅁ. 막으로 둘러싸인 세포 소기관은 진핵세포만 지닌다.

95 정답 | ④

식물은 기체 질소(N)를 직접 흡수하지 못하며, 암모늄 이온(NH_4^+)과 질산 이온(NO_3^-) 형태로 흡수한다.
질산 이온(NO_3^-)을 질소(N)로 환원시키는 과정은 탈질산화(denitrification) 이다.
암모늄 이온(NH_4^+)을 아질산 이온(NO^-) 으로 전환시키는 과정은 질산화(nitric tion) 이다. 암모니아화는 미생물이 생물 사체 등을 분해하는 과정 중 아민이나 아마이드기를 함유하는 아미노산, 뉴클레오티드 등의 유기물을 분해하여 암모늄 이온을 생성시키는 과정이다.

96 세균의 세포벽에 관한 설명으로 옳은 것만을 〈보기〉에서 있는 대로 고른 것은?

> **보기**
>
> ㄱ. 펩티도글리칸(peptidoglycan)으로 이루어진 그물망구조를 가지고 있다.
> ㄴ. 섬유소(cellulose)로 이루어진 다당류로 구성되어 있다.
> ㄷ. 분자 이동의 주된 선택적 장벽이다.

① ㄱ   ② ㄴ   ③ ㄷ   ④ ㄱ, ㄴ   ⑤ ㄴ, ㄷ

97 표는 세포 A~C의 특징을 나타낸 것이다. A~C는 각각 진정세균, 고세균, 식물세포 중 하나이다.

세포	클로람페니콜(chloramphenicol) 감수성	미토콘드리아
A	없음	있음
B	있음	없음
C	없음	없음

이에 관한 설명으로 옳은 것만을 〈보기〉에서 있는 대로 고른 것은?

> **보기**
>
> ㄱ. A의 염색체 DNA에는 히스톤이 결합되어 있다.
> ㄴ. B의 세포질에는 70S 리보솜이 존재한다.
> ㄷ. C의 단백질 합성에서 개시 아미노산은 포밀메티오닌(formylmethionine)이다.

① ㄱ   ② ㄷ   ③ ㄱ, ㄴ   ④ ㄴ, ㄷ   ⑤ ㄱ, ㄴ, ㄷ

정답 및 해설

96 정답 | ①

섬유소 다당류로 이루어진 것은 식물과 광합성 수중생명체 녹조류의 세포벽이다.
분자 이동의 주된 선택적 장벽은, 원형질막과 단백질고 구성된 반투과성이며 특이 수송 단백질들을 함유하는 세포막(원형질막)이다.

97 정답 | ③

미토콘드리아는 진핵생물만 지니고, 클로람페니콜은 세균의 70S 리보솜의 펩티드 결합 형성을 저해하는 항생제이므로 P-A는 진핵생물인 식물세포 B는 진정세균 C는 고세균이다.
진핵생물과 일부 고세균의 DNA에는 염색체를 안정화시키는 히스톤 단백질이 결합되어 있다.
진정세균은 세포질에 70S 리보솜을 지닌다.
번역 과정 중 개시 아미노산이 포밀메티오닌인 것은 진정세균이다. 고세균과 진핵생물은 포밀기 부착되지 않은 번역을 천천히 수행시작하는 메티오닌이 개시 아미노산이다.

98 생태계의 질소 순환에 관한 설명으로 옳은 것만을 〈보기〉에서 있는 대로 고른 것은?

> **보기**
> ㄱ. 질소고정(nitrogen fixation) 박테리아는 대기 중의 질소(N_2)를 암모니아(NH_3) 형태로 고정한다.
> ㄴ. 탈질산화(denitrification) 박테리아는 암모니아(NH_3)를 질산이온(NO_3^-)으로 산화시킨다.
> ㄷ. 질산화(nitrification) 박테리아는 질산이온(NO_3^-)을 질소(N_2)로 환원시킨다.

① ㄱ ② ㄷ ③ ㄱ, ㄴ ④ ㄴ, ㄷ ⑤ ㄱ, ㄴ, ㄷ

99 표는 세 종류의 생물 A~C를 특성의 유무에 따라 구분한 것이다. A~C는 효모, 대장균, 메탄생성균을 순서 없이 나타낸 것이다

특성＼생물	A	B	C
미토콘드리아	없다	없다	있다
스트렙토마이신에 대한 감수성	있다	없다	없다
리보솜	있다	있다	있다

A, B, C로 옳은 것은?

	A	B	C
①	대장균	메탄생성균	효모
②	대장균	효모	메탄생성균
③	효모	대장균	메탄생성균
④	메탄생성균	대장균	효모
⑤	메탄생성균	효모	대장균

정답 및 해설

98 정답 | ①

탈질산화 박테리아는 질산 이온(NO_3^-)을 질소 기체(N_2)로 전환하며, 이 질소 기체는 대기로 다시 유입된다. 질산화 박테리아는 암모늄 이온(N_4^+)을 질산 이온(NO^-)으로 전환하며, 이 질산 이온은 암모늄 이온과 더불어 식물 내로 흡수되어 질소 화합물의 생성 과정에 이용될 수 있다.

99 정답 | ①

A. 미토콘드리아가 없으므로 원핵생물이고 세균 70S 리보솜을 저해하는 스트렙토마이신에 감수성이 있으므로 세균인 대장균이다.
B. 원핵생물인데 세균 70S 리보솜을 저해하는 스트렙토마이신에 감수성이 없으므로, 고세균(원시세균)인 메탄 생성균이다.
C. 미토콘드리아가 있으므로 진핵생물인 효모이다.

100 다음 중 진핵세포는 갖고 있으나 고세균은 갖고 있지 <u>않은</u> 것은?

> ㄱ. 미토콘드리아
> ㄴ. 리보솜
> ㄷ. 히스톤
> ㄹ. 핵
> ㅁ. RNA 중합효소

① ㄱ, ㄴ, ㄹ　② ㄱ, ㄷ　　③ ㄱ, ㄹ　　④ ㄴ, ㄹ　　⑤ ㄹ, ㅁ

101 사람 장내세균에 대한 설명으로 옳은 것만을 〈보기〉에서 모두 고른 것은?

> ┤ 보기 ├
> ㄱ. 장내세균은 섬유소를 분해하여 인간의 소화를 돕는다.
> ㄴ. 대장균 O157(E.coli O157)은 장내세균 중 유해한 균이다.
> ㄷ. 장내세균은 토양에서는 발견되지 않는다.

① ㄱ　　　　② ㄱ, ㄴ　　③ ㄱ, ㄴ, ㄷ　④ ㄴ　　　　⑤ ㄷ

정답 및 해설

100 정답 | ③

최초 생명체인 고세균은 핵과 막성 소기관이 없는 원핵생물이나, 극한 상황에서 주로 서식하기 때문에 안정성을 획득하기 위해 진핵생물처럼 히스톤, 인트론을 지니기도 한다.

101 정답 | ④

대장균 중 O-157 혈정형(serotype)은 면역세포에 의해 파괴 시 지질다당류 같은 내독소를 방출하여 숙주에 구토, 설사, 복통 등을 발생시킨다.
섬유소 분해효소를 분비하는 미생물은 주로 초식동물 소화관에서 발견된다.
장내세균은 토양에서도 발견된다.

MEMO

생물 1타강사 **노용관**

편입생물 비밀병기

단권화 바이블 ✚ 필수기출과 **해설**편

한권으로 끝내는 메디컬(의치한약수) 편입 나만의 祕密兵器

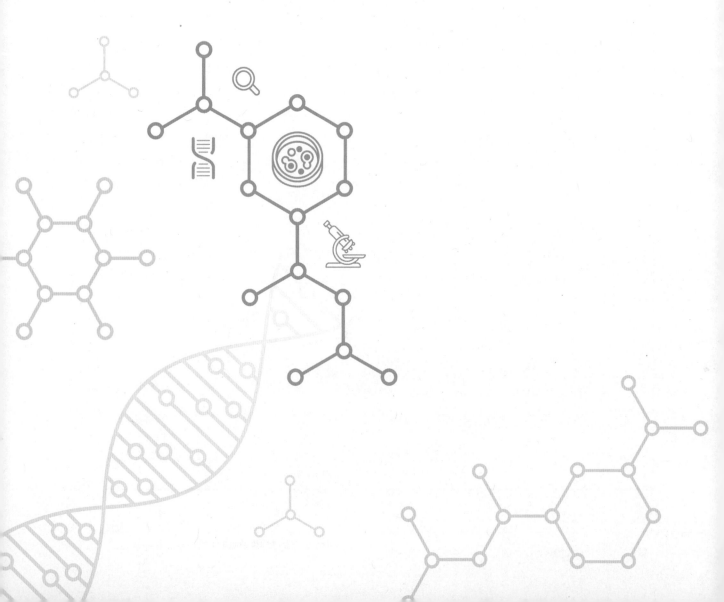

36

동물 분류와 종다양성

36 동물 분류와 종다양성

(1) 영양방식 : 유기물을 섭취하여 에너지를 생성하는 종속영양

(2) 세포의 구조와 분화

　ㄱ. 세포구조 : 식물이나 균류와는 다르게 세포벽을 지니지 않고 세포외기질에 다량의 콜라겐 단백
　　질이 존재함

　ㄴ. 세포의 분화 : 근육세포와 신경세포가 분화하여 운동과 자극 전도를 담당함

(3) 생식과 발생

　ㄱ. 생식 : 대부분의 동물은 유성생식으로 하며 생활사 단계에서 이배체 단계가 주를 이룸. 대부분
　　의 종에서 편모를 갖고 있는 작은 정자가 운동성이 없고 큰 난자와 수정하여 이배체 집합자를
　　형성함

　ㄴ. 발생 : 수정란이 난할, 낭배형성, 변태 등의 과정을 거쳐 성체를 형성하게 됨

2 동물 분류 기준

(1) **대칭성** : 동물의 대칭성에 따라 크게 3가지 정도로 구분됨

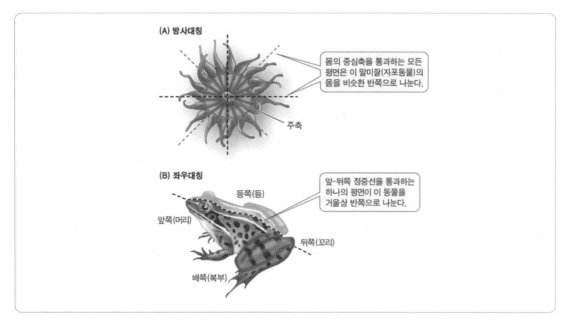

(A) 방사대칭

몸의 중심축을 통과하는 모든 평면은 이 말미잘(자포동물)의 몸을 비슷한 반쪽으로 나눈다.

주축

(B) 좌우대칭

앞-뒤쪽 정중선을 통과하는 하나의 평면이 이 동물을 거울상 반쪽으로 나눈다.

등쪽(등)
앞쪽(머리)
뒤쪽(꼬리)
배쪽(복부)

ㄱ. 무대칭적인 동물 : 몸에 대칭성이 전혀 없는 동물 예 해면동물

ㄴ. 방사대칭(radial symmetry)적인 동물 : 몸의 중심축을 중심으로 항아리 모양으로 대칭적인 동물로 윗면과 바닥면은 존재하나 앞면과 뒷면, 왼쪽과 오른쪽은 없음. 많은 방사대칭동물들은 고착형 또는 부유형이며 모든 방향에서 마주치는 환경에 대해 공평하게 잘 대처할 수 있음 예 말미잘

ㄷ. 좌우대칭(bilateral symmetry)적인 동물 : 두 축의 방향성, 즉 앞면과 뒷면 윗면과 바닥면을 가지고 있음. 좌우대칭형의 체제를 가지고 있는 많은 동물들은 보통 장소를 바꿔가며 활발히 움직이며 머리 부위에 중추신경계를 포함하고 앞쪽 끝부분에 감각기가 집중되는데 이를 두화(cephalization)이라 함

예 편형동물 이상

(2) **조직**

동물의 체제는 조직화 정도에 따라 달라지는데 진정한 조직이란 분화된 세포들의 집합체이며 다른 조직과는 구분되어 있음

ㄱ. 배엽의 종류 : 배엽(germ layer)이라고 하는 세포층은 발생과정이 진행됨에 따라 동물의 다양한 조직과 기관을 형성하게 됨

ⓐ 외배엽(ectoderm) : 동물의 외피를 형성하며 몇몇 동물문에서는 중추신경계 형성에 참여하게 됨

ⓑ 내배엽(endoderm) : 소화관의 벽과 이로부터 발달하는 척추동물의 간이나 폐와 같은 기관 형성에 참여함

ⓒ 중배엽(mesoderm) : 외배엽과 내배엽 사이에 존재하는 배엽으로 동물의 소화관과 외피사이에 있는 근육과 다른 기관들의 형성에 참여함

ㄴ. 배엽의 수에 따른 동물 분류

ⓐ 무배엽성 동물 : 배엽이 존재하지 않는 동물 **예** 해면동물

ⓑ 이배엽성 동물 : 내배엽과 외배엽이 존재하는 동물 **예** 자포동물

ⓒ 삼배엽성 동물 : 내배엽과 외배엽, 중배엽이 모두 존재하는 동물
　　　　예 편형동물 이상의 모든 좌우대칭동물

(3) 체강 : 체강은 소화관과 체벽 사이에 액체나 공기가 들어차 있는 공간임

ㄱ. 체강의 기능

ⓐ 체강의 액체는 그 속에 매달려 있는 기관들을 완충하여 내상을 억제하는 데 기여함

ⓑ 일부 생물에서는 일종의 내골격으로 기능하기도 함

ⓒ 내장기관의 성장과 활동이 체벽이 주는 영향을 최소화함

ㄴ. 체강의 종류에 따른 동물 분류

    ⓐ 무체강 동물 : 체강이 존재하지 않는 동물　예 해면동물

    ⓑ 의체강 동물 : 중배엽이 아니라 포배강에서 만들어진 체강을 지니는 동물　예 선형동물

    ⓒ 진체강 동물 : 중배엽에서 만들어진 체강을 지니는 동물　예 환형동물

(4) 선구동물과 후구동물

ㄱ. 난할의 양식

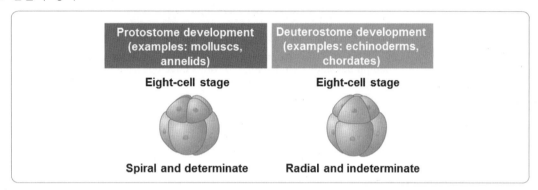

    ⓐ 선구동물 : 나선형 난할(spiral cleavage)을 진행하며 이 경우 세포분열이 일어나는 면은 배의 수직축에 대하여 비스듬히 놓여 있음. 또한 난할을 통해 형성된 각각의 배아세포들의 발생상의 운명이 엄격히 결정되어 있는 결정적 난할(determinte cleavage)을 진행함

    ⓑ 후구동물 : 방사대칭 난할(radial cleavage)을 진행하며 이 경우 난할면이 수정란의 수직축과 나란하거나 직각을 이루고 있음. 또한 초기 난할에 의해 형성된 세포들이 각각 완전한 배로 발생할 수 있는 전형성능을 지니고 있는 비결정적 난할(indeterminate cleavage)을 진행함

ㄴ. 체강의 형성

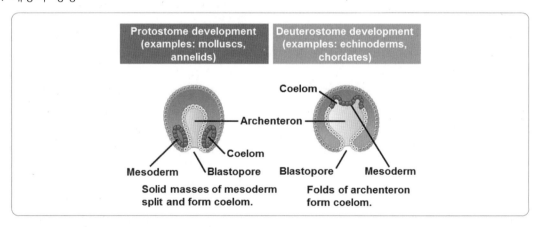

    ⓐ 선구동물 : 단단한 중배엽의 덩어리(원중배엽 세포)가 갈라져 체강을 형성하므로 원중배엽 세포계 동물이라 함

    ⓑ 후구동물 : 원장의 벽으로부터 중배엽이 싹터 나오며 이 싹 내부 공간이 체강이 되므로 원장 체강계 동물이라 함

ㄷ. 원구의 운명

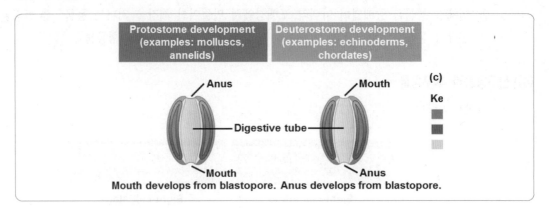

ⓐ 선구동물 : 원구가 입으로 발생함
ⓑ 후구동물 : 원구가 항문으로 발생함

3 동물의 계통에서 나타나는 특성

(1) 모든 동물에서 나타나는 특성

ㄱ. 모든 동물은 하나의 공통조상을 공유함

ㄴ. 해면동물은 기저분류군을 형성함

ㄷ. 대부분의 동물문들은 좌우대칭동물 분기군에 속하며 캄브리아기 폭발 시에 급격하게 다양화됨

ㄹ. 척추동물과 몇몇 다른 동물문들은 후구동물 분기군에 속함

(2) 좌우대칭 동물에서 나타나는 특성

ㄱ. 형태학적 자료에 근거해서 선구동물과 후구동물로 구분됨

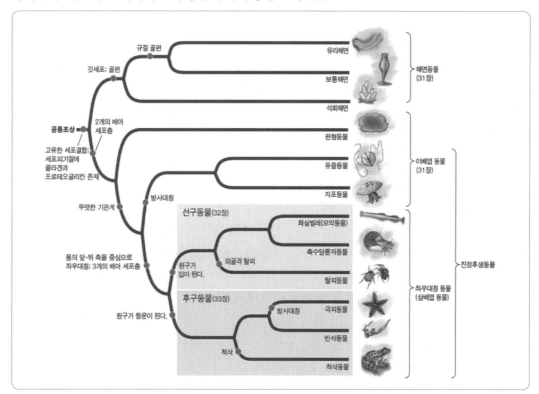

ㄴ. 분자계통학적 자료에 근거해서 후구동물, 촉수담륜동물, 탈피동물로 구분됨

ⓐ 무체강편형동물이 편형동물과 구분되어 분류됨

ⓑ 후구동물에 속하지 않는 동물이 탈피동물과 촉수담륜동물로 구분됨. 탈피동물은 동물이 성장할 때 자신의 오래된 외골격을 벗고 새로운 큰 외골격을 분비하는 탈피 과정을 겪는 특성을 공유하며 촉수담륜동물에 속하는 일부의 동물은 촉수관을 발달시켜 섭식기능을 수행하고 또 다른 일부의 동물은 담륜자 유생이라고 하는 특징적인 유생단계를 거침

4 **동물의 분류**

(1) 해면동물(Porifera) : 진정한 조직이 없는 기초적 동물임

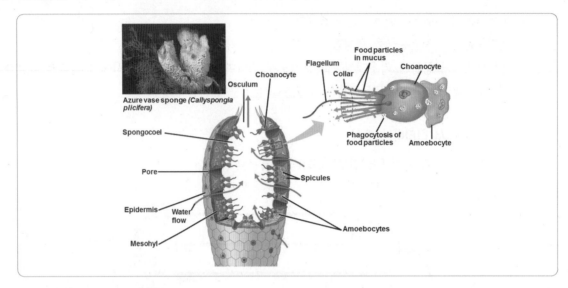

ㄱ. 부유물섭식자(suspension feeder) : 물은 소공을 통하여 위강(spongocoel)이라는 중앙의 공간
으로 끌려들어가며 대공(osculum)이라는 큰 구멍을 통해 밖으로 흘러나감

ㄴ. 진정한 조직은 없으나 몇 가지 다른 유형의 세포들이 존재함

　🔘 동정세포, 변형세포

　ⓐ 동정세포(choanocyte) : 편모의 채찍운동을 일으켜 물이 소공으로 이끌려 들어가 대공을 거
　　쳐 바깥으로 빠져 나오도록 하는 물의 흐름을 유발함. 동정세포에 있는 편모의 움직임이 물
　　을 끌어당겨 동정을 거쳐 흐르도록 하는데 먹이입자들은 돌출부에 얇게 덮여 있는 점액질 속
　　에 잡혀 식세포작용에 의해 삼켜지며 먹이의 일부는 변형세포로 이동함

　ⓑ 변형세포(amoebocyte) : 물과 동정세포에서 먹이를 취하여 소화시키며, 영양소를 다른세포
　　로 운반하며 중교 내의 골편(spicule ; 탄산칼슘이나 규산염으로 이루어짐)을 형성하는 물질
　　을 생성하고, 필요로 하는 모든 형태의 세포로 변하기도 함

(2) 자포동물(Cnidaria)

ㄱ. 자포동물의 일반적 특성

　ⓐ 이배엽성이며 방사대칭적인 체제를 지님

　ⓑ 자포동물의 기본적인 체제는 위수강을 지니는 주머니 형태이며 폴립형과 메두사형으로 구분
　　함. 일부는 폴립형이나 메두사형 중 하나만을 나타내나 또다른 일부는 폴립형과 메두사형 단
　　계를 모두 지님

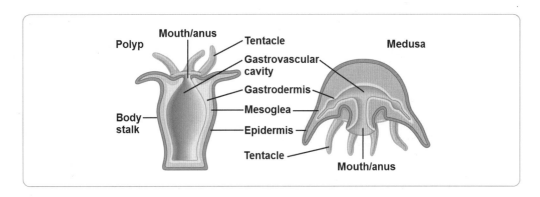

1. 폴립(polyp)형 : 원통형 구조로서 입의 반대방향 부분을 기질에 부착하는 고착형임
   예 히드라, 말미잘
2. 메두사(medusa)형 : 입이 아래를 향해 있는 납작한 폴립 형태와 같으며 이동형임
   예 해파리

ⓒ 입 주변에 고리모양으로 배열된 촉수를 사용하여 먹이를 포획하며 소화되지 않고 남은 찌꺼 기는 입과 항문의 역할을 모두 수행하는 위수강으로 열려 있는 구멍을 통해 배출함. 촉수는 자세포(cnidocyte)들로 무장되며 자세포는 자포(nematocyst)를 가지고 있어 먹이를 공격함

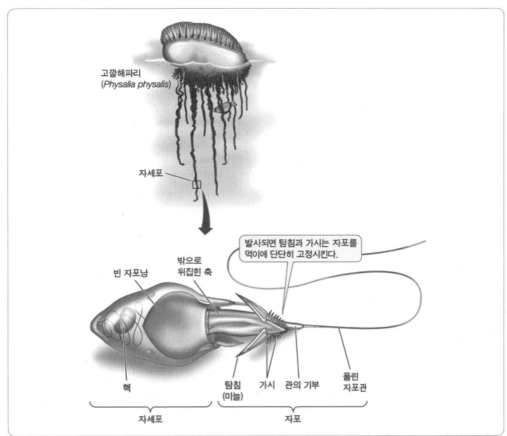

(3) 편형동물(flatworm)

ㄱ. 편형동물의 일반적 특성

ⓐ 삼배엽성 동물임에도 불구하고 무체강동물임

ⓑ 납작한 형태로 인해 기체교환과 질소노폐물의 제거가 몸의 표면을 통한 확산에 의해 일어남

ⓒ 원신관이라는 상대적으로 단순한 배설구조를 통해 삼투 평형을 유지하며 원신관의 불꽃세포
는 액체를 끌어들여 바깥을 향해 열려 있는 가지들이 있는 관을 통해 내보냄

ⓓ 대부분 단 하나의 구멍이 있는 위수강을 지니며 위수강의 미세한 가지들을 통해 먹이가 필요
한 곳으로 이동함

 플라나리아의 구조

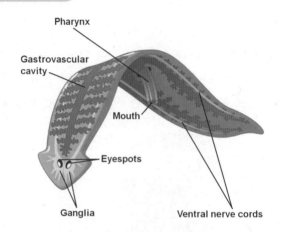

① 인두(pharynx) : 입은 근육질의 인두 끝에 자리하고 있으며 소화액을 머리위로 흘린 후, 인두로 음식물의 작은 조각
들을 빨아들여 위수강으로 보냄

② 신경절(ganglion) : 신경세포들이 밀집된 덩어리로서 한 쌍의 신경절이 앞쪽 말단에 있는 주요 감각수용기들 근처에
위치함

③ 복신경삭(ventral nerve cold) : 신경절로부터 나온 한 쌍의 신경삭으로서 몸의 길이 방향으로 따라 뻗어 있음

④ 플라나리아의 머리는 한 쌍의 안점과 특수화된 화학물질을 감지하는 양쪽 옆의 날개 구조물이 있음

---

(4) 윤형동물(rotifer)

ㄱ. 많은 종류의 원생동물들보다 크기는 작지만 진정한 다세포동물이며 특수화된 기관계를 지님

ㄴ. 완벽한 소화관과 의체강을 지니는데 의체강 내의 체액은 유체골격의 역할을 수행함

ㄷ. 물의 소용돌이를 일으켜 입 속으로 끌어들이는 섬모관을 지님

ㄹ. 일부 종들은 단위생식을 하는데 미수정란이 수정이 없이 개체가 됨. 좋은 환경에서는 암컷만 발
생하나 환경이 나빠지면 암컷과 수컷이 모두 발생하여 수정을 통해 저항성 접합자가 형성됨

(5) 촉수동물(lophophorates)

섬모가 나 있는 촉수관이 있으며 U자 모양의 소화관이 있고 뚜렷한 머리를 가지고 있지 않으며 진체강을 지님

ㄱ. 외항동물(ectoprocts)
  ⓐ 군체형 동물이며 촉수관을 뻗어낼 구멍들이 있는 단단한 외골격 속에 존재함
  ⓑ 대부분 해양성이고 산호초를 형성하는 주요한 종들임
ㄴ. 완족동물(brachiopods ; 조개사돈류)
  ⓐ 조개류와 닮았지만 조개류와는 달리 등쪽과 배쪽의 패각임
  ⓑ 모두 해양성이며 대부분 촉수관 위로 물이 흐르도록 자신의 패각을 조금 연 채 자루를 이용하여 바다 바닥에 부착함

(6) 연체동물(molluscs)

ㄱ. 연체동물의 일반적 특성

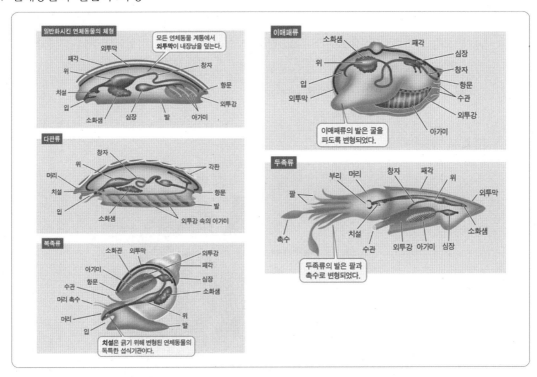

  ⓐ 대부분 해양성이며 부드러운 몸을 가지고 있지만 보통 탄산칼슘으로 이루어진 단단한 패각에 의해 보호되고 있음. 다만 민달팽이류와 오징어류, 문어류는 퇴화된 내부 패각을 지니고 있거나 진화과정 동안 패각을 완전히 소실함
  ⓑ 진체강 동물이며 몸은 3개의 주요 부분으로 이루어짐
    1. 발(foot) : 근육질로 구성되며 이동에 이용됨
    2. 내장낭(visceral mass) : 대부분의 내부기관들을 포함하는 주머니

3. 외투막(mantle) : 내장낭을 덮고 있는 조직층으로서 패각을 분비하는데 외투막이 내장낭 너머로 확장되어 외투강을 형성하는데 외투강 내에는 아가미와 항문, 배설공 등이 위치해 있음

ⓒ 달팽이의 많은 종을 제외한 대부분의 연체동물은 자웅이체이며 내장낭에 생식소를 지니고 있음

ⓓ 해양 연체동물은 생활사에 담륜자라고 하는 섬모를 가지는 유생단계를 포함하는데 이것은 해양 환형동물과 몇몇 다른 촉수담륜동물의 특징이기도 함

ⓔ 많은 연체동물은 치설이라고 하는 가죽끈과 같은 기관을 이용하여 먹이를 갈아먹음

(7) 환형동물(annelids)

ㄱ. 환형동물의 일반적 특성

ⓐ 바다와 대부분의 담수 서식지, 습기가 많은 흙에서 사는 체절성 동물임

ⓑ 진체강 동물임

ㄴ. 환형동물의 분류

ⓐ 빈모강 : 키틴질의 강모수가 적고 완전한 소화관을 지님. 지렁이의 경우 자웅동체이나 타가수정을 함

⊙ 담수, 해양, 육상 환형동물

지렁이의 구조

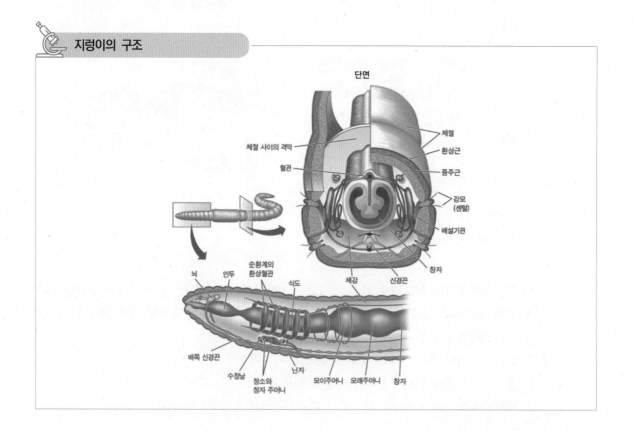

ⓑ 다모강 : 각 체절에는 측각이 존재하여 이동에 쓰이며 측각에 나 있는 강모수가 빈모류보다 많음. 많은 종의 다모류에서는 측각의 풍부한 혈관 분포로 인해 아가미 기능이 수행됨. 대부분 해양성임 예 해양성 환형동물

ⓒ 질강 : 보통 납작하며 체강과 체절성이 줄어든 몸체를 지님. 강모가 없으며 흡반은 앞쪽 끝과 뒤쪽 끝에 존재함. 기생동물, 포식동물, 청소섭식동물로 구분함

(8) 탈피동물(Ecdysozoa)

ㄱ. 선형동물(nematodes) : 수중 서식지, 토양, 습기가 있는 식물체의 조직, 동물의 체액과 조직에서 발견됨. 몸에서 체절이 발견되지 않으며 몸의 표면은 큐티클로 싸여 있음. 별도의 순환계는 지니지 않지만 완전한 소화관을 지님. 보통 체내수정에 의한 유성생식을 함

ㄴ. 절지동물(arthropods) : 키틴질로 구성된 외골격인 큐티클로 몸의 표면이 덮여 있음. 외골격은 몸을 보호해 주며 부속지들을 움직이는 근육들의 부착장소로 작용함. 눈, 후각 수용기, 접촉과 냄새를 모두 감지하는 촉각을 포함한 잘 발달된 감각기관을 지님. 수생 절지동물은 아가미를 통해 호흡하며 육상 절지동물은 기체교환을 위해 특수화된 내부 표면을 지님

ⓐ 협각아문 : 몸은 하나 또는 두 개의 주요 부분으로 구성됨. 6쌍의 부속지(협각, 촉지, 4쌍의 보각)이 존재하여 대부분 육상에 서식하거나 또는 해양성임 예 투구게류, 거미류, 전갈류, 진드기류, 응애류

ⓑ 다지아문 : 촉각과 씹는 구기를 가지고 있는 뚜렷한 두부를 지니며 육상성임. 노래기류는 초식성이며 하나의 체절당 2쌍의 보각을 지님. 지네류는 육식성이고 하나의 체절당 1쌍의 보각을 지니며 제1체절에 1쌍의 독발톱을 지님 예 노래기류, 지네류

ⓒ 육각아문 : 몸은 두부, 흉부, 복부로 나뉨. 촉각이 있으며 구기는 씹기, 빨기, 핥기를 하도록 변형됨. 3쌍의 다리와 보통 2쌍의 날개를 지니며 대부분 육상성임 예 곤충류, 톡토기류

메뚜기의 구조

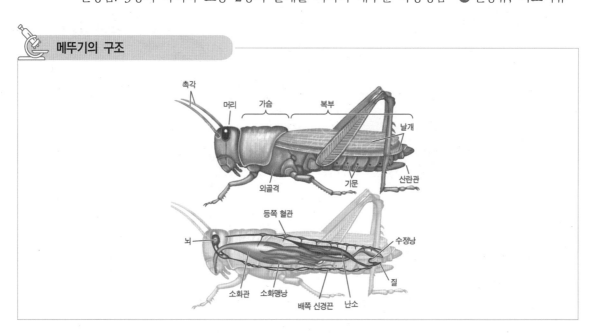

ⓓ 갑각아문 : 몸은 두 부분 또는 세 부분으로 이루어지며 촉각이 있음. 씹는 구기가 존재하며 3쌍 이상의 다리가 존재하고 대부분 바다와 담수에 서식함

　　　　　 예 게류, 바닷가재류, 가재류, 새우류

(9) 극피동물(echinoderm)

ㄱ. 극피동물의 일반적 특성
　　ⓐ 대부분 천천히 움직이거나 고착생활을 하는 해양동물임
　　ⓑ 얇은 피부는 단단한 석회질 판들로 되어 있는 내골격을 덮고 있으며 대부분은 몸에 수많은 골격 융기들과 가시들을 지님
　　ⓒ 수관계(water vascular system)는 관족이라 불리는 연장부들이 분지되어 있는 물이 흐르는 관들의 그물망 구조로서 관족들은 이동과 섭식, 기체교환 기능을 수행함
　　ⓓ 대부분 자웅이체로서 유성생식을 함
　　ⓔ 성체는 보통 방사대칭구조이나 유생은 좌우대칭성을 지님

ㄴ. 극피동물의 분류
　　ⓐ 불가사리강 : 여러 개의 완들을 가지고 있는 별 모양의 몸체를 가지며 입은 바닥을 향하고 있음　예 불가사리류

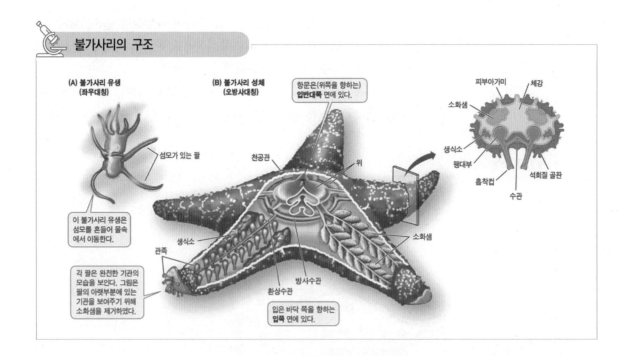

불가사리의 구조

(A) 불가사리 유생
(좌우대칭)

섬모가 있는 팔

이 불가사리 유생은 섬모를 흔들어 물속에서 이동한다.

각 팔은 완전한 기관의 모습을 보인다. 그림은 팔의 아랫부분에 있는 기관을 보여주기 위해 소화샘을 제거하였다.

(B) 불가사리 성체
(오방사대칭)

항문은(위쪽을 향하는) 입반대쪽 면에 있다.

천공관
위
생식소
관족
환상수관
방사수관
소화샘
입은 바닥 쪽을 향하는 입쪽 면에 있다.

피부아가미
체강
소화샘
생식소
팽대부
흡착컵
수관
석회질 골판

　　ⓑ 거미불가사리강 : 뚜렷한 중앙반과 유연한 완이 존재하며 관족에는 흡반이 없음　예 거미불가사리류
　　ⓒ 성게강 : 대체적으로 구형 또는 원반형이며 완이 없고 5열의 관족들로 이동함. 입은 턱모양의 복잡한 구조물로 둘러싸여 있음　예 성게류, 연잎성게류

(10) 척삭동물(Chordata) : 두삭동물, 미삭동물, 척추동물이 포함됨

ㄱ. 척삭동물의 파생형질 : 척삭, 속이 빈 신경다발, 인두열, 항문 뒤의 근육성 꼬리

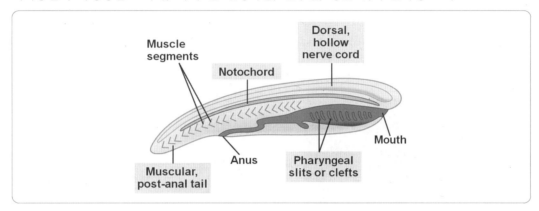

ⓐ 척삭(notochord) : 소화관과 신경다발 사이에 이들과 평행하고 길게 자리잡고 있는 막대구조로서 지지대 역할을 수행함. 척추동물의 경우 척삭은 척추골 사이의 아교질 추간판 등으로 흔적만 남게 됨

ⓑ 속이 빈 등쪽의 신경다발 : 외배엽이 함입하면서 형성되며 뇌와 척수로 이루어진 중추신경계로 발생함

ⓒ 인두열(pharyngeal clefts) : 인두벽에 배열되어 있는 주머니들이 몸통의 외부에 노출된 홈의 배열을 형성하는데 이것을 인두열이라 함. 인두열을 통해 체내로 들어온 물이 몸통 밖으로 빠져 나갈 수 있으며 일부의 동물들은 이를 통해 부유물을 거르기도 함. 척추동물에서는 인두열과 이를 지지하는 구조물이 기체교환을 할 수 있는 아가미틈으로 변형되었음

ⓓ 항문 뒤의 근육성 꼬리 : 수생종의 꼬리에는 골격과 근육이 있으며 많은 종에서는 배아 발생과정에서 사라지게 됨

ㄴ. 척삭동물의 분류

ⓐ 창고기류(lancelets ; 두삭동물아문) : 칼날같이 생긴 모양에서 그 이름이 유래하였으며 몸 안에는 탄력성이 있는 척색이 머리에서 몸 끝까지 나 있으며, 척색 둘레에는 64개의 체절이 있어 이 근육을 움직여서 운동함

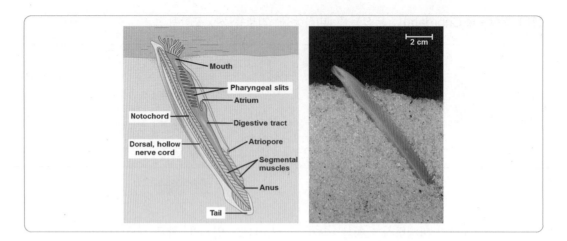

ⓑ 피낭동물(tunicates ; 미삭동물아문) : 고착성 동물의 유생은 꼬리 쪽에 척삭이 있어서 원삭동물의 성질을 뚜렷이 가지나, 성체가 되어 고착생활을 하게 되면 꼬리 부분이 퇴화되므로 결국 척삭도 없어짐

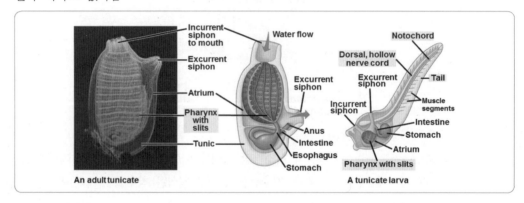

(11) 유두동물(craniates)

등쪽 신경다발의 앞쪽 끝에 위치한 뇌, 눈과 그 외 감각기관들, 머리뼈로 이루어진 머리가 등장하게 됨

ㄱ. 유두동물의 파생형질

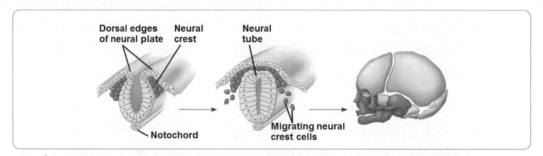

ⓐ 신경릉(neural crest) : 배아 신경관 등쪽으로 맞닿아 연결되는 경계부위 가까운 곳에 나타나는 세포군을 일컬으며 신경릉의 세포들은 몸 전체로 분산되어 여러 다양한 구조(치아, 머리뼈의 일부 뼈들과 연골, 안면부의 진피, 몇 종류의 신경세포, 감각기관)들을 형성함

ⓑ 수생 유두동물에서는 인두열이 아가미틈으로 진화했는데 아가미틈은 근육과 신경이 연결되어 있어 물이 틈새로 강제로 흐르게 되어 음식물의 흡입과 기체교환에 기여하게 됨

ⓒ 피낭류나 창고기류보다 활동적이고 대사율이 높으며 훨씬 발달한 근육체계를 지님

ⓓ 소화관을 둘러싼 근육의 운동이 음식물의 이동을 촉진함

ⓔ 신장, 최소 2개 이상의 방을 가지는 심장, 적혈구, 헤모글로빈을 지님

ㄴ. 유두동물의 예 - 먹장어류

ⓐ 연골 머리뼈가 있으나 턱과 척추는 없음

ⓑ 척삭이 성체에서도 단단하지만 유연성 있는 연골 막대 형태로 유지됨

(12) 척추동물(Vertebrata)

ㄱ. 척추동물의 파생형질

ⓐ 더욱 광범위한 머리뼈와 등뼈로 이루어진 척추를 갖게 됨. 대부분의 척추동물에서 등뼈는 척수를 둘러싸고 있으며 척삭이 하던 기계적 역할을 대신 수행하게 됨

ⓑ 수생 무척추동물의 경우 지느러미가시에 의해 강화된 등지느러미, 가슴지느러미, 배지느러미를 획득하였음

ㄴ. 척추동물의 예 - 칠성장어류

ⓐ 대부분 턱이 없는 둥근 입을 살아 있는 물고기의 옆구리에 고정시켜 살아가는 기생체임

ⓑ 골격은 연골로 되어 있는데 대부분의 척추동물 연골과는 달리 연골에 콜라겐이 없음

(13) 유악동물(gnathostomes) : 턱이 있는 동물

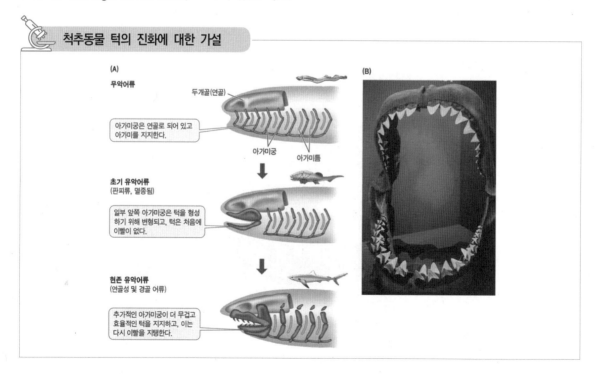

척추동물 턱의 진화에 대한 가설

(A)

무악어류

두개골(연골)

아가미궁은 연골로 되어 있고 아가미를 지지한다.

아가미궁   아가미틈

초기 유악어류
(판피류, 멸종됨)

일부 앞쪽 아가미궁은 턱을 형성하기 위해 변형되고, 턱은 처음에 이빨이 없다.

현존 유악어류
(연골성 및 경골 어류)

추가적인 아가미궁이 더 무겁고 효율적인 턱을 지지하고, 이는 다시 이빨을 지탱한다.

(B)

ㄱ. 유악동물의 파생형질

ⓐ 턱이 형성되어 음식물을 단단히 붙잡고 자를 수 있음

ⓑ 전뇌가 다른 유두동물에 비해 매우 커졌으며 이에 따라 후각과 시각능력이 매우 향상됨

ⓒ 몸의 옆구리에 길이 방향으로 나 있는 측선계(lateral line system)라는 기관을 통해 물의 진동을 감지함

(14) 사지류(tetrapods)

ㄱ. 사지류의 파생형질

ⓐ 가슴과 배지느러미 대신에 땅 위에서 몸무게를 지탱할 수 있는 팔다리가 존재하며 발가락 달린 발을 지니고 있어서 근육이 형성한 힘을 땅으로 전달시킬 수 있음

ⓑ 머리가 목에 의해 몸으로부터 분리되어 머리를 돌릴 수 있게 되고 요대의 뼈가 척추와 결합하여 뒷다리의 힘이 몸의 나머지 부분에 전달됨

ⓒ 인두열은 아가미 틈이 아니라 배아발생기의 귀의 일부, 분비선 등으로 발달함

ㄴ. 사지류의 예 - 양서류(amphibians) : 유생 단계는 물속에서 나중에는 땅 위에서 서식하며 이 와중에 변태과정을 겪음. 대부분 늪지나 우림 같은 습기찬 서식지에서 발견되며 체외수정을 통해 생식함

ⓐ 유미류(도롱뇽류) : 어떤 종은 완전히 수생이나 어떤 종들은 성체일 때만 땅에서 살거나 평생을 땅에서 살게 됨. 몸을 좌우로 구부리는 동작을 통해 걸어다님

ⓑ 무미류(개구리류) : 땅 위에서 이동하기 위한 특성이 유미류에 비해 더욱 발달함

(15) 양막류(amniotes)

사지류의 한 군으로 조류를 포함하는 파충류와 포유류를 구성원으로 둠

ㄱ. 양막류의 파생형질

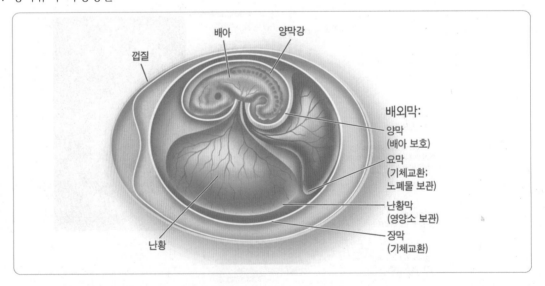

ⓐ 양막, 융모막, 난황낭, 요막과 같은 배외막이 존재함. 배외막이 존재함으로 인해 사지류의 번식이 수생환경에 의존하는 정도가 급격하게 낮아지게 됨

ⓑ 대부분의 파충류와 일부 포유류의 양막란은 껍질이 존재하여 알이 공기 중에서 건조되는 속도를 크게 늦추게 됨. 다만 포유류의 경우 알껍질이 불필요하도록 진화되어 왔음

ⓒ 허파로 호흡하기 위해 흉곽을 이용함

ㄴ. 양막류의 예 – 파충류(reptile) : 외온성이고 양서류와는 달리 케라틴 단백질을 함유한 비늘을 지니며 껍질이 있는 알을 땅에 낳음. 체내 수정을 하며 많은 종이 태생이고 배외막을 통해 태반을 형성하여 배아가 모체로부터 영양분을 얻을 수 있게 함 예 도마뱀류, 뱀류, 거북류, 악어류, 조류

(16) 포유류(mammals)

ㄱ. 포유류의 파생형질

ⓐ 젖을 생산하는 유선이 존재하며 젖은 지질, 당, 단백질, 무기물, 비타민과 같은 영양분을 풍부하고 균형 잡힌 비율로 함유하고 있음

ⓑ 털과 피하 지방층이 체열을 유지하도록 도움

ⓒ 내온동물이며 대부분 높은 대사율을 지니고 효율적인 호흡계와 순환계는 포유류의 높은 대사율을 지원하며 횡격막이 허파에 의한 기체교환을 도움

ⓓ 일반적으로 같은 크기의 다른 척추동물보다 더욱 큰 뇌를 가지며 부모의 투자(parental investment) 기간이 상대적으로 김

ⓔ 여러 종류의 먹이를 씹을 수 있도록 다양한 크기와 형태로 치아가 분화됨

102 그림은 동물 계통수의 일부이다.

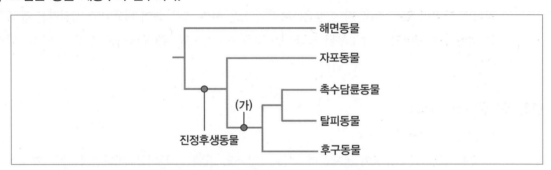

이에 관한 설명으로 옳은 것만을 〈보기〉에서 있는 대로 고른 것은?

보기

ㄱ. (가)는 좌우대칭동물이다.

ㄴ. 해면동물은 진정한 조직이 없다.

ㄷ. 자포동물–탈피동물 사이의 진화적 유연관계는 해면동물–자포동물 사이보다 더 가깝다.

① ㄱ　　　② ㄷ　　　③ ㄱ, ㄴ　　　④ ㄴ, ㄷ　　　⑤ ㄱ, ㄴ, ㄷ

정답 및 해설

102 정답 | ⑤

ㄱ. 자포동물 방사대칭 이후에 나타난 촉수담륜동물 편형, 윤형, 환형 및 연체동물과 탈피동물 선형 및 절지동물, 그리고 후구동물 극피 및 척삭동물은 좌우대칭이다.

ㄴ. 해면동물은 진정한 조직이 없으며 진정한 조직은 자포동물부터 나타난다.

ㄷ. 진정한 조직으로 분화가 일어나는 등 파생 형질 후손 생물에서 나타나는 형질을 더 많이 공유하는 자포동물–달피동물 사이가 유연관계가 더 가깝다.

MEMO

생물 1타강사 **노용관**

단권화 바이블 ✚
필수기출과 **해설**편

한권으로 끝내는 메디컬(의치한약수) 편입 나만의 祕密兵器

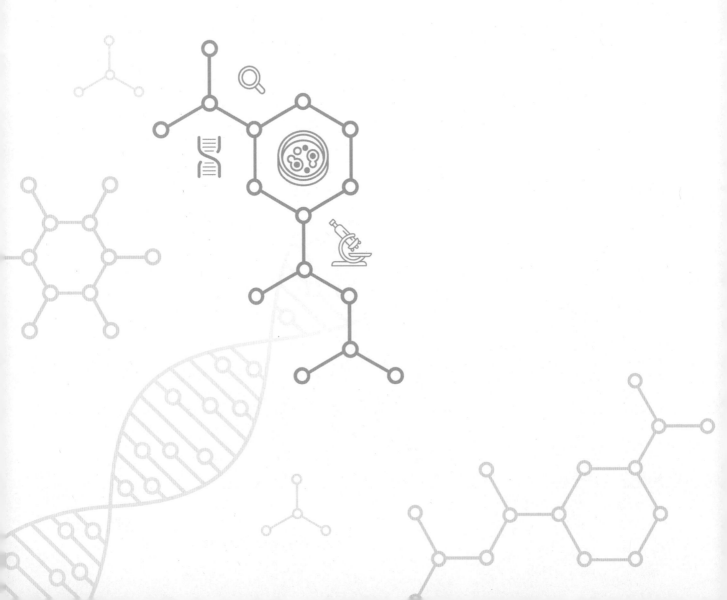

기타 생태학

37 기타 생태학

1 종간 상호작용(interspecific interaction)

 종간 상호작용 유형 정리

Ⓐ 상리공생(mutualism) : 관련 생물들이 상호작용으로부터 둘 다 이득을 얻는 경우

Ⓑ 편리공생(commensalism) : 관련 생물들이 상호작용으로부터 한 생물체는 이득을 얻으나, 다른 생물체는 영향을 받지 않는 경우

Ⓒ 편해공생(amensalism) : 관련 생물들이 상호작용으로부터 한 생물체는 해를 받으나, 다른 생물체는 영향을 받지 않는 경우

Ⓓ 포식자-피식자 상호작용(predator-prey interaction) 또는 기생자-숙주 상호작용(parasite-host interaction) : 관련 생물들이 상호작용으로부터 한 생물체는 이득을 얻으나, 다른 생물체는 해를 받는 경우

Ⓔ 경쟁(competition) : 두 생물체가 같은 자원을 이용하고 그 자원이 필요한 양보다 부족하게 공급될 때 이들 개체를 경쟁자(competitor)라고 하며, 이들 간의 관계를 경쟁(competition)이라 함

구분		생물 2의 효과		
		손해	이익	영향 없음
생물 1의 효과	손해	경쟁(-/-)	포식 또는 기생(-/+)	편해공생(-/0)
	이익	포식 또는 기생(+/-)	상리공생(+/+)	편리공생(+/0)
	영향 없음	편해공생(0/-)	편리공생(0/+)	-

(1) 종간 경쟁(interspecific competition)

한 가지 자원을 두고 두 종이 경쟁하는 것을 말하며 그 결과는 한쪽이 불리하게 나타나거나 양쪽이 모두 불리해지는 경우임(-/-)

ㄱ. 생태적 지위(ecological niche) : 어떤 환경에서 한 종이 이용하는 생물학적 자원과 비생물학적 자원의 총량

ㄴ. 생태적 지위의 구분 : 경쟁이 존재한다면 기본지위와 실현지위는 동일하지 않을 것임

  ⓐ 기본지위(fundamental niche) : 생물들이 경쟁과 같은 요인을 통해 억압되지 않을 때 이론적으로 존재할 수 있는 상호작용

  ⓑ 실현지위(realized niche) : 현실적인 상황을 고려한 개념으로 실제적으로 차지하게 되는 기본지위의 한 부분을 의미함

ㄷ. 가우스의 법칙 : 경쟁배타의 법칙(principle of competitive exclusion)이라고도 하며 생태적 지위가 같은 두 종은 자원이 제한된 조건 아래서 무기한 같이 살지 못하고 또 같은 방식으로 환경과 상호작용 할 수 없다는 원리. 즉, 생태적 지위가 같은 두 개체군은 같은 지역에 장시간 공존할 수 없다는 것임. 그러나 야생에서는 경쟁으로 멸종하는 경우가 드물며, 경쟁은 자원과 서식처의 분할을 야기하고 각 종은 나름대로의 최적 서식처에서 살게 됨

ⓐ 짚신벌레(Paramecium) 속의 두 종 P. aurelia, P. caudatum에 대한 실험 : 짚신벌레 두 종간의 경쟁으로 인해 혼합배양시에 한 종이 절멸하게 됨

ⓑ 큰잎부들과 애기부들간의 경쟁에 대한 관찰 : 큰잎부들과 애기부들의 경쟁으로 인해 생태적 지위가 변경됨

ⓒ 갈라파고스 핀치새 개체군에서의 부리크기 형질치환 : 중간크기 종자에 대한 경쟁으로 인해 부리 형질의 분화가 일어나게 됨

(2) 포식(predation)

포식자인 한 종이 피식자인 다른 종을 죽이고 잡아먹는 +/-의 상호작용

ㄱ. 포식자와 피식자의 상호관계 : 포식자의 수는 피식자의 수를 제한하며, 또는 피식자의 수는 포식자의 수를 제한함

ㄴ. 로트카-볼테라설(Lotka-Volterra theory) : 포식자는 피식자 밀도 변화에 수적으로 반응하게 되며 피식자 또한 포식자 밀도에 의해 자신의 수가 제한됨

ⓐ 피식자의 수가 증가하면, 그에 따라 포식자의 수도 증가

ⓑ 포식자의 수가 증가하면, 피식자에 대한 압력이 증가

ⓒ 결국 피식자는 급격히 감소하고, 포식자는 먹이부족과 질병 등으로 개체군 감소

ⓓ 따라서 피식자는 또 다시 개체수가 증가

ㄷ. 로트카-볼테라설을 입증하는 예 시라소니와 눈신토끼의 주기적 변동

ㄹ. 포식자와 피식자의 적응

ⓐ 피식자를 잡기 위한 포식자의 적응

1. 동물 포식자의 적응 양상 : 발톱, 송곳니, 침, 독 등의 무기를 갖도록 적응

2. 식물 포식자(초식자)의 적응 양상 : 독이 있는 식물을 구분할 수 있고 초식에 알맞도록 변화된 이빨이나 소화기관을 가짐

ⓑ 포식자를 피하기 위한 피식자의 적응

피식자의 적응양상

Ⓐ 동물 피식자의 적응양상

　1. 보호색(cryptic coloration)이나 경고색(aposematic coloration)을 갖거나 기계적인 화학적인 방어를 수행하게 됨

　2. 베이츠 의태(Batesian mimicry) : 맛 좋고 해가 없는 종이 맛없고 해가 있는 모델을 흉내냄
　　　예 주홍왕뱀의 산호뱀 의태

　3. 뮐러 의태(Mullerian mimicry) : 둘 이상의 맛 없는 종들이 서로를 닮는 것으로 수렴 진화의 결과임
　　　예 뻐꾹벌과 말벌의 의태, 말벌과 산호뱀의 의태

Ⓑ 식물 피식자의 적응양상 : 식물은 잡아먹히지 않기 위해 달아날 수는 없고 물리적 방어(침과 가시)나 화학적 방어를 위한 2차 화합물(secondary compound ; 심각한 독성 물질이나 소화 저해제 화합물)을 생성함
　예 카나바닌

(3) 상리공생 : 2종류의 생물이 모두 이익을 얻는 공생

　ㄱ. 절대 상리공생(obligate mutualism) : 파트너의 도움 없이는 생존할 수 없는 공생

　ㄴ. 조건적 상리공생(facultative mutualism) : 두 종이 각각 독립해서도 생존할 수 있는 공생

2 군집의 구조와 수질오염 육상생물군계

(1) 군집에 영향력이 큰 종

　ㄱ. 우점종(dominant species) : 군집에서 밀도, 빈도, 피도가 높아 군집을 대표할 수 있는 1~2종의 생물 종

 식물군집의 조사와 우점종 결정 과정 : 방형구법

① 조사지역에 방형구틀 형성함
② 방형구틀의 식물 이름과 개체수 조사하여 표에 나타냄
③ 방형구틀 내에 나타난 식물의 분포상태를 표시
④ 각 종의 밀도, 빈도, 피도를 조사함
　1. 상대밀도(%) : 특정 종의 개체수/모든 종의 개체수 × 100
　2. 상대빈도(%) : 특정 종이 출현한 방형구수/모든 종이 출현한 방형구수의 총합 × 100
　3. 상대피도(%) : 특정 종이 점유한 면적/모든 종이 점유한 면적 × 100

　ㄴ. 핵심종(keystone species) : 군집구조에 수적인 힘 뿐만 아니라, 중추적인 생태적 역할, 생태적 지위에 의해 강력한 지배력 발휘하는 종

◉ 해달과 다시마 숲의 종다양성과의 관계 : 해달은 성게의 수를 제한하여 다시마 숲의 종다양성을 높이는데 기여하게 됨

ㄷ. 창시종(founder) : 환경의 구조나 역동성을 변화시켜 군집 내에서 다른 종들의 생존과 생식에 영향을 미침

(2) 수질 오염

ㄱ. 수질오염의 기준과 현상

구분		설명
수질 오염 기준	DO (용존산소량)	물 속에 존재하는 산소의 양으로 DO가 높을수록 깨끗한 물임
	생물학적 산소 요구량	호기성 세균이 물 속의 유기물을 분해할 때 소모하는 산소의 양으로 BOD가 낮을 수록 깨끗한 물임 BOD=물을 채취한 즉시 측정한 DO-밀봉하여 20°C 암실에서 5일동안 방치한 후의 DO
	COD (화학적 산소 요구량)	산화제가 물 속의 유기물을 분해할 때 소모하는 산소의 양으로 COD가 낮을 수록 깨끗한 물임
수질 오염 현상	부영양화	수질 오염으로 인해 질산염이나 인산염의 농도가 급격히 올라가는 현상. 부영양화로 인해 적조 현상(바다)이나 녹조 현상(하천, 호수)이 발생
	적조 현상	오염물질의 유입으로 인해 와편모류에 대량 번식하여 바닷물이 붉게 물들게 됨
	녹조 현상	부영양화로 인해 하천이나 호수에서의 녹조류, 남세균이 대량 번식하여 녹색빛을 띠게 됨
	생물 농축	DDT, PCB, 납, 수은, 카드뮴 등 생체 내에서 잘 분해되지 않는 물질 등이 생체내에 농축되는데 영양단계가 높을수록 생체 내에 더 높은 농도로 농축되는 것이 특징임

(3) 육상 생물군계

ㄱ. 열대림(적도대나 아적도대 지역)

ⓐ 강수량 : 열대우림은 연간 200~400cm 정도로 매년 일정하며 식물과 동물의 생활형이 다양하고, 열대건조림은 연중 150~200cm로 계절에 따라 집중적임

ⓑ 온도 : 연중 25~29°C로 계절적 변화가 거의 없음

ⓒ 식물 : 열대우림은 활엽 상록수가 우점하나 열대건조림은 건조 낙엽성 교목, 관목이 우점함. 열대림에는 착생식물이 분포하는 것이 특징임

ㄴ. 사막(남북으로 위도 30°C 부근지역, 대륙의 안쪽)

ⓐ 강수량 : 연중 30cm 이하로 변이가 심함

ⓑ 온도 : 계절에 따라, 하루 중 시간에 따라 변이가 심함(-30~50°C)

ⓒ 사막식물 : 열과 건조에 대한 내성이 있으며, 수분 저장조직이 발달되어 있고 잎 표면적 감소가 특징임. 가뭄기간을 종자 형태로 보내는 단명식물과 C4, CAM 식물이 많음

ㄷ. 사바나(적도와 아적도대 지역) : 초본과 산재한 관목 또는 교목으로 이루어진 지면 피목이 특징 (개방초지~목본식생피복에 이르기까지 다양한 식생 유형 포함)

   ◉ 예 북미 프레리, 유라시아 대륙 중앙의 스텝, 아르헨티나의 팜파스

   ⓐ 강수량 : 연간 30~50cm(계절적 ; 건기가 8~9개월 가량 지속), 뚜렷한 계절적 강우가 있고 총 강수량이 연간 크게 변하는 온난한 대륙성 기후를 지님

   ⓑ 온도 : 연평균 24~29°C 정도(열대우림보다 계절적 차이가 큼)

   ⓒ 식물 : 목본은 드문드문 분포하며 가시지닌 나무(잎 표면적이 감소되어 있어 건기 동안의 적응력이 있음)가 많음. 빈발한 불 때문에 우점식생은 불에 적응되어 있으며 2층의 수직구조 (초본/관목, 교목)

ㄹ. 온대초원

   ⓐ 강수량 : 연평균 30~100cm(겨울에는 건조하며 여름에는 습하고 주기적 가뭄이 발생함)

   ⓑ 온도 : 여름은 종종 30°C까지 올라가며, 겨울에는 종종 -10°C까지 내려감

   ⓒ 식물 : 다양한 풀과 활엽초본이 서식하며, 봄에 발달해서 가을에 죽는 키가 크고 초록색이며 1년생인 초본이 생장하고 3층(임관, 마디, 방석잎/지면층/지하뿌리층)으로 구성

ㅁ. 침엽수림(북미 유라시아 북부~극지방 툰드라 지대 경계 ; 지구에서 가장 큰 육상 생물군계)

   ⓐ 강수량 : 연평균 30~70cm(주기적 가뭄)

   ⓑ 온도 : 겨울은 -70°C까지 내려가기도 하며 여름은 30°C까지 올라가는 등 온도변화가 심하며 많은 부분이 영구동토(연중 얼어있는 지하부)로 불투수층(강수량이 적더라도 지면은 물에 젖어 있어 북극의 가장 건조지역에도 식물이 생존)을 형성

   ⓒ 식물 : 상록침엽수림이 우점종(온대 활엽수림에 비해 다양성이 떨어짐). 불이 반복적으로 일어나기 때문에 모든 아한대종은 불에 잘 적응되어 있음

ㅂ. 온대활엽수림(북반구 중위도 지역)

   ⓐ 강수량 : 연평균 70~120cm

   ⓑ 온도 : 겨울에는 평균 0°C 정도이며 여름에는 최대 30°C정도까지 올라감

   ⓒ 식물 : 뚜렷하고 매우 다양한 수직층(상부수관층, 하부수관층, 관목층, 지표층)을 형성하며 낙엽성 목본이 우점함. 겨울철 잎이 없는 시기로 들어가기 전 생육기 말의 단풍이 특징임

ㅅ. 툰드라(북극지방 ; 지구표면의 20% 덮음) : 영구동토와 식생, 열의 전달이 특징임

   ⓐ 강수량 : 연평균 20~60cm

   ⓑ 온도 : 겨울철에는 평균 -30°C이며 기간이 길고, 여름철에는 일반적으로 10°C 이하이며 시원함

   ⓒ 식물 : 대체로 초본류, 지의류와 이끼, 활엽초본, 관목이 서식함. 구조적으로 식생은 단순하며 종 수는 적고 매우 느리게 생장하는 경향이 있으며 부단한 교란에 견딜 수 있는 종만이 생존함. 북극식물은 거의 전적으로 무성생식으로 번식하며 여름에 24시간 낮동안 광합성을 수행함(약 3개월 정도). 지상부의 비율보다 지하부의 비율이 더욱 큰 것도 특징임

3 물리적 법칙과 영양단계

(1) 생태계의 물리법칙

ㄱ. 에너지의 보존 법칙 : 에너지의 흐름과 효율에 관한 법칙

    ⓐ 제1 열역학 법칙 : 에너지는 만들어질 수도 없으며 사라질 수도 없고 단지 변환됨. 예를 들어 식물이 외부로부터 흡수한 에너지는 식물체 내의 유기물질로 저장된 에너지와 식물에 의해 반사되거나 열로 바뀐 에너지의 합과 같음

    ⓑ 제2 열역학 법칙 : 에너지의 일부는 전환 과정에서 열로 사라지게 됨. 생태계를 통한 에너지 흐름은 궁극적으로 열로 전환되므로 지속적인 태양 에너지의 공급이 필요함

ㄴ. 질량 보존의 법칙 : 에너지와 같이 물질도 만들어지거나 파괴될 수 없음

    ⓐ 에너지와는 달리 화학원소들은 연속적으로 재사용됨

    ⓑ 전 지구적인 차원에서 원자들은 사라지지 않지만 유입과 방출을 통해 생태계 사이를 이동함. 유입과 방출의 양이 재사용되는 양에 비해서 훨씬 적긴 하지만 유입과 방출의 균형을 유지하는 것은 매우 중요함

(2) 영양단계 : 양분과 에너지의 주 공급원에 기초하여 종들을 구분함

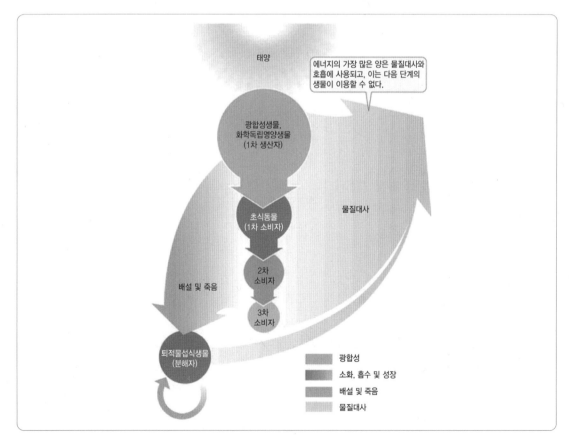

ㄱ. 1차 생산자(primary producer) : 유기영양분을 합성하는 독립영양생물로 구성되며 궁극적으로 다른 모든 생물체를 부양하는 영양단계임

　　ⓐ 광합성 생물 : 빛에너지를 이용하여 유기물을 합성하는 생물로 식물, 조류, 광합성 원핵생물 등이 포함됨

　　ⓑ 화학합성 생물 : 무기물을 산화하여 생성된 에너지를 이용하여 유기물을 합성하며 오직 세균만이 여기에 속함

ㄴ. 1차 소비자(primary consumer) : 직간접적으로 1차 생산자의 광합성 산물에 의존하는 종속영양생물로 식물체나 1차 산물을 먹이로 하는 초식동물이 여기에 속함

ㄷ. 2차 소비자(secondary consumer) : 초식동물을 먹고 사는 육식동물

ㄹ. 3차 소비자(tertiary consumer) : 다른 육식동물을 먹고 사는 육식동물

ㅁ. 분해자(decomposer) : 죽은 생물체, 분뇨, 낙엽, 목재와 같은 살아있지 않은 유기물로부터 에너지를 얻는 소비자로서 원핵생물과 균류가 주요 분해자에 속함. 분해자는 생태계의 화학적 순환 고리를 완성하여 모든 영양단계의 유기물질을 1차 생산자가 이용할 수 있는 무기물로 변환시킴

최신 기출과 해설

103 생물군계(biome)의 우점 식물에 관한 설명으로 옳은 것만을 〈보기〉에서 있는 대로 고른 것은?

> **보기**
> ㄱ. 사바나에서는 지의류, 이끼류가 지표종이면서 우점한다.
> ㄴ. 열대우림에서는 활엽상록수가 우점한다.
> ㄷ. 온대활엽수림에서는 겨울 전에 잎을 떨어뜨리는 낙엽성 목본들이 우점한다.

① ㄱ   ② ㄴ   ③ ㄷ   ④ ㄱ, ㄴ   ⑤ ㄴ, ㄷ

104 다음 설명 중 옳지 않은 것은?

① 지구 생태계 내에서 물질은 순환한다.
② 감자와 고구마는 상사기관(analogous structure)이다.
③ 지리적 격리에 의해 이소적 종분화(allopatric speciation)가 일어난다.
④ 고래에 붙어사는 따개비는 편리공생의 예이다.
⑤ 한 집단에서 무작위 교배가 일어나면 대립유전자 빈도가 변한다.

정답 및 해설

103 정답 | ⑤

사바나는 열대 및 아열대 지역에서 발달하는 거대 초원(grass land)으로, 초본류(풀)가 우점한다.

104 정답 | ⑤

멘델집단이라는 가정을 수행하면 개체군 크기가 매우 크고, 무작위 교배가 일어나며, 자연선택이나 유전자 흐름이 없다면 개체군의 대립유전자 빈도는 변화하지 않는다(하디-바인베르그 평형). 감자와 고구마는 형태가 비슷하나 감자는 줄기, 고구마는 뿌리로서 그 해부학적 구조도 다르고 계통도 달라 상사기관으로 볼 수 있다.
따개비는 고래 몸 표면을 서식지로 삼으며 고래가 이동할 때 먹이를 얻지만, 고래는 따개비로 인해 아무런 이득도 해도 없으므로 편리공생이라고 한다.

105 생태계와 생태계의 구성요소에 관한 설명으로 옳은 것만을 〈보기〉에서 있는 대로 고른 것은?

> ┌─ 보기 ┐
> ㄱ. 생태계는 한 지역에 서식하는 모든 생물과 이들의 주변 환경을 말한다.
> ㄴ. 개체군은 주어진 한 지역에 서식하는 서로 다른 종들이 모여 이루어진 집단이다.
> ㄷ. 군집은 지리적으로 동일한 지역 내에 서식하고 있는 같은 종으로 이루어진 집단이다.

① ㄱ   ② ㄴ   ③ ㄷ   ④ ㄱ, ㄴ   ⑤ ㄴ, ㄷ

106 다음은 생물권 내에서 생물과 생물, 생물과 비생물 환경 사이의 관계를 설명한 것이다.

> • 작용 : 비생물 환경이 생물에 영향을 끼치는 것
> • 반작용 : 생물이 비생물 환경에 영향을 끼치는 것
> • 상호작용 : 한 생물과 다른 생물 사이에서 서로 영향을 주고받는 것

다음 중 생물권 내 상호작용의 예로 가장 적절한 것은?

① 곰이 겨울잠을 잔다.
② 나방이 불빛 주위로 모여든다.
③ 나비의 몸 크기가 계절에 따라 변한다.
④ 진딧물이 많은 곳에 개미가 많이 모인다.
⑤ 일조량과 강수량이 적절한 환경에서 벼의 수확량이 증가한다.

───────────────

정답 및 해설

105 정답 | ①
　ㄱ. 생태계는 생물적 요소인 군집과 무생물적 요소인 그 주변 환경으로 구성된다.
　ㄴ. 동일한 개체들이 모여있는 상태는 개체군에 해당하며 한 지역에 서식하는 서로 다른 종(개체군)들이 모여 이루어진 집단은 군집이다.
　ㄷ. 동일 지역에 서식하는 동일 종 개체들의 집단은 개체군이다.

106 정답 | ④
　① 동면은 추운환경에서 내온성 동물이 수행하는 환경이 생물에 영향을 미치는 작용이다.
　② 빛에 의해 자극과 반응의 광주성이다(작용).
　③ 환경의 생물에 영향을 끼치는 작용이다.
　④ 개미는 당이 함유된 진딧물의 배설물을 먹이로 이용하며 대신 천적으로부터 진딧물을 보호해주는 상리공생관계이다(상호작용).
　⑤ 비생물 환경이 생물에 영향을 미치는 작용이다.

107 다음 설명 중 옳은 것은?

① 생산자에 의해 생태계로 유입된 에너지의 일부는 광합성에 의해 열에너지가 되어 생태계 밖으로 방출된다.

② 생태계의 먹이사슬에서 한 영양 단계에 유입된 에너지는 다음 영양 단계로 전달될 때마다 그 양이 증가한다.

③ 생물학적 산소요구량(BOD)은 물 1L 속에 녹아있는 산소의 양을 ppm 단위로 나타낸 것이다.

④ 질소고정세균은 질산염이 부족한 토양에서 콩과식물과 공생을 하면서 자랄 수 있기때문에 개척 군집에서 많이 관찰된다.

⑤ 물생태계에 질산염과 인산염이 과다 유입되면 부영영화가 일어나며 이때 자란 조류는 물 속으로 산소를 공급한다.

108 종(species)의 상호작용에 대한 설명으로 옳은 것만을 〈보기〉에서 있는 대로 고른 것은?

> **보기**
>
> ㄱ. 각 종의 생태적 지위(ecological niche)를 결정하는 요인에는 생물학적 요인과 비생물학적 요인이 있다.
> ㄴ. 두 종의 생태적 지위가 비슷할수록 두 종은 사이좋게 공존할 수 있다.
> ㄷ. 경쟁배타(competitive exclusion)는 두 종이 한정된 자원을 같이 필요로 할 때 일어난다.

① ㄱ   ② ㄱ, ㄴ   ③ ㄱ, ㄷ   ④ ㄴ   ⑤ ㄴ, ㄷ

정답 및 해설

107 정답 | ④

대사 과정 중 유기물의 에너지 일부가 열에너지로 전환되어 생태계로 방출되는 반응은 이화과정인 세포호흡이다. 먹이 사슬에서 한 영양 단계의 에너지가 다음 영양 단계로 전달될 때 그 양은 주변에 호흡으로 방출되기 때문에 감소한다. 생물학적 산소요구량(BOD : Biochemical Oxygen Demand)은 물 속의 유기물을 호기성 세균이 분해할 때 요구되는(소모되는) 산소의 양을 mg/L 또는 ppm 단위로 나타낸 것이다. 물에 녹아있는 산소 양을 나타낸 것은 DO(용존 산소량)이다. BOD는 생물학적 산소 요구량으로 유기물을 분해하는 호기성 세균의 작용이다. 질산염과 인산염의 과다 유입으로 인한 부영양화는 조류와 광합성 세균의 과도한 증식을 유발하며 DO(용존 산소량)를 낮춰 수중 생태계를 위협할 수 있다.

108 정답 | ③

ㄱ. 생태적 지위는 어떤 생물이 이용할 수 있는 생물적 자원과 비생물적 자원의 합이다.
ㄴ. 생태적 지위가 겹치는 두 종 사이엔 치열한 경쟁이 발생하여 공존하기 힘들어진다.
ㄷ. 경쟁배타는 동일한 지역에서 생물학적 지위가 동일할 때 발생한다.

109 종의 상호작용에 관한 설명으로 옳은 것만을 〈보기〉에서 있는 대로 고른 것은?

> ┌ 보기 ┐
> ㄱ. 군집 내 두 종은 동일한 시기에 같은 생태적 지위(niche)를 공유할 수 없다.
> ㄴ. 밤나무 위에 서식하고 광합성을 하는 겨우살이와 밤나무 간의 상호작용은 편리공생에 속한다.
> ㄷ. 기생파리는 숙주인 무당벌레에 대해 기생 및 포식의 두 가지 상호작용을 한다.
> ㄹ. 토끼풀과 뿌리혹 박테리아 간의 상호작용은 상리공생의 대표적인 예이다.

① ㄱ, ㄴ, ㄷ   ② ㄱ, ㄷ
③ ㄱ, ㄷ, ㄹ   ④ ㄴ, ㄹ
⑤ ㄷ, ㄹ

110 군집에 대한 설명으로 옳은 것만을 〈보기〉에서 있는 대로 고른 것은?

> ┌ 보기 ┐
> ㄱ. 군집이란 같은 지역을 점유하고 있는 모든 종의 개체군을 말한다.
> ㄴ. 토양이나 식물이 없었던 새롭게 노출된 지역에서 일어나는 천이를 2차 천이라 한다.
> ㄷ. 생체총량이 높거나 개체수가 많아 군집의 주요 효과를 갖는 종을 지표종(indicator species)이라 한다.
> ㄹ. 군집 안에서 개체 수에 비례하지 않고 주요 역할을 하는 종을 중심종(keystone species) 이라한다

① ㄱ, ㄴ   ② ㄱ, ㄹ
③ ㄴ, ㄷ   ④ ㄷ, ㄹ
⑤ ㄱ, ㄷ, ㄹ

정답 및 해설

109 정답 | ③

ㄱ. 생태적 지위가 같은 두 종은 동일 공간에 공존할 수 없다(경쟁배타의 원리).
ㄴ. 겨우살이는 광합성을 통해 유기물을 합성하지만, 부족한 다른 양분을 숙주로부터 얻는 반 기생 생물이다.
ㄷ. 기생파리는 양분 섭취 과정에서 무당벌레를 죽이므로 포식 기생자이다.
ㄹ. 토끼물은 유기물을, 뿌리혹 박테리아는 질소고정 산물을 상대방에게 제공하는 상리공생 관계에 해당한다.

110 정답 | ②

ㄱ. 여러 종 사이의 관계를 군집이라고 한다.
ㄴ. 새롭게 노출된 지역에서 일어나는 천이는 1차 천이라고 한다.
ㄷ. 군집에서 가장 생체량과 개체수가 많은 것은 우점종이라고 한다.
ㄹ. 군집중에서 가장 중요한 역할을 수행하는 것은 중심종에 해당한다.

편입생물 비밀병기 단권화 바이블 + 필수기출과 해설편

2024년 4월 02일 초판 2쇄 발행
2023년 6월 28일 초판 발행

저   자 노용관
발 행 인 김은영
발 행 처 오스틴북스
주   소 경기도 고양시 일산동구 백석동 1351번지
전   화 070)4123-5716
팩   스 031)902-5716
등 록 번 호 제396-2010-000009호
e - m a i l ssung7805@hanmail.net
홈 페 이 지 www.austinbooks.co.kr
ISBN   979-11-88426-77-5 (13470)
정가   38,000원